高等教育"十三五"机电类规划教材

普通高等教育"十一五"国家级规划教材
强化工程教育和"学思交融"深度学习模式特色教材

应用密码学

（第4版）

胡向东　魏琴芳　胡　蓉　编著

電子工業出版社
Publishing House of Electronics Industry
北京·BEIJING

内 容 简 介

本书第 1 版为普通高等教育“十一五”国家级规划教材，现已三次更新，本书为第 4 版，体系更完整，并适时更新了新关键技术。本书全面介绍了密码学的基础概念、基本原理和典型实用技术。全书共 13 章，内容涉及密码学基础、古典密码、密码学数学引论、对称密码体制、非对称密码体制、杂凑算法、区块链和消息认证、数字签名、密钥管理、序列密码、密码学的新进展——量子密码学、中国商用密码算法标准和密码学应用与实践。本书的特色是，深入浅出地分析复杂的密码算法原理（附部分典型密码算法的测试源代码），详解中国商用密码算法标准，并结合身边实例介绍密码学的典型应用，重点培养学习者的密码学工程实践技能。

本书可作为高等院校密码学、应用数学、信息安全、通信工程、计算机、信息管理、物联网工程等专业高年级本科生和研究生教材，也可供从事网络和通信信息安全相关领域应用和设计开发的研究人员、工程技术人员参考，尤其适合对学习密码学感到困难的初学者阅读。

图书在版编目（CIP）数据

应用密码学 / 胡向东，魏琴芳，胡蓉编著．—4 版．—北京：电子工业出版社，2019.6
高等教育“十三五”机电类规划教材

ISBN 978-7-121-35541-7

Ⅰ．①应…　Ⅱ．①胡…　②魏…　③胡…　Ⅲ．①密码学—高等学校—教材　Ⅳ．①TN918.1

中国版本图书馆 CIP 数据核字（2018）第 259546 号

责任编辑：刘志红
印　　刷：北京虎彩文化传播有限公司
装　　订：北京虎彩文化传播有限公司
出版发行：电子工业出版社
　　　　　北京市海淀区万寿路 173 信箱　邮编　100036
开　　本：787×1 092　1/16　印张：26.25　字数：672 千字
版　　次：2019 年 6 月第 1 版
印　　次：2024 年 3 月第10次印刷
定　　价：89.00 元

凡所购买电子工业出版社图书有缺损问题，请向购买书店调换。若书店售缺，请与本社发行部联系，联系及邮购电话：（010）88254888，88258888。

质量投诉请发邮件至 zlts@phei.com.cn，盗版侵权举报请发邮件至 dbqq@phei.com.cn。

本书咨询联系方式：（010）88254479，lzhmails@phei.com.cn。

前言

本书第 1 版是普通高等教育“十一五”国家级规划教材。该教材经过十余年的教学实践与持续改进，其间积累了较丰富的教学经验，先后经历四次迭代，紧跟技术和应用的最新发展，遵从“新工科”教学目标的更新递进，先后被国内数十所不同层次和类别的高校选用。

随着移动互联网、物联网、大数据、人工智能、云计算、区块链等新一代信息技术的兴起与应用，以及数字经济与新经济层出不穷的应用需求牵引，信息技术的覆盖领域和影响范围得以极大地拓展，数字化智慧型社会的构建与创新正快速地改变着人们的工作模式、生活方式和思维方法。与此同时，恶意软件与恶意网址、（移动）互联网、物联网、工业互联网等领域的信息安全问题愈加突出，信息安全需求与日俱增，越来越多的信息服务提供者和使用者认识到信息安全的重要性，密码学保障信息安全的基础性地位更加突显，并且密码学已深入人们日常生产生活的方方面面。掌握密码学是对信息安全类专门人才的基本要求，了解密码学已成为普通民众保护自身利益和隐私的一种基本需求。

为了更好地适应国内“新工科”建设和信息安全、密码学教学需要，更有效地展现密码学的核心内容与工程应用，在收集师生对教材使用意见的基础上，结合新的教学目标定位与国内信息安全应用需求，对《应用密码学》第 3 版的内容进行了系统优化与全面梳理，在充分保留其“易学性”、“有趣性”、“先进性”、“典型性”、“工程性”等特色基础上，新增了“区块链”、“格密码”等新技术内容和学习拓展与探究式研讨、复杂工程问题实践等能力训练模式，第 4 版进一步丰富和强化了密码学的工程实践、“本土特色”与生活体验，使现代密码学原理、方法和工程应用结合更加紧密；引入对中国国家商用密码算法标准的介绍，精选并更新了贴近生产生活实际的密码学典型应用案例，以便读者结合国情，了解中国密码算法的发展与应用现状，增强读者对密码应用的现实感和信息安全的紧迫性，强化信息安全意识。书中涉及的多个具有代表性的密码算法已完成 C/C++程序实现和测试，更方便于动手实践。提供的导学表和交流与微思考项目有助于对学生自主学习的引领，强化“基于产出”的目标导向，并推行“学贵有疑、学思交融”的深度学习模式。

本书以密码故事开篇，全面介绍了密码学的基础概念、基本原理和典型实用技术；重点介绍密码学算法原理及其应用与实践。全书共 13 章，内容涉及密码学基础、古典密码、密码学数学引论、对称密码体制、非对称密码体制、杂凑算法、区块链和消息认证、数字签名、密钥管理、序列密码、密码学的新进展——量子密码学、中国商用密码算法标准，以及密码学应用与实践。每一章首先给出引领学习的导学表，内容包括本章的知识单元与知识点、能力点、重难点、学习要求和问题导引；根据需要设置交流与微思考项目。每章末都给出了适量的习题作为巩固知识之用，并在附录中给出部分习题的参考答案。

教师可在 48 ~ 56 学时内讲解全部或选讲部分内容，还可以配以适当的机时进行动手实践，在有限的时间内快速掌握密码学的核心内容，提高学习效率。本书另配有相应的 PPT 教学课件、课后习题参考答案（完全版）和两个密码故事的视频资料，如需要，请与编著者联系索取。

本书可作为高等院校密码学、应用数学、信息安全、通信工程、计算机、信息管理、物联网工程等专业高年级本科生和研究生教材，也可供从事网络和通信信息安全相关领域管理、应用和设计开发的研究人员、工程技术人员参考，尤其适合对学习密码学感到困难的初学者阅读。

本书由胡向东教授组织编著，第 3、4、10、13 章由魏琴芳、胡蓉编著，胡向东负责其余章节的编著、全书的统稿并题写书名；吕博文、许奥狄、郭佳、钱宏伟、李仁杰、王见、周巧、陈兆涛、李汀、李之涵、吕高飞、石千磊、盛顺利等研究生参与了资料的整理、图表的绘制、案例的讨论、教学课件和习题答案的制作、算法的仿真测试等，胡尔婉设计制作了习题云图标。要特别感谢参考文献中所列各位作者，包括众多未能在参考文献中一一列出资料的作者，正是因为他们在各自领域的独到见解和特别的贡献为编著者提供了宝贵的资料和丰富的写作源泉，使我们能够在总结教学和科研工作成果的基础上，汲取各家之长，并最终凝练成一本定位明确、适应需求的密码学特色教材。电子工业出版社的刘志红编辑等为本书的高质量出版倾注了大量心血，在此对他们付出的辛勤劳动表示由衷感谢！本书的编著出版受到重庆市教委科学技术研究项目（KJ1602201）、重庆市高等教育教学改革研究重点课题（162022）、教育部高等学校仪器类专业教学指导委员会资助课题（2018C068）的资助。

密码学地位特殊、内涵丰富、应用广泛、发展迅速，对本书的修订是我们在此领域的最新努力，限于编著者的水平和学识，书中难免存在疏漏和错误之处，诚望读者不吝赐教，以利修正，让更多的读者获益。联系方式：huxd@cqupt.edu.cn。

编著者

2019 年 5 月

目 录

开篇 密码学典故

上篇 密码学原理与算法

下篇 密码学应用与实践

开篇

密码学典故

密码故事

知识单元与知识点	➢ 信息隐藏、密码、加密、解密、破译、换位、代替、摩斯电码等概念； ➢ 历史与现实工作、生活中的密码学应用。
能力点	✧ 初步建立密码学的基本概念； ✧ 初步认识密码学在工作、生活中的意义； ✧ 初步理解密码学的重要性。
重难点	■ 重点：密码学的基本概念与作用。 ■ 难点：对破译方法与过程的认识。
学习要求	✓ 了解密码学的相关概念； ✓ 通过案例了解关于密码学的典型应用； ✓ 建立学习密码学的浓厚兴趣。
问题导引	→ 历史上密码学衍生出了哪些经典故事？ → 我对密码学的重要性和意义的初步认识是什么？ → 我为什么要学习密码学知识？

密码学是一门古老而年轻的科学，密码学经历了几千年的演化与发展，形成了丰富的内涵，并得到了广泛的应用。密码学起源于信息隐藏，就是为了达到机密信息不被非授权地获知的目的而采取的某种手段或方式；现代密码学主要基于数学或物理的方法进行某种变换来实现。密码学曾经高深莫测、讳莫如深，主要用于国家外交或军事等重要领域；现在密码学与百姓的平常生活和工作息息相关，已成长为网络信息安全的基石；密码学在长期的发展过程中衍生出了许多惊险刺激、温婉动人的故事。为了激发读者浓厚的兴趣以学好这门课程，我们就从“讲故事”开始吧。

重庆大轰炸背后的密码战①

1938 年 4 月的一个上午，山城重庆大雾弥漫。国民党密电组组长、无线电专家魏大铭看着桌上摆放的一沓密码电报，一筹莫展。就在刚才，他又一次接到国民党军事委员会技术研究室（即“中国黑室”）的通知，责令密电组尽快对截获的神秘电码进行破译。

早在 1938 年 2 月 18 日上午，密电组就截获了一份由潜伏在重庆的日本间谍发出的密码电报。该电报以杂乱排列的日文字母呈现出前所未有的编码方式。还未及密码员反应，随着长短声的交错，十几份类似的电报出现在他们的面前。密电组的破译专家们立刻投入到紧张的工作中。半个小时过去了，密电破译依然毫无头绪。这时，城市上空传来了由远及近的飞机轰鸣声。尖厉的空袭警报响彻重庆上空。9 架日军的轰炸机投下十几枚炸弹，

① 本故事可结合观看“探索·发现——密码疑案”纪录片。

对重庆实施了抗战以来的第一次轰炸。由于事前没有捕捉到任何关于袭击的蛛丝马迹，国民党情报部门的官员们大为光火。他们将目光投向了那似乎无法破译的密码。

为适应战况，统筹全局，长期抗战，1937 年 11 月 19 日，国民政府移驻重庆；1938 年 12 月 8 日，蒋介石开启在战时首都重庆长达 8 年的主政，筹划正面战场的抗战事宜。一时间，日机频频飞临重庆上空，实施狂轰滥炸。在很长一段时间里，国民党的情报机关发现了一个异常现象，日军与重庆当地的一些隐蔽电台通信频繁，所用密码十分奇特，难以破译。他们断定重庆屡遭轰炸，日机难以被击落与潜伏在当地的日本特务提供情报有关，可他们一时束手无策，难以找到对付的办法。

1938 年 10 月 4 日上午，28 架日军飞机对重庆发动猛烈袭击，平民死伤 60 余人。面对咄咄逼人的日军和无从下手的密码，密电组陷入了困境。蒋介石对此十分重视，下令求助于美国情报部门，解决这一难题。国民党驻美国华盛顿使馆军事副武官肖勃将一个关键人物——赫伯特·亚德利（如图 0-1 所示）推荐到魏大铭面前。

图 0-1　赫伯特·亚德利

赫伯特·亚德利（Herbert O. Yardley，1889—1958）是美国军事情报处（现美国国家安全局的前身）和“美国黑室”（The American Black Chamber，专门负责破译情报部门获得的密码信息）的创建人，他因为超强的密码破译能力被业内誉为“美国密码之父”，他对日军密码已经研究了十几年，并卓有建树。1938 年 11 月，化名为“罗伯特·奥斯本”的亚德利在国民党军事委员会技术研究室的邀请下，穿越重重险阻抵达重庆。国民党军方授予他少校军衔，让他一面传授无线电密码通信破译技术，一面协助侦破重庆的日本间谍案，并安排 30 多名留日学生，组成了专门破译神秘电码的情报小组。

日本人曾经为了提高发报速度，以 10 个字母代替 10 个数字进行电报编码。亚德利通过观察发现，这些同样仅使用了日文 48 个字母中的 10 个字母的密码电报也属于这一类型。他把字母转换为数字，对已有的电报进行了初步破译。亚德利凭借自己的经验断定，这是向日军反映重庆的云高、能见度、风向、风速的气象密码电报，相同的数字如每份中均有出现的“027”代表重庆，“231”代表早 6 时，“248”则为正午。但是，由于缺少之前重庆的气象资料，从第 3 组密码开始，每组数字代表的具体意义无法推测出来。

1939 年 1 月 12 日 ~ 15 日，机会来了。亚德利小组分别在每日早 6 时、正午及傍晚 6 时连续截获 8 份密码电报。第一、二组数字的规律和亚德利之前的推断并无二致，大部分电报的第三组密码为“459”，唯独第 6 份为“401”，这些都各自代表什么含义呢？无意间，他的目光落在“401”下方的密码截获日期上。这份密码是当天中午截获的，那时，连续起雾多日的重庆市区突然晴空万里。下午，日军派出 27 架轰炸机，炸死炸伤百姓 200 余人。“459”代表着天气不佳，“401”则代表天气晴朗，可以轰炸。密码终于解开了！

密码虽然解开了，但亚德利想到，如果不将间谍抓住，日军很有可能换用新的密码来继续获取我方信息。在接下来的两个月里，小组 3 次截获密码电报，并通过早已准备好的测向仪，捕捉到了发报信号的具体发射源。很快，搜索人员在重庆市南岸区的南山上抓获了伪装成当地人的日本间谍。此人前不久才由侦察机偷送至重庆，负责向位于汉口的日本空军基地发送气象密码电报。

亚德利本想让间谍继续在每天的固定时间向日本空军基地发报，以避免日方发现间谍被俘，改换新的密码。但不料国民党情报部门很快秘密枪决了日本间谍，亚德利只好亲自向日军发送电报，用假情报暂时拖延敌人的轰炸。与此同时，小组截获了大量以更为复杂难解的新密码编写的电报。亚德利据此判断还有更为深藏不露的间谍埋伏在重庆城内，敌人可能会展开新一轮的攻势。但还未等他将这一信息向上级反映，5 月 3 日上午 9 时，日军飞机从武汉直扑重庆，共投下了 100 多枚炸弹，第二天，20 多架日机再袭重庆。抗战历史上悲惨的“五三”、“五四”惨案就这样以 6 000 余重庆民众的鲜血为代价发生了。

亚德利决心尽快抓住间谍。就在这时，一个令人费解的现象引起了他的注意。国民党在重庆四周花大力气部署的高炮防空部队，每当日机飞临，均以猛烈的炮火反击，可战果甚小，很少有敌机被击落。为什么竟没有打下几架敌机？这其中必有玄机。

亚德利假扮成美国来的皮货商，通过熟人，结识了驻守在重庆的国民党某高射炮团的一位营长，此人绰号“独臂大盗”。两人相谈十分投机，但“独臂大盗”对于亚德利关于为何高射炮打不中目标的尖锐问题，总是报以不置可否的一笑。

与此同时，新的挑战又摆在了亚德利面前，新密码混合了数字和英文字母。通过重新的排列，他发现电报中开始出现诸如“her”、“light”等具有实际意义的单词，可是这些单词从何而来，又有什么含义呢？一份密码中出现的“he said”引起了亚德利的思考：这样引起对话的词组最常见的地方就是在小说中。亚德利认为这种新密码的来源很可能是一本英文小说，如果能够找出这本小说就能够顺藤摸瓜，找到隐藏在幕后的间谍。可是，上哪里去找这本小说呢？从军事委员会技术研究室传回的消息让亚德利大为振奋。调查显示，“独臂大盗”有时公然使用附近一个川军步兵师的无线电台和他在上海的一个“朋友”互通密电。他很有可能是一名汉奸。亚德利把目光放在了“独臂大盗”身上。

亚德利利用“独臂大盗”请客的时机，让一位英文极好的中国朋友——徐贞小姐（此人是“独臂大盗”的朋友，但她是一个具有爱国热情的女子）事先记下在电报中出现过的单词，再潜入“独臂大盗”的书房，试试能否找到包含这些单词的英文小说。紧张的搜寻之后，在美国女作家赛珍珠那本著名小说《大地》的内页，她找到了这些用笔画过的单词。《大地》以中国社会生活为背景写成，并因此获得诺贝尔文学奖，震撼了国际文坛，可她做梦也不会想到，日本间谍会盗用这部名作设计出轰炸重庆的电讯密码。从《大地》入手，亚德利和他的工作团队破译了新的密码。根据密码和调查得知，“独臂大盗”是汪精卫安插在重庆的耳目，此人出身土匪，会说流利的英语，他经不住日本特务的拉拢，想尽办法，勾结蒋介石的德国顾问赫尔·韦纳，形成一个间谍网，大肆搜集重庆方面的情报，不但为日军指示轰炸目标，而且还将重庆高射炮最高射距 12 000 英尺（1 英尺=2.54 厘米）的重要信息，用密码电台告知日本特务机关，致使日机进入重庆上空后均在 12 000 英尺以上飞行，避开中国高炮部队的打击，疯狂投掷炸弹，屡屡得手，来去自如。

密码的秘密终于被破解。“独臂大盗”被逮捕，不久便被枪决。随着“独臂大盗”的落网，潜伏在重庆的日本间谍网遭到致命打击，此后，日军对重庆的轰炸越来越多地付出了沉重代价，日军的轰炸行动也有所收敛。破获这样微妙的无线电通信密码，这在国际特工史上是不多见的，亚德利功不可没，蒋介石亲自召见他以示嘉勉。徐贞也在破获此案中立下汗马功劳，由于她在离开“独臂大盗”的书房时被仆人发现，为了摆脱日伪特务机关的跟踪追杀，徐贞决定前往香港。可是，在她渡过嘉陵江前往机场时，日伪特务制造了她所乘的舢板翻沉事故，她被淹没在滔滔江水中，为国捐躯。

图 0-2 《中国黑室——谍海奇遇》封面

1940 年 7 月，亚德利回到美国。为了保密，美方没有透露他的消息。直到 42 年后的 1982 年出版的亚德利回忆录——《中国黑室——谍海奇遇》(国内的军事译文出版社于 1985 年正式翻译出版，如图 0-2 所示) 中才公布了此事的详细经过，此时，亚德利已去世 24 年。现在在重庆南山抗战遗址博物馆中还能找到亚德利当年工作的遗存，“密码之父”巧解气象密码，在二战中的中国留下一段神奇佳话。

“爱情密码”帖①

2009 年春节前两天，百度帖吧上演浪漫一幕：一男子发帖请求吧友帮助破译一段摩斯密码，以获得与其心仪女子的约会机会。通过众人的集体智慧，“爱情密码”的答案终于水落石出，该男子也因此抱得美人归。

事情的经过是这样的：2009 年 1 月 23 日凌晨，一位 ID 为“HighnessC”的网友向百度“密码”吧发帖求助，称“最近和一个心仪的女生告白，谁知道她给了一个摩斯密码：···· -/ · ----/---- · / ···· -/ ···· -/ · ----/--- ·· / · ----/ ···· -/ · ----/- ···· / ··· --/ ···· -/ · ----/---- · / ·· ---/- ···· / ·· ---/ ·· ---/ ··· --/-- ··· / ···· -/，说解出来了才答应和我约会，可是我用尽了所有方法都解不开这个密码” 。这位女孩提示“这是一个 5 层加密的密码”，也就是说要破解 5 层密码才能得出答案。她还说过答案的最终语言是英语，加密过程中有一个步骤是“代替密码”，密码表则是我们每天都可能用到的东西。

帖子一经发出，活跃在该帖吧的吧友几乎倾巢出动。就在该男子发帖后的半小时左右，密码的破译取得了第一次进展，一位 ID 为“PorscheL”的网友给出了这段密码对应的数字，而另一位网友则给出了数字对应的英文字母组合。但不管是数字还是字母，都杂乱无序，破译工作暂时陷入僵局。

随后，网友们开始七嘴八舌地讨论起来，破译的思路也五花八门。许多网友提醒“既然是 5 层加密，密码表又是日常生活中常用的，很可能与键盘和手机有关。”破译的转机出现在当日下午 4 点 45 分，网友“片翌天使”通过联想手机上的键盘布局，将密码转换成了一个字母组合。之后就不断有网友声称“已经破解成功”，答案也是花样百出，诸如“阿诺”、“钱包”、“现在还不是时候”、“7481（去死吧你）”，发帖男子至此陷入“痛苦”中。

---

① 本故事可结合观看长江师范学院种子映画原创爱情电影作品——《摩斯密码》。

最终，还是这位“片翌天使”给了网友惊喜。下午 6 时许，其回帖称“我已经完全解出来了……。楼主你好幸福哦”，并表示暂时不公布结果，让网友练习一下这个题目。在大家“轰炸”之下，“片翌天使”终于在当日晚上 8 时公布了最终答案—“I LOVE YOU TOO”，并揭开破译全过程。

整个破译只用了不到 16 个小时，发帖男子终于凭借破译出来的密码答案抱得美人归，帖吧里洋溢着浪漫和幸福的气氛。据了解，参与这次破译工作的网友数量超过百人，更多的网友则是“出主意”，大家的集体智慧得到了最大体现。

解密过程如下：

摩斯电码是一种时通时断的信号代码，这种信号代码通过不同的排列顺序来表达不同的英文字母、数字和标点符号等。最早的摩斯电码是一些表示数字的点和划，数字对应单词，需要查找一本代码表才能知道每个词对应的数；用一个电键可以敲击出点、划及中间的停顿。今天还在使用的国际摩斯电码则只使用点和划（去掉了停顿）。有两种“符号”用来表示字元：划（-）和点(·)，或分别叫嗒（Dah）和滴（Dit），或长和短。点的长度决定了发报的速度，并且被当作发报时间参考，典型地，如国际通用求救信号“SOS”为“三短、三长、三短”。摩斯电码的字母、数字和标点符号编码表如表 0-1、表 0-2、表 0-3 所示。

表 0-1 摩斯电码字母编码表

字符	电码符号	字符	电码符号	字符	电码符号	字符	电码符号
A	.—	B	—...	C	—.—.	D	—..
E	.	F	..—.	G	——.	H	....
I	..	J	.———	K	—.—	L	.—..
M	——	N	—.	O	———	P	.——.
Q	——.—	R	.—.	S	...	T	—
U	..—	V	...—	W	.——	X	—..—
Y	—.——	Z	——..				

表 0-2 摩斯电码数字编码表

字符	电码符号	字符	电码符号	字符	电码符号	字符	电码符号
0	—————	1	.————	2	..———	3	...——
4	....—	5	.....	6	—....	7	——...
8	———..	9	————.				

表 0-3 摩斯电码标点符号编码表

字符	电码符号	字符	电码符号	字符	电码符号	字符	电码符号
.	.—.—.—	:	———...	,	——..——	;	—.—.—.
?	..——..	=	—...—	’	.————.	/	—..—.
!	—.—.——	—	—....—	_	..——.—	"	.—..—.
(	—.——.	)	—.——.—	$	...—..—	&	....
@	.——.—.						

因此，根据该“爱情密码帖”给出的摩斯密码，可推导出对应的字符为：4194418141634192622374，解码出来分组后的数字是：41 94 41 81 41 63 41 92 62 23 74（第

一层结果）。

观察该数字序列发现：每个组合个位数都不超过 4；除了十位数是 7 和 9 这两个数字后面有 4 以外，其他的都小于 4。同时，观察还发现：手机键盘上数字“7”和“9”键上的字母是 4 个，其他的都不超过 3 个。由此假设两位一组的数字前一个代表手机键盘上的数字键，后一个代表该键上的字母的序号，如 41 表示手机键盘上数字 4 键上对应的第 1 个字母：G，按照这样的方法，那么，上面的数字组合解码可得：G Z G T G O G X N C S（第二层结果）。

根据提示：“她说加密过程中有一个步骤是‘代替密码’，而密码表则是我们每天都可能用到的东西”，那么很可能就是电脑键盘。根据电脑键盘的字母排列情形，设想该密码的替代方案如表 0-4 所示。

表 0-4　密码替代方案

密　文	Q	W	E	R	T	Y	U	I	O	P	A	S	D
明　文	A	B	C	D	E	F	G	H	I	J	K	L	M
密　文	F	G	H	J	K	L	Z	X	C	V	B	N	M
明　文	N	O	P	Q	R	S	T	U	V	W	X	Y	Z

那么解码 G Z G T G O G X N C S 得到的对应字符就是：O T O E O I O U Y V L（第三层结果）。

其实到这里就已经大概猜得出答案是什么了，因为按照英语语言逻辑来整理，只要重组这些字母，唯一一个符合逻辑的答案应该是 I LOVE YOU TOO。但提示有五层变换，经过网友多种解码方法的测试，最后发现只有换位变换才行得通。即将第三层结果大致均分成两行：

O	T	O	E	O	I
O	U	Y	V	L	

接着按列从左到右、从上到下读出：OOTUOYEVOLI（第四层结果）。

然后倒序读出：ILOVEYOUTOO，最后的答案终于出现了：I LOVE YOU TOO（第五层结果）。

原来密码与爱情是如此地紧密相关啊！

交流与微思考

上篇

密码学原理与算法

第1章 绪 论

知识单元与知识点	➢ 网络信息安全问题的来源； ➢ 密码学在网络信息安全中的作用； ➢ 密码学发展的三个历史阶段； ➢ 安全机制与安全服务； ➢ 安全攻击的主要形式及其分类。
能力点	✧ 建立起安全机制、安全服务和安全攻击的相关概念； ✧ 了解产生网络信息安全问题的根源； ✧ 了解密码学发展的三个历史阶段及特点； ✧ 把握密码学在网络信息安全中的作用。
重难点	■ 重点：密码学发展的三个历史阶段；安全机制、安全服务和安全攻击的相关概念。 ■ 难点：安全服务与安全机制之间的关系。
学习要求	✓ 掌握安全机制、安全服务和安全攻击的相关概念； ✓ 了解产生网络信息安全问题的根源； ✓ 深入理解密码学发展的三个历史阶段及特点； ✓ 把握密码学在网络信息安全中的作用。
问题导引	→ 何谓网络信息安全问题？ → 密码学对网络信息安全的意义是什么？ → 如何理解安全机制、安全服务和安全攻击？

1.1 网络信息安全概述

1.1.1 网络信息安全问题的由来

随着通信与计算机网络技术、新一代信息技术的快速发展和公众信息系统（包括计算机互联网、移动通信网、QQ 或微信等即时聊天系统、磁卡、IC 卡、网上银行、RFID、物联网、大数据、人工智能和云计算系统等）商业性应用步伐的加快，以及“工业与信息化深度融合”、“互联网+”、“工业 4.0”等发展战略与创新型应用需求的提出，第三次信息技术浪潮方兴未艾，信息和通信技术（Information and Communications Technology，ICT）正在引领潮流，并快速地改变着人们的工作模式、生活范式和思维方式。

当数据通信和资源共享等网络信息服务功能广泛覆盖于各行各业及各个领域、网络用户来自各个阶层与部门、人们对网络环境和网络信息资源的依赖程度日渐加深时，网络信息的安全隐患就从各个方面越来越突出。大量在网络中存储和传输的数据需要保护，因为这些数据本身对于所有者来说可能是敏感数据（如个人的医疗记录、信用卡账号、登录网络的口令，或者企业的战略报告、销售预测、技术产品的细节、研究成果、人员的档案等），另一方面，这些数据在存储和传输过程中都有可能被盗用、暴露、篡改和伪造等；限于用户使用习惯的安全性欠缺，用户账户等敏感数据在不同应用系统间存在被撞库攻击成功的可能（即大数据的安全性问题）。除此之外，基于网络的信息交换还面临着身份认证和防否认等安全需求。这些问题被公认为是21世纪公众信息系统发展的关键。

目前，作为数据通信和资源共享的重要平台——互联网是一个开放系统，具有资源丰富、高度分布、广泛开放、动态演化、边界模糊等特点。安全防御能力非常脆弱，而攻击却易于实施，并且难留痕迹。随着网络技术及其应用的飞速发展，黑客袭击事件不断发生并在逐年递增，网络安全引起了世界各国的普遍关注。就我国而言，目前，中国信息化建设已进入高速发展阶段，电子政务、电子商务、互联网金融、网络媒体、物联网产业等正在兴起，这些与国民经济、社会稳定息息相关的领域急需信息安全保障。

1.1.2　网络信息安全问题的根源

产生网络信息安全问题的根源可以从三个方面分析：自身缺陷、开放性和人的因素。

1. 网络自身的安全缺陷

网络自身的安全缺陷主要是指协议不安全和业务不安全。

导致协议不安全的主要原因一方面是 Internet 从建立开始就缺乏安全的总体构想和设计，因为 Internet 起源的初衷是方便学术交流和信息沟通，并非商业目的，Internet 所使用的 TCP/IP 协议是在假定的可信环境下，为网络互连专门设计的，本身缺乏安全措施的考虑。TCP/IP 协议的 IP 层没有安全认证和保密机制（只基于 IP 地址进行数据包的寻址，无认证和保密）。在传输层，TCP（Transmission Control Protocol）连接能被欺骗、截取、操纵，UDP（User Datagram Protocol）易受 IP 源路由和拒绝服务的攻击。另一方面，协议本身可能会泄露口令，连接可能成为被盗用的目标，服务器本身需要读写特权，密码保密措施不强等。

业务的不安全主要表现为：业务内部可能隐藏着一些错误的信息；有些业务本身尚未完善，难以区分出错原因；有些业务设置复杂，一般非专业人士很难完善设置；大数据背景下的不同业务数据之间可能存在关联关系，特别是针对登录账户等安全敏感数据。

交流与微思考

2. 网络的开放性

网络的开放性主要表现为：业务基于公开的协议；连接是基于主机上社团彼此信任的原则；远程访问使得各种攻击无须到现场就能得手。在电脑网络所创造的特殊的、虚拟的空间中，犯罪往往是十分隐蔽的，有时会留下蛛丝马迹，但更多时候是无迹可寻的。

3. 人的因素

人是信息活动的主体，是引起网络信息安全问题最主要的因素，可以从三个方面来理解。

（1）人为的无意失误

人为的无意失误主要是指用户安全配置不当造成的安全漏洞，包括用户安全意识不强、用户口令选择不当、用户将自己的账号信息与别人共享、用户在使用软件时未按要求进行正确的设置。

（2）黑客攻击

这是人为的恶意攻击，是网络信息安全面临的最大威胁。黑客一词来源于 20 世纪 60 年代的美国麻省理工学院（Massachusetts Institute of Technology, MIT），大意是指电脑系统非法入侵者。这是一类闯入计算机网络系统盗取信息，故意破坏他人财产，使服务中断，或仅仅为了显示他们可以做什么的人。黑客们对电脑非常着迷，自认为比他人有更高的才能。因此，只要他们愿意，就闯入某些信息禁区，开玩笑或恶作剧，有时干出违法的事。他们常以此作为一种智力上的挑战，好玩、刺激可能是他们最初追随的动机，但当有利可图时，很多人往往抵制不住诱惑而走上犯罪道路。信息战①也是开展黑客攻击的一个非常重要的缘由。

在英文中，黑客有两个概念：Hacker 和 Cracker。Hacker 是这样一类人，他们对钱财和权利蔑视，而对网络本身非常专注，他们在网上进行探测性的行动，帮助人们找到网络的漏洞，可以说他们是这个领域的绅士。但是 Cracker 不一样，他们要么为了满足自己的私欲，要么受雇于一些商业机构，具有攻击性和破坏性，从简单修改网页到窃取机密数据，甚至破坏整个网络系统。因其危害性较大，Cracker 已成为网络安全真正的，也是主要的防范对象。

（3）管理不善

安全需求通常不能单靠数学算法和协议来满足，还需要某些制度程序和遵守法律才能达到期望的效果，例如，信件的隐私是通过一个被认可的邮件服务发送封装的信封来提供的，信封的物理安全是有限的。因此，还需要制定法律以规定未经授权打开信封的行为是违法的。对网络信息系统的严格管理是避免受到攻击的重要措施。据统计，美国 90%以上的 IT 企业对黑客攻击准备不足，75%～85%的网站都抵挡不住黑客的攻击。美色和财物通常成为间谍猎取机密性信息的致胜法宝。总之，管理的缺陷也可能给系统内部人员泄露机密、为一些不法分子利用制造可乘之机。因此“技术与管理并重”是我国信息安全保障工作的基本原则。

① 信息战的几种具有代表性的样式。a. 指挥控制战——其目的是通过对敌信息系统实施物理和电子攻击，来阻隔敌军部队与其指挥者的联系。总的来看，攻击敌军领导与部队的连接部位，可以更有效地破坏敌人的指挥控制系统。b. 电子战——现在，只要在保护己方电子系统不受干扰的同时，能干扰或破坏敌方的电子信息系统，就能在战争中取得决定性优势。随着军队对电子系统的依赖性不断增大，这种优势将有增无减。电子战的目的在于使敌方得不到信息，或只能得到少量信息或迟到的信息，或制造假象，使敌军采取错误的行动。c. 情报战——人造卫星技术的进步和成像系统的出现，使侦察和监视能力有很大的提高。在信息分发系统研制成功并得到实际运用后，用户便可实时地接收和传输数据。这就使得把传感器、发射设备和信息处理装置纳入一个统一的侦察、监视、目标捕捉和战场损失评估系统成为可能。d. 心理战——当针对军队实施心理战时，可利用信息媒体在正在实施或准备实施战斗的部队中制造沮丧和失望情绪，以改变指挥官和士兵的心态。对社会实施心理战在于利用大众媒体左右公众舆论。e. 黑客战——计算机黑客行动使用有害软件等高技术手段，摧毁、破坏、利用或危害军用和民用信息系统。黑客战的主要武器是计算机病毒，这种病毒可以通过电话线输入。除了向计算机网络注入病毒外，谍报人员在实施黑客战时，还可向敌方计算机系统注入称为“微生物”的程序或代码，这些“微生物”能吞噬破坏电子系统，以使计算机系统长时间无法有效运行。f. 信息、经济战——一个国家可通过有组织地实施黑客行动并利用银行和股票市场，来破坏另一个国家的经济。这种行动将把信息战提高到战略层次，即“信息－经济战”。人们还可以利用这种行动实施信息封锁，可阻止敌方和确保己方利用贸易信息。

1.1.3 网络信息安全的重要性和紧迫性

随着各个国家信息基础设施的逐渐形成，计算机网络和移动通信网络等已经成为信息化社会发展的重要保证，网络深入到国家的政府、军事、文教、企业等诸多领域，许多重要的政府宏观调控决策、商业经济信息、银行资金转账、股票证券、能源资源数据、科研数据等重要信息都通过网络存储、传输和处理。所以，难免会吸引各种主动或被动的人为攻击。例如，信息泄露、信息窃取、数据篡改、计算机病毒等。同时，通信实体还面临着诸如水灾、火灾、地震、电磁辐射等方面的考验。

就网络信息安全的意义而言，从大的方面说，网络信息安全关系到国家主权的安全、社会的稳定、民族文化的继承和发扬等；从小的方面说，网络信息安全关系到公私财物和个人隐私的安全。因此，必须设计一套完善的安全策略，采用不同的防范措施，并制定相应的安全管理规章制度来加以保护。

近年来，计算机犯罪案件数量急剧上升，计算机犯罪已经成为普遍的国际性问题。根据 CERT/CC（Computer Emergency Response Team/Coordination Center，美国计算机紧急事件响应小组协调中心）的统计，从它有记录以来的 1988 年到现在，除 1997 年有短暂下降外，网络受攻击的事件逐年增加，并且近年来增加的幅度越来越大。据美国联邦调查局的报告，计算机犯罪是商业犯罪中最大的犯罪类型之一，每笔犯罪的平均金额为 45 000 美元，每年计算机犯罪造成的经济损失高达数百亿美元。就国内而言，网络安全问题仍然十分突出，并已从互联网发展到电信网、广电网、工业互联网和其他信息网络。根据 2018 年 8 月发布的《2017 年中国互联网网络安全报告》，据国家互联网应急中心 CNCERT/CC 抽样监测，2013～2017 年，我国境内感染计算机恶意程序的主机数量变化如图 1-1 所示。2017 年我国境内感染计算机恶意程序的主机数量约 1 256 万个，同比下降 26.1%。其中位于境外的约 3.2 万个。计算机恶意程序控制服务器控制了我国境内约 1 101 万个主机；就控制服务器所属国家来看，位于美国、俄罗斯和日本的控制服务器数量分列前三位，分别是 7 731 个、1 634 个和 1 626 个。就控制我国境内主机数量来看，位于美国、中国台湾地区和中国香港特别行政区的控制服务器控制规模分列前三位，分别控制我国境内约 323 万个、42 万个和 30 万个主机。根据计算机恶意程序类型分析，我国境内感染远程控制木马、僵尸网络木马和流量劫持木马的主机数量分列前三位，分别达 843 万个、239 万个和 30 万个，如图 1-2 所示。

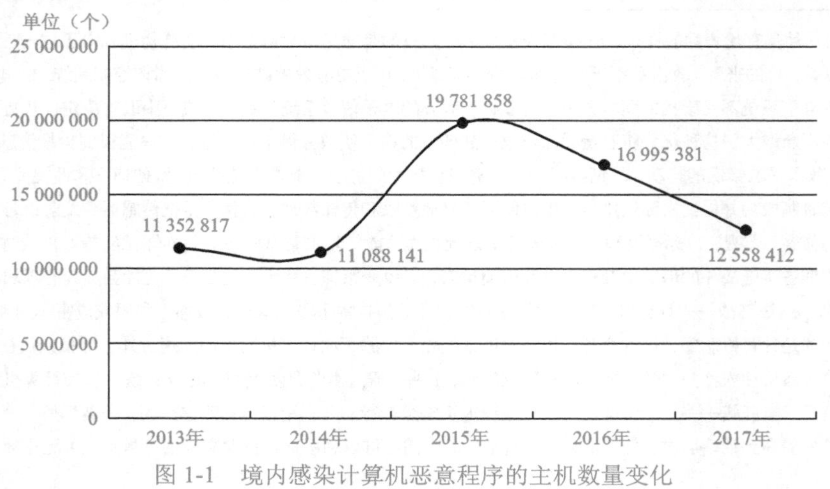

图 1-1　境内感染计算机恶意程序的主机数量变化

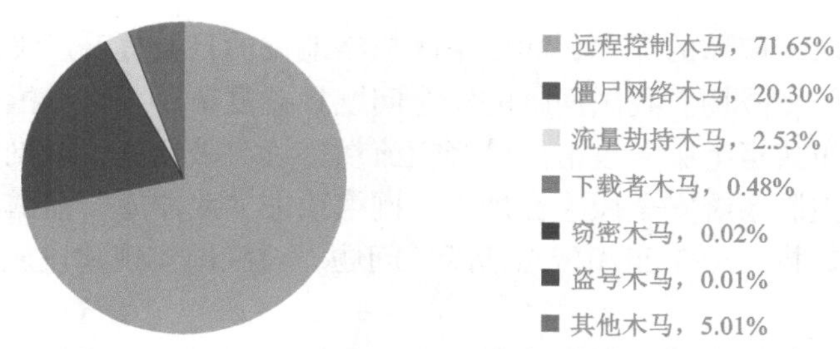

图 1-2　恶意程序类型分布

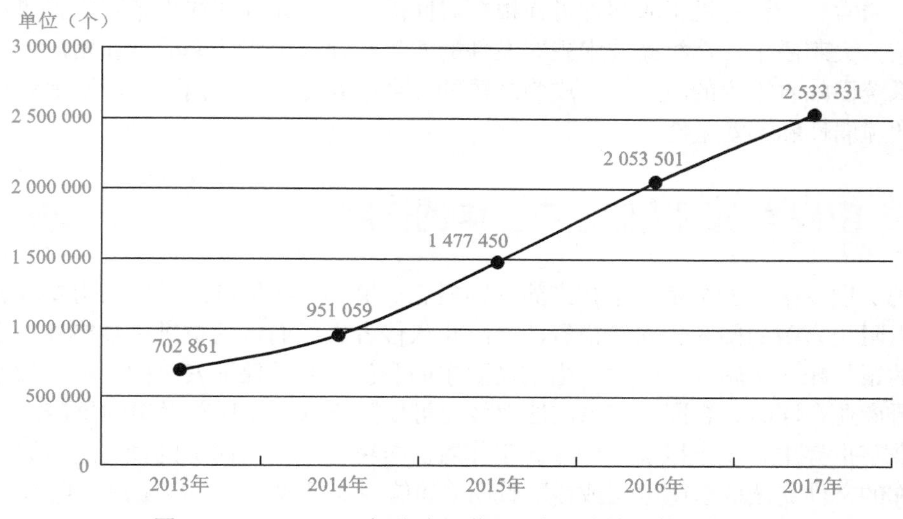

图 1-3　2013～2017 年移动互联网恶意程序捕获数量走势

随着中国 4G 用户平均下载速率的提高、手机流量资费的大幅下降，以及银行服务、生活缴费服务、购物支付业务等与网民日常生活紧密相关的服务逐步向移动互联网应用迁移，移动应用程序越来越丰富，给日常生活带来极大的便利。但随之而来的移动互联网恶意程序大量出现，严重危害网民的个人信息和财产安全。2017 年，CNCERT/CC 通过自主捕获和厂商交换获得的移动互联网恶意程序数量 253 万余个，同比增长 23.4%，增长比率近年来最低，但仍保持高速增长趋势，如图 1-3 所示。通过对恶意程序的恶意行为统计发现，排名前三的分别为流氓行为类、恶意扣费类和资费消耗类，占比分别为 35.9%、34.3% 和 10.4%，如图 1-4 所示。

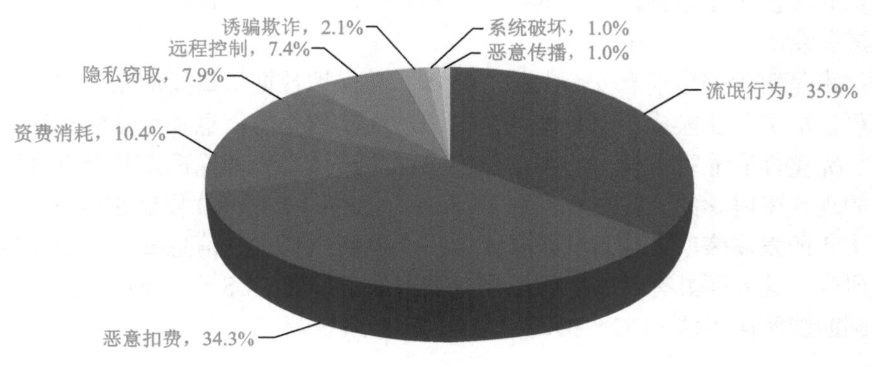

图 1-4　2017 年移动互联网恶意程序行为属性统计

总之，随着互联网应用的深化、网络空间战略地位的日益提升，网络空间已经成为国家或地区安全博弈的新战场。我国面临的安全问题日益复杂，敲诈勒索病毒盛行，漏洞利用越来越广泛，分布式拒绝服务攻击事件峰值流量持续突破新高，联网智能设备面临的安全威胁加剧，工业控制系统安全风险在加大，网络攻击“武器库”泄露给网络空间安全造成严重的潜在安全威胁，APT 组织依然活跃等问题，对我国实现建设成为网络强国目标不断提出新的挑战。

任何一个计算机犯罪案件的发生都具有无边界性、瞬时性、突发性、动态性、隐蔽性的特点。通常一个计算机犯罪案件可在很短时间内完成，并且往往很难获取犯罪者留下的证据，这大大刺激了计算机高技术犯罪案件的发生。计算机犯罪率的迅速增加，使各国的计算机系统面临着很大的威胁，并成为严重的社会问题之一，人们已经清醒地认识到计算机系统的脆弱性和不安全性。

1.2 密码学在网络信息安全中的作用

在现实世界中，安全是一个相当简单的概念。例如，我们的房子门窗上要安装足够坚固的锁以阻止窃贼的闯入；安装报警器是阻止入侵者破门而入的更进一步措施；当有人想从我们的银行账户上骗取钱款时，出纳员要求的身份证明是保证安全的一种有效手段；当我们签署商业合同时，合同上签名的法律效力可以阻止双方违反曾做出的承诺。

在数字世界中，安全以类似的方式工作着。机密性就像大门上的锁，它可以阻止非法者闯入你的文件夹读取敏感数据或盗取钱财（如信用卡号或网上证券账户信息）。数据完整性提供了一种当某些内容被改变时可以使我们得知的机制，相当于报警器。通过认证，我们可以验证实体身份，就像从银行取钱时需要用户提供合法的身份证明一样。基于密码体制的数字签名具有防否认功能，同样有法律效力，可使人们遵守数字领域的承诺。

以上思想是密码技术在保护信息安全方面起作用的具体体现。密码是一门古老的技术，但自密码技术诞生直至第二次世界大战结束，对于公众而言，密码技术始终处于一种未知的保密状态，常与军事、机要、间谍等工作联系在一起，让人感到神秘之余，又有几分畏惧。信息技术的发展迅速改变了这一切。随着计算机和通信技术的迅猛发展，大量的敏感信息通过公共通信设施或计算机网络进行交换，特别是 Internet 的广泛应用、电子商务、电子政务和移动互联网应用等的迅速发展，越来越多的个人信息需要严格保密，如：银行账号、个人隐私等。正是这种对信息的机密性和真实性的需求，密码学才逐渐揭去了神秘的面纱，走进公众的日常生活中。

密码技术是实现网络信息安全的核心技术，是保护数据最重要的工具之一。通过加密变换，将可读的文件变换成不可理解的乱码，从而起到保护信息和数据的作用。它直接支持机密性、完整性和非否认性。当前信息安全的主流技术和理论都是基于以算法复杂性理论为特征的现代密码学的。从 Diffie 和 Hellman（如图 1-5 所示）发起密码学革命起，该领域最近几十年的发展表明，信息安全技术的一个创新生长点是信息安全的编译码理论和方法的深入研究，这方面具有代表性的工作有数据加密标准 DES、高级加密标准 AES、RSA 算法、椭圆曲线密码算法 ECC、IDEA 算法、PGP 系统等。

图 1-5 Diffie 和 Hellman

今天，在计算机被广泛应用的信息时代，由于计算机网络技术的迅速发展，大量信息以数字形式存放在计算机系统里，信息的传输则通过公共信道。这些计算机系统和公共信道在不设防的情况下是很脆弱的，容易受到攻击和破坏，信息的失窃不容易被发现，而后果可能是极其严重的。如何保护信息的安全已成为许多人感兴趣的迫切问题，作为网络信息安全基础理论之一的密码学引起人们的极大关注，吸引着越来越多的科技人员投入到密码学领域的研究之中。

密码学尽管在网络信息安全中具有举足轻重的作用，但密码学绝不是确保网络信息安全的唯一工具，它也不能解决所有的信息安全问题。同时，密码编码与密码分析是一对矛和盾的关系，俗话说："道高一尺，魔高一丈"，它们在发展中始终处于一种动态的平衡。在网络信息安全领域，除了技术之外，管理也是非常重要的一个方面，如果密码技术使用不当，或者攻击者绕过了密码技术的使用（如间谍利用金钱收买或美色诱惑相关人员达到窃取机密的目的），就不可能提供真正的安全性。

1.3 密码学的发展历史

密码学的发展大致经历了三个历史阶段：古代加密方法、古典密码和近代密码。

1.3.1 古代加密方法（手工阶段）

源于应用的无穷需求总是推动技术发明和进步的直接动力。存于石刻或史书中的记载表明许多古代文明，包括埃及人、希伯来人、亚述人都在实践中逐步发明了密码系统。从某种意义上说，战争是科学技术进步的催化剂。人类自从有了战争，就面临着通信安全的需求，密码作为一种技术源远流长。

古代加密方法大约起源于公元前 440 年出现在古希腊战争中的隐写术。当时为了安全地传送军事情报，奴隶主剃光奴隶的头发，将情报写在奴隶的光头上，待头发长起后将奴隶送到另一个部落，再次剃光头发，原有的信息复现出来，从而实现这两个部落之间的秘密通信。

密码学用于通信的进一步记录是由斯巴达人于公元前 400 年应用一个称之为 Scytale 的加密工具在军事长官间传递秘密信息。Scytale 实际上是一个锥形指挥棒，在它周围环绕一张羊皮纸，然后将要保密的信息写在羊皮纸上。一旦解下这个羊皮纸，它上面的消息就像是杂乱无章、不可理解的，但将它绕在另一个同等尺寸的棒子上后，原始的消息又会出现。

我国古代也早有以藏头诗、藏尾诗、漏格诗及绘画等形式，将要表达的真正意思或"密语”隐藏在诗文或画卷中特定位置的记载，一般人只注意诗或画的表面意境，而不会去注意或难以发现隐藏其中的“话外之音”。

由上可见，自从有了文字和书写以来，为了某种需要，人们总是尽力隐藏书面形式的信息，以起到保证信息安全的目的。这些古代加密方法体现了后来发展起来的密码学的若干要素，但只能限制在一定范围内（指知道保密构造方法的人）使用。

希腊人是第一个传输密文的发明者，一个叫 Aeneas Tacticus 的希腊人在“论要塞的防护”一书中对这方面做了最早的论述。公元前二世纪，一个叫 Polybius 的希腊人设计了一种将字母编码成符号对的方法，他使用了一个称为 Polybius 的校验表，这个表中包含许多后来在加密系统中非常常见的成份，如代替与换位。Polybius 校验表由一个 5×5 的网格组成（如表 1-1 所示），网格中包含 26 个英文字母，其中，I 和 J 在同一格中（由第 3 章图 3-3 可知，I 与 J 相邻，并且它们出现的频率差异很大，结合上下文，这是最容易区分开明文中到底使用的是哪一个字母的一种组合方案）。每一个字母被转换成两个数字，第一个是字母所在的行数，第二个是字母所在的列数。如字母 A 对应着 11，字母 B 对应着 12，等等。使用这种密码可以将明文“message”置换为密文“32　15　43　43　11　22　15”。在古代，这种棋盘密码曾被广泛使用。

表 1-1　Polybius 校验表

	1	2	3	4	5
1	A	B	C	D	E
2	F	G	H	I/J	K
3	L	M	N	O	P
4	Q	R	S	T	U
5	V	W	X	Y	Z

古代加密方法主要基于手工的方式实现，因此，称为密码学发展的手工阶段。以今天的眼光来看，古代加密方法通常原理简单、变化量小、时效性较差。

1.3.2　古典密码（机械阶段）

古典密码的加密方法一般是文字置换，使用手工或机械变换的方式实现。古典密码系统已经初步体现出近代密码系统的雏形，它比古代加密方法更复杂，但其变化量仍然比较小。古典密码的代表密码体制主要有：单表代替密码、多表代替密码及转轮密码。Caesar 密码就是一种典型单表代替密码；多表代替密码有 Vigenere 密码、Hill 密码；著名的 Enigma 密码就是第二次世界大战中使用的转轮密码。

阿拉伯人是第一个清晰地理解密码学原理的人，他们设计且使用代替和换位加密，并且发现了密码分析中的字母频率分布关系。大约在 1412 年，al-Kalka-shandi 在他的大百科全书中论述了一个著名的基本处理办法，这个处理办法后来在几个密码系统中都得到过应用。他也清楚地给出了一个如何应用字母频率分析密文的操作方法及相应的例子。

欧洲的密码学起源于中世纪的罗马和意大利。大约 1379 年，欧洲第一本关于密码学的手册由生活在意大利北部城市 Parma 的 Gabriela de Lavinde 写成，它由几个加密算法组成，并且为罗马教皇 Clement（克莱门特）七世服务。这个手册包括一套用于通信各方的密钥，并且用符号取代字母和空格，形成了第一个简要的编码字符表（称为 nomenclators，即“唱名官”的替换加密方法），该编码字符表后来被逐渐扩展，并且流行了几个世纪，成为当时几乎所有欧洲政府外交通信的主流方法。

到了1860年，密码系统在外交通信中已得到普遍使用，并且已成为类似应用中的宠儿。当时，密码系统主要用于军事通信，如在美国国内战争期间，联邦军广泛地使用换位加密，主要使用的是Vigenere密码，并且偶尔使用单字母代替；然而联合军密码分析人员破译了截获的大部分联邦军密码，处于绝望中的联邦军有时在报纸上公布联合军的密码，请求读者帮助分析。

在第一次世界大战期间，敌对双方都使用密码系统（Cipher System），主要用于战术通信，一些复杂的加密系统被用于高级通信中，直到战争结束。而密码本系统（Code System）主要用于高级命令和外交通信中。

到了20世纪20年代，随着机械和机电技术的成熟，以及电报和无线电需求的出现，引起了密码设备方面的一场革命——发明了转轮密码机（简称转轮机，Rotor），转轮机的出现是密码学发展的重要标志之一。美国加州奥克兰的一个名叫Edward Hebern的人认识到：通过转轮旋转实现从转轮机的一边到另一边的单字母代替，然后将多个这样的转轮机连接起来，就可以实现几乎任何复杂度的多个字母代替。转轮机由一个键盘和一系列转轮组成，每个转轮是26个字母的任意组合。转轮被齿轮连接起来，当一个转轮转动时，可以将一个字母转换成另一个字母。照此传递下去，当最后一个转轮处理完毕时，就可以得到加密后的字母。为了使转轮密码更为安全，人们还把几种转轮和移动齿轮结合起来，所有转轮以不同的速度转动，并且通过调整转轮上字母的位置和速度为破译设置更大的障碍。1918年，Hebern造出了世界上第一台转轮机，它是基于一台用导线连接改造的早期打字机来产生单字母代替的，输出方式采用原始的亮灯指示。

几千年来，对密码算法的研究和实现主要通过手工计算来完成。随着转轮机的出现，传统密码学有了很大的进展，利用机械转轮可以开发出极其复杂的加密系统。从1921年开始的接下来10多年时间里，Hebern构造了一系列稳步改进的转轮机，并投入美国海军的试用评估，他申请了第一个转轮机的专利，这种装置在差不多50年内被指定为美军的主要密码设备。毫无疑问，这个工作奠定了二次世界大战中美国在密码学方面的超级地位。

在美国Hebern发明转轮密码机的同时，欧洲的工程师们，如荷兰的Hugo Koch、德国的Arthur Scherbius都独立地提出了转轮机的概念。Arthur Scherbius于1919年设计出了历史上最著名的转轮密码机——德国的Enigma机，如图1-6（a）所示，被德军改进后在整个二次世界大战期间，曾作为德国陆、海、空三军最高级密码机得到了广泛的使用，四轮Enigma在1944年装备德国海军。Enigma意为“谜”，当时德军认为它是不可破译的；为了战胜Enigma，英国人在布莱榭丽公园的小木屋里建起了密码学校，这里聚集着不同寻常的怪才数学家、军事家、心理学家、语言学家、象棋高手、填字游戏专家，有些人专门负责处理细节，有些人则通过不合常理的思维跳跃来寻找灵感，到二战结束时，已经达到约7 000人的规模。其中，以著名的Alan Turing为代表的英国科学家利用德国人的加密失误于1942年破解了Enigma，为扭转二战盟军的大西洋战场战局立下了汗马功劳，军事科学家估计，盟军对德军密码的成功破译使二战至少提前一年结束；破解的秘密直到20世纪70年代世界各国已转向计算机加密的研究时才公开。第二次世界大战开创了密码史上的黄金时代。

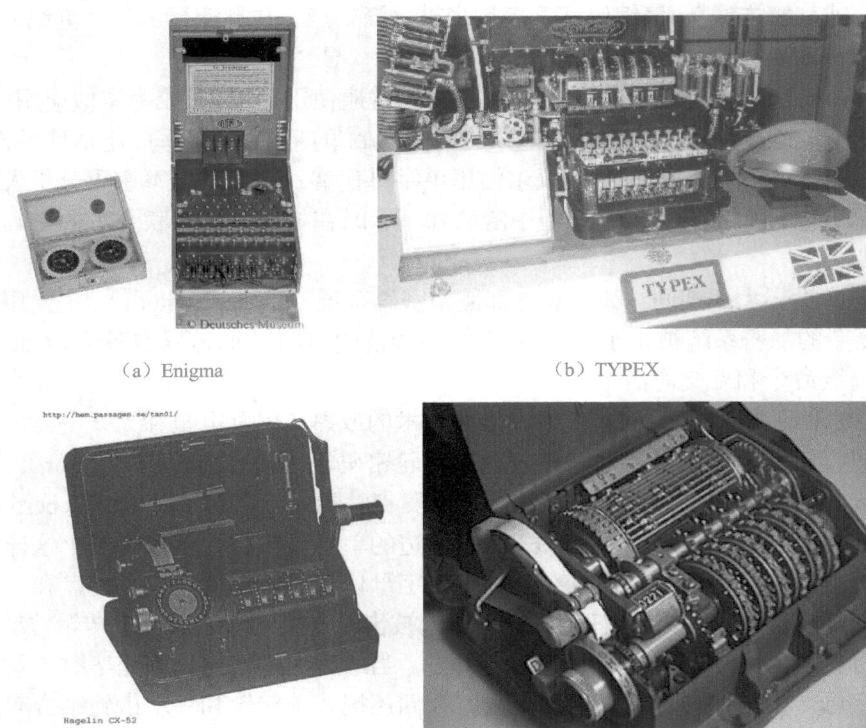

（a）Enigma　（b）TYPEX

（c）C-36　（d）M-209

图 1-6　几个典型的密码机

Enigma 机的主要部件包括以下部分（如图 1-7 所示）。

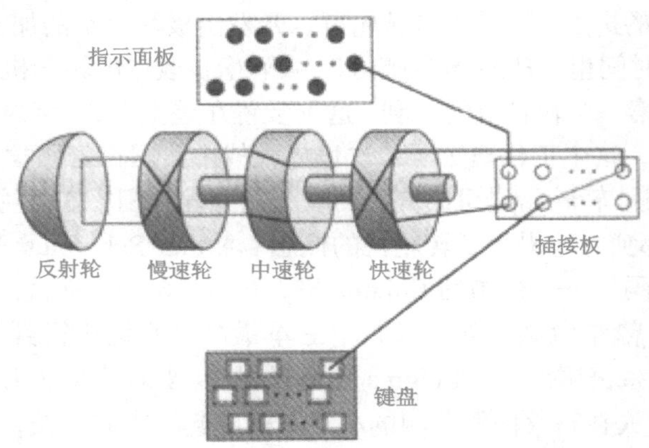

图 1-7　Enigma 机的结构示意图

- 一个有 26 个键的键盘。用于加密时输入明文字符，解密时输入密文字符。
- 一个有 26 个灯泡的指示面板。用以指示加密得到的密文字符和解密恢复的明文字符。
- 一个有 26 个插孔的插接板。分成两排，用 13 根线手动连接配置。这个配置每天改变一次以提供不同的混乱度。
- 三个正向轮。分为慢速轮、中速轮和快速轮，每天从五个可用的转轮中选出三个。

经键盘每输入一个字符，快速轮就转动一轮的 1/26（对应 26 个英文字符中的一个）；快速轮每转动一轮，中速轮就转动 1/26 轮；中速轮每转动一轮，慢速轮就转动 1/26 轮。

- 一个反射轮。反射轮是静止的，并预先用线连接好。

这些机器也刺激了英国在二次世界大战期间所使用的 TYPEX 密码机的出现，如图 1-6（b）所示，英国的 TYPEX 密码机是德国三轮 Enigma 的改进型密码机，它增加了两个轮使得破译更加困难。它在英军通信中使用广泛，并帮助破译德军信号。

Hagelin(哈格林)密码机是在二次世界大战期间得到广泛使用的另一类转轮密码机。它由瑞典的 Boris Caesar Wilhelm Hagelin 发明。二战中，Hagelin C-36 型密码机，如图 1-6（c）所示，曾在法国军队中得到广泛使用，它由 Aktiebolaget Cryptoeknid Stockholm 于 1936 年制造，密钥周期长度为 3 900 255。对于纯机械的密码机来说，这已是非常不简单了。Hagelin C-48 型（即 M-209），如图 1-6（d）所示，是哈格林对 C-36 改进后的产品，由 Smith-Corna 公司负责为美国陆军生产，曾装备美军师到营级部队，在朝鲜战争期间还在使用。M-209 增加了一个有 26 个齿的密钥轮，共由 6 个共轴转轮组成，每个转轮外边缘分别有 17、19、21、23、25、26 个齿，它们互为素数，从而使它的密码周期达到了 $26 \times 25 \times 23 \times 21 \times 19 \times 17= 101\ 405\ 850$。

日本人在二次世界大战期间所使用的密码机与 Hebern 和 Enigma 密码机间有一段有趣的历史渊源：在第一次世界大战期间及之后，美国政府组织了第一个正式的密码分析活动，曾指导该活动的美国密码学家赫伯特·亚德利出版了 *The American Black Chamber*（即《美国黑室》）一书。在该书中，他列举了美国人成功地破译日本密码的细节：日本政府致力于开发尽可能最好的密码机，为了达到这个目的，它购买了 Hebern 的转轮机和商业的 Enigma，包括其他几个当时流行的密码机来研究。在 1930 年，日本的第一个转轮密码机（美国分析家把它称之为 RED）开始为日本外交部服务。然而，因为具有分析 Hebern 转轮密码机的经验，美国的密码分析家们成功地分析出了 RED 所加密的内容。在 1939 年，日本人引入了一个新的加密机（美国分析家将之称为 PURPLE），其中的转轮机被用电话步进交换机所取代。

转轮密码机的使用大大提高了密码加密速度，但由于密钥量有限，到二战中后期时，引出了一场关于加密与破译的对抗。密码分析最伟大的成功发生在二次大战期间，当时波兰人和英国人破译了 Enigma 密码，并且美国密码分析者攻破了日本的 RED、ORANGE 和 PURPLE 密码，这些进步对联军在二次世界大战中获胜起到了关键性作用。

二次大战后，电子学开始被引入到密码机中。第一个电子密码机仅仅是一个转轮机，只是转轮被电子器件取代。这些电子转轮机的唯一优势在于它们的操作速度，但它们仍受到机械式转轮密码机固有弱点（密码周期有限、制造费用高等）的影响。

1.3.3 近代密码（计算机阶段）

密码形成一门新的学科是在 20 世纪 70 年代，这是受计算机科学蓬勃发展刺激和推动的结果。电子计算机和现代数学方法一方面为加密技术提供了新的概念和工具，另一方面也给破译者以有力武器。计算机和电子学时代的到来给密码设计者带来了前所未有的自由，他们可以轻易地摆脱原先用铅笔和纸进行手工设计时易犯的错误，也不用再面对电子机械方式实现的密码机的高额费用。总之，利用电子计算机可以设计出更为复杂的密码系统。

密码学的理论基础之一应该首推 1949 年 Claude Shannon 发表的《保密系统的通信理论》

（*The communication theory of secrecy systems*），这篇文章过了约 30 年后才显示出它的价值；1976 年 W.Diffie 和 M.Hellman 发表了《密码学的新方向》（*New directions in cryptography*），提出了适应网络上保密通信的公钥密码思想，开辟了公开密钥密码学的新领域，掀起了公钥密码研究的序幕。受他们的思想启迪，各种公钥密码体制被提出，特别是 1978 年 RSA 公钥密码体制的出现，成为公钥密码的杰出代表，并成为事实上的标准，在密码学史上是一个里程碑。可以这么说："没有公钥密码的研究就没有近代密码学"。同年，美国国家标准局（NBS，即现在的国家标准与技术研究所，NIST）正式公布实施了美国的数据加密标准（Data Encryption Standard，简写为 DES），公开它的加密算法，并批准用于政府等非机密单位及商业上的保密通信。上述两篇重要的论文和美国数据加密标准 DES 的实施，标志着密码学的理论与技术的划时代的革命性变革，宣布了近代密码学的开始。

近代密码学与计算机技术、电子通信技术紧密相关。在这一阶段，密码理论蓬勃发展，密码算法设计与分析互相促进，出现了大量的密码算法和各种攻击方法。另外，密码使用的范围也在不断扩张，而且出现了许多通用的加密标准，促进网络和技术的发展。

现在，由于现实生活的实际需要及计算机技术的进步，密码学有了突飞猛进的发展，密码学研究领域出现了许多新的课题、新的方向。例如：在分组密码领域，由于 DES 已经无法满足高保密性的要求，美国于 1997 年 1 月开始征集新一代数据加密标准（即高级数据加密标准，Advanced Encryption Standard，AES）。目前，AES 的征集已经选择了比利时密码学家所设计的 Rijndael 算法作为标准草案。AES 征集活动使国际密码学界又掀起了一次分组密码研究高潮。同时，在公开密钥密码领域，椭圆曲线密码体制由于其安全性高、计算速度快等优点引起了人们的普遍关注，许多公司与科研机构都投入到对椭圆曲线密码的研究当中。目前，椭圆曲线密码已经被列入标准作为推荐算法。另外，由于嵌入式系统的发展、智能卡的应用，这些设备上所使用的密码算法由于系统本身资源的限制，要求密码算法以较小的资源快速实现，这样，公开密钥密码的快速实现成为一个新的研究热点。最后，随着其他技术的发展，一些具有潜在密码应用价值的技术也逐渐得到了密码学家的重视，出现了一些新的密码技术。例如，混沌密码、量子密码等，这些新的密码技术正日益受到重视，并逐步实用化。

1.4 网络信息安全的机制和安全服务

任何危及网络系统信息安全的活动都属于安全攻击。网络信息安全的基本目标就是保护网络系统的硬件、软件及其系统中的数据，使其不被未经授权的访问（机密性）、不因偶然的或者恶意的原因而遭到破坏、更改（完整性），保证系统连续、正常运行，网络服务不中断（可用性）。因此，网络信息安全的任务包括：保障各种网络资源稳定、可靠地运行；保障各种网络资源受控、合法地使用。为了保证网络中的信息安全和网络信息安全任务的实现，人们通常基于某些安全机制，向用户提供一定的安全服务，并且安全服务的实现要依赖于一定的安全技术（如密码学和隐写术）。

1.4.1 安全机制

所谓安全机制，是指用来保护系统免受侦听、阻止安全攻击及恢复系统的机制。ITU-T 推荐的开放系统互联（OSI）安全框架——X.800 方案中对安全机制进行了详细定义，可分为两类。

1. 特定安全机制

它在特定的协议层实现，以提供一些 OSI 安全服务。具体包括如下机制。

（1）加密

运用一定的数学算法将数据转换成不可直接识读的形式，提供机密性。数据的转换和恢复依赖于算法和密钥。

（2）数字签名

基于被签名数据内容的一种密码变换，它能使发送方以电子的方式签名数据，使接收方以电子的方式证实数据来源的真实性，防止伪造和否认。数字签名的实现依赖于公钥密码体制中公钥和私钥的配合使用。

（3）访问控制

对系统资源进行访问控制的机制。访问控制机制运用多种方法来证实用户对系统的数据或资源拥有访问权限，最典型的访问控制机制就是“账号＋口令”模式。

（4）数据完整性

用于保证数据或数据流不被非授权篡改、伪造等引起完整性破坏的机制。数据完整性机制通常要求基于特定的过程生成数据的校验值，并将其附在原始数据之后，接收方收到该数据和其校验值之后，可以按发送方相同的方法生成该数据的校验值，并与收到的校验值进行比较。如果二者一致，则数据的完整性能得到保证。

（5）认证交换

通过信息交换来确认实体身份的各种机制，即通信双方交换一些信息以相互证实自己的身份。

（6）流量填充

为了阻止流量分析而在数据流中插入若干位数据的操作。

（7）路由控制

能够为某些特殊数据选择物理上安全的路线的方法。路由控制意味着在发送方和接收方之间选择并不断地变换不同的可用路由，阻止攻击者窃听某个特定的路由。

（8）公证

利用可信的第三方来保证数据交换的某些性质，如真实性、完整性、不可否认性等。如为了防止源方否认，接收方引入一个可信的第三方存储发送方的请求，阻止发送方事后否认发出的请求。

2. 通用安全机制

通用的安全机制不属于任何的 OSI 协议层或安全服务。包括：

（1）可信功能

根据安全策略等建立的标准被认定是可信的。

（2）安全标签

资源的标志，用以指明该资源的安全属性。

（3）事件检测

检测与安全相关的事件。

（4）安全审计跟踪

是指对系统记录和行为的独立回顾和检查。

（5）安全恢复

根据安全机制的要求，对受到攻击后的系统采取恢复行为。

1.4.2 安全服务

安全服务就是加强数据处理系统和信息传输的安全性的一类服务，其目的在于利用一种或多种安全机制阻止安全攻击。对网络信息系统而言，通常需要以下几个方面的安全服务。

1. 机密性（Confidentiality）

机密性是信息不泄露给非授权的用户、实体或过程，或供其利用的特性，是信息安全最基本的需求。它确保存储在一个系统中的信息（静态信息）或正在系统之间传输的信息（动态信息）仅能被授权的各方得到或访问。例如，个人需要保护自己的隐私信息，组织需要避免恶意行为危害自己信息的机密性，军事行动中敏感信息不能公开，对工业间谍隐藏机密消息，银行系统中客户的账户信息必须保密等。机密性可以保护数据免受被动攻击。

① 对于消息内容的析出，机密性能够确定不同层次的保护。如广义保护可以防止一段时间内两个用户之间传输的所有用户数据被泄露；狭义保护可以保护单一消息中某个特定字段的内容。

② 对于通信量分析，机密性要求一个攻击不能在通信设施上观察到通信量的源端和目的端、通信频度、通信量长度或其他特征。

2. 完整性（Integrity）

完整性是数据未经授权不能进行改变的特性，即信息在存储或传输过程中不被修改、不被插入或删除的特性。它保证收到的数据是授权实体所发出的数据。完整性可以保护整个消息或消息的一部分。

完整性服务旨在防止以某种违反安全策略的方式改变数据的价值和存在的威胁。改变数据的价值是指对数据进行修改和重新排序；而改变数据的存在则意味着新增、删除或替代它。与机密性一样，完整性能够应用于一个消息流、单个消息或一个消息中的所选字段。

面向连接的完整性服务用于处理消息流的篡改和拒绝服务，它能确保接收到的消息如同发送的消息一样，没有冗余、插入、篡改、重排序或延迟，也包括数据的销毁。

无连接的完整性服务用于处理单个无连接消息，通常只保护消息免受篡改。

违反完整性不一定是恶意行为的结果，系统的中断（如电力方面的浪涌）也可能造成某些信息意想不到的改变。对完整性的破坏通常只关注检测，而不关注防止，一旦检测到完整性被破坏就报告并采取适当的恢复措施。

3. 鉴别（Authentication）

鉴别也叫认证，用于确保一个消息的来源或消息本身被正确地标识，同时确保该标识没有被伪造。鉴别服务关注确保通信是否真实可信，分为实体认证[①]和数据源认证。

对于单个消息而言，鉴别服务要求能向接收方保证该消息确实来自于它所宣称的源，

① 物理世界中传统使用的令牌、令旗、腰牌、虎符、尚方宝剑，以及签名、人的面部特征、指纹、眼虹膜、DNA 识别等都是进行实体认证的方式。

即数据源认证。数据源认证主要用于无连接的通信。

实体认证是指对于通信的双方而言，鉴别服务则要求在连接发起时能确保这两个实体是可信的，即每个实体的确是它宣称的那个实体。另外，鉴别服务还必须确保该连接不被干扰，使得第三方不能假冒这两个合法方中的任何一方来达到未授权传输或接收的目的。实体认证主要用于面向连接的通信。

4. 非否认性（Non-repudiation）

也叫不可抵赖性。非否认是防止发送方或接收方抵赖所传输的消息，要求无论发送方还是接收方都不能抵赖所进行的传输。因此，当发送一个消息时，接收方能够提供源方证据以证实该消息的确是由所宣称的发送方发来的（源非否认性）。当接收方收到一个消息时，发送方能够提供投递证据以证实该消息的确送到了指定的接收方（宿非否认性）。

5. 访问控制（Access Control）

在网络环境中，访问控制是限制或控制经通信链路对主机系统和应用程序等系统资源进行访问的能力。防止对任何资源（如计算资源、通信资源或信息资源）进行未授权的访问，即未经授权地读、写、使用、泄露、修改、销毁及颁发指令等。访问控制直接支持机密性、完整性及合法使用等安全目标。对信息源的访问可以由目标系统控制，控制的实现方式是认证。

访问控制是实施授权的一种方法。通常有两种方法用来阻止非授权用户访问目标：①访问请求过滤：当一个发起者试图访问一个目标时，需要检查发起者是否被准予访问目标（由控制策略决定）。②隔离：从物理上防止非授权用户有机会访问到敏感数据的目标。

访问控制策略的具体类型有以下几种。

（1）基于身份的策略

即根据用户或用户组对目标的访问权限进行控制的一种策略。形成“目标-用户-权限”或“目标-用户组-权限”的访问控制形式。

（2）基于规则的策略

是将目标按照某种规则（如重要程度）分为多个密级层次，如绝密、秘密、机密、限制和无密级，通过分配给每个目标一个密级来操作。

（3）基于角色的策略

可以认为是基于身份的策略和基于规则的策略的结合。

6. 可用性（Availability）

如果信息不可用就没有价值。可用性是可被授权实体访问并按需求使用的特性，也就是说，要求网络信息系统的有用资源在需要时可为授权各方使用，保证合法用户对信息和资源的使用不会被不正当地拒绝。例如，网络环境下拒绝服务、破坏网络和有关系统的正常运行等都是对可用性的攻击；网络服务的目标之一就是防止各种攻击对系统可用性的损害。

1.4.3 安全机制与安全服务之间的关系

不仅一种安全机制或多种安全机制的组合可以提供某种安全服务，一个安全机制也可能用于一个或多个不同的安全服务之中。安全服务与安全机制之间的关系如表 1-2 所示。

表 1-2　安全服务与安全机制之间的关系

安全服务	安全机制
机密性	加密和路由控制
完整性	加密、数字签名和数据完整性
鉴别	加密、数字签名和认证交换
非否认性	数字签名、数据完整性和公证
访问控制	访问控制
可用性	访问控制和路由控制

1.5　安全攻击的主要形式及其分类

1.5.1　安全攻击的主要形式

安全攻击的主要形式包括以下几种。

1. 截取（Interception or Eavesdropping）

即未获授权地通过对传输进行窃听和监测，从而获取对某个资源的访问，这是对机密性的攻击，如图 1-8（b）所示，分为两种情况。

（1）**析出消息内容（Snooping）**：当人们通过网络进行通信或传输文件时，如果不采取任何保密措施，攻击者就有可能在网络中搭线窃听，以获取他们通信的内容。如电话交谈、电子邮件消息和传送的文件可能包括敏感或机密消息，我们希望阻止攻击者从这些传输中得知相关内容，并服务于攻击者的利益追求。

（2）**通信量分析（Traffic analysis）**：假定我们用某种方法（如加密）屏蔽了消息内容，这使得即使攻击者获取了该消息也无法从消息中提取有用信息。但即使我们已用加密进行保护，攻击者也许还能观察这些消息的结构模式，即他还能够测定通信主机的位置和标识，能够观察被交换消息的频率和长度，这些信息对猜测正在发生的通信的性质或许是有用的。例如，公司间的合作关系可能需要保密，电子邮件用户可能不希望别人知道自己在跟谁通信（电子邮件地址），电子现金的支付者可能不想让别人了解自己正在消费什么，Web 浏览器用户也可能不愿让别人知道自己正在浏览哪一个网站等。

2. 中断（Interruption）

中断即拒绝服务（Denial of Service，DoS），是指防止或禁止通信设施的正常使用或管理，从而达到减慢或中断系统服务的目的。对可用性的攻击如图 1-8（c）所示。这种攻击通常有两种形式：一种是攻击者删除通过某一连接的所有协议数据单元（Protocol Data Unit，PDU），从而抑制消息指向某个特殊的目的地（如安全审计服务）；另一种是使整个网络性能降低或崩溃，可能采取的手段是使网络不能工作，或者滥发消息使之过载。例如，硬件的毁坏，一条通信线路的切断，截取和删除服务器对客户的响应，发送多个伪造的请求给服务器使其因过载而崩溃，或截取客户对服务器的请求导致客户多次向服务器发送请求而使系统过载。

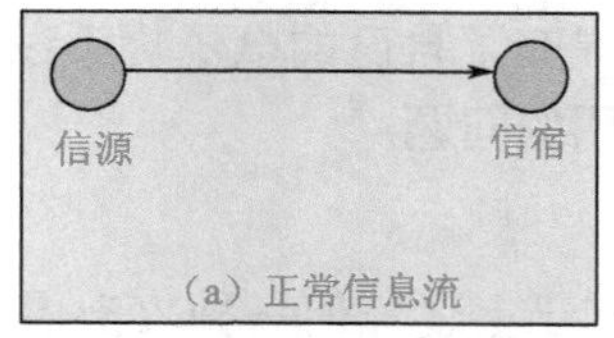

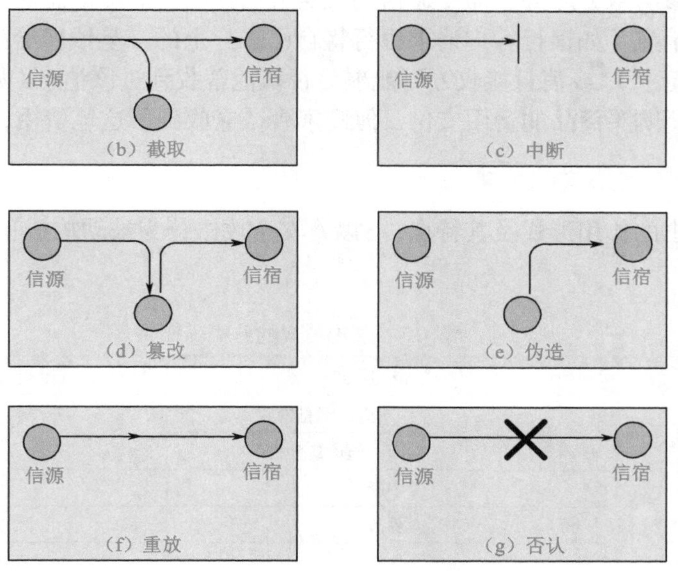

图 1-8　安全攻击的主要形式

3. 篡改（Modification）

篡改即更改报文流，它是对通过连接的协议数据单元 PDU 的完整性的攻击，意味着一个合法消息的某些部分被改变，或消息被延迟、删除或改变顺序，以产生一个未经授权的效果，如图 1-8（d）所示。

篡改可以是更改 PDU 中的协议控制信息，使 PDU 被发送到错误的目的地；或者更改 PDU 的数据部分，如一条消息为“允许张三读机密文件”被篡改为“允许李四读机密文件”；或者删除 PDU，或更改 PDU 中协议控制部分的序号。例如：一个客户向银行发送一个交易指令消息，攻击者可能截取到该消息，并改变其中的交易指令以便为自己谋取利益。

4. 伪造（Fabrication or Masquerading）

伪造是一个非法实体假装成一个合法的实体，如图 1-8（e）所示。伪造通常与其他攻击形式结合在一起才具有攻击性效果。例如，攻击者重放以前其他合法连接初始化序列的记录，从而获得自己本身没有的某些特权；攻击者通过截取攻击获得了合法用户的银行卡账号信息（PIN）与密码，就可以假装成该用户与关联的银行信息系统进行正常的交易。

5. 重放（Replaying）

如图 1-8（f）所示，重放涉及一个数据单元被获取以后的后继重传，以产生一个未授权的效果。在这种攻击中，攻击者记录下某次通信会话，然后在某个时刻，重放整个会话或其中的一部分。如一个合法用户刚从银行提取了 2 000 元钱，该记录被截获，攻击者再次向银行提交相同的取款指令。重放还有一种情况在电子商务交易中出现的可能性较大，就是系统的合法用户向一个商家提交了自己的电子货币以后，再次将这些已使用的电子货币向另一个商家提供，即货币重用的问题。

6. 否认（Repudiation）

如图 1-8（g）所示，否认不同于上述任何一种攻击形式，因为它的执行者（即攻击者）不是来源于通信参与双方之外，而是通信的发送方或接收方。即消息的发送方可能事后否认他曾发送过该消息（如银行客户请求银行将自己账户上的一笔钱转给第三方，但后来他否认做了如此的请求），或消息接收方可能事后否认他曾收到过该消息（如网上购物的客户通过网络完成了所购买商品的费用支付，但商家否认它收到了这笔费用，并要求支付）。

1.5.2 安全攻击形式的分类

根据安全攻击的作用形式及其特点，可以将安全攻击分为被动攻击和主动攻击两大类，如表 1-3 所示。

表 1-3 攻击形式的分类

攻击类别	攻击形式		受威胁的数据性质
被动攻击	截取	析出消息内容	机密性
		通信量分析	
主动攻击	中断		可用性
	篡改		完整性
	伪造		真实性
	重放		新鲜性
	否认		不可否认性

1. 被动攻击（Passive Attacks）

在被动攻击中，攻击者只是观察通过一个连接的协议数据单元 PDU，以便了解与交换相关的信息，并不修改数据或危害系统。这种消息的泄露可能会危害消息的发送方与接收方，但对系统本身不会造成任何影响，系统能够正常工作。如搭线窃听、对文件或程序的非法复制等，以获取他人的信息。被动攻击本质上是在传输中的偷听或监视，其目的是从传输中获得信息，被动攻击只威胁数据的机密性。典型的被动攻击形式就是截取，包括析出消息内容和通信量分析。

对于被动攻击，通常是难以发现或检测的，因为它们并不会导致数据有任何变化，对付被动攻击的重点是防止，可以采用各种数据加密技术来阻止被动攻击。

2. 主动攻击（Active Attacks）

主动攻击是指攻击者对连接中通过的 PDU 进行各种处理，这些攻击涉及某些数据流的篡改或一个虚假流的产生。如有选择地更改、删除、增加、延迟、重放，甚至还可将合成的或仿造的 PDU 送入到一个连接中去。主动攻击的目的是试图改变系统资源或影响系统的正常工作，它威胁数据的机密性、完整性和可用性等。主动攻击包括五类：中断、篡改、伪造、重放和否认。

主动攻击表现出与被动攻击相反的特点。攻击者可以通过多种方式和途径发起主动攻击，完全防止主动攻击是相当困难的。对于主动攻击，可采取适当措施（如加密技术和鉴别技术相结合）加以检测和发现，并从主动攻击引起的任何破坏或时延中予以恢复。同时，这种检测也具有一定的威慑作用。

学习拓展与探究式研讨

[国内信息安全现状调查报告] 选定一个感兴趣的信息应用领域或方向，通过调研和广泛查阅文献资料，撰写一份国内相关应用领域的信息安全现状调查报告。

习 题

1.1 为什么会有信息安全问题的出现?

1.2 简述密码学与信息安全的关系。

1.3 简述密码学发展的三个阶段及其主要特点。

1.4 近代密码学的标志是什么?

1.5 安全机制是什么? 主要的安全机制有哪些?

1.6 什么是安全服务? 主要的安全服务有哪些?

1.7 简述安全性攻击的主要形式及其含义。

1.8 什么是主动攻击和被动攻击，各有何特点?

第 2 章 密码学基础

知识单元与知识点	➢ 密码学相关概念； ➢ 密码系统的安全条件与分类； ➢ 安全模型； ➢ 密码体制。
能力点	✧ 深入理解密码学的相关概念； ✧ 把握柯克霍夫原则、密码系统的安全条件与分类方式； ✧ 理解网络通信安全模型和网络访问安全模型； ✧ 理解对称密码体制和非对称密码体制的含义与优缺点。
重难点	■ 重点：安全模型；密码体制。 ■ 难点：密码系统的安全条件。
学习要求	✓ 熟练掌握密码学的相关概念； ✓ 了解密码系统的安全条件与分类； ✓ 掌握网络通信安全模型和网络访问安全模型； ✓ 熟练掌握对称密码体制和非对称密码体制的含义与优缺点。
问题导引	→ 什么是密码学？ → 密码系统是如何运行的？ → 如何区分对称密码体制和非对称密码体制？

2.1 密码学相关概念

密码学（cryptology）作为数学的一个分支，是密码编码学和密码分析学的统称。或许与最早的密码实践起源于古希腊有关，cryptology 这个词来源于希腊语（kryptos 和 graphein），cryptos 是隐藏、秘密的意思，logos 是单词的意思，graphos 是书写、写法的意思，cryptography 就是“如何秘密地书写单词”。

通过变换消息使其保密的科学和艺术叫做密码编码学（cryptography），密码编码学是密码体制的设计学，即怎样编码，采用什么样的密码体制以保证信息被安全地加密。从事此行业的人员叫做密码编码者（cryptographer）。

与之相对应，密码分析学（cryptanalysis）就是破译密文的科学和艺术。密码分析学是在未知密钥的情况下从密文推演出明文或密钥的艺术。密码分析者（cryptanalyst）是从事密码分析的专业人员。

在密码学中，有一个五元组：{明文、密文、密钥、加密算法、解密算法}。对应的加密方案和解密方案称为密码体制。

明文：是作为加密输入的原始信息，即消息的原始形式，通常用 m（代表 message）

交流与微思考

或 p（代表 plaintext）表示。所有可能明文的有限集称为明文空间，通常用 M 或 P 表示。

密文：是明文经加密变换后的结果，即消息被加密处理后的形式，通常用 c（代表 ciphertext）表示。所有可能密文的有限集称为密文空间，通常用 C 表示。

密钥：是参与密码变换的参数，通常用 k（代表 key）表示。一切可能密钥构成的有限集称为密钥空间，通常用 K 表示。

加密算法：是将明文变换为密文的变换函数，相应的变换过程称为加密，即编码的过程，通常用 E（代表 Encryption）表示，即 $c = E_k(p)$。

解密算法：是将密文恢复为明文的变换函数，相应的变换过程称为解密（也称破译[①]），即解码的过程，通常用 D（代表 Decryption）表示，即 $p = D_k(c)$。

对于有实用意义的密码体制而言，总是要求它满足：$p = D_k(E_k(p))$，即用加密算法得到的密文总是能用一定的解密算法恢复出原始的明文来。而密文消息的获取同时依赖于初始明文和密钥的值，如图 2-1 所示。

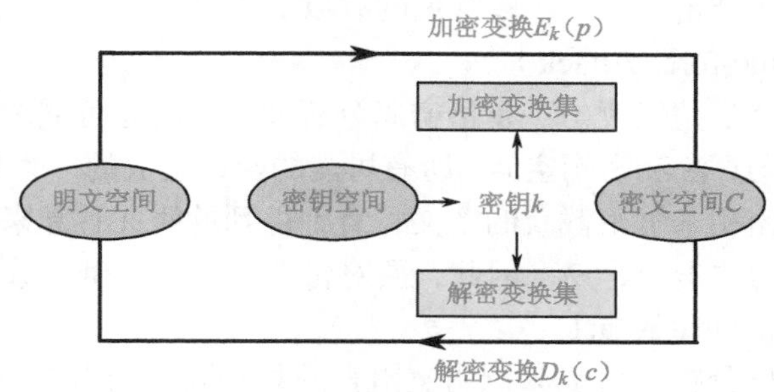

$$\forall k \in K, \forall p \in P,\ D_k(E_k(p)) = p$$

图 2-1　密码体制的组成

研究密码分析技术有助于了解不同密码系统的脆弱性，也有助于创建更安全的密码编码结果。根据密码分析者对明文、密文等信息掌握的多少，可将密码分析分为以下五种情形。

1. 唯密文攻击（Ciphertext-only Attack）

唯密文攻击如图 2-2 所示。对于这种形式的密码分析，密码分析者已知的内容只有密文，即假设密码分析者已知算法并能截取到密文，他要尽力找出所使用的密钥和对应的明

① 美国情报出错触发越南战争？美国国家安全局历史学家罗伯特·J·汉约克研究发现，情报人员错误破译越南人民军的联络密码，为美国捏造“北部湾事件”，挑起越南战争提供了口实。北部湾事件是指美国驱逐舰“马多克斯号”1964年8月2日入侵越南领海，并展开武装挑衅。遭越南人民军反击后，美国反诬越南海军偷袭，宣称美国海军遭到“挑衅”。次日，约翰逊扬言美国舰只继续在北部湾巡逻，同时增派大批舰船，武装恫吓越南人民。两天后，美国政府宣称，美国军舰再次遭到越南鱼雷快艇袭击，制造了所谓的“北部湾事件”。次日，美军出动64架飞机对越南北方的义安、鸿基和清化等地区实施狂轰滥炸，战火扩大到越南全境。在越南战争中，美军伤亡34万余人，越南人民死亡100多万。汉约克2001年初发表在国家情报局内部刊物《密码季刊》上的研究报告指出，美国官方对于所谓“北部湾事件”的解释与国家情报局设在越南南部和菲律宾监听站破译的情报相互矛盾。监听站1964年8月4日截获越南人民军的暗号“我们牺牲了两名同志”，这句话明显指双方8月2日交火时越南人民军的伤亡人数，却被错误地翻译为“我们损失了两艘船”，变成越南人民军在报告舰船损失情况。

文。唯密文攻击最容易实施，因为密码分析者只需要知道密文，密码算法必须要能抵抗这类攻击，这是密码算法设计的最低要求。

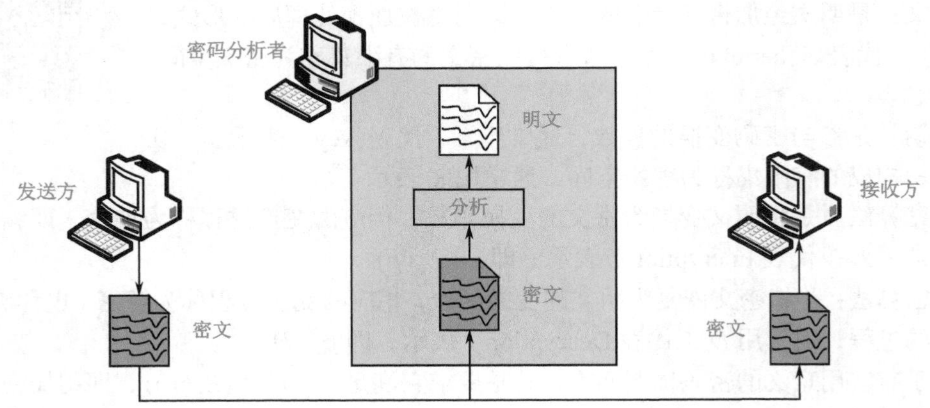

图 2-2　唯密文攻击

有多种方法可用于唯密文攻击，较常见的有以下 3 种。

- 蛮力攻击（Brute-force Attack）

蛮力攻击（或称穷尽搜索攻击）是指密码分析者测试所有可能的密钥，即假设密码分析者知道所使用的密码算法和密钥空间（所有可能的密钥组成的一个集合），然后利用密钥空间中每一个可能的密钥来解密截获的密文，直到得到的明文看起来有意义。今天在计算机的帮助下，实施蛮力攻击很容易。因此，要对付这类攻击，密钥数必须足够多。

- 统计攻击（Statistical Attack）

交流与微思考

统计攻击是指密码分析者可以分析明文语言的某些固有的内在属性（即统计特征），从而获得某种好处或利益。例如，在英文文本中，字母“E”出现的频率最高，密码分析者找出密文中最常用的字符，并假定它对应明文中的字符“E”；根据这样的原理再类推出现频率第二高、第三高等的字符对应关系，有了几个明文和密文字符的对应关系之后，密码分析者就能分析得出所使用的密钥，并用它解密整个消息。要对付这类攻击，密码算法必须要能隐藏明文语言的统计特征。

- 模式攻击（Pattern Attack）

一些密码算法可能隐藏了明文语言的统计特征，但可能在密文中形成了某些模式。密码分析者就可以利用这些模式来实施模式攻击。要对付这类攻击，要求加密所得到的密文尽可能看起来像是随机的。

2. 已知明文攻击（Known-plaintext Attack）

已知明文攻击如图 2-3 所示。在已知明文攻击中，密码分析者已知的内容包括：一个或多个明文-密文对，截获的待解密的密文。明文-密文对被事先搜集，例如，情报人员可能窃取到明文-密文对，或者发送方曾发送过一个秘密消息给接收方，但是他后来将这个消息的内容公开了，密码分析者保留着这个消息的明文和对应的密文；如果发送方没有改变密钥，密码分析者就可利用所保留的明文-密文对来分析发送方随后发送的密文。这种方法对唯密文攻击也有效。如果发送方没有公开以前的消息，或后来发送密文所使用的密钥已改变，则这种攻击不太可能实施。

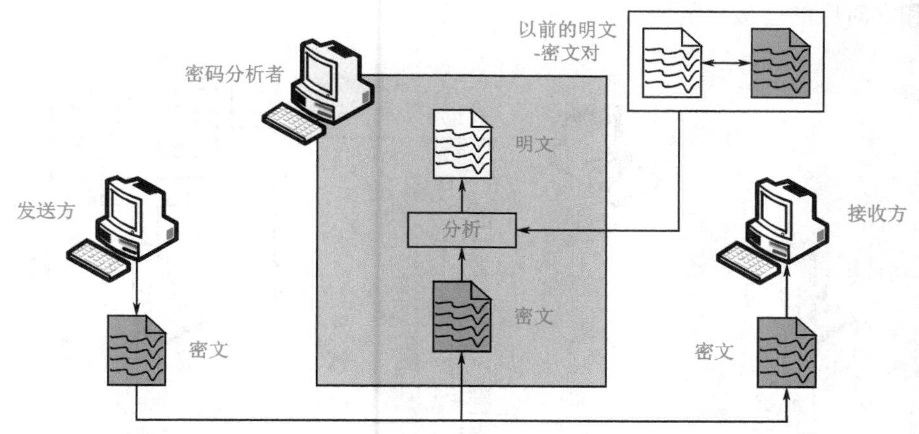

图 2-3　已知明文攻击

3. 选择明文攻击（Chosen-plaintext Attack）

与已知明文攻击类似，不同点在于选择明文攻击的密码分析者可以自己选定明文消息，并知道其对应的密文。这种攻击在密码分析者能够访问到发送方的计算机时可能发生，如图 2-4 所示，密码分析者选择一些明文并截取到对应的密文；当然，他并不知道密钥，因为密钥一般被发送方置入软件之中。另外，在公钥密码体制中，攻击者可以利用公钥加密任意选定的明文，这种攻击也是选择明文攻击。

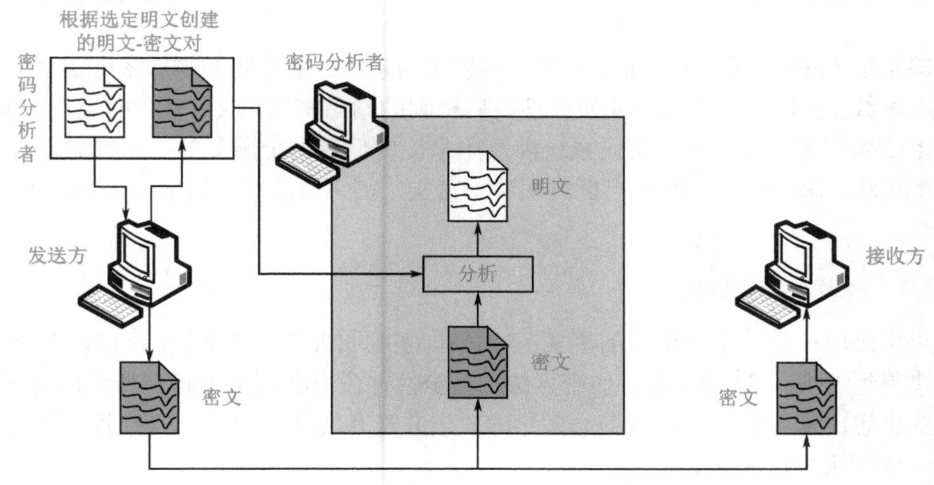

图 2-4　选择明文攻击

4. 选择密文攻击（Chosen-ciphertext Attack）

与选择性明文攻击类似，密码分析者可以自己选择密文并解密形成密文-明文对。这种攻击在密码分析者能够访问到接收方计算机时可能发生，如图 2-5 所示。当然，这种攻击发生的可能性是很低的。

5. 选择文本攻击（Chosen-text Attack）

选择文本攻击是选择明文攻击与选择密文攻击的结合。密码分析者已知的内容包括：

加密算法，由密码分析者选择的明文消息和它对应的密文，以及由密码分析者选择的猜测性密文和它对应的已破译的明文。

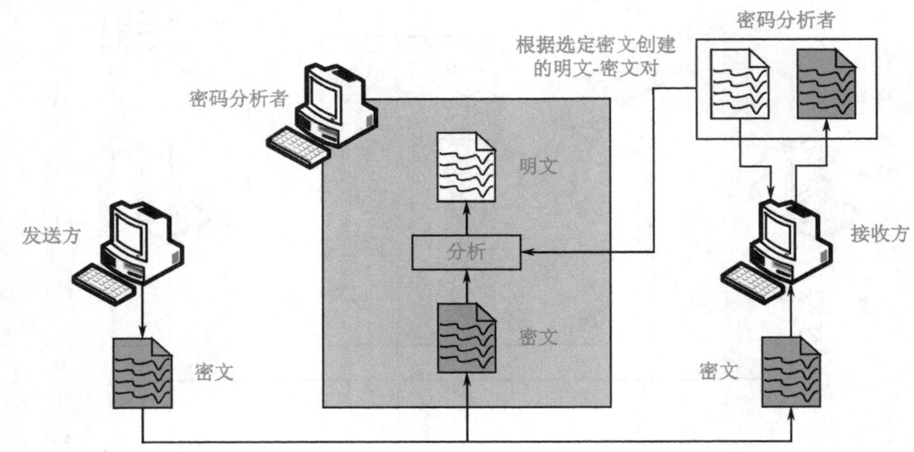

图 2-5　选择密文攻击

很明显，唯密文攻击是最困难的，因为密码分析者只有少量信息可供利用。上述攻击的强度是递增的。一个密码体制是安全的，通常是指在前三种攻击下的安全性，即攻击者一般容易具备进行前三种攻击的条件。

2.2　密码系统

密码系统（cryptosystem）是用于加密与解密的系统，就是明文与加密密钥作为加密变换的输入参数，经过一定的加密变换处理以后得到的输出密文，或者基于密文与解密密钥，经过解密变换恢复明文。一个密码系统涉及用来提供信息安全服务的一组密码基础要素，包括加密算法、解密算法、所有可能的明文、密文、密钥及信源、信宿和攻击者（或敌手）等构成。

2.2.1　柯克霍夫原则

密码学领域存在一个很重要的事实：“如果许多聪明人都不能解决的问题，那么它可能不会很快得到解决。”这暗示很多加密算法的安全性并没有在理论上得到严格的证明，只是这种算法思想出来以后，经过许多人多年的攻击并没有发现其弱点，没有找到攻击它的有效方法，从而认为它是安全的。

除了密钥需要保护之外，尽管隐藏加密算法或解密算法看起来更安全，但这并不被推荐。在设计和使用密码系统时，有一个著名的“柯克霍夫原则”（Kerckhoff ’s Principle）需要遵循。它是荷兰密码学家 Kerckhoff 于 1883 年在其名著《军事密码学》中提出的密码学的基本假设：对手知道加密/解密算法。密码系统中的算法即使为密码分析者所知，也无助于用来推导出明文或密钥。也就是说，密码系统的安全性不应取决于不易改变的事物（算法），而应取决于可随时改变的密钥，密码系统要抵抗攻击只能依赖于对密钥的保密。

如果密码系统的强度依赖于攻击者不知道算法的内部机理，那么注定会失败。如果相信保持算法的内部秘密比让研究团体公开分析它更能改进密码系统的安全性，那就错了。

如果认为别人不能反汇编代码和逆向设计算法，那就太天真了。最好的算法是那些已经公开的，并经过世界上最好的密码分析家们多年的攻击，但还是不能破译的算法（美国国家安全局曾对外公开他们的算法 DES 的核心即 S 盒设计的秘密，但他们有世界上最好的密码分析家在内部工作。另外，他们互相讨论算法，通过细致审查发现工作中的弱点）。

认为密码分析者不知道密码系统的算法是一种很危险的假定，因为：①密码算法在多次使用过程中难免被敌方侦察获悉。②在某个场合可能使用某类密码更合适，再加上某些设计者可能对某种密码系统有偏好等因素，敌方往往可以“猜出”所用的密码算法。③通常只要经过一些统计试验和其他测试就不难分辨出不同的密码类型。

交流与微思考

2.2.2 密码系统的安全条件

如果算法的保密性是基于保持算法的秘密，这种算法称为受限制的（restricted）算法。受限制的算法的特点表现为：密码分析时因为不知道算法本身，还需要对算法进行恢复；处于保密状态的算法只为少量的用户知道，产生破译动机的用户也就更少；不了解算法的人或组织不可用。但这样的算法不可能进行质量控制或标准化，而且要求每个用户和组织必须有他们自己唯一的算法。

现代密码学用密钥解决了这个问题。所有这些算法的安全性都基于密钥的安全性，而不是基于对算法的保密。这就意味着算法可以公开，也可以被分析，即使攻击者知道算法也没有关系。算法公开的优点包括：它是评估算法安全性的唯一可用的方式；防止算法设计者在算法中隐藏后门；可以获得大量的实现，最终可走向低成本和高性能的实现；有助于软件实现；可以成为国内、国际标准；可以大量生产使用该算法的产品。

所以，在密码学中有一条不成文的规定：密码系统的安全性只寓于密钥，通常假定算法是公开的。这就要求密码算法本身要非常强壮。在考察算法的安全性时，可以将破译算法分为不同的级别。

- 全部破译（total break）：找出密钥。
- 全部推导（global deduction）：找出替代算法。
- 实例推导（instance deduction）：找出明文。
- 信息推导（information deduction）：获得一些有关密钥或明文的信息。

可以用不同的方式来衡量攻击方法的复杂性。

- 数据复杂性（data complexity）：用作攻击所需要输入的数据量。
- 存储需求（storage requirement）：进行攻击所需要的数据存储空间大小。
- 处理复杂性（processing complexity）：用于处理输入数据或存储数据所需的操作量，通常用完成攻击所需要的时间来度量。

评价密码体制安全性的三个途径如下。

（1）计算安全性

计算安全性表征了攻破密码体制所做的计算上的努力。如果使用最好的算法攻破一个密码体制需要至少 N 次操作（N 是一个特定的非常大的数字），则可以定义这个密码体制是安全的。存在的问题是没有一个已知的实际密码体制在该定义下可以被证明是安全的。通常的处理办法是使用一些特定的攻击类型来研究计算上的安全性，如使用穷举搜索方法，很明显，这种判断方法对于一种攻击类型是安全的结论并不适用于其他攻击方法。

（2）可证明安全性

这种方法是将密码体制的安全性归结为某个经过深入研究的数学难题，数学难题被证明要求解是困难的。这种判断方法存在的问题是：它只说明了安全和另一个问题是相关的，并没有完全证明问题本身的安全性。

（3）无条件安全性

这种判断方法考虑的是对攻击者的计算资源没有限制时的安全性。即使提供了无穷的计算资源，依然无法被攻破，则称这种密码体制是无条件安全的。

无条件安全的算法是不存在的（One-Time Pad，即一次一密方案[①]除外）。密码系统用户所能做的全部努力就是满足下面准则中的一个或两个：

① 破译该密码的成本超过被加密信息本身的价值；

② 破译该密码的时间超过该信息有用的生命周期。

如果满足上述两个准则之一，一个加密方案就可认为是实际上安全的。困难在于如何估算破译所需要付出的成本或时间，通常攻击者有两种方法：蛮力攻击（或称穷举搜索攻击）和利用算法中的弱点进行攻击。排除算法有弱点这一项外（如果算法有弱点就无法保证保密的强度，原则上，这类密码体制是不能使用的），通常用蛮力攻击来估算：用每种可能的密钥来进行尝试，直到获得了从密文到明文的一种可理解的转换为止，这是一种穷举搜索攻击。平均而言，为取得成功，必须尝试所有可能采用的密钥的一半。因此，密钥越长，密钥空间就越大，蛮力攻击所需要的时间也就越长，或成本越高，相应地也就越安全（当然作为该算法的使用者要进行加密、解密处理所需要的时间也就越长，因此，需要在安全性与效率之间进行权衡）。

由此可见，一个密码系统要是实际可用的，必须满足如下特性：

① 每一个加密函数和每一个解密函数都能有效地计算；

② 破译者取得密文后将不能在有效的时间或成本范围内破解出密钥或明文；

③ 一个密码系统安全的必要条件：穷举密钥搜索将是不可行的，即密钥空间非常大。

2.2.3 密码系统的分类

密码系统通常有三种独立的分类方式，如图 2-6 所示。

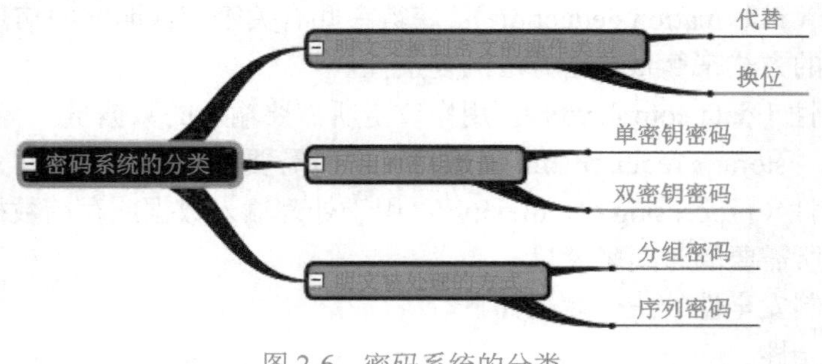

图 2-6 密码系统的分类

① **一次一密方案**：由 Gilber Vernam 和 Joseph Mauborgne 在 1918 年提出。它使用与消息一样长的随机密钥，该密钥不能重复，只使用一次，保证了每次加解密所使用的密钥都是不同的，故称为“一次一密”。这种方案是不可破的，因为它产生不带有与明文有任何统计关系的随机输出。这种方案虽然性能卓越，但实际上不实用，因为发送者和接收者必须每次安全更新该随机密钥，在当前技术条件下这并不现实。

1. 明文变换到密文的操作类型

所有加密算法基于以下两个基本操作。

① 代替（substitution）：即明文中的每一个字符（包括比特、字母、比特组合或字母组合）被映射为另一个字符，简单地说，就是将一个符号替换成另一个符号来形成密文。该操作主要达到非线性变换的目的。

② 换位（transposition）：即明文中字符的位置被重新排序，这是一种线性变换，对它们的基本要求是不丢失信息（即所有操作都是可逆的）。

2. 所用的密钥数量

① 单密钥密码(single key cipher)：即发送者和接收者双方使用相同的密钥，该系统也称为对称密码、秘密密钥密码或常规密码。

② 双密钥密码(dual-key cipher)：即发送者和接收者各自使用一个不同的密钥，这两个密钥形成一个密钥对，其中一个可以公开，称之为公钥，另一个必须为密钥持有人秘密保管，称之为私钥。该系统也称为非对称密码或公钥密码。

3. 明文被处理的方式

① 分组密码（block cipher）：一次处理一个分组，对每个输入分组产生一个输出分组。即明文被分成具有一定大小的若干个分组，一个明文分组被当作一个整体来加密处理并产生一个密文分组输出，通常使用的是 64 位（如 DES）或 128 位（如 AES）的分组大小。

② 序列密码：也称为流密码（stream cipher），即连续地处理输入元素，并随着该过程的进行，一次产生一个元素的输出，即一次加密一个比特或一个字符。

人们在分析分组密码方面下的功夫要比在流密码方面多得多。一般而言，分组密码比流密码的应用范围广。绝大部分的基于网络的常规加密应用都使用分组密码。

2.3 安全模型

大多数信息安全涉及网络传输中的信息安全（动态数据的安全）和计算机系统中的信息安全（静态数据的安全）。它们面临着建立两种不同信息安全模型的需要。

2.3.1 网络通信安全模型

典型的网络通信安全模型如图 2-7 所示。发送方要将秘密消息通过不安全的信道发送给接收方，就需要先对消息进行某种安全变换，得到秘密的消息，以防止攻击者危害消息的保密性和真实性。秘密的消息到达接收方后，再经过安全变换的逆变换（称为逆安全变换），从而恢复原始的消息。在大多数情况下，对消息的安全变换及其逆变换是基于密码算法来实现的，因此在变换过程中还需要输入秘密信息（如密钥），这个秘密信息不能为攻击者所获知，必须经由安全信道实现收、发双方的共享。

信道是将消息从一个实体（如人或计算机终端）传送到另一个实体的一种物理的或逻辑的通道。所谓不安全的信道，是指除了信息的预定接收方外，其他方也能对消息进行重组、删除、插入和读取操作的信道。安全信道是指敌手对其没有重组、删除、插入和读取信息能力的通道。

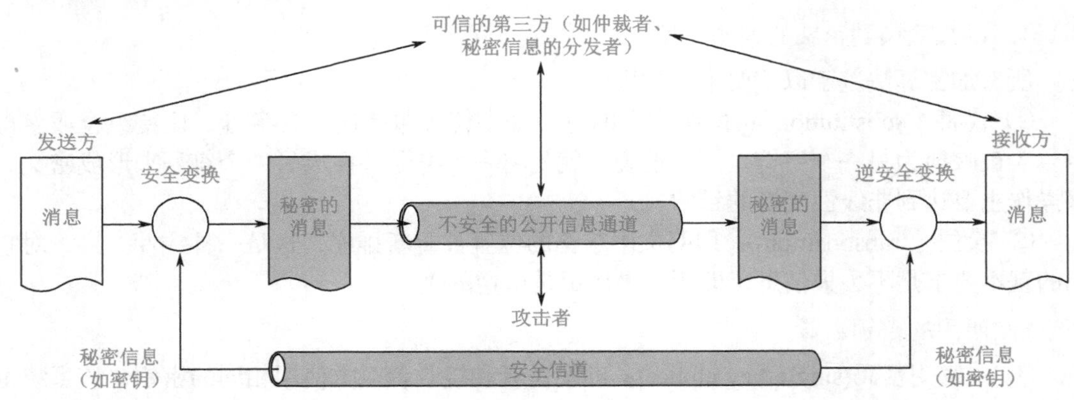

图 2-7　网络通信安全模型

在网络通信安全模型中，有时还需要可信的第三方。如当通信双方发生有关信息传输真实性的争执时，他可以进行仲裁；第三方也可以起到秘密信息分发的作用，如向通信双方分发共享的密钥。

基于网络通信安全模型设计系统安全服务时应包括四个方面的内容：

① 设计实现安全变换的算法，要求该算法有足够的安全强度，不会被攻击者有效地攻破；

② 生成安全变换中所需要的秘密信息（密钥）；

③ 设计分配和共享秘密信息（密钥）的方法；

④ 确定通信双方使用的协议，该协议利用安全算法和秘密信息实现系统所需要的安全服务。

2.3.2　网络访问安全模型

网络访问安全模型如图 2-8 所示。网络访问安全模型希望保护信息系统不受通过网络的有害访问。如阻止黑客试图通过网络访问信息系统，或阻止其他有破坏欲望（不满的雇员），或想利用计算机获利的人（盗取信用卡号或进行非法的资金转账等），或阻止恶意的程序利用系统的弱点来影响应用程序的正常运行。

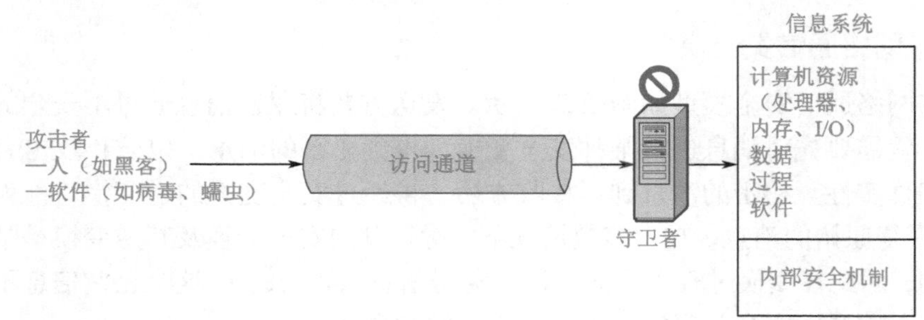

图 2-8　网络访问安全模型

对付有害访问的安全机制分为两大类：一类称为具有门卫功能的守卫者，它包含基于鉴别的登录过程，只允许授权实体不超越权限地合法访问系统资源；另一类称为信息系统的内部安全机制，一旦非法用户或程序突破了守卫者，还将受到信息系统内部的各种监视活动和分析存储信息的内部控制机制的检测。

2.4　密码体制

密码体制就是完成加密和解密功能的密码方案。近代密码学中所出现的密码体制可分为两大类：对称加密体制和非对称加密体制。

2.4.1　对称密码体制

对称密码体制（Symmetric Encryption）也称为秘密密钥密码体制、单密钥密码体制或常规密码体制，其模型如图 2-9 所示。对称密码体制的基本特征是加密密钥与解密密钥相同。对称密码体制的基本元素包括原始的明文、加密算法、密钥、密文、解密算法、发送方（信源）、接收方（信宿）及攻击者。

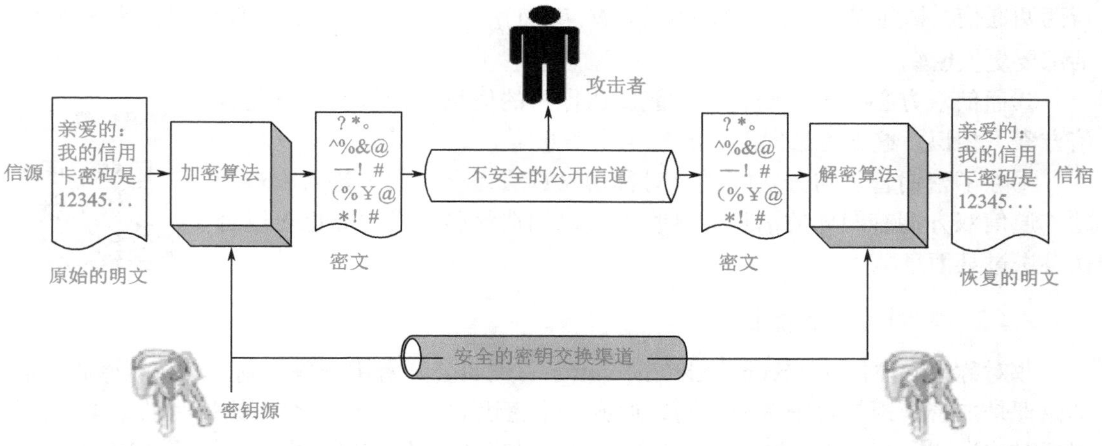

图 2-9　对称密码模型

发送方的明文消息 $p=[p_1,p_2,\cdots,p_M]$，p 的 M 个元素是某个语言集中的字符，如 26 个英文字母，现在最常见的是二进制字母表｛0,1｝中元素组成的二进制串。加密之前先生成一个形如 $k=[k_1,k_2,\cdots,k_J]$ 的密钥作为密码变换的输入参数之一。该密钥或者由消息发送方生成，然后通过安全的渠道送到接收方；或者由可信的第三方生成，然后通过安全渠道分发给发送方和接收方。

发送方通过加密算法 E 根据输入的消息 p 和密钥 k 生成密文 $c=[c_1,c_2,\cdots,c_N]$，即：

$$c=E_k(p) \tag{2-1}$$

接收方通过解密算法 D 根据输入的密文 c 和密钥 k 恢复明文 $p=[p_1,p_2,\cdots,p_M]$，即：

$$p=D_k(c) \tag{2-2}$$

一个攻击者（密码分析者）能基于不安全的公开信道观察密文 c，但不能接触到明文 p 或密钥 k，他可以试图恢复明文 p 或密钥 k。假定他知道加密算法 E 和解密算法 D，如果他只对当前这个特定的消息感兴趣，则努力的焦点是通过产生一个明文的估计值 p' 来恢复明文 p。如果他也对读取未来的消息感兴趣，就需要试图通过产生一个密钥的估计值 k' 来恢复密钥 k。这是一个密码分析的过程。

对称密码体制的安全性主要取决于两个因素：①加密算法必须足够强大，使得不必为算法保密，仅根据密文就能破译出消息是不可行的；②密钥的安全性，密钥必须保密并保证有足够大的密钥空间。对称密码体制要求基于密文和加密/解密算法的知识能破译出消息的做法是不可行的。

对称密码算法的优缺点如下。

优点：加密、解密处理速度快，具有很高的数据吞吐率，硬件加密实现可达到几百兆字节每秒，软件也可以达到兆字节每秒的吞吐率。密钥相对较短。

缺点：①密钥是保密通信安全的关键，发信方必须安全、妥善地把密钥护送到收信方，不能泄露其内容。如何才能把密钥安全地送到收信方，是对称密码算法的突出问题。对称密码算法的密钥分发过程十分复杂，所花代价高。

②多人通信时密钥组合的数量会出现爆炸性膨胀，使密钥分发更加复杂化，N个人进行两两通信，总共需要的密钥数为 $C_N^2 = N(N-1)/2$。而且良好的密码使用习惯要求每次会话都要更换密钥。

③通信双方必须统一密钥，才能发送保密的信息。如果发信方与收信方素不相识，这就无法向对方发送秘密信息了。

④除了密钥管理与分发问题，对称密码算法还存在数字签名困难问题（通信双方拥有同样的消息，接收方可以伪造签名，发送方也可以否认发送过某消息）。

2.4.2 非对称密码体制

非对称密码体制（Asymmetric Encryption）也叫公开密钥密码体制、双密钥密码体制。其原理是加密密钥与解密密钥不同，形成一个密钥对，用其中一个密钥加密的结果，只能用配对的另一个密钥来解密，如图 2-10 所示。非对称密码体制的发展是整个密码学发展史上最伟大的一次革命，它与以前的密码体制完全不同。这是因为：非对称密码算法基于数学问题求解的困难性，而不再是基于代替和换位方法；另外，非对称密码体制使用具有配对关系的两个不同密钥，一个可以公开，称为公钥，另一个只能被密钥持有人自己秘密保管，称为私钥，但不能基于公钥推导出私钥。

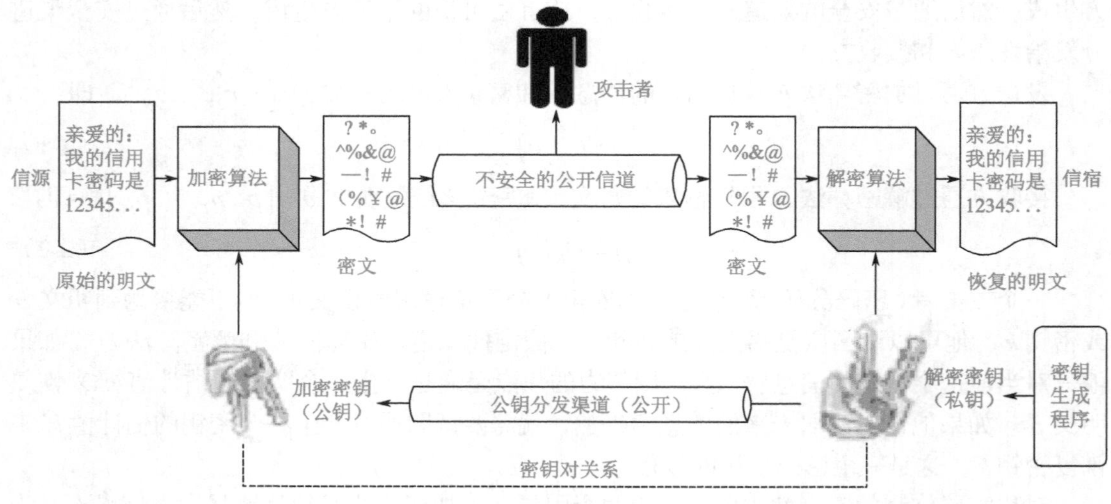

图 2-10　非对称密码模型

非对称密码体制的产生主要基于以下两个原因：一是为了解决对称密码体制的密钥管理与分配困难的问题； 二是为了满足对数字签名的需求。因此，非对称密码体制在消息的保密性、密钥分配和认证领域有着重要的意义。

在非对称密码体制中，公钥是可以公开的信息，而私钥是需要保密的。加密算法 E 和解密算法 D 也都是公开的。用公钥对明文加密后，仅能用与之配对的私钥解密，才能恢复出明文，反之亦然。

非对称密码体制的优缺点如下。

优点：①网络中的每一个用户只需要保存自己的私钥，则 N 个用户仅需产生 N 对密钥，密钥少，便于管理；而且一个私钥/公钥对可以在一段相当长的时间内（甚至数年）保持不变。②密钥分配简单，不需要秘密的通道和复杂的协议来传送密钥。公钥可基于公开的渠道（如密钥分发中心）分发给其他用户，而私钥则由用户自己保管。③可以实现数字签名。

缺点：与对称密码体制相比，非对称密码体制的加密、解密处理速度较慢，同等安全强度下非对称密码体制的密钥位数要求多一些。

对称密码体制与非对称密码体制的比较如表 2-1 所示。

表 2-1　对称密码体制与非对称密码体制的比较

分类	对称密码体制	非对称密码体制
运行条件	加密和解密使用同一个密钥和同一个算法	用同一个算法进行加密和解密，而密钥有一对，其中一个用于加密，另一个用于解密
	发送方和接收方必须共享密钥和算法	发送方和接收方每个使用一对相互匹配、又彼此互异的密钥中的一个
安全条件	密钥必须保密	密钥对中的私钥必须保密
	如果不掌握其他信息，要想解密报文是不可能或至少是不现实的	如果不掌握其他信息，要想解密报文是不可能或者至少是不现实的
	知道所用的算法加上密文的样本必须不足以确定密钥	知道所用的算法、公钥和密文的样本必须不足以确定私钥
保密方式	基于发送方和接收方共享的秘密（密钥）	基于接收方个人的秘密（私钥）
基本变换	面向符号（字符或位）的代替或换位	面向数字的数学函数的变换
适用范围	消息的保密	主要用于短消息的保密（如对称密码算法中所使用密钥的交换）或认证、数字签名等

学习拓展与探究式研讨

[密码系统工作模式] 结合所了解的密码学基本概念，通过查阅资料说明一个实际密码应用系统的工作模式，给出其工程上的实现要素与运行环境。

习 题

2.1 什么是密码学？密码编码学？密码分析学？

2.2 密码学的五元组是什么？它们分别有什么含义？

2.3 密码分析主要有哪些方式？各有何特点？

2.4 Kerchkoffs 原则的基本内容是什么？

2.5 一个密码系统实际可用的条件是什么？

2.6 密码系统如何分类？

2.7 网络通信安全模型和网络访问安全模型各适用于什么场合？

2.8 什么是对称密码体制和非对称密码体制？各有何优、缺点？

2.9 试比较对称密码体制和非对称密码体制。

第 3 章　古典密码

知识单元与知识点	➢ 隐写术、代替、换位、频率分析攻击的相关概念； ➢ 代替密码体制及其实现方法分类。
能力点	✧ 深入理解隐写术、代替、换位、频率分析攻击的基本含义； ✧ 认识代替密码体制及其实现方法； ✧ 认识换位的实现方法。
重难点	■ 重点：代替、换位的概念与实现方法。 ■ 难点：频率分析攻击；Hill 密码。
学习要求	✓ 了解隐写术与加密的区别与联系； ✓ 掌握代替、换位、频率分析攻击等概念； ✓ 了解代替与换位的实现方法。
问题导引	→ 古典密码是如何体现密码学的基本特征的？ → 如何认识隐写术和密码学对信息安全的意义？ → 频率分析攻击对基于密码学的信息安全方法有何危害？

古典密码是密码学发展的一个阶段，也是近代密码学产生的渊源。尽管古典密码大都较简单，一般可用手工或机械方式实现其加密和解密，目前已很少采用，但研究这些密码的原理，有助于理解、构造和分析近代密码。

3.1　隐写术

信息隐藏是一门体现人类高度智慧的信息安全斗争技术和艺术。从古至今，几乎所有新的信息隐藏手段和技术一旦出现，就立即会被用于情报战中，不仅演绎出许多惊心动魄、惊险断魂的故事，而且在一定程度上决定着战争的胜负乃至国家的命运。

根据密码学的发展历史，我们知道有两种隐藏明文信息的方法：隐写术（Steganography，或 covered writing）和密码编码学（secret writing）。密码编码学是通过各种文本转换的方法使得消息内容不可理解，即隐藏消息的含义。隐写术则是隐藏消息本身的存在，这种方法通常在一段看来无伤大雅的文字、图片或其他实物中嵌入排列一些词汇或字母隐含地表达真正的意思。

下面来看几个有关信息隐藏的生动例子。

1. 诗情画意传“密语”

古老的中华文化博大精深、源远流长。我国古代早有以藏头诗、藏尾诗、漏格诗以及绘画等形式，将要表达的意思和“密语”隐藏在诗文或画卷中的特定位置，一般人只注意诗或画的表面意境，而不会去注意或破解隐藏其中的密语。

一个例子是庐剧《无双缘》中“早迎无双”的故事。写的是合肥知县刘震有一女名叫无双，自小与表兄王仙客青梅竹马，两小无猜，相亲相爱。以后两人长大，刘震便为他们订下了婚约。一年，王仙客赴京赶考，科场得意，万岁钦点头名状元，封授翰林学士，并赐宫花金印回庐州完婚。王仙客一路吹吹打打，好不威风。不想，人马行至双峰山下，被绿林好汉古氏兄妹夺去行囊，失落文书金印，变成一名乞丐来到刘家。刘震问明前后情况，即刻变脸赖婚，把女儿无双另许豪门公子曹进。王仙客与舅舅刘震论理，刘震也觉得理亏，便把责任推给女儿无双。无双知道爹爹势利无赖，非常气愤，但苦于见不到表兄王仙客，只得写诗一首，速派丫鬟把诗送给王仙客：

早妆未罢暗凝眉，
迎户愁看紫燕飞，
无力回天春已老，
双栖画栋不如归。

诗中每句的首字即组成“早迎无双”，表达了她此时期待的心情。

另一个例子是著名大诗人白居易写的回文七言诗“游紫霄宫”。全诗书写如图 3-1 所示，通过藏头拆字，实际上，作者要表达的意思是：

水洗尘埃道未尝，甘于名利两相忘。
心怀六洞丹霞客，口诵三清紫府章。
十里采莲歌达旦，一轮明月桂飘香。
日高公子还相觅，见得山中好酒浆。

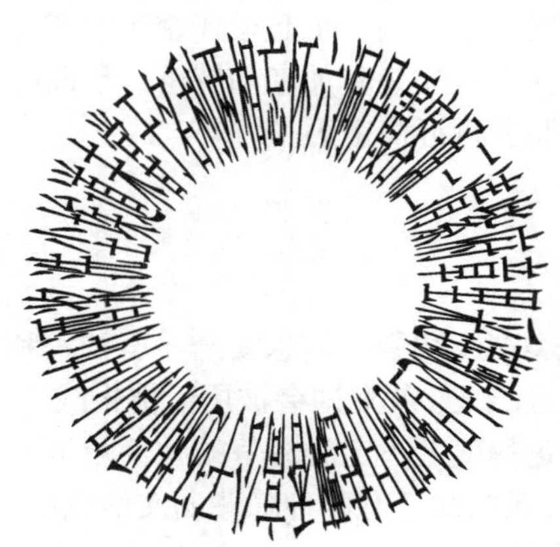

图 3-1　游紫霄宫

中国古代还有一种很有趣的信息隐藏方法，即消息的发送者和接收者各有一张完全相同的带有许多小孔的掩蔽纸张，而这些小孔的位置是随机选择并被戳穿的。发送者在纸张的小孔位置写上秘密消息，然后在剩下的位置补上一段掩饰性的文字。接收者只要将掩蔽纸覆盖在其上就可立即读出秘密的消息来。直到 16 世纪，意大利的数学家卡丹(Cardan)又发展了这种方法，现在被称为卡丹网格式密码。例如：

王先生：

来信收悉，你的盛情真是难以报答。我已在昨天抵达广州。秋雨连绵，每天需备伞一把方能上街，苦矣。大约本月中旬我才能返回，届时再见。

但是，当收信人用网格纸覆盖以后读出来的消息却是：

情　报　在　雨　伞
把　中

2. 悠扬琴声奏响"进军号角"

历史上许多信息隐藏和传输的方法都是为了满足情报战的需要而发展和成熟起来的，有些信息隐藏设计得非常巧妙。如第二次世界大战期间，一位热情的女钢琴家常为联军作慰问演出，并通过电台播放自己谱写的钢琴曲。由于联军在战场上接连遭到失败，反间谍机关开始怀疑这位女钢琴家，可因找不到钢琴家传递情报的手段和途径而迟迟不能决断。原来，这是一位忠实的德国女间谍，每当她从联军军官那里获得军事情报后，就按照事先规定的密码巧妙地将其编成乐谱，并在电台演奏时一次次公开将重要情报通过悠扬的琴声传递出去。

恐怖分子头目可能借用他的讲话录音或录像带在新闻媒体中播放的途径，藉由特定的音调、音速、俚语等公开发布恐怖袭击命令。

3. 显微镜里传递情报

第二次世界大战期间，德国情报机关还曾利用微缩原理和照相方法，将秘密文件、资料情报缩小至数十或数百，乃至数千分之一，制成很薄的显微点膜片，然后，再把它们"埋藏"在书报杂志中某个字及标点符号上，或是将超微膜片藏在邮票、信封内，进入邮政系统传递。对方收到后，按照双方约定好的位置和标记，通过技术手段再重新将显微点还原成像。

今天，密写技术有了很大发展，特别是将激光技术和水印技术用于"密写"，使信息隐藏更为隐蔽。以微缩技术制作显微点，可以在厚度仅1.0 μm、面积仅1 mm^2的显微点上，制作几百甚至上千字的信息量，倘若把经过技术处理的显微点隐藏在一本厚厚的书中、一株植物的根、叶或一只动物的皮毛里，要想发现它，真如同大海捞针一样难。

4. 魔术般的密写术

密写术用于情报和通信联络，也有着悠久历史。它的原理是利用某些化合物对纸张、布料、塑料等有"潜隐"功能的载体进行书写的一种技术。用这些化学物质书写的信息肉眼看不见，只有用其他适宜的化合物或通过某种光、电、热、汽等物理方法才能显示出来。早期间谍普遍使用的密写剂是有机物质溶液，如尿液、牛奶、醋、果汁等，这些有机物质经文火加热后立即碳化，从而使字迹显影。

5. 网络与数字幽灵

现代信息隐藏技术的研究，是建立在信息理论、统计理论、认识心理学和现代信息技术手段的基础上。而现代电子加密技术和数字技术的发展，又为信息隐藏提供了更为先进、高效的技术和手段。数字信息隐藏的最大特征，就是由公开信息作掩护，第三方很难感觉到秘密信息的存在。计算机网络的出现和广泛使用，是信息技术发展的一个突破性成就，而一些情报机构、恐怖组织或犯罪集团正是利用这一渠道，将秘密信息经过加密技术处理后，通过电子邮件、电子文档或图表在网上公开传输，犹如若隐若现的“幽灵”，很难跟踪、截获和破解。

例如，一种利用图像来隐藏消息的方法，比如现在数码相片的最大分辨率典型地可以达到几百万或更高的像素个数，通常每个像素用24位（即3个字节）来描述，每个字节表示一个基本的色彩（红、绿或蓝），每个字节的最低有效位能被改变而不会明显影响该图像的质量。这就意味着能够在一张数字快照中可以轻松地隐藏一条达到K位甚至M位数量级大小的消息。目前，已经出现了一些采用这种方法进行消息隐藏的软件包。

6. “量子”技术隐形传递信息

在科幻电影或神话小说中，常常有这样的场面：某人突然在某地消失，而后却在别的地方莫名其妙地显现出来。这种来无影、去无踪的过程，从物理学角度可以想象或解释为隐形传递的过程。量子隐形信息传递是发送者利用量子特性的独特功能，对所提取的信息通过运用量子技术突破经典信息系统的极限超水平进行信息传递，这便是量子力学和信息科学相结合的重要产物。具体内容请参考第11章的介绍。

交流与微思考

信息隐藏是保证信息安全的支撑技术，可能事关国家的根本利益。信息隐藏术又是一把“双刃剑”，它越来越多地融合到未来信息战场军事谋略中，同时，也在被敌方或恐怖犯罪组织所利用。目前的信息隐藏和传递手段已将传统和现代高技术手法融为一体，隐藏手段越来越高明，侦破难度愈来愈大。这些技术看来很古老，但它们仍有现实意义，而且在古代信息隐藏技术基础上发展起来的现代信息隐藏技术（如数字水印）正在焕发新的光彩。据报道，近期世界上一系列恐怖事件的发生，安全部门在事件发生前未成功侦破，其中一个重要原因就是安全部门过分依赖高科技，而忽略了恐怖组织利用其他传统信息传递方法和渠道，从而出现了信息安全侦察的“盲区”。

信息隐藏技术将是未来信息对抗的焦点，是敌对双方借以获取和破解信息的制高点，因此，备受各国关注。国际上诸多情报机关和相关机构为此而绞尽脑汁、秘密斗争。作为未来情报战的重要组成部分，信息隐藏技术必将对战争的进程和胜败产生重大影响。

当前，世界上一些军事强国已成功开发了秘密信息隐藏和恢复处理系统，并根据军事通信系统发展和机要通信的应用需求及特点，研究提出了实用性强、安全性高、功能完善和不易破解的信息隐藏新技术和新算法，一些著名的情报部门和机构更是加紧了信息隐藏技术的应用，以“确保国家政治、军事、经济信息安全、可靠、迅速地传递和共享”。

信息技术的飞速发展，已使当今的信息隐藏技术远远脱离了传统意义上的“锦囊妙计”，并以其破解难度大、覆盖范围广、安全系数高等特点被称为信息战场上的“大谋略”、“大智慧”。尤其以量子技术等为代表的高新技术在信息隐藏领域的应用，使信息隐藏的“深度”和“广度”呈几何级数增长。可以预见，未来的信息隐藏技术和手段，已不是单纯的信息获取与反获取、破解与反破解的过程，而是人类贯穿于未来战争乃至和平建设时期始终的白热化智慧大较量。

与加密技术相比，隐写术的优缺点分析如表3-1所示。

表 3-1　隐写术的特点

隐写术的优点	隐写术的缺点
能够被某些人使用，而不容易发现他们之间的秘密通信。而加密则很容易被发现谁与谁在进行秘密通信，这表明通信本身可能是重要的或秘密的，或表明通信双方对其他人有需要隐瞒的事情，这种发现本身可能具有某种意义或作用	（1）它形式简单但构造费时，要用大量的开销来隐藏相对较少的信息。 （2）一旦该系统的构造方法被发现，就会变得完全没有价值（当然如果在隐写术的构造方法中加入了某种形式的密钥，则这个问题可以克服。另一种可选方案是：一条消息先被加密，然后再使用隐写术隐藏）。 （3）隐写术一般无稳健性，如数据改动后隐藏的信息不能被恢复

3.2　代替

代替和换位是古典密码中用到的两种基本处理技巧，它们在现代密码学中依然得到了广泛使用。我们先来看称为“暗号”的有关代替的例子。简单地说，暗号就是通过事物的状态或人的行为来传达事先约定的信息。暗号包含了密码算法的基本特征——变换，即把一些简单的信息变换成一些常见的事物或现象。暗号的使用从古到今非常普遍，在电影里屡见不鲜，如窗台上的花瓶、手中拿着的报纸、口中哼唱的小曲，可分别代表“平安无事”、“我是你要找的人”、“我在找自己人”。据中国北宋时编撰的《武经总要》记载，周武王时期（约公元前 11 世纪）姜太公用称为“阴符”的符契进行军事上的保密通信，它是用物件的不同长度形成暗号来表示（暗示）不同的信息，如表 3-2 所示。

表 3-2　姜太公用于保密通信的“阴符”及其含义

符契的长度	对应的明文信息
长一寸	大胜克敌
长三寸	失利亡士
长四寸	败军亡将
长五寸	请粮益民
长六寸	警众坚守
长七寸	却敌报远
长八寸	降城得邑
长九寸	破军擒将

基于暗号的保密通信实际上是将要传递的保密信息通过平时司空见惯的事物或人的行为来实现，即通过代替这种变换或转化起到隐蔽的作用。山贼的“黑话”道理也一样。

代替就是将明文中的一个字符用另外一个字符取代。具体的代替方案称之为密钥（如图 3-2 所示，这里不区分大小写），如 26 个英文字母仍然用 26 个英文字母来代替的话，可能的密钥（代替方案）就有 $26!-1\approx 4\times 10^{26}$ 种（减 1 是因为有一种排列代替的密文和原文完全一致，即被其本身代替，等于没有被代替，起不到保密的作用）。

图 3-2　代替

3.2.1 代替密码体制

代替密码体制的一般定义是：设$P=C=K=Z_{26}$,这里P、C、K、Z_{26}分别表示明文空间、密文空间、密钥空间和26个整数（对应26个英文字母）组成的空间。很明显，明文、密文和密钥的取值范围是一样的，它们的空间大小也是相同的。

对于任意的$k \in K$，定义：

$$\text{加密：} e_k(x)=x+k(\bmod 26)=y \in C \tag{3-1}$$

即明文为x，密钥为k（实现上就是将26个英文字母向后循环移k位），密文为y。

$$\text{解密：} x=d_k(y)=y-k(\bmod 26) \tag{3-2}$$

在使用该方法时，要求26个英文字母与模26的剩余类集合{0,1,2, …,25}建立一一对应关系，如A对应0，B对应1，…，Z对应25（如表3-3所示）[①]。不区分大小写。

表3-3 字母与数字对应表

字　母	A	B	C	D	E	F	G	H	I	J	K	L	M
对应的数字	0	1	2	3	4	5	6	7	8	9	10	11	12
字　母	N	O	P	Q	R	S	T	U	V	W	X	Y	Z
对应的数字	13	14	15	16	17	18	19	20	21	22	23	24	25

当$k=3$时，即为著名的恺撒（Caesar）密码：加密时26个英文字母循环后移3位，解密时则循环前移3位。这一方法据史书记载，最早约在公元前50年，被罗马大帝Julius Caesar用于和他的军队指挥官之间进行保密通信。

【例3-1】设明文为：China，对应的数字为：2 7 8 13 0。

加密：C：$e_3(2)=2+3(\bmod 26)=5$，对应着字母F；

h：$e_3(7)=7+3(\bmod 26)=10$，对应着字母K；

i：$e_3(8)=8+3(\bmod 26)=11$，对应着字母L；

n：$e_3(13)=13+3(\bmod 26)=16$，对应着字母Q；

a：$e_3(0)=0+3(\bmod 26)=3$，对应着字母D。

所以，明文“China”基于恺撒密码被加密为“FKLQD”。

解密过程是加密过程的逆过程。

解密：F：$d_3(5)=5-3(\bmod 26)=2$，对应着C；

K：$d_3(10)=10-3(\bmod 26)=7$，对应着H；

L：$d_3(11)=11-3(\bmod 26)=8$，对应着I；

Q：$d_3(16)=16-3(\bmod 26)=13$，对应着N；

D：$d_3(3)=3-3(\bmod 26)=0$，对应着A。

即“FKLQD”经恺撒密码解密恢复为“CHINA”(不区分大小写)。

---

① **有趣的代替计算**：如果运用这样的代替方案，即令A，B，C…，Z这26个英文字母分别等于百分之1，2，3…，26，那么我们就能得出如下有趣的结论：HARD WORK（努力工作）：H+A+R+D+W+O+R+K=8+1+18+4+23+15+18+11=98%。类似地，KNOWLEDGE（知识）=96%、LOVE（爱情）=54%、LUCK（幸运）=47%，这些我们通常很看重的东西都不是最完满的，虽然它们非常重要，那么，究竟什么能使生活变得圆满？是MONEY（金钱）吗？不！MONEY=72%；是LEADERSHIP（领导能力）吗？不！LEADERSHIP=97%；是SEX（性）吗？更不是！SEX=48%。那么，什么能使生活变得圆满呢？是ATTITUDE（心态）=100%，正是我们对待工作、生活的态度能够使我们的生活达到100%的圆满。

恺撒密码的特点：

- 属于单字母简单替换密码；
- 已知加密与解密算法（k=3）：

$c = e_k(p) = (p+3) \bmod 26$；

$p = d_k(c) = (c-3) \bmod 26$。

- 明文语言集已知（用于英文字母），并且易于识别；
- 结构过于简单，密码分析员只使用很少的信息就可预言加密的整个结构。

正是由于后三个特征使得恺撒密码很容易被蛮力攻击方法分析。

3.2.2　代替密码的实现方法分类

1. 单表代替密码（Monoalphabetic Cipher）

单表代替密码对明文中所有字母都使用同一个映射，即：$\forall p \in P, f: P \to C, f(p) = c$。为了保证加密的可逆性，要求映射 f 是一一映射。单表代替包括最早的 Caesar 加密（加密时向后移 3 位，由于 3 是固定的，故没有密钥），一般意义上的单字母代替（即移位密码，也称通用 Caesar 密码。向后移 k 位，k 是任意的，故认为 k 是密钥，共 26 个密钥），使用密钥的单表代替和仿射加密。前两个已在上面的内容中介绍，下面分析使用密钥的单表代替和仿射加密。

（1）使用密钥的单表代替加密

这种密码选用一个英文短语或单词串作为密钥，去掉其中重复的字母得到一个无重复字母的字母串，然后再将字母表中的其他字母依次写于此字母串之后，就可构造出一个字母代替表。这种单表代替泄露给破译者的信息更少，而且密钥可以随时更改，增加了灵活性。

【例 3-2】设密钥为：key。

明　文	A	B	C	D	E	F	G	H	I	J	K	L	M
对应的密文	**k**	**e**	**y**	a	b	c	d	f	g	h	i	j	l
明　文	N	O	P	Q	R	S	T	U	V	W	X	Y	Z
对应的密文	m	n	o	p	q	r	s	t	u	v	w	x	z

因此，如果明文为“China”，则对应的密文为：yfgmk。

【例 3-3】设密钥为：spectacular。

明　文	A	B	C	D	E	F	G	H	I	J	K	L	M
对应的密文	**s**	**p**	**e**	**c**	**t**	**a**	**u**	**l**	**r**	b	d	f	g
明　文	N	O	P	Q	R	S	T	U	V	W	X	Y	Z
对应的密文	h	i	j	k	m	n	o	q	v	w	x	y	z

因此，如果明文为“China”，则对应的密文为：elrhs。

（2）仿射加密

仿射密码的加密是一个线性变换：

$$\text{加密：} y = f(x) = k_1 x + k_2 \pmod{26} \tag{3-3}$$

$$\text{解密：} x = f^{-1}(y) = k_1^{-1}(y - k_2) \pmod{26} \tag{3-4}$$

式中的“–1”表示“逆”（逆的计算，参考第 4 章欧几里得算法部分）。很明显，$k_1=1$ 时为通用恺撒变换。如果 $k_2=3$，则为恺撒密码。

仿射加密要求 $\gcd(k_1,26)=1$，即 k_1 与 26 互素，否则就退化为 $y=f(x)=k_2 (\text{mod}\,26)$。故密钥空间大小为 $(k_1,k_2)=12\times 26=312$，因为与 26 互素的 k_1 有 12 个取值：1,3,5,7,9,11,15,17,19, 21,23,25；k_2 有 26 个取值。

【例 3-4】设 $k=(7,3)$，注意到 $7^{-1}(\text{mod}\,26)=15$，加密函数是 $y=f(x)=7x+3(\text{mod}\,26)$，相应的解密函数是 $x=f^{-1}(y)=15(y-3)(\text{mod}\,26)=15y-19(\text{mod}\,26)$。

若要加密明文：CHINA，首先转换字母 C,h,i,n,a 成为数字 2,7,8,13,0，然后加密：

$$7\times\begin{bmatrix}2\\7\\8\\13\\0\end{bmatrix}+\begin{bmatrix}3\\3\\3\\3\\3\end{bmatrix}=\begin{bmatrix}17\\52\\59\\94\\3\end{bmatrix}\text{mod}\,26=\begin{bmatrix}17\\0\\7\\16\\3\end{bmatrix}=\begin{bmatrix}R\\A\\H\\Q\\D\end{bmatrix}$$

即在当前密钥下，“CHINA”经仿射加密变换成“RAHQD”。

解密：

$$15\times\begin{bmatrix}17\\0\\7\\16\\3\end{bmatrix}-\begin{bmatrix}19\\19\\19\\19\\19\end{bmatrix}=\begin{bmatrix}236\\-19\\86\\221\\26\end{bmatrix}\text{mod}\,26=\begin{bmatrix}2\\7\\8\\13\\0\end{bmatrix}=\begin{bmatrix}C\\H\\I\\N\\A\end{bmatrix}$$

可见，原始消息“CHINA”已得到恢复。

单表代替密码的密钥量很小，不能抵抗穷尽密钥搜索攻击。另外，它没有将明文字母出现的概率掩藏起来，很容易受到频率分析攻击。因为如果密码分析者知道明文的性质（如非压缩的英语文本），则分析者就能够利用该语言的规律性进行分析，从这一点意义上讲，汉语在加密方面的特性要优于英语，因为汉语常用字有 3 000 多个，而英语只有 26 个字母。

所谓频率分析攻击，就是基于某种语言中各个字符出现的频率不一样，表现出一定的统计规律，这种统计规律可能在密文中得以保存，从而通过一些推测和验证过程来实现密码分析的方法。如英语的单字母频率分布如图 3-3 所示。由图 3-3 可见，字母 E 出现的频率最高，接近 13%，其次是 T、N、R、I、O、A、S，出现的频率在 6% ~ 9%之间，B、X、K、Q、J、Z 出现的频率最低，一般低于 1%。就双字母而言，常见的字母组合有 TH、HE、IN、ER、AN、RE、ED、ON、ES、ST、EN、AT、TO、NT、HA、ND、OU、EA、NG、AS、OR、TI、IS、ET、IT、AR、TE、SE、HI、OF；常见的三字母组合有 THE、ING、AND、HER、ERE、ENT、THA、NTH、WAS、ETH、FOR、DTH 等。

频率分析攻击的一般方法有以下几种。

第一步：对密文中出现的各个字母进行统计，找出它们各自出现的频率。

第二步：根据密文中出现的各个字母的频率，和英语字母标准频率进行对比分析，做出假设，推论加密所用的公式。

第三步：证实上述假设（如果不正确，继续做其他假设）。

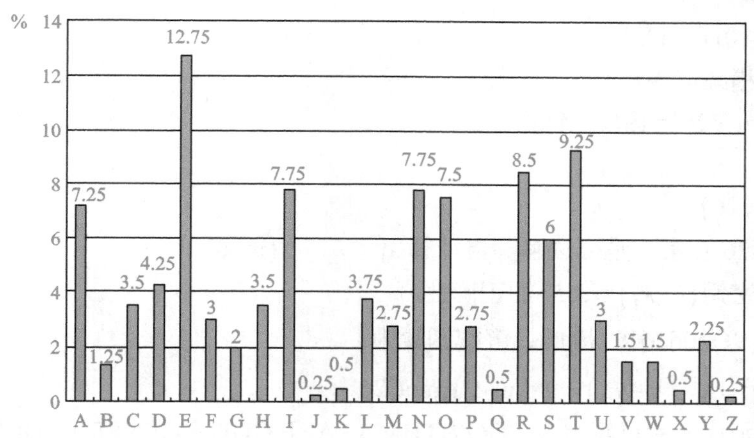

图 3-3　一个长的英文文本中各字母出现的相对频率

【例 3-5】 密文为 FMXVE　DKAPH　FERBN　DKRXR　SREFM　ORUDS　DKDVS　HVUFE　DKAPR　KDLYE　VLRHH　RH。得到的密文字母频次统计表为（单位：次）：

A	B	C	D	E	F	G	H	I	J	K	L	M
2	1	0	7	5	4	0	5	0	0	5	2	2
N	O	P	Q	R	S	T	U	V	W	X	Y	Z
1	1	2	0	8	3	0	2	4	0	2	1	0

其中出现频次较高的是：R—8；D—7；E、H、K—5；F、V—4。

（1）参照表 3-3 中字母与数字的代替方案，假设：E→R，f(E)=R，即 f(4)=17；T→D，f(T)=D，即 f(19)=3。于是有：

$4k_1 + k_2 = 17(\text{mod}26)$

$19k_1 + k_2 = 3(\text{mod}26)$

以上两式相减可得：

$15k_1 = -14(\text{mod}26) = 12(\text{mod}26)$

于是有：

$k_1 = 6(\text{mod}26)$

但 6 不与 26 互素，说明不是真正解。猜测应终止，可再做其他假设继续测试。

（2）再假设：E→R，f(E)=R，即 f(4)=17：T→H，f(T)=H，即 f(19)=7。于是有：

$4k_1 + k_2 = 17(\text{mod}26)$

$19k_1 + k_2 = 7(\text{mod}26)$

以上两式相减可得：

$15k_1 = -10(\text{mod}26) = 16(\text{mod}26)$

于是有：

$k_1 = 8(\text{mod}26)$

但 8 不与 26 互素，说明也不是真正解。猜测应终止，可再做其他假设继续测试。

（3）再假设：E→R，f(E)=R，即 f(4)=17；T→K，f(T)=K，即 f(19)=10。于是有：

$4k_1 + k_2 = 17(\text{mod}26)$

$19k_1 + k_2 = 10(\mathrm{mod}26)$

以上两式相减可得：

$15k_1 = -7(\mathrm{mod}26) = 19(\mathrm{mod}26)$

于是有：

$k_1 = 3(\mathrm{mod}26)$

此时 3 与 26 互素，是合法解。再计算出：$k_2 = 5(\mathrm{mod}26)$。

下面验证密钥 $(k_1, k_2) = (3,5)$ 的正确性。

由于 $k_1^{-1} = 9(\mathrm{mod}26)$，因此，解密函数为：

$x = f^{-1}(y) = k_1^{-1}(y - k_2) = 9 \cdot (y - 5)(\mathrm{mod}\,26)$。

将密文分别代入后可解得：ALGORITHMAS ARE QUITE GENERAL DEFINITIONS OF ARITHMETIC PROCESSES。这是一段有意义的字符串，说明所得出的密钥是正确的。

【例 3-6】

```
密文：        wklv phvvdjh lv qrw wrr kdug wr euhdn
假设性分析：  T--- ------- -- -OT TOO ---- TO -----
              T--- ------- -- NOT TOO ---- TO -----
              T-IS ------- IS NOT TOO ---- TO -----
              THIS MESSAGE IS NOT TOO HARD TO BREAK
```

由于该消息长度太短，很难完全用频率分析法分析，还需要结合其他知识。分析如下。

① 空格给出了分词的重要信息（通常实用中将空格删除，甚至通常将字符分 5 个一组书写。）;

② 先考虑英语中的短词，如：(双字母组合)AM IS TO BE HE WE …;（三字母组合）AND ARE YOU SHE 等;

③ 重要线索：wrr，英文中常用 xyy 结构的单词只有 SEE 和 TOO，其次常用的单词还有 ADD，ODD，OFF，特别生疏的单词 WOO 和 GEE；假设“wrr”为“TOO”。

④ 单词 lv 是 wklv 的结尾，有可能是双字母单词 SO，IS，IN 等；不存在 T-SO 这种组合的英语单词；由于已假设 q=N，因此不可能为 IN；lv 可能是 IS;

⑤ 假设第一个单词是 THIS，即密文的 k 是明文的 H。考察已译出的字母，它们均是明文字母后移 3 位（即 Caesar 密码），从而可推导出其他字母。

2. 多表代替密码（Polyalphabetic Cipher）

单表代替密码表现出明文中单字母出现频率分布与密文中相同，多表代替密码使用从明文字母到密文字母的多个映射来隐藏单字母出现的频率分布，每个映射是简单代替密码中的一对一映射（即处理明文消息时使用不同的单字母代替）。多表代替密码将明文字符划分为长度相同的消息单元，称为明文组，对字符成组进行代替，即使用了多张字符代替表，这样一来同一个字符具有不同的密文，改变了单表代替中密文的唯一性，使密码分析更加困难。多字母代替的优点：容易将字母的自然频度隐蔽或均匀化，从而有利于对抗统计分析。

在多字母代替中，每一组有 d 个字母，每个字母有 26 种可能，故秘密取决于 d，f_1，…，f_d。对于每一个变换 f，有 26！种可能，共有 d 个变换，故密钥总数为 26!×26!×…

$\times 26! = (26!)^d$。

Playfair 密码、Hill 密码、Vigenere 密码都是这一类型的密码。

（1）Playfair 密码

Playfair 密码出现于 1854 年，英国军队在第一次世界大战期间使用了该密码。它将明文中的双字母组合作为一个单元对待，并将这些单元转换为密文双字母组合。Playfair 密码基于一个 5×5 字母矩阵，该矩阵使用一个关键词（密钥）来构造，其构造方法是：从左至右，从上至下依次填入关键词的字母（去除重复的字母），然后再以字母表顺序依次填入其他的字母。加密时字母 I 和 J 被当作同一个字母。

对每一对明文字母 p_1、p_2 的加密方法如下。

1）若 p_1、p_2 在同一行时，则对应的密文 c_1、c_2 分别是紧靠 p_1、p_2 右端的字母。其中，第一列被看做最后一列的右方。（解密时反向）

2）若 p_1、p_2 在同一列时，则对应的密文 c_1、c_2 分别是紧靠 p_1、p_2 下方的字母。其中，第一行看做最后一行的下方。（解密时反向）

3）若 p_1、p_2 不在同一行、也不在同一列时，则 c_1、c_2 是由 p_1 和 p_2 确定的矩形的其他两角的字母，并且 c_1 和 p_1、c_2 和 p_2 分别同行。（解密时处理方法相同）

4）若 $p_1 = p_2$，则插入一个字母（比如 Q，需要事先约定）于重复字母之间，并用前述方法处理。

5）若明文字母数为奇数时，则在明文的末端添加某个事先约定的字母作为填充。

【例 3-7】密钥是：PLAYFAIR IS A DIGRAM CIPHER，构造的字母矩阵如图 3-4 所示。

如果明文是：p=playfair cipher

先将明文分成两个一组：pl ay fa ir ci ph er

基于图 3-4 的对应密文为：LA YF PY RS MR AM CD

再如：p=poland，则 c=AKAYQR

P	L	A	Y	F
I/J	R	S	D	G
M	C	H	E	B
K	N	O	Q	T
U	V	W	X	Z

图 3-4　字母矩阵表

Playfair 密码与简单的单一字母代替法密码相比有了很大的进步。第一，虽然仅有 26 个字母，但有 676（即 26×26）种双字母组合，因此，识别各种双字母组合要困难得多；第二，各个字母组的频率要比单字母呈现出大得多的范围，使得频率分析困难得多。由于这些原因，Playfair 密码过去长期被认为是不可破的，它被英国陆军在第一次世界大战中作为一流的密码系统使用，在第二次世界大战中仍被美国陆军和其他同盟国大量使用。但 Playfair 密码还是相对容易攻破（几百字的密文通常就够了），因为它仍然使许多明文语言的结构保存完好，使密码分析者能够被利用。

（2）Vigenere 密码

Vigenere 密码是由 16 世纪法国数学家 Blaise de Vigenere 于 1568 年发明的，它是最著名的多表代替密码的例子。Vigenere 密码使用一个词组作为密钥，密钥中每一个字母用来确定一个代替表，每一个密钥字母被用来加密一个明文字母，第一个密钥字母加密明文的第一个字母，第二个密钥字母加密明文的第二个字母，等所有密钥字母使用完后，密钥又再次被循环使用。Vigenere 密码算法如下。

设密钥 $k=(k_1,k_2,\cdots,k_d)$ ，明文 $p=(p_1,p_2,\cdots,p_n)$，密文 $c=(c_1,c_2,\cdots,c_n)$。

加密变换：

$$c_i = f_{k_i}(p_i) = e_{k_i}(p_i) = p_i + k_i (\bmod 26) \tag{3-5}$$

解密变换：

$$p_i = f_{k_i}^{-1}(c_i) = d_{k_i}(c_i) = c_i - k_i (\bmod 26) \tag{3-6}$$

为了帮助理解该方案，需要构造一个表（如图 3-5 所示），26 个密文的每个字母都是水平排列的，最左边一列为密钥字母，最上面一行为明文字母。

加密过程：给定一个密钥字母 k 和一个明文字母 p，密文字母就是位于 k 所在的行与 p 所在的列的交叉点上的那个字母。

解密过程：由密钥字母决定行，在该行中找到密文字母，密文字母所在列的列首对应的明文字母就是相应的明文。

明文字母

密钥字母	a	b	c	d	e	f	g	h	i	j	k	l	m	n	o	p	q	r	s	t	u	v	w	x	y	z
a	A	B	C	D	E	F	G	H	I	J	K	L	M	N	O	P	Q	R	S	T	U	V	W	X	Y	Z
b	B	C	D	E	F	G	H	I	J	K	L	M	N	O	P	Q	R	S	T	U	V	W	X	Y	Z	A
c	C	D	E	F	G	H	I	J	K	L	M	N	O	P	Q	R	S	T	U	V	W	X	Y	Z	A	B
d	D	E	F	G	H	I	J	K	L	M	N	O	P	Q	R	S	T	U	V	W	X	Y	Z	A	B	C
e	E	F	G	H	I	J	K	L	M	N	O	P	Q	R	S	T	U	V	W	X	Y	Z	A	B	C	D
f	F	G	H	I	J	K	L	M	N	O	P	Q	R	S	T	U	V	W	X	Y	Z	A	B	C	D	E
g	G	H	I	J	K	L	M	N	O	P	Q	R	S	T	U	V	W	X	Y	Z	A	B	C	D	E	F
h	H	I	J	K	L	M	N	O	P	Q	R	S	T	U	V	W	X	Y	Z	A	B	C	D	E	F	G
i	I	J	K	L	M	N	O	P	Q	R	S	T	U	V	W	X	Y	Z	A	B	C	D	E	F	G	H
j	J	K	L	M	N	O	P	Q	R	S	T	U	V	W	X	Y	Z	A	B	C	D	E	F	G	H	I
k	K	L	M	N	O	P	Q	R	S	T	U	V	W	X	Y	Z	A	B	C	D	E	F	G	H	I	J
l	L	M	N	O	P	Q	R	S	T	U	V	W	X	Y	Z	A	B	C	D	E	F	G	H	I	J	K
m	M	N	O	P	Q	R	S	T	U	V	W	X	Y	Z	A	B	C	D	E	F	G	H	I	J	K	L
n	N	O	P	Q	R	S	T	U	V	W	X	Y	Z	A	B	C	D	E	F	G	H	I	J	K	L	M
o	O	P	Q	R	S	T	U	V	W	X	Y	Z	A	B	C	D	E	F	G	H	I	J	K	L	M	N
p	P	Q	R	S	T	U	V	W	X	Y	Z	A	B	C	D	E	F	G	H	I	J	K	L	M	N	O
q	Q	R	S	T	U	V	W	X	Y	Z	A	B	C	D	E	F	G	H	I	J	K	L	M	N	O	P
r	R	S	T	U	V	W	X	Y	Z	A	B	C	D	E	F	G	H	I	J	K	L	M	N	O	P	Q
s	S	T	U	V	W	X	Y	Z	A	B	C	D	E	F	G	H	I	J	K	L	M	N	O	P	Q	R
t	T	U	V	W	X	Y	Z	A	B	C	D	E	F	G	H	I	J	K	L	M	N	O	P	Q	R	S
u	U	V	W	X	Y	Z	A	B	C	D	E	F	G	H	I	J	K	L	M	N	O	P	Q	R	S	T
v	V	W	X	Y	Z	A	B	C	D	E	F	G	H	I	J	K	L	M	N	O	P	Q	R	S	T	U
w	W	X	Y	Z	A	B	C	D	E	F	G	H	I	J	K	L	M	N	O	P	Q	R	S	T	U	V
x	X	Y	Z	A	B	C	D	E	F	G	H	I	J	K	L	M	N	O	P	Q	R	S	T	U	V	W
y	Y	Z	A	B	C	D	E	F	G	H	I	J	K	L	M	N	O	P	Q	R	S	T	U	V	W	X
z	Z	A	B	C	D	E	F	G	H	I	J	K	L	M	N	O	P	Q	R	S	T	U	V	W	X	Y

密文字母

图 3-5 Vigenere 表

【例 3-8】 p =data security， k =best。

根据密钥的长度，首先将明文分解成长度为 4 的序列：data secu rity。每一序列利用密钥 k =best 进行加密得密文：c =EELT TIUN SMLR。

解密方法如前所述。

（3）Hill 密码

Hill 密码是另一种多字母代替密码，它是由数学家 Lester Hill 于 1929 年研制成的。与前面介绍的多表代表密码不同的是，Hill 密码要求首先将明文分成同等规模的若干个分组（最后一个分组可能涉及填充），每一个分组被整体加密变换；Hill 密码属于分组加密，其余已介绍的密码属于流加密。Hill 密码算法的基本思想：将一个分组中的 d 个连续的明文字母通过线性变换转换为 d 个密文字母。这种代替由 d 个线性方程决定，其中每个字母被分配一个数值（0，1，…，25）。解密只需要做一次逆变换就可以了。密钥就是变换矩阵本身，即：

$$\text{明文：} m = m_1 m_2 \cdots m_d \tag{3-7}$$

$$\text{密文：} c = e_k(m) = c_1 c_2 \cdots c_d \tag{3-8}$$

其中，

$c_1 = k_{11}m_1 + k_{21}m_2 + \cdots + k_{d1}m_d \pmod{26}$

$c_2 = k_{12}m_1 + k_{22}m_2 + \cdots + k_{d2}m_d \pmod{26}$

……

$c_d = k_{1d}m_1 + k_{2d}m_2 + \cdots + k_{dd}m_d \pmod{26}$

写成矩阵形式：

$$c_{[1\times d]} = m_{[1\times d]} \cdot k_{[d\times d]} \pmod{26} \tag{3-9}$$

或 $$(c_1, c_2, \cdots, c_d) = (m_1, m_2, \cdots, m_d) \cdot \begin{bmatrix} k_{11} & k_{12} & \cdots & k_{1d} \\ \vdots & \vdots & \vdots & \vdots \\ k_{d1} & k_{d2} & \cdots & k_{dd} \end{bmatrix} \pmod{26} \tag{3-10}$$

即密文分组=明文分组 × 密钥矩阵。

【例 3-9】 p =hill，使用的密钥为：

$$k = \begin{bmatrix} 8 & 6 & 9 & 5 \\ 6 & 9 & 5 & 10 \\ 5 & 8 & 4 & 9 \\ 10 & 6 & 11 & 4 \end{bmatrix}$$

hill 被数字化后的 4 个数字是：7，8，11，11。

所以，$c = (7 \quad 8 \quad 11 \quad 11) \cdot \begin{bmatrix} 8 & 6 & 9 & 5 \\ 6 & 9 & 5 & 10 \\ 5 & 8 & 4 & 9 \\ 10 & 6 & 11 & 4 \end{bmatrix} \bmod 26$

= （9,8,8,24）

= （JIIY）

$\boldsymbol{k}$ 的逆矩阵 $\boldsymbol{k}^{-1}$ 可根据线性代数的矩阵行列式 mod26 计算得出。由矩阵及其逆矩阵的定义可知 $\boldsymbol{k}\cdot\boldsymbol{k}^{-1}=\boldsymbol{k}^{-1}\cdot\boldsymbol{k}=\boldsymbol{I}$（单位矩阵），$\boldsymbol{k}$ 的逆矩阵 $\boldsymbol{k}^{-1}$ 可表示为：

$$\boldsymbol{k}^{-1}=\boldsymbol{k}^{*}/\det(\boldsymbol{k}) \tag{3-11}$$

式中，$\boldsymbol{k}^{*}$——$\boldsymbol{k}$ 的伴随矩阵；

$\det(\boldsymbol{k})$——$\boldsymbol{k}$ 的行列式。

伴随矩阵 $\boldsymbol{k}^{*}$ 的元素可表示为：

$$\boldsymbol{k}_{ji}^{*}=(-1)^{i+j}\boldsymbol{M}_{ij} \tag{3-12}$$

式中，$\boldsymbol{M}_{ij}$——矩阵 $\boldsymbol{k}$ 去掉第 i 行、第 j 列后剩余的元素所组成的矩阵的行列式，即元素 k_{ij} 的余子式。

在本例中，k 的行列式：

$$\det(\boldsymbol{k})=\begin{vmatrix}8&6&9&5\\6&9&5&10\\5&8&4&9\\10&6&11&4\end{vmatrix}=-1$$

$$\boldsymbol{k}_{11}^{*}=(-1)^{1+1}\boldsymbol{M}_{11}=\begin{vmatrix}9&5&10\\8&4&9\\6&11&4\end{vmatrix}=3$$

$$\boldsymbol{k}_{12}^{*}=(-1)^{2+1}\boldsymbol{M}_{21}=\begin{vmatrix}6&9&5\\8&4&9\\6&11&4\end{vmatrix}=-20$$

$$\boldsymbol{k}_{13}^{*}=(-1)^{3+1}\boldsymbol{M}_{31}=\begin{vmatrix}6&9&5\\9&5&10\\6&11&4\end{vmatrix}=21$$

$$\boldsymbol{k}_{14}^{*}=(-1)^{4+1}\boldsymbol{M}_{41}=\begin{vmatrix}6&9&5\\9&5&10\\8&4&9\end{vmatrix}=-1$$

其余元素类似可得，于是得到 $\boldsymbol{k}$ 的伴随矩阵为：

$$\boldsymbol{k}^{*}=\begin{bmatrix}3&-20&21&-1\\-2&41&-44&-1\\-2&6&-6&1\\1&-28&30&1\end{bmatrix}$$

所以，$\boldsymbol{k}$ 的逆矩阵为：

$$\boldsymbol{k}^{-1}=\boldsymbol{k}^{*}/\det(\boldsymbol{k})=\begin{bmatrix}3 & -20 & 21 & -1\\ -2 & 41 & -44 & -1\\ -2 & 6 & -6 & 1\\ 1 & -28 & 30 & 1\end{bmatrix}\Big/(-1)(\bmod 26)$$

$$=\begin{bmatrix}-3 & 20 & -21 & 1\\ 2 & -41 & 44 & 1\\ 2 & -6 & 6 & -1\\ -1 & 28 & -30 & -1\end{bmatrix}(\bmod 26)=\begin{bmatrix}23 & 20 & 5 & 1\\ 2 & 11 & 18 & 1\\ 2 & 20 & 6 & 25\\ 25 & 2 & 22 & 25\end{bmatrix}$$

因此，解密有：

$$\boldsymbol{p}=\boldsymbol{c}\cdot\boldsymbol{k}^{-1}=(9\quad 8\quad 8\quad 24)\cdot\begin{bmatrix}23 & 20 & 5 & 1\\ 2 & 11 & 18 & 1\\ 2 & 20 & 6 & 25\\ 25 & 2 & 22 & 25\end{bmatrix}\bmod 26$$

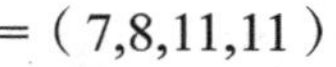

=（7,8,11,11）

=（Hill）

很明显，基于 Hill 密码加解密的长消息将被分组，分组的长度由密钥矩阵的维数决定。与 Playfair 算法相比，Hill 密码的强度在于完全隐藏了单字母的频率。字母和数字的对应也可以改成其他方案，使得更不容易攻击成功。一般来说，Hill 密码能比较好地抵抗频率法的分析，对抗仅有密文的攻击强度较高，但易受已知明文攻击。

总之，代替是密码学中有效的加密方法，20 世纪上半叶用于外交通信。对代替加密的破译威胁主要来源如图 3-6 所示。

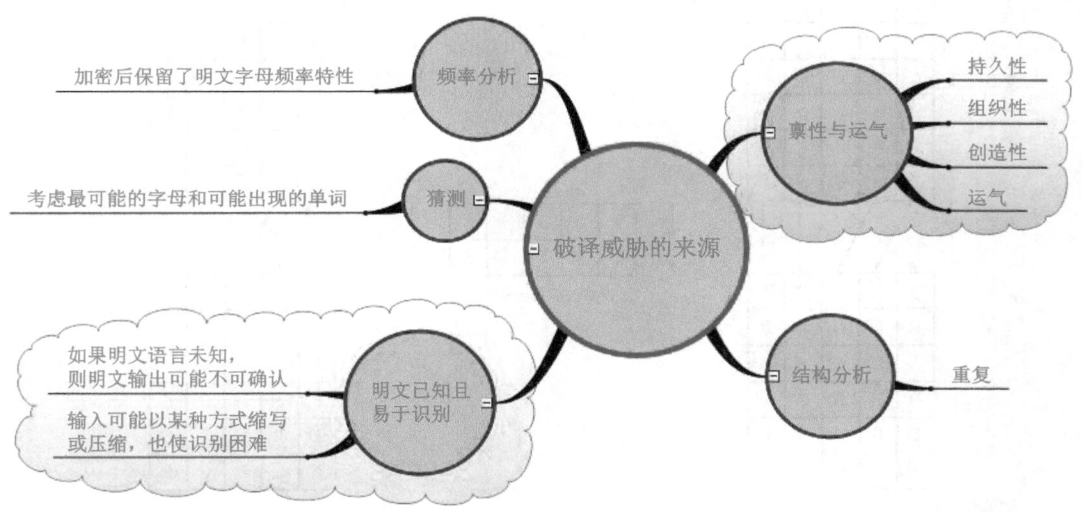

图 3-6　破译威胁的主要来源

3.3 换位

上一节所介绍的代替密码操作的目的是制造混乱，使得确定消息和密钥是怎样转换成密文的尝试变得困难。本节将介绍另一类重要的密码变换基本操作——换位。

换位就是重新排列消息中的字母，以便打破密文的结构特性。即它交换的不再是字符本身，而是字符被书写的位置。实际上，古希腊的 scytale 的例子，以及我国古代的藏头诗、回文诗等采用的都是换位的密码处理方法。

一种换位的处理方法是：将明文按行（或列）写在一张格纸上，然后再按列（或行）的方式读出结果，即为密文（称为无密钥换位密码）；为了增加变换的复杂性，可以设定读出列（或行）的不同次序（该次序即为算法的密钥），也可以设定不同列（或行）的长度不同（称为有密钥换位密码）。

【例 3-10】Alice 要向 Bob 保密发送的明文是 cryptography is an applied science，假设密钥是 encry。根据密钥中字母在英文字母表中的出现次序可确定为：23145。加密和解密处理的过程如图 3-7 所示，由于密钥长度为 5 个字符，故将每行的宽度确定为 5；发送方 Alice 首先将明文按行写入，然后根据密钥所确定的次序进行列交换；最后，按列从左到右、从上到下读出密文为：YRIPDN COHNII RGYAEE PASPSC TPALCE。该密文传输给接收方后，接收方按照发送方相反的处理程序经过三个步骤，最终恢复出正确的明文。

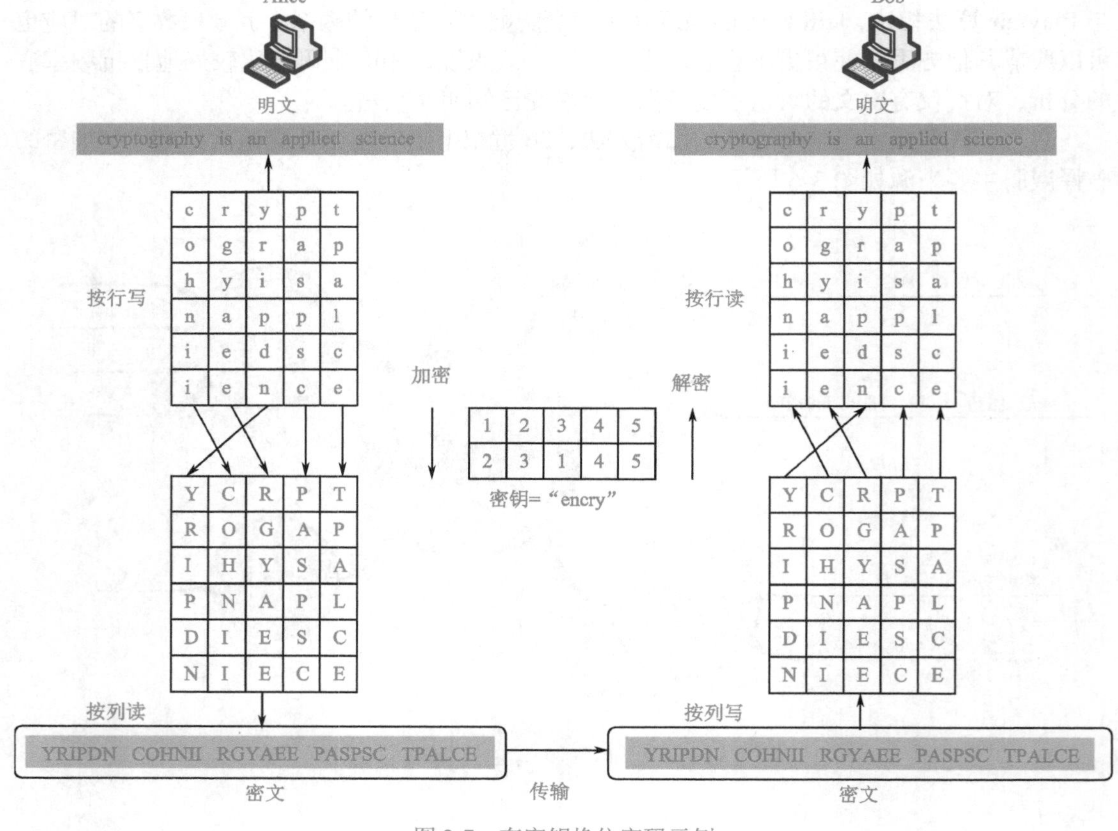

图 3-7 有密钥换位密码示例

在换位密码中，密文与明文的字母保持相同，但出现的顺序被打乱了，经过多重换位操作，有助于进一步加强混乱。但由于密文字母与明文字母相同，密文中字母的出现频率与明文中字母的出现频率相同，密码分析者可以很容易地由此进行判别。

单独使用简单的代替和换位操作时，都不能提供高等级的安全性，但如果将换位与代替密码技术相结合，却可以得到十分有效的强密码编码方案。

学习拓展与探究式研讨

[古典密码的安全性分析] 为什么古典密码的安全性容易受到频率分析攻击和穷举搜索攻击的影响?

习　题

3.1　举例说明什么是隐写术。

3.2　区别隐写术与密码编码学。

3.3　下表是用卡丹网格式密码书写的密信，请试着将隐藏的秘密信息提取出来。

大	风	渐	起	，	寒	流	攻	击	着	我	们	的	肌	体	，	雪	花	从	天
空	中	落	下	，	预	示	明	天	五	点	的	活	动	，	开	始	时	会	有
困	难	。																	

3.4　试写出下图北宋婉约派词人秦观所写的一首回文诗。

3.5　区别代替与换位。

3.6　频率分析的基本处理方法是什么?

3.7　使用穷尽密钥搜索法，破译如下利用代替密码加密的密文：

BEEAKFYDJXUQYHYJIQRYHTYJIQFBQDUYJIIKFUHCQD

3.8　用 Playfair 算法加密明文“Playfair cipher was actually invented by wheatstone”，密钥是：fivestars。

3.9　用 Hill 密码加密明文“pay more money”，密钥是：

$$k=\begin{bmatrix}17 & 17 & 5\\21 & 18 & 21\\2 & 2 & 19\end{bmatrix}$$

3.10　用 Vigenere 算法加密明文“We are discovered save yourself”，密钥是：deceptive。

第4章 密码学数学引论

知识单元与知识点	➢ 素数、模运算、群、有限域的相关概念； ➢ 数论、群论、有限域理论。
能力点	✧ 深入理解素数、模运算、群、有限域等基本概念； ✧ 把握欧几里得算法、扩展的欧几里得算法、费马定理、欧拉定理、中国剩余定理； ✧ 学会有限域中的计算方法。
重难点	■ 重点：素数、模运算、群、有限域的相关概念；欧几里得算法、扩展的欧几里得算法、费马定理、欧拉定理、中国剩余定理；有限域中的计算方法。 ■ 难点：费马定理、欧拉定理、中国剩余定理。
学习要求	✓ 掌握素数、模运算、群、有限域的相关概念； ✓ 掌握欧几里得算法、扩展的欧几里得算法； ✓ 了解费马定理、欧拉定理、中国剩余定理； ✓ 掌握有限域中的计算方法。
问题导引	→ 密码学与哪些数学知识紧密关联？ → 模运算和有限域对密码学的意义如何体现？ → 如何进行有限域中的计算？

近代密码学的理论是建立在数学的一些特殊领域之上，它涉及数论、群论、有限域理论、计算复杂性理论等多种数学知识，内容十分丰富，本章介绍密码学中最基本的数学知识。

4.1 数论

数论是研究整数性质的一个数学分支，数论中的许多概念是设计公开密钥密码算法的基础，本节提供对这些概念的基本介绍。数论研究的重点是素数。

4.1.1 素数

1. 除数

如果$a=mb$，其中a,m,b为整数，则当$b\neq0$时，可以说b能整除a（即a除以b，余数为0），记为：$b \mid a$，称b为a的一个除数（或因子）。一般只考虑非负整数，因为使用负整数，不会有本质上的区别。

【例4-1】24的正因子是1、2、3、4、6、8、12和24。

对于除数，以下规则成立：

- 如果$a|1$，则$a=\pm1$。
- 如果$a|b$，且$b|a$，则$a=\pm b$。
- 如果$a|b$，且$b|c$，则$a|c$。
- $b\neq0$，有$b\ |\ 0$。
- 如果$b|g$，且$b|h$，则对任意整数m和n有：$b|(mg+nh)$。

对最后一条规则的证明：如果$b|g$，则g是b的倍数，可表示为$g=b\times g_1$，g_1为某一整数。

如果$b|h$，则h是b的倍数，可表示为$h=b\times h_1$，h_1为某一整数。

故有$mg+nh=mbg_1+nbh_1=b\times(mg_1+nh_1)$。

因此，b能整除$mg+nh$。

注：若$a=mb+r$，且$0<r<b$，此时b不整除a，记为$b\nmid a$。

2. 素数

如果整数$p>1$，且因子仅为±1和$\pm p$，则称P是素数（也称为质数）。在只考虑非负整数的情况下，素数是指只能被 1 和它本身整除的整数。

【例 4-2】100 以内的素数共 25 个，它们是：2,3,5,7,11,13,17,19,23,29,31,37,41,43,47,53,59,61,67,71,73,79,83,89,97。

算术基本定理：任何大于 1 的整数a都可以因式分解，写成唯一表达式：

$$a=p_1^{a_1}\times p_2^{a_2}\times\cdots\times p_t^{a_t} \tag{4-1}$$

式中，$p_1<p_2<\cdots<p_t$，$p_i(i=1,2,\cdots,t)$是素数，$a_i(i=1,2,\cdots,t)$是正整数。即任何大于1的整数都可以分解成素数幂之积。

【例 4-3】$91=7\times13$；$11011=7\times11^2\times13$

式（4-1）的另一种表示方式：如果P表示所有素数的集合，则任一整数均可唯一地写成如下形式：

$$a=\prod_P p^{a_p}(\text{其中}, a_p\geqslant0) \tag{4-2}$$

式子右边是所有素数p的乘积。很明显，对于任一特定的值a，大多数分量$a_p=0$。

任一给定正整数可通过简单列出上述公式中非 0 指数分量来说明，如：整数 $12=2^2\times3^1$，可表示为｛$a_2=2$，$a_3=1$｝。

整数 $18=2^1\times3^2$，可表示为｛$a_2=1$，$a_3=2$｝。

上述表示方法的好处在于：两个数的乘法可转换并简化为对应指数分量的加法。即：

$$k=mn\rightarrow k_p=m_p+n_p \quad (\text{对所有的素数 } p) \tag{4-3}$$

【例 4-4】$k=12\times18=\left(2^2\times3^1\right)\times\left(2^1\times3^2\right)=216$

$k_2=2+1=3$，$k_3=1+2=3$

所以 $216=2^3\times3^3$

对于$a|b$，它们的素数因子的关系如何？有：

$$a|b\rightarrow a_p\leqslant b_p \quad (\text{对所有的素数 } p) \tag{4-4}$$

【例 4-5】$12|36$；$a=12$；$b=36$；$12=2^2\times3^1$；$36=2^2\times3^2$

$a_2=2=b_2$

$a_3=1<2=b_3$

素数定理：一个正整数n是素数，当且仅当它不能被任何一个整数$d\left(1<d\leqslant\sqrt{n}\right)$整除。

【例 4-6】根据素数定理，17 是素数，因为在$\left(1,\sqrt{17}\right]$中的正整数d的可能取值为 2、3、4，它们均不能整除 17。18 不是素数，因为在$\left(1,\sqrt{18}\right]$中的正整数d的可能取值为 2、3、4，其中 2 和 3 能整除 18。

3. 最大公约数与互为素数

设$a,b,c\in Z$（Z表示整个整数集合），如果$c|a$，$c|b$，称c是a和b的**公约数**。正整数d称为a和b的最大公约数，如果它满足：

- d是a和b的公约数；
- 对a和b的任何一个公约数c，有$c|d$。
- a和b的最大公约数记为$\gcd(a,b)=d$。

注：[1] 等价的定义形式是：

$$\gcd(a,b)=\max\{k|\ \ k|a\text{且}k|b\} \tag{4-5}$$

【例 4-7】 $\gcd(60,24)=12=\gcd(60,-24)$

由于 0 能被所有非 0 整数整除，所以，$\gcd(a,0)=a$（$a>0$）。

如果将两个整数分别表示为素数的乘积，则很容易确定它们的最大公约数，如：

$300=2^2\times3^1\times5^2$

$18=2^1\times3^2$

则：$\gcd(300,18)=2^1\times3^1\times5^0=6$

规则： $$k=\gcd(a,b)\rightarrow k_p=\min(a_p,b_p)\ \text{（对所有的素数}\ p\text{）} \tag{4-6}$$

即取对应因子项中的较小值。

[2] 如果$\gcd(a,b)=1$，则称a与b是互素的（即a和b互为素数）。

【例 4-8】8 和 15 是互素的，因为 8 的因子是 1、2、4、8。15 的因子是 1、3、5、15。1 是它们仅有的共同因子，即$\gcd(8,15)=1$。

4.1.2 模运算（Modular Arithmetic)

1. 带余除法

$\forall a\in Z$且a>0，可找出两个唯一确定的整数q和r，使$a=qm+r$，$0\leqslant r<m$，q和r分别称为以m去除a所得到的商和余数。(若$r=0$，则$m|a$)

【例 4-9】 $a=11$；$m=7$；$11=1\times7+4$；$r=4$

$a=-11$；$m=7$；$-11=(-2)\times7+3$；$r=3$

如果a是一个整数，n是一个正整数，定义$a\bmod n$为a除以n的非负余数，因此，对于任一整数a，可表示为：

$$a=\lfloor a/n\rfloor\times n+(a\bmod n) \tag{4-7}$$

其中，$\lfloor X\rfloor$表示不大于 X 的最大整数。

【例 4-10】$11 \bmod 7 = 1\times 7 + 4(\bmod 7) = 4$　　$-11 \bmod 7 = (-2)\times 7 + 3(\bmod 7) = 3$

2. 整数同余

定义（同余）：如果 $a \bmod n = b \bmod n$，则称整数 a 和 b 模 n 同余，写为 $a \equiv b(\bmod n)$，整数 n 称为模数。

【例 4-11】$73 \bmod 23 = 4$；$27 \bmod 23 = 4$；$73 \equiv 27 \bmod 23$。

注意：如果 $a \equiv 0 \bmod n$，则 $n \mid a$。

3. 模运算

$a \bmod n$ 的运算给出了 a 对模数 n 的非负余数，这种运算称为**模运算**。

模运算具有如下性质：

[1] 如果 $m \mid (a-b) \to a \equiv b(\bmod m)$。　(4-8)

证明：$a-b=km$，k 为某一整数，由此可得 $a=b+km$，故 $a \bmod m = (b+km)$ 除以 m 的余数 $= b(\bmod m)$，即 a 和 b 分别除以 m 有相同的余数。“同余”二字的来源就在于此。

[2] 相对于某个固定模数 m 的同余关系，是整数间的一种等价关系。等价关系具有三点基本性质：

自反性：对任意整数 a，有 $a \equiv a(\bmod m)$

对称性：如果 $a \equiv b(\bmod m)$，则 $b \equiv a(\bmod m)$

传递性：如果 $a \equiv b(\bmod m)$，$b \equiv c(\bmod m)$，则 $a \equiv c(\bmod m)$

[3] 模 m 运算将所有整数映射到整数集合 $\{0,1,\cdots,(m-1)\}$，即模运算可实现对所有整数进行分类，得到的整数集合称为剩余类集合；常用 Z_m 表示所有整数模 m 后得到的剩余类集合，即 $Z_m = \{0,1,\cdots,(m-1)\}$。

【例 4-12】$Z_{10} = \{0,1,2,3,4,5,6,7,8,9\}$，即所有整数 mod10 后得到的集合。

模运算就像普通的运算一样，它是可交换、可结合、可分配的。另外，对每一个中间结果进行模 m 运算后再进行模 m 运算，其作用与先进行全部普通运算，然后将所得结果再进行模 m 运算是一样的（以下三个式子是可逆的）：

（1）　$[a(\bmod m) \pm b(\bmod m)] \bmod m = (a \pm b)(\bmod m)$　(4-9)

（2）　$[a(\bmod m) \times b(\bmod m)] \bmod m = (a \times b)(\bmod m)$　(4-10)

（3）　$[(a\times b)(\bmod m) + (a\times c)(\bmod m)](\bmod m) = [a\times(b+c)] \bmod m$　(4-11)

证明：假定 $a(\bmod m) = r_a$，$b(\bmod m) = r_b$，则可得 $a = r_a + jm$，j 为某一整数，同样 $b = r_b + km$，k 为某一整数。于是有：

$$
\begin{aligned}
(a+b) \bmod m &= (r_a + jm + r_b + km) \bmod m \\
&= [r_a + r_b + (k+j)m] \bmod m \\
&= (r_a + r_b) \bmod m \\
&= [a(\bmod m) + b(\bmod m)] \bmod m
\end{aligned}
$$

其余证明类似。

【例 4-13】$11 \bmod 8 = 3$；$15 \bmod 8 = 7$

$$\begin{cases}\left[(11\bmod 8)+(15\bmod 8)\right]\bmod 8=(3+7)\bmod 8=2\\(11+15)\bmod 8=26\bmod 8=2\end{cases}$$

$$\begin{cases}\left[(11\bmod 8)-(15\bmod 8)\right]\bmod 8=(3-7)\bmod 8=-4\bmod 8=4\\(11-15)\bmod 8=-4\bmod 8=4\end{cases}$$

$$\begin{cases}\left[(11\bmod 8)\times(15\bmod 8)\right]\bmod 8=(3\times 7)\bmod 8=21\bmod 8=5\\(11\times 15)\bmod 8=165\bmod 8=5\end{cases}$$

指数模运算可以看作多次重复乘法，从而避免大的中间结果的出现。例如，为了计算 $11^7 \bmod 13$，可按如下方式计算：

$11^2=121\equiv 4\bmod 13$

$11^4=(11^2)^2\equiv 4^2\bmod 13\equiv 3\bmod 13$

$11^7=11\times 11^2\times 11^4\equiv 11\times 4\times 3\bmod 13\equiv 132\bmod 13\equiv 2\bmod 13$

当然也可按如下方式计算：

$11^3=1331\equiv 5\bmod 13$

$11^7=11\times(11^3)^2\equiv 11\times 5^2\bmod 13\equiv 275\bmod 13\equiv 2\bmod 13$

再举一个例子说明上述方式的应用。

【例 4-14】通过同余式演算证明 $5^{60}-1$ 是 56 的倍数。

解：注意到 $5^3=125\equiv 13\bmod 56$，于是有 $5^6=\left(5^3\right)^2\equiv(13)^2\bmod 56\equiv 1\bmod 56$。

对同余式的两边同时升到 10 次幂，即 $5^6\bmod 56\equiv 1\bmod 56$，那么利用式（4-11）有：

$$\left[\overbrace{\left(5^6\bmod 56\right)\times\left(5^6\bmod 56\right)\times\cdots\times\left(5^6\bmod 56\right)}^{10组}\right]\bmod 56$$

$$=\left[\overbrace{(1\bmod 56)\times(1\bmod 56)\times\cdots\times(1\bmod 56)}^{10组}\right]\bmod 56$$

而上式左端$=\left[\overbrace{5^6\times 5^6\times\cdots\times 5^6}^{10组}\right]\bmod 56=5^{60}\bmod 56$

同理上式右端$=\left[\overbrace{1\times 1\times\cdots\times 1}^{10组}\right]\bmod 56=1\bmod 56$

所以，$5^{60}\bmod 56\equiv 1\bmod 56$，从而可写为：$5^{60}\equiv 1\bmod 56$ 或 $56\mid 5^{60}-1$。

由式（4-11）所描述的属性可得出：

$$a^n\bmod m=(a\bmod m)^n(\bmod m) \tag{4-12}$$

【例 4-15】$10^n\bmod 7=(10\bmod 7)^n=3^n\bmod 7$

定理：（加法消去律）如果 $(a+b)\equiv(a+c)\bmod m$，则 $b\equiv c\bmod m$。

【例 4-16】（5+23）≡（5+7）mod8，23≡7mod8

（乘法消去律）对于 $(a\times b)\equiv(a\times c)\bmod m$，若 $\gcd(a,m)=1$，则 $b\equiv c\bmod m$。

注意：加法消去律没有条件，但对于乘法运算，必须有附加条件。即：

如果$(a\times b)\equiv(a\times c)\bmod m$，则$b\equiv c\bmod m$的条件是：$a$与$m$互素。

【例 4-17】附加条件不满足的情况。

$6\times 3=18\equiv 2\bmod 8$

$6\times 7=42\equiv 2\bmod 8$

但 3 与 7 模 8 不同余。因为 6 与 8 不互素，附加条件不满足。

【例 4-18】附加条件满足的情况。

$5\times 3=15\equiv 7\bmod 8$

$5\times 11=55\equiv 7\bmod 8$

$3\equiv 11\bmod 8$，因为 5 与 8 互素，附加条件满足。

原因：模m的乘法运算返回的结果是$0\sim(m-1)$之间的数，如果乘数a和模数m有除 1 以外的共同因子时将不会产生完整的余数集合。例如 4-17：

Z_8	0	1	2	3	4	5	6	7
乘以 6	0	6	12	18	24	30	36	42
模 8 后的余数	0	6	4	2	0	6	4	2

很明显，模 8 后的余数并未得到 0 到$m-1$（即 7）间的完整集合。

对于例 4-18：

Z_8	0	1	2	3	4	5	6	7
乘以 5	0	5	10	15	20	25	30	35
模 8 后的余数	0	5	2	7	4	1	6	3

很明显，模 8 后的余数是 0 到 7 间的完整集合。

4.1.3　欧几里得算法

欧几里得算法（Euclidean Algorithm）是数论中的一项基本技术，它通过一个简单的过程来确定两个正整数的最大公约数。欧几里得算法基于下面的定理。

对任何非负的整数a和非负的整数b：

$$\gcd(a,b)=\gcd(b,a\bmod b)\quad (a\geqslant b) \tag{4-13}$$

可重复使用式（4-13）求出最大公约数。重复计算结束的条件是后一个整数等于 0，此时前一个数即为二者的最大公约数。

【例 4-19】gcd(18,12)=gcd(12,18mod12)=gcd(12,6)=gcd(6,12mod6)=gcd(6,0)=6

欧几里得算法可描述为：假定整数$b>a>0$，这里限制算法仅考虑正整数是可以接受的，因为$\gcd(a,b)=\gcd(|a|,|b|)$。

EUCLID（a，b）：

1）X←b; Y←a。

2）如果 Y=0，返回 X=$\gcd(a,b)$。

3）R=X mod Y。

4）X←Y。

5）Y←R。

6）回到 2）。

【例 4-20】求 gcd(1970,1066)。

解：根据欧几里得算法，可计算如下：

轮　序	X	Y	R
1	**1970**	**1066**	904
2	1066	904	162
3	904	162	94
4	162	94	68
5	94	68	26
6	68	26	16
7	26	16	10
8	16	10	6
9	10	6	4
10	6	4	2
11	4	2	0
12	**2**	**0**	

因此，gcd(1 970,1 066)=2。

欧几里得算法也可描述为：为了求两个正整数 a,b 的最大公约数，首先将两个正整数中的较大数赋值给 r_{i-1}，将较小数赋值给 r_i，然后循环使用 $r_{i+1}=r_{i-1} \bmod r_i$，直到模运算的余数 r_i=0 结束，则其前一个余数就是二者的最大公约数。具体的循环求解过程如图 4-1 所示，图中的 i 代表轮数、q_i 代表商、r_i 代表余数。

i	q_i	r_i
−2		r_{-2}=max（a,b）
−1	$q_{-1}=\lfloor r_{-2}/r_{-1} \rfloor$	r_{-1}=min（a,b）
0	q_0	r_0
1	q_1	r_1
…	…	…
$t-1$	q_{t-1}	r_{t-1}= gcd（a,b）
t		r_t=0

$r_{i+1}=r_{i-1} \bmod r_i$

$q_i=\left\lfloor \dfrac{r_{i-1}}{r_i} \right\rfloor$　　$r_{i+1}=r_{i-1}-q_i \cdot r_i$

图 4-1　欧几里得算法循环过程

扫一扫

欧几里得算法的 C++实现源代码可参照

4.1.4　扩展的欧几里得算法

扩展的欧几里得算法（The Extended Euclidean Algorithm）不仅能确定两个正整数的最大公约数，如果这两个正整数互素，还能确定它们的逆元。

如果整数 $n \geqslant 1$，且 gcd(a,n) =1，那么 a 有一个模 n 的乘法逆元 a^{-1}，即对小于 n 的正整

数 a，存在一个小于 n 的整数 a^{-1}，使得 $a\times a^{-1}\equiv 1 \bmod n$。

扩展的欧几里得算法可描述如下。

Extended EUCLID(a,n):

1）(X1,X2,X3) ←(1,0,n)；(Y1,Y2,Y3)←(0,1,a)。

2）如果 Y3=0，返回 X3= gcd(a,n)；无逆元。

3）如果 Y3=1，返回 Y3= gcd(a,n)；Y2=$a^{-1} \bmod n$。

4）Q=$\lfloor X3/Y3 \rfloor$。

5）(T1,T2,T3) ←(X1-Q · Y1,X2-Q · Y2,X3-Q · Y3)。

6）(X1,X2,X3) ←(Y1,Y2,Y3)。

7）(Y1,Y2,Y3) ←(T1,T2,T3)。

8）回到 2）。

【例 4-21】用扩展的欧几里得算法求 gcd(550,1769)和 550^{-1}mod1769。

Q	X1	X2	X3	Y1（T1）	Y2（T2）	Y3(T3)
—	**1**	**0**	**1769**	**0**	**1**	**550**
3	0	1	550	1	−3	119
4	1	−3	119	−4	13	74
1	−4	13	74	5	−16	45
1	5	−16	45	−9	29	29
1	−9	29	29	14	−45	16
1	14	−45	16	−23	74	13
1	−23	74	13	37	−119	3
4	37	−119	3	−171	**550**	**1**

可见 gcd(550,1769)=1，550^{-1}mod1769=550，即 $550\times 550\equiv 1 \bmod 1769$。

如图 4-2 所示，扩展的欧几里得算法也可描述为：要计算 $a^{-1} \bmod n$，引入中间变量 x_i，基于商 q_i 和余数 r_i 之间的关系，首先将 n 和 a 分别赋值给 r_i 的前两个变量，将 0 和 1 分别赋值给 x_i 的前两个变量，完成初始化；然后，循环利用 $q_i=\left\lfloor \frac{r_{i-1}}{r_i} \right\rfloor$，$r_{i+1}=r_{i-1}-q_i\cdot r_i$ 和 $x_{i+1}=x_{i-1}-q_i\cdot x_i$，直到余数 r_i=0 结束循环；如果前一个余数 r_{i-1} 等于 1（实际上就是 gcd(a,n)），则对应的 x_{i-1} 就是待求的逆：$a^{-1} \bmod n$，如果前一个余数不等于 1，则它们不是互素的，待求的逆不存在。

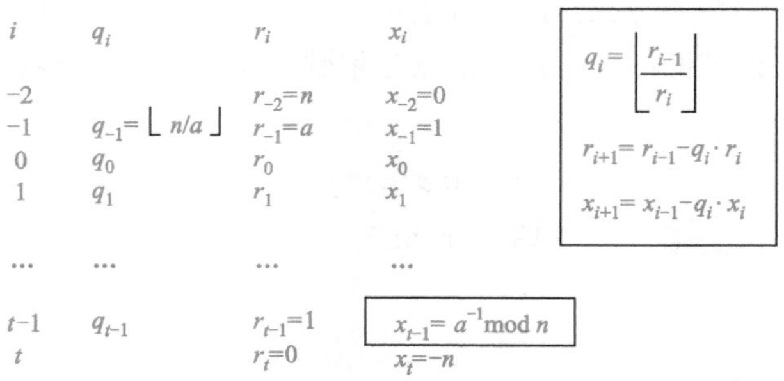

i	q_i	r_i	x_i
−2		$r_{-2}=n$	$x_{-2}=0$
−1	$q_{-1}=\lfloor n/a \rfloor$	$r_{-1}=a$	$x_{-1}=1$
0	q_0	r_0	x_0
1	q_1	r_1	x_1
…	…	…	…
$t-1$	q_{t-1}	$r_{t-1}=1$	$x_{t-1}=a^{-1} \bmod n$
t		$r_t=0$	$x_t=-n$

$q_i=\left\lfloor \frac{r_{i-1}}{r_i} \right\rfloor$

$r_{i+1}=r_{i-1}-q_i\cdot r_i$

$x_{i+1}=x_{i-1}-q_i\cdot x_i$

图 4-2 扩展的欧几里得算法

【例 4-22】求 $550^{-1}\bmod 1769$。

解：根据上述扩展欧几里得算法，可计算如下：

i	q_i	r_i	x_i
−2		**1769**	**0**
−1	3	**550**	**1**
0	4	119	−3
1	1	74	13
2	1	45	−16
3	1	29	29
4	1	16	−45
5	1	13	74
6	4	3	−119
7	3	**1**	**550**
8		**0**	

由上表可见，$550^{-1}\bmod 1769=550$。

扫一扫

扩展的欧几里得算法的C++实现源代码，可表述为

4.1.5 费马定理

费马（Fermat）定理：如果 p 是素数，并且 a 是不能被 p 整除的正整数，那么：

$$a^{p-1}\equiv 1\bmod p \tag{4-14}$$

【例 4-23】$a=7, p=19$，求 $a^{p-1}\bmod p$。

解：$7^2=49\equiv 11\bmod 19$

$7^4\equiv 11^2\bmod 19\equiv 7\bmod 19$

$7^8\equiv 7^2\bmod 19\equiv 11\bmod 19$

$7^{16}\equiv 11^2\bmod 19\equiv 7\bmod 19$

$a^{p-1}=7^{18}=7^{16}\times 7^2\equiv 7\times 11\bmod 19\equiv 1\bmod 19$

费马定理的另一种等价形式是：如果 p 是素数，a 是任意正整数，则对 $\gcd(a,p)=1$，有：

$$a^p\equiv a\bmod p \tag{4-15}$$

【例 4-24】$p=5$，$a=3$，$3^5=243\equiv 3\bmod 5$

4.1.6 欧拉定理

1. 欧拉函数（Euler' s phi–function）

定义：欧拉函数 $\varphi(m)$：当 $m>1$ 时，$\varphi(m)$ 表示比 m 小，且与 m 互素的正整数的个数。

有趣的是，如果 $m>2$，欧拉函数的值一定是偶数。以 $m=24$ 为例，比 24 小且与 24 互素的正整数为：1、5、7、11、13、17、19、23，共 8 个。因此，$\varphi(24)=8$。

欧拉函数的性质：

（1）m 是素数

$$\varphi(m)=m-1 \tag{4-16}$$

因为与 m 互素的数有：$1,2,3,\cdots,m-1$。

（2）$m=pq$，且 p 和 q 是互异的素数，则有：

$$\varphi(m)=\varphi(p)\cdot\varphi(q)=(p-1)\cdot(q-1) \tag{4-17}$$

因为 Z_{pq} 剩余类的集合是｛$0,1,2,3,\cdots,pq-1$｝，集合中与 pq 不互素的元素为子集 $\{p,2p,3p,\cdots,(q-1)p\}$、子集 $\{q,2q,3q,\cdots,(p-1)q\}$，以及 0，于是有：

$$\varphi(m)=pq-[(q-1)+(p-1)+1]=(p-1)(q-1)=\varphi(p)\varphi(q)$$

【例 4-25】$\varphi(21)=\varphi(3)\cdot\varphi(7)=(3-1)\cdot(7-1)=12$，这 12 个数是｛1,2,4,5,8,10,11,13,16,17,19,20｝。

（3）$m=p^e$，且 p 是素数，e 是正整数，则：

$$\varphi(m)=p^e-p^{e-1}=p^{e-1}(p-1) \tag{4-18}$$

因为在 $1\sim p^e$ 之间有 p^e/p 个 p 的倍数。

作为特例，对于 $e=2$ 的情形：即 $m=p^2$，且 p 是素数，则有：

$$\varphi(m)=p(p-1) \tag{4-19}$$

因为 Z_{p^2} 剩余类的集合是 $\{0,1,2,\cdots,p^2-1\}$，集合中与 m 不互素的元素为子集 $\{p,2p,3p,\cdots,(p-1)p\}$，以及 0，于是有：$\varphi(m)=p^2-[(p-1)+1]=p(p-1)$。

根据算术基本定理式（4-1），对于任何大于 1 的整数均可表示成素数幂之积的形式，即 $m=p_1^{e_1}\cdot p_2^{e_2}\cdot p_3^{e_3}\cdot\cdots\cdot p_t^{e_t}$，$p_i(i=1,2,\cdots,t)$ 是素数，有以下定理成立。

定理：
$$\varphi(m)=\prod_{i=1}^{t}p_i^{e_i-1}(p_i-1) \tag{4-20}$$

或表示成：

$$\varphi(m)=m\left(1-\frac{1}{p_1}\right)\left(1-\frac{1}{p_2}\right)\cdots\left(1-\frac{1}{p_t}\right)=m\prod_{i=1}^{t}\left(1-\frac{1}{p_i}\right) \tag{4-21}$$

【例 4-26】$m=24=2^3\cdot3^1$，$\varphi(m)=\left[2^{3-1}(2-1)\right]\cdot\left[3^{1-1}(3-1)\right]=8$。

扫一扫

欧拉函数的 C++实现源代码可表述为

2. 欧拉定理

欧拉（Euler）定理：对于任何互素的两个整数 a 和 n，有：

$$a^{\varphi(n)} \equiv 1 \bmod n \tag{4-22}$$

注：

（1）$n=p$ 时，有 $a^{p-1} \equiv 1 \bmod p$，为费马（Fermat）定理。

（2）易见 $a^{\varphi(n)+1} \equiv a \pmod n$。

（3）若 $n=pq$，p 与 q 为相异素数，取 $0<m<n$，若 $\gcd(m,n)=1$，有 $m^{\varphi(n)+1} \equiv m \pmod n$，也即 $m^{(p-1)(q-1)+1} \equiv m \pmod n$。

（4）对于（3）中，若 $\gcd(m,n)=p$ 或 q，同样有 $m^{\varphi(n)+1} \equiv m \pmod n$。

（5）由 $(m^{\varphi(n)})^k \equiv 1^k \pmod n$ 知：$m^{k\varphi(n)} \equiv 1 \pmod n$，进一步有：

$$m^{k\varphi(n)+1} \equiv m \pmod n$$

$$m^{k(p-1)(q-1)+1} \equiv m \pmod n$$

上述（3）、（4）两条是 RSA 公钥密码算法工作的基础，参考第 6.3.1 部分。

考虑一般形式：$a^m \equiv 1 \bmod n$，如果 a 与 n 互素，则至少有一个整数 m（如 $m=\varphi(n)$）满足这一方程，称满足方程的最小正整数 m 为模 n 下 a 的阶。

例如：a=7，n=19，则易求出 $7^1 \equiv 7 \bmod 19$，$7^2 \equiv 11 \bmod 19$，$7^3 \equiv 1 \bmod 19$，即 7 在模 19 下的阶为 3。

如果 a 的阶 $m=\varphi(n)$，则称 a 为 n 的本原元。如果 a 是 n 的本原元，则 $a, a^2, \cdots, a^{\varphi(n)}$ 在 $\bmod n$ 下互不相同，并且都与 n 互素。特别是，如果 a 是素数 p 的本原元，则 $a, a^2, \cdots, a^{p-1}$ 在 $\bmod p$ 下不相同。

例如，n=19，a=3，在 mod19 下的幂分别为 3、9、8、5、15、7、2、6、18、16、10、11、14、4、12、17、13 和 1，即 3 的阶为 18=$\varphi(19)$，所以，3 为 19 的本原元。

本原元并不一定唯一（可验证 19 的本原元有 2、3、10、13、14、15）；并非所有整数都有本原元，只有以下形式的整数才有本原元：$2, 4, p^a, 2p^a$（整数 $a \geqslant 1$，p 为奇素数）。

4.1.7　中国剩余定理

中国剩余定理（Chinese Remainder Theorem，缩写为 CRT）[①]是约公元前 100 年时由中

---

① **韩信点兵与中国剩余定理**：韩信是汉代一位军事家，是汉高祖刘邦手下的大将，他英勇善战，智谋超群，在楚汉之争中为汉朝的建立立下了卓绝的功劳。据说韩信的数学水平也非常高超，他在点兵的时候，为了保住军事机密，不让敌人知道自己部队的实力，韩信点兵有他自己独特的方法。秦朝末年，楚汉相争，一次，韩信将 1 500 名将士与楚军大将李锋交战，苦战一场，楚军不敌，败退回营，汉军也死伤四五百人，于是韩信整顿兵马返回大本营。当行至一山坡，忽有后军来报，说有楚军骑兵追来，只见远方尘土飞扬，杀声震天。汉军本来已十分疲惫，这时队伍大哗。韩信兵马到坡顶，见来敌不足五百骑，便急速点兵迎敌。他命令士兵 3 人一排，结果多出 2 名；接着命令士兵 5 人一排，结果多出 3 名；他又命令士兵 7 人一排，结果又多出 2 名。韩信马上向将士们宣布：我军有 1 073 名勇士，敌人不足五百，我们居高临下，以众击寡，一定能打败敌人。汉军本来就信服自己的统帅，这一来更相信韩信是“神仙下凡”、“神机妙算”，于是士气大振，一时间旌旗摇动，鼓声喧天，汉军步步进逼，楚军乱作一团，交战不久，楚军大败而逃。

这个故事中所说的韩信点兵的计算方法，就是现在所称的“中国剩余定理”。最早提出并记叙这个数学问题的，是南北朝时期的数学著作《孙子算经》中的“物不知数”题目。1247 年南宋的数学家秦九韶把《孙子算经》的方法推广到一般的情况，得到称之为“大衍求一术”的方法，并在名著《数书九章》中发表。在欧洲，高斯于 1801 年在《算术探究》一书中才明确地给出了它的一般性求解定理。中国剩余定理是中国古代数学家的一项重大创造，得到世界的公认，在世界数学史上具有重要的地位。

国数学家孙子最先发现的，故也称为孙子定理，它是数论中最有用的定理之一。通过中国剩余定理可以基于两两互素的整数取模所得的余数来求解某个数。

在具体介绍中国剩余定理之前，先看下面的例子。

【例 4-27】（孙子算经）今有物不知其数。三三数之余二；五五数之余三；七七数之余二。问物几何？

答曰：二十三 (23 实际上是满足条件的最小正整数解，事实上，若 x_0 为上述同余方程组的解，则 $x_0' = x_0 + 105 \times k (k \in Z)$ 也为上述同余方程组的解，如 128 等。105 是 3、5 和 7 的最小公倍数。但在模 105 下有唯一解 23。

明代数学家程大为的《算法统宗》一书里有一首歌谣给出了解题口诀：三人同行七十稀，五树梅花廿一枝，七子团圆月正半，除百零五便得知。其含义是将这个数用 3 除，所得的余数乘以 70，用 5 除所得的余数乘以 21，用 7 除所得的余数乘以 15，然后把这些乘积加起来再除以 105 所得的余数，就是满足条件的最小正整数解，即：

$23 \equiv 2 \times 70 + 3 \times 21 + 2 \times 15 \pmod{105}$

问题：70、21 和 15 是如何得到的？

原问题可归纳为求解同余方程组：

$$\begin{cases} x \equiv 2 \pmod 3 \\ x \equiv 3 \pmod 5 \\ x \equiv 2 \pmod 7 \end{cases}$$

注意：有意义的是，解题口诀提示我们先解下面三个特殊的同余方程组：

$$(1)\begin{cases} x \equiv 1 \pmod 3 \\ x \equiv 0 \pmod 5 \\ x \equiv 0 \pmod 7 \end{cases} \qquad (2)\begin{cases} x \equiv 0 \pmod 3 \\ x \equiv 1 \pmod 5 \\ x \equiv 0 \pmod 7 \end{cases} \qquad (3)\begin{cases} x \equiv 0 \pmod 3 \\ x \equiv 0 \pmod 5 \\ x \equiv 1 \pmod 7 \end{cases}$$

以同余方程组（1）为例，相当于解一个这样的同余方程：$35y \equiv 1 \pmod 3$，为什么呢？原因是：从（1）的模数及条件知，x 应同时是 5 和 7 的倍数，即应是 35 的倍数，于是可以假设 $x = 35y$ 有：$35y \equiv 1 \pmod 3$，相当于 $2y \equiv 1 \pmod 3$，因为 $35y = 33y + 2y$，而 $33y \bmod 3 = 0$，解出 $y \equiv 2 \pmod 3$。于是 $x \equiv 35 \times 2 \equiv 70 \pmod{105}$，这里模 105 是因为 x 要同时满足上述同余方程组中的每一个式子，而 3,5 和 7 的最小公倍数是 105。类似地得到（2）、（3）方程组的模 105 的解 21、15。

既能被 5、7 整除，同时被 3 除余 1 的最小正整数是 70；能被 3、7 整除，同时被 5 除余 1 的最小正整数是 21；能被 3、5 整除，同时被 7 除余 1 的最小正整数是 15。这就是找出被其中一个除余 1、其余能整除的“大衍求一术”。

中国剩余定理：设自然数 $m_1, m_2, \cdots, m_r$ 两两互素，记 $M = m_1 m_2 \cdots m_r$，则同余方程组：

$$\begin{cases} x \equiv b_1 \pmod{m_1} \\ x \equiv b_2 \pmod{m_2} \\ x \equiv b_3 \pmod{m_3} \\ \quad \vdots \\ x \equiv b_r \pmod{m_r} \end{cases} \tag{4-23}$$

在模 M 同余的意义下有唯一解：

$$x \equiv \sum_{i=1}^{r} b_i M_i y_i \pmod M \tag{4-24}$$

式中：$M_i = \dfrac{M}{m_i}(1 \leqslant i \leqslant r)$

$y_i \equiv M_i^{-1} \pmod{m_i}(1 \leqslant i \leqslant r)$（即 y_i 与 M_i 在模 m_i 下互素）。

注意：这里指明是在模 M 下有唯一解，否则如上例中若 x_0 为同余方程组的解，则 $x_0' = x_0 + 105 \times k(k \in Z)$ 也为同余方程组的解。

证明：已知 $M = m_1 m_2 \cdots m_r$，令 $M_j = M / m_j = m_1 m_2 \cdots m_{j-1} m_{j+1} \cdots m_r$，由于 gcd($M_j$，$m_j$)=1，所以 M_j 模 m_j 的逆元是存在的，令其为 y_j，有：

$M_j\ y_j \equiv 1 \bmod\ m_j \quad (j = 1,2,\cdots,r)$

令：

$$x_0 = b_1 M_1 y_1 + b_2 M_2 y_2 + \cdots + b_r M_r y_r \tag{4-25}$$

可证明 x_0 便是式（4-23）的解。为证明这一点，注意有 $m_h | M_j$（$j \neq h$），故 $M_j \equiv 0 \bmod m_h$，即 x_0 中各项除第 h 项外，其余都模 m_h 同余 0。又 $M_h y_h \equiv 1 \bmod m_h$，所以：

$x_0 \equiv b_h M_h y_h \bmod m_h \equiv b_h \bmod m_h (h = 1,2,\cdots,r)$。即满足式(4-23)，$x_0$ 是其解。

下面证明 x_0 是模 M 的唯一解。如若不然，设 x_1 和 x_2 是式（4-23）模 M 的两个解，则有：$x_1 \equiv x_2 \equiv b_j \bmod m_j (j = 1,\cdots,r)$。那么，$x_1 - x_2 \equiv 0 \bmod\ m_j$，即 $m_j |$（$x_1 - x_2$）$(j = 1,\cdots,r)$。对于 $j = 1,\cdots,r$ 的所有 m_j，都有 $m_j |(x_1 - x_2)$成立，而 $M = m_1 m_2 \cdots m_r$，因此，M | （$x_1 - x_2$），即 $x_1 - x_2 \equiv 0 \bmod M$。

所以，x_1、x_2 是模 M 的相同解，从而证明了对于模 M，式（4-23）的解是唯一的。

【例 4-28】求解同余方程组：

$$\begin{cases} x \equiv 1 \bmod 2 \\ x \equiv 2 \bmod 3 \\ x \equiv 3 \bmod 5 \end{cases}$$

解：M =2×3×5=30

M_1=15, M_2=10, M_3=6

15 $y_1 \equiv$ 1mod2, y_1=1

10 $y_2 \equiv$ 1mod3, y_2=1

6 $y_3 \equiv$ 1mod5, y_3=1

所以，x=1 × 15 × 1+2 × 10 × 1+3 × 6 × 1=53 ≡ 23 mod 30

中国剩余定理可以在两个方程组成的同余方程组基础上循环利用来求解整个同余方程组的解。设同余方程组为：

$$\begin{cases} x \equiv a \bmod m \\ x \equiv b \bmod n \end{cases} \tag{4-26}$$

式中，m,n 互为素数。

如果整数 s,t 满足：$s \cdot m + t \cdot n = 1$，则该同余方程组的解可表示为：

$$x \equiv a(t \cdot n) + b(s \cdot m)(\bmod m \cdot n) \tag{4-27}$$

如本例可先求解同余方程组：

$$\begin{cases} x \equiv 1 \bmod 2 \\ x \equiv 2 \bmod 3 \end{cases}$$

观察易知：$s=-1, t=1$时，满足$s \cdot m + t \cdot n = -1 \times 2 + 1 \times 3 = 1$。

因此，解得：$x \equiv [1 \times (1 \times 3) + 2 \times (-1 \times 2)] \bmod (2 \times 3) \equiv -1 (\bmod 6) \equiv 5 (\bmod 6)$。

将该方程与第三个方程联立，再解同余方程组：

$$\begin{cases} x \equiv 5 \bmod 6 \\ x \equiv 3 \bmod 5 \end{cases}$$

按照前面的方法解得：$x \equiv 23 \bmod 30$。这就是整个同余方程组的解。

扫一扫

中国剩余定理的C++实现源代码可表述为

交流与微思考

4.2　群论

4.2.1　群的概念

群（Groups）由一个非空集合G组成，在集合G中定义了一个二元运算符“·”，并满足以下四个属性：

（1）封闭性（Closure）：对任意的$a,b \in G$，有$a \cdot b \in G$；

（2）结合律（Associativity）：对任何的$a,b,c \in G$，有$a \cdot b \cdot c = (a \cdot b) \cdot c = a \cdot (b \cdot c)$；

（3）单位元（Existence of identity）：存在一个元素$i \in G$(称为单位元)，对任意元素，有：$a \cdot i = i \cdot a = a$；

（4）逆元（Existence of inverse）：对任意$a \in G$，存在一个元素$a^{-1} \in G$（称为逆元），使得：$a \cdot a^{-1} = a^{-1} \cdot a = i$（单位元）；把满足上述性质的代数系统称为**群**，记为$\{G, \cdot\}$。如果一个群同时满足下面的交换律，则称其为**交换群**(或 Abel 群)。

（5）交换律（Commutativity）：对任意$a,b \in G$，有$a \cdot b = b \cdot a$；

如果一个群的元素是有限的，则称该群为有限群，否则为无限群。有限群的阶是指有限群中元素的个数。

定义：
$$a^n = \underbrace{a \cdot a \cdot \cdots \cdot a}_{n\text{个}a\text{作“}\cdot\text{”运算}} \tag{4-28}$$

$$a^0 = i \text{（单位元）} \tag{4-29}$$

$$a^{-n} = \left(a^{-1}\right)^n = \left(a^n\right)^{-1} \tag{4-30}$$

如果群中每一个元素都是其中某一个元素 $g \in G$ 的某次幂 $g^k \in G$（k 为整数），则称该群是循环群。循环群总是交换群。在循环群中，认为元素 g 生成了群 G，或 g 是群 G 的生成元。

一个群中，元素 a 的阶就是使得 $a^n = i$（单位元）成立的最小的正整数 n。

4.2.2 群的性质

群具有以下性质：

1. 群中的单位元是唯一的；
2. 群中每一个元素的逆元是唯一的；
3. （消去律）对任意的 $a,b,c \in G$，如果 $a \cdot b = a \cdot c$，则 $b = c$；同样，如果 $b \cdot a = c \cdot a$，则 $b = c$。

4.3 有限域理论

4.3.1 域和有限域

域（Field）是由一个非空集合 F 组成的，在集合 F 中定义了两个二元运算符：“+”(加法)和“·”（乘法），并满足：

（1）F 关于加法“+”是一个交换群；其单位元为“0”，a 的逆元为 $-a$。

（2）F 关于乘法“·”是一个交换群；其单位元为“1”，a 的逆元为 a^{-1}。

（3）（分配律）对任何的 $a,b,c \in F$，有 $a \cdot (b+c) = (b+c) \cdot a = a \cdot b + a \cdot c$。

（4）（无零因子）对任意 $a,b \in F$，如果 $a \cdot b = 0$，则 $a = 0$ 或 $b = 0$。

这样的集合就称为域，记为 $\{F, +, \cdot\}$。

定义“减法”：

$$a - b = a + (-b) \tag{4-31}$$

定义“除法”：

$$a / b = a \cdot b^{-1} \tag{4-32}$$

实际上，域是一个可以在其上进行加法、减法、乘法和除法运算而结果不会超出域的集合。如有理数集合、实数集合、复数集合都是域，但整数集合不是域（很明显，使用除法得到的分数或小数已超出整数集合）。

如果域 F 只包含有限个元素，则称其为有限域。有限域中元素的个数称为有限域的阶。尽管存在无限个元素的无限域，但只有有限域在密码编码学中得到了广泛的应用。关于有限域，有以下定理成立：

定理：每个有限域的阶必为素数的幂，即有限域的阶可表示为 p^n（p 是素数、n 是正整数），该有限域通常称为 Galois 域（Galois Fields），记为 $GF(p^n)$。

当 $n=1$ 时，存在有限域 $GF(p)$，也称为素数域。在密码学中，最常用的域是阶为 p 的素数域 $GF(p)$ 或阶为 2^m 的 $GF(2^m)$ 域。

4.3.2　有限域中的计算

1. 有限域 GF(p)

整数集合 $\{0,1,\cdots,p-1\}$ 按通常的加法（减法）、乘法（除法）代数运算在模 p 意义下构成一个有限域 $GF(p)$，即（减法和除法可转化为加法和乘法运算）。

加法：如果 $a,b\in GF(p)$，则 $a+b\equiv r \bmod p$，$r\in GF(p)$。

乘法：如果 $a,b\in GF(p)$，则 $a\cdot b\equiv s \bmod p$，$s\in GF(p)$。

【例 4-29】GF(5) 的加法和乘法代数运算如图 4-3 所示。

+	0	1	2	3	4
0	0	1	2	3	4
1	1	2	3	4	0
2	2	3	4	0	1
3	3	4	0	1	2
4	4	0	1	2	3

（a）模5的加法

•	0	1	2	3	4
0	0	0	0	0	0
1	0	1	2	3	4
2	0	2	4	1	3
3	0	3	1	4	2
4	0	4	3	2	1

（b）模5的乘法

图 4-3　GF(5)的代数运算

令 $GF^*(p)$ 表示 $GF(p)$ 中所有非零元素的集合，可证明在 $GF(p)$ 中至少存在一个元素 g，使得 $GF(p)$ 中任意非零元素可以表示成 g 的某次幂的形式，这样的元素 g 称为 $GF(p)$ 的生成元（或本原元），即认为 $GF^*(p)$ 域中的所有元素都是基于生成元生成的，均可以表示成生成元的某一次幂的形式：

$$GF^*(p)=\{g^i:0\leqslant i\leqslant p-2\}\text{（共有 } p-1 \text{ 个元素）}$$

$a=g^i\in GF^*(p)$ 的乘法逆元是 $a^{-1}=g^{-i}=g^{(-i)\bmod(p-1)}$。

实际上，$GF(p)=\{0,1,\cdots,p-1\}$，$GF^*(p)=\{1,\cdots,p-1\}$。根据定义有：$g^0=1$；根据费马定理有：$g^{p-1}\equiv 1(\bmod p)$，因此，$g^{p-1}=g^0=1$。

【例 4-30】有限域 $GF(23)=\{0,1,2,\cdots,22\}$，5 是 GF(23) 的生成元，生成元 5 的各次幂分别是（大于 23 时，需进行 mod23 运算）：

$5^0=1$	$5^1=5$	$5^2=2$	$5^3=10$	$5^4=4$
$5^5=20$	$5^6=8$	$5^7=17$	$5^8=16$	$5^9=11$
$5^{10}=9$	$5^{11}=22$	$5^{12}=18$	$5^{13}=21$	$5^{14}=13$

续表

$5^{15}=19$	$5^{16}=3$	$5^{17}=15$	$5^{18}=6$	$5^{19}=7$
$5^{20}=12$	$5^{21}=14$	$5^{22}=1=5^0$（开始循环）		

由表可见，GF(23) 的 22 个非 0 元素，即 $GF^*(23)=\{1,2,\cdots,22\}$ 可用生成元 5 的 0 ~ 21 次幂中的某一个来表示，随着幂次的继续增加，非 0 元素将开始循环，如 $5^{22}=5^0=1$。

2. 有限域 $GF(2^m)$

定义 $f(x)=x^m+f_{m-1}x^{m-1}+\cdots+f_2x^2+f_1x+f_0$（$f_i\in GF(2)$，$0\leqslant i\leqslant m-1$）是 GF(2) 上项的最高次数为 m 的不可约多项式（也称为既约多项式），即 $f(x)$ 不能分解为 GF(2) 上两个或两个以上项的最高次数小于 m 的多项式的积。

如果存在 GF(2) 上的 m 次不可约多项式 $f(x)$（事实上 GF(2) 上具有任何 m 次不可约多项式），则 GF(2) 上次数小于等于 $m-1$ 的所有多项式（共有 2^m 个不同的多项式）在模 $f(x)$ 意义下构成一个 $GF(2^m)$ 域，即有限域 $GF(2^m)$ 由 GF(2) 上所有项的最高次数小于 m 的多项式组成：

$$GF(2^m)=\left\{a_{m-1}x^{m-1}+a_{m-2}x^{m-2}+\cdots+a_1x+a_0\right\} \tag{4-33}$$

其中，$a_i\in\{0,1\}$ $(i=0,1,2,\cdots,m-1)$。

域元素 $a_{m-1}x^{m-1}+a_{m-2}x^{m-2}+\cdots+a_1x+a_0$ 通常用长度为 m 的二进制串 $(a_{m-1}a_{m-2}\cdots a_1a_0)$ 表示，使得：

$$GF(2^m)=\{(a_{m-1}a_{m-2}\cdots a_1a_0)\} \tag{4-34}$$

加法：
$$(a_{m-1}a_{m-2}\cdots a_1a_0)+(b_{m-1}b_{m-2}\cdots b_1b_0)=(c_{m-1}c_{m-2}\cdots c_1c_0) \tag{4-35}$$

其中，$c_i\equiv(a_i+b_i)\bmod 2$ $(i=0,1,2,\cdots,m-1)$。

由域元素的加法定义可见，GF(2) 域中的元素相加，实际上是域元素所代表的多项式进行系数模 2 加，因此，相加后系数为偶数的项将消去，而且系数模 2 加时“＋”与“－”同效。

乘法：
$$(a_{m-1}a_{m-2}\cdots a_1a_0)\cdot(b_{m-1}b_{m-2}\cdots b_1b_0)=(c_{m-1}c_{m-2}\cdots c_1c_0) \tag{4-36}$$

其中，多项式 $(c_{m-1}x^{m-1}+\cdots+c_2x^2+c_1x+c_0)$ 是多项式 $(a_{m-1}x^{m-1}+\cdots+a_2x^2+a_1x+a_0)\cdot(b_{m-1}x^{m-1}+\cdots+b_2x^2+b_1x+b_0)$ 在 GF(2) 上被 $f(x)$ 除所得的剩余式。

上述表示 $GF(2^m)$ 的方法称为多项式基表示，即上述加法和乘法运算均是基于多项式的运算。

$GF(2^m)$ 中包含 2^m 个元素。令 $GF^*(2^m)$ 表示 $GF(2^m)$ 中所有非零元素的集合，可证明在 $GF(2^m)$ 中至少存在一个元素 g，使得 $GF(2^m)$ 中任意非零元素可以表示成 g 的某次幂的形式，这样的元素 g 称为 $GF(2^m)$ 的生成元（或本原元），即：

$GF^*(2^m)=\{g^i:0\leqslant i\leqslant 2^m-2\}$（共有 2^m-1 个元素）

$a=g^i\in GF^*(2^m)$ 的乘法逆元是 $a^{-1}=g^{-i}=g^{(-i)\bmod(2^m-1)}$。

$g^{2^m-1}=g^0=1$。

【例 4-31】用多项式构造的有限域 $GF(2^4)$，既约多项式用：$f(x)=x^4+x+1$。$GF(2^4)$ 的 16 个元素为：

(0000)	(0001)	(0010)	(0011)	(0100)	(0101)	(0110)	(0111)
(1000)	(1001)	(1010)	(1011)	(1100)	(1101)	(1110)	(1111)

加法：

(0110) + (0101) = (0011)（即按位异或或模 2 加）

或：

$\left(x^2+x\right)+\left(x^2+1\right)=2x^2+x+1=x+1=(0011)$

乘法：

$(1101)\bullet(1001)$

$=(x^3+x^2+1)(x^3+1)\bmod f(x)$

$=(x^6+x^5+2x^3+x^2+1)\bmod f(x)$

$=(x^6+x^5+x^2+1)\bmod f(x)$（系数模 2 时偶数项消除）

$=\left[(x^4+x+1)(x^2+x)+(x^3+x^2+x+1)\right]\bmod f(x)$ （系数模 2 时“+”与“−”同效）

$=\left[(x^4+x+1)(x^2+x)+(x^3+x^2+x+1)\right]\bmod(x^4+x+1)$

$=x^3+x^2+x+1$（多项式除法的余子式）

$=(1111)$（多项式对应的二进制数）

指数运算：

如要计算 $(0010)^5$，先计算：

$(0010)^2$

$=(0010)\bullet(0010)$

$=(x\cdot x)\bmod f(x)$

$=x^2\bmod\left(x^4+x+1\right)$

$=x^2$

$=(0100)$

那么

$(0010)^4$

$=(0010)^2\,(0010)^2$

$=(0100)\,(0100)$

$=(x^2\cdot x^2)\bmod f(x)$

$=x^4\bmod\left(x^4+x+1\right)$

$=\left[\left(x^4+x+1\right)+\left(x+1\right)\right]\bmod\left(x^4+x+1\right)$（系数模 2 时“+”与“-”同效）

$=x+1$

$=(0011)$

最后

$(0010)^5=(0010)^4\,(0010)$

$=(0011)\,(0010)$

$=\left[(x+1)\cdot x\right]\bmod f(x)$

$=(x^2+x)\bmod f(x)$

$=\left(x^2+x\right)\bmod\left(x^4+x+1\right)$

$=x^2+x$

$=(0110)$

乘法的逆元：

$\mathrm{GF}^*(2^4)$ 可以由元素 $g=x=(0010)$生成，g 的各次幂（均是 $\bmod f(x)$ 的结果）为：

$g^0=(0001)$	$g^1=(0010)$	$g^2=(0100)$	$g^3=(1000)$
$g^4=(0011)$	$g^5=(0110)$	$g^6=(1100)$	$g^7=(1011)$
$g^8=(0101)$	$g^9=(1010)$	$g^{10}=(0111)$	$g^{11}=(1110)$
$g^{12}=(1111)$	$g^{13}=(1101)$	$g^{14}=(1001)$	$g^{15}=(0001)=g^0$

该域的乘法单位元是 g^0=(0001)=1。g^7=(1011)的乘法逆元是 $g^{-7 \bmod 15}$=$g^{8 \bmod 15}$=(0101)，检验：

$(1011)\bullet(0101)$

$=(x^3+x+1)(x^2+1)\bmod f(x)$

$=(x^5+x^2+x+1)\bmod f(x)$

$=\left[\left(x^4+x+1\right)\cdot x+1\right]\bmod\left(x^4+x+1\right)$

$=1$

基于域中非零元素的生成元表示，上面的乘法举例结合生成元的各次幂表，也可按如下方式进行计算：

$(1101)\bullet(1001)=g^{13}\cdot g^{14}=g^{27\bmod\left(2^4-1\right)}=g^{12}=\left(1111\right)$。

上面的指数运算举例也可计算如下：

$(0010)^5=\left(g^1\right)^5=g^5=\left(0110\right)$。

由上可见，基于生成元的计算显得更简便，其前提是预先生成了域中所有非 0 元素基于生成元的各次幂的表示，必要时还应对幂指数进行 $\bmod\left(2^m-1\right)$ 运算。同时，这类有限域上多项式的代数运算已有多种快速算法，并有基于集成电路的硬件实现方法，感兴趣的读者可参考相关文献。

4.4 计算复杂性理论

计算复杂性理论提供了一种分析不同密码技术和算法的计算复杂性的方法，它对密码算法及技术进行比较，然后确定其安全性，是密码安全性理论的基础，涉及算法的复杂性和问题的复杂性两个方面，为密码算法“实际上”的安全提供了依据。计算复杂性理论研究分析问题的有效解法，提供求解问题所需的运算次数，从而给出问题求解困难性的数量指标，有助于确定密码算法的安全强度，因为如果破译密码所花费的时间或存储空间的代价超过了密码本身所保密内容的价值，破译是没有意义的。

4.4.1　算法的复杂性

近代密码算法的破译取决于攻击方法在计算机上编程实现时所需的计算时间（时间复杂性）和占用的硬件资源（空间复杂性），即算法的复杂性表征了算法在实际执行时所需计算能力方面的信息，通常它由该算法所要求的最大时间与存储空间大小来确定。由于算法的不同实例在时间和空间需求上可能有很大的差异，因此，通常研究的是算法的平均复杂度。

如果用 n 表示问题的大小，或输入的长度，则计算复杂性可用两个参数来表示：运算所需的时间 $T(n)$ 和存储空间 $S(n)$，它们都是 n 的函数，分别反映算法的时间需求和空间需求。空间复杂性与时间复杂性往往可以相互转化，例如，预先计算明文、密文对，并存储起来，分析时只需查询即可，这就将计算的时间转化为存储的空间。

如果 $T(n)=O(n^c)(c>0)$，则称该算法是时间多项式阶的；如果 $T(n)=O(a^{P(n)})(a>1)$，则称该算法是时间指数阶的，其中，$P(n)$ 是一个多项式。一般认为，如果破译一个密码体制所需的时间是指数阶的，则它在计算上是安全的。

算法可分为确定性算法和非确定性算法，如果算法的每一步操作结果都是确定的，这样的算法称为确定性算法，其计算时间就是完成这些确定步骤所需的时间。如果算法的某些操作结果是不确定的，则这类算法称为不确定性算法，不确定性算法的计算时间就是使算法成功的操作序列中，所需时间最少的序列所需的时间。

4.4.2　问题的复杂性

问题的复杂性并不等同于用于解决问题的算法的复杂性，问题可以根据解法的复杂性分成一些复杂性类型，如图 4-4 所示。

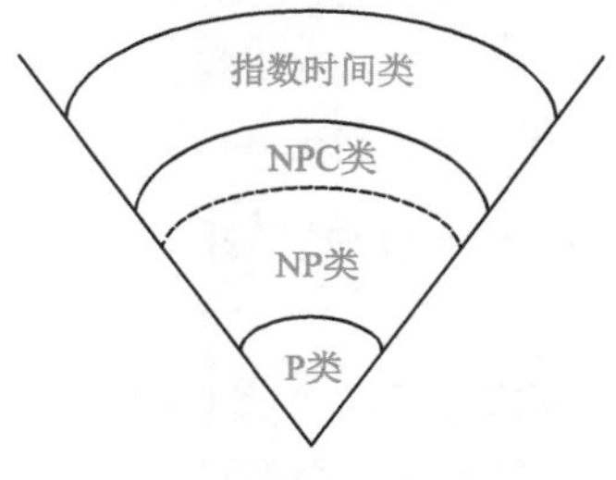

图 4-4　问题复杂类

在多项式时间内可以用非确定性算法求解的问题称为 NP（Non-deterministic Polynomial）问题。所有的 NP 问题都可以通过多项式时间转换为一类称之为 NPC（Non-deterministic Polynomial Complete）的 NP 完全问题，这是 NP 类中困难最大的一类问题。对于一个 NPC 问题，不存在任何已知的确定性算法在多项式时间内求解该问题，所以，如果能够找到一个计算序列，作为解密算法，那么，密码分析者在不知道计算序列的情形下求解该问题在计算上不可行。由于NPC问题目前没有找到有效的算法，因此，适合用来构造密码体制，现有的密码算法的安全性都是基于NPC问题的，若想破译一个密码算法，就相当于解一个NPC问题。

要估计一个密码系统的实际保密性，主要需要考虑两个方面的因素：一是密码分析者的计算能力，这取决于密码分析者所拥有的资源条件，最可靠的方法是假定分析者拥有目前最好的设备；二是密码分析者所采用的破译算法的有效性，密码分析者总是在搜寻新的方法来减少破译所需要的计算量。因此，密码设计者的任务就是尽力设计出一个理想的或完善的密码系统，如果做不到这一点，就必须保证所设计的系统要使密码分析者付出足够高的代价（时间、费用等）。

学习拓展与探究式研讨

[密码学的数学基础探讨] 为什么有限域上的运算和求逆是密码学的基本要求?

习　题

4.1　编写一个程序，找出100～200间的素数。

4.2　计算下列数值：7503mod81、(−7503)mod81、81mod7503、(−81)mod7503。

4.3　证明：（1）$[a(\bmod m)\times b(\bmod m)]\bmod m=(a\times b)(\bmod m)$

（2）$[a\times(b+c)]\bmod m=[(a\times b)(\bmod m)+(a\times c)(\bmod m)](\bmod m)$

4.4　编写一个程序，用扩展的欧几里得算法求gcd(4655,12075)和550^{-1}mod1723。

4.5　求25的所有本原元。

4.6　求Z_5中各非零元素的乘法逆元。

4.7　求$\varphi(100)$。

4.8　利用中国剩余定理求解：

$$\begin{cases}x\equiv 2(\bmod 3)\\ x\equiv 1(\bmod 5)\\ x\equiv 1(\bmod 7)\end{cases}$$

4.9　解释：群、交换群、有限群、有限群的阶、循环群、生成元、域、有限域、不可约多项式。

4.10　基于多项式基表示的$GF(2^4)$域，计算$(1010)^{10}$和$(1101)^9$分别等于多少?

4.11　什么是计算复杂性？它在密码学中有什么意义?

第 5 章　对称密码体制

知识单元与知识点	➢ 分组密码的概念、原理、设计准则、工作模式； ➢ 数据加密标准（DES）； ➢ 高级加密标准（AES）。
能力点	✧ 建立起分组密码的相关概念； ✧ 了解分组密码的原理、设计准则和工作模式； ✧ 了解数据加密标准（DES）的原理； ✧ 把握高级加密标准（AES）的基本运算、基本变换和密钥扩展方法。
重难点	■ 重点：分组密码原理和工作模式；高级加密标准（AES）的基本运算、基本变换和密钥扩展方法。 ■ 难点：分组密码的工作模式。
学习要求	✓ 熟练掌握分组密码的相关概念； ✓ 了解分组密码的原理、设计准则和工作模式； ✓ 了解数据加密标准（DES）的原理； ✓ 掌握高级加密标准（AES）的基本运算、基本变换和密钥扩展方法。
问题导引	→ 如何理解分组密码的内涵及其工作模式？ → 典型的对称密码算法有哪些？各自的原理与特点如何？ → 在工程上如何选用分组密码算法？

5.1　分组密码

5.1.1　分组密码概述

与流密码每次加密处理数据流的一位或一个字符不同，分组密码处理的单位是一组明文，即将明文消息编码后的数字序列 $m_0,m_1,m_2,\cdots,m_i$ 划分成长度为 L 位的组 $m=(m_0,m_1,m_2,\cdots,m_{L-1})$，各个长度为 L 的分组分别在密钥 $k=(k_0,k_1,k_2,\cdots,k_{t-1})$（密钥长度为 t）的控制下变换成与明文组等长的一组密文输出数字序列 $c=(c_0,c_1,c_2,\cdots,c_{L-1})$。$L$ 通常为 64、128、256 或 512 位。

分组密码的模型如图 5-1 所示。

设明文 m 与密文 c 均为二进制 0、1 数字序列，它们的每一个分量 $m_i,c_i \in \mathrm{GF}(2)$ $(i=0,1,\cdots,n-1)$，则明文空间为 $\{0,1,2,\cdots,2^{n-1}\}$，密文空间为 $\{0,1,2,\cdots,2^{n-1}\}$。分组密码将是由密钥 $k=(k_0,k_1,k_2,\cdots,k_{t-1})$ 确定的一个一一映射，也就是空间 $\{0,1,2,\cdots,2^{n-1}\}$ 到自身的一个置换 F，由于置换 F 由密钥 k 确定，一般地，我们把这个置换表示为：

$$c = F_k(m) \tag{5-1}$$

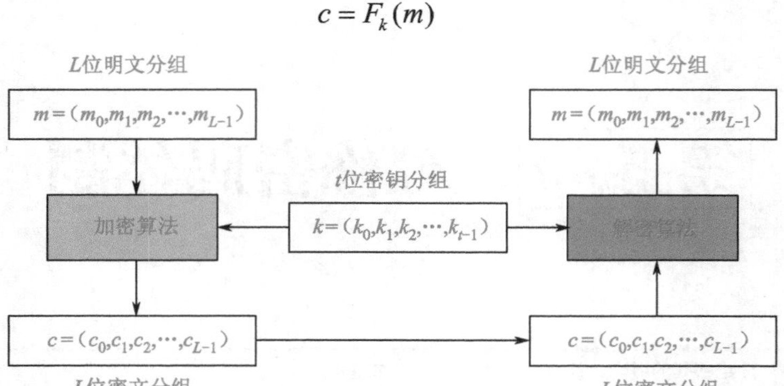

图 5-1　分组密码原理框图

分组密码算法实际上就是在密钥的控制下，通过某个置换来实现对明文分组的加密变换。为了保证密码算法的安全强度，对密码算法的要求如下。

1. 分组长度足够大

当分组长度较小时，分组密码类似于古典的代替密码，它仍然保留了明文的统计信息，这种统计信息将给攻击留下可乘之机。攻击者可以有效地穷举明文空间，得到密码变换本身。

2. 密钥量足够大

分组密码的密钥所确定的密码变换只是所有置换中极小一部分。如果这一部分足够小，攻击者可以有效地穷举明文空间，确定置换。这时，攻击者就可以对密文进行解密，以得到有意义的明文。

3. 密码变换足够复杂

攻击者除了穷举法以外，找不到其他快捷的破译方法。

在实践中经常采取以下两个方法来达到上面的要求。

（1）将大的明文分组成几个小段，分别完成各个小段的加密置换，最后进行合并操作，达到使总的分组长度足够大。这样的做法有利于对密码的实际分析和评测，以保证密码算法的强度。

（2）采用所谓的乘积密码（Product Ciphers）。乘积密码就是以某种方式连续执行两个或多个密码变换。例如，设有两个子密码变换 T_1 和 T_2 ，则先以 T_1 对明文进行加密，然后再以 T_2 对所得的结果进行加密。其中，T_1 的密文空间与 T_2 的明文空间相同。如果得当的话，乘积密码可以有效地掩盖密码变换的弱点，构成比其中任意一个密码变换强度更高的密码系统。

5.1.2　分组密码原理

现在所使用的大多数对称分组加密算法都基于 Feistel 分组密码结构，其遵从的基本指导原则是 Claude Shannon 提出的扩散（Diffusion）和混乱(Confusion)。扩散和混乱是分组密码最本质的要求，它们分别基于换位或代替操作来实现。

扩散是重新排列消息中的每一比特，以使明文中的冗余度能扩散到整个密文，将每一比特明文的影响尽可能作用到较多的输出密文位中去，或密文的每一比特要取决于部分或全部明文位。换句话说，如果明文的一位发生改变，要求密文的多个或全部位都将随之改变，以便隐藏密文和明文之间的关系，有利于阻止攻击者利用密文统计特性来找出对应的明文。

混乱是指密文和密钥之间的统计特性关系尽可能地复杂化，其目的在于隐藏密文和密钥之间的关系，有利于阻止攻击者利用密文找出密钥。换句话说，如果密钥的一位发生变化，要求密文的绝大部分或全部位都将随之发生改变。因为，仅仅使每个明文比特和每个密钥比特与所有的密文比特紧密相关还是不够的，还必须进一步要求相关的等价数学函数足够复杂，要避免有规律的、线性的相关关系。这主要依赖于复杂的代替算法来实现，换位算法几乎增加不了混乱度。

乘积密码有助于实现扩散和混乱。乘积密码是指依次使用两个或两个以上的基本密码，所得结果的密码强度将强于所有单个密码的强度，即乘积密码是扩散和混乱两种基本密码操作的组合变换，这样能够产生比各自单独使用时更强大的密码系统。选择某个较为简单的密码变换，在密钥控制下以迭代方式多次利用它进行加密变换，就可以实现预期的扩散和混乱效果。这种迭代方法，在现代密码设计中使用得非常广泛，每一次迭代称为一轮。Feistel 结构即为乘积形式的密码变换，当前，很多重要的算法都使用了 Feistel 结构或类似于 Feistel 结构的变换，例如，DES 等。

1. SP 网络

SP 网络是由多重 S 变换和 P 变换组合成的变换网络（如图 5-2 所示），即迭代密码。它是乘积密码的一种，由 Shannon 提出。其基本操作是 S 变换（代替）和 P 变换（换位），前者称为 S 盒，后者被称为 P 盒（如图 5-3 所示）。S 盒的作用是起到混乱作用，P 盒的作用是起到扩散的作用。

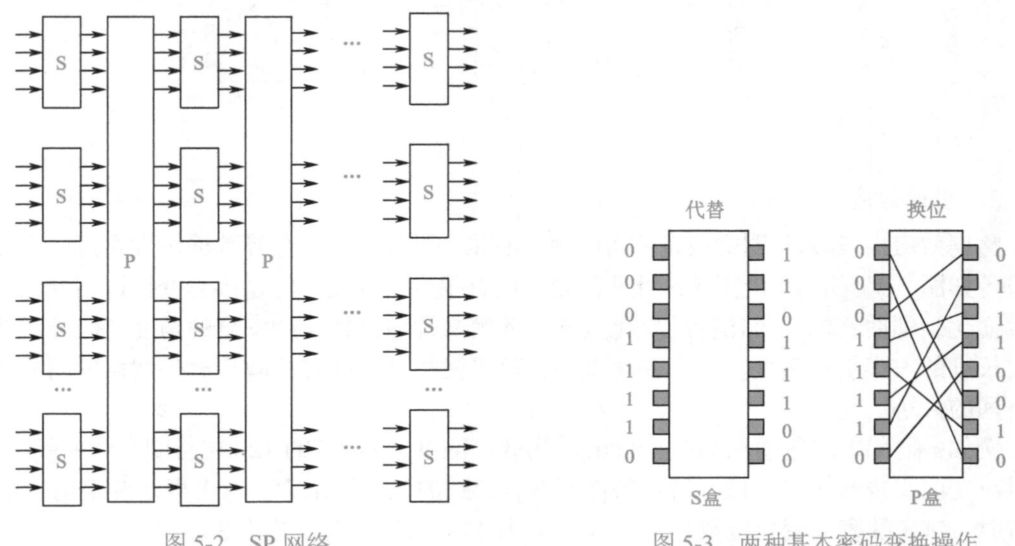

图 5-2　SP 网络

图 5-3　两种基本密码变换操作

S 盒被认为是一个微型的代替密码。S 盒的输入和输出位数不一定相同，S 盒有可逆和不可逆之分，可逆的 S 盒的输入位数和输出位数相同。

P 盒就是传统的换位操作。在现代分组密码中，有 3 种类型的 P 盒可供使用：普通型 P 盒、压缩型 P 盒和扩展型 P 盒，如图 5-4 所示。

普通型 P 盒是一个有 n 位输入、n 位输出的换位操作，有 $n!$ 种可能的映射关系。尽管 P 盒可以用密钥来控制对应的某个确定的映射关系，但 P 盒通常并不使用密钥，这就意味着基于硬件的 P 盒实现将预先设置好输入位与输出位的连线关系，基于软件的 P 盒实现将配置一个输入、输出位的对应关系表。

压缩型 P 盒是一个有 n 位输入、m 位输出的换位操作（$m<n$），输入中有 $n-m$ 位不会被输出。压缩型 P 盒适用于在完成换位操作的同时，需要减少位数以适应下一阶段要求的情形。

扩展型 P 盒是一个有 n 位输入、m 位输出的换位操作（$m>n$），输入中有 $m-n$ 位被重用输出。扩展型 P 盒适用于在完成换位操作的同时，需要增加位数以适应下一阶段要求的情形。

普通型 P 盒是可逆的，但压缩型 P 盒和扩展性 P 盒是不可逆的。在压缩型 P 盒中，加密时一个输入位被中止，而解密时并没有一个线索来表明对被中止的位如何处理，例如，图 5-4 压缩型 P 盒中，加密时第 2 位和第 5 位被中止，解密时没有位来映射作为它们的输出；在扩展型 P 盒中，加密时一个输入位可以映射到不只一个输出位，而解密时并没有一个线索来表明究竟不只一个输入位中的哪一位来映射一个输出位，例如，图 5-4 的扩展型 P 盒中，加密时第 1 位输入被映射到第 2 和 8 位输出，解密时不能确定第 2 和 8 位输入中的哪一位映射到第 1 位输出。

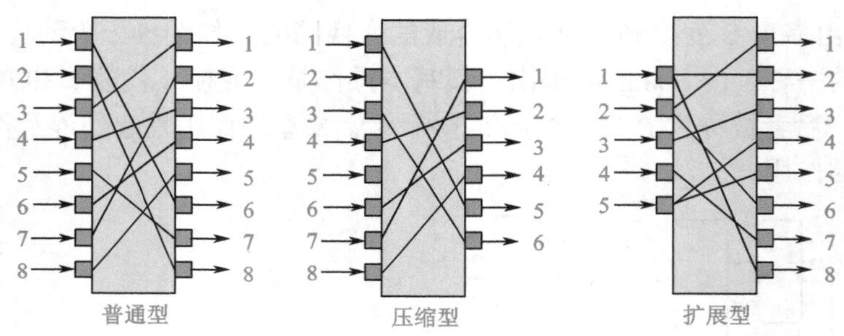

图 5-4　P 盒的分类

2. 雪崩效应

雪崩效应[①]：输入（明文或密钥）即使只有很小的变化，也会导致输出发生巨大变化的现象（如图 5-5 所示）。由图 5-5 可见，输入位有很少的变化，经过多轮变换以后导致多位发生变化，即明文的一个比特的变化应该引起密文许多比特（从安全的角度一般要求接近密文长度的一半）的改变。如果变化太小，就可能找到一种方法减小有待搜索的明文和密钥空间的大小。

例如：有人对 AES 算法做过全面的雪崩效应测试，以特定的 128 比特明文和密钥为例，通过改变明文或密钥的一位，其余条件不变，得到的测试结论为：（1）当改变密钥的第 77 比特时，对应的密文变化位数最多，达到 82 比特；当改变密钥的第 34、39、53 和 90 比特

① 第一次世界大战（World War I，WWI）期间，意大利和奥地利为了争夺战略要地：阿尔卑斯山脉和杜鲁米达山，双方各陈兵十万对峙，而附近山顶的陡坡上堆满了厚厚的积雪，一经触发就会发生大雪崩。双方正僵持着，忽然，意军指挥官灵机一动，命令炮兵猛轰雪峰，想用雪崩击败对手。此时，奥军与意军不谋而合，也把炮口对准了雪峰。在双方空前绝后的“合作”下，一场巨大的雪崩爆发了。这场雪崩持续了 48 小时，双方共死亡 18 000 人，成为战争史上的一大悲剧。从这个战事中，后人得出的感想是：伤人，亦是自伤。只要是伤害，从来就没有纯粹的胜者。

时，对应的密文变化位数最少，为 54 比特；轮流改变密钥 128 比特中的一位，得到的密文变化比特数平均值为 64.27，接近 128 比特的一半。（2）当改变明文的第 110 比特时，对应的密文变化位数最多，达到 80 比特；当改变明文的第 15、73 和 101 比特时，对应的密文变化位数最少，为 53 比特；轮流改变全部 128 比特中的一位，得到的密文变化比特数平均值为 63.62，也接近 128 比特的一半。由此可见，AES 算法具有良好的雪崩效应特性。

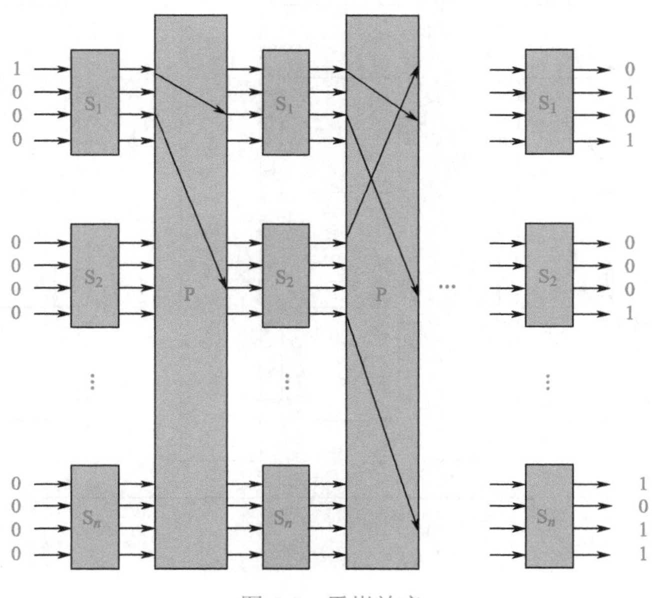

图 5-5 雪崩效应

3. Lucifer 算法

该算法是 20 世纪 60 年代末由 IBM 公司的研究人员 Horst Feistel 和 Walter Tuchman 提出的，它是用 S 盒和 P 盒交替在密钥控制下组成复杂的、分组长度足够大的密码设计方法。

Lucifer 算法（如图 5-6 所示）的输入包括 128 位明文和 512 位密钥，每个 S 盒的输入、输出均为 4 位，S 盒的第一轮的输入为明文，输出作为 P 盒的输入，经 P 盒换位后，再作为下一轮 S 盒的输入。经 Lucifer 变换后得到 128 位密文输出。在 Lucifer 算法的基础上发展为 Feistel 密码结构，并最终发展为 DES。

各个 S 盒都有两个代换表 S_0 和 S_1，在一比特密钥（0 或 1）控制下进行选取。P 盒是线性的，其作用是打乱各 S 盒输出数字的次序，将各 S 盒的输出分到下一级不同的 S 盒的输入端，起到扩散作用。S 盒提供非线性变换，将来自上一级不同的 S 盒的输出进行“混淆”。例如，对于为“1”的输入矢量，经过 S 盒的混淆作用使“1”的个数增加，经过 P 盒的扩散作用使“1”均匀地分散到整个输出中，从而保证了输出密文统计上的均匀性。

为了提高扩散性和混乱度，实际的密码要用较大的明文分组、较多的 S 盒和较多的迭代轮数。较大的明文分组有助于对抗针对明文的穷尽搜索攻击，更多的 S 盒和较多的迭代轮数将使密文的随机性更强，密文和明文之间的关系被隐藏。迭代轮数的增加还意味着更多轮密钥的使用，密文和密钥之间的关系也得以更好地隐藏。

现代分组密码都属于乘积密码，可分为两种类型。第一类同时使用了可逆和不可逆的基本变换部件，这一类被称为 Feistel 密码，DES 是这一类典型密码算法。第二类只使用了可逆的基本变换部件，这一类被称为非 Feistel 密码，AES 是这一类的典型密码算法。

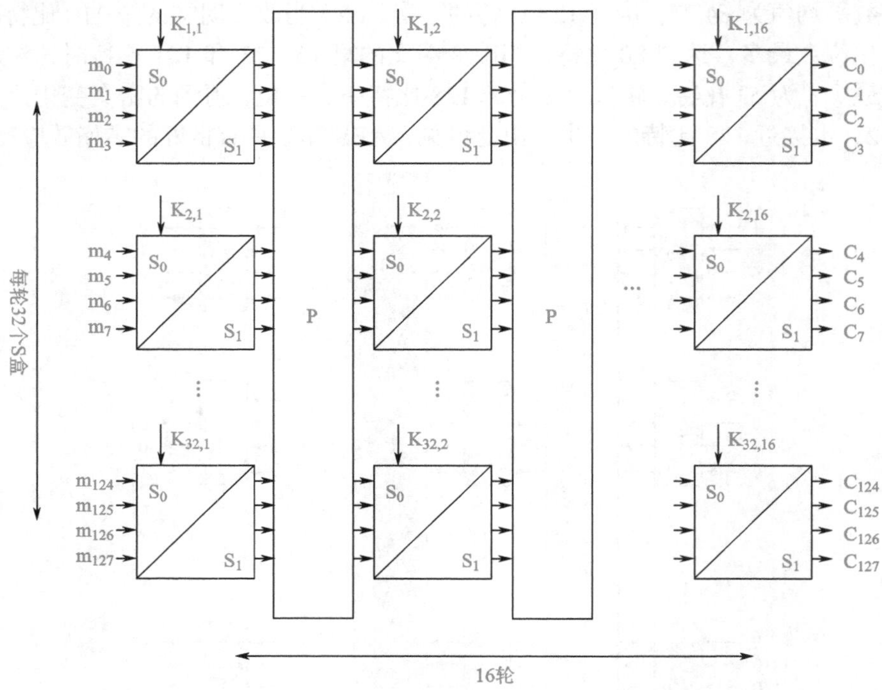

图 5-6　Lucifer 算法结构

Feistel 密码结构如图 5-7 所示。加密算法的输入是长为 $2w$ 位的明文和密钥 K，明文被均分为长度为 w 位的 L_0 和 R_0 两部分。这两部分经过 n 轮迭代后交换位置组合在一起成为密文。其运算逻辑关系为：

$$L_i = R_{i-1}(i = 1,2,\cdots,n) \tag{5-2}$$

$$R_i = L_{i-1} \oplus F(R_{i-1}, K_i)(i = 1,2,\cdots,n) \tag{5-3}$$

每轮迭代都有相同的结构（如图 5-8 所示）。代替作用在数据的左半部分，它通过轮函数 F 作用数据的右半部分后，与左半部分数据进行异或来完成（F 函数是一种不可逆的基本变换）。每轮迭代的轮函数相同，但每轮的子密钥 K_i 不同。代替之后，交换数据的左右部分实现置换。这就是 SP 网络的思想。

Feistel 结构的实现依赖于以下参数和特征。

（1）分组长度：分组越长，则安全性越高，但是相应的加、解密速度越慢；一般选用 64 位、128 位、256 位或 512 位的分组长度。

（2）密钥长度：与分组长度一样，密钥越长，安全性越高。但对处理速度有较大影响。通常使用的密钥长度是 128 位、256 位、512 位等。

（3）迭代轮数：Feistel 结构对于单轮不能提供足够的安全性，但多轮加密可取得很高的安全性。一般取迭代轮数为 16 轮。

（4）子密钥生成算法：迭代中每一轮所使用的子密钥的生成算法越复杂，密码分析就越困难。

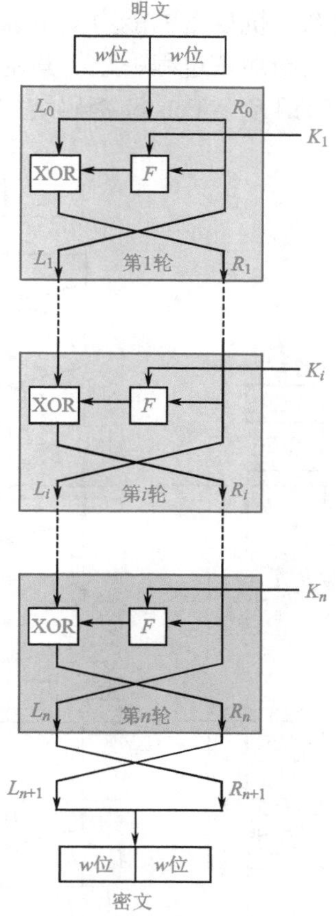

图 5-7　Feistel 密码结构

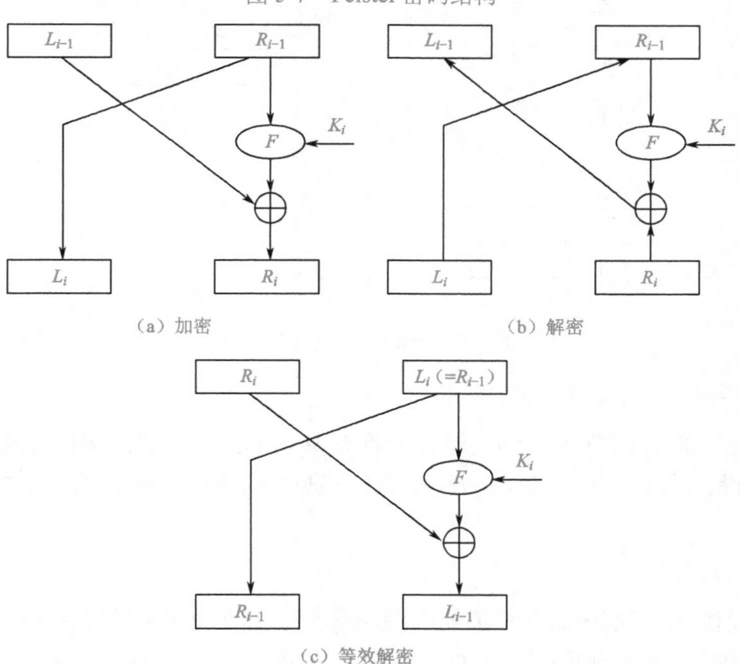

图 5-8　Feistel 单轮的加密与解密结构

（5）轮函数：轮函数 F 越复杂，抗攻击的能力就越强。

Feistel 结构的解密过程本质上与加密过程一致。其基本处理办法是：以密文作为算法的输入，并按加密的逆序使用子密钥 K_i 。Feistel 密码结构的加、解密过程如图 5-9 所示。

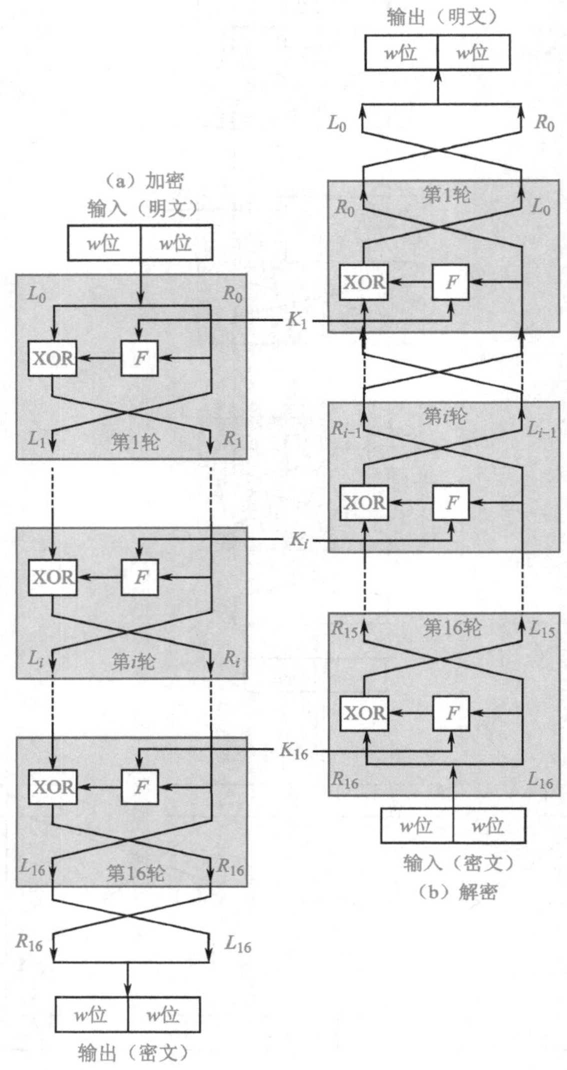

图 5-9　Feistel 的加密与解密

5.1.3　分组密码的设计准则

前面已介绍，现有的分组密码的设计大都是基于 Feistel 密码结构，关键的设计准则主要包括 S 盒的设计准则、P 盒的设计准则、轮函数 F 的设计准则、迭代的轮数及子密钥的生成方法。

1. S 盒的设计准则

S 盒主要提供分组密码算法所必须的混淆作用，是许多密码算法的唯一非线性部件，它的密码强度决定了整个密码算法的安全强度。S 盒的设计一般不宜过大，因为过大会带来设计方面的困难，并且增加算法的存储量，目前较流行的是 8×8 的 S 盒（8 个 8 位的

S 盒）。

评价一个 S 盒设计质量的主要指标包括：非线性度（针对线性密码分析，非线性度越大越好）、差分均匀性（针对差分密码分析而引入，用来度量一个密码函数抵抗差分密码分析的能力）、完全性（输出的任一比特与输入的每一个比特都有关）和雪崩效应（改变输入的一比特，大约引起一半输出比特的改变）、扩散特性、可逆性（保证可解密）、没有陷门。

2. P 盒的设计准则

在 SP 网络中，混淆层一般由若干个 S 盒并置而成，扩散层一般由置换 P 来实现。P 盒的设计准则就是实现雪崩效应。

3. 轮函数 *F* 的设计准则

轮函数 *F* 是 Feistel 密码结构的核心，其实现依赖于 S 盒，是实现非线性的。因此设计轮函数 *F* 的基本准则就是非线性。除此之外，还包括雪崩效应准则和位独立准则。雪崩效应准则要求输入中一位的变化应尽量引起输出中很多位的变化。位独立准则要求输入中某一位的变化，引起输出中其他位的变化应是彼此无关的。这些都是为了加强混乱。

评价轮函数设计质量的指标主要有三个。

（1）安全性：轮函数的设计应保证对应的密码算法能抵抗现有的所有攻击方法，特别是对于差分密码分析和线性密码分析。

（2）速度：轮函数和轮数直接决定了算法的加、解密处理速度。现有的密码算法有两种设计趋势：一是构造复杂的轮函数，使得轮函数本身能抵抗差分密码分析和线性密码分析，但从加密处理速度的角度考虑要求密码算法的轮数要少；二是构造简单的轮函数，轮函数本身对差分密码分析和线性密码分析可能不够安全，但是这类轮函数的处理速度很快，因此密码算法的轮数可以很大，当轮函数的各项密码指标适当时，仍然可以构造出实际安全的密码算法。

（3）灵活性：灵活性有助于密码算法在多平台、多处理器上实现。这也是最新的分组密码算法标准 AES 的最基本要求之一。

4. 迭代的轮数

迭代轮数越多，密码分析就越困难。一般来说，决定迭代轮数的准则是：使密码分析的难度大于简单穷尽搜索攻击的难度。

5. 子密钥的生成方法

子密钥生成方法是迭代分组密码的一个重要组成部分，一般的迭代分组密码算法都要求有一个由种子密钥生成子密钥的算法。子密钥生成方法的理论设计目标是子密钥的统计独立性和密钥更换的有效性（如改变种子密钥的少数几比特，对应的子密钥应有较大程度的改变）。为了达到这两个目标，评价子密钥的生成方法质量的指标一般包括以下方面。

（1）实现简单，便于软硬件实现。

（2）速度。速度指标对于密钥更换频繁的应用非常重要。

（3）不存在简单关系。简单关系是指给定两个有某种关系的种子密钥，能预测它们子密钥间的关系。简单关系的存在使得攻击者可能得到相关密钥攻击的线索，选择明文攻击会减少穷尽搜索的复杂度。

（4）种子密钥的所有比特对每个子密钥比特的影响大致相同。

（5）从一些子密钥比特获得其他子密钥（或者种子密钥）比特在计算上是困难的。

（6）没有弱密钥。弱密钥是指使用时将明显降低密码算法安全性的一类密钥。

一般要求子密钥的生成方案应确保密钥和密文符合雪崩效应准则和位独立准则，确保攻击者推导出子密钥或种子密钥的难度很大。

5.1.4 分组密码的工作模式

通常，分组密码算法是提供数据安全的一个基本构件，它以固定长度的分组作为基本的处理单位（例如，典型地 DES 以 64 位作为一个分组的大小，AES 以 128 位作为一个分组的大小），但我们要保密传输的消息内容不一定刚好是一个分组，对于一个长报文根据密码算法的明文输入长度要求需要分成多个明文分组的情形，根据国家标准 GB/T 17964—2008《信息安全技术 分组密码算法的工作模式》，为了在各种各样的应用中使用这些基本构件，定义了五种常用的“工作模式（Operation Mode）”。这五种工作模式试图覆盖所有可能使用基本构件的加密应用。任何一种对称分组密码算法都可以以这些方式进行应用。

1. 电子密码本模式（ECB）

最简单的方式是电子密码本模式（Electronic Code Book Mode，简称 ECB 模式），如图 5-10 所示，在这种模式下明文被每次处理 64 位，并且每个明文分组都用同一个密钥加密。由于每个 64 位的明文有一个唯一的密文，可以想象有一个巨大的密码本，其中对每一个可能的 64 位明文分组都有一个密文项与之对应。故称之为“密码本”模式。

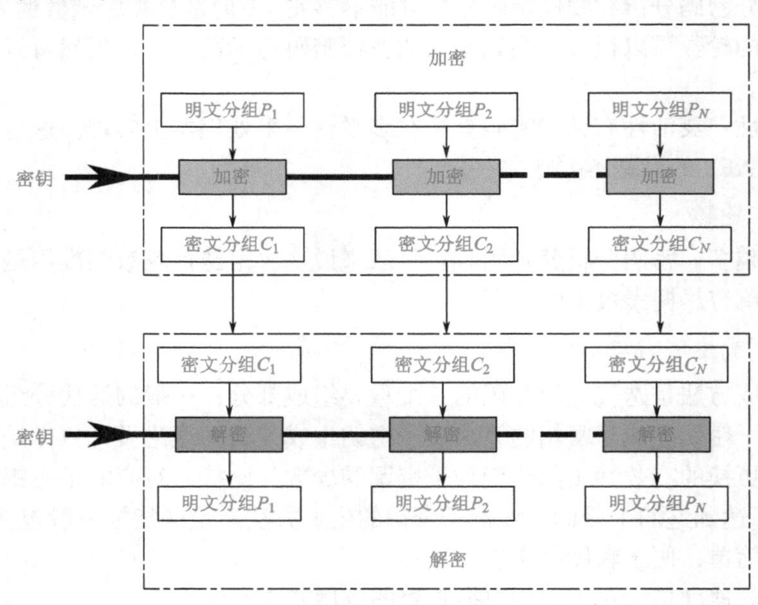

图 5-10 电子密码本模式

对于长于 64 位的报文，整个加密过程就是把这个报文分成若干个 64 位的分组，必要的话，对最后一个分组进行填充，以保证其作为一个处理单元的 64 位分组大小。加密时每次处理一个分组，总用同一个密钥。

ECB 模式的算法逻辑如下：

$$加密：C_j = E_k(P_j)\ (j = 1, 2, \cdots, N) \quad (5\text{-}4)$$

$$解密：P_j = D_k(C_j)\ (j = 1, 2, \cdots, N) \quad (5\text{-}5)$$

ECB 模式对于少量的数据（如一个会话密钥）来说很理想。ECB 模式的一个最大的特点就是在整个报文中同一个 64 位明文分组如果出现多次，它们产生的密文总是一样的，因此，对于长报文，ECB 模式可能并不安全。

ECB 模式的特点如下。

（1）模式操作简单，不同的分组可以并行处理。

（2）明文中的重复内容将在密文中表现出来，特别对于图像数据（有固定的数据格式说明）和明文变化较少的数据。弱点源于每个明文分组是分离处理的。

（3）不具有错误传播特性，即如果一个分组中出现传输错误不会影响其他分组。

（4）主要用于内容较短（不超过一个分组）的报文的加密传递。

2. 密码分组链接模式（CBC）

为了克服 ECB 模式的安全缺陷，设计了密码分组链接模式（Cipher Block Chaining Mode，简称为 CBC 模式），它使得当同一个明文分组重复出现时产生不同的密文分组。在这种方案中，加密函数的输入是当前的明文分组和前一个密文分组的异或；对每个分组使用相同的密钥（如图 5-11 所示）。从效果上看，将明文分组序列的处理连接起来了。每个明文分组的加密函数的输入与明文分组之间不再有固定的关系，因此，不会再出现同一段报文中相同的明文得到相同的密文。这种改善有助于将 CBC 模式用于加密长消息（如长度大于 64 位的消息）。

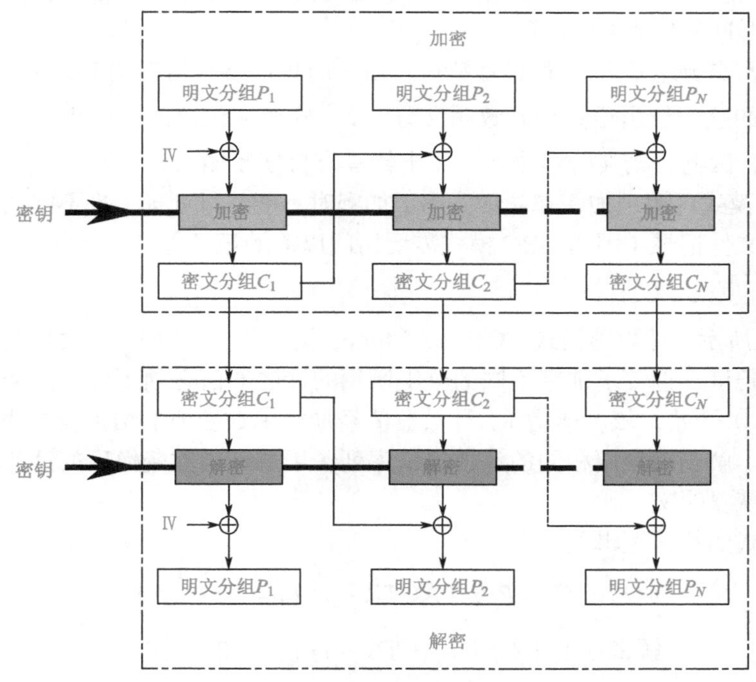

图 5-11　密码分组链接模式

为了产生第一个密文分组，要用到一个初始向量（Initial Vector，缩写为IV）。IV必须被发送方和接收方都知道，尽管不必对IV保密，但IV的完整性非常重要，必须保证IV不被改变。解密时，每个密文分组通过解密函数变换所得的结果与前一个密文分组相异或，从而恢复明文分组；对于第一个密文分组的解密，同样需要使用IV。IV的生成有多种方法：发送方通过伪随机数生成IV后再通过安全的通道（如ECB模式）传送给接收方；安全密钥建立后，发送方和接收方协商出一个固定值作为IV；将密钥的一部分作为IV；以时间戳做IV等。

CBC模式的算法逻辑如下。

加密： $C_1 = E_k(P_1 \oplus \text{IV}) \qquad C_j = E_k(P_j \oplus C_{j-1})\ (j = 2,\cdots,N)$ （5-6）

解密： $P_1 = D_k(C_1) \oplus \text{IV} \qquad P_j = D_k(C_j) \oplus C_{j-1}\ (j = 2,\cdots,N)$ （5-7）

证明：

$$
\begin{aligned}
P_j &= D_k(C_j) \oplus C_{j-1} \\
&= D_k(E_k(P_j \oplus C_{j-1})) \oplus C_{j-1} \\
&= P_j \oplus C_{j-1} \oplus C_{j-1} \\
&= P_j \oplus 0 \\
&= P_j
\end{aligned}
$$

以上是对于 $j = 2,\cdots,N$ 的情形。对于 $j = 1$ 的情形，请读者自己证明。

CBC模式的特点：

（1）同一个消息中的两个相同的明文被加密成不同的密文；

（2）不同消息的前若干个分组相同，且加密时使用相同的IV，这些分组的加密结果将一致，此时以时间戳作为IV较好；

（3）如果密文分组 C_j 有一位传输错误，解密时可能导致对应明文分组 P_j 中多位出错，但密文分组中的这一位出错只会导致明文分组 P_{j+1} 中对应位置的一位出错，其后的明文分组不再受影响，因此，密文分组中的一位出错具有自恢复能力；

（4）CBC模式可用于加密和认证。用于加密时不能并行处理，也不能用于加密或解密可随机访问的文件记录（因为CBC模式需要访问以前的记录）。

3. 计数器模式（CTR）

如图5-12所示。计数器模式（Counter Mode，简称为CTR模式）使用与明文分组规模相同的计数器长度，但要求加密不同的分组所用的计数器值必须不同。典型地，计数器从某一初值（IV）开始，依次递增1。计数器值经加密函数变换的结果再与明文分组异或，从而得到密文。解密时使用相同的计数器值序列，用加密函数变换后的计数器值与密文分组异或，从而恢复明文。

计数器模式的算法逻辑关系为：

加密： $C_j = P_j \oplus E_k(\text{CTR} + j)\ (j = 1,2,\cdots,N)$ （5-8）

解密： $P_j = C_j \oplus E_k(\text{CTR} + j)\ (j = 1,2,\cdots,N)$ （5-9）

式中，CTR表示计数器的初始值。

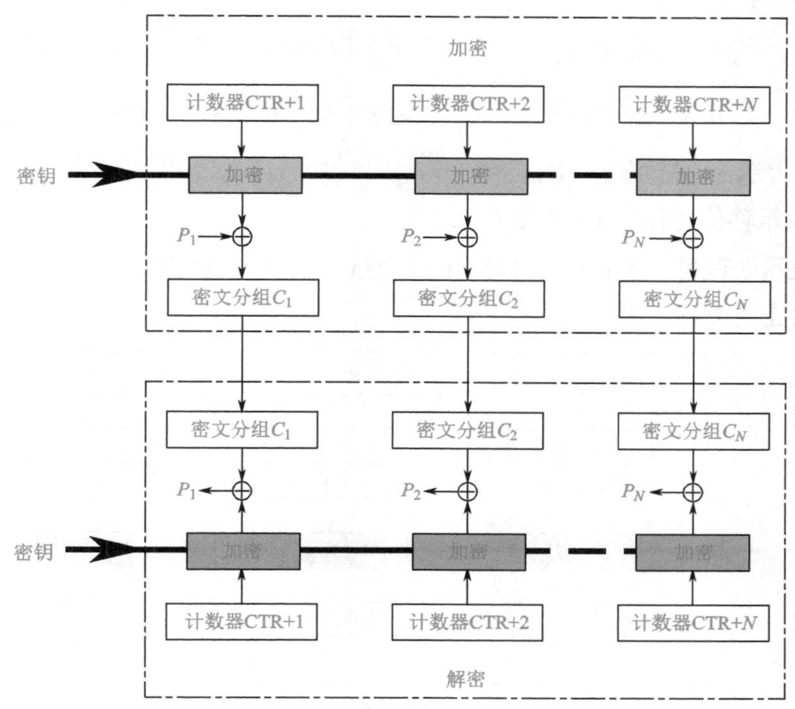

图 5-12　计数器模式

计数器模式实际上是一种流密码，密文的一位传播错误只影响明文的对应位。计数器模式对实时性和速度要求较高的场合很适合。其优点如下。

（1）处理效率：计数器模式能够对多块报文的加、解密进行并行处理，不必等到前一块数据处理完才进行当前数据的处理，这种并行特征使其吞吐量大大提高，改善了处理效率。

（2）预处理：在计数器模式中，进行异或之前的基本加密处理部分并不依赖于明文或密文的输入，因此可以提前进行预处理，这也可以极大地提高吞吐量。

（3）随机访问特性：可以随机地对任意一个密文分组进行解密处理，对该密文分组的处理与其他密文无关。

（4）实现的简单性：与电子密码本（ECB）模式和密码分组链接（CBC）模式不同，计数器模式只要求实现加密函数，不涉及解密函数，即 CTR 模式的加、解密阶段都使用相同的基本加密函数，从而体现出其简单性。

4. 输出反馈模式（OFB）

在输出反馈模式（Output Feedback Mode，简称为 OFB 模式）中，加密函数的输入是 64 位的移位寄存器 SR，对第一个分组的处理需要使用初始向量 IV。每处理完一个分组，移位寄存器就左移 j 位，加密函数 64 位输出的高 j 位被反馈回 64 位的移位寄存器的低 j 位，剩余 $64-j$ 位被丢弃。这种模式主要用于面向字符的流密码加密传送，假设传输单元是 j 位（j 通常为 8，代表一个字符，此时明文被分成 j 位的片段，而不是以 64 位作为处理单元）。OFB 的加密、解密原理如图 5-13 所示。

输出反馈模式的算法逻辑关系为：

加密：$C_1 = P_1 \oplus S_j\left[E_k(\mathrm{IV})\right]$　　$C_i = P_i \oplus S_j\left[E_k\left(\mathrm{SR}_j \parallel S_j^{i-1}\right)\right]\ (i=2,\cdots,N)$　　（5-10）

解密：$P_1 = C_1 \oplus S_j\left[E_k(\mathrm{IV})\right]$　　$P_i = C_i \oplus S_j\left[E_k\left(\mathrm{SR}_j \parallel S_j^{i-1}\right)\right]\ (i=2,\cdots,N)$　　（5-11）

式中，$S_j[x]$表示x的最左边j位；

SR_j表示移位寄存器SR左移j位；

S_j^{i-1}表示处理第$i-1$个分组时得到的j位选择丢弃处理结果；

$\parallel$表示连接关系。

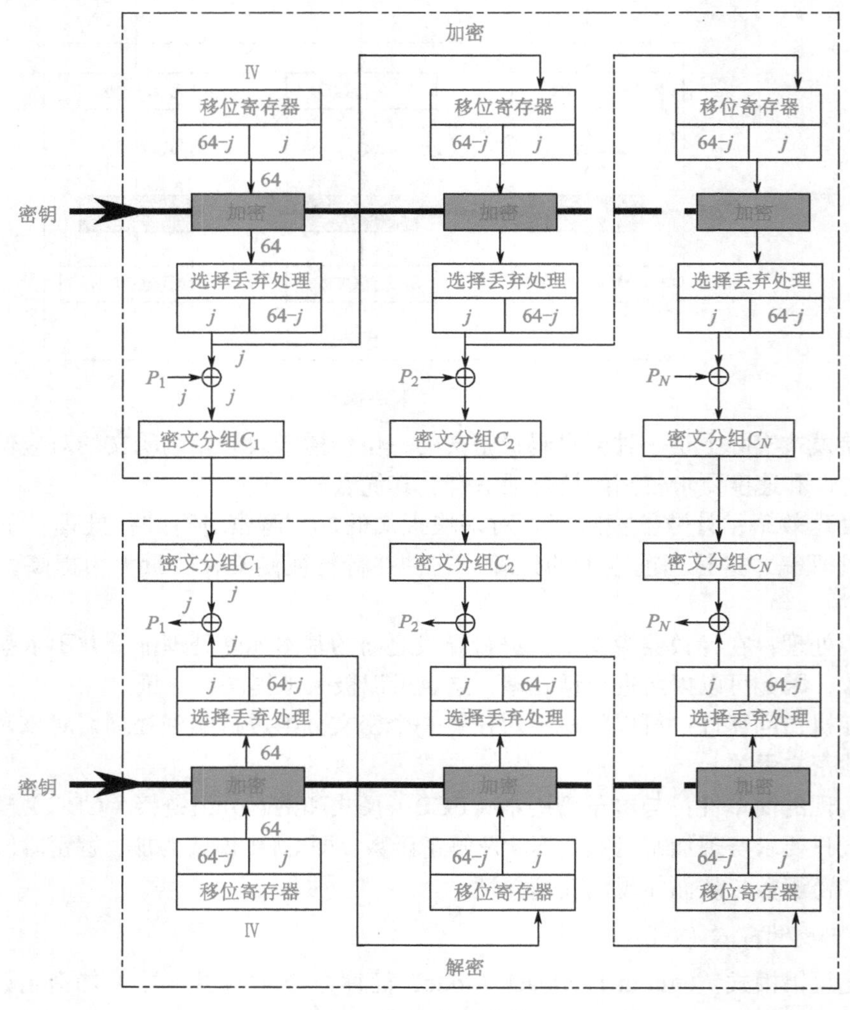

图 5-13　输出反馈模式

OFB 模式的特点：

（1）发送方（加密）和接收方（解密）都只使用所选定密码算法的加密函数；

（2）没有错误传播，如果传输中出现错误，不会影响其后各位；

（3）OFB 是一种同步流密码，与明文异或前的密钥流独立于明文和密文；

（4）密文中的一位传输错误只影响明文中的相应位。

5. 密码反馈模式（CFB）

密码反馈模式（Cipher Feedback Mode，简称为 CFB 模式）与输出反馈模式结构上类似（如图 5-14 所示），j 位密码反馈将 j 位的密文用于反馈输入，即前一个密文分组（j 位）被填入 64 位移位寄存器的低 j 位，组成当前分组加密函数的输入参数。在 CFB 模式中密文单元被反馈回移位寄存器，正因如此，传输中出现的差错将会传播引起后续所有消息的损坏。

在 CFB 模式中，任何明文单元对应的密文都是前面明文的一个函数。

在 j 位 CFB 模式中，加密函数的输入是一个 64 位的移位寄存器，这个移位寄存器被初始化为一个初始向量 IV。加密函数处理结果的最左边（最高位）的 j 位与明文的第一个分组 P_1 进行异或以产生密文 C_1，然后这个密文单元就被传输出去。同时，这个移位寄存器的内容被左移 j 位，而 C_1 则被放进移位寄存器的最右边（最低位）j 位中。这个过程如此重复直到所有明文单元都完成加密。

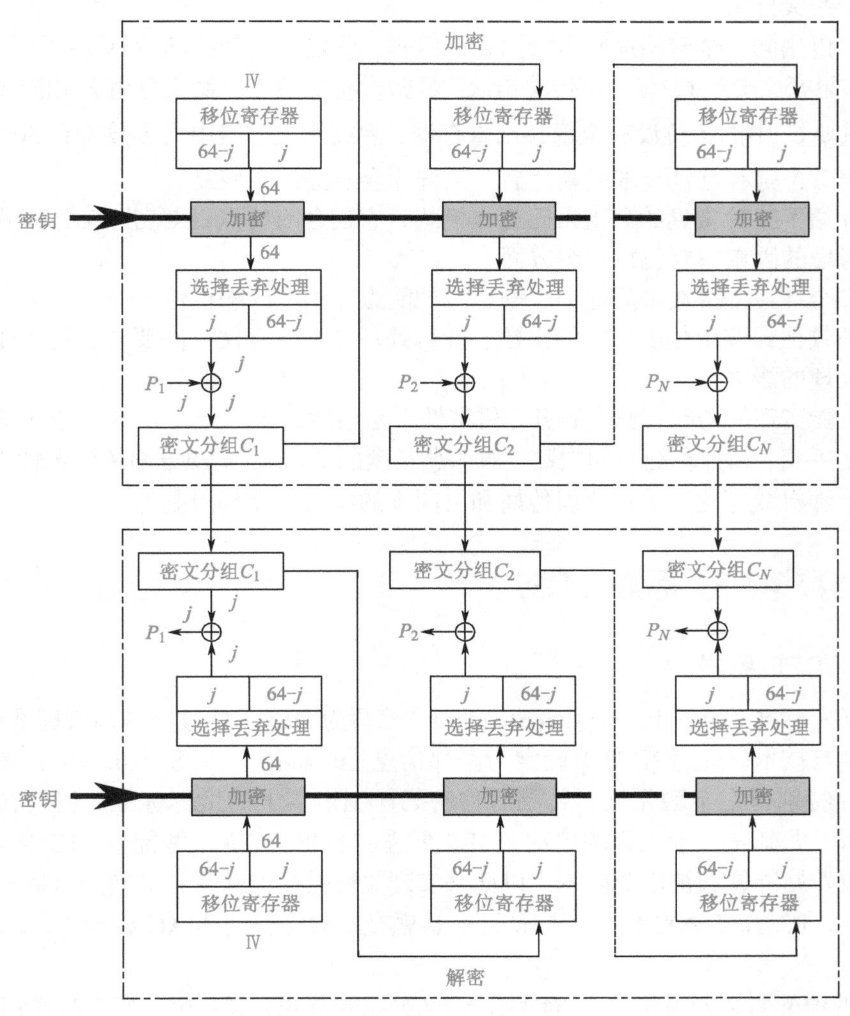

图 5-14　密码反馈模式

解密时与加密函数的输出进行异或运算的是密文单元，其他方案相同。

密码反馈模式的算法逻辑关系为：

加密：$C_1 = P_1 \oplus S_j[E_k(\mathrm{IV})] \qquad C_i = P_i \oplus S_j\left[E_k\left(\mathrm{SR}_j \| C_{i-1}\right)\right] \ (i=2,\cdots,N)$ （5-12）

解密：$P_1 = C_1 \oplus S_j[E_k(\mathrm{IV})] \qquad P_i = C_i \oplus S_j\left[E_k\left(\mathrm{SR}_j \| C_{i-1}\right)\right] \ (i=2,\cdots,N)$ （5-13）

式中，$S_j[x]$表示x的最左边j位；SR_j表示移位寄存器SR左移j位；$\|$表示连接关系。

CFB模式的特点如下。

（1）加密和解密时只使用所选定分组加密方法（如DES、AES）中的加密函数。

（2）该模式可用于加密较小的分组（如一次加密一个字符或一位），不需要进行填充，因为分组的大小j通常取决于待加密的数据单元的位数。

（3）针对字符选用分组加密方法的加密函数进行处理，因此，效率相对较低。

（4）CFB实际上是一个非同步的流加密模式，其与明文异或前的密钥流取决于加密密钥和前一个密文分组。

（5）可以用同一个密钥加密多个消息，但每一个消息的初始向量IV应不同。

（6）如果密文分组C_j有一位传输错误，解密时将导致对应明文分组P_j相同位置的一位出错，但只要C_j中的各位没有全部移出寄存器，后续明文分组中大多数位有50%的出错概率，只有当移位寄存器被全部刷新之后，系统才会从错误中恢复。

以上介绍了五种常见的分组密码工作模式，它们各有特点，对密码工作模式进行选择评价时应考虑的因素主要包括三个方面。

（1）安全性：抵抗攻击的能力、安全防护能力和密文的随机性。

（2）高效性：调用分组加密的次数、并行处理能力、存储空间要求、初始化所需要的时间和预处理的能力。

（3）所能实现的功能：安全服务（机密性、完整性、认证能力）、灵活性（明文分组和密钥的长度可变、预计算的不同次数、对消息长度的要求）、实现方面的脆弱性（对密钥的数量、IV、随机数等的要求；错误传播和再同步的能力；专利限制等）。

5.2 数据加密标准（DES）

5.2.1 DES概述

数据加密标准（Data Encryption Standard，缩写为DES）曾被美国国家标准局（NBS，现国家标准与技术研究所NIST）确定为联邦信息处理标准（FIPS PUB 46），得到过最广泛的使用，特别是在金融领域，曾是对称密码体制事实上的世界标准。目前在国内，随着三金工程，尤其是金卡工程的启动，DES算法在POS、ATM、智能卡（IC卡）、加油站、高速公路收费站等领域被广泛应用，以此来实现关键数据的保密，如信用卡持卡人的PIN的加密传输，IC卡与POS间的双向认证、金融交易数据包的MAC校验等，均用到DES算法。

DES处理的明文分组长度为64位，密文分组长度也是64位，使用的密钥长度为56位（实际上函数要求一个64位的密钥作为输入，但其中用到的只有56位，另外8位可以用作奇偶校验位，或者完全随意设置）。DES的解密过程和加密相似，解密时使用与加密同样的算法，不过子密钥的使用次序要反过来。DES 的整个体制是公开的，系统的安全性完全靠密钥保密。

DES 起源于 1973 年美国国家标准局 NBS 征求国家密码标准方案。IBM 就提交了其在 20 世纪 60 年代末设立的一个计算机密码编码学方面的研究项目的结果，这个项目在 1971 年结束时研制出了一种称为 Lucifer 的算法。它是当时提出的最好的算法，因而在 1977 年被选为数据加密标准，有效期限为 5 年，随后在 1983、1987、1993 年三次再度授权该算法续用 5 年。

美国国家标准局 1973 年公开征集密码算法标准的要求是：

（1）算法必须是安全的（具有加密保护信息安全的能力）；

（2）算法必须是公开的（有完整的算法说明、容易理解、能为所有用户使用）；

（3）能够通过经济、有效地硬件实现；

（4）能够得到批准（是合法的）；

（5）可出口。

DES 的一般设计准则如图 5-15 所示。

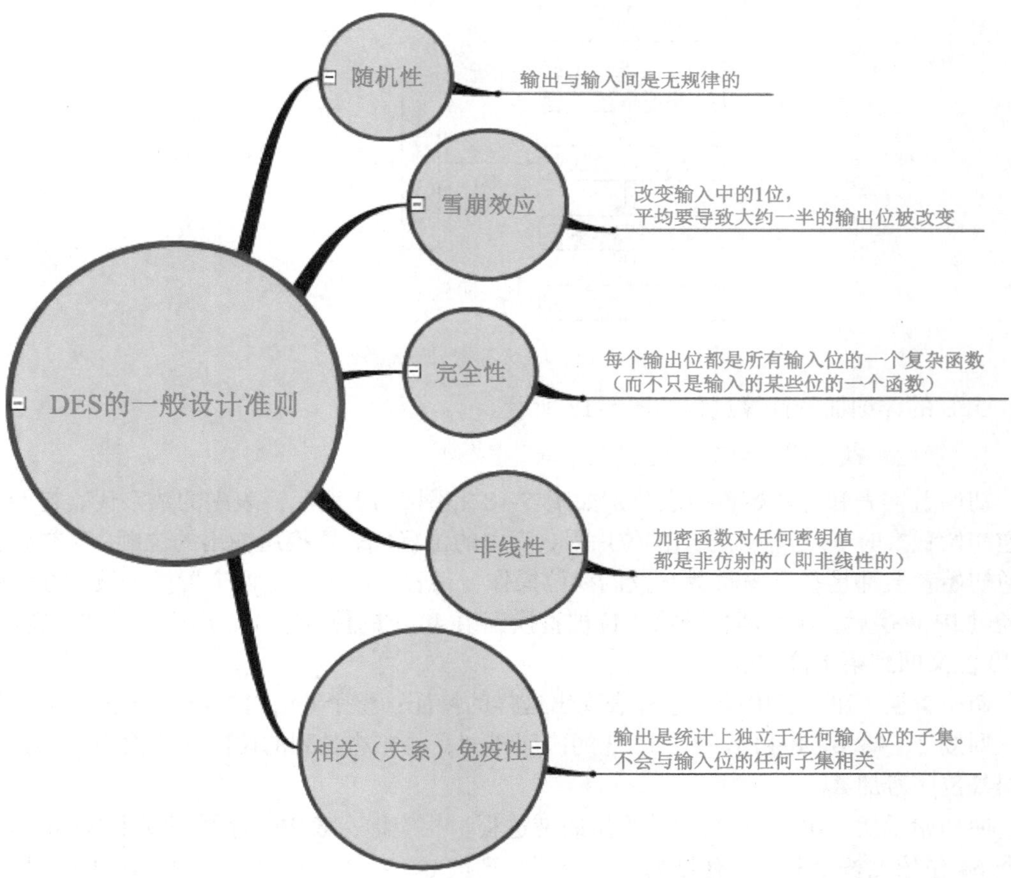

图 5-15　DES 的一般设计准则

DES 中重复交替使用代替运算 S 和换位运算 P 两种变换，以达到混乱和扩散的目的。除了初始置换和逆初始置换外，DES 具有严格的 Feistel 密码结构。DES 的线性变换有 IP、

IP^{-1}、PC1、PC2 和移位 SHIFT（后三个是密钥产生时的置换选择）。DES 的非线性变换有 S 变换。

5.2.2 DES 加密原理

DES 的加密和解密是互逆的，这里以 DES 的加密为例进行介绍。DES 算法的加密过程经过了三个阶段（如图 5-16 所示）：首先，64 位明文在一个初始置换 IP 后，比特重排产生了经过置换的输入，明文组被分成左半部分和右半部分，每部分 32 位，以 L_0 和 R_0 表示。接下来的阶段是完成 16 次 Feistel 循环，这 16 轮迭代称为乘积变换，其中涉及轮函数 F，这个函数本身既包含换位又包含代替，将数据和轮密钥结合起来；除最后一轮外，每一轮变换后得到的左、右两部分将进行交换，最后一轮得到的左、右两部分不交换，直接合在一起作为逆初始置换的 64 位输入；对于 DES，已经证明 8 轮之后，每一个密文都是每一个明文位和每一个密钥位的函数，即看起来 8 轮已足够，但实验发现少于 16 轮的 DES 在面对已知明文攻击时比蛮力攻击更脆弱，这证实了为什么设计者要采用 16 轮的结构。最后阶段，经过逆初始置换 IP^{-1} 输出的内容就作为 64 位的密文结果。

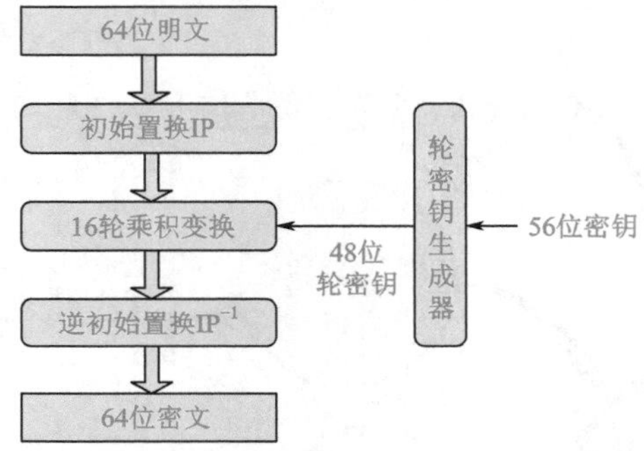

图 5-16　DES 加密处理略图

DES 的详细加密计算过程如图 5-17 所示。

1. 初始置换（IP）与逆初始置换（IP^{-1}）

初始置换表和逆初始置换表分别如图 5-18 和图 5-19 所示，表中的数字代表初始置换或逆初始置换时 64 位输入分组的位序号，表中的位置代表置换后输出的位顺序。初始置换和逆初始置换都是基于普通型 P 盒的换位操作，很容易看出：这两个置换是彼此互逆的。如经过 IP 置换后，输入消息的第 1 位被置换到第 40 位的位置输出，再经过逆初始置换后，第 40 位又回到第 1 位的位置。

初始置换（IP）表中的位序号表现出这样的特征：整个 64 位按 8 行、8 列排列；最右边一列按 2、4、6、8 和 1、3、5、7 的次序排列；往左边各列的位序号依次为紧邻其右边一列各位序号加 8。

逆初始置换（IP^{-1}）则是初始置换的逆过程。相应地，表中位序号表现出这样的特征：整个 64 位依然按 8 行、8 列排列；左边第二列按 8、7、6、5、4、3、2、1 的次序排列；往右边隔一列的位序号依次为当前列各位序号加 8；认为最右边一列的隔列为最左边一列。

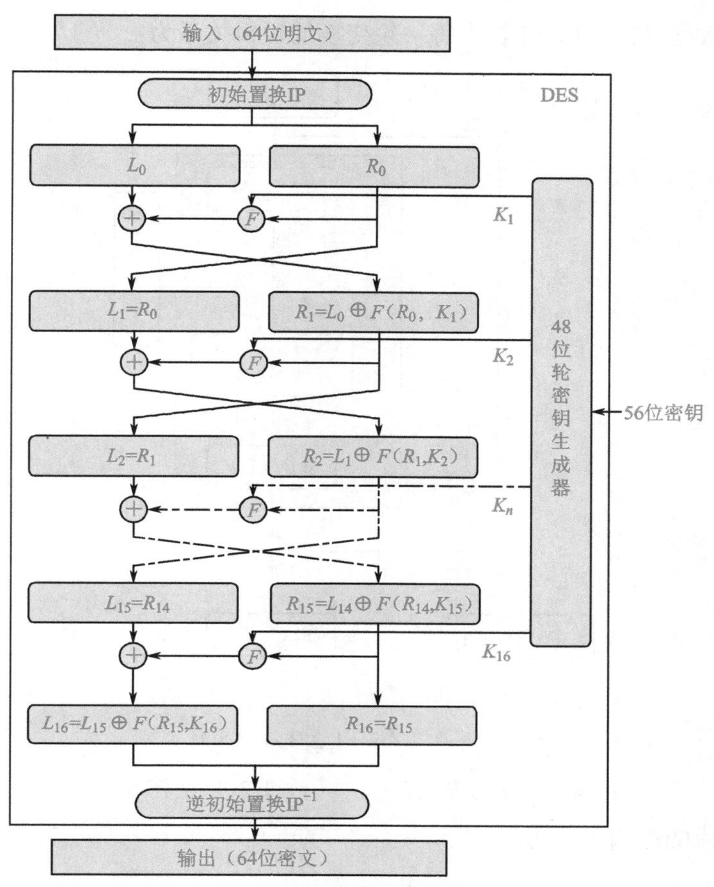

图 5-17　DES 的加密计算流程

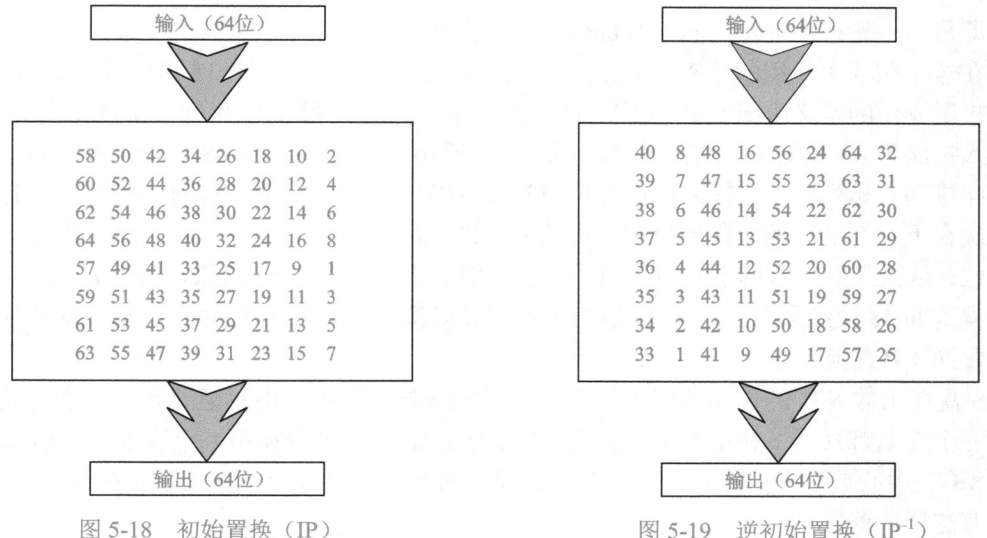

58	50	42	34	26	18	10	2
60	52	44	36	28	20	12	4
62	54	46	38	30	22	14	6
64	56	48	40	32	24	16	8
57	49	41	33	25	17	9	1
59	51	43	35	27	19	11	3
61	53	45	37	29	21	13	5
63	55	47	39	31	23	15	7

图 5-18　初始置换（IP）

40	8	48	16	56	24	64	32
39	7	47	15	55	23	63	31
38	6	46	14	54	22	62	30
37	5	45	13	53	21	61	29
36	4	44	12	52	20	60	28
35	3	43	11	51	19	59	27
34	2	42	10	50	18	58	26
33	1	41	9	49	17	57	25

图 5-19　逆初始置换（IP^{-1}）

2. 每个循环的详细过程

图 5-20 给出了一个循环的内部结构。每个 64 位的中间结果的左右两个部分被当成两

个独立的 32 位数据处理。前 15 轮中每一轮变换的逻辑关系为：

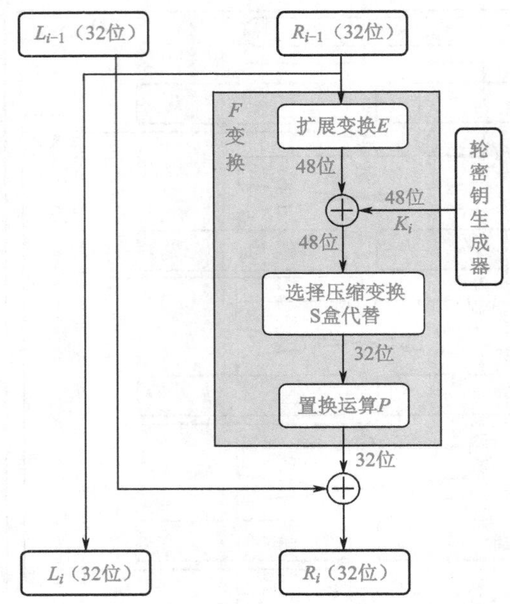

图 5-20　DES 算法的一轮迭代处理过程

$$L_i = R_{i-1} \qquad (i = 1,2,3,\cdots,15) \tag{5-14}$$

$$R_i = L_{i-1} \oplus F(R_{i-1}, K_i) \qquad (i = 1,2,3,\cdots,15) \tag{5-15}$$

第 16 轮变换的逻辑关系为：

$$R_{16} = R_{15} \tag{5-16}$$

$$L_{16} = L_{15} \oplus F(R_{15}, K_{16}) \tag{5-17}$$

即最后一轮得出的左、右两半部分不需要交换。

在这个循环中使用的轮密钥 K_i 的长度是 48 位，输入的 R_{i-1} 是 32 位，先被扩展到 48 位，扩展操作的定义由图 5-21 决定，属于扩展型 P 盒。由图 5-21 可知：扩展变换 E 将 32 位输入扩展为 48 位输出，实际上 32 位输入中有 16 位被重用：将 48 位输出按 8 行、6 列的次序排列；排列时，将输入位序号按 32,1,2,⋯,31,32 的次序依次排列，但上一行的后两位依次在下一行的前两位得到重用，如第一行的最后两位“4”、“5”同时出现在第二行的头两位；认为最后一行的下一行是第一行。扩展后所得到的 48 位结果再与各 K_i 进行异或，这样得到的 48 位结果再经过一个代替函数 S（S 变换）产生 32 位的输出，最后按照图 5-22 进行置换（P 置换）。

S 盒在函数 F 中的作用如图 5-23 所示，代替（即 S 变换）由一组共 8 个 S 盒完成，其中每一个 S 盒都接受 6 位的输入，并产生 4 位的输出，对应的变换由 8 个表定义，见表 5-1 ~ 表 5-8（表中的数据如何得来，这是 S 盒的设计机密，其设计者一直未予公布）。DES 的 S 盒具有这样一些属性：

- S 盒的每一行都是 0 ~ 15 的一个排列；
- S 盒是非线性的，输出不是输入的一个仿射变换；
- 改变 S 盒的 1 位输入，至少有 2 位输出会发生改变；

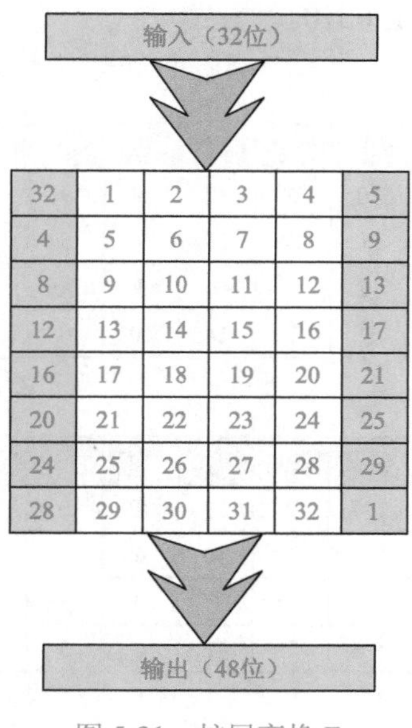

图 5-21　扩展变换 E

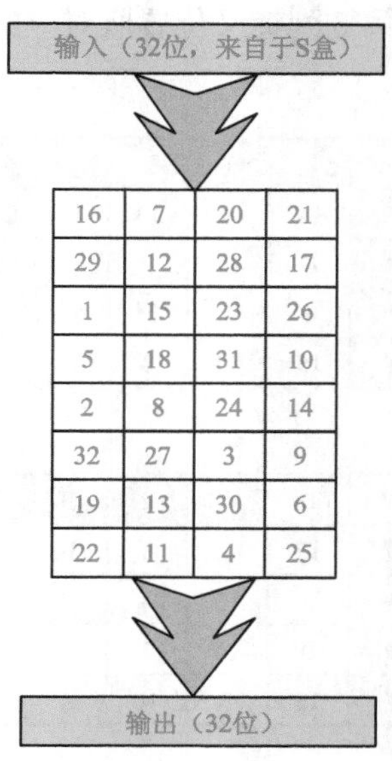

图 5-22　P 置换

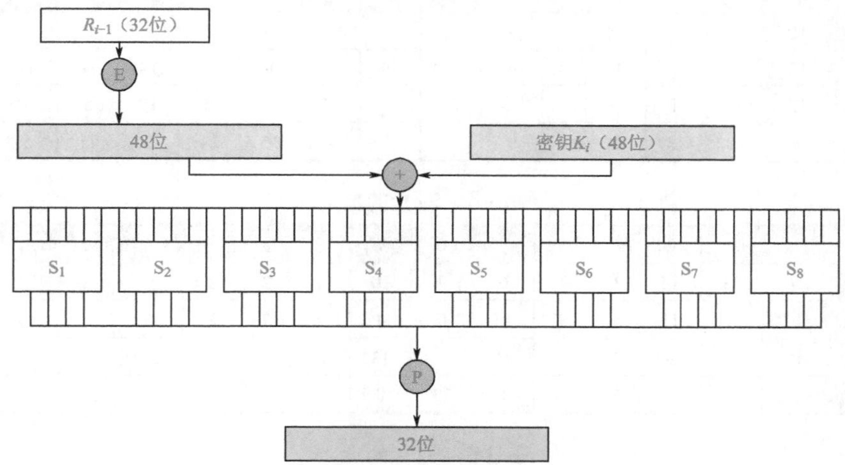

图 5-23　$F(R_{i-1},K_i)$函数的计算

- 如果一个 S 盒的两个输入只有中间两位（即第 3、4 位）不同，则它们的输出至少有两位不同；
- 如果一个 S 盒的两个输入只有起始两位（即第 1、2 位）不同，而最后两位（即第 5、6 位）相同，则它们的输出一定是不同的；
- 在任何一个 S 盒中，如果保留一位（0 或 1）不变，而其他位随机改变，则 0 和 1 的个数差异被最小化。

S 盒的使用方法如图 5-24 所示。S 盒的 6 位输入的第一和最后一个比特构成一个 2 位二进制数，用来选择 S 盒中的四行所定义的四种替代的一种，中间的四个比特则选出一列。被上述行和列交叉所选择的单元的十进制数转换为一个 4 位的二进制表示作为输出。如图 5-24 的 S_1 中，对于输入 101100，行是 10（对应第 2 行），而列是 0110（对应第 6 列），第 2 行与第 6 列交叉位置所对应的数是 2，因此输出应是 0010。

表 5-1　S_1 盒的定义

		0	1	2	3	4	5	6	7	8	9	10	11	12	13	14	15
S_1	0	14	4	13	1	2	15	11	8	3	10	6	12	5	9	0	7
	1	0	15	7	4	14	2	13	1	10	6	12	11	9	5	3	8
	2	4	1	14	8	13	6	2	11	15	12	9	7	3	10	5	0
	3	15	12	8	2	4	9	1	7	5	11	3	14	10	0	6	13

表 5-2　S_2 盒的定义

		0	1	2	3	4	5	6	7	8	9	10	11	12	13	14	15
S_2	0	15	1	8	14	6	11	3	4	9	7	2	13	12	0	5	10
	1	3	13	4	7	15	2	8	14	12	0	1	10	6	9	11	5
	2	0	14	7	11	10	4	13	1	5	8	12	6	9	3	2	15
	3	13	8	10	1	3	15	4	2	11	6	7	12	0	5	14	9

表 5-3　S_3 盒的定义

		0	1	2	3	4	5	6	7	8	9	10	11	12	13	14	15
S_3	0	10	0	9	14	6	3	15	5	1	13	12	7	11	4	2	8
	1	13	7	0	9	3	4	6	10	2	8	5	14	12	11	15	1
	2	13	6	4	9	8	15	3	0	11	1	2	12	5	10	14	7
	3	1	10	13	0	6	9	8	7	4	15	14	3	11	5	2	12

表 5-4　S_4 盒的定义

		0	1	2	3	4	5	6	7	8	9	10	11	12	13	14	15
S_4	0	7	13	14	3	0	6	9	10	1	2	8	5	11	12	4	15
	1	13	8	11	5	6	15	0	3	4	7	2	12	1	10	14	9
	2	10	6	9	0	12	11	7	13	15	1	3	14	5	2	8	4
	3	3	15	0	6	10	1	13	8	9	4	5	11	12	7	2	14

表 5-5　S_5 盒的定义

		0	1	2	3	4	5	6	7	8	9	10	11	12	13	14	15
S_5	0	2	12	4	1	7	10	11	6	8	5	3	15	13	0	14	9
	1	14	11	2	12	4	7	13	1	5	0	15	10	3	9	8	6
	2	4	2	1	11	10	13	7	8	15	9	12	5	6	3	0	14
	3	11	8	12	7	1	14	2	13	6	15	0	9	10	4	5	3

表 5-6　S_6 盒的定义

		0	1	2	3	4	5	6	7	8	9	10	11	12	13	14	15
S_6	0	12	1	10	15	9	2	6	8	0	13	3	4	14	7	5	11
	1	10	15	4	2	7	12	9	5	6	1	13	14	0	11	3	8
	2	9	14	15	5	2	8	12	3	7	0	4	10	1	13	11	6
	3	4	3	2	12	9	5	15	10	11	14	1	7	6	0	8	13

表 5-7　S_7 盒的定义

		0	1	2	3	4	5	6	7	8	9	10	11	12	13	14	15
S_7	0	4	11	2	14	15	0	8	13	3	12	9	7	5	10	6	1
	1	13	0	11	7	4	9	1	10	14	3	5	12	2	15	8	6
	2	1	4	11	13	12	3	7	14	10	15	6	8	0	5	9	2
	3	6	11	13	8	1	4	10	7	9	5	0	15	14	2	3	12

表 5-8　S_8 盒的定义

		0	1	2	3	4	5	6	7	8	9	10	11	12	13	14	15
S_8	0	13	2	8	4	6	15	11	1	10	9	3	14	5	0	12	7
	1	1	15	13	8	10	3	7	4	12	5	6	11	0	14	9	2
	2	7	11	4	1	9	12	14	2	0	6	10	13	15	3	5	8
	3	2	1	14	7	4	10	8	13	15	12	9	0	3	5	6	11

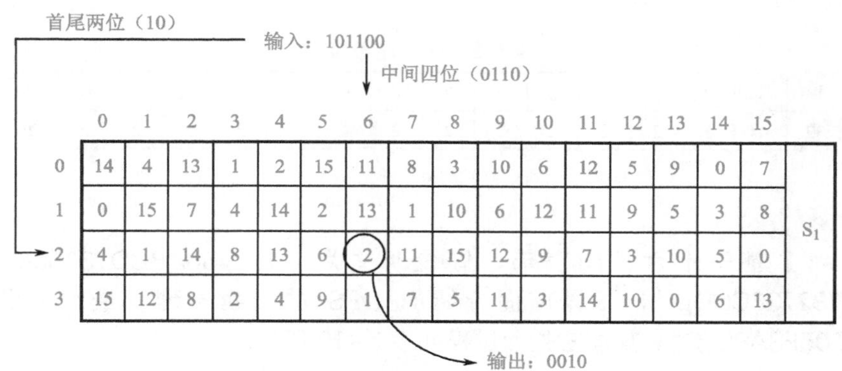

图 5-24　使用 S 盒的一个例子

3. 密钥的产生

如图 5-25 所示，用来作为算法输入的 56 位密钥首先经过一个置换，这个置换由置换选择 1 确定(如图 5-26 所示)；置换选择 1 的输入实为 64 位（参考图中的位序号标注），但 8 的倍数位（即第 8、16、24、32、40、48、56 和 64 位共八位）未被使用。经置换选择 1 变换后输出的 56 位密钥被分成两个 28 位的值 C_0 和 D_0。每个循环中，C_{i-1} 和 D_{i-1} 分别经过一个由表 5-9 确定的 1 位或 2 位的循环左移，这些经过移位的值再作为下一循环的输入。最后它们同时作为置换选择 2 的输入（如图 5-27 所示），置换选择 2 属于压缩型 P 盒，它将 56 位输入压缩成 48 位输出，作为轮密钥输入函数 F 。

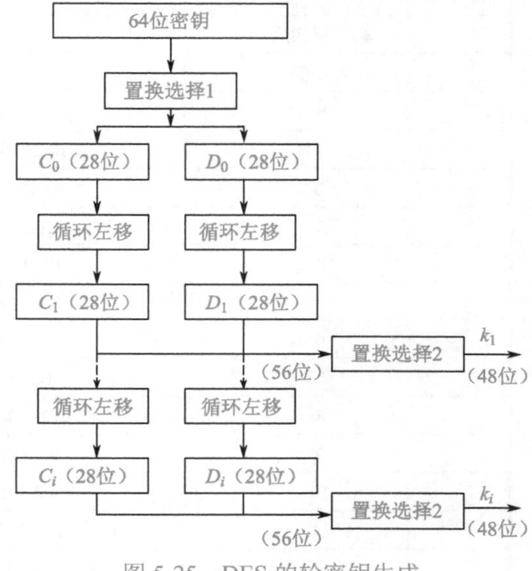

图 5-25　DES 的轮密钥生成

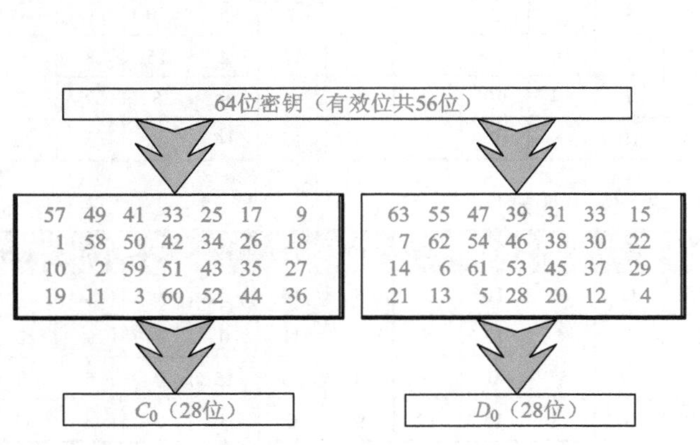

图 5-26　置换选择 1

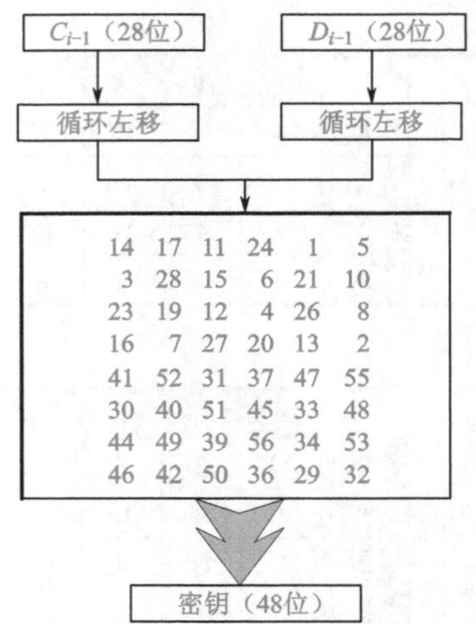

图 5-27　置换选择 2

表 5-9　循环左移位数

轮　序	1	2	3	4	5	6	7	8	9	10	11	12	13	14	15	16
移位数	1	1	2	2	2	2	2	2	1	2	2	2	2	2	2	1

4. DES 的示例

【例 5-1】基于十六进制表示，假设明文为“123456ABCD132536”，密钥为“AABB09182736CCDD”，根据前面介绍的 DES 的加密原理，最终得到的密文为“C0B7A8D05F3A829C”。其加密处理过程如表 5-10 所示。

表 5-10　DES 加密处理的例子

明　文	123456ABCD132536		
初始置换后	14A7D67818CA18AD		
轮序(i)	L_i	R_i	K_i
0	14A7D678	18CA18AD	
1	18CA18AD	5A78E394	194CD072DE8C
2	5A78E394	4A1210F6	4568581ABCCE
3	4A1210F6	B8089591	06EDA4ACF5B5
4	B8089591	236779C2	DA2D032B6EE3
5	236779C2	A15A4B87	69A629FEC913
6	A15A4B87	2E8F9C65	C1948E87475E
7	2E8F9C65	A9FC20A3	708AD2DDB3C0
8	A9FC20A3	308BEE97	34F822F0C66D
9	308BEE97	10AF9D37	84BB4473DCCC
10	10AF9D37	6CA6CB20	02765708B5BF
11	6CA6CB20	FF3C485F	6D5560AF7CA5
12	FF3C485F	22A5963B	C2C1E96A4BF3
13	22A5963B	387CCDAA	99C31397C91F

续表

明　文	123456ABCD132536		
初始置换后	14A7D67818CA18AD		
轮序(i)	L_i	R_i	K_i
14	387CCDAA	BD2DD2AB	251B8BC717D0
15	BD2DD2AB	CF26B472	3330C5D9A36D
16	19BA9212	CF26B472	181C5D75C66D
左右部分合在一起	19BA9212CF26B472		
逆初始置换后（密文）	C0B7A8D05F3A829C		

5. DES 算法的安全强度

对 DES 的分析主要有三种方法。蛮力攻击：2^{55} 次尝试(平均只需搜索密钥空间的一半)；差分密码分析法：2^{47} 次尝试（选择明文攻击）、2^{55} 次尝试（已知明文攻击）；线性密码分析法：2^{43} 次尝试（已知明文攻击）。

对 DES 脆弱性的争论主要集中在三个方面。

（1）DES 的半公开性：DES 的内部结构即 S 盒的设计标准是保密的，至今未公布，这样用户无法确信 DES 的内部结构不存在任何隐藏的弱点或陷门（Hidden trapdoors）。

（2）密钥太短：IBM 原来的 Lucifer 算法的密钥长度是 128 位，而提交作为标准的系统却只有 56 位，批评者担心这个密钥长度不足以抵御穷尽密钥搜索攻击，不太可能提供足够的安全性。1998 年前只有 DES 破译机的理论设计，1998 年后出现实用化的 DES 破译机。此外，DES 还存在弱密钥问题。

（3）软件实现太慢：1993 年前只有硬件实现得到授权，1993 年后软件、固件和硬件得到同等对待。

6. 3DES

随着计算机处理能力的提高，只有 56 位密钥长度的 DES 算法不再被认为是安全的，如 1999 年，在 RSA 的一次会议中，电子前沿基金会（EFT）在不到 24 小时的时间内破解了一个 DES 密钥。因此，DES 需要替代者，其中一个可行的替代方案是使用三重 DES，即 3DES。

3DES 的使用有四种模式（如图 5-28 所示）。

（1）DES-EEE3 模式：在该模式中共使用三个不同密钥，并顺序使用三次 DES 加密算法；

（2）DES-EDE3 模式：在该模式中共使用三个不同密钥，依次使用加密-解密-加密算法；

（3）DES-EEE2 模式：顺序使用三次 DES 加密算法，其中第一次和第三次使用的密钥相同，即 $k_1=k_3$；

（4）DES-EDE2 模式：依次使用加密-解密-加密算法，其中第一次和第三次使用的密钥相同，即 $k_1=k_3$。

前两种模式使用三个不同的密钥，每个密钥长度为 56 位，因此，3DES 总的密钥长度达到 168 位。后两种模式使用两个不同的密钥，总的密钥长度为 112 位。

3DES 的优点：（1）密钥长度增加到 112 位或 168 位，可以有效克服 DES 面临的穷举搜索攻击；（2）相对于 DES，增强了抗差分分析和线性分析的能力；（3）具备继续使用现有的 DES 实现的可能。

缺点：（1）处理速度相对较慢，特别是对于软件实现。一方面，DES 最初是为硬件实现所设计的，难以用软件有效地实现该算法；另一方面，3DES 中轮的数量三倍于 DES 中轮的数量，密钥长度也增加了。（2）3DES 中明文分组的长度仍为 64 位，就效率和安全性而言，与密钥的增长不相匹配，分组长度应更长。

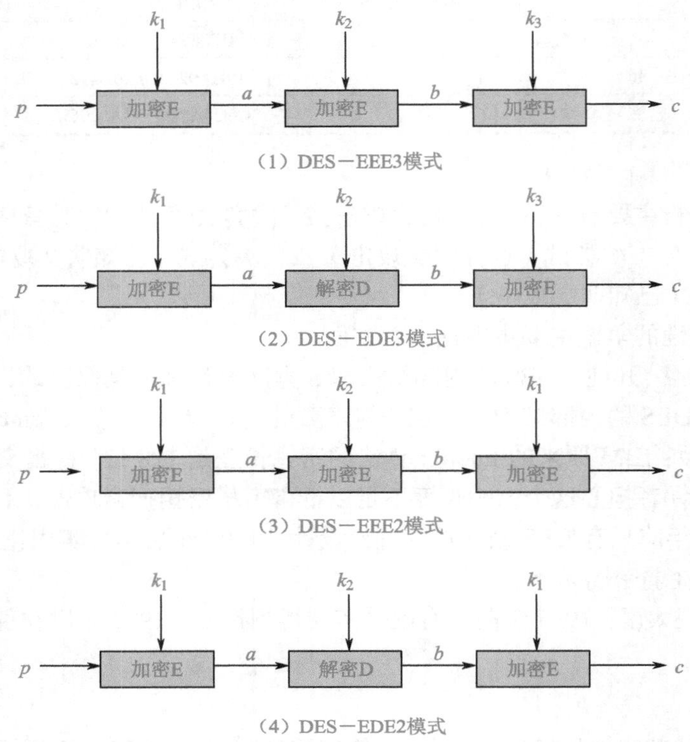

图 5-28　3DES 的使用模式

基于 C 语言程序实现的 DES/3DES 密码算法的测试源代码如二维码所示：

5.3　高级加密标准（AES）

高级加密标准（Advanced Encryption Standard，AES）作为传统对称加密算法标准 DES 的替代者，由美国国家标准与技术研究所（NIST）于 1997 年面向全球提出征集该算法的公告，要求分组大小为 128 位、允许三个不同的密钥大小：128 位、192 位或 256 位，算法必须是可公开的。1999 年 3 月 22 日，NIST 从 15 个候选算法中公布了 5 个候选算法进入第二轮选择：MARS，RC6，Rijindael，SERPENT 和 Twofish。2000 年 10 月 2 日，以安全性（稳定的数学基础、没有算法弱点、算法抗密码分析的强度、算法输出的随机性）、性能（必须能在多种平台上以较快的速度实现）、大小（不能占用大量的存储空间和内存）、实现特性（灵活性、硬件和软件适应性、算法的简单性等）为标准而最终选定了两个比利时研究者 Vincent Rijmen 和 Joan Daemen 发明的 Rijndael 算法（以“Rain Doll”发音）。并于 2001 年 12 月正式发布了 AES 标准（FIPS　PUB 197）。

5.3.1　算法描述

Rijndael 算法是一种非 Feistel 密码结构的对称分组密码体制，采用代替/置换网络，每轮由三层组成：线性混合层确保多轮之上的高度扩散，非线性层由 16 个 S 盒并置起到混淆的作用，密钥加密层将子密钥异或到中间状态。Rijndael 是一个迭代分组密码，其分组长度和密钥长度都是可变的，只是为了满足 AES 的要求才限定处理的分组大小为 128 位，而密钥长度为 128、192 或 256 位，相应的迭代轮数为 10 轮、12 轮或 14 轮（如表 5-11 所示）。Rijndael 汇聚了安全性能、效率、可实现性和灵活性等优点，最大的优点是可以给出算法的最佳差分特征的概率，并分析算法抵抗差分密码分析及线性密码分析的能力。Rijndael 对内存的需求非常低，也使它很适合用于资源受限制的环境中，Rijndael 的操作简单，并可抵御强大和实时的攻击。

表 5-11　AES 的密钥、分组和轮数的组合对应关系

标　准	密钥长度（N_k 个字[①]）	分组大小（N_b 个字）	轮数（N_r）
AES－128	4	4	10
AES－192	6	4	12
AES－256	8	4	14

NIST 对 Rijndael 算法的评估准则及相应结论如下。

1. 一般安全性

没有已知的攻击方法能攻破 Rijndael。它用 S 盒作为非线性组件。Rijndael 表现出足够的安全性能。

2. 软件执行

Rijndael 非常利于在包括 8 位和 64 位及 DSP 在内的各种平台上执行加密和解密算法。然而，因执行轮数的增加而引起的密钥长度变长会降低算法的执行性能。它固有的分布执行机制能够充分有效地利用处理器资源，甚至在不能分布执行的模型下达到非常好的软件执行性能。同时，Rijndael 的密钥安装速度很快。

3. 受限空间环境

Rijndael 非常适合在受限的存储空间环境中执行加密或解密操作。它对 RAM 和 ROM 的要求很低。

4. 硬件执行

在最后的 5 个候选算法中，Rijndael 算法在反馈模型下执行的速度最快，在非反馈模型下的执行速度位居第二。但当该算法的密钥长度为 192 位或 256 位时，因执行的轮数增

① 每个字以 32 位为单位。

加，其执行速度就变得很慢了。当用完全的流水线实现时，则该算法需要更多的存储空间，但不会影响其执行速度。

5. 对执行的攻击

Rijndael 算法所采用的掩码实现方式非常有利于抵抗能量攻击和计时攻击。

6. 加密与解密

Rijndael 的加密和解密函数不同。尽管在解密算法中密钥的安装速度比在加密算法中速度要慢，但 Rijndael 执行加密和解密算法的速度差不多。

7. 密钥灵活性

Rijndeal 支持加密中的快速子密钥计算。Rijndael 要求在加密前用特定密钥产生所有子密钥。因此，这在增加密钥灵活性的同时，稍微增加了一点资源负担。

8. 其他多功能性和灵活性

Rijndael 支持分组和密钥长度分别为 128 位、192 位和 256 位的各种组合。原则上，该算法结构能够通过改变轮数来支持长度为 32 位的任意倍数的分组和密钥长度。

9. 指令级并行执行的潜力

Rijndael 对于单个分组加密有很好的并行执行能力。

5.3.2 基本运算

Rijndael 算法每一轮都使用代替和混淆处理整个数据分组，由四个不同的阶段组成，包括：（1）字节代替 SubBytes：用一个 S 盒完成分组中的按字节的代替；（2）行移位 ShiftRows：一个简单的置换；（3）列混淆 MixColumns：一个利用在域 GF（2^8）上的算术特性的代替；（4）轮密钥加 AddRoundKey：一个利用当前分组和扩展密钥的一部分进行按位异或。

AES 中共用到五个数据度量单位：位、字节、字、分组和态。位就是二进制的 0 或 1；字节就是一组 8 位的二进制数；字是由四个字节组成的一个基本处理单元，可以是按行或列排成的一个矩阵；AES 中的分组是 128 位，可以表示成 16 个字节组成的一个行矩阵；AES 的每一轮由字节代替、行移位、列混淆和轮密钥加等阶段组成，从一个阶段到下一个阶段数据分组被变换，在整个加密开始和结束阶段，AES 使用数据分组的概念，在其间每一个阶段之前或之后，数据分组被称为态，态也由 16 个字节组成，但被表示成 4×4 字节的一个矩阵，因此，态的每一行或每一列都是一个字。

Rijndael 算法的执行过程如图 5-29 所示。

（1）给定一个明文 X，将 State 初始化为 X，并进行 AddRoundKey 操作，将轮密钥与 State 异或；

（2）对前 Nr-1 轮中的每一轮，用 S 盒进行一次 SubBytes 代换操作；对 State 做一次 ShiftRows 行移位操作；再对 State 做一次 MixColumns 列混淆操作；然后进行 AddRoundKey 操作；

（3）最后一轮（即第 Nr 轮）依次进行 SubBytes、ShiftRows、AddRoundKey 操作；

（4）将最后 State 中的内容定义为密文 Y。

在第一轮之前要进行一个 AddRoundKey 操作，中间各轮依次进行 SubBytes、ShiftRows、

MixColumns、AddRoundKey 操作，最后一轮中没有 MixColumns 操作。

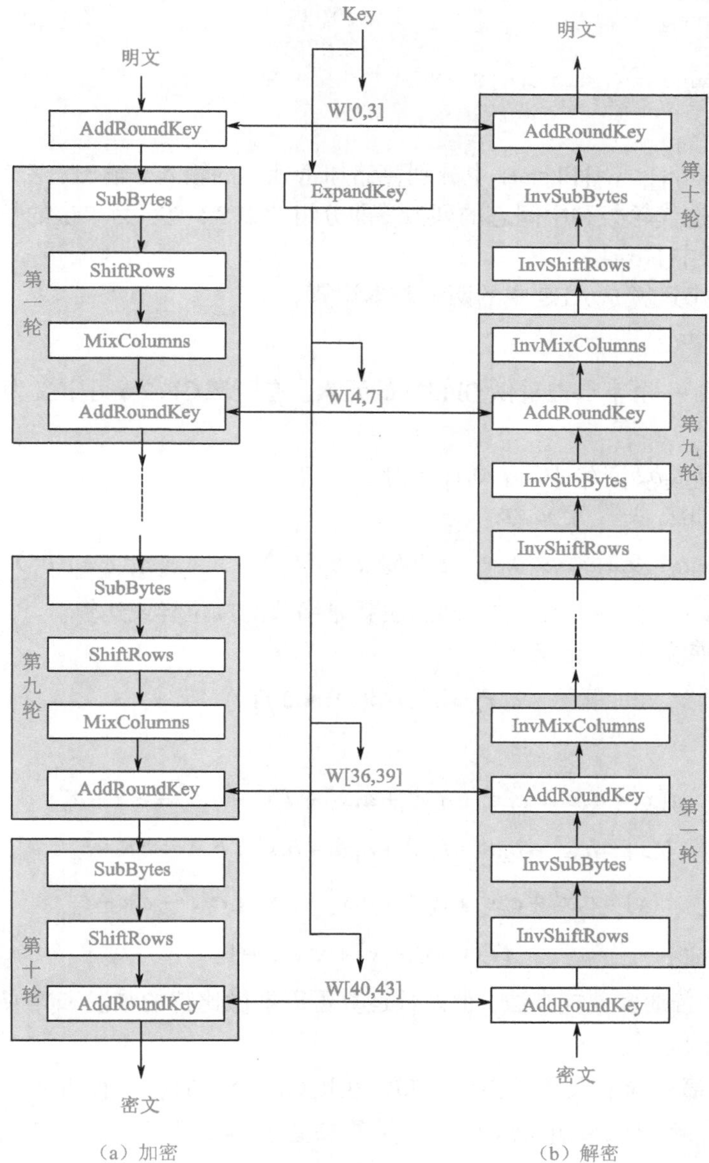

图 5-29　AES 的加密与解密

Rijndael 的加密过程伪码描述如下。

```
Cipher(byte in[4*Nb],byte out[4*Nb],word w[Nb*(Nr+1)])
      begin
        byte state[4,Nb]
        state=in
        AddRoundKey(state,w)
        for round=1 step 1 to Nr-1   //前Nr-1轮
          SubBytes(state)
          ShiftRows(state)
          MixColumns(state)
```

```
        AddRoundKey(state,w+round*Nb)
      end for
      SubBytes(state)              //第Nr轮
      ShiftRows(state)             //第Nr轮
      AddRoundKey(state,w+Nr*Nb)   //第Nr轮
      out=state
    end
```

其中，in[]、out[]、w[]和 state 中分别存储加密处理的输入、输出、密钥和中间态数据；Nr 和 Nb 分别为迭代轮数和中间态的列数（即分组的以 32 位字为单位的长度，Nb=分组长度/32，AES 标准中 Nb=4）。

字节运算和字运算是 AES 中的两种基本运算。

1. 有限域 $GF(2^8)$上的字节运算

字节运算时，一个字节被看做 $GF(2^8)$ 的元素。有限域 $GF(2^8)$ 可定义为三元组：（F，+，•），其中：

$F=\{(b_7b_6b_5b_4b_3b_2b_1b_0)|\,b_i=0,1;\ i=0,1,\cdots,7\}$。

（1）F 中的加法“+”定义为：

$$(a_7a_6a_5a_4a_3a_2a_1a_0)+(b_7b_6b_5b_4b_3b_2b_1b_0)=(c_7c_6c_5c_4c_3c_2c_1c_0) \quad (5\text{-}18)$$

其中，$c_i=a_i \oplus b_i$，$i=0,1,\cdots,7$。即加法就是字节的按位异或运算。

（2）F 中的乘法“ ”定义为：

$$c(x)=a(x)\cdot b(x) \bmod f(x) \quad (5\text{-}19)$$

其中：

$$a(x)=a_7x^7+a_6x^6+a_5x^5+a_4x^4+a_3x^3+a_2x^2+a_1x+a_0 \quad (5\text{-}20)$$

$$b(x)=b_7x^7+b_6x^6+b_5x^5+b_4x^4+b_3x^3+b_2x^2+b_1x+b_0 \quad (5\text{-}21)$$

$$c(x)=c_7x^7+c_6x^6+c_5x^5+c_4x^4+c_3x^3+c_2x^2+c_1x+c_0 \quad (5\text{-}22)$$

$$f(x)=x^8+x^4+x^3+x+1 \quad (5\text{-}23)$$

$a(x)\cdot b(x)$ 是普通多项式乘法，但系数运算可以看做比特的乘法和异或运算，即看做域 $GF(2)=\{0,1\}$上的运算。

注意：回顾第 4 章有关域的内容可知，在域 $GF(2)$上的运算有两个特点：一是结果要进行模 2 运算，因此 $2\equiv 0(\bmod 2)$；二是异或运算时，“+”与“-”结果相同，因为 $-1\equiv +1(\bmod 2)$，简称为“模 2 加时加与减同效”。

归纳起来，在有限域 $GF(2^8)$ 上的多项式运算遵循以下规则：

（1）该运算遵循基本代数规则中的普通多项式运算规则；

（2）各项的系数运算以 2 为模，即遵循有限域 $GF(2)$上的运算规则；

（3）如果乘法运算的结果是次数大于 7 的多项式，则必须将其除以既约多项式（既约多项式是不能表示为两个多项式的积）$f(x)=x^8+x^4+x^3+x+1$。

【例 5-2】（字节的加法和乘法）设 $a(x)=x^6+x^5+x^4+x+1$（代表字节 01110011），$b(x)=x^7+x^4+x^2+1$（代表字节 10010101），求 $a(x)+b(x)$ 和 $a(x)\cdot b(x)$。

解：$a(x)+b(x)=(x^6+x^5+x^4+x+1)+(x^7+x^4+x^2+1)$

$$=x^7+x^6+x^5+2x^4+x^2+x+1$$

$$=x^7+x^6+x^5+x^2+x+1$$

所以，（01110011）+（10010101）=（11100111）。

$$\begin{aligned}a(x)\cdot b(x)&=(x^6+x^5+x^4+x+1)\cdot(x^7+x^4+x^2+1)\\&=x^{13}+x^{12}+x^{11}+x^{10}+x^9+3x^8+2x^7+2x^6+2x^5+2x^4+x^3+x^2+x+1\\&=x^{13}+x^{12}+x^{11}+x^{10}+x^9+x^8+x^3+x^2+x+1\\&=(x^5+x^4+x^3+x^2+1)(x^8+x^4+x^3+x+1)+(x^6+x^5+x^4)\\&=(x^6+x^5+x^4)\bmod f(x)\end{aligned}$$

所以，（01110011）·（10010101）=（01110000）。

注意到：在 $GF(2^n)$ 域上，对于 n 次多项式 $p(x)$，有：

$$x^n \bmod p(x)=p(x)-x^n \quad 或 \quad x^n \bmod p(x)=p(x)+x^n \tag{5-24}$$

即利用了系数 mod2 加时“+”、“−”等效：

$$\begin{aligned}\left(p(x)-x^n\right)\bmod p(x)&=p(x)\bmod p(x)-x^n \bmod p(x)\\&=0-x^n \bmod p(x)\\&=-x^n \bmod p(x)\\&=x^n \bmod p(x)\end{aligned}$$

同理可得：$\left(p(x)+x^n\right)\bmod p(x)=x^n \bmod p(x)$

因此，有：

$$\begin{aligned}x^8 \bmod f(x)&=x^8 \bmod\left(x^8+x^4+x^3+x+1\right)\\&=\left(x^8+x^4+x^3+x+1\right)-x^8\\&=x^4+x^3+x+1\end{aligned} \tag{5-25}$$

对于多项式 $a(x)$，考虑在域 $GF(2^8)$ 上的乘法,有：

$$\begin{aligned}x\cdot a(x)&=x\cdot(a_7x^7+a_6x^6+a_5x^5+a_4x^4+a_3x^3+a_2x^2+a_1x+a_0)\\&=(a_7x^8+a_6x^7+a_5x^6+a_4x^5+a_3x^4+a_2x^3+a_1x^2+a_0x)\bmod f(x)\end{aligned}$$

讨论：

(1)当 $a_7=0$ 时

$$a_7x^8+a_6x^7+a_5x^6+a_4x^5+a_3x^4+a_2x^3+a_1x^2+a_0x$$

$$=a_6x^7+a_5x^6+a_4x^5+a_3x^4+a_2x^3+a_1x^2+a_0x$$

即其最高次数为 7，低于 $f(x)=x^8+x^4+x^3+x+1$ 的最高次数 8，因此 $x\cdot a(x)$ 就等于 $a_6x^7+a_5x^6+a_4x^5+a_3x^4+a_2x^3+a_1x^2+a_0x$，用系数表示为：

$$x\cdot a(x)=(a_6a_5a_4a_3a_2a_1a_0 0) \tag{5-26}$$

相当于系数左移一位，右边补 0。

（2）当 $a_7=1$ 时

$a_7x^8+a_6x^7+a_5x^6+a_4x^5+a_3x^4+a_2x^3+a_1x^2+a_0x$ 可分解为两部分：a_7x^8 和

$a_6x^7+a_5x^6+a_4x^5+a_3x^4+a_2x^3+a_1x^2+a_0x$，因此，$x\cdot a(x)$就等于两部分分别模$f(x)$后的“加”。而依据式（5.24）可得：

$$a_7x^8 \bmod f(x)=x^8 \bmod\left(x^8+x^4+x^3+x+1\right)=x^4+x^3+x+1$$

第 2 部分为$\left(a_6x^7+a_5x^6+a_4x^5+a_3x^4+a_2x^3+a_1x^2+a_0x\right)\bmod f\left(x\right)$（$a_7=0$的情况）。因此，$x\cdot a(x)=(x^4+x^3+x+1)+(a_6x^7+a_5x^6+a_4x^5+a_3x^4+a_2x^3+a_1x^2+a_0x)$，用系数表示为：

$$x\cdot a(x)=(00011011)\oplus(a_6a_5a_4a_3a_2a_1a_0 0) \tag{5-27}$$

相当于系数左移一位、右边补 0 后，再与(00011011)异或。

以上讨论的是乘以x的情形，对于乘以x的高次项的情况可以循环运用上述方法求得，如乘以x^2相当于在乘以x的基础上再乘以x，其他类似。

【例 5-3】再看前面的例子：

(01110011)•(10010101)=(01110000)，即(73)•(95)=(70)。

(01110011) • (10010101)=[(00000001) ⊕ (00000010) ⊕ (00010000) ⊕ (00100000) ⊕ (01000000)]•(10010101)

=(00000001) • (10010101) ⊕ (00000010) • (10010101) ⊕ (00010000) • (10010101) ⊕ (00100000)•(10010101)⊕(01000000)•(10010101)

其中：

(00000001)•(10010101)=(10010101)

(00000010)•(10010101)=(00101010) ⊕(00011011)

=(00110001) （乘以x的结果）

(00010000)•(10010101)=(00001000)•[(00101010) ⊕(00011011)] （乘以x ）

=(00001000)•(00110001)

=(00000100)•(01100010) （再乘以x ）

=(00000010)•(11000100) （再乘以x ）

=(00000001)•[(10001000)⊕(00011011)] （再乘以x ）

=(10010011) （乘以x^4的结果）

(00100000)•(10010101)=(00000010)•(10010011) （乘以x^4的基础上再乘以x ）

=(00100110)⊕(00011011)

=(00111101) （乘以x^5的结果）

(01000000)•(10010101)=(00000010)•(00111101)（乘以x^5的基础上再乘以x ）

=(01111010) （乘以x^6的结果）

因此有：

(01110011)•(10010101)=(10010101) ⊕ (00110001) ⊕ (10010011) ⊕ (00111101) ⊕ (01111010)=(01110000)

下面介绍一种基于表操作的有限域乘法运算。

由于所有的运算都在$GF(2^8)$域上进行，最后的结果也都在$GF(2^8)$上。如果$g\in GF(2^8)$是$GF(2^8)$域的本原元（即生成元），则g的不同次幂g^p将产生域的所有 255 个（p=0～254）非零元素；当p=255 时（即第 256 个非零元素），原来的域元素将重复出现，这表明

$g^{255}=\{01\}=g^{0}$（如表 5-13 的左上角和右下角第一格中的数字）。可以认为每一个域元素对应的 p 值是一个对数值，并且这提供了一种将乘法转换为加法的方法：对于两个域元素 $a=g^{\alpha}$，$b=g^{\beta}$，则有 $a\cdot b=g^{\alpha+\beta}$；当 $\alpha+\beta$ 大于十进制的 255 或十六进制的 ff 时，需要进行模 255（即对应域 GF(2^8) 的 2^8-1，可类推）或 ff 运算。例如十六进制数"03"（即 00000011，用多项式表示为 $x+1$）就是域 GF(2^8) 的一个生成元，用一个基于"03"建立起来的所有域元素的幂的对数表（如表 5-12 所示），我们就能通过查表找出任意一个域元素的基于生成元的幂指数，如基于表 5-12，我们可查知：域元素 $\{73\}=\{03\}^{(15)}$。同样，通过查表，可得到任意两个域元素的乘法结果的基于生成元的幂指数表示，如域元素 $\{73\}=\{03\}^{(15)}$，$\{95\}=\{03\}^{(16)}$，则 $\{73\}\bullet\{95\}=\{03\}^{(15)}\bullet\{03\}^{(16)}=\{03\}^{(15)+(16)}=\{03\}^{(2b)}$。反对数表（如表 5-13 所示）给出了一个基于生成元｛03｝的幂指数表示的域元素结果，通过查反对数表可知，$\{03\}^{(2b)}$ 表示的域元素为｛70｝，这说明 $\{73\}\bullet\{95\}=\{70\}$，与例 5-3 的计算结果一致。

由于 $g^{255}=\{01\}$，因此表 5-12 和表 5-13 还可以用于求任意域元素的逆，除了｛00｝外所有的域元素都有逆。如果 $a=g^{\alpha}$，由于 $a\cdot a^{-1}=1=g^{255}$，则 $a^{-1}=g^{255-\alpha}$，或用十六进制表示为：$a^{-1}=g^{(\mathrm{ff})-(\alpha)}$。例如：$\{95\}=\{03\}^{(16)}$，则 $\{95^{-1}\}=\{03\}^{(\mathrm{ff})-(16)}=\{03\}^{(\mathrm{e9})}$。通过查反对数表得知：$\{03\}^{(\mathrm{e9})}=\{8a\}$，即 $\{95\}$ 的逆为 $\{8a\}$。

表 5-12　对数表—$\{xy\}=\{03\}^{L(xy)}$

L(xy)		y															
		0	1	2	3	4	5	6	7	8	9	a	b	c	d	e	f
	0		00	19	01	32	02	1a	c6	4b	c7	1b	68	33	ee	df	03
	1	64	04	e0	0e	34	8d	81	ef	4c	71	08	c8	f8	69	1c	c1
	2	7d	c2	1d	b5	f9	b9	27	6a	4d	e4	a6	72	9a	c9	09	78
	3	65	2f	8a	05	21	0f	e1	24	12	f0	82	45	35	93	da	8e
	4	96	8f	db	bd	36	d0	ce	94	13	5c	d2	f1	40	46	83	38
	5	66	dd	fd	30	bf	06	8b	62	b3	25	e2	98	22	88	91	10
	6	7e	6e	48	c3	a3	b6	1e	42	3a	6b	28	54	fa	85	3d	ba
x	7	2b	79	0a	15	9b	9f	5e	ca	4e	d4	ac	e5	f3	73	a7	57
	8	af	58	a8	50	f4	ea	d6	74	4f	ae	e9	d5	e7	e6	ad	e8
	9	2c	d7	75	7a	eb	16	0b	f5	59	cb	5f	b0	9c	a9	51	a0
	a	7f	0c	f6	6f	17	c4	49	ec	d8	43	1f	2d	a4	76	7b	b7
	b	cc	bb	3e	5a	fb	60	b1	86	3b	52	a1	6c	aa	55	29	9d
	c	97	b2	87	90	61	be	dc	fc	bc	95	cf	cd	37	3f	5b	d1
	d	53	39	84	3c	41	a2	6d	47	14	2a	9e	5d	56	f2	d3	ab
	e	44	11	92	d9	23	20	2e	89	b4	7c	b8	26	77	99	e3	a5
	f	67	4a	ed	de	c5	31	fe	18	0d	63	8c	80	c0	f7	70	07

表 5-13　反对数表—域元素$\{E\}=\{03\}^{(xy)}$

E(xy)		y															
		0	1	2	3	4	5	6	7	8	9	a	b	c	d	e	f
x	0	01	03	05	0f	11	33	55	ff	1a	2e	72	96	a1	f8	13	35
	1	5f	e1	38	48	d8	73	95	a4	f7	02	06	0a	1e	22	66	aa
	2	e5	34	5c	e4	37	59	eb	26	6a	be	d9	70	90	ab	e6	31
	3	53	f5	04	0c	14	3c	44	cc	4f	d1	68	b8	d3	6e	b2	cd
	4	4c	d4	67	a9	e0	3b	4d	d7	62	a6	f1	08	18	28	78	88
	5	83	9e	b9	d0	6b	bd	dc	7f	81	98	b3	ce	49	db	76	9a
	6	b5	c4	57	f9	10	30	50	f0	0b	1d	27	69	bb	d6	61	a3
	7	fe	19	2b	7d	87	92	ad	ec	2f	71	93	ae	e9	20	60	a0
	8	fb	16	3a	4e	d2	6d	b7	c2	5d	e7	32	56	fa	15	3f	41
	9	c3	5e	e2	3d	47	c9	40	c0	5b	ed	2c	74	9c	bf	da	75
	a	9f	ba	d5	64	ac	ef	2a	7e	82	9d	bc	df	7a	8e	89	80
	b	9b	b6	c1	58	e8	23	65	af	ea	25	6f	b1	c8	43	c5	54
	c	fc	1f	21	63	a5	f4	07	09	1b	2d	77	99	b0	cb	46	ca
	d	45	cf	4a	de	79	8b	86	91	a8	e3	3e	42	c6	51	f3	0e
	e	12	36	5a	ee	29	7b	8d	8c	8f	8a	85	94	a7	f2	0d	17
	f	39	4b	dd	7c	84	97	a2	fd	1c	24	6c	b4	c7	52	f6	01

表 5-12 可基于表 5-13 反查得出，而表 5-13 是基于生成元｛03｝的（00）至（ff）次幂得出的结果，如对应（ xy ）=（02）的情形（便于计算机完成）：

$$
\begin{aligned}
\{03\}^{(02)} &= \{03\}\bullet\{03\} \\
&=(00000011)\bullet(00000011) \\
&=[(00000010)\oplus(00000001)]\bullet(00000011) \\
&=(00000010)\bullet(00000011)\oplus(00000001)\bullet(00000011) \\
&=(00000110)\oplus(00000011) \\
&=(00000101) \\
&=\{05\}
\end{aligned}
$$

也可采用基于多项式的运算（便于人工完成）：

$$
\begin{aligned}
\{03\}^{(02)} &= (x+1)^2 \\
&= x^2+2x+1 \\
&= x^2+1 \\
&=(00000101) \\
&=\{05\}
\end{aligned}
$$

2. 字运算——系数在有限域 $GF(2^8)$ 上的多项式运算

AES 中，全体字的集合及运算构成一个环：（ R ，+，•），字 $R=\{(a_3a_2a_1a_0)|\ a_i\in GF(2^8)\}$，共 4 个字节 32 位。相应的加法和乘法运算定义如下。

（1）加法（“+”）

$$(a_3a_2a_1a_0)+(b_3b_2b_1b_0)=(c_3c_2c_1c_0) \tag{5-28}$$

其中，$c_i = a_i + b_i$，i=0，1，2，3。$c_i = a_i + b_i$ 是 $GF(2^8)$ 中的字节加法运算。

由此可见，AES 中字的加法运算被转化为字节的加法运算，适用上一节的字节加法运算方法。

（2）乘法（“·”）

$$(a_3a_2a_1a_0)\bullet(b_3b_2b_1b_0)=(c_3c_2c_1c_0) \tag{5-29}$$

其中，$c_3x^3+c_2x^2+c_1x+c_0=(a_3x^3+a_2x^2+a_1x+a_0)(b_3x^3+b_2x^2+b_1x+b_0)\bmod(x^4+1)$

这里多项式乘法视为普通多项式乘法，但系数的运算是 $GF(2^8)$ 中的运算。即：

$$\begin{aligned}&c_3x^3+c_2x^2+c_1x+c_0\\&=\left\{\begin{aligned}&(a_3\cdot b_3)x^6+(a_3\cdot b_2+a_2\cdot b_3)x^5+(a_3\cdot b_1+a_2\cdot b_2+a_1\cdot b_3)x^4+\\&(a_3\cdot b_0+a_2\cdot b_1+a_1\cdot b_2+a_0\cdot b_3)x^3+(a_2\cdot b_0+a_1\cdot b_1+a_0\cdot b_2)x^2+\\&(a_1\cdot b_0+a_0\cdot b_1)x+(a_0\cdot b_0)\end{aligned}\right\}\bmod(x^4+1)\end{aligned} \tag{5-30}$$

得出：

$$c_3=(a_3\cdot b_0+a_2\cdot b_1+a_1\cdot b_2+a_0\cdot b_3) \tag{5-31}$$

$$c_2=(a_3\cdot b_3)+(a_2\cdot b_0+a_1\cdot b_1+a_0\cdot b_2) \tag{5-32}$$

$$c_1=(a_3\cdot b_2+a_2\cdot b_3)+(a_1\cdot b_0+a_0\cdot b_1) \tag{5-33}$$

$$c_0=(a_3\cdot b_1+a_2\cdot b_2+a_1\cdot b_3)+(a_0\cdot b_0) \tag{5-34}$$

由此可见，AES 中字的乘法被转化为字节的乘法运算，适用上一节的字节乘法运算方法。

注意：多项式 x^4+1 在 $GF(2)$ 域不是既约多项式，但在 $GF(2^8)$ 域是既约多项式。因为在 $GF(2)$ 域有 $x^4+1=(x+1)(x^3+x^2+x+1)$ 成立，但在 $GF(2^8)$ 域此式不成立。

5.3.3　基本加密变换

1．S 盒变换—SubBytes（字节运算）

SubBytes()变换是一个基于 S 盒（如表 5-14 所示）的非线性置换，它用于将输入或中间态的每一个字节通过一个简单的查表操作，将其映射为另一个字节。映射方法是：把输入字节的高 4 位作为 S 盒的行值，低 4 位作为列值，然后取出 S 盒中对应行和列的元素作为输出。例如，输入为“95”（十六进制表示）的值所对应的 S 盒的行值为“9”，列值为“5”，S 盒中相应位置的值为“2a”，就说明“95”被映射为“2a”。

SubBytes()的伪码描述如下：

```
SubBytes(byte state[4,Nc], Nc)    //Nc代表以32位字为单位的轮密钥的长度
begin
for r = 0 step 1 to 3
for c = 0 step 1 to Nc - 1
state[r,c] = Sbox[state[r,c]]  //Sbox指S盒
end for
end for
end
```

表 5-14　S 盒(16 进制)

		y															
		0	1	2	3	4	5	6	7	8	9	a	b	c	d	e	f
x	0	63	7c	77	7b	f2	6b	6f	c5	30	01	67	2b	fe	d7	ab	76
	1	ca	82	c9	7d	fa	59	47	f0	ad	d4	a2	af	9c	a4	72	c0
	2	b7	fd	93	26	36	3f	f7	cc	34	a5	e5	f1	71	d8	31	15
	3	04	c7	23	c3	18	96	05	9a	07	12	80	e2	eb	27	b2	75
	4	09	83	2c	1a	1b	6e	5a	a0	52	3b	d6	b3	29	e3	2f	84
	5	53	d1	00	ed	20	fc	b1	5b	6a	cb	be	39	4a	4c	58	cf
	6	d0	ef	aa	fb	43	4d	33	85	45	f9	02	7f	50	3c	9f	a8
	7	51	a3	40	8f	92	9d	38	f5	bc	b6	da	21	10	ff	f3	d2
	8	cd	0c	13	ec	5f	97	44	17	c4	a7	7e	3d	64	5d	19	73
	9	60	81	4f	dc	22	2a	90	88	46	ee	b8	14	de	5e	0b	db
	a	e0	32	3a	0a	49	06	24	5c	c2	d3	ac	62	91	95	e4	79
	b	e7	c8	37	6d	8d	d5	4e	a9	6c	56	f4	ea	65	7a	ae	08
	c	ba	78	25	2e	1c	a6	b4	c6	e8	dd	74	1f	4b	bd	8b	8a
	d	70	3e	b5	66	48	03	f6	0e	61	35	57	b9	86	c1	1d	9e
	e	e1	f8	98	11	69	d9	8e	94	9b	1e	87	e9	ce	55	28	df
	f	8c	a1	89	0d	bf	e6	42	68	41	99	2d	0f	b0	54	bb	16

SubBytes()变换方法如图 5-30 所示。实际上，SubBytes()变换由两个步骤组成。

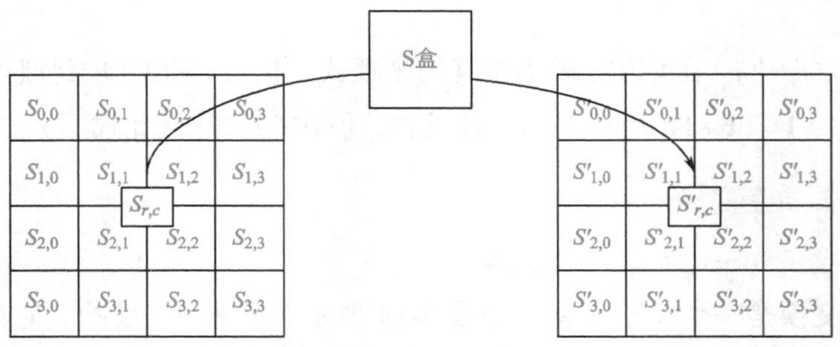

图 5-30　SubBytes()实现非线性置换（S 盒）

（1）把 S 盒中的每个字节映射为它在有限域 $GF(2^8)$ 中的乘法逆，“0” 被映射为它自身。即对于 $\alpha \in GF(2^8)$，求 $\beta \in GF(2^8)$，使得：$\alpha \cdot \beta = \beta \cdot \alpha \equiv 1 \bmod (x^8 + x^4 + x^3 + x + 1)$。

（2）将 S 盒中每个字节（上一步得到的乘法逆）记成$(b_7, b_6, b_5, b_4, b_3, b_2, b_1, b_0)$，对 S 盒中每个字节的每位做变换（称为仿射变换）：

$$b_i' = b_i \oplus b_{(i+4)\bmod 8} \oplus b_{(i+5)\bmod 8} \oplus b_{(i+6)\bmod 8} \oplus b_{(i+7)\bmod 8} \oplus c_i \qquad (5\text{-}35)$$

其中，c_i 是指字节 $\{63\} = (c_7 c_6 \cdots c_0) = (01100011)$ 的第 i 位。上式用矩阵表示为：

$$\begin{bmatrix} b_0' \\ b_1' \\ b_2' \\ b_3' \\ b_4' \\ b_5' \\ b_6' \\ b_7' \end{bmatrix} = \begin{bmatrix} 1&0&0&0&1&1&1&1 \\ 1&1&0&0&0&1&1&1 \\ 1&1&1&0&0&0&1&1 \\ 1&1&1&1&0&0&0&1 \\ 1&1&1&1&1&0&0&0 \\ 0&1&1&1&1&1&0&0 \\ 0&0&1&1&1&1&1&0 \\ 0&0&0&1&1&1&1&1 \end{bmatrix} \begin{bmatrix} b_0 \\ b_1 \\ b_2 \\ b_3 \\ b_4 \\ b_5 \\ b_6 \\ b_7 \end{bmatrix} \oplus \begin{bmatrix} 1 \\ 1 \\ 0 \\ 0 \\ 0 \\ 1 \\ 1 \\ 0 \end{bmatrix}$$

如 $b_0' = [10001111] \cdot \begin{bmatrix} b_0 \\ b_1 \\ b_2 \\ b_3 \\ b_4 \\ b_5 \\ b_6 \\ b_7 \end{bmatrix} + 1 = (b_0 \oplus b_4 \oplus b_5 \oplus b_6 \oplus b_7) \oplus c_0$（即 $i=0$ 的情形）。

即字节 $S_{r,c}$ 基于 S 盒的非线性置换要经历两个阶段：首先进行 GF(2^8) 域上的乘法逆运算，然后进行式（5.35）的仿射变换，从而得到 $S'_{r,c}$。

以“95”作为输入为例，“95”在 GF(2^8) 中的乘法逆为“8a”（参考前述内容），用二进制表示为“10001010”。代入上述变换有：

$$\begin{bmatrix} b_0' \\ b_1' \\ b_2' \\ b_3' \\ b_4' \\ b_5' \\ b_6' \\ b_7' \end{bmatrix} = \begin{bmatrix} 1&0&0&0&1&1&1&1 \\ 1&1&0&0&0&1&1&1 \\ 1&1&1&0&0&0&1&1 \\ 1&1&1&1&0&0&0&1 \\ 1&1&1&1&1&0&0&0 \\ 0&1&1&1&1&1&0&0 \\ 0&0&1&1&1&1&1&0 \\ 0&0&0&1&1&1&1&1 \end{bmatrix} \begin{bmatrix} 0 \\ 1 \\ 0 \\ 1 \\ 0 \\ 0 \\ 0 \\ 1 \end{bmatrix} \oplus \begin{bmatrix} 1 \\ 1 \\ 0 \\ 0 \\ 0 \\ 1 \\ 1 \\ 0 \end{bmatrix} = \begin{bmatrix} 1 \\ 0 \\ 0 \\ 1 \\ 0 \\ 0 \\ 1 \\ 0 \end{bmatrix} \oplus \begin{bmatrix} 1 \\ 1 \\ 0 \\ 0 \\ 0 \\ 1 \\ 1 \\ 0 \end{bmatrix} = \begin{bmatrix} 0 \\ 1 \\ 0 \\ 1 \\ 0 \\ 1 \\ 0 \\ 0 \end{bmatrix}$$

即结果为“00101010”，用十六进制表示为“2a”，与前面的查表方法所得的结果一致。

【例 5-4】按照字节代替的处理方法，可以将一个态中的 16 个字节分别代替，如图 5-31 所示。

ea	04	65	85
83	45	5d	96
5c	33	98	b0
a6	8c	d8	95

→

87	f2	4d	97
ec	6e	4c	90
4a	c3	46	e7
f0	2d	ad	c5

图 5-31　字节代替的例子

2. 列混合变换——MixColumns（字运算）

MixColumns()实现逐列混合，其方法是：

$$s'(x)=c(x)\cdot s(x)\bmod\left(x^4+1\right) \tag{5-36}$$

其中，$c(x)=\{03\}\cdot x^3+\{01\}\cdot x^2+\{01\}\cdot x+\{02\}$，{ }内的数表示是字节；

$s'(x)=s'_{0,c}+s'_{1,c}\cdot x+s'_{2,c}\cdot x^2+s'_{3,c}\cdot x^3$；

$s(x)=s_{0,c}+s_{1,c}\cdot x+s_{2,c}\cdot x^2+s_{3,c}\cdot x^3$。

$s'_{0,c}$ 代表 $c(x)$ 与 $s(x)$ 相乘后 x 的指数 $\bmod\left(x^4+1\right)$ 等于 0 的项的系数之和，利用 $x^i\bmod\left(x^4+1\right)=x^{i\bmod 4}$ 可得：

$$s'_{0,c}=\{02\}\cdot s_{0,c}+\{03\}\cdot s_{1,c}+\{01\}\cdot s_{2,c}+\{01\}\cdot s_{3,c}$$

$$=\begin{bmatrix}02 & 03 & 01 & 01\end{bmatrix}\cdot\begin{bmatrix}s_{0,c}\\ s_{1,c}\\ s_{2,c}\\ s_{3,c}\end{bmatrix}$$

其余类似，因此，式（5-36）可用矩阵表示为如图 5-32 所示。

$$\begin{bmatrix}s'_{0,c}\\ s'_{1,c}\\ s'_{2,c}\\ s'_{3,c}\end{bmatrix}=\begin{bmatrix}02 & 03 & 01 & 01\\ 01 & 02 & 03 & 01\\ 01 & 01 & 02 & 03\\ 03 & 01 & 01 & 02\end{bmatrix}\cdot\begin{bmatrix}s_{0,c}\\ s_{1,c}\\ s_{2,c}\\ s_{3,c}\end{bmatrix}$$

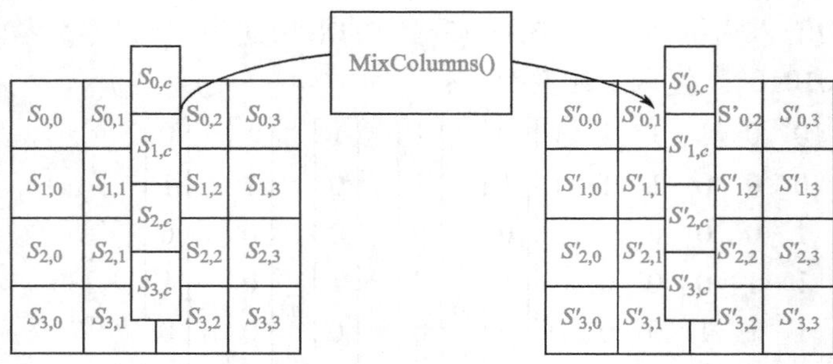

图 5-32　MixColumns()完成基于列的变换

MixColumns()的伪码描述如下：

```
MixColumns(byte state[4,Nc], Nc)
begin
byte t[4]
for c = 0 step 1 to Nc - 1
for r = 0 step 1 to 3
t[r] = state[r,c]
end for
for r = 0 step 1 to 3
state[r,c] = FFmul(0x02, t[r]) xor  //FFmul(x,y)返回两个域元素x和y的积
FFmul(0x03, t[(r + 1) mod 4]) xor
t[(r + 2) mod 4] xor t[(r + 3) mod 4]
end for
end for
end
```

一个列混淆的例子如图 5-33 所示。

常数矩阵

02	03	01	01
01	02	03	01
01	01	02	03
03	01	01	02

·

态

87	f2	4d	97
6e	4c	90	ec
46	e7	4a	c3
a6	8c	d8	95

=

新态

47	40	a3	4c
37	d4	70	9f
94	e4	3a	42
ed	a5	a6	bc

图 5-33　列混淆的例子

【例 5-5】对图 5-33 中等号右边矩阵中第一列第一个数据的得来进行验证，即验证：

02•87⊕03 •6e⊕01 •46⊕01 •a6=47

因为（参考字节运算的乘法部分）：

02•87=(00000010)•(10000111)=(00001110)⊕(00011011)

　　=(00010101)

03•6e=(00000011)•(01101110)=[(00000001) ⊕(00000010)] •(01101110)

　　=(01101110)⊕(11011100)

　　=(10110010)

01•46=(00000001)•(01000110)

　　=(01000110)

01•a6=(00000001)•(10100110)

　　=(10100110)

02•87⊕03•6e⊕01•46⊕01•a6=(00010101)⊕(10110010)⊕(01000110)⊕(10100110)

=(01000111)

=47_H（H 代表十六进制表示）

3. 行移位运算——ShiftRows

ShiftRows()完成基于行的循环移位操作，变换方法如图 5-34 所示。即行移位变换作用在中间态的行上，第 0 行不变，第 1 行循环左移 1 个字节，第 2 行循环左移 2 个字节，第 3 行循环左移 3 个字节。

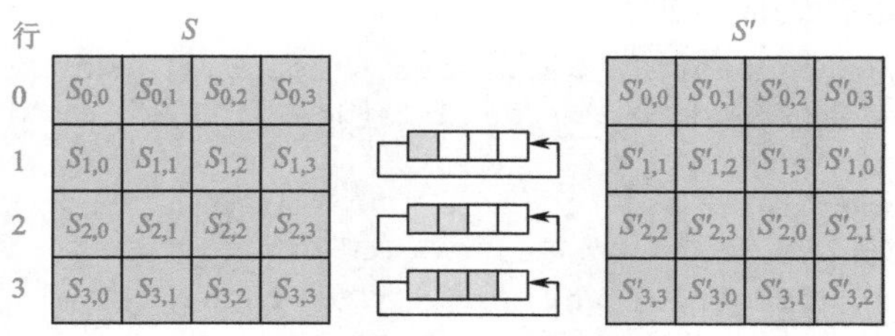

图 5-34　ShiftRows()完成循环移位操作

ShiftRows()的伪码描述如下：

```
ShiftRows(byte state[4,Nc], Nc)
begin
byte t[Nc]
for r = 1 step 1 to 3
for c = 0 step 1 to Nc - 1
t[c] = state[r, (c + h(r,Nc)) mod Nc]
end for
for c = 0 step 1 to Nc - 1
```

```
    state[r,c] = t[c]
    end for
    end for
    end
```

【例 5-6】按照行移位的处理方法，可以将一个态中的 4 行分别移位处理如图 5-35 所示。

87	f2	4d	97
ec	6e	4c	90
4a	c3	46	e7
8c	d8	95	a6

→

87	f2	4d	97
6e	4c	90	ec
46	e7	4a	c3
a6	8c	d8	95

图 5-35 行移位的例子

4. 轮密钥加变换——AddRoundKey

AddRoundKey()用于将输入或中间态 S 的每一列与一个密钥字 k_i 进行按位异或，即 AddRoundKey$(S,k_i)=S+k_i$，k_i（$i=0,1,\cdots,N_r$）由原始密钥 k 通过密钥扩展算法产生。每一个轮密钥由 N_b 个字组成，$w_{[r*N_b+c]}$ 表示第 r 轮的第 c 个轮密钥字。轮密钥加变换可表示为：

$$\left[S'_{0,c},S'_{1,c},S'_{2,c},S'_{3,c}\right]=\left[S_{0,c},S_{1,c},S_{2,c},S_{3,c}\right]\oplus\left[w_{[r*N_b+c]}\right](0\leqslant r<N_r,0\leqslant c<N_b) \quad (5\text{-}37)$$

如图 5-36 所示。

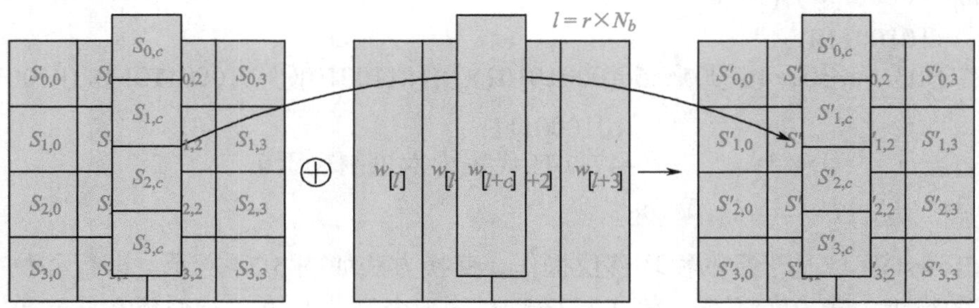

图 5-36 AddRoundKey()轮密钥加变换

AddRoundKey()的伪码描述如下：

```
    AddRoundKey(byte state[4,Nc], word k[round,-], Nc)
    //k[round,-]=k[round*Nc...(round+1)*Nc-1]
    Begin
    for c = 0 step 1 to Nc - 1
    for r = 0 step 1 to 3
    state[r,c] = state[r,c] xor xbyte(r, k[round,c])
    //xbyte(r,w) 指从字w中抽取出字节r
    end for
    end for
    end
```

一个轮密钥加的例子如图 5-37 所示。

态

32	88	31	e0
43	5a	31	37
f6	30	98	07
a8	8d	a2	34

⊕ 轮密钥

2b	28	ab	09
7e	ae	f7	cf
15	d2	15	4f
16	a6	88	3c

= 新态

19	a0	9a	e9
3d	f4	c6	f8
e3	e2	8d	48
be	2b	2a	08

图 5-37 轮密钥加的例子

【例 5-7】对于图 5–37 中等号右边矩阵中第一列的四个数据得来如下(H 代表十六进制表示)：

$32 \oplus 2b = (00110010) \oplus (00101011) = (00011001) = 19_H$

$43 \oplus 7e = (01000011) \oplus (01111110) = (00111101) = 3d_H$

$f6 \oplus 15 = (11110110) \oplus (00010101) = (11100011) = e3_H$

$a8 \oplus 16 = (10101000) \oplus (00010110) = (10111110) = be_H$

5.3.4 AES 的解密

AES 的解密算法与加密算法类似（称为逆加密算法），主要区别在于轮密钥要逆序使用，四个基本运算都有对应的逆变换，如图 5-28 所示。AES 解密算法的伪码描述如下：

```
InvCipher(byte in[4*Nb], byte out[4*Nb], word w[Nb*(Nr+1)])
begin
byte state[4,Nb]
state = in
AddRoundKey(state, w[Nr*Nb, (Nr+1)*Nb-1])
for round = Nr-1 step -1 downto 1
InvShiftRows(state)
InvSubBytes(state)
AddRoundKey(state, w[round*Nb, (round+1)*Nb-1])
InvMixColumns(state)
end for
InvShiftRows(state)
InvSubBytes(state)
AddRoundKey(state, w[0, Nb-1])
out = state
end
```

由此可见，基本运算中除轮密钥加 AddRoundKey 不变外（实际上按位异或操作的逆变换是其本身），其余的字节代替 SubBytes、行移位 ShiftRows、列混淆 MixColumns 都要进行求逆变换，即 InvSubBytes、InvShiftRows、InvMixColumns。

1．逆字节代替——InvSubBytes

与字节代替类似，逆字节代替基于逆 S 盒（如表 5-15 所示）实现。例如，基于逆 S 盒，输入“87”对应的输出为“ea”。其余见图 5-38。

InvSubBytes()的伪码描述如下：

```
InvSubBytes(byte state[4,Nc], Nc)
begin
for r = 0 step 1 to 3
for c = 0 step 1 to Nc - 1
state[r,c] = InvSbox[state[r,c]]    //InvSbox代表逆S盒
end for
end for
end
```

87	f2	4d	97
ec	6e	4c	90
4a	c3	46	e7
f0	2d	ad	c5

→

ea	04	65	85
83	45	5d	96
5c	33	98	b0
a6	8c	d8	95

图 5-38　逆字节代替的例子

表 5-15　逆 S 盒(16 进制)

		y															
		0	1	2	3	4	5	6	7	8	9	a	b	c	d	e	f
x	0	52	09	6a	d5	30	36	a5	38	bf	40	a3	9e	81	f3	d7	fb
	1	7c	e3	39	82	9b	2f	ff	87	34	8e	43	44	c4	de	e9	cb
	2	54	7b	94	32	a6	c2	23	3d	ee	4c	95	0b	42	fa	c3	4e
	3	08	2e	a1	66	28	d9	24	b2	76	5b	a2	49	6d	8b	d1	25
	4	72	f8	f6	64	86	68	98	16	d4	a4	5c	cc	5d	65	b6	92
	5	6c	70	48	50	fd	ed	b9	da	5e	15	46	57	a7	8d	9d	84
	6	90	d8	ab	00	8c	bc	d3	0a	f7	e4	58	05	b8	b3	45	06
	7	d0	2c	1e	8f	ca	3f	0f	02	c1	af	bd	03	01	13	8a	6b
	8	3a	91	11	41	4f	67	dc	ea	97	f2	cf	ce	f0	b4	e6	73
	9	96	ac	74	22	e7	ad	35	85	e2	f9	37	e8	1c	75	df	6e
	a	47	f1	1a	71	1d	29	c5	89	6f	b7	62	0e	aa	18	be	1b
	b	fc	56	3e	4b	c6	d2	79	20	9a	db	c0	fe	78	cd	5a	f4
	c	1f	dd	a8	33	88	07	c7	31	b1	12	10	59	27	80	ec	5f
	d	60	51	7f	a9	19	b5	4a	0d	2d	e5	7a	9f	93	c9	9c	ef
	e	a0	e0	3b	4d	ae	2a	f5	b0	c8	eb	bb	3c	83	53	99	61
	f	17	2b	04	7e	ba	77	d6	26	e1	69	14	63	55	21	0c	7d

InvSubBytes()中要用到仿射变换的逆变换，然后再计算乘法逆。仿射变换的逆变换为：

$$b_i = b'_{(i+2)\bmod 8} \oplus b'_{(i+5)\bmod 8} \oplus b'_{(i+7)\bmod 8} \oplus d_i \tag{5-38}$$

其中，d_i是指字节$\{05\}=(d_7 d_6 \cdots d_0)=(0000101)$的第$i$位。上式用矩阵表示为：

$$\begin{bmatrix} b_0 \\ b_1 \\ b_2 \\ b_3 \\ b_4 \\ b_5 \\ b_6 \\ b_7 \end{bmatrix} = \begin{bmatrix} 0 & 0 & 1 & 0 & 0 & 1 & 0 & 1 \\ 1 & 0 & 0 & 1 & 0 & 0 & 1 & 0 \\ 0 & 1 & 0 & 0 & 1 & 0 & 0 & 1 \\ 1 & 0 & 1 & 0 & 0 & 1 & 0 & 0 \\ 0 & 1 & 0 & 1 & 0 & 0 & 1 & 0 \\ 0 & 0 & 1 & 0 & 1 & 0 & 0 & 1 \\ 1 & 0 & 0 & 1 & 0 & 1 & 0 & 0 \\ 0 & 1 & 0 & 0 & 1 & 0 & 1 & 0 \end{bmatrix} \begin{bmatrix} b'_0 \\ b'_1 \\ b'_2 \\ b'_3 \\ b'_4 \\ b'_5 \\ b'_6 \\ b'_7 \end{bmatrix} \oplus \begin{bmatrix} 1 \\ 0 \\ 1 \\ 0 \\ 0 \\ 0 \\ 0 \\ 0 \end{bmatrix}$$

【例 5-8】以“2a”作为输入，用二进制表示为“00101010”，先进行仿射变换的逆变换：

$$\begin{bmatrix} b_0 \\ b_1 \\ b_2 \\ b_3 \\ b_4 \\ b_5 \\ b_6 \\ b_7 \end{bmatrix} = \begin{bmatrix} 0 & 0 & 1 & 0 & 0 & 1 & 0 & 1 \\ 1 & 0 & 0 & 1 & 0 & 0 & 1 & 0 \\ 0 & 1 & 0 & 0 & 1 & 0 & 0 & 1 \\ 1 & 0 & 1 & 0 & 0 & 1 & 0 & 0 \\ 0 & 1 & 0 & 1 & 0 & 0 & 1 & 0 \\ 0 & 0 & 1 & 0 & 1 & 0 & 0 & 1 \\ 1 & 0 & 0 & 1 & 0 & 1 & 0 & 0 \\ 0 & 1 & 0 & 0 & 1 & 0 & 1 & 0 \end{bmatrix} \begin{bmatrix} 0 \\ 1 \\ 0 \\ 1 \\ 0 \\ 1 \\ 0 \\ 0 \end{bmatrix} \oplus \begin{bmatrix} 1 \\ 0 \\ 1 \\ 0 \\ 0 \\ 0 \\ 0 \\ 0 \end{bmatrix} = \begin{bmatrix} 0 \\ 1 \\ 0 \\ 1 \\ 0 \\ 0 \\ 0 \\ 1 \end{bmatrix}$$

即结果为“10001010”，用十六进制表示为“8a”；再计算乘法逆，而“8a”在 $GF(2^8)$ 中的乘法逆为“95”。这与查询逆 S 盒所得的结果相一致。

2. 逆行移位——InvShiftRows

与行移位相反，逆行移位将态 State 的后 3 行按相反的方向进行移位操作，即第 1 行保持不变，第 2 行循环向右移 1 个字节，第 3 行循环向右移 2 个字节，第 4 行循环向右移 3 个字节。例如图 5-39 所示。

87	f2	4d	97
6e	4c	90	ec
46	e7	4a	c3
a6	8c	d8	95

→

87	f2	4d	97
ec	6e	4c	90
4a	c3	46	e7
8c	d8	95	a6

图 5-39　逆行移位的例子

InvShiftRows()的伪码描述如下：

```
InvShiftRows(byte state[4,Nc], Nc)
begin
byte t[Nc]
for r = 1 step 1 to 3
for c = 0 step 1 to Nc - 1
t[(c + h(r,Nc)) mod Nc] = state[r,c]
end for
for c = 0 step 1 to Nc - 1
state[r,c] = t[c]
end for
end for
end
```

3. 逆列混淆——InvMixColumns

逆列混淆的处理办法与 MixColumns()类似，每一列都通过与一个固定的多项式 $d(x)$ 相乘进行变换，定义为：

$$s'(x) = d(x) \cdot s(x) \bmod \left(x^4 + 1\right) \tag{5-39}$$

其中，$d(x)$ 是 $c(x)$ 模 $\left(x^4+1\right)$ 的逆。即：

$$c(x) \cdot d(x) = \left(\{03\} \cdot x^3 + \{01\} \cdot x^2 + \{01\} \cdot x + \{02\}\right) \cdot d(x) \equiv 1 \bmod (x^4 + 1) \tag{5-40}$$

得到：

$$d(x)=\{0b\}\cdot x^3+\{0d\}\cdot x^2+\{09\}\cdot x+\{0e\} \tag{5-41}$$

因此，写成矩阵乘法的形式，InvMixColumns()按以下方式对列进行变换：

$$\begin{bmatrix} s'_{0,c} \\ s'_{1,c} \\ s'_{2,c} \\ s'_{3,c} \end{bmatrix}=\begin{bmatrix} 0e & 0b & 0d & 09 \\ 09 & 0e & 0b & 0d \\ 0d & 09 & 0e & 0b \\ 0b & 0d & 09 & 0e \end{bmatrix}\begin{bmatrix} s_{0,c} \\ s_{1,c} \\ s_{2,c} \\ s_{3,c} \end{bmatrix} \tag{5-42}$$

式中，$c=0,1,2,3$，表示元素所在的列数。

InvMixColumns()的伪码描述如下：

```
InvMixColumns(byte block[4,Nc], Nc)
begin
byte t[4]
for c = 0 step 1 to Nc - 1
for r = 0 step 1 to 3
t[r] = block[r,c]
end for
for r = 0 step 1 to 3
block[r,c] =
FFmul(0x0e, t[r]) xor
FFmul(0x0b, t[(r + 1) mod 4]) xor
FFmul(0x0d, t[(r + 2) mod 4]) xor
FFmul(0x09, t[(r + 3) mod 4])
end for
end for
end
```

一个逆列混淆的例子如图 5-40 所示。

常数矩阵

0e	0b	0d	09
09	0e	0b	0d
0d	09	0e	0b
0b	0d	09	0e

·

态

47	40	a3	4c
37	d4	70	9f
94	e4	3a	42
ed	a5	a6	bc

=

新态

87	f2	4d	97
6e	4c	90	ec
46	e7	4a	c3
a6	8c	d8	95

图 5-40　逆列混淆的例子

【例 5-9】对图 5-40 中等号右边矩阵中第一列第一个数据的得来进行验证，即验证：

0e •47⊕0b •37⊕0d •94⊕09 •ed=87

因为（参考字节运算的乘法部分）：

0e•47=(00001110)•(01000111)=[(00000010)⊕(00000100)⊕(00001000))•(01000111)

=(00000010)•(01000111)⊕(00000100)•(01000111)⊕(00001000)•01000111)

=(10001110)⊕[(00011100)⊕(00011011)]⊕(00001000)•(01000111)

=(10001110)⊕(00000111)⊕(00001110)

=(10000111)

0b•37=(00001011)•(00110111)=[(00000001)⊕(00000010)⊕(00001000)]•(00110111)

=(00110111)⊕(01101110)⊕[(10111000)⊕(00011011)]

=(11111010)

0d•94=(00001101)•(10010100)=[(0000001)⊕(00000100)⊕(00001000)]•(10010100)

=(10010100)⊕(01100110)⊕(11001100)

=(00111110)

09•ed=(00001001)•(11101101)=[(00000001)⊕(00001000)]•(11101101)

=(11101101)⊕(00101001)

=(11000100)

0e•47⊕0b•37⊕0d•94⊕09•ed=(10000111)⊕(11111010)⊕(00111110)⊕(11000100)

=(10000111)

$=87_H$

作为一种验算方法，上述计算也可基于生成元的表示，通过查对数表和反对数表进行：

$$0e•47=\{03\}^{(df)}\cdot\{03\}^{(94)}=\{03\}^{(df)+(94)}=\{03\}^{(74)}=87_H=(10000111)$$

提示：以上运算是在域 $GF(2^8)$ 内进行，根据前面介绍的有限域上的字节运算规则，当生成元的幂指数相加后大于十进制的 255 或 16 进制的 ff 时，需要进行 mod 255 或 mod ff 运算，即：

$(df)+(94)=223+148=371 \bmod 255=116_D=74_H$，这里 D 代表十进制数。

或：$(d+9) \bmod f=7_H$，$(f+4) \bmod f=4_H$，因此，$(df)+(94)=(74)$。其余类似可得

$$0b•37=\{03\}^{(68)}\cdot\{03\}^{(24)}=\{03\}^{(68)+(24)}=\{03\}^{(8c)}=fa=(11111010)$$

$$0d•94=\{03\}^{(ee)}\cdot\{03\}^{(eb)}=\{03\}^{(ee)+(eb)}=\{03\}^{(da)}=3e=(00111110)$$

$$09•ed=\{03\}^{(c7)}\cdot\{03\}^{(99)}=\{03\}^{(c7)+(99)}=\{03\}^{(61)}=c4=(11000100)$$

0e•47⊕0b•37⊕0d•94⊕09•ed=(10000111)⊕(11111010)⊕(00111110)⊕(11000100)

=(10000111)

$=87_H$

5.3.5　密钥扩展

通过生成器产生 N_r+1 个轮密钥（由图 5-28 可见，在第一轮之前要进行一个 AddRoundKey 运算），每个轮密钥由 N_b 个字组成（$4\times32=128$ 位），共有 $N_b(N_r+1)$ 个字 $W[i]$，$i=0,1\cdots,N_b(N_r+1)-1$。N_r 和 N_b 分别为迭代轮数和中间态的列数（$N_b=4$）。尽管 AES 可使用 128 位、192 位或 256 位三种密钥大小，但由密钥扩展算法生成的 AES 的轮密钥统一都是 128 位，与 AES 的明文和密文分组大小一致。

在加密过程中，需要 N_r+1 个轮密钥(即子密钥)，需要构造 $4(N_r+1)$个 32 位字。Rijndael 的密钥扩展方案的伪码描述如下：

```
KeyExpansion(byte key[4*Nk],word w[Nb*(Nr+1)],Nk)
//Nk代表以32位字为单位的密钥的长度，即Nk=密钥长度/32
begin
  i=0
  while(i<Nk)
```

```
    w[i]=word[key[4*i],key[4*i+1],key[4*i+2],key[4*i+3]]
    i=i+1
  end while
  i=Nk
  while(i<Nb*(Nr+1))
    word temp=w[i-1]
    if(i mod Nk=0)
      temp=SubWord(RotWord(temp))xor Rcon[i/Nk]
    else if (Nk=8 and i mod Nk =4)
      temp=SubWord(temp)
    end if
   w[i]=w[i-Nk] xor temp
   i=i+1
   end while
end
```

其中，key[]和 w[]分别用于存储扩展前、后的密钥。SubWord()、RotWord()分别是与 S 盒的置换和以字节为单位的循环移位。$R_{\text{con}}[i]=(\text{RC}[i],'00','00','00')$，$\text{RC}[1]='01'$，$\text{RC}[i]=2\cdot\text{RC}[i-1](i>1)$。字节运算是多项式运算，因此，可用多项式表示为：

$$\text{RC}[i]=x\cdot\text{RC}[i-1]=x^{i-1}\bmod(x^8+x^4+x^3+x+1) \quad （i\geqslant 1） \tag{5-43}$$

前 10 个轮常数$\text{RC}[i]$的值(用十六进制表示)如表 5-16 所示，其对应的$R_{\text{con}}[i]$如表 5-17 所示。由表 5-16 可知$\text{RC}[8]$=80，因此有：

$\text{RC}[9]$=2•$\text{RC}[8]$={02}•{80}=(00000010)•(10000000)=(00011011)=｛1b｝

或者有：

$\text{RC}[9]=x^8\bmod(x^8+x^4+x^3+x+1)=x^4+x^3+x+1$，用二进制数表示为：00011011，即十六进制数“1b”。

表 5-16　$\text{RC}[i]$

i	1	2	3	4	5	6	7	8	9	10
$\text{RC}[i]$	01	02	04	08	10	20	40	80	1b	36
多项式表示	x^0	x	x^2	x^3	x^4	x^5	x^6	x^7	x^8	x^9

表 5-17　$R_{\text{con}}[i]$

i	1	2	3	4	5
$R_{\text{con}}[i]$	01000000	02000000	04000000	08000000	10000000
i	6	7	8	9	10
$R_{\text{con}}[i]$	20000000	40000000	80000000	1b000000	36000000

对于 AES-128，AES 密钥扩展算法的输入是 4 个字(每个字 32 位，共 128 位)。输入密钥直接被复制到扩展密钥数组的前四个字中，得到$w[0]$、$w[1]$、$w[2]$、$w[3]$；然后每次用四个字填充扩展密钥数组余下的部分。在扩展密钥数组中，$w[i]$的值依赖于$w[i-1]$和$w[i-4](i\geqslant 4)$。

对 w 数组中下标不为 4 的倍数的元素，只是简单地异或，其逻辑关系为：

$$w[i]=w[i-1]\oplus w[i-4] \quad (i\text{ 不为 4 的倍数}) \tag{5-44}$$

对 w 数组中下标为 4 的倍数的元素，采用如下计算方法。

（1）RotWord()：将输入字的四个字节循环左移一个字节，即将字（b0,b1,b2,b3）变为（b1,b2,b3,b0）。

（2）SubWord()：基于 S 盒对输入字（步骤 1 的结果）中的每个字节进行 S 代替。

（3）将步骤 2 的结果再与轮常量 $R_{con}[i/4]$ 相异或。

（4）将步骤 3 的结果再与 $w[i-4]$ 异或。

即：

$$w[i]=\text{SubWord}(\text{RotWord}(w[i-1]))\oplus R_{con}[i/4]\oplus w[i-4] \quad (i\text{ 为 4 的倍数}) \tag{5.45}$$

AES-192 和 AES-256 的密钥扩展算法与 AES-128 的类似，主要区别如下。

（1）AES-192 的字是六个一组，通过加密密钥可得到初始的六个轮密钥字，即 $w[0]$—$w[5]$，密钥扩展算法如下：

$$w[i]=w[i-1]\oplus w[i-6] \quad (i\text{ 不为 6 的倍数}) \tag{5-46}$$

$$w[i]=\text{SubWord}(\text{RotWord}(w[i-1]))\oplus R_{con}[i/6]\oplus w[i-6] \quad (i\text{ 为 6 的倍数}) \tag{5-47}$$

（2）AES-256 的字是八个一组，通过加密密钥可得到初始的八个轮密钥字，即 $w[0]$—$w[7]$，密钥扩展算法如下：

$$w[i]=w[i-1]\oplus w[i-8] \quad (i\text{ 不为 8 的倍数}) \tag{5-48}$$

$$w[i]=\text{SubWord}(\text{RotWord}(w[i-1]))\oplus R_{con}[i/8]\oplus w[i-8] \quad (i\text{ 为 8 的倍数}) \tag{5-49}$$

$$w[i]=\text{SubWord}(w[i-1])\oplus w[i-8] \quad (i\text{ 为 4 的倍数，但 } i\text{ 不为 8 的倍数}) \tag{5-50}$$

【例 5-10】加密密钥=2b 7e 15 16 28 ae d2 a6 ab f7 15 88 09 cf 4f 3c，易知 N_k=4（即 4 个 32 位字，共 128 位密钥长度），得到：$w[0]$=2b7e1516，$w[1]$=28aed2a6，$w[2]$=abf71588，$w[3]$=09cf4f3c，密钥扩展过程如表 5–18 所示。

表 5-18　密钥扩展的例子

i	$w[i-1]$	RotWord()后	SubWord()后	$R_{con}[i/N_k]$	与 R_{con} 异或后	$w[i-N_k]$	$w[i]$
4	09cf4f3c	cf4f3c09	8a84eb01	01000000	8b84eb01	2b7e1516	a0fafe17
5	a0fafe17					28aed2a6	88542cb1
6	88542cb1					abf71588	23a33939
7	23a33939					09cf4f3c	2a6c7605
8	2a6c7605	6c76052a	50386be5	02000000	52386be5	a0fafe17	f2c295f2

续表

i	$w[i-1]$	RotWord()后	SubWord()后	$R_{con}[i/N_k]$	与 R_{con} 异或后	$w[i-N_k]$	$w[i]$
9	f2c295f2					88542cb1	7a96b943
10	7a96b943					23a33939	5935807a
11	5935807a					2a6c7605	7359f67f
12	7359f67f	59f67f73	cb42d28f	04000000	cf42d28f	f2c295f2	3d80477d
13	3d80477d					7a96b943	4716fe3e
14	4716fe3e					5935807a	1e237e44
15	1e237e44					7359f67f	6d7a883b
16	6d7a883b	7a883b6d	dac4e23c	08000000	d2c4e23c	3d80477d	ef44a541
17	ef44a541					4716fe3e	a8525b7f
18	a8525b7f					1e237e44	b671253b
19	b671253b					6d7a883b	db0bad00
20	db0bad00	0bad00db	2b9563b9	10000000	3b9563b9	ef44a541	d4d1c6f8
21	d4d1c6f8					a8525b7f	7c839d87
22	7c839d87					b671253b	caf2b8bc
23	caf2b8bc					db0bad00	11f915bc
24	11f915bc	f915bc11	99596582	20000000	b9596582	d4d1c6f8	6d88a37a
25	6d88a37a					7c839d87	110b3efd
26	110b3efd					caf2b8bc	dbf98641
27	dbf98641					11f915bc	ca0093fd
28	ca0093fd	0093fdca	63dc5474	40000000	23dc5474	6d88a37a	4e54f70e
29	4e54f70e					110b3efd	5f5fc9f3
30	5f5fc9f3					dbf98641	84a64fb2
31	84a64fb2					ca0093fd	4ea6dc4f
32	4ea6dc4f	a6dc4f4e	2486842f	80000000	a486842f	4e54f70e	ead27321
33	ead27321					5f5fc9f3	b58dbad2
34	b58dbad2					84a64fb2	312bf560
35	312bf560					4ea6dc4f	7f8d292f
36	7f8d292f	8d292f7f	5da515d2	1b000000	46a515d2	ead27321	ac7766f3
37	ac7766f3					b58dbad2	19fadc21
38	19fadc21					312bf560	28d12941
39	28d12941					7f8d292f	575c006e
40	575c006e	5c006e57	4a639f5b	36000000	7c639f5b	ac7766f3	d014f9a8
41	d014f9a8					19fadc21	c9ee2589
42	c9ee2589					28d12941	e13f0cc8
43	e13f0cc8					575c006e	b6630ca6

5.3.6　AES 举例

本例中约定用十六进制表示所有信息，考虑 128 位的 AES（轮数 N_r =10）。

明文=32 43 f6 a8 88 5a 30 8d 31 31 98 a2 e0 37 07 34

加密密钥 = 2b 7e 15 16 28 ae d2 a6 ab f7 15 88 09 cf 4f 3c

密文= 39 25 84 1d 02 dc 09 fb dc 11 85 97 19 6a 0b 32

扫一扫

基于 C 语言程序实现的 AES 密码算法的测试源代码如二维码所示：

其测试结果如图 5-41 所示，其整个加密计算过程如图 5-42 所示。

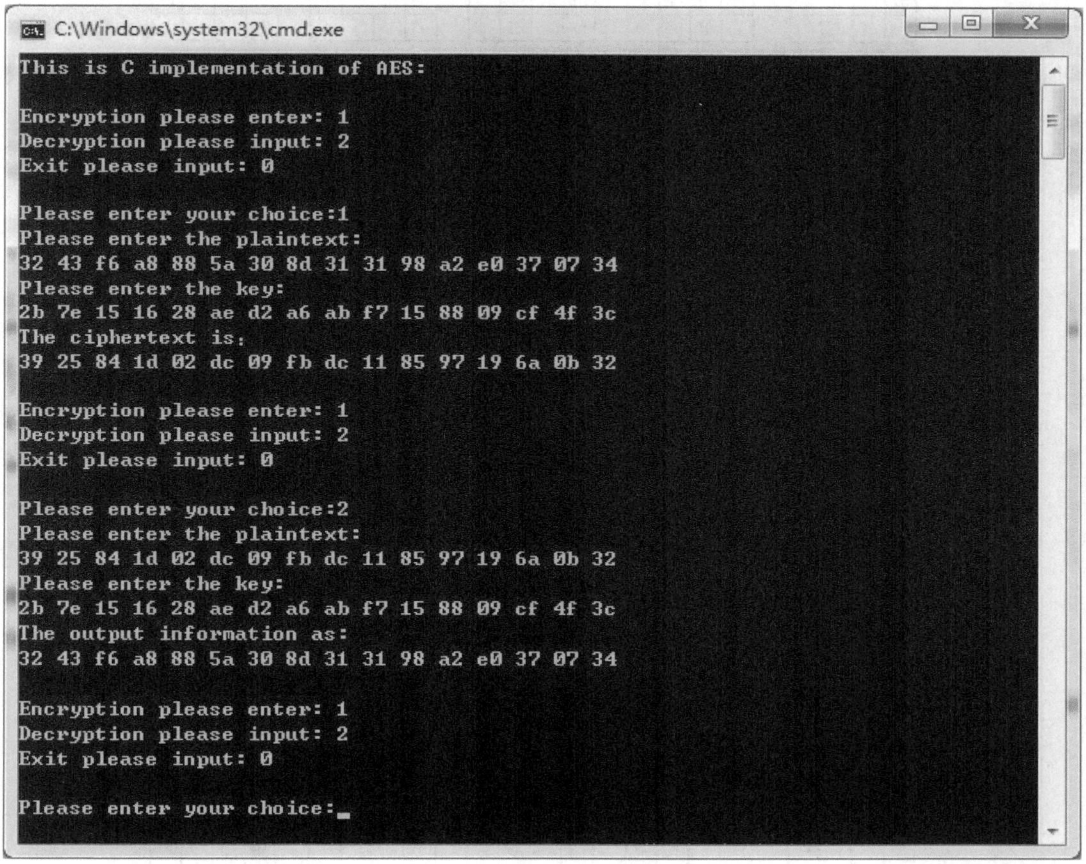

```
C:\Windows\system32\cmd.exe
This is C implementation of AES:

Encryption please enter: 1
Decryption please input: 2
Exit please input: 0

Please enter your choice:1
Please enter the plaintext:
32 43 f6 a8 88 5a 30 8d 31 31 98 a2 e0 37 07 34
Please enter the key:
2b 7e 15 16 28 ae d2 a6 ab f7 15 88 09 cf 4f 3c
The ciphertext is:
39 25 84 1d 02 dc 09 fb dc 11 85 97 19 6a 0b 32

Encryption please enter: 1
Decryption please input: 2
Exit please input: 0

Please enter your choice:2
Please enter the plaintext:
39 25 84 1d 02 dc 09 fb dc 11 85 97 19 6a 0b 32
Please enter the key:
2b 7e 15 16 28 ae d2 a6 ab f7 15 88 09 cf 4f 3c
The output information as:
32 43 f6 a8 88 5a 30 8d 31 31 98 a2 e0 37 07 34

Encryption please enter: 1
Decryption please input: 2
Exit please input: 0

Please enter your choice:_
```

图 5-41　AES 密码算法的测试例

轮数	轮的开始	SubBytes处理后	ShiftRows处理后	MixColumns处理后	AddRoundKey()	本轮密钥	
	32 88 31 e0					2b 28 ab 09	
输入	43 5a 31 37				⊕	7e ae f7 cf	=
	f6 30 98 07					15 d2 15 4f	
	a8 8d a2 34					16 a6 88 3c	
	19 a0 9a e9	d4 e0 b8 1e	d4 e0 b8 1e	04 e0 48 28		a0 88 23 2a	
1	3d f4 c6 f8	27 bf b4 41	bf b4 41 27	66 cb f8 06	⊕	fa 54 a3 6c	=
	e3 e2 8d 48	11 98 5d 52	5d 52 11 98	81 19 d3 26		fe 2c 39 76	
	be 2b 2a 08	ae f1 e5 30	30 ae f1 e5	e5 9a 7a 4c		17 b1 39 05	
	a4 68 6b 02	49 45 7f 77	49 45 7f 77	58 1b db 1b		f2 7a 59 73	
2	9c 9f 5b 6a	de db 39 02	db 39 02 de	4d 4b e7 6b	⊕	c2 96 35 59	=
	7f 35 ea 50	d2 96 87 53	87 53 d2 96	ca 5a ca b0		95 b9 80 f6	
	f2 2b 43 49	89 f1 1a 3b	3b 89 f1 1a	f1 ac a8 e5		f2 43 7a 7f	
	aa 61 82 68	ac ef 13 45	ac ef 13 45	75 20 53 bb		3d 47 1e 6d	
3	8f dd d2 32	73 c1 b5 23	c1 b5 23 73	ec 0b c0 25	⊕	80 16 23 7a	=
	5f e3 4a 46	cf 11 d6 5a	d6 5a cf 11	09 63 cf d0		47 fe 7e 88	
	03 ef d2 9a	7b df b5 b8	b8 7b df b5	93 33 7c dc		7d 3e 44 3b	
	48 67 4d d6	52 85 e3 f6	52 85 e3 f6	0f 60 6f 5e		ef a8 b6 db	
4	6c 1d e3 5f	50 a4 11 cf	a4 11 cf 50	d6 31 c0 b3	⊕	44 52 71 0b	=
	4e 9d b1 58	2f 5e c8 6a	c8 6a 2f 5e	da 38 10 13		a5 5b 25 ad	
	ee 0d 38 e7	28 d7 07 94	94 28 d7 07	a9 bf 6b 01		41 7f 3b 00	
	e0 c8 d9 85	e1 e8 35 97	e1 e8 35 97	25 bd b6 4c		d4 7c ca 11	
5	92 63 b1 b8	4f fb c8 6c	fb c8 6c 4f	d1 11 3a 4c	⊕	d1 83 f2 f9	=
	7f 63 35 be	d2 fb 96 ae	96 ae d2 fb	a9 d1 33 c0		c6 9d b8 15	
	e8 c0 50 01	9b ba 53 7c	7c 9b ba 53	ad 68 8e b0		f8 87 bc bc	
	f1 c1 7c 5d	a1 78 10 4c	a1 78 10 4c	4b 2c 33 37		6d 11 db ca	
6	00 92 c8 b5	63 4f e8 d5	4f e8 d5 63	86 4a 9d d2	⊕	99 0b f9 00	=
	6f 4c 8b d5	a8 29 3d 03	3d 03 a8 29	8d 89 f4 18		a3 3e 86 93	
	55 ef 32 0c	fc df 23 fe	fe fc df 23	6d 80 e8 d8		7a fd 41 fd	
	26 3d e8 fd	f7 27 9b 54	f7 27 9b 54	14 46 27 34		4e 5f 84 4e	
7	0e 41 64 d2	ab 83 43 b5	83 43 b5 ab	15 16 46 2a	⊕	54 5f a6 a6	=
	2e b7 72 8b	31 a9 40 3d	40 3d 31 a9	b5 15 56 d8		f7 c9 4f dc	
	17 7d a9 25	f0 ff d3 3f	3f f0 ff d3	bf ec d7 43		0e f3 b2 4f	
	5a 19 a3 7a	be d4 0a da	be d4 0a da	00 b1 54 fa		ea b5 31 7f	
8	41 49 e0 8c	83 3b e1 64	3b e1 64 83	51 c8 76 1b	⊕	d2 8d 2b 8d	=
	42 dc 19 04	2c 86 d4 f2	d4 f2 2c 86	2f 89 6d 99		73 ba f5 29	
	b1 1f 65 0c	c8 c0 4d fe	fe c8 c0 4d	d1 ff cd ea		21 d2 60 2f	
	ea 04 65 85	87 f2 4d 97	87 f2 4d 97	47 40 a3 4c		ac 19 28 57	
9	83 45 5d 96	ec 6e 4c 90	6e 4c 90 ec	37 d4 70 9f	⊕	77 fa d1 5c	=
	5c 33 98 b0	4a c3 46 e7	46 e7 4a c3	94 e4 3a 42		66 dc 29 00	
	f0 2d ad c5	8c d8 95 a6	a6 8c d8 95	ed a5 a6 bc		f3 21 41 6e	
	eb 59 8b 1b	e9 cb 3d af	e9 cb 3d af			d0 c9 e1 b6	
10	40 2e a1 c3	09 31 32 2e	31 32 2e 09		⊕	14 ee 3f 63	=
	f2 38 13 42	89 07 7d 2c	7d 2c 89 07			f9 25 0c 0c	
	1e 84 e7 d2	72 5f 94 b5	b5 72 5f 94			a8 89 c8 a6	
	39 02 dc 19						
输出	25 dc 11 6a						
	84 09 85 0b						
	1d fb 97 32						

图 5-42　AES 例子

复杂工程问题实践

[对称密码算法的工程应用实践] 通常情况下，银行的业务数据具有高度安全性的要求（包括机密性、完整性等），试选用一种适宜的对称密码算法，设计一个面向银行业务数据保护的信息安全系统，并对其进行工程实现、测试和评估。

习　题

5.1　画出分组密码算法的原理框图，并解释其基本工作原理。

5.2　为了保证分组密码算法的安全强度，对分组密码算法的要求有哪些？

5.3　什么是 SP 网络？

5.4　什么是雪崩效应？

5.5　什么是 Feistel 密码结构？Feistel 密码结构的实现依赖的主要参数有哪些？

5.6　简述分组密码的设计准则。

5.7　什么是分组密码的工作模式？有哪些主要的分组密码工作模式？其工作原理是什么？各有何特点？

5.8　在 8 位的 CFB 模式中，若传输中一个密文字符发生了一位错误，这个错误将传播多远？

5.9　描述 DES 的加密思想和 F 函数。

5.10　为什么要引入 3DES？

5.11　AES 的主要优点是什么？

5.12　AES 的基本运算有哪些？其基本运算方法是什么？

5.13　AES 的基本变换有哪些？其基本的变换方法是什么？

5.14　AES 的解密算法和 AES 的逆算法之间有何不同？

5.15　在域 $GF(2^8)$上｛01｝的逆是什么？

5.16　编写程序实现 AES 密码算法。

第6章 非对称密码体制

知识单元与知识点	➢ 非对称密码体制、单向陷门函数、本原元、离散对数、椭圆曲线、格密码等概念； ➢ Diffie-Hellman 密钥交换算法； ➢ RSA 公钥密码算法； ➢ 椭圆曲线密码体制 ECC； ➢ 格密码体制。
能力点	✧ 深入理解非对称密码体制、单向陷门函数、本原元、离散对数、椭圆曲线等概念； ✧ 了解公钥密码系统的应用； ✧ 把握 Diffie-Hellman 密钥交换算法； ✧ 会分析 RSA 公钥密码算法； ✧ 熟悉椭圆曲线密码体制 ECC 的基本内容； ✧ 了解格密码的基本内涵。
重难点	■ 重点：非对称密码体制的基本内涵和典型算法。 ■ 难点：椭圆曲线的加法规则；格密码体制。
学习要求	✓ 掌握非对称密码体制、单向陷门函数、本原元、离散对数、椭圆曲线等概念； ✓ 掌握 Diffie-Hellman、RSA、ECC 公钥密码算法的基本原理和主要应用方向； ✓ 掌握椭圆曲线的加法运算和椭圆曲线密码体制； ✓ 了解格密码的原理与技术进展。
问题导引	→ 非对称密码体制的产生背景是什么？ → 典型的非对称密码算法有哪些？各自的原理与特点如何？ → 工程上如何融合选用对称密码体制和非对称密码体制？

6.1 概述

6.1.1 非对称密码体制的提出

对称密码体制可以在一定程度上解决保密通信的问题，但随着计算机和网络技术的飞速发展，保密通信的需求越来越广泛，对称密码体制的局限性逐渐表现出来，并越来越明显。对称密码体制不能完全适应应用的需要，主要表现在以下三个方面。

1. 密钥管理的困难性问题

在对称密码体制中，任何两个用户间进行保密通信都需要一个密钥，不同用户间进行保密通信必须使用不同的密钥。密钥为发送方和接收方所共享，分别用于消息的加密和解密。密钥需要受到特别的保护和安全传递，才能保证对称密码体制功能的正常实现。在一个有 n

个用户的保密通信网络中，用户彼此间进行保密通信需要 $C(n,2)=n(n-1)/2$ 个密钥。当网络中用户数量增加时，密钥的数量将急剧增大（如图 6-1 所示），如当 n =100时，$C(100,2)=4950$；当 n =500 时，$C(500,2)=124750$，这将给密钥的安全管理与传递带来很大的困难。

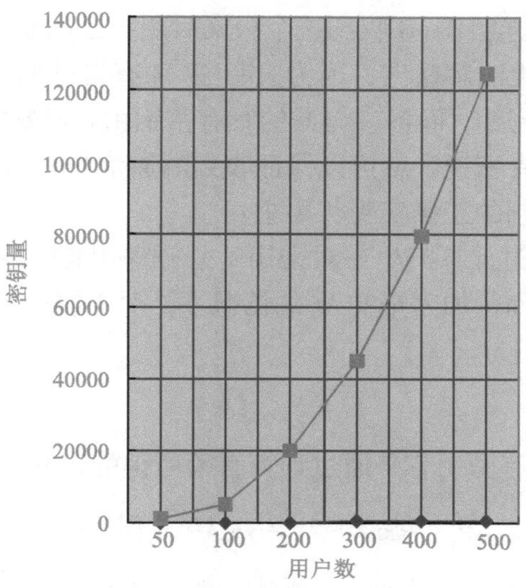

图 6-1　用户数与密钥量的对应关系

2. 陌生人间的保密通信问题

电子商务等网络应用提出了互不认识的网络用户间进行秘密通信的问题，而对称密码体制的密钥分发方法要求密钥共享各方互相信任，因此它不能解决陌生人间的密钥传递问题，也就不能支持陌生人间的保密通信。

3. 数字签名问题

对称密码体制难以从机制上提供数字签名功能，也就不能实现通信中的抗抵赖需求。

正是对称密码体制存在上述局限性，促使人们产生了建立新的密码体制——非对称密码体制的愿望。非对称密码体制又称为公钥密码体制或双密钥密码体制，其思想是 1976 年由 W.Diffie 和 M.E.Hellman 在“密码学的新方向”①一文中首先提出来的。

公钥密码体制的发展是整个密码编码学历史上的一次革命。在公钥密码体制出现之前，几乎所有的密码编码系统都建立在基本的代替和换位基础上；公开密钥密码体制与以前的所有方法都截然不同，公开密钥密码算法基于数学函数而不是代替和换位操作，而且公开密钥密码体制是非对称的，它由两个密钥形成一个密钥对，其中一个密钥为密钥拥有者保管，不涉及分发问题，另一个密钥可以公开，基于公开的渠道就可以实现分发，大大提高了分发的方便性；而且对于支持数字签名的公钥密码体制，用两个密钥中的任何一个密钥加密的内容，都可以用对应的另一个密钥解密。这就解决了对称密码体制中的密钥管理、分发和数字签名难题，公钥密码体制对于保密通信、密钥分配和鉴别等领域有着深远的影响。

① W.Diffie and M.E.Hellman,New directions in cryptography,IEEE transaction on information theory,V.IT-22.No.6,Nov. 1976。

6.1.2 对公钥密码体制的要求

公钥密码体制的加密过程是：首先，网络中需要保密通信的每个端系统都产生一对用于加密和解密的密钥，每个系统都可以基于点对点、密钥分发中心或公钥证书等形式来分发公开密钥，私有密钥则由密钥拥有者自己保管。如果 A 想给 B 发送一个报文，A 就用 B 的公开密钥加密这个报文后发送给 B；B 收到这个报文后用自己的私有密钥解密这个报文，其他所有收到这个报文的人都无法解密它，因为只有 B 才有自己的私钥。使用这种方法，所有参与者可以获得各个公开密钥，而各参与方的私有密钥由自己在本地产生，不需要分配。只要一个系统控制住它的私有密钥，就可以保证收到的通信内容是安全的。

为了保障公钥密码体制的正确实现，要求：

（1）参与方 B 容易通过计算产生一对密钥（公开密钥 KU_b 和私有密钥 KR_b）。

（2）在知道公开密钥和待加密报文 M 的情况下，对于发送方 A，很容易通过计算产生对应的密文：

$$C = E_{KU_b}(M) \tag{6-1}$$

（3）接收方 B 使用私有密钥容易通过计算解密所得的密文，以便恢复原来的报文：

$$M = D_{KR_b}(C) = D_{KR_b}(E_{KU_b}(M)) \tag{6-2}$$

（4）敌对方即使知道公开密钥 KU_b，要确定私有密钥 KR_b 在计算上也是不可行的。

（5）敌对方即使知道公开密钥 KU_b 和密文 C，要想恢复原来的报文 M 在计算上也是不可行的。

（6）两个密钥中的任何一个都可以用来加密，对应的另一个密钥用来解密（这一条不是对所有公开密钥密码体制都适用，如 DSA 只用于数字签名）：

$$M = D_{KR_b}(E_{KU_b}(M)) \text{（机密性实现）} \tag{6-3}$$

$$M = D_{KU_b}(E_{KR_b}(M)) \text{（数字签名实现）} \tag{6-4}$$

式（6-3）用于机密性实现，因为发送者可以通过公开的渠道容易地获取接收者的公钥，然后用此公钥加密要保护传递的消息，并将加密结果传输给接收方，接收方用自已的私钥来解密，从而实现信息的机密传送。式（6-4）用于数字签名实现，发送者用自已的私钥对待签名的消息进行加密变换，然后将加密结果传输给接收方，接收方用取得的发送方对应的公钥来解密，如果解密成功，说明消息源于公钥的拥有者；因为公钥密码体制的工作原理决定了只有私钥的配对公钥才能解密用该私钥加密的内容，另外，公钥密码体制假定私钥只为密钥拥有者保管，也就是说，只有密钥拥有者才知道自已的私钥，这种唯一性保证了消息来源的确定性，即消息不可能被伪造，从而起到数字签名的作用。

6.1.3 单向陷门函数

公钥密码体制与单向陷门函数（One-Way Trapdoor Function）有关，要满足上述对公钥密码体制的要求，可设计一个单向陷门函数。公钥密码体制中的公钥用于单向陷门函数的正向（加密）计算，私钥用于反向（解密）计算。

单向陷门函数是满足下列条件的函数 f：

（1）正向计算容易。即如果知道了密钥 p_k（公钥）和消息 x，容易计算 $y = f_{p_k}(x)$。

（2）在不知道密钥 s_k（私钥）的情况下，反向计算是不可行的。即如果只知道消息 y 而不知道密钥 s_k，则计算 $x = f^{-1}{}_{s_k}(y)$ 是不可行的（所谓计算不可行是指计算上相当复杂，在有限时间和成本范围内很难得到想要的结果，已无实际意义）。

（3）在知道密钥 s_k 的情况下，反向计算是容易的。即如果同时知道消息 y 和密钥 s_k，则计算 $x = f^{-1}{}_{s_k}(y)$ 是容易的。这里的密钥 s_k 相当于陷门，和 p_k 配对使用。

也就是说，对于单向陷门函数而言，它是指除非知道某种附加的信息，否则这样的函数在一个方向上计算容易，在相反的方向上不能计算；有了附加信息，函数的逆就可以容易计算出来。

注：①仅满足上述（1）、（2）两条的函数称为单向函数；第（3）条称为陷门性，其中的密钥 s_k 称为陷门信息。

② 当用陷门函数 f 作为加密函数时，可将 p_k 公开，此时加密密钥 p_k 称为公开密钥。f 函数的设计者将陷门信息 s_k 保密，用作解密密钥，此时密钥 s_k 称为秘密密钥。由于加密函数 f 是公开的，因此任何人都可以将信息 x 加密成 $y = f_{p_k}(x)$，然后送给目的接收者（当然可以通过不安全信道传送）；由于目的接收者拥有 s_k，因此可以解出 $x = f^{-1}{}_{s_k}(y)$。

③ 单向陷门函数的第（2）条性质表明，窃听者由截获的密文 $y = f_{p_k}(x)$ 推测消息的明文 x 是不可行的。

6.1.4 公开密钥密码分析

和常规密码体制一样，公开密钥加密体制也可能受到蛮力攻击。防范措施也一样：采用长密钥。但长密钥在增加保密强度的同时，也使得加密、解密处理速度更慢，因此在密钥的长度选择上需要有一个折中，即密钥必须足够大，以便使蛮力攻击不切实际，同时，密钥长度要足够小，以便加密、解密在处理速度上可以实用化。另外，加密内容的长度也对处理速度带来较大的影响，因此，公开密钥加密目前主要用于密钥管理和数字签名。

除了蛮力攻击外，第二种方式是找到某种根据公开密钥计算私有密钥的方法。到目前为止，对于一个特定的公开密钥算法（如 RSA、ECC）来说，尚未从数学上严格证明这种攻击是不可能的，那么就不能排除可能找到某种方法根据已知的公开密钥计算出私有密钥。

第三种攻击方式是公开密钥系统所特有的，它本质上是一种可能报文攻击。例如，假设要发送的报文仅仅是一个 56 比特的 DES 密钥，破译者可以使用公开密钥加密所有可能的密钥，并通过匹配被传输的密文而将 DES 密钥解密，在这种情况下，不管公开密钥方案所使用的密钥长度有多长，攻击都归结为对一个 56 位 DES 密钥（即保密传输的内容）的蛮力攻击。这种攻击可以通过对每个这样的简单报文附加某些随机比特来防止。

6.1.5 公开密钥密码系统的应用

公开密钥密码系统的特点就是它使用两个密钥作为编码（加密）和解码（解密）算法的参数，其中一个密钥是保密的，另一个密钥可以公开。根据应用的需要，发送方可以使用自己的私有密钥或接收方的公开密钥，或者两个都使用，以完成某种类型的密码编码和解码功能。

大体上说，可以将公开密钥密码系统的应用分为三类。

1. 机密性的实现

发送方用接收方的公开密钥加密报文，接收方用自己对应的私钥来解密。

2. 数字签名，即防否认性的实现

发送方用自己的私钥“签署”报文（即用自己的私钥加密），接收方用发送方配对的公开密钥来解密以实现鉴别。

3. 密钥交换

发送方和接收方基于公钥密码系统交换会话密钥（如图 6-2 和图 6-3 所示）。这种应用也称为混合密码系统，即用常规密码体制加密需要保密传输的消息本身，然后用公钥密码体制加密常规密码体制中使用的会话密钥，将二者结合使用，充分利用对称密码体制在处理速度上的优势和非对称密码体制在密钥分发和管理方面的优势。

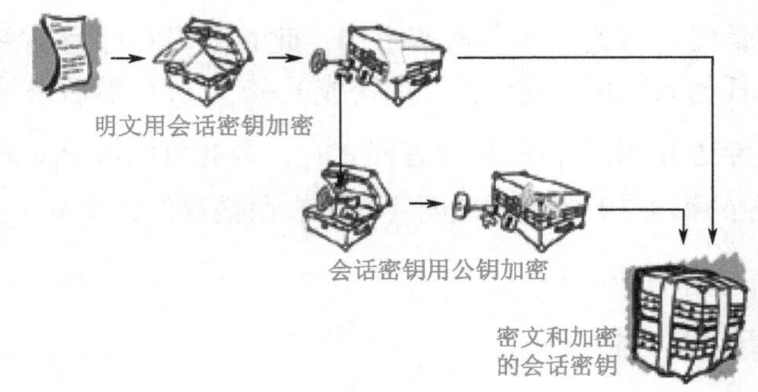

图 6-2　会话密钥的交换（加密）

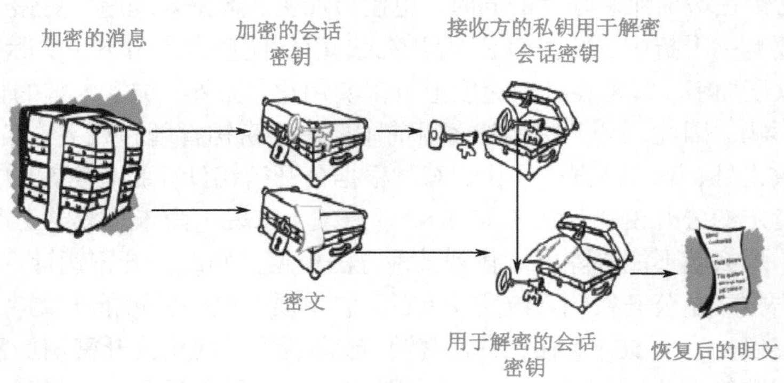

图 6-3　会话密钥的交换（解密）

需要指出的是，并不是所有的公开密钥密码算法都支持上述三类应用。例如，RSA 和 ECC 在三种情况下都可用（加密解密、数字签名和密钥交换），DSA 只用于数字签名，Diffie-Hellman 密钥交换算法则只用于密钥交换。

6.2　Diffie-Hellman 密钥交换算法

Diffie 和 Hellman 虽然在具有里程碑意义的“密码学的新方向”一文中给出了公开密钥密码算法的思想，但是没有给出真正意义上的公钥密码实例，因为他们没能找到一个带陷门的单向函数。然而，他们给出了单向函数的实例，并在此基础上提出了 Diffie-Hellman 密钥交换算法。该算法的目的是使得两个用户安全地交换一个密钥以便用于以后的报文加密，这个算法本身限于密钥交换的用途，在许多商业产品中得到了使用。

Diffie-Hellman 密钥交换算法的有效性依赖于计算有限域中离散对数的困难性。在了解 Diffie-Hellman 密钥交换算法的工作原理之前，首先要知道本原元和离散对数的概念。

定义 1（本原元）：对于一个素数 q，如果数值 $a \bmod q$，$a^2 \bmod q$，…，$a^{q-1} \bmod q$ 是各不相同的整数，并且以某种排列方式组成了从 1 到 $q-1$ 的所有整数，则称整数 a 是素数 q 的一个本原元（参考第 4 章的“欧拉定理”部分）。本原元也称为生成元、基元或原根。

定义 2（离散对数）：对于一个整数 b 和素数 q 的一个本原元 a，可以找到一个唯一的指数 i，使得

$$b = a^i \bmod q \quad (0 \leqslant i \leqslant q-1) \tag{6-5}$$

成立，则指数 i 称为 b 的以 a 为底数的模 q 的离散对数。

对于给定的 a，i 和 q，容易计算出 b；在最坏情况下需执行 i 次乘法，并且存在计算出 b 的有效算法。但给定 b，a 和 q，计算出 i 一般非常困难，这就是离散对数问题的难解性。这是包括 Diffie-Hellman 密钥交换算法和 DSA 数字签名算法等在内的许多公钥密码算法的基础。

Diffie-Hellman 密钥交换算法：如图 6-4 所示，假设用户 A 和用户 B 希望安全地交换一个密钥，他们需要先确定并都知道两个公开的整数：一个素数 q 和一个整数 a。整数 a 是素数 q 的一个本原元。用户 A 选择一个随机数 $X_A < q$，并计算

$$Y_A = a^{X_A} \bmod q$$

类似地，用户 B 选择一个随机数 $X_B < q$，并计算

$$Y_B = a^{X_B} \bmod q$$

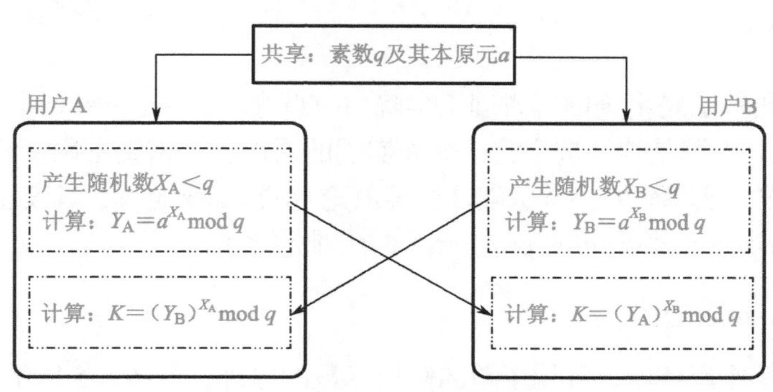

图 6-4　Diffie-Hellman 密钥交换

每一方都保密存放自己的随机数 X_A 或 X_B（相当于私钥），并使 Y_A 或 Y_B（相当于公钥）的值对于另一方可以公开得到。用户 A 计算 $K = (Y_B)^{X_A} \bmod q$，并将其作为自己的会话密钥；用户 B 计算 $K = (Y_A)^{X_B} \bmod q$，并将其作为自己的会话密钥。

实际上，这两个密钥是相同的，因为

$K = (Y_B)^{X_A} \bmod q$

$$=\left(a^{X_B} \bmod q\right)^{X_A} \bmod q$$

$$=\left(a^{X_B}\right)^{X_A} \bmod q \qquad \text{（根据取模运算规则得到）}$$

$$=\left(a^{X_A}\right)^{X_B} \bmod q$$

$$=\left(a^{X_A} \bmod q\right)^{X_B} \bmod q$$

$$=\left(Y_A\right)^{X_B} \bmod q$$

即通过这种方式，双方共享了一个密钥K，相当于双方交换了一个密钥。然后 A 和 B 就可以将K作为密钥基于对称密码算法进行保密通信。

对于攻击者来说，由于X_A或X_B是保密的，它可以利用的信息包括素数q、整数a，以及中间值Y_A和Y_B，因而它被迫取离散对数先求得X_A或X_B，然后再按上述计算方法来确定密钥K，而这被认为是不可行的，即其安全性依赖于离散对数的难解性。

【例 6-1】密钥交换基于素数$q=97$和它的一个本原元$a=5$。A 和 B 分别选择随机数$X_A=36$和$X_B=58$。然后，他们按如下方法计算各自的公开密钥：

A：$Y_A=5^{36} \bmod 97=50 \bmod 97$

B：$Y_B=5^{58} \bmod 97=44 \bmod 97$

在他们相互交换了公开密钥后，各自按如下方法计算共享的会话密钥：

A：$K=\left(Y_B\right)^{X_A} \bmod q=44^{36} \bmod 97=75 \bmod 97$

B：$K=\left(Y_A\right)^{X_B} \bmod q=50^{58} \bmod 97=75 \bmod 97$

可见，他们所得到并使用的会话密钥是一样的。从{97,5,50,44}出发，攻击者要计算出 75 是不可行的。

6.3 RSA

RSA 公钥密码算法是由美国麻省理工学院（MIT）的 Rivest, Shamir 和 Adleman 在 1978 年提出来的。RSA 方案是唯一被广泛接受并实现的通用公开密钥密码算法，目前已成为公钥密码的国际标准。该算法的数学基础是初等数论中的 Euler 定理，其安全性建立在大整数因子分解（The integer factorization problem）的困难性之上。

6.3.1 RSA 算法描述

RSA 作为公钥密码体制，利用了单向陷门函数的原理，如图 6-5 所示。

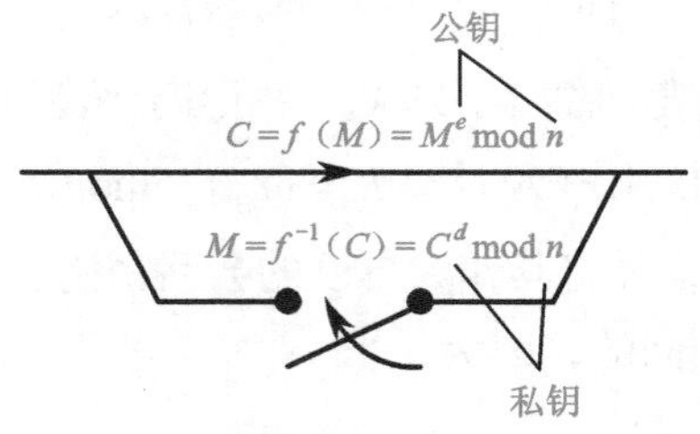

图 6-5 RSA 利用单向陷门函数的原理

RSA 密码体制的明文空间 M =密文空间 $C = Z_n$（表示 $\bmod n$ 所组成的整数空间，即其取值范围为 $0 \sim n-1$）。

1. 算法描述

1）密钥的生成

首先，选择两个互异的大素数 p 和 q（保密），计算 $n = p \cdot q$（公开），$\varphi(n) = (p-1) \cdot (q-1)$（保密），选择一个随机整数 e（$0 < e < \varphi(n)$）（公开），满足 $\gcd(e, \varphi(n)) = 1$。计算 $d = e^{-1} \bmod \varphi(n)$（保密）。确定：公钥 $\mathrm{KU} = \{e, n\}$，私钥 $\mathrm{KR} = \{d, p, q\}$，或 $\mathrm{KR} = \{d, n\}$。

2）加密

已知：明文 $M < n$（因为所有明文和密文空间均为 Z_n，即在 $0 \sim n-1$ 的范围内；实际处理时对于 $M \geqslant n$ 的情形，则需要对大报文进行分组，确保每一个分组满足该条件)和公钥 $\mathrm{KU} = \{e, n\}$。

计算密文：

$$C = M^e \bmod n \tag{6-6}$$

3）解密

已知：密文 C 和私钥 $\mathrm{KR} = \{d, n\}$。

计算明文：

$$M = C^d \bmod n \tag{6-7}$$

2. 算法分析

第一，密钥生成时，如果要求 n 很大，则攻击者要将其成功地分解为 $p \cdot q$ 是困难的，这就是著名的大整数因子分解困难性问题，这保证了攻击者不能得出 $\varphi(n) = (p-1) \cdot (q-1)$，因此即使知道公钥 $\{e, n\}$，也不能通过 $d = e^{-1} \bmod \varphi(n)$ 将私钥 $\{d, n\}$ 推导出来。

第二，式（6-6）表明，RSA 的加密函数是一个单向函数，在已知明文 M 和公钥 $\{e, n\}$ 的情况下，计算得出密文 C 是容易的；但它的逆过程非常困难，攻击者在不知道陷门信息（即私钥 $\{d, n\}$），而只知道密文 C 和公钥 $\{e, n\}$ 的情况下，恢复明文 M 是不可行的。

第三，作为接收方，由于拥有自己的私钥 $\{d, n\}$，也就是知道单向加密函数的陷门信息，他就可以按照式（6-7）执行与发送方类似的函数变换，从而容易地恢复出明文 M。

下面证明 $M' = C^d \bmod n = (M^e \bmod n)^d \bmod n = M$ 在条件 $ed = 1 \bmod \varphi(n)$ 下成立。

证明：$M' = C^d \bmod n$

$= (M^e \bmod n)^d \bmod n = M^{ed} \bmod n$

$= M^{1+k\cdot\varphi(n)} \bmod n$　（因为 $ed = 1 \bmod \varphi(n)$，k 为整数）

$= \left[M \cdot (M^{\varphi(n)})^k\right] \bmod n$

$= \left[M \cdot (M^{\varphi(n)} \bmod n)^k\right] \bmod n$

$= \left[M \cdot 1^k\right] \bmod n$　（根据欧拉定理，参考 4.1.6 节欧拉定理的注 3、注 4 部分）

$= M$　（因为 $M < n$）

由上述证明过程可知，要使得 $M \bmod n = M$ 成立，必须满足 $M < n$，即确保 RSA 算法的解密能够得以实现，因此，RSA 密码体制要求明文空间和密文空间限定在 Z_n 范围内。

【例 6-2】如图 6-6 所示，若 Bob 选择了 $p=7$ 和 $q=17$，那么，$n=p\cdot q=119$，$\varphi(n)=(p-1)\cdot(q-1)=6\times16=96$；然而 $96=2^5\times3$，一个正整数 e 能用作加密密钥，当且仅当 e 不能被 2，3 所整除，在 1 与 $\varphi(n)$ 之内且与 $\varphi(n)$ 互素。假设 Bob 选择了 $e=5$，那么用扩展的欧几里得方法将求得 $d=e^{-1}\bmod\varphi(n)\equiv77\pmod{96}$，于是 Bob 的解密密钥为 KR={77,119}。Bob 公开 $e=5$ 和 $n=119$，即公钥为 KU={5,119}。

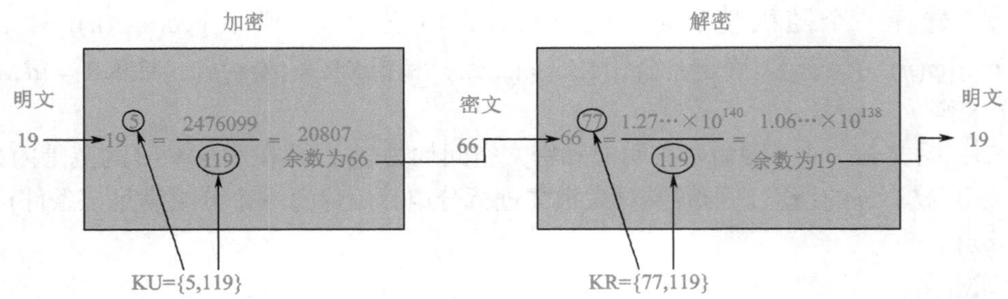

图 6-6　RSA 算法的例子

现假设 Alice 想发送明文 19 给 Bob，她计算 $19^5\pmod{119}=66$，且在一个开放性信道上发送密文 66。当 Bob 接收到密文 66 时，他用自己的私钥 KR={77,119}进行解密，即 66^{77}（mod 119）=19，从而恢复消息。

RSA 算法归纳如下：

（1）选择两个大素数 p 和 q，为了保证安全性，通常要求每个素数均大于 10^{100}（即超过 100 位的十进制数）。

（2）计算 $n=p\cdot q$ 和 $\varphi(n)=(p-1)\cdot(q-1)$。

（3）选择一个与 $\varphi(n)$ 互素的数，令其为 e。

（4）计算 $d=e^{-1}\bmod\varphi(n)$。

（5）选好这些参数后，将明文划分成块，使得每个明文报文长度满足 $M<n$。加密 M 时，计算 $C=M^e\bmod n$，解密 C 时计算 $M=C^d\bmod n$。由模运算的对称性可以证明，在确定的范围内，加密和解密函数是互逆的。为实现加密，需要公开 $\{e,n\}$，为实现解密需要 $\{d,n\}$。

【例 6-3】设 $p=43$，$q=59$，取 $e=13$，用 RSA 算法加密和解密恢复明文“public”。

解：（1）计算：$n=p\cdot q=43\times59=2537$；$\varphi(n)=(p-1)\cdot(q-1)=42\times58=2436$；$d=e^{-1}\bmod\varphi(n)=13^{-1}\bmod2436=937$。

（2）将明文代替为数字，代替方案为 a—00，b—01，…，z—25（两位十进制数表示）。考虑 $n=2537$，可将明文“public”两个字符一组转化为 1520、0111 和 0802，保证满足条件 $M<n$。

（3）加密：$C=M^e\bmod n=1520^{13}\bmod2537=0095$。类似可得出其余两组为 1648 和 1410。

（4）解密：$M=C^d\bmod n=0095^{937}\bmod2537=1520$。类似可得出其余两组为 0111 和 0802。

RSA 的安全性基于大数因子分子的困难性，即已知整数 n 的值，并知它是两个素数的乘积，要求这两个素数的值，当 n 很大时，大整数因子分解在计算上是困难的，目前还没有一般性的有效解决算法。密码分析者攻击 RSA 体制的关键点在于如何分解 n。若分解成功使 $n=p\cdot q$，则可以算出 $\varphi(n)=(p-1)\cdot(q-1)$，然后由公开的 e 解出秘密的 d。于是要求：若使 RSA 安全，则 p 与 q 必为足够大的素数，使分析者没有办法在有效（多项式）时间内将n分解出来。目前建议选择p和q至少是 1024 比特（或 307 位十进制）的素数，模数n的长度至少是 2048 比特（或 614 位十进制）[①]。十进制和对应二进制数的位数换算关系可基于以下方法来实现：如果$10^{\#\text{digits}} = 2^{\#\text{bits}}$，那么$\#\text{digits} = (\lg 2) \cdot \#\text{bits} \approx 0.30 \cdot \#\text{bits}$。

交流与微思考

6.3.2 RSA 算法的有效实现

为了有效地实现 RSA 公钥密码算法，需要回答以下三个问题：

1. 如何快速计算 $a^m \bmod n$？

从 RSA 的计算过程可知，指数运算是其中的一个重要内容。但在降阶之前需要有大的存储空间来存放M^e的值，在大的计算量下这是不可行的。那么怎样才能进行有效的指数运算呢？解决的办法是：在每一次执行乘法操作前先用模的方法来降阶，即利用

$$(a \times b) \bmod n = [(a \bmod n) \times (b \bmod n)] \bmod n$$

m 的二进制表示为$b_k b_{k-1} \cdots b_0$，其中$b_i = \{0,1\}(i = 0,1,\cdots,k)$，则$m = \sum_{i=0}^{k} b_i 2^i = \sum_{b_i=1} 2^i$。因此，有

$$a^m \bmod n = a^{\sum_{b_i=1} 2^i} \bmod n = \left[\prod_{b_i=1} a^{(2^i)}\right] \bmod n = \left(\prod_{b_i=1}\left[a^{(2^i)} \bmod n\right]\right) \bmod n \tag{6-8}$$

这就是快速取模指数算法。计算$d = a^m \bmod n$的快速取模指数算法伪码描述如下：

$c \leftarrow 0$
$d \leftarrow 1$
for $i \leftarrow k$ downto 0
do $c \leftarrow 2 \times c$
$d \leftarrow d \times d (\bmod n)$
if $b_i = 1$ then $c \leftarrow c + 1$
$d \leftarrow d \times a (\bmod n)$
return d

【例 6-4】使用快速取模指数算法计算 7^{560}mod561=？。

解：本例中，a=7，n=561，m=560=$(1000110000)_2$。

i		9	8	7	6	5	4	3	2	1	0
b_i		1	0	0	0	1	1	0	0	0	0
c	0	1	2	4	8	17	35	70	140	280	560
d	a^0	a^1	a^2	a^4	a^8	a^{17}	a^{35}	a^{70}	a^{140}	a^{280}	a^{560}
	1	7	49	157	526	160	241	298	166	67	1

① 1999 年 8 月 22 日，阿姆斯特丹的国家数学与计算机科学研究所属下的一个国际密码研究小组通过使用一台 Cray900-16 超级计算机和 300 台个人计算机进行分布式处理，运用二次筛选法花费 7 个多月的时间成功地分解了 155 位的十进制数（相当于 512 比特二进制数），虽然这对普通人来说是难于实现的，但目前业界一般认为使用 1024 比特模数的 RSA 实现已经不能提供足够高的安全性，故推荐使用 2048 位。

所以，$7^{560} \bmod 561=1$。

也可以采用如下的快速取模指数运算方法：

要计算 $a^m \bmod n$，更新一个三维数组（X,M,Y），该三维数组的初始值为（$a,m,1$）。每一步的运算逻辑是：

- 如果 M 是奇数，则用 $X \times Y \bmod n$ 取代 Y、用 $M-1$ 取代 M、X 的值不变；
- 如果 M 是偶数，则用 $X \times X \bmod n$ 取代 X、用 $M/2$ 取代 M、Y 的值不变；
- 当 $M=0$ 时，对应有 $Y=a^m \bmod n$。

这个算法最多执行 $2\log_2 m$ 步。

例如，本例也可采用下表方式实现。

步	0	1	2	3	4	5	6	7	8	9	10	11	12
X	7	49	157	526	103	103	511	511	256	460	103	511	511
M	560	280	140	70	35	34	17	16	8	4	2	1	0
Y	1	1	1	1	1	103	103	460	460	460	460	460	1

可见，$7^{560} \bmod 561=1$。

2. 如何检测一个数是素数？

给定一个整数 n，要判断它是否为素数，目前还没有一个简单、高效的方法，可采用的方法分为确定性素数测试算法和概率测试算法。

确定性素数测试算法的基本思路：检验 n 是否能被大于 1 且小于等于 $\sqrt{n}$ 的所有素数整除，只要有一个能被整除，n 就不是素数，否则 n 就是素数。

【例 6-5】判断 93 和 161 是否是素数。

解：小于 $\sqrt{93}$ 的最大整数为 9，因此小于或等于 9 的素数是 2、3、5 和 7，它们都不能被 93 整除，因此，93 是素数。

小于 $\sqrt{161}$ 的最大整数为 12，因此小于或等于 12 的素数是 2、3、5、7 和 11，前面的 2、3 和 5 都不能被 161 整除，但接下来的 7 能被 161 整除，因此，161 不是素数。

确定性测试算法的伪码描述如下：

```
Prime_test(n)
{
 r=2;
 while(r<√n)
 {
if(r|n) return "不是素数";
r=r+1;
 }
 return "是素数";
}
```

概率测试算法：该算法由 Miller 和 Rabin 提出，它能给出一个整数是素数的概率，其核心是 WITNESS 算法，伪码描述如下：

WITNESS(a,n)//判定 n 是否为素数，a 是某个小于 n 的整数

令 $b_k b_{k-1} \cdots b_0$ 为($n-1$)的二进制表示

$d \leftarrow 1$

```
for  i ← k  downto 0
do   x ← d
d ←(d × d) mod  n
if  d = 1 and  x != 1 and  x != n − 1   then return TRUE
if  b_i = 1   then  d ←(d × a) mod  n
if  d != 1 then return TRUE
return FALSE
```

返回值如果是 TRUE：n，则一定不是素数；返回值如果是 FALSE：n，则可能是素数。

上述算法用来测试一个数是否为素数的应用方法：随机选择 $a<n$，计算 s 次，如果每次都返回 FALSE，则这时 n 是素数的概率为 $(1-1/2^s)$；如果其中某次返回 TRUE，则说明 n 不是素数。

3. 如何找到足够大的素数 p 和 q?

要找到一个足够大的素数，当前最流行的方法是将确定性素数测试和概率测试结合起来，具体的方法步骤如下：

（1）随机选一个奇数 n（可使用伪随机数发生器）。

（2）选择 2、3、5、7、11、13 等素数，采用确定性素数测试算法对 n 进行初步的测试，如果未通过则返回步骤（1），否则，转入下一步。

（3）随机选择一个整数 $a<n$。

（4）执行概率素数判定测试（可用 WITNESS(a,n)），如果 n 未测试通过，则拒绝数值 n，转向步骤（1）。

（5）如果 n 已通过足够的测试，则接受 n，否则转向步骤（3）。

说明：（1）要在 n 附近找到一个素数，平均要进行约 $\ln(n)$ 次检测，但实际上只需要检测 $\ln(n)/2$ 次，因为所有偶数可以立即舍去。如要找到一个 2^{200} 数量级大小的素数，大约需要进行 $\ln(2^{200})/2=70$ 次检测。

（2）除了指定 n 的大小外，根据对 RSA 的攻击分析，为了避免选择容易分解的数值 n，算法的发明者建议对 p 和 q 作如下限制：

- p 和 q 在长度上应仅差几个数位，即 p 和 q 都应在 $10^{75} \sim 10^{100}$ 范围内。
- $(p-1)$ 和 $(q-1)$ 都应包含一个较大的素数因子。
- $\gcd(p-1,q-1)$ 应比较小。
- 选择时应使得 $d>\sqrt[4]{n}$。可以证明，如果 $e<n$ 且 $d<\sqrt[4]{n}$，则可以很容易确定 d。

为了提高加密速度，通常取 e 为特定的小整数，如 $e=3$ 在实际中被普遍使用，由于加密只需要进行一次模平方和一次模乘运算，因此加密速度很快；但 3 太小，可能会产生安全问题，此时，$m^e=m^3$，如果 m 也较小，实际上并未进行取模运算，可直接开立方得出 m。在实际中，也常使用 $e=2^4+1=17$ 或 $e=2^{16}+1=65537$，它们的二进制表示中都只有两个 1，因此用重复平方-乘算法加密仅分别进行 4 次模平方和 1 次模乘运算，或者 16 次模平方和 1 次模乘运算。这时，加密速度一般比解密速度快 10 倍以上。

6.3.3 RSA 的数字签名应用

定义：（数字签名方案）一个数字签名方案由签名算法与验证算法两部分构成，可由五元关系组（M,A,K,S,V）来描述：

（1）M 是由一切可能消息所构成的有限集合。

（2）A 是一切可能签名的有限集合。

（3）K 是一切可能密钥的有限集合。

（4）任意 $k \in K$，有签名算法 $\mathrm{sig}_k \in S$，且有对应的验证算法 $\mathrm{ver}_k \in V$，对每一个 sig_k 和 ver_k 满足条件：任意 $x \in M, y \in A$，有签名方案的一个签名满足 $\mathrm{ver}_k(x,y)=\{$ 真或假 $\}$。

注：① 任意 $k \in K$，函数 sig_k 和 ver_k 都为多项式时间函数，即容易计算。

② ver_k 为公开的函数，而 sig_k 为秘密函数。

③ 如果攻击者（如 Oscar）要伪造 Bob 对 x 的签名，在计算上是不可能的。也即给定 x，仅有 Bob 能计算出签名 y 使得 $\mathrm{ver}_k(x,y)$=真。

④ 一个签名方案不能是无条件安全的，只要有足够的时间， Oscar 总能伪造 Bob 的签名。

对于 RSA 公开密钥密码算法来说，其签名方案是：选取整数 $n=pq$，消息空间与签名空间均为整数空间，即 $M=A=Z_n$，定义密钥集合 $K=\{(n,e,p,q,d)\,|\,n=pq, d\times e\equiv 1 \bmod \varphi(n)\}$。这里，$n$ 和 e 为公钥；p,q,d 为保密的（私钥）。对 $x \in M$， Bob 要对 x 签名，取 $k \in K$，$\mathrm{sig}_k(x)=x^d \bmod n = y$，于是 $\mathrm{ver}_k(x,y)$=真$\leftrightarrow x=y^e \bmod n$。即通过计算后者即可验证签名的真实性。

【例 6-6】若 Alice 选择了 $p=7$ 和 $q=17$，那么，$n=p\cdot q=119$，$\varphi(n)=(p-1)\cdot(q-1)=6\times 16=96$；然而 $96=2^5\times 3$，假设 Alice 选择了 $e=5$，计算得到 $d=77$，因此，相应的私钥 KR = {77,119}，公钥为 KU = {5,119}。

如图 6-7 所示，现假设 Alice 想对消息“19”进行数字签名并将其发送给 Bob，她计算 19^{77}(mod 119)=66，且在一个开放性信道上将消息与签名结果（19，66）一起发送给 Bob。当 Bob 接收到签名结果 66 时，他用 Alice 的公钥 KU={5,119}证实 66^5（mod 119）=19，与收到的消息一致，从而证实该签名（与例 6-2 对比可知对消息加密和签名的结果相同，这纯属巧合）。

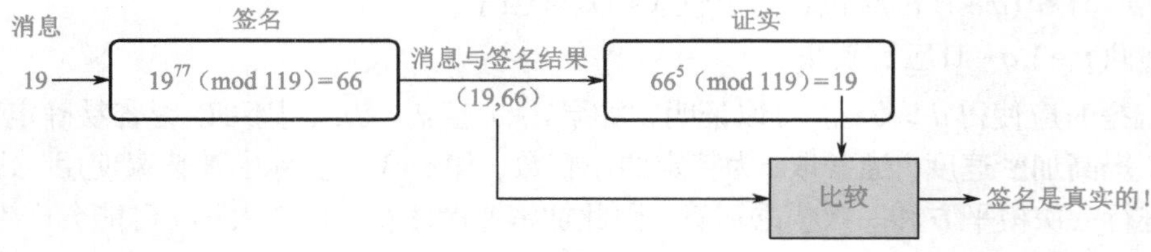

图 6-7 RSA 签名的例子

签名消息的加密传递问题：假设 Alice 想把签了名的消息加密发送给 Bob，她对明文 x 计算签名 $y=\mathrm{sig}_{\mathrm{Alice}}(x)$，然后用 Bob 的公开密钥加密算出 $z=E_{\mathrm{Bob}}(x,y)$，Alice 将 z 传给 Bob，Bob 收到 z 后，先解密 $D_{\mathrm{Bob}}(z)=D_{\mathrm{Bob}}\left[E_{\mathrm{Bob}}(x,y)\right]=(x,y)$，然后检验 $\mathrm{ver}_{\mathrm{Alice}}(x,y)$=真。

这里，先签名后加密的次序很重要。若 Alice 首先对消息 x 进行加密，然后再签名，即 $z=E_{\mathrm{Bob}}(x)$，$y=\mathrm{sig}_{\mathrm{Alice}}(E_{\mathrm{Bob}}(x))$，则 Alice 将（$z,y$）传给 Bob，Bob 先将 z 解密，获取 x，

然后用 ver_{Alice} 检验关于 x 的加密签名 y 。这个方法的一个潜在问题是，如果攻击者 Oscar 获得了这对(z,y),他能用自己的签名来替代 Alice 的签名,即 $y'=sig_{Oscar}(z)=sig_{Oscar}(E_{Bob}(x))$ 。特别值得一提的是，即使 Oscar 不知明文 x ，也能签名密文 $E_{Bob}(x)$ 。Oscar 传送（ z,y')给 Bob, Bob 可能推断明文 x 来自 Oscar,这就给伪造签名者以可乘之机,所以要先签名后加密。

盲数字签名问题：有时，文档 M 需要某个人签名但又不希望这个人知道文档的内容。例如某位科学家 Bob 发现了一个非常重要的理论，需要公证人 Alice 进行公证签名，但又不希望 Alice 知道这个理论的内容，这就涉及盲数字签名问题。盲数字签名方案允许一个人对他不知道内容的文档进行数字签名。

基于 RSA 的盲数字签名方案是：在 RSA 方案中，假设 Alice 的私钥是 (d,n) ，对应的公钥是 (e,n) 。Bob 选择一个随机数 r （也称为盲因子）并计算 $M'=M\times r^e \bmod n$ ， Bob 将 M' 发送给 Alice；Alice 对 M' 进行签名，即 $S_{blind}=(M')^d \bmod n$ ，得到消息 M 的盲数字签名 S_{blind} 。原始消息的数字签名 S 与盲数字签名 S_{blind} 的关系为 $S=S_{blind}\times r^{-1} \bmod n$ ，因为

$$S\equiv S_{blind}\times r^{-1}\equiv (M')^d\times r^{-1}\equiv (M\times r^e)^d\times r^{-1}\equiv M^d\times r^{ed}\times r^{-1}\equiv M^d\times r\times r^{-1}\equiv M^d \pmod n$$

可见， S 是原始消息的数字签名。

扫一扫

基于 C 程序实现的 RSA 密码加解密算法的测试源代码如二维码所示：

6.4　椭圆曲线密码体制

6.4.1　椭圆曲线密码体制概述

基于 RSA 算法的公开密钥密码体制得到了广泛的使用。但随着计算机处理能力的提高和计算机网络技术的发展,安全使用 RSA 要求增加密钥长度,这对本来计算速度缓慢的 RSA 来说无疑是雪上加霜。这个问题对于那些进行大量安全交易的电子商务网站来说显得更为突出。椭圆曲线密码体制(Elliptic Curve Cryptography，ECC)的提出改变了这种状况，实现了密钥效率的重大突破，大有以强大的短密钥优势取代 RSA 之势。

ECC 是迄今被实践证明安全、有效的三类公钥密码体制①之一，以高效性著称，由 Neal Koblitz 和 Victor Miller 在 1985 年分别提出并在近年开始得到重视。ECC 的安全性基于椭圆曲线离散对数问题的难解性，即椭圆曲线离散对数问题被公认为要比整数因子分解问题（RSA 方法的基础）和模 p 离散对数问题（DSA 算法的基础）难解得多，一般来说，ECC 没有亚指数攻击，所以，它的密钥长度大大地减小，256 比特的 ECC 密钥就可以达到对称密码体制 128 比特密钥的安全水平，这就保证了 ECC 密码体制成为目前已知公钥密码体制中每位提供加密强度最高的一种体制。ECC 与 RSA 相比的主要优点在于：它能够用少得多

① 安全、有效的三类公钥密码体制是指基于大数因子分解（以 RSA 为代表）、离散对数（以 DH、DSA 为代表）和椭圆曲线离散对数（以 ECC 为代表）难解性的密码体制。

的比特取得和 RSA 同等强度的安全性（如表 6-1 所示，目前 160 比特足以保证安全性），因此减少了处理开销，具有存储效率、计算效率和通信带宽的节约等方面的优势，特别适用于那些对计算能力没有很好支持的系统，如智能卡、手机等。

表 6-1　等价强度的密钥尺寸大小比较

ECC 密钥长度（位）	RSA 密钥长度（位）	破解时间(MIPS 年)	RSA/ECC 密钥尺寸比率
106	512	10^4	5 : 1
160	1024	10^{11}	7 : 1
210	2048	10^{20}	10 : 1
600	21000	10^{78}	35 : 1

ECC 的安全性和优势得到了业界的认可和广泛的应用，IEEE、ANSI、ISO、IETF 等组织已在椭圆曲线密码算法的标准化方面作了大量工作。1998 年，椭圆曲线数字签名算法 ECDSA 被确定为 ISO/IEC 数字签名标准 ISO 14888—3；1999 年 2 月，椭圆曲线数字签名算法 ECDSA 被 ANSI 确定为数字签名标准 ANSI X9.62—1998，椭圆算法 Diffie-Hellman 体制版本 ECDH 被确定为 ANSI X9.63；2000 年 2 月，ECDSA 被确定为 IEEE 标准 IEEE1363—2000，同期，NIST 确定其为联邦数字签名标准 FIPS 186—2。

6.4.2　椭圆曲线的概念和分类

一般地，椭圆曲线是一个具有两个变元 x 和 y 的三次方程，它是满足

$$y^2 + axy + by = x^3 + cx^2 + dx + e \tag{6-9}$$

的所有点 (x, y) 的集合，外加一个无穷远点 O（认为其 y 坐标无穷大）。

1. 实数域上的椭圆曲线

实数域上的椭圆曲线是对于固定的 a、b 值，满足形如方程

$$y^2 = x^3 + ax + b \tag{6-10}$$

的所有点 (x, y) 的集合，外加一个无穷远点 O。其中 a、b 是实数，且满足 $4a^2 + 27b^3 \neq 0$；x 和 y 在实数域上取值。

2. 有限域 GF(p)上的椭圆曲线

有限域 $\mathrm{GF}(p)$ 上的椭圆曲线是对于固定的 a、b 值，满足形如方程

$$y^2 \equiv x^3 + ax + b \pmod p \tag{6-11}$$

的所有点 (x, y) 的集合，外加一个无穷远点 O。其中 a、b、x 和 y 均在有限域 $\mathrm{GF}(p)$ 即 $\{0,1,\ldots, p-1\}$ 上取值，且满足 $4a^2 + 27b^3 \neq 0$。p 是素数（p 大于 3）。这类椭圆曲线通常也可用 $E_p(a,b)$ 来表示。

该椭圆曲线只有有限个点数 N（称为椭圆曲线的阶，它包括无穷远点），它与安全性相关，N 越大，安全性越高。粗略估计时，N 近似等于 p；N 的更精确的范围由 Hasse 定理确定。

Hasse 定理：如果 E 是定义在域 $\mathrm{GF}(p)$ 上的椭圆曲线，N 是 E 上的点的个数，则 $|N-(p+1)| \leqslant 2\sqrt{p}$。区间 $\left[p+1-2\sqrt{p}, p+1+2\sqrt{p}\right]$ 称为 Hasse 区间。

【例 6-7】若 $\mathrm{GF}(23)$ 上的一个椭圆曲线为 $y^2 \equiv x^3 + x \pmod{23}$（即参数 $a = 1$、$b = 0$ 的

情形），则该椭圆曲线方程在 $GF(23)$ 上的解为（即该椭圆曲线上的点，不包括无穷远点 O）：

(0,0)	(0,0)	(16,8)	(16,15)
(1,5)	(1,18)	(17,10)	(17,13)
(9,5)	(9,18)	(18,10)	(18,13)
(11,10)	(11,13)	(19,1)	(19,22)
(13,5)	(13,18)	(20,4)	(20,19)
(15,3)	(15,20)	(21,6)	(21,17)

$GF(23)$ 上共有 24 个点（包括无穷远点 O），如图 6-8 所示。除了（0,0）外，对应于每一个 x 值，均有两个点，它们是互逆点（参考“椭圆曲线的加法规则”部分），如 $P=(1,5)$ 和 $-P=(1,-5)=(1,-5\bmod 23)=(1,18)$，实际上（0,0）的逆是其本身，而且它们是关于 $y=11.5$(注意：11.5=23/2)对称的。

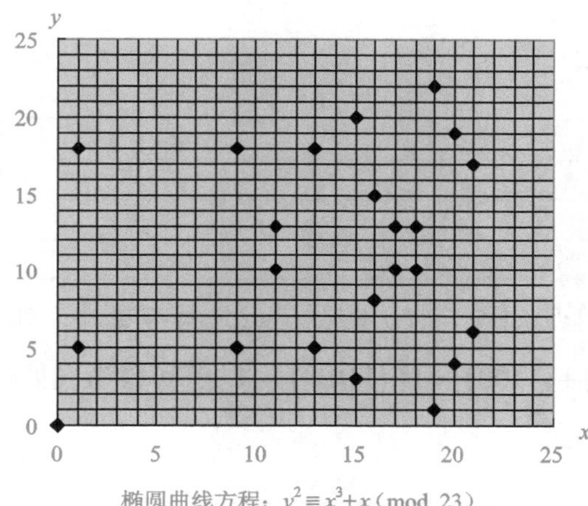

图 6-8　椭圆曲线上的点分布

3. 有限域 $GF(2^m)$ 上的椭圆曲线

有限域 $GF(2^m)$ 上的椭圆曲线是对于固定的 a 、b 值，满足形如方程

$$y^2+xy=x^3+ax^2+b \tag{6-12}$$

的所有点 (x,y) 的集合，外加一个无穷远点 O。其中 a 、b 、x 和 y 均在有限域 $GF(2^m)$ 上取值。这类椭圆曲线通常也可用 $E_{2^m}(a,b)$ 来表示。该椭圆曲线只有有限个点。域 $GF(2^m)$ 上的元素是 m 位的二进制串。

【例 6-8】（多项式基 $GF(2^m)$ 椭圆曲线）考虑由多项式 $f(x)=x^4+x+1$ 定义的域 $GF(2^4)$，生成元为 $g=(0010)$，用多项式表示为 $g=x$， g 的幂分别是：

g^0=(0001)	g^1=(0010)	g^2=(0100)	g^3=(1000)
g^4=(0011)	g^5=(0110)	g^6=(1100)	g^7=(1011)
g^8=(0101)	g^9=(1010)	g^{10}=(0111)	g^{11}=(1110)
g^{12}=(1111)	g^{13}=(1101)	g^{14}=(1001)	g^{15}=(0001)

表中 $g^2=x^2=(0100)$， $g^4=x^4=x^4\bmod\left(x^4+x+1\right)=x+1=(0011)$，其余可类似求得。

在实际的密码应用中，为了保证系统的安全强度，参数 m 必须足够大，在当前的实践中，$m=160$ 是合适的。

考虑椭圆曲线

$$y^2+xy=x^3+g^4x^2+1 \text{（即} a=g^4=3\text{，} b=g^0=1\text{）}$$

点（g^5，g^3）满足该方程，因为

$$(g^3)^2+g^5g^3=(g^5)^3+g^4g^{10}+1$$

$$g^6+g^8=g^{15}+g^{14}+1$$

$$(1100)+(0101)=(0001)+(1001)+(0001)$$

$$(1001)=(1001)$$

提示：在计算过程中如遇到 g 的幂指数大于等于 15 的情形，可将幂指数进行 mod15 运算，因为域 $\mathrm{GF}(2^4)$ 的非 0 元素只有 $2^4-1=15$ 个，即 $g^0 \sim g^{14}$，从 g^{15} 开始循环，如例 6-8 所示。

满足方程的 15 个点是：

(0, 1)	(0,1)	(g^6, g^8)	(g^6, g^{14})
$(1, g^6)$	$(1, g^{13})$	(g^9, g^{10})	(g^9, g^{13})
(g^3, g^8)	(g^3, g^{13})	(g^{10}, g)	(g^{10}, g^8)
(g^5, g^3)	(g^5, g^{11})	$(g^{12}, 0)$	(g^{12}, g^{12})

表中对照标明了互逆点，除（0,1）的互逆点是其本身外，如 $P=(1,g^6)$，它的互逆点 $-P=(1,1+g^6)=(1,(0001)+(1100))=(1,(1101))=(1,g^{13})$（参考“椭圆曲线的加法规则”部分）。

这些点如图 6-9 所示。

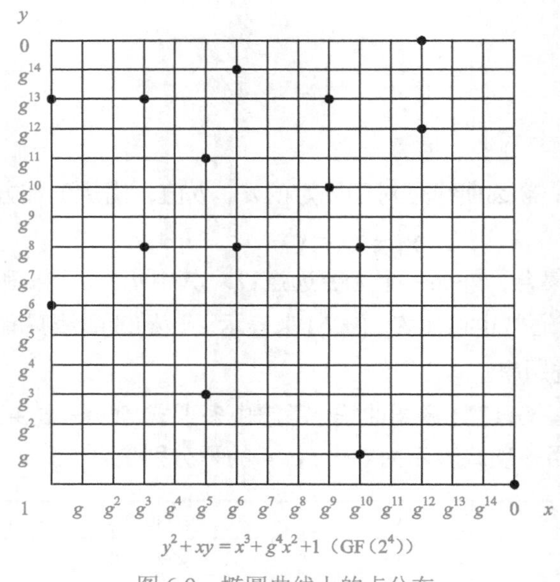

图 6-9　椭圆曲线上的点分布

6.4.3　椭圆曲线的加法规则

可以证明，只要非负整数 a 和 b 满足

$$4a^3+27b^2 \pmod p \neq 0 \tag{6-13}$$

那么 $E_p(a,b)$ 表示模 p 的椭圆群，这个群中的元素 (x,y) 和一个称为无穷远点的 O 共同组成椭圆群，这是一个 Abel 群，具有重要的“加法规则”属性，即对于椭圆曲线上的任意两个点 $P_1=(x_1,y_1)$ 和 $P_2=(x_2,y_2)$，存在第三个点 $P_3=(x_3,y_3)=P_1+P_2$ 也在该椭圆曲线上。

定理 1：（加法规则）

加法规则 1：$O+O=O$。

加法规则 2：对于曲线上的所有点 P 满足 $P+O=P$。

加法规则 3：对于每一个点 P 有一个特殊点 Q 满足 $P+Q=O$，称这个特殊点为 $-P$（即点 P 与 Q 互逆）。在此基础上可以定义减法规则：$R-S=R+(-S)$。如果 $P=(x,y)$，则 $-P=(x,-y)$，即互逆的两点有相同的 x 坐标、相反的 y 坐标。

加法规则 4：对于所有的点 P 和 Q，满足加法交换律，即 $P+Q=Q+P$。

加法规则 5：对于所有的点 P、Q 和 R，满足加法结合律，即 $P+(Q+R)=(P+Q)+R$。

加法规则 6：两个不同且不互逆的点 $P(x_1,y_1)$ 与 $Q(x_2,y_2)$（$x_1\neq x_2$）的加法规则为

$$P(x_1,y_1)+Q(x_2,y_2)=S(x_3,y_3) \tag{6-14}$$

其中：

$$x_3=\lambda^2-x_1-x_2 \tag{6-15}$$

$$y_3=\lambda(x_1-x_3)-y_1 \tag{6-16}$$

$$\lambda=\frac{y_2-y_1}{x_2-x_1} \tag{6-17}$$

加法规则 7：（倍点规则）

$$P(x_1,y_1)+P(x_1,y_1)=2P(x_1,y_1)=Q(x_3,y_3) \quad (y_1\neq 0) \tag{6-18}$$

其中：

$$x_3=\lambda^2-2x_1 \tag{6-19}$$

$$y_3=\lambda(x_1-x_3)-y_1 \tag{6-20}$$

$$\lambda=\frac{3x_1^2+a}{2y_1} \quad (a\text{ 为椭圆曲线方程中的一次项系数}) \tag{6-21}$$

以上加法规则在复数、实数、有理数和有限域 $GF(p)$ 上均有效。值得指出的是，对于有限域 $GF(p)$ 的情形，上述加法规则得到的应是 $\bmod p$ 的结果。

对于有限域 $GF(2^m)$，由于所用椭圆曲线形式发生变化，因此上述加法规则 3、6、7 应作以下修改：

加法规则 3′：如果 $P=(x,y)$，则 $-P=(x,x+y)$，即某点的逆与该点有相同的 x 坐标，逆的 y 坐标则是该点的 x、y 坐标之和。

加法规则 6′：两个不同且不互逆的点 $P(x_1,y_1)$ 与 $Q(x_2,y_2)$（$x_1\neq x_2$）的加法规则为

$$P(x_1,y_1)+Q(x_2,y_2)=S(x_3,y_3) \tag{6-22}$$

其中：

$$x_3 = \lambda^2 + \lambda + x_1 + x_2 + a \tag{6-23}$$

$$y_3 = \lambda(x_1 + x_3) + x_3 + y_1 \tag{6-24}$$

$$\lambda = \frac{y_2 + y_1}{x_2 + x_1} \tag{6-25}$$

加法规则 7′：（倍点规则）

$$P(x_1, y_1) + P(x_1, y_1) = 2P(x_1, y_1) = Q(x_3, y_3) \tag{6-26}$$

其中：

$$x_3 = \lambda^2 + \lambda + a \tag{6-27}$$

$$y_3 = x_1^2 + (\lambda + 1)x_3 \tag{6-28}$$

$$\lambda = \frac{x_1^2 + y_1}{x_1} \tag{6-29}$$

对于有限域 $GF(2^m)$，设生成元为 g，则所有的加法运算应是 g 的幂指数 $x \bmod (2^m - 1)$ 的结果，即当 g 的幂指数 x 大于 $2^m - 1$ 时，需要进行 $g^{x \bmod (2^m - 1)}$ 运算。

定义 1：（标量乘）

$$mG = m \times G = \underbrace{G + G + \cdots + G}_{m\ \ G} \tag{6-30}$$

式中，m 是整数；G 是椭圆曲线上的点。根据标量乘定义可扩展得到以下两种情形：

$$0 \times G = O$$

$$(-n) \times G = n \times (-G) = -(n \times G)$$

定义 2：G 是椭圆曲线 E 上的一点，若存在最小的正整数 n，使得 $nG = O$，其中 O 是无穷远点，则称 n 是 G 点的阶。

G 点的阶 n 总是存在的，而且 n 总是能整除椭圆曲线 E 的阶 N。当且仅当 $k = l(\bmod n)$ 时，$kG = lG$ 成立（k, l 均为整数）。

【例 6-9】（多项式基 $GF(2^m)$ 椭圆曲线）考虑由多项式 $f(x) = x^4 + x + 1$ 定义的有限域 $GF(2^4)$，在该域上由方程 $y^2 + xy = x^3 + 3x^2 + 1$ 定义的椭圆曲线，$g = (0010)$ 是非 0 元素的一个生成元，乘法单位元为 $1 = (0001)$，即椭圆曲线为

$$(0001)y^2 + (0001)xy = (0001)x^3 + (0011)x^2 + (0001)$$

选取点 $G = (x_G, y_G) = (g^5, g^{11})$。求点 G 的阶。

解：域 $GF(2^4)$ 共有 16 个元素值，其 15 个非 0 元素值参考例 6-8。该例中 $a = 3 = (0011) = g^4$，$b = 1 = (0001) = g^0$。

（1）计算 $2G$。

根据式（6-29），有

$$
\begin{aligned}
\lambda &= \frac{x_1^2 + y_1}{x_1} \\
&= \frac{\left(g^5\right)^2 + g^{11}}{g^5} \\
&= \frac{g^{10} + g^{11}}{g^5} \\
&= g^5 + g^6 \\
&= (0110) + (1100) \\
&= (1010) \\
&= g^9
\end{aligned}
$$

根据式（6-27），有

$$
\begin{aligned}
x_3 &= \lambda^2 + \lambda + a \\
&= \left(g^9\right)^2 + g^9 + g^4 \\
&= g^{18 \bmod 15} + g^9 + g^4 \\
&= g^3 + g^9 + g^4 \\
&= (1000) + (1010) + (0011) \\
&= (0001) \\
&= g^0
\end{aligned}
$$

根据式（6-28），有

$$
\begin{aligned}
y_3 &= x_1^2 + (\lambda + 1)x_3 \\
&= \left(g^5\right)^2 + \left(g^9 + g^0\right)g^0 \\
&= g^{10} + g^9 + g^0 \\
&= (0111) + (1010) + (0001) \\
&= (1100) \\
&= g^6
\end{aligned}
$$

所以，$2G = \left(g^0, g^6\right) = \left(1, g^6\right)$。

（2）计算 $3G = 2G + G = \left(g^0, g^6\right) + \left(g^5, g^{11}\right)$。

根据式（6-25），有

$$
\begin{aligned}
\lambda &= \frac{y_2 + y_1}{x_2 + x_1} \\
&= \frac{g^{11} + g^6}{g^5 + g^0} \\
&= \frac{(1110) + (1100)}{(0110) + (0001)}
\end{aligned}
$$

$$
\begin{aligned}
&= \frac{(0010)}{(0111)} \\
&= \frac{g^{1}}{g^{10}} \\
&= g^{-9 \bmod 15} \\
&= g^{6}
\end{aligned}
$$

根据式（6-23），有

$$
\begin{aligned}
x_3 &= \lambda^2 + \lambda + x_1 + x_2 + a \\
&= \left(g^6\right)^2 + g^6 + g^0 + g^5 + g^4 \\
&= g^{12} + g^6 + g^0 + g^5 + g^4 \\
&= (1111) + (1100) + (0001) + (0110) + (0011) \\
&= (0111) \\
&= g^{10}
\end{aligned}
$$

根据式（6-24），有

$$
\begin{aligned}
y_3 &= \lambda\left(x_1 + x_3\right) + x_3 + y_1 \\
&= g^6\left(g^0 + g^{10}\right) + g^{10} + g^6 \\
&= g^{16 \bmod 15} + g^{10} \\
&= g^1 + g^{10} \\
&= (0010) + (0111) \\
&= (0101) \\
&= g^8
\end{aligned}
$$

所以，$3G = \left(g^{10}, g^8\right)$。

（3）计算 $4G = 2 \cdot 2G = 2\left(1, g^6\right)$（也可采用 $4G = G + 3G$ 的方式，其余同理）。

根据式（6-29），有

$$
\begin{aligned}
\lambda &= \frac{x_1^2 + y_1}{x_1} \\
&= \frac{\left(g^0\right)^2 + g^6}{g^0} \\
&= g^0 + g^6 \\
&= (0001) + (1100) \\
&= (1101) \\
&= g^{13}
\end{aligned}
$$

根据式（6-27），有

$$
\begin{aligned}
x_3 &= \lambda^2 + \lambda + a \\
&= \left(g^{13}\right)^2 + g^{13} + g^4 \\
&= g^{26 \bmod 15} + g^{13} + g^4 \\
&= g^{11} + g^{13} + g^4 \\
&= (1110) + (1101) + (0011) \\
&= (0000) \\
&= 0
\end{aligned}
$$

根据式（6-28），有

$$
\begin{aligned}
y_3 &= x_1^2 + (\lambda + 1)x_3 \\
&= \left(g^0\right)^2 + \left(g^{13} + g^0\right)0 \\
&= g^0 \\
&= 1
\end{aligned}
$$

所以，$4G = (0,1)$。

（4）计算 $5G = 4G + G = (0, g^0) + (g^5, g^{11})$。

根据式（6-25），有

$$
\begin{aligned}
\lambda &= \frac{y_2 + y_1}{x_2 + x_1} \\
&= \frac{g^{11} + g^0}{g^5 + 0} \\
&= g^6 + g^{-5 \bmod 15} \\
&= g^6 + g^{10} \\
&= (1100) + (0111) \\
&= (1011) \\
&= g^7
\end{aligned}
$$

根据式（6-23），有

$$
\begin{aligned}
x_3 &= \lambda^2 + \lambda + x_1 + x_2 + a \\
&= \left(g^7\right)^2 + g^7 + 0 + g^5 + g^4 \\
&= g^{14} + g^7 + g^5 + g^4 \\
&= (1001) + (1011) + (0110) + (0011) \\
&= (0111) \\
&= g^{10}
\end{aligned}
$$

根据式（6-24），有

$$
\begin{aligned}
y_3 &= \lambda\left(x_1 + x_3\right) + x_3 + y_1 \\
&= g^7\left(0 + g^{10}\right) + g^{10} + g^0 \\
&= g^{17 \bmod 15} + g^{10} + g^0 \\
&= g^2 + g^{10} + g^0 \\
&= (0100) + (0111) + (0001) \\
&= (0010) \\
&= g^1
\end{aligned}
$$

所以，$5G = \left(g^{10}, g^1\right)$。

（5）计算 $6G = 2 \cdot 3G = 2\left(g^{10}, g^8\right)$。

根据式（6-29），有

$$
\begin{aligned}
\lambda &= \frac{x_1^2 + y_1}{x_1} \\
&= \frac{\left(g^{10}\right)^2 + g^8}{g^{10}} \\
&= g^{10} + g^{-2 \bmod 15} \\
&= g^{10} + g^{13} \\
&= (0111) + (1101) \\
&= (1010) \\
&= g^9
\end{aligned}
$$

根据式（6-27），有

$$
\begin{aligned}
x_3 &= \lambda^2 + \lambda + a \\
&= \left(g^9\right)^2 + g^9 + g^4 \\
&= g^{18 \bmod 15} + g^9 + g^4 \\
&= g^3 + g^9 + g^4 \\
&= (1000) + (1010) + (0011) \\
&= (0001) \\
&= g^0
\end{aligned}
$$

根据式（6-28），有

$$
\begin{aligned}
y_3 &= x_1^2 + (\lambda + 1)x_3 \\
&= \left(g^{10}\right)^2 + \left(g^9 + g^0\right) \cdot 1 \\
&= g^{20 \bmod 15} + g^9 + g^0 \\
&= g^5 + g^9 + g^0 \\
&= (0110) + (1010) + (0001) \\
&= (1101) \\
&= g^{13}
\end{aligned}
$$

所以，$6G=\left(g^0,g^{13}\right)$。

（6）计算 $7G=4G+3G=\left(0,g^0\right)+\left(g^{10},g^8\right)$。

根据式（6-25），有

$$\begin{aligned}\lambda&=\frac{y_2+y_1}{x_2+x_1}\\&=\frac{g^8+g^0}{g^{10}+0}\\&=g^{-2\bmod 15}+g^{-10\bmod 15}\\&=g^{13}+g^5\\&=(1101)+(0110)\\&=(1011)\\&=g^7\end{aligned}$$

根据式（6-23），有

$$\begin{aligned}x_3&=\lambda^2+\lambda+x_1+x_2+a\\&=\left(g^7\right)^2+g^7+0+g^{10}+g^4\\&=g^{14}+g^7+g^{10}+g^4\\&=(1001)+(1011)+(0111)+(0011)\\&=(0110)\\&=g^5\end{aligned}$$

根据式（6-24），有

$$\begin{aligned}y_3&=\lambda\left(x_1+x_3\right)+x_3+y_1\\&=g^7\left(0+g^5\right)+g^5+g^0\\&=g^{12}+g^5+g^0\\&=(1111)+(0110)+(0001)\\&=(1000)\\&=g^3\end{aligned}$$

所以，$7G=\left(g^5,g^3\right)$。

（7）计算 $8G$。容易得 $\lambda=\infty$，因此，$8G=(\infty,\infty)$，为无穷远点。

因此，点 G 的阶为 8。

通过观察可知，在求点 G 的阶过程中，如果某两个互异点的 x 坐标值相等，则它们的和一定是无穷远点。因为满足该条件时，λ 为无穷大，相应的点坐标也为无穷大。

实数域[①]中加法规则的几何描述如图 6-10 所示。要对点 $P\left(x_1,y_1\right)$ 和点 $Q\left(x_2,y_2\right)$ 做加法，

① 在有限域上，椭圆曲线没有实数域上椭圆曲线的直观几何解释，但其加法规则定义的域仍是一个 Abel 群。

首先过点 P 和点 Q 画直线（如果 $P=Q$，则过点 P 画曲线的切线）与椭圆曲线相交于点 $R(x_3,-y_3)$，再过无穷远点和点 R 画直线（即过点 R 作垂直线）与椭圆曲线相交于点 $S(x_3,y_3)$，则点 S 就是点 P 和点 Q 的和，即 $S=P+Q$。

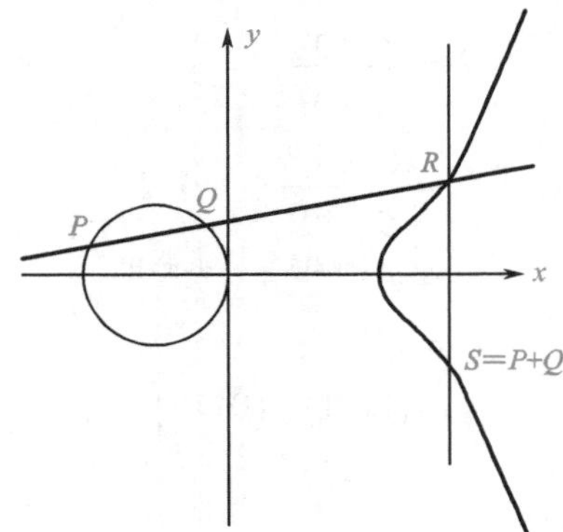

图 6-10　椭圆曲线的加法规则

讨论：

情形一：$x_1 \neq x_2$

设通过点 $P(x_1,y_1)$ 和 $Q(x_2,y_2)$ 的直线为 $L: y=\lambda x+v$。明显有直线的斜率为

$$\lambda=\frac{y_2-y_1}{x_2-x_1}$$

将直线方程代入椭圆曲线方程 $y^2=x^3+ax+b$，有

$$(\lambda x+v)^2=x^3+ax+b$$

整理，得

$$x^3-\lambda^2x^2+(a-2\lambda v)x+b-v^2=0$$

该方程的三个根是椭圆曲线与直线相交的三个点的 x 坐标值。而点 $P(x_1,y_1)$ 和点 $Q(x_2,y_2)$ 分别对应的 x_1 和 x_2 是该方程的两个根。这是实数域上的三次方程，具有两个实数根，则第三个根也应该是实根，记为 x_3。三根之和是二次项系数的相反数，即

$$x_1+x_2+x_3=-\left(-\lambda^2\right)$$

因此有

$$x_3=\lambda^2-x_1-x_2$$

x_3 是第三点 R 的 x 坐标，设其 y 坐标为 $-y_3$，则点 S 的 y 坐标就是 y_3。由于点 $P(x_1,y_1)$ 和点 $R(x_3,-y_3)$ 均在该直线上，其斜率可表示为

$$\lambda=\frac{-y_3-y_1}{x_3-x_1}$$

即

$$y_3=\lambda(x_1-x_3)-y_1$$

所以对于 $x_1 \neq x_2$，有

$$P(x_1, y_1) + Q(x_2, y_2) = S(x_3, y_3)$$

其中：

$$x_3 = \lambda^2 - x_1 - x_2$$

$$y_3 = \lambda(x_1 - x_3) - y_1$$

$$\lambda = \frac{y_2 - y_1}{x_2 - x_1}$$

情形二：$x_1 = x_2$，且 $y_1 = -y_2$

此时，定义 $(x, y) + (x, -y) = O$，(x, y) 是椭圆曲线上的点，则 (x, y) 和 $(x, -y)$ 是关于椭圆曲线加法运算互逆的。

情形三：$x_1 = x_2$，且 $y_1 = y_2$

设 $y_1 \neq 0$，否则就是情形二。此时相对于情形一实际上是点 $P(x_1, y_1)$ 与自己相加，即倍点运算。这时定义直线 $L: y = \lambda x + v$ 是椭圆曲线 $y^2 = x^3 + ax + b$ 在点 $P(x_1, y_1)$ 的切线，根据微积分知识可知，直线的斜率等于曲线的一阶导数，即

$$\lambda = \frac{\mathrm{d}y}{\mathrm{d}x}$$

而对该椭圆曲线进行微分的结果是：

$$2y \cdot \frac{\mathrm{d}y}{\mathrm{d}x} = 3x^2 + a$$

联合上面两式，并将点 $P(x_1, y_1)$ 代入，有

$$\lambda = \frac{3x_1^2 + a}{2y_1}$$

再按照情形一相同的分析方法，容易得出如下结论：

对于 $x_1 = x_2$，且 $y_1 = y_2$，有

$$P(x_1, y_1) + P(x_1, y_1) = 2P(x_1, y_1) = S(x_3, y_3)$$

其中：

$$x_3 = \lambda^2 - 2x_1$$

$$y_3 = \lambda(x_1 - x_3) - y_1$$

$$\lambda = \frac{3x_1^2 + a}{2y_1}$$

即对于情形一和情形三，它们的坐标计算公式本质上是一致的，只是斜率的计算方法不同。

【例 6-10】对于有理数域上的椭圆曲线 E：$y^2=x^3-36x$。令 $P_1=(-3,9)$，$P_2=(12,36)$，$P_1,P_2\in E$，计算 P_1+P_2，$2P_1$和$-P_1$。

解：$a=-36,b=0$。

（1）$\lambda=\dfrac{y_2-y_1}{x_2-x_1}=\dfrac{36-9}{12+3}=\dfrac{9}{5}$

$x_3=\lambda^2-x_1-x_2=\left(\dfrac{9}{5}\right)^2+3-12=-\dfrac{144}{25}$

$y_3=\lambda(x_1-x_3)-y_1=\dfrac{9}{5}(-3+\dfrac{144}{25})-9=-\dfrac{504}{125}$

所以 $P_1+P_2=\left(-\dfrac{144}{25},-\dfrac{504}{125}\right)$。可以验证该结果所代表的点在此椭圆曲线上。

（2）$\lambda=\dfrac{3x_1^2+a}{2y_1}=\dfrac{3(-3)^2-36}{2\times 9}=-\dfrac{1}{2}$

$x_3=\lambda^2-2x_1=(-\dfrac{1}{2})^2-2(-3)=\dfrac{25}{4}$

$y_3=\lambda(x_1-x_3)-y_1=(-\dfrac{1}{2})(-3-\dfrac{25}{4})-9=-\dfrac{35}{8}$

所以 $2P_1=\left(\dfrac{25}{4},-\dfrac{35}{8}\right)$。可以验证该结果所代表的点在此椭圆曲线上。

（3）$-P_1$=（−3,−9）。可以验证该结果所代表的点在此椭圆曲线上。

【例 6-11】考虑 GF(23) 上的椭圆曲线 E：$y^2=x^3+x+1(\bmod 23)$。令 $P_1=(3,10)$，$P_2=(9,7)$，计算 P_1+P_2，$2P_1$和$-P_1$。

解：易验证，该椭圆曲线上的点集为

$\{(0,1),(0,22),(1,7),(1,16),(3,10),(3,13),(4,0),(5,4),(5,19),(6,4),(6,19),(7,11),(7,12),(9,7),(9,16),(11,3),(11,20),(12,4),(12,19),(13,7),(13,16),(17,3),(17,20),(18,3),(18,20),(19,5),(19,18)\}$，外加一个无穷远点 O。

在本例中，$a=1,b=1$。

（1）$\lambda=\dfrac{y_2-y_1}{x_2-x_1}=\dfrac{7-10}{9-3}=-\dfrac{1}{2}(\bmod 23)=\dfrac{-1\bmod 23}{2}=\dfrac{22}{2}=11$

$x_3=\lambda^2-x_1-x_2=11^2-3-9=109\bmod 23=17$

$y_3=\lambda(x_1-x_3)-y_1=11(3-17)-10=-164\bmod 23=20$

所以 $P_1+P_2=(17,20)$。可见仍是该椭圆曲线上的点。

（2）$\lambda=\dfrac{3x_1^2+a}{2y_1}=\dfrac{3\times 3^2+1}{2\times 10}=\dfrac{28\bmod 23}{20}=\dfrac{5}{20}\bmod 23=\dfrac{1\bmod 23}{4}=\dfrac{24}{4}=6$

$x_3=\lambda^2-2x_1=6^2-2\times 3=30\bmod 23=7$

$y_3=\lambda(x_1-x_3)-y_1=6(3-7)-10=-34\bmod 23=12$

所以 $2P_1=(7,12)$。可见仍是该椭圆曲线上的点。

（3）$-P_1=(3\bmod 23,-10\bmod 23)=(3,13)$。可见仍是该椭圆曲线上的点。

例 6-11 的计算过程表明，对于有限域上的运算不仅是模运算，而且可能涉及分数取模的运算。分数取模运算一般可采用两种方法：

方法一（测试法，适用于模数较小的情形）：先将分子、分母分别取模（有公约数时进行化简），得到最简约分子式，假设得到的最简约分子式形如 $\frac{b}{a}\bmod n$；然后求使得 $b+k\cdot n=a\cdot l$（k 为整数，$l\in\{0,1,\cdots,n-1\}$）成立的 l，即 $\frac{b}{a}\bmod n=l$。

方法二（标准方法，适用于所有情形）：$\frac{b}{a}\bmod n=b\cdot a^{-1}\bmod n$，这里，$a\cdot a^{-1}=1\bmod n$。即将除法运算转化为逆的乘法运算。这种方法可以先计算出最简约分子式，也可以直接计算，如 $\frac{13}{5}\bmod 3=13\cdot 5^{-1}\bmod 3=13\cdot 2\bmod 3=2$（因为 $5^{-1}\equiv 2\bmod 3$），或者 $\frac{13}{5}\bmod 3=\frac{13\bmod 3}{5\bmod 3}(\bmod 3)=\frac{1}{2}(\bmod 3)=1\cdot 2^{-1}(\bmod 3)=1\cdot 2\bmod 3=2$（因为 $2^{-1}\equiv 2\bmod 3$）。这里的模数 3 并不很大，但用于说明该方法是可行的。

【例 6-12】考虑多项式 $f(x)=x^4+x+1$ 定义的有限域 $\mathrm{GF}(2^4)$ 上的椭圆曲线 E：$y^2+xy=x^3+g^4x^2+1$。设 $P_1=(g^5,g^3)$，$P_2=(g^3,g^8)$，计算 P_1+P_2，$2P_1$ 和 $-P_1$。

解：域 $\mathrm{GF}(2^4)$ 共有 16 个元素值，其 15 个非 0 元素值参考例 6-8。在该例中，$a=g^4=(0011)=3$，$b=1=(0001)=g^0$。

（1）计算 P_1+P_2。

根据式（6-25），有

$$\begin{aligned}\lambda&=\frac{y_2+y_1}{x_2+x_1}\\&=\frac{g^8+g^3}{g^3+g^5}\\&=\frac{(0101)+(1000)}{(1000)+(0110)}\\&=\frac{(1101)}{(1110)}\\&=\frac{g^{13}}{g^{11}}\\&=g^2\end{aligned}$$

根据式（6-23），有

$$\begin{aligned}x_3&=\lambda^2+\lambda+x_1+x_2+a\\&=(g^2)^2+g^2+g^5+g^3+g^4\\&=2g^4+g^2+g^5+g^3\\&=g^2+g^5+g^3\\&=(0100)+(0110)+(1000)\\&=(1010)\\&=g^9\end{aligned}$$

根据式（6-24），有

$$
\begin{aligned}
y_3 &= \lambda\left(x_1 + x_3\right) + x_3 + y_1 \\
&= g^2\left(g^5 + g^9\right) + g^9 + g^3 \\
&= g^7 + g^{11} + g^9 + g^3 \\
&= (1011) + (1110) + (1010) + (1000) \\
&= (0111) \\
&= g^{10}
\end{aligned}
$$

所以，$P_1 + P_2 = \left(g^9, g^{10}\right)$。可以验证该点仍是此椭圆曲线上的点。

（2）计算 $2P_1$。

根据式（6-29），有

$$
\begin{aligned}
\lambda &= \frac{x_1^2 + y_1}{x_1} \\
&= \frac{\left(g^5\right)^2 + g^3}{g^5} \\
&= \frac{g^{10} + g^3}{g^5} \\
&= \frac{(0111) + (1000)}{g^5} \\
&= \frac{(1111)}{g^5} \\
&= \frac{g^{12}}{g^5} \\
&= g^7
\end{aligned}
$$

或者

$$
\begin{aligned}
\lambda &= \frac{x_1^2 + y_1}{x_1} \\
&= \frac{\left(g^5\right)^2 + g^3}{g^5} \\
&= \frac{g^{10} + g^3}{g^5} \\
&= g^5 + g^{-2 \bmod \left(2^4 - 1\right)} \\
&= g^5 + g^{13} \\
&= (0110) + (1101) \\
&= (1011) \\
&= g^7
\end{aligned}
$$

根据式（6-27），有

$$\begin{aligned} x_3 &= \lambda^2 + \lambda + a \\ &= \left(g^7\right)^2 + g^7 + g^4 \\ &= g^{14} + g^7 + g^4 \\ &= (1001) + (1011) + (0011) \\ &= (0001) \\ &= g^0 \end{aligned}$$

根据式（6-28），有

$$\begin{aligned} y_3 &= x_1^2 + (\lambda + 1)x_3 \\ &= \left(g^5\right)^2 + \left(g^7 + g^0\right)g^0 \\ &= g^{10} + g^7 + g^0 \\ &= (0111) + (1011) + (0001) \\ &= (1101) \\ &= g^{13} \end{aligned}$$

所以，$2P_1 = \left(g^0, g^{13}\right) = \left(1, g^{13}\right)$。可以验证该点仍在此椭圆曲线上。

（3）计算 $-P_1$。

由于 $P_1 = \left(g^5, g^3\right)$，所以有

$$\begin{aligned} -P_1 &= \left(x_1, x_1 + y_1\right) \\ &= \left(g^5, g^5 + g^3\right) \\ &= \left(g^5, (0110) + (1000)\right) \\ &= \left(g^5, (1110)\right) \\ &= \left(g^5, g^{11}\right) \end{aligned}$$

可以验证 $-P_1 = \left(g^5, g^{11}\right)$ 仍是此椭圆曲线上的点。

上述计算过程表明，当生成元的指数超出 $\{0,1,\cdots,2^m-1\}$ 的范围时，该指数需要进行 $\bmod\left(2^m-1\right)$ 运算。

6.4.4　椭圆曲线密码体制

用于密码学的椭圆曲线可分成奇、偶两大类，分别对应 GF(p)（适合于软件实现）和 GF(2^m)（适合于硬件实现）多项式，它们都是离散的，椭圆曲线上的任意两个点相加，结果仍然是该曲线上的点。所有的点都落在某一个区域内，组成一个有限 Abel 群，与密钥长度相对应，密钥长度越长，这个区域越大，安全层次就越高，但计算速度越慢；反之亦然。

椭圆曲线离散对数问题： 已知椭圆曲线 E 和点 G，随机选择一个整数 d，容易计算 $Q = d \times G$，但给定 Q 和 G 计算 d 就相对困难。

椭圆曲线密码体制的依据就是定义在椭圆曲线点群上的离散对数问题的难解性。

1. 系统的建立和密钥的生成

（1）系统的建立

选取一个基域GF(p)和定义在该基域上的椭圆曲线$E_p(a,b)$及其上的一个拥有素数阶n的点$G(x_G,y_G)$，这一套椭圆曲线的域参数可用$T=(p,a,b,G,n,h)$表示，这里$h=N/n$，即椭圆曲线的阶N与点$G(x_G,y_G)$的阶n之比。其中有限域GF(p)，椭圆曲线参数a,b，点$G(x_G,y_G)$和阶n都是公开信息。

建立系统时，在选定椭圆曲线的参数过程中，确定拥有素数阶n的点$G(x_G,y_G)$通常是最困难、最耗时的工作。一种变通的方法是预先计算出一些满足条件的椭圆曲线供选用，或者使用一些标准中所推荐的椭圆曲线。

（2）密钥的生成

系统建成后，每个参与实体进行下列计算：

① 在区间$[1,n-1]$中随机选取一个整数d作为私钥。

② 计算$Q=d\times G$，即由私钥计算出公钥。

③ 实体的公钥为点Q，实体的私钥是整数d。离散对数的难解性保证了在已知公钥Q的情况下不能计算出私钥d。

2. 椭圆曲线加密体制

（1）加密过程

当实体Bob发送消息M给实体Alice时，实体Bob执行下列步骤：

① 查找Alice的公钥Q。

② 将消息M表示成一个域元素$m\in \mathrm{GF}(p)$。

③ （选定Bob的私钥）在区间[1, $n-1$]中随机选取一个整数k。

④ （计算Bob的公钥）计算点$(x_1,y_1)=k\times G$。

⑤ 计算点$(x_2,y_2)=k\times Q$，如果$x_2=0$，则返回步骤③。

⑥ 计算$c=mx_2$。

⑦ 传送加密数据(x_1,y_1,c)给Alice。这里(x_1,y_1)实际上是Bob的公钥。

（2）解密过程

当实体Alice解密来自Bob的密文(x_1,y_1,c)时，Alice执行下列步骤：

① 使用她的私钥d，计算点$(x_2,y_2)=d\times(x_1,y_1)$。因为$(x_2,y_2)=k\times Q=k\times d\times G=d\times k\times G=d\times(x_1,y_1)$

② 通过计算$m=c\cdot x_2^{-1}$，恢复出消息m。

【例6-13】使用例6–9所定义的椭圆曲线，选取点$G=(x_G,y_G)=(g^5,g^{11})$，对应点G的阶为$n=8$。

➢ 密钥的生成

（a）Alice在区间$[1,n-1]$=[1,7]中随机选取一个整数$d=5$作为私钥。

（b）Alice计算公钥$Q=d\times G=5G=(g^{10},g^1)=((0111),(0010))$，即由私钥计算出公钥。

➢ 加密过程

当实体Bob发送消息$M=01101101$给实体Alice时，实体Bob执行下列步骤：

（a）查找 Alice 的公开密钥$Q=\left(g^{10},g^{1}\right)$。

（b）将消息 M 表示成域元素$m\in \mathrm{GF}(2^4)$，即$m_1=0110=g^5$，$m_2=1101=g^{13}$。

（c）在区间[1，$n-1$]=[1,7]中随机选取一个整数$k=3$。

（d）计算点$\left(x_1,y_1\right)=k\times G=3G=\left(g^{10},g^{8}\right)=\left((0111),(0101)\right)$。

（e）计算点$\left(x_2,y_2\right)=k\times Q=3Q=\left(g^{5},g^{3}\right)=\left((0110),(1000)\right)$。

（f）计算$c_1=m_1x_2=g^5\cdot g^5=g^{10}=(0111)$，$c_2=m_2x_2=g^{13}\cdot g^5=g^{18\bmod 15}=g^3=(1000)$。

（g）传送加密数据$\left(x_1,y_1,c_1,c_2\right)=\left((0111),(0101),(0111),(1000)\right)$给 Alice。

➢　解密过程

当实体 Alice 解密从 Bob 收到的密文$\left(x_1,y_1,c_1,c_2\right)=\left((0111),(0101),(0111),(1000)\right)$时，Alice 执行下列步骤：

（a）使用她的私钥d，计算点

$\left(x_2,y_2\right)=d\times\left(x_1,y_1\right)=5\left(g^{10},g^{8}\right)=\left(g^{5},g^{14}\right)=\left((0110),(1001)\right)$。

（b）计算$m_1=c_1\cdot x_2^{-1}=g^{10}\cdot\left(g^5\right)^{-1}=g^5=(0110)$，$m_2=c_2\cdot x_2^{-1}=g^3\cdot\left(g^5\right)^{-1}=g^{-2\bmod 15}=g^{13}=(1101)$，从而恢复出消息$M=01101101$。

对于GF(p)域，当使用椭圆曲线加密体制时，设 Bob 要加密发送一个报文m给 Alice，他可以使用以下两种椭圆曲线密码体制。

ECELG——椭圆曲线 ElGamal 密码体制

椭圆曲线 ElGamal 密码体制如下：

设$m\mapsto P_m$是明文空间到椭圆曲线的嵌入（即将明文转化为椭圆曲线上的点）。$G\in E$为椭圆曲线的基点。

（1）用户 Alice 选取私钥d_{A}，产生一个公开密钥$P_{\mathrm{A}}=d_{\mathrm{A}}\times G$。

（2）用户 Bob 为了向 Alice 发送信息m，选取随机数d_{B}作为他的私钥，并计算出他的公钥$P_{\mathrm{B}}=d_{\mathrm{B}}\times G$，并向 Alice 发送$\left(P_{\mathrm{B}},P_m+d_{\mathrm{B}}\times P_{\mathrm{A}}\right)$。

（3）用户 Alice 解密过程为$\left(P_m+d_{\mathrm{B}}\times P_{\mathrm{A}}\right)-d_{\mathrm{A}}\times P_{\mathrm{B}}=P_m+d_{\mathrm{B}}\times d_{\mathrm{A}}\times G-d_{\mathrm{A}}\times d_{\mathrm{B}}\times G=P_m$。即 Bob 可以产生密文$C_m=\left(P_{\mathrm{B}},P_m+d_{\mathrm{B}}\times P_{\mathrm{A}}\right)$。要解密这个密文，Alice 先分离出$P_{\mathrm{B}}$，再执行$\left(P_m+d_{\mathrm{B}}\times P_{\mathrm{A}}\right)-d_{\mathrm{A}}\times P_{\mathrm{B}}=P_m+d_{\mathrm{B}}\times d_{\mathrm{A}}\times G-d_{\mathrm{A}}\times d_{\mathrm{B}}\times G=P_m$。一个攻击者要恢复报文，必须在只知道$G$和$P_{\mathrm{B}}$（即$d_{\mathrm{B}}\times G$）的情况下计算出$d_{\mathrm{B}}$，而这被公认是十分困难的。

【例 6-14】考虑椭圆曲线$E_{23}(13,22):y^2=x^3+13x+22\pmod{23}$，$G=(10,5)$。

（1）设用户 Alice 的私钥为 7，则公钥为$P_{\mathrm{A}}=7G=(17,21)$。

① 计算$2G$。

$$\lambda=\frac{3\times\left(x_1\right)^2+a}{2\times y_1}=\frac{3\times10^2+13}{2\times5}=\frac{313}{10}\pmod{23}=6$$

$$x_3=\lambda^2-2x_1=6^2-2\times10=16\pmod{23}=16$$

$$y_3=\lambda\left(x_1-x_3\right)-y_1=6(10-16)-5=-41\pmod{23}=5$$

所以$2G=(16,5)$。

② 计算$4G$。

$4G = 2\cdot(2G)$，即$2(16,5)$。

$$\lambda = \frac{3\times(x_1)^2 + a}{2y_1} = \frac{3\times 16^2+13}{2\times 5} = \frac{781}{10}(\bmod 23) = 16$$

$$x_3 = \lambda^2 - 2x_1 = 16^2 - 2\times 16 = 224(\bmod 23) = 17$$

$$y_3 = \lambda(x_1 - x_3) - y_1 = 16(16-17) - 5 = -21(\bmod 23) = 2$$

所以$4G = (17,2)$。

③ 计算$3G$。

$3G = G + 2G$，即$(10,5)+(16,5)$。

$$\lambda = \frac{y_2 - y_1}{x_2 - x_1} = \frac{5-5}{16-10} = 0$$

$$x_3 = \lambda^2 - x_1 - x_2 = 0^2 - 10 - 16 = -26(\bmod 23) = 20$$

$$y_3 = \lambda(x_1 - x_3) - y_1 = 0 - 5 = -5(\bmod 23) = 18$$

所以$3G = (20,18)$。

④ 计算$7G$。

$7G = 3G + 4G$，即$(20,18)+(17,2)$。

$$\lambda = \frac{y_2 - y_1}{x_2 - x_1} = \frac{2-18}{17-20} = \frac{16}{3}(\bmod 23) = 13$$

$$x_3 = \lambda^2 - x_1 - x_2 = 13^2 - 20 - 17 = 132(\bmod 23) = 17$$

$$y_3 = \lambda(x_1 - x_3) - y_1 = 13(20-17) - 18 = 21(\bmod 23) = 21$$

所以$7G = (17,21)$。

（2）设用户 Bob 的消息m编码后的信息为$P_m = (11,1)$，且选取了随机数$d_{\mathrm{B}} = 13$。

（3）用户 Bob 按步骤（1）的方法计算

$$d_{\mathrm{B}}G = 13(10,5) = (16,5)$$

$$d_{\mathrm{B}}P_{\mathrm{A}} = 13(17,21) = (20,18)$$

$$P_m + d_{\mathrm{B}}P_{\mathrm{A}} = (11,1) + (20,18) = (18,19)$$

并向用户 Alice 发送消息$((16,5),(18,19))$。

（4）用户 Alice 计算

$$7(16,5) = (20,18)$$

（5）用户 Alice 计算：

$$(18,19) - (20,18) = (18,19) + (20,-18) = (11,1)$$

可见消息m得以解密恢复。注意：最后一步通过点$(20,18)$的逆$(20,-18)$将减法转化为加法，即利用了$R - S = R + (-S)$。

ECMO——椭圆曲线 Massey-Omura 密码体制（RSA 的 EC 版本）

椭圆曲线 Massey-Omura 密码体制描述如下：

设E是有限域$\mathrm{GF}(p)$上的椭圆曲线，N为椭圆曲线的阶，$m \mapsto P_m$是明文空间到椭圆曲线群的嵌入。

用户 A 选取一个私钥 d_A（$1<d_A<N$，且 d_A 与 N 互素），并计算出对应的公钥 e_A（$1<e_A<N$），即满足 $e_A d_A \equiv 1 \bmod N$。

对于消息 m，用户 B 加密消息为 $C_m = e_A P_m$，用户 A 解密过程为 $P_m = d_A C_m$，因为 $d_A C_m = e_A d_A P_m = 1 \cdot P_m = P_m$。

【例 6-15】考虑椭圆曲线 $E_{23}(13,22): y^2 = x^3 + 13x + 22 \pmod{23}$，设消息 m 编码后的信息为 $P_m = (11,1)$。可验证 $N = 22$ (注意到欧拉函数 $\varphi(23) = 22$，RSA 密码体制要求满足 $e_A d_A \equiv 1 \bmod \varphi(n)$。

用户 A 选取私钥 $d_A = 17$，可计算出对应的公钥 $e_A = 13$，即满足 $13 \times 17 \equiv 1 \bmod 22$。

用户 B 用 A 的公钥加密，即 $C_m = 13P_m = 13(11,1) = (14,21)$，并将该消息发送给 A。

用户 A 用自己的私钥解密接收到的消息，即 $P_m = 17C_m = 17(14,21) = (11,1)$。

缺点：ECMO 密码体制需要计算出椭圆曲线 E 的阶 N，而这并不总是方便的。

3. 椭圆曲线签名体制（ECDSA）

（1）签名的生成

ECDSA 的签名生成过程包括基于 HASH 函数生成消息摘要、椭圆曲线计算和模计算。签名过程的输入包括用比特串表示的任意长度的消息 M、一套有效的椭圆曲线域参数 $T = (p,a,b,G,n,h)$、私钥 d。签名过程的输出是两个整数（r，s），其中 $1 \leqslant r \leqslant n-1, 1 \leqslant s \leqslant n-1$。

1）密钥的生成

在 $[1, n-1]$ 中选定一个随机的整数 d 作为私钥后，可以计算对应的公钥 $Q = dG$。

2）消息摘要的生成

用 SHA-1 散列函数计算散列值 $e = H(M)$，它是一个 160 比特的整数。

3）椭圆曲线的计算

① 在区间 $[1, n-1]$ 中选择一个随机整数 k。

② 计算椭圆曲线的点 $(x_1, y_1) = kG$。

4）模计算

① 转换域元素 x_1 到整数 $\bar{x}_1$。

② 设置 $r = \bar{x}_1 \bmod n$。

③ 如果 $r = 0$，则转到椭圆曲线计算的步骤①重新选择一个随机整数 k。

④ 计算 $s = k^{-1}(e + dr) \bmod n$。

⑤ 如果 $s = 0$，则转到椭圆曲线计算的步骤①重新选择一个随机整数 k。

5）签名的组成

M 的签名就是模计算中得到的两个整数：(r，s)。

（2）签名的证实

签名的证实过程由生成消息摘要、模计算、椭圆曲线计算和签名核实组成。签名证实过程的输入有收到的用比特串表示的消息 M'、收到的该消息的签名 (r', s')、一套有效的椭圆曲线域参数和一个有效的公钥 Q。

1）消息摘要的生成

用 SHA-1 散列函数计算散列值 $e' = H(M')$。

2）模计算

① 如果r'或s'不是区间$[1,n-1]$内的整数，则拒绝该签名。

② 计算$c=(s')^{-1}\bmod n$。

③ 计算$u_1=e'c\bmod n$和$u_2=r'c\bmod n$。

3）椭圆曲线计算

计算椭圆曲线点$(x_1,y_1)=u_1G+u_2Q$，如果(x_1,y_1)是无穷远点，则拒绝该签名。

4）签名证实

① 转换域元素x_1到整数$\overline{x}_1$。

② 计算$v=\overline{x}_1\bmod n$。

③ 如果$r'=v$，则该签名是真实的；如果$r'\neq v$，则消息可能被篡改，或者被不正确地签名，或者该签名来自攻击者的伪造。该签名应该被认为是无效的。

【例 6-16】考虑 GF(23) 上由方程$y^2=x^3+x+1$定义的椭圆曲线，选取点$G=(x_G,y_G)=(13,7)$。由于$7G=O$，故点G的阶为$n=7$。

Alice 在$[1,n-1]=[1,6]$范围内随机选取整数$d_A=3$作为私钥，计算出其对应的公钥$Q=3G=3(13,7)=(17,3)$。被签名消息为M，假设M的 HASH 值是$e=H(M)=6$，Alice 执行以下步骤：

（1）在区间[1,6]内随机选取一个整数k,如$k=4$，因此，$k^{-1}=2\bmod 7$。

（2）计算点$(x_1,y_1)=4G=4(13,7)=(17,20)$。

（3）代表x_1的整数为$\overline{x}_1=17$。

（4）令$r=\overline{x}_1\bmod n=17\bmod 7=3$。

（5）计算$s=k^{-1}(e+d_Ar)\bmod n=2(6+3\times 3)\bmod 7=2$。

（6）对消息M的签名结果是$(r,s)=(3,2)$。

实体 Bob 按如下步骤验证M'上的签名$(r',s')=(3,2)$：

（1）查找 Alice 的公钥$Q=(17,3)$。

（2）计算$e'=H(M')=6$。

（3）计算$c=(s')^{-1}\bmod n=2^{-1}\bmod 7=4$。

（4）计算$u_1=e'c\bmod n=6\times 4\bmod 7=3$及$u_2=r'c\bmod n=3\times 4\bmod 7=5$。

（5）计算点$(x_1,y_1)=u_1G+u_2Q=3G+5Q=3(13,7)+5(17,3)=(17,20)$。

（6）代表x_1的整数为$\overline{x}_1=17$。

（7）计算$v=\overline{x}_1\bmod n=17\bmod 7=3$。

（8）因为$r'=v=3$，故 Bob 接受该签名。

【例 6-17】考虑$GF(2^4)$域上由方程$y^2+xy=x^3+3x^2+1$定义的椭圆曲线，$g=(0010)$是域中所有非 0 元素的一个生成元，乘法单位元为$1=(0001)$，$a=3=(0011)$，$b=1=(0001)$。生成元的各次幂为：

g^0=(0001)	g^1=(0010)	g^2=(0100)	g^3=(1000)
g^4=(0011)	g^5=(0110)	g^6=(1100)	g^7=(1011)
g^8=(0101)	g^9=(1010)	g^{10}=(0111)	g^{11}=(1110)
g^{12}=(1111)	g^{13}=(1101)	g^{14}=(1001)	

有限域GF(2^4)上该椭圆曲线的所有点分别为（共有 15 个点。相应的椭圆曲线群加上一个无穷远点，共 16 个点，这个群是一个循环群）：

	(0, 1)	(g^6, g^8)	(g^6, g^{14})
$(1, g^6)$	$(1, g^{13})$	(g^9, g^{10})	(g^9, g^{13})
(g^3, g^8)	(g^3, g^{13})	(g^{10}, g)	(g^{10}, g^8)
(g^5, g^3)	(g^5, g^{11})	$(g^{12}, 0)$	(g^{12}, g^{12})

选取点$G=(x_G, y_G)=(g^5, g^{11})$，例 6-9 中已求得点$G$的阶$n=8$。

Alice 在区间[1,7]内随机地选用整数$d_A=3$作为私钥来签名消息M（计算得到对应的公钥为$Q=d_AG=3G=(g^{10}, g^8)$，将其公开），假设M的 HASH 值是$e=H(M)=7$，Alice 执行以下步骤：

（1）在区间[1,7]内随机选取一个整数k,如$k=7$，则对应的$k^{-1}=7(\mathrm{mod}\,8)$。

（2）计算点$(x_1, y_1)=7G=(g^5, g^3)$。

（3）将$x_1=g^5=(0110)$表示成十进制整数 6，即$\overline{x_1}$=6。

（4）令$r=\overline{x_1}\bmod n=6\bmod 8=6$。

（5）计算$s=k^{-1}(e+d_Ar)\bmod n=7(7+3\times 6)\bmod 8=7$。

（6）对消息M的签名结果是$(r,s)=(6,7)$。

Bob 按如下步骤验证M'上的签名$(r',s')=(6,7)$：

（1）查找 Alice 的公钥$Q=(g^{10}, g^8)$。

（2）计算$e'=H(M')=7$。

（3）计算$c=(s')^{-1}\bmod n=7^{-1}\bmod 8=7$。

（4）计算$u_1=e'c\bmod n=7\times 7\bmod 8=1$及$u_2=r'c\bmod n=6\times 7\bmod 8=2$。

（5）计算点$(x_1, y_1)=u_1G+u_2Q=1G+2Q=(g^5, g^{11})+(g^0, g^{13})=(g^5, g^3)$。

（6）将$x_1=g^5=(0110)$表示成十进制整数 6，即$\overline{x_1}$=6。

（7）计算$v=\overline{x_1}\bmod n=6\bmod 8=6$。

（8）因为$r'=v=6$，故 Bob 接受该签名。

4. 椭圆曲线密钥交换协议（ECDH）

通信双方 Alice 和 Bob 基于椭圆曲线密码交换协议进行密钥交换的处理过程如下：

（1）选择参数p，确定椭圆曲线$E_p(a,b)$：$y^2=x^3+ax+b(\mathrm{mod}\,p)$，并在曲线上选择一个基点$G$，要求满足$n\times G=O$的最小的$n$值是一个足够大的素数。曲线$E$和初始点$G$是为双方所共知的系统公开参数。

（2）Alice 选择一个比n小的整数d_A作为私钥，产生一个公钥$P_A=d_A\times G$。

（3）Bob 类似地选择一个私钥d_B并计算出他的公钥$P_B=d_B\times G$。

（4）P_A和P_B都可以基于公开途径得到，Alice 计算$K=d_A\times P_B$,Bob 计算$K=d_B\times P_A$，将其用于双方通信的秘密密钥，实际上容易得知它们是相同的。

这就是椭圆曲线密钥交换协议（ECDH）。易见，ECDH 密钥交换协议的安全性基于椭圆曲线上的离散对数的安全性，即$P_A=d_A\times G$，$P_B=d_B\times G$，给定d_A, d_B, G容易计算P_A, P_B，

但给定 P_A, P_B, G 却很难计算 d_A, d_B。

【例 6-18】取 $p=211$，$a=0$，$b=-4$，即曲线为 $y^2=x^3-4$。取 $G=(2,2)$，可计算 $241G=O$，设 Alice 的私钥为 $d_A=121$，则 Alice 的公钥是 $P_A=d_A\times G=121(2,2)=(115,48)$。设 Bob 的私钥是 $d_B=203$，则 Bob 的公钥是 $P_B=d_B\times G=203(2,2)=(130,203)$。那么双方通信的秘密密钥是 121（130,203）= 203（115,48）=(161,169)。

5. 椭圆曲线密码体制的主要优点

与基于有限域上离散对数问题的公钥密码体制相比，椭圆曲线密码体制主要有以下三个方面的优点。

（1）安全性高

已知攻击有限域上离散对数问题的最快的方法为指数积分法，其运算复杂度为

$$O(\exp\sqrt[3]{(\log_2 p)(\log_2(\log_2 p)^2)}) \tag{6-31}$$

式中，模数 p 是素数。目前，攻击椭圆曲线上的离散对数问题的方法有大步小步法，该方法的运算复杂度为

$$O(\exp(\log_2\sqrt{p_{\max}})) \tag{6-32}$$

式中，$p_{\max}$ 是椭圆曲线所形成的 Abel 群的阶的最大素因子。因此，椭圆曲线密码体制比基于有限域上的离散对数问题的公钥密码体制更安全。

（2）密钥长度小

由攻击两类密码体制的算法复杂度可知，在相同的安全性能条件下，椭圆曲线密码体制所需要的密钥长度远小于基于有限域上的离散对数问题的公钥密码体制的密钥长度。

（3）算法灵活性好

在有限域 GF(p) 确定的情况下，其上的循环群也就确定了。但 GF(p) 上的椭圆曲线却可以通过改变曲线参数得到不同的曲线，从而形成不同的循环群。因此，椭圆曲线有丰富的群结构和多选择性，也正因如此，使得椭圆曲线密码体制能够在保持与 RSA/DSA 体制同等安全强度的情况下大大缩短密钥长度。

6. 椭圆曲线密码体制与离散对数密码体制的对比

以 ECC 为例的椭圆曲线离散对数密码体制和以 DH 为例的离散对数密码体制都归结为离散对数问题的难解性，它们的主要特征对比如表 6-2 所示。

表 6-2　离散对数密码体制和椭圆曲线密码体制的特征对比

特征	离散对数密码体制	椭圆曲线密码体制
条　件	GF(p)*	GF(p) 域上的椭圆曲线 E
基本操作	GF(p) 域内的乘法	GF(p) 域内点的加法
主要操作	（幂）子数运算	标量乘运算
基本元素	生成元 g	基点 G
基本元素的阶	素数 p	素数 p
私　钥	整数 $d\,(\bmod p)$	整数 $d\,(\bmod p)$
公　钥	GF(p) 域内元素 $e=g^d\,(\bmod p)$	椭圆曲线 E 上的点 $Q=d\times G\,(\bmod p)$

6.4.5　椭圆曲线中数据类型的转换方法

为了将待加密数据嵌入到椭圆曲线中，涉及多种数据类型的转换，如整数与字节串、点与字节串、字节串与域元素、域元素与整数，以及比特串与字节串间的转换，如图 6-11 所示。

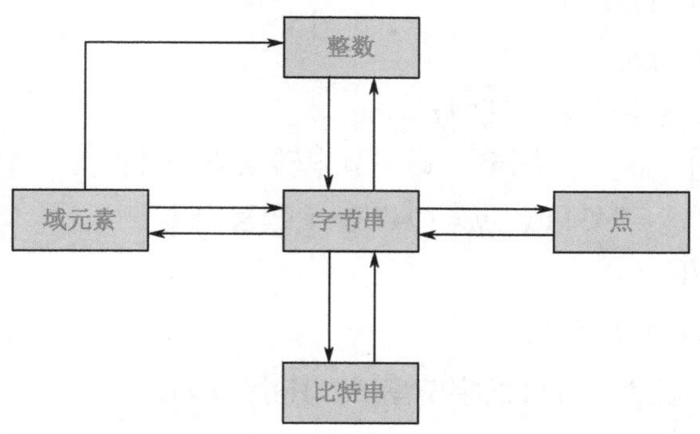

图 6-11　数据类型转换

定义在域 GF(p) 上的椭圆曲线 E 是由无穷远点 O 和一系列除无穷远点以外的椭圆曲线的点 $P=(x_p,y_p)$ 的集合，这里 x_p 和 y_p 都是满足一定方程的域 GF(p) 的元素。该点 $P=(x_p,y_p)$ 可以被压缩成只用 x_p 和一个确定的位 $\tilde{y}_p$ 表示，$\tilde{y}_p$ 源于 x_p 和 y_p。

（一） $GF(p)$ 上椭圆曲线的点压缩技术（可选）

假设 $P=(x_p,y_p)$ 是定义在素数域 GF(p) 上的椭圆曲线 $E: y^2=x^3+ax+b$ 上的点。$\tilde{y}_p$ 是 y_p 最右边的位。当已知 x_p 和 $\tilde{y}_p$ 时，y_p 能够通过以下的方法恢复：

（1）计算域元素 $\alpha=x_p^3+ax_p+b \bmod p$。

（2）计算 $\alpha \bmod p$ 的平方根 β。

（3）如果 β 最右边的位等于 $\tilde{y}_p$，那么令 $y_p=\beta$，否则，$y_p=p-\beta$。

（二）数据类型转换

1. 整数到字节串的转换

输入：非负整数 x，字节串要求的长度 k 满足 $2^{8k}>x$。

输出：长度 k 的字节串 M。

1）$M=M_1M_2\cdots M_k$。

2）M 的字节满足 $x=\sum_{i=1}^{k}2^{8k-i}M_i$。

【例 6-19】输入：$x=123456789$，$k=4$。

输出：$M=075BCD15$。

2. 字节串到整数的转换

输入：长度为 k 的字节串 M。

输出：整数 x。

（1）$M=M_1M_2\cdots M_k$。

（2）$x=\sum_{i=1}^{k}2^{8k-i}M_i$。

【例6-20】输入：$M=0003ABF1CD$。

输出：$x=61600205$。

3. 域元素到字节串的转换

输入：域$\mathrm{GF}(p)$中的元素α。

输出：长为$l=t/8$的字节串，其中$t=\log_2 p$。

$\alpha\in[0,1,\cdots,p-1]$，$\alpha$可以用整数到字节串转换方法转换为一个长度为$l$的字节串。

【例6-21】输入：$\alpha=94311$，$p=104729$（奇素数）。

输出：$S=017067(l=3)$。

4. 字节串到域元素的转换

输入：域$\mathrm{GF}(p)$，长为$l=t/8$的字节串S，其中$t=\log_2 p$。

输出：域$\mathrm{GF}(p)$中的元素α。

字节串S到整数α的转换用$\mathrm{GF}(p)$上椭圆曲线的点压缩技术来实现。

【例6-22】输入：$S=01E74E(l=3)$，$p=224737$（奇素数）。

输出：$\alpha=124750$。

5. 域元素到整数的转换

输入：域$\mathrm{GF}(p)$中的元素α。

输出：整数x。

$x=\alpha$，不需要转换。

【例6-23】输入：$\alpha=136567$，$p=287117$（奇素数）。

输出：$x=136567$。

6. 点到字节串的转换

无穷远点O的字节串表示应为一个零字节$\mathrm{PC}=00$。除了无穷远点外的其他椭圆曲线上的点$P=(x_p,y_p)$可以表示成三种形式：压缩、非压缩和混合式(包括压缩和非压缩形式的信息)。

输入：一个椭圆曲线的点$P=(x_p,y_p)$，不是无穷远点。

输出：一个长度为$l+1$的字节串PO（压缩式），或长度为$2l+1$的字节串（非压缩式和混合式），这里$l=\log_2 p/8$。

（1）转换域元素x_p到字节串X_1，使用域元素到字节串转换技术。

（2）如果是压缩模式，则执行以下操作：

计算位$\tilde{y}_p$；如果$\tilde{y}_p$是0，则将02赋值给单字节PC，否则将03赋值给单字节PC；最后的字节串结果应为$\mathrm{PO}=\mathrm{PC}\,\|\,X_1$。

（3）如果是非压缩模式，则执行以下操作：

转换域元素y_p到字节串Y_1，使用域元素到字节串的转换技术；将04赋给单字节PC；最后的转换结果为字节串$\mathrm{PO}=\mathrm{PC}\,\|\,X_1\|Y_1$。

（4）如果是混合模式，则执行以下操作：

转换域元素 y_p 到字节串 Y_1，使用域元素到字节串的转换技术；计算位 $\tilde{y}_p$；如果 $\tilde{y}_p$ 为 0，则将 06 赋值给单字节 PC，否则赋值为 07；最后的字节串结果为 $PO = PC \| X_1 \| Y_1$。

【例 6-24】输入：

$p = 6277101735386680763835789423207666416083908700390324961279$

椭圆曲线 $E: y^2 = x^3 + ax + b$，其中：

$a = 6277101735386680763835789423207666416083908700390324961276$

$b = 2455155546008943817740293915197451784769108058161191238065$

点 $P = (x_p, y_p)$，其中：

$x_p = 602046282375688656758213480587526111916698976636884684818$

$y_p = 174050332293622031404857552280219410364023488927386650641$

输出：

压缩形式：

PO = 03 188DA80E B03090F6 7CBF20EB 43A18800 F4FF0AFD 82FF1012

非压缩形式：

PO = 04 188DA80E B03090F6 7CBF20EB 43A18800 F4FF0AFD 82FF1012
07192B95 FFC8DA78 631011ED 6B24CDD5 73F977A1 1E794811

混合模式：

PO = 07 188DA80E B03090F6 7CBF20EB 43A18800 F4FF0AFD 82FF1012
07192B95 FFC8DA78 631011ED 6B24CDD5 73F977A1 1E794811

7. 字节串到点的转换

输入：一个长度为 $l+1$ 的字节串 PO（压缩式），或长度为 $2l+1$ 的字节串（非压缩式和混合式），这里 $l = {\log_2 p}/{8}$；用于定义 GF(p) 上的椭圆曲线的参数 a，b。

输出：一个椭圆曲线的点 $P = (x_p, y_p)$，不是无穷远点。

（1）如果使用压缩模式，则分解 PO 为 $PO = PC \| X_1$，其中 PC 是一个单字节，X_1 是一个长为 l 的字节串；如果是非压缩模式或混合模式，则分解 PO 为 $PO = PC \| X_1 \| Y_1$，其中 PC 是一个单字节，X_1 和 Y_1 都是一个长为 l 的字节串。

（2）转换 X_1 到域元素 x_p，使用字节串到域元素的转换技术。

（3）如果使用的是压缩模式，则执行以下操作：

证实 PC 等于 02 或 03（否则出错），如果为 02，则设置位 $\tilde{y}_p$ 为 0；如果为 03，则设置位 $\tilde{y}_p$ 为 1。转换 $(x_p, \tilde{y}_p)$ 为一个椭圆曲线上的点 (x_p, y_p)。

（4）如果使用的是非压缩模式，则执行以下操作：

证实 PC 等于 04（否则出错）；转换 Y_1 到一个域元素 y_p。

（5）如果使用的是混合模式，则执行以下操作：

证实 PC 等于 06 或 07（否则就出错）；执行以下两个步骤之一：

① 转换 Y_1 到一个域元素 y_p。

② 如果 PC 等于 06，则设置位 $\tilde{y}_p$ 为 0；如果 PC 等于 07，则设置位 $\tilde{y}_p$ 为 1。转换$(x_p$，

$\tilde{y}_p$)为一个椭圆曲线上的点(x_p, y_p)。

（6）对于素数p，证实$y_p^2 = x_p^3 + ax_p + b \bmod p$(否则出错)。

（7）结果为$P = (x_p, y_p)$。

【例 6-25】输入：

$p = 6277101735386680763835789423207666416083908700390324961279$

椭圆曲线$E: y^2 = x^3 + ax + b$，其中：

$a = 6277101735386680763835789423207666416083908700390324961276$

$b = 2455155546008943817740293915197451784769108058161191238065$

PO = 03 EEA2BAE7 E1497842 F2DE7769 CFE9C989 C072AD69 6F48034A

输出：

点$P = (x_p, y_p)$，其中：

$x_p = 5851329466723574623122023978072381191095567081251774399306$

$y_p = 2487701625881228691269808880535093938601070911264778280469$

8. 比特串到字节串的转换

输入：长度为m的比特串s。

输出：长度为k的字节串M，其中$k = \lceil m/8 \rceil$。

（1）设$s_{m-1}, s_{m-2}, \cdots, s_0$是$s$从最左边到最右边的比特。

（2）设$M_{k-1}, M_{k-2}, \cdots, M_0$是$M$从最左边到最右边的字节，则$M_i = s_{8i+7}, s_{8i+6}, \cdots, s_{8i+1}, s_{8i}$，其中$0 \leqslant i < k$，当$8i + j \geqslant m, 0 < j \leqslant 7$时，$s_{8i+j} = 0$。

9. 字节串到比特串的转换

输入：长度为k的字节串M。

输出：长度为m的比特串s，其中$m = 8k$。

（1）设$M_{k-1}, M_{k-2}, \cdots, M_0$是$M$从最左边到最右边的字节。

（2）设$s_{m-1}, s_{m-2}, \cdots, s_0$是$s$从最左边到最右边的比特，则$s_i$是$M_j$右起第$i - 8j + 1$比特，其中$j = i/8$。

扫一扫

基于C++程序实现的ECC密码算法的测试源代码参见二维码：

6.5 格密码

6.5.1 格密码概述

量子计算对目前广泛应用的以RSA和ECC等为代表的公钥密码体制形成严重威胁。针对能够抵抗量子计算的后量子密码体制的研究已成为密码学界和信息安全领域的一个重要研究方向，格密码是一类备受关注的抗量子计算攻击的公钥密码体制，近年来出现了大量的研究成果。

格理论最初是作为一种密码分析工具被引入密码学中的。1997 年，Ajtai 和 Dwork 第一次构造了一个基于格的密码体制 Ajtai-Dwork（简称 A-D）；1998 年，出现了基于格的 NTRU 密码体制；2009 年，Gentry 基于格密码构造了首个全同态密码方案，自此格密码得到广泛发展；2015 年，美国国家标准和技术研究院（NIST）发布了“后量子密码报告”，格密码成为后量子密码算法标准最有力的竞争者。

新的格加密安全技术可以把数据隐藏在一种名为格 (lattice) 的复杂代数结构中。格是 m 维欧几里得空间 $\boldsymbol{R}^m$ 中一类具有周期性结构离散点的集合，或一个离散的加法子群，严格地说，格是 m 维欧几里得空间 $\boldsymbol{R}^m$ 的 $n\,(m \geqslant n)$ 个线性无关向量组 $\boldsymbol{b}_1, \boldsymbol{b}_2, \cdots, \boldsymbol{b}_n$ 的所有整系数线性组合，即

$$L(\boldsymbol{B}) = \left\{ \sum_{i=1}^{n} x_i b_i : x_i \in \boldsymbol{Z}, i = 1, 2, \cdots, n \right\} \tag{6-33}$$

向量组 $\boldsymbol{b}_1, \boldsymbol{b}_2, \cdots, \boldsymbol{b}_n$ 称为格的一组基向量，任意一组基可以用一个实数矩阵 $\boldsymbol{B} = [\boldsymbol{b}_1, \boldsymbol{b}_2, \cdots, \boldsymbol{b}_n] \in \boldsymbol{R}^{n \times n}$ 表示，矩阵的列向量由基向量组成。同一个格可以用不同的格基表示。m 称为格的维数，n 称为格的秩。满足 $m = n$ 的格为满秩的，通常只考虑满秩的格。

在格上存在各种计算困难问题，例如：最短向量问题（Shortest Vector Problem，SVP），即给定格 $L \subseteq \boldsymbol{Z}^n$，找到一个非零格向量 $\boldsymbol{v}$，满足对任意非零向量 $\boldsymbol{u} \in L, \|\boldsymbol{v}\| \leqslant \|\boldsymbol{u}\|$。符号 $\|\bullet\|$ 表示范数。求解最短向量问题就是找到格中距离原点最近的点；最近向量问题(Closest Vector Problem，CVP)，即给定一个格 L 和目标向量 $\boldsymbol{t} \in \boldsymbol{R}^m$，找一个非零格向量 $\boldsymbol{v}$，满足对任意非零向量 $\boldsymbol{u} \in L, \|\boldsymbol{v} - \boldsymbol{t}\| \leqslant \|\boldsymbol{u} - \boldsymbol{t}\|$。

基于格的密码体制的安全性依赖于格中困难问题的难解程度，格中很多困难问题被证明是 NP 困难的，因此这类体制被普遍认为具有抗量子攻击的特性。即使未来量子计算机强大到足以攻破当今的加密技术，密码学家仍可以利用这些问题的难解性来保护信息。格加密这种全能的代数密码学不仅能打败未来的量子计算机，而且是全同态加密（Fully Homomorphic Encryption，FHE）技术的基础。

目前，文件在传输过程中和静止时都会被加密，但在使用时又会被解密，这就让黑客有足够的机会来查看或窃取未加密的文件。以 FHE 为代表的密码学安全计算技术填补了这一漏洞，各方在文件处于加密状态时仍能对数据进行计算。目前，FHE 速度太慢且成本很高，还不能广泛应用，但算法调优和硬件加速技术已经将 FHE 的运行时间和使用费用降低了几个数量级，以前需要耗时多年的计算现在只需几小时甚至几分钟就能完成。

FHE 和其他安全计算工具能让不同合作方在一个文件上执行计算，这就避免了敏感数据被泄露给黑客。例如，一个用户信用报告机构可以在不解密个人数据的情况下分析和生成信用评分；初级护理医生可以同专家、实验室或基因组学研究人员及制药公司共享患者医疗记录，各方都能在不暴露患者身份的情况下访问相关数据。

格密码体制的运算具有线性特性，比 RSA 等经典公钥密码体制具有更快的实现效率，且该类密码体制的安全性基于 NP-Hard 或者 NP-C 问题，这使得格密码体制成为抗量子攻击的密码体制中最核心研究领域。格密码兼具安全性和效率优势，被认为是目前最有前途的

抗量子计算密码体制。

6.5.2 格密码体制描述

为了提高格密码的效率，密码学家提出了一类具有特殊代数结构的格，即理想格，f 理想格是对应于环 $\boldsymbol{R}=Z[X]/\langle f\rangle$ 的一类理想格，其中 f 是首项系数为 1 的不可约多项式，如 $f=x^n+1$（n 是 2 的幂次方）。

1. 基于格的加解密

以 NTRU 公钥密码方案为例进行介绍。基于格的 NTRU 加密体制由三位数学家 Jeffrey Hoffstein, Jill Pipher 和 Joseph H. Silverman 于 1996 年提出，被认为很可能是后量子时代 RSA 和椭圆曲线加密算法的替代者，该体制的破解可以转化成求解格中最短向量的问题。与 RSA 体制相比，NTRU 加密体制的加密、解密速度更快，而且随着安全参数的提高，NTRU 的速度优势更加明显。2008 年，IEEE 标准 1363.1 制定了基于格的密码体制，主要是 NTRU 加密体制的标准。作为基于格的密码体制，NTRU 的很多分析结果是基于格中困难问题的算法得到的。

每个密码系统由三个整数（N,p,q）确定（根据最新的研究成果，不同安全级别对应的参数选取建议如表 6-3 所示），环中所有多项式的最高阶为 $N-1$，p 和 q 分别代表一个小的模数和一个大的模数；假设 N 是素数，q 总是大于 p，且 p 和 q 是互素的。

表 6-3 不同安全级别对应的参数选取

安全级别	N	q	p
适度安全	167	128	3
标准安全	251	128	3
高安全	347	128	3
最高安全	503	256	3

先引入两个多项式函数的定义，选取整数 N，设多项式函数 $f=a_{N-1}x^{N-1}+\cdots+a_1x+a_0$ 和多项式函数 $g=b_{N-1}x^{N-1}+\cdots+b_1x+b_0$ 的次数小于 N，式中 $a_i,b_i\in\{-1,0,1\}$。它们被认为是环 $\boldsymbol{R}$ 中模 x^N-1 的剩余类，且要求 f 模 p 和模 q 的逆存在，即 $f\cdot f_p=1(\bmod p)$，且 $f\cdot f_q=1(\bmod q)$ 成立。

1）公钥的生成

当 Alice 向 Bob 发送保密消息时，他们需要知道公钥，但私钥只有 Bob 知道。要生成密钥对，需要用到两个最高次为 $N-1$ 的多项式 f 和 g。f 和 $f_p(\bmod g)$ 是 Bob 的私钥，公钥 h 按如下方式生成：

$$h=pf_q\cdot g(\bmod q) \tag{6-34}$$

例如，设参数$(N,p,q)=(11,3,32)$，该参数为每个人所知，则多项式 f 和 g 的最高次为 10，这两个多项式被随机选取，假设为

$$f=-x^{10}+x^9+x^6-x^4+x^2+x-1$$

$$g=-x^{10}-x^8+x^5+x^3+x^2-1$$

根据欧几里得算法，f 模 p 和模 q 的逆分别为

$$f_p = 2x^9 + x^8 + 2x^7 + x^5 + 2x^4 + 2x^3 + 2x + 1 \pmod 3$$

$$f_q = 30x^{10} + 18x^9 + 20x^8 + 22x^7 + 16x^6 + 15x^5 + 4x^4 + 16x^3 + 6x^2 + 9x + 5 \pmod{32}$$

根据上述方法计算得到公钥

$$h = pf_q \cdot g \pmod{32} = 16x^{10} - 13x^9 + 12x^8 - 13x^7 + 15x^6 - 8x^5 + 12x^4 - 12x^3 - 10x^2 - 7x + 8 \pmod{32}$$

2）加密过程

通过预处理阶段，将明文m表示成次数小于N且系数的绝对值至多为$(p-1)/2$的多项式，并选择一个小系数（不限于$\{-1,0,1\}$）的多项式φ（称为“盲值”），用 Bob 的公钥h计算密文

$$c = \varphi \cdot h + m \pmod q \tag{6-35}$$

例如，假设 Alice 想发送的明文消息可表示成多项式

$$m = x^{10} + x^9 - x^8 - x^4 + x^3 - 1$$

随机选择的“盲值”表示为

$$\varphi = -x^7 - x^5 + x^4 + x^3 + x^2 - 1$$

那么，密文为

$$\begin{aligned} c &= \varphi \cdot h + m \pmod{32} \\ &= 19x^{10} + 6x^9 + 25x^8 + 7x^7 + 30x^6 + 16x^5 + 14x^4 + 24x^3 + 26x^2 + 11x + 14 \pmod{32} \end{aligned}$$

3）解密过程

任何知道φ的人都能计算恢复消息m，因此，Alice 不能公开φ。Bob 知道自己的私钥，首先，他将密文c与私钥的一部分f进行乘运算，其中利用了$f \cdot f_q = 1 \pmod q$。

$$\begin{aligned} a &= f \cdot c \pmod q \\ &= f \cdot (\varphi \cdot h + m) \pmod q \\ &= f \cdot (\varphi \cdot pf_q \cdot g + m) \pmod q \\ &= p\varphi \cdot g + f \cdot m \pmod q \end{aligned}$$

其中多项式a的所有系数的绝对值至多为$q/2$，即其取值范围为$[-q/2, q/2]$。

接下来计算a模p，因为$p\varphi \cdot g \pmod p = 0$，所以有

$$\begin{aligned} b &= a \pmod p \\ &= f \cdot m \pmod p \end{aligned}$$

已知b，Bob 就可以用私钥的另一部分（f_p）来恢复明文。因为$f_p \cdot f = 1 \pmod p$，所以有

$$\begin{aligned} f_p \cdot b &= f_p \cdot f \cdot m \pmod p \\ &= m \pmod p \end{aligned}$$

例如，来自 Alice 的密文c与多项式f相乘，得

$$a = f \cdot c \pmod{32}$$
$$= -7x^{10} - 3x^9 + 5x^8 + 7x^7 + 6x^6 + 7x^5 + 10x^4 - 11x^3 - 10x^2 - 7x + 3 \pmod{32}$$

将 a 的系数模 p，得

$$b = a \pmod 3$$
$$= -x^{10} - x^8 + x^7 + x^5 + x^4 + x^3 - x^2 - x \pmod 3$$

根据 $f_p \cdot b = f_p \cdot f \cdot m \pmod p = m \pmod p$，得

$$m = x^{10} + x^9 - x^8 - x^4 + x^3 - 1$$

这就是 Alice 发送给 Bob 的原始明文消息。

由于加密和解密都是简单的多项式相乘，因此相对于其他的非对称密码算法（如 RSA，ECC，ElGamal），格密码的运算相对很快。

2. 基于格的数字签名

近年，基于格的数字签名发展出多种方案，典型的方案有基于 Fiat-Shamir 变换的签名方案和 Goldreich-Goldwasser-Halevi (GGH)签名方案。

1）基于 Fiat-Shamir 变换的签名方案

该方案基本是利用 Fiat-Shamir 变换思路来构造高效、安全的签名方案，一般要经历“困难问题—抗碰撞 Hash 函数——次签名—身份认证协议—数字签名”的过程，以格上 Ring-SIS（Small Integer Solution,小整数解）为例，其大致过程如下。

选取环 $R = Z_p[X]/\langle X^n + 1\rangle$，定义抗碰撞 Hash 函数 $h_a(z) = a \cdot z$，其中 $a \in \boldsymbol{R}^m$，$z \in D^m \subseteq \boldsymbol{R}^m$（$z$ 为私钥）。首先构造一个三轮的身份认证协议：

（1）证明者在 $\boldsymbol{R}$ 中随机选取一个向量 $\boldsymbol{y}$，根据实际情况可以适当限制它的范数。

（2）证明者向验证者发送 $b = h(\boldsymbol{y})$。

（3）验证者选取一个随机的“挑战” c，并发送给证明者。

（4）证明者的应答（签名输出）为 $r = \boldsymbol{y} + zc$。

（5）验证者验证 $h(r) = b + h(z)c$。

承诺 $\boldsymbol{y}$ 的作用主要是隐藏私钥。把协议中的验证者替换为随机预言机，利用 Fiat-Shamir 变换就可以构造出一个数字签名方案。

2）Goldreich-Goldwasser-Halevi (GGH)签名方案

该方案是基于解决格中的最近向量问题（CVP）。基于 GGH 签名方案的具体实现是 NTRUsign 签名算法，下面详细介绍 NTRUsign 签名算法。

NTRUsign 的操作定义在系数为整数、且次数小于 N 的多项式集 R 上（参数 N 是固定的），多项式的基本操作包括加和卷积乘（*），两个多项式 f 和 g 的卷积乘定义为 $f * g$ 中 X^k 的系数等于

$$(f * g)_k = \sum_{i+j \equiv k \pmod N} f_i \cdot g_j \quad (0 \leqslant k < N) \tag{6-36}$$

R 是环 $R = Z[X]/(X^N - 1)$，如果多项式之一的所有系数选自集 $\{0,1\}$，则结果是二进制的。如果多项式的系数通过模 q 来减小，则结果称为模数。

对于任意$a \in Q$，$\lfloor a \rceil$表示最接近a的整数，定义$\{a\} = a - \lfloor a \rceil$。如果$A$是系数为有理数或实数的多项式，则定义$\lfloor A \rceil$和$\{A\}$是$A$的相应系数的操作。

NTRUsign的基本操作如下：

（1）密钥生成。

步1：输入整数$N,q,d_f,d_g,B \geqslant 0$，以及串$t=$“standard”或“transpose”。

步2：生成B私有格基和一个公有格基，设置$i=B$。当$i \geqslant 0$时：

① 随机选择$f,g \in R$，其二进制分别表示为d_f,d_g。

② 寻找小的$F,G \in R$满足$f*G-F*g=q$。

③ 当$t=$“standard”时，设置$f_i=f$且$f_i'=F$。当$t=$“transpose”时，设置$f_i=f$且$f_i'=g$。设置$h_i=f_i^{-1}*f_i' \bmod q$，$i=i-1$。

步3：公钥输出。所有输入的参数和$h=h_0=f_0^{-1}*f_0' \bmod q$。

步4：私钥输出。公钥输出内容和集$\left\{f_i,f_i',h_i\right\}$（$i=0,\cdots,B$）。

（2）签名。

要求一个散列函数$H:D \to R$，D是一个数字文档空间。签名还要求一个范函数$\|\cdot\|$：$R^2 \to \boldsymbol{R}$和一个“范边界”$N \in \boldsymbol{R}$。对于$(s,t) \in R^2$，定义$\|(s \bmod q, r \bmod q)\|$是$\|(s+k_1q, r+k_2q)\|(k_1,k_2 \in \boldsymbol{R})$的最小值。

步1：输入一个数字文档$d \in D$和私钥$\left\{f_i,f_i',h_i\right\}$（$i=0,\cdots,B$）。

步2：设置$r=0$。

步3：设置$s=0$，$i=B$。将r编码成二进制串。设置$m_0=H(d \| r)$，这里“$\|$”表示连接。设置$m=m_0$。

步4：用私有格扰动点。当$i \geqslant 1$时：

① 设置$x=\left\lfloor -(1/q)m*f_i' \right\rceil, y=\left\lfloor (1/q)m*f_i \right\rceil, s_i=x*f_i+y*f_i'$。

② 设置$m=s_i*(h_i-h_{i-1}) \bmod q$。

③ 设置$s=s+s_i$，$i=i-1$。

步5：用公有格签名这个被扰动的点。设置$x=\left\lfloor -(1/q)m*f_0' \right\rceil, y=\left\lfloor (1/q)m*f_0 \right\rceil$，$s_0=x*f_0+y*f_0', s=s+s_0$。

步6：核实签名。

① 设置$b=\|(s, s*h-m_0 \bmod q)\|$。

② 如果$b>N$，则设置$r=r+1$，返回步3。

步7：输出三维组(d,r,s)。

（3）证实。

要求同样的散列函数H，范函数$\|\cdot\|$和“范边界”$N \in \boldsymbol{R}$。

步1：输入被签名的文档(d,r,s)和公钥h。

步2：将r编码成二进制串。设置$m=H(d \| r)$。

步 3：设置 $b=\|(s,s*h-m \bmod q)\|$。

步 4：输出。如果 $b<N$，则签名被证实为有效，否则为无效签名。

3. 基于格的密钥交换

基于格的密钥交换协议以 2014 年 Peikert 提出的 Reconciliation 技术为典型，其密钥封装机制的基本构造如图 6-12 所示。

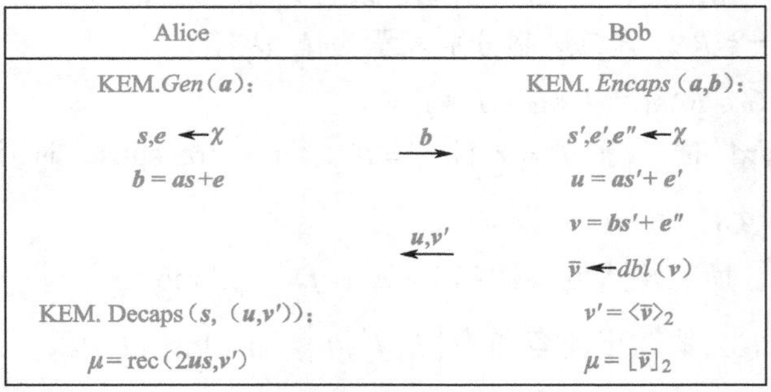

Alice		Bob
KEM.*Gen*（$\boldsymbol{a}$）:		KEM. *Encaps*（$\boldsymbol{a},\boldsymbol{b}$）:
$\boldsymbol{s},\boldsymbol{e} \leftarrow \chi$	$\xrightarrow{\boldsymbol{b}}$	$\boldsymbol{s}',\boldsymbol{e}',\boldsymbol{e}'' \leftarrow \chi$
$\boldsymbol{b}=\boldsymbol{a}\boldsymbol{s}+\boldsymbol{e}$		$\boldsymbol{u}=\boldsymbol{a}\boldsymbol{s}'+\boldsymbol{e}'$
		$\boldsymbol{v}=\boldsymbol{b}\boldsymbol{s}'+\boldsymbol{e}''$
	$\xleftarrow{\boldsymbol{u},\boldsymbol{v}'}$	$\overline{\boldsymbol{v}} \leftarrow dbl(\boldsymbol{v})$
KEM. Decaps（$\boldsymbol{s}$,（$\boldsymbol{u},\boldsymbol{v}'$））:		$\boldsymbol{v}'=\langle\overline{\boldsymbol{v}}\rangle_2$
$\boldsymbol{\mu}=\text{rec}(2\boldsymbol{u}\boldsymbol{s},\boldsymbol{v}')$		$\boldsymbol{\mu}=[\overline{\boldsymbol{v}}]_2$

图 6-12 Peikert 密钥封装机制

向量 $\boldsymbol{a}$ 随机选取于环 R_q，其中对于 Alice，环元素是 $\boldsymbol{us}=\boldsymbol{ass}'+\boldsymbol{e}'\boldsymbol{s}$，对于 Bob，则为 $\boldsymbol{v}=\boldsymbol{bs}'+\boldsymbol{e}''=\boldsymbol{ass}'+\boldsymbol{es}'+\boldsymbol{e}''$。在不泄露双方私钥的情况下，为保证得到完全相同的密钥，Peikert 定义 $\langle \boldsymbol{v}\rangle_2 := \left[\dfrac{4}{q}\times \boldsymbol{v}\right] \bmod 2$，对于 随机选取的 $\overline{\boldsymbol{e}}$，定义随机函数 $\text{dbl}(\boldsymbol{v}) := 2\boldsymbol{v}-\overline{\boldsymbol{e}}$，其中 $\overline{\boldsymbol{e}}=0$ 的概率为 50%，$\overline{\boldsymbol{e}}=1$ 和 $\overline{\boldsymbol{e}}=-1$ 的概率均为 25%。令 $I_0=\left\{0,1,\cdots,\left[\dfrac{q}{2}\right]-1\right\}$，$I_1=\left\{-\left[\dfrac{q}{2}\right],\cdots,-1\right\}$，$E=\left[-\dfrac{q}{4},\dfrac{q}{4}\right]$，则调节函数定义为

$$\text{rec}(\boldsymbol{w},\boldsymbol{b})=\begin{cases}0, & \boldsymbol{w}\in I_b+E \bmod q\\ 1, & \text{其他}\end{cases} \tag{6-37}$$

Peikert 证明了只要 $\boldsymbol{v}$ 是均匀随机选取的，$\langle \boldsymbol{v}\rangle_2$ 就不会泄露 $[\boldsymbol{v}]_2$ 的任何信息，并且在一定条件下有 $\text{rec}(\boldsymbol{w},\langle \boldsymbol{v}\rangle_2)=[\boldsymbol{v}]_2$。因此，只需 Alice 计算 $\boldsymbol{\mu}=\text{rec}(2\boldsymbol{us},\boldsymbol{v}')$，Bob 计算 $\boldsymbol{\mu}=[\boldsymbol{v}]_2$，他们就可以得到共同的密钥。

格密码体制具有以下优势。

（1）格问题在最坏情况下的困难性可以归结为一类随机格中问题求解的困难性，这使得基于格的密码体制具有可证明安全的性质。格密码已被证明在最坏条件下和平均条件下具有同等的安全性。

（2）格公钥密码主要使用小整数的模加和模乘运算，这便于采用并行运算等计算手段。由于格公钥密码所基于的代数结构简单、清晰，因此便于系统的软、硬件实现。格算法具有简单易实现、高效性、可并行性等特点，其运算通常只涉及矩阵、向量之间的线性运算。

（3）格密码特殊的几何结构在全同态密码中拥有先天的优势；格密码具有抗量子计算的潜力。由于格密码在处理速度和内存需求方面具有大的优势，因此能用于移动终端和智能卡等领域。

6.5.3　格密码的发展

格密码的发展大体分为两条主线：一是从具有悠久历史的格经典数学问题的研究发展到近 30 多年高维格困难问题的求解算法及其计算复杂性理论研究；二是从使用格困难问题的求解算法分析非格公钥密码体制的安全性发展到基于格困难问题的密码体制的设计。格密码理论正处于完善与发展过程中，由于格中问题的具体困难性并不完全明晰，因此相较 RSA、ECC 等公钥密码体制，对格公钥密码进行安全性评估以及较精确的参数选择更为困难，这些方面还需要进一步研究。

格密码已经成为当前密码学研究的热点，在理论还是实用价值方面都有很大的潜力，但它还需要进一步完善和发展。未来格密码领域的发展主要包括 3 个方面。

（1）求解格中困难问题的算法的发展。研究人员试图求解更高维数随机格和密码格的最短向量问题。最近两年在求解 SVP 的算法等方面取得了很多突破性进展。目前求解 SVP 的实用化算法有格基约化算法、枚举算法和启发式筛法，特别是利用离散高斯分布、分解的生日攻击和球面 Locality-sensitive Hash 映射技术随机产生短向量从而筛选出最短向量的启发式筛法，近年开始被应用到求解最短向量问题上，并取得了一些非常好进展。此外，很多密码算法基于具有代数结构的特殊格上困难问题的求解还没有取得满意的结果，因此这方面的研究引起了研究人员的特别关注。

（2）设计方面。单向陷门函数的设计是加密、签名、密钥协商协议的基础。当前可证明安全的公钥加密方案根据所基于陷门函数的不同，分为基于单向陷门函数的设计和基于有损陷门函数的设计。其中，Micciancio 和 Peikert 基于带误差的学习（Learning With Errors, LWE）问题所构造的公钥加密方案是当前该类构造中的最优方案，所需公钥尺寸为 $O(n^2)$。基于效率考虑，当前最主要的研究思路是基于多项式环上的 SIS（小整数解）和 LWE 问题构造方案。但对于某些特殊的多项式环和参数，Ring-LWE 和 Ring-SIS 的安全性很弱，关键是要在保证算法安全性不降低且算法简单有效的前提下，选取多项式环和参数。此外，为了使所构造的单向陷门函数的参数更优，需要设计更好的离散高斯采样算法。有了好的单向陷门函数，就可以设计效率和安全强度更高的抗量子计算攻击的公钥加密和签名方案。

（3）格密码的实现安全。当算法达到实现程度后，就需要研究算法抵抗侧信道攻击和错误注入攻击的能力。侧信道攻击指通过相应设备及技术获取密码设备运行过程中泄露出的能量消耗、电磁辐射、运行时间等信息，并利用这些信息攻击密码系统的一种方法。错误注入攻击主要通过物理手段主动修改密码设备的加密、解密实现中的内部状态，得到一些额外的输出信息；该攻击需要攻击者近距离接触设备，并在特定时刻向设备的特定位置注入故障，以破坏密码系统。近年来大量研究结果表明，侧信道攻击比传统密码分析方法更有效，也更易于实现。目前基于格的密码算法在安全实现方面的研究不多，但越来越多的研究人员已经开始意识到侧信道攻击对格密码算法的威胁，并对各种侧信道攻击方法和预防措施进行研究，以保证格密码算法的实现安全。

复杂工程问题实践

[非对称密码算法的工程应用实践] 随着移动通信技术和电子商务等的快速发展，移动

支付已非常流行和普遍，但其安全问题随之出现：最近有人说自己的银行卡从未遗失，密码从未泄露，卡上的金额却莫名其妙地被转走了。据分析，排除用户手机中被植入木马的可能，造成这种现象的原因可能是手机支付短信被嗅探。试选用适宜的非对称密码算法或其组合，设计一个阻止手机短信嗅探攻击的系统，并对其进行工程实现、测试和评估。

习 题

6.1　为什么要引入非对称密码体制？

6.2　对公钥密码体制的要求是什么？

6.3　什么是单向陷门函数？单向陷门函数有何特点？如何将其应用于公钥密码体制？

6.4　简述公钥密码体制的主要应用方向。

6.5　简述 Diffie-Hellman 算法实现密钥交换的原理。该算法基于什么数学难题？

6.6　在 Diffie-Hellman 方法中，设公用素数 $q=11$，本原元等于 2。若用户 A 的公钥 $Y_A=9$，则 A 的私钥 X_A 为多少？如果用户 B 的公钥 $Y_B=3$，则共享的密钥 K 为多少？

6.7　RSA 算法的理论基础是什么？

6.8　编写程序实现 RSA 算法。

6.9　设通信双方使用 RSA 加密体制，接收方的公开密钥是（5,35），接收到的密文是 10，求明文。

6.10　选择 $p=7$，$q=17$，$e=5$，试用 RSA 方法对明文 $m=19$ 进行加密、解密运算，给出签名和验证结果（给出其过程），并指出公钥和私钥各为什么。

6.11　编写程序计算 16^{15}mod4731。

6.12　试编写程序判断 2537 是否为素数。

6.13　ECC 的理论基础是什么？它有何特点？

6.14　椭圆曲线 $E_{11}(1,6)$ 表示 $y^2 \equiv x^3+x+6 \bmod 11$，求其上的所有点。对于 $E_{11}(1,6)$ 上的点 $G=(2,7)$，计算 2G 的值。

6.15　设实数域上的椭圆曲线为 $y^2=x^3-36x$，令 $P=(-3,9), Q=(-2,8)$。计算 $P+Q$。

6.16　利用椭圆曲线实现 ElGamal 密码体制，设椭圆曲线是 $E_{11}(1,6)$，生成元 $G=(2,7)$，接收方 A 的私钥 $n_A=7$。求：

（1）A 的公开密钥 P_A。

（2）发送方 B 欲发送消息 $P_m=(10,9)$，选择随机数 $k=3$，求密文 C_m。

（3）显示接收方 A 从密文 C_m 恢复消息 P_m 的计算过程。

6.17　格密码有何优势？

6.18　格密码体制的基本内容是什么？

第 7 章　杂凑算法、区块链和消息认证

知识单元与知识点	➢ 杂凑函数、消息摘要、杂凑算法、区块链、消息认证、认证协议等概念； ➢ 杂凑函数的应用； ➢ SHA 系列杂凑算法； ➢ 区块链的技术架构和提升网络安全的模式； ➢ 消息认证的实现方法； ➢ 认证协议。
能力点	✧ 深入理解杂凑函数、消息摘要、杂凑算法、区块链、消息认证、认证协议等概念； ✧ 了解杂凑函数的应用； ✧ 把握 SHA 系列杂凑算法的原理； ✧ 了解区块链的优势及其提升网络信息安全的模式； ✧ 把握消息认证的实现方法与协议。
重难点	■ 重点：杂凑函数和消息摘要的相关概念；SHA 系列杂凑算法的原理。 ■ 难点：区块链的数据模型、认证协议。
学习要求	✓ 掌握杂凑函数、消息摘要、杂凑算法、区块链、消息认证、认证协议等概念； ✓ 掌握 SHA 系列杂凑算法的原理； ✓ 了解区块链提升网络信息安全的模式及其应用方向； ✓ 了解消息认证的实现方法与协议。
问题导引	→ 杂凑算法对信息安全的意义是什么？ → 区块链的产生背景是什么？其应用前景如何？ → 如何理解认证协议？

7.1　杂凑函数

杂凑函数（或称 HASH 函数、散列函数）是杂凑算法的基础，它是一种单向密码体制，即它是一个从明文到密文的不可逆映射，只有加密过程，不能解密。同时，杂凑函数可以将任意长度的输入经过变换以后得到固定长度的输出。杂凑函数的这种单向性特征和输出数据长度固定的特征使得它可以生成消息的“数字指纹”（或称消息摘要、杂凑值、HASH 值或散列值），因此在数据完整性认证、数字签名等领域有广泛的应用。

7.1.1 杂凑函数的概念

杂凑函数是满足以下要求的一类函数：

1. 基本要求

（1）算法公开，不需要密钥。

（2）有数据压缩功能，能将任意长度的输入转换成一个固定长度的输出。

（3）容易计算。即给出消息 M，容易计算该消息的杂凑值 $h(M)$。

2. 安全性要求

（1）给定消息的杂凑值 $h(M)$，要求出消息 M，在计算上不可行的。即对给定的一个杂凑值，不可能找出一条消息使其杂凑值正好是给定的。这就是单向性。

（2）给定消息 M 和其杂凑值 $h(M)$，要找到另一个与 M 不同的消息 M' 并使得它们的杂凑值相同，是不可能的（即弱抗碰撞性）。

（3）对于任意两个不同的消息 M 和 M'，它们的杂凑值不可能相同（即强抗碰撞性）。实际上任意两个消息如果略有差别，则它们的杂凑值会有很大的不同。要求杂凑函数具有强的码间相关性，如果修改明文中的一个比特，则会使输出比特串中大约一半的比特发生变化，即雪崩效应。这样，最后得到的杂凑值将与明文的每一个比特密切相关。

碰撞性是指对于两个不同的消息 M 和 M'，如果它们的杂凑值相同，则发生了碰撞。虽然可能的消息是无限的，但可能的杂凑值却是有限的，如对于 SHA-1 而言，可能的杂凑值总数为 2^{160}。显然，不同的消息可能会产生相同的杂凑值，即碰撞是存在的，但没有人能按要求找到一个碰撞（对于一些算法，到目前为止，没有人发现过碰撞，即使意外的发现也没有）。也就是说，安全的杂凑算法要求是不可预测的，攻击者不能指望稍微改变明文消息就可以得到一个相似的杂凑值。

7.1.2 安全杂凑函数的一般结构

安全杂凑函数的一般结构如图 7-1 所示。这是一种迭代结构杂凑函数，由 Merkle 提出，包括 SHA-1 等在内的目前所使用的大多数杂凑函数都采用这种结构。杂凑函数接收一个输入报文 M，并将其分为 t 个固定长度的分组。如果最后一个数据块不满足输入分组的长度要求，则可以进行填充（最后一个分组中包含输入的总长度）。

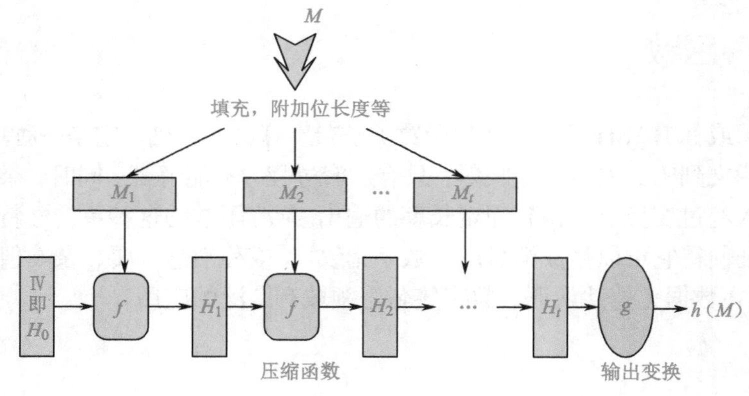

图 7-1 安全杂凑函数的一般结构

该杂凑算法重复使用一个压缩函数 f，压缩函数 f 有两个输入：一个是前一阶段的 n 比特输出；另一个来源于消息的 r 比特分组，并产生一个 n 比特的输出。算法开始时需要有一个初始向量 IV，最终的输出值通过一个输出变换函数得到消息的杂凑值。通常 $r>n$，故称 f 为压缩函数。压缩函数是安全杂凑函数的处理单元，它的组成如图 7-2 所示。

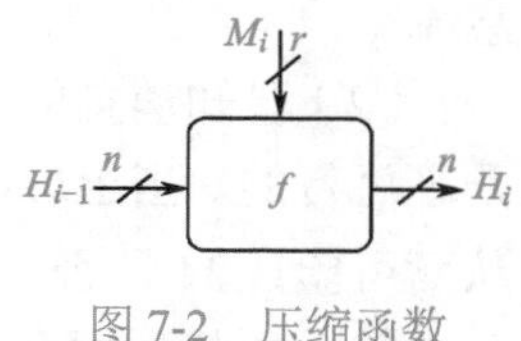

图 7-2 压缩函数

整个杂凑函数的逻辑关系为

$$H_0 = IV \tag{7-1}$$

$$H_i = f(H_{i-1}, M_i)(i = 1, 2, \cdots, t) \tag{7-2}$$

$$h(M) = g(H_t) \tag{7-3}$$

7.1.3 填充

在生成杂凑值之前对输入消息进行分组时，如果最后一块报文不足 r 比特，就要进行填充。填充的方法是：在最后一块分组后进行填充，保证填充后的分组的最后 64 比特为整个消息的总长度（以比特为单位），然后在中间进行填充。填充有两种方式：一种是全部填充 0；另一种是填充比特的最高位为 1，其余均为 0。如图 7-3 所示。

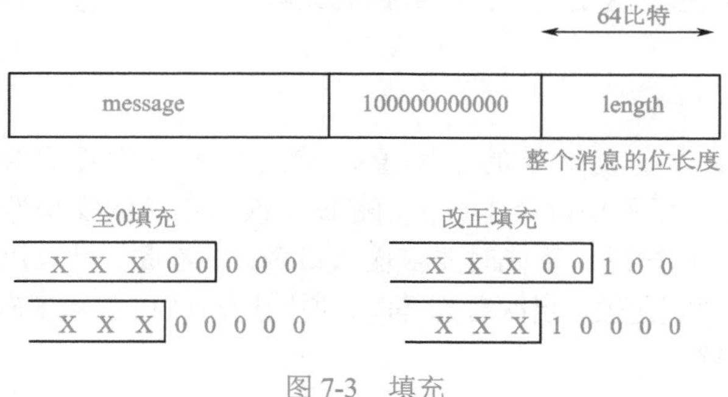

图 7-3 填充

7.1.4 杂凑函数的应用

1. 数字签名

消息摘要是通过单向函数将需加密的任意长度明文“摘要”成一串固定长度的密文。不同的明文摘要成密文，其结果总是不同的；而同样的明文，其摘要必定一致。因此，摘要成为明文是否完整的“指纹”。摘要的数据结构如图 7-4 所示。

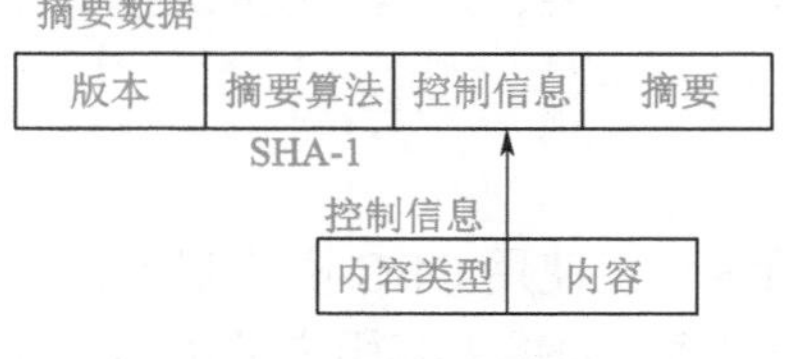

图 7-4 摘要数据结构

由于消息摘要通常比消息本身小得多，因此对消息摘要进行数字签名在处理上比直接对消息本身进行数字签名高效得多，所以数字签名通常都是对消息摘要进行操作。

用于数字签名的杂凑函数具有以下属性：

（1）给定消息 M 和对它的 HASH 值的私钥签名，不可能找到另外一个不同的消息 M'，使得它们的 HASH 值相同，也就不可能有相同的签名。当争议发生时，需要向仲裁者（如法庭）提供收到的消息 M' 和签名 $\text{sgn}(M)$，从而可对签名进行验证以证实确实发送过消息 M。

（2）已知消息的 HASH 值 Y，要伪造一个消息 M 使得它的 HASH 值等于 Y，在计算上是不可行的。当出现争议时，需要向仲裁者（如法庭）提供收到的消息 M' 和签名 $\text{sgn}(M)$，从而可验证 M 是否属于伪造。

（3）要找到两个消息使得它们的 HASH 值相同是不可行的。当出现争议时，需要向仲裁者（如法庭）提供收到的消息 M' 和签名 $\text{sgn}(M)$，从而可验证 M 是否属于伪造。

基于杂凑函数的数字签名，其优点是：

- 对 HASH 值进行签名可以取得更短的签名。
- 计算上更快。
- 更容易管理签名。签名集中在一个分组中，不会形成多个分组的签名。

2. 生成程序或文档的“数字指纹”

杂凑函数可以将任意长度的输入变换为固定长度的输出，不同的输入对应着不同的输出，因此，可以基于杂凑函数变换得到程序或文档的杂凑值输出，即 “数字指纹”。将其与放在安全地方的原有“指纹”进行比对，可以发现病毒或入侵者对程序或文档的修改。即用杂凑函数生成数据的杂凑值，并与保存的数值进行比较，如果相等，说明数据是完整的，否则，表明数据已被篡改过。这是为了保证数据的完整性，实现消息认证，保证消息不被未经授权地非法修改。

3. 用于安全存储口令

如果基于杂凑函数生成口令的杂凑值，然后在系统中保存用户的 ID 及其口令（Password）的杂凑值，而不是口令本身，则有助于改善系统的安全性。因为此时系统保存的是口令的杂凑值，当用户进入系统时要求输入口令，系统重新计算用户输入口令的杂凑值并与系统中保存的数值相比较，当两者相等时，说明用户的口令是正确的，允许用户进入系统，否则将被系统拒绝。

7.2 杂凑算法

7.2.1 杂凑算法的设计方法

杂凑函数的原理比较简单，而且它并不要求可逆，因此，相应于杂凑函数的杂凑算法的设计自由度一般比较大。目前，杂凑算法的设计主要可分为三大类，即基于模数运算的、基于分组加密的、定制的，如图 7-5 所示。

1. 基于模数运算

这种设计方法使用公开密钥算法设计单向杂凑函数。通常可以使用 CBC 模式基于公开密钥算法对消息进行加密，并输出最后一个密文分组作为杂凑值。如果丢弃用户的密钥，这时的杂凑值将无法解密，也就是说，它满足了杂凑函数的单向性要求。

虽然在合理的假设下可以证明这类杂凑函数是安全的，但在一般情况下，它的计算速度很慢（这是由公开密钥密码算法的速度决定的）。因此，这一类杂凑函数并不实用。

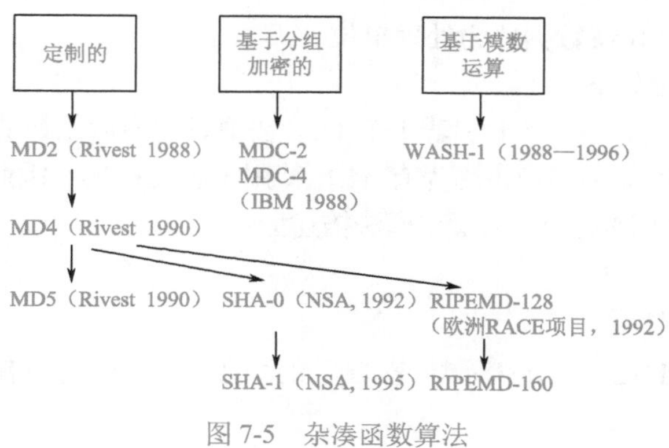

图 7-5　杂凑函数算法

2. 基于分组加密

基于分组加密用对称分组密码算法设计单向杂凑函数。同样可以使用对称分组密码算法的 CBC 模式或 CFB 模式来产生杂凑值。它将使用一个固定的密钥及 *IV* 加密消息，并将最后的密文分组作为杂凑值输出。这类设计已经提出了一些方案，如 MDC-2 和 MDC-4 等。

假设消息共有 n 个分组 $M_1, M_2, \cdots, M_n$，用 h_i 表示第 i 个分组的杂凑值（即加密结果），h 表示最后的杂凑运算输出，则该方法可以描述如下：

$$h_0 = IV \qquad (7\text{-}4)$$

$$h_i = E_{M_i}(h_{i-1}) \quad (i = 1, 2, \cdots, n) \qquad (7\text{-}5)$$

$$h = h_n \qquad (7\text{-}6)$$

其中Ⅳ是初始向量。

3. 定制

这类单向杂凑函数并不基于任何假设和密码体制，而是通过直接构造复杂的非线性关系达到单向要求，设计单向杂凑函数。典型的有 MD2、MD4 、MD5、SHA-1、RIPEMD-160 等算法。

直接设计单向杂凑函数的方法受到了广泛关注，是目前比较流行的一种设计方法。本节以 SHA-1 为例进行介绍。

7.2.2　SHA-1

安全 HASH 算法（Secure HASH Algorithm,SHA）由美国国家标准技术研究所 NIST 开发，作为联邦信息处理标准于 1993 年发表（FIPS PUB 180）；1995 年修订，作为 SHA-1（即美国的 FIPS PUB 180-1 标准)。SHA-1 基于 MD4 算法，并且在设计方面很大程度上是模仿 MD4 的。

1. SHA–1 算法逻辑

输入：最大长度为 $2^{64}-1$ 比特的消息（规定消息长度用 64 比特二进制数描述）。

输出：160 比特①消息摘要。

---

① SHA-1 的消息摘要长度定为 160 位，原因在于对杂凑函数最基本和常见的分析手法是生日攻击法。对于 160 位长的消息摘要，可以在 $2^{160/2}=2^{80}$ 个不同文件中，有超过 50%的机率找到两个消息摘要碰撞的不同文件，因此，如果消息长度少于 160 位，将无法避免生日攻击法在合理时间内，找到两个消息摘要将发生碰撞的不同文件。

处理：输入以 512 比特数据块为处理单位。

SHA-1 的处理步骤如下：

步骤 1：添加填充位（一个 1 和若干个 0）。在消息的最后添加适当的填充位使得数据位的长度满足长度=448 mod 512（因为有 64 比特用于长度描述，因此，448+64=512 满足 512 比特的整数倍的分组要求）。该填充算法描述为：

SHA-1-PAD(x)：

Comment：$|x| < 2^{64} - 1$

$d \leftarrow (447 - |x|) \bmod 512$ （d 表示填充"0"的个数，448 比特中有 1 比特填充"1"，故此处为 447）

$l \leftarrow |x|$ 的二进制表示，其中 $|l| = 64$

$y \leftarrow x \| 1 \| 0^d \| l$

这里，l 表示 $|x|$ 的二进制，其长度最多为 2^{64} 比特。如果 $|x| < 64$，则在左边填充 0（0^d 表示填充 d 个 0），使得其长度刚好为 64 比特。

步骤 2：添加长度。一个 64 比特块，表示原始消息长度，64 比特无符号整数（最高有效字节在前）。

步骤 3：初始化消息摘要的缓冲区（即设定Ⅳ值）。一个 160 比特消息摘要缓冲区，用以保存中间和最终杂凑函数的结果。它可以表示为 5 个 32 比特的寄存器 (A,B,C,D,E)。初始化为（16 进制，采用高位字节在前的存储方式）：

A = 67452301

B = efcdab89

C = 98badcfe

D = 10325476

E = c3d2e1f0

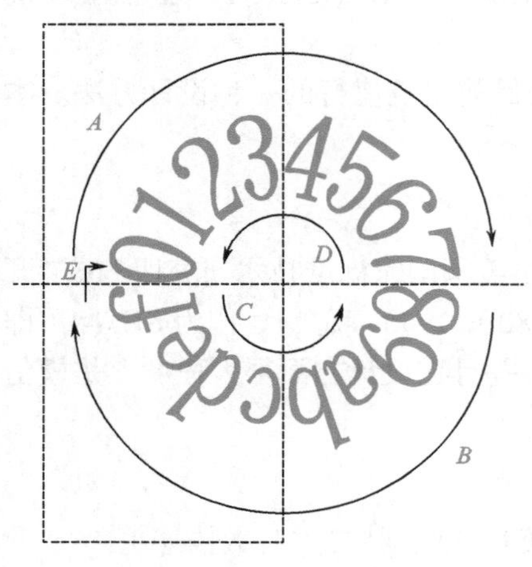

图 7-6 SHA-1 的Ⅳ设定方法

SHA-1 算法标准中对初始变量Ⅳ的设定方法如图 7-6 所示。该方法使用了全部 16 个十六进制数字，A、B、C、D、E 五个寄存器的值分别按图 7-6 中箭头方向每两个数字构成一个字节进行选取，如寄存器 A 取值为 01、23、45、67 四个字节，合为一个 32 比特字：67452301。

步骤 4：以 512 比特数据块为单位处理消息。算法的核心是一个包含四个循环的模块，每个循环由 20 个处理步骤组成。其逻辑如图 7-7 所示，四个基本逻辑函数 f_1, f_2, f_3, f_4 有相似的结构，但每个循环使用不同的原始逻辑函数。

每一循环都以当前正在处理的 512 比特(M_i)和 160 比特的缓存值 ABCDE 为输入，然后更新缓存的内容。每个循环还使用一个额外的常数值 K_t，其中 $t(0 \leqslant t \leqslant 79)$ 是四个循环总共 80 步中的一步。这些值定义如表 7-1 所示。

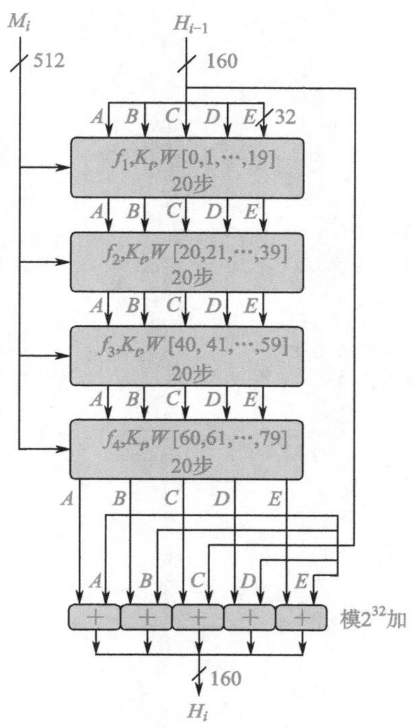

图 7-7　SHA-1 对单个 512 比特分组的处理过程

表 7-1　常数值 K_t

步　数	16 进制表示
$0 \leqslant t \leqslant 19$ (第一轮)	K_t =5a827999
$20 \leqslant t \leqslant 39$ (第二轮)	K_t =6ed9eba1
$40 \leqslant t \leqslant 59$ (第三轮)	K_t =8f1bbcdc
$60 \leqslant t \leqslant 79$ (第四轮)	K_t =ca62c1d6

第四循环（第 80 步）的输出加到第一循环的输入(H_{i-1})产生 H_i。相加指的是缓存中 5 个字分别与 H_{i-1} 中对应的 5 个字模 2^{32} 加，即进行输出变换（即图 7-1 中的 g 变换）。

步骤 5：输出。全部 L 个 512 比特数据块处理完毕后，最后输出的就是 160 比特消息摘要。

SHA-1 密码体制伪码描述如下：

```
external SHA-1-PAD（外部函数）
global K0,K1,…,K79 （全局变量）
y ←SHA-1-PAD（ x ）
令 y = M1 || M2 ||…|| Mn，其中每个 Mi 是一个512比特的分组
H0 ←67452301
H1 ←efcdab89
H2 ←98badcfe
H3 ←10325476
H4 ←c3d2e1f0
for i ←1 to n
```

```
令 M_i = W_1 || W_2 || … || W_15，其中每个 W_i 是一个字
for t ← 16 to 79
W_t ← ROTL^1(W_{t-3} ⊕ W_{t-8} ⊕ W_{t-14} ⊕ W_{t-16})
end for
A ← H_0
B ← H_1
C ← H_2
D ← H_3
E ← H_4
for t ← 0 to 79
temp ← ROTL^5(A) + f_t(B,C,D) + E + W_t + K_t
E ← D
D ← C
C ← ROTL^30(B)
B ← A
A ← temp
end for
H_0 ← H_0 + A
H_1 ← H_1 + B
H_2 ← H_2 + C
H_3 ← H_3 + D
H_4 ← H_4 + E
end for
return(H_0 || H_1 || H_2 || H_3 || H_4)
```

SHA-1 算法总结如下：

$$H_0 = IV \tag{7-7}$$

$$(\mathrm{ABCDE})_i = f(M_i, H_{i-1}) \ (i = 1,2,\cdots,L) \tag{7-8}$$

$$H_i = \mathrm{SUM}_{32}\left(H_{i-1}, (\mathrm{ABCDE})_i\right) \ (i = 1,2,\cdots,L) \tag{7-9}$$

$$\mathrm{MD} = H_L \tag{7-10}$$

其中，IV为缓存ABCDE的初始值，在步骤 3 中定义；$(\mathrm{ABCDE})_i$为第i个消息分组处理最后一轮所得的结果；L为数据块(包括填充字段和长度字段)的个数；SUM_{32}为模 2^{32} 加；MD 为消息摘要值（Message Digest）。

2. SHA-1 压缩函数

SHA-1 压缩函数如图 7-8 所示，它是处理一个 512 比特分组的四次循环中每一循环的逻辑。每一循环的形式为

$$(A,B,C,D,E) \leftarrow \left(\left(E + f(t,B,C,D) + S^5(A) + W_t + K_t\right), A, S^{30}(B), C, D\right) \tag{7-11}$$

即

$$A \leftarrow E + f(t,B,C,D) + S^5(A) + W_t + K_t \tag{7-12}$$

$$B \leftarrow A \tag{7-13}$$

$$C \leftarrow S^{30}(B) \tag{7-14}$$

$$D \leftarrow C \tag{7-15}$$

$$E \leftarrow D \tag{7-16}$$

其中，A,B,C,D,E 为缓冲区的 5 个字；t 为步数，$0 \leqslant t \leqslant 79$；$f(t,B,C,D)$ 为步 t 的基本逻辑函数；S^k 为循环左移 k 比特给定的 32 比特字；W_t 为从当前 512 比特输入数据块导出的 32 比特字；K_t 为用于加法的常量，包括四个不同的值，如表 7-1 定义。+ 表示模 2^{32} 加。

每个基本逻辑函数有三个 32 比特字输入并产生一个 32 比特字输出。每个函数执行一组按位的逻辑操作；即第 n 比特的输出是这三个输入中第 n 个比特的一个函数。该函数定义如下：

$$f_1 = f(t,B,C,D) = (B \wedge C) \vee (\overline{B} \wedge D) \quad (0 \leqslant t \leqslant 19) \tag{7-17}$$

$$f_2 = f(t,B,C,D) = B \oplus C \oplus D \quad (20 \leqslant t \leqslant 39) \tag{7-18}$$

$$f_3 = f(t,B,C,D) = (B \wedge C) \vee (B \wedge D) \vee (C \wedge D) \quad (40 \leqslant t \leqslant 59) \tag{7-19}$$

$$f_4 = f(t,B,C,D) = B \oplus C \oplus D \quad (60 \leqslant t \leqslant 79) \tag{7-20}$$

实际只使用了三个不同函数。对函数 f_1 来说，如果 B 为真则函数值与 C 的内容一致，否则与 D 的内容一致。函数 f_2 和 f_4 相同，产生一个校验位。对于函数 f_3，如果有两个或三个参数为真，则函数为真。这些函数的真值表如图 7-9 所示。

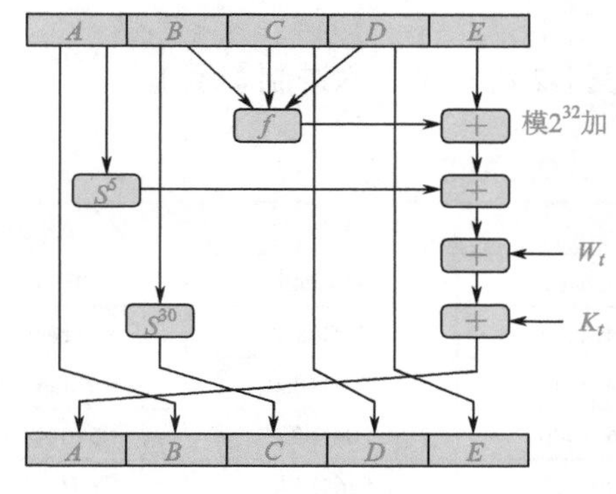

图 7-8 SHA-1 的基本操作

B	C	D	f_1	f_2	f_3	f_4
0	0	0	0	0	0	0
0	0	1	1	1	0	1
0	1	0	0	1	0	1
0	1	1	1	0	1	0
1	0	0	0	1	0	1
1	0	1	0	0	1	0
1	1	0	1	0	1	0
1	1	1	1	1	1	1

图 7-9 SHA-1 的基本逻辑函数真值表

32 比特字 W_t 的值是如何由 512 比特的报文分组导出的呢？图 7-10 说明了这个映射过程。W_t 前 16 个字（即 $W_0,W_1,\cdots,W_{15}$）的值直接取自当前分组中 16 个字的值。余下的值定义如下：

$$W_t = S^1(W_{t-16} \oplus W_{t-14} \oplus W_{t-8} \oplus W_{t-3})(t = 16,17,\cdots,79) \tag{7-21}$$

因此，在前 16 步处理中，W_t 的值等于报文分组中对应字的值。对余下的 64 步，其值由四个前面的 W_t 值异或后再循环左移一位（S^1）得出。

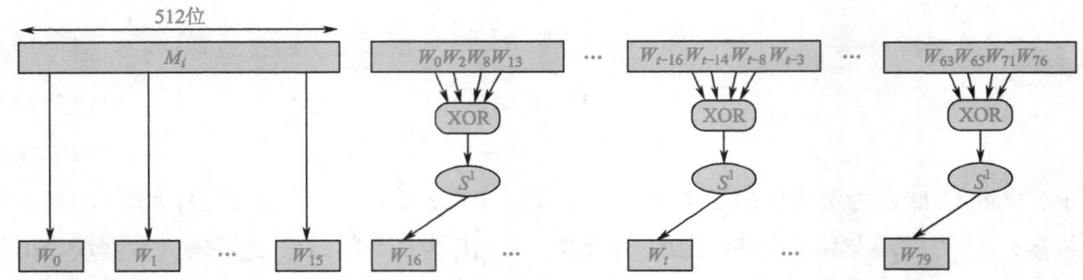

图 7-10　SHA-1 生成字 W_t 的方法

3. SHA–1 算法举例

【例 7-1】字符串“abc”的二进制比特串表示为 01100001 01100010 01100011，共有 24 比特长度，按照 SHA–1 的填充要求，应填充一个“1”和 423 个“0”，最后有两个字“00000000 00000018”(十六进制)表明原始消息的长度 24 比特。本例总共只有一个分组。

初始杂凑值和五个寄存器的初始值相同，即

A = 67452301

B = efcdab89

C = 98badcfe

D = 10325476

E = c3d2e1f0

开始处理这个分组，前 16 个 32 比特字的值刚好取自这个分组的所有字：W_0=61626380(即 01100001 01100010 01100011 10000000)，$W_1 = W_2 = \cdots = W_{14}$=00000000，$W_{15}$=00000018。

在进行 80 步循环时，各个寄存器中的值如表 7-2 所示（十六进制表示）。

表 7-2　寄存器 A,B,C,D,E 的值

t	A	B	C	D	E
0	0116fc33	67452301	7bf36ae2	98badcfe	10325476
1	8990536d	0116fc33	59d148c0	7bf36ae2	98badcfe
2	a1390f08	8990536d	c045bf0c	59d148c0	7bf36ae2
3	cdd8e11b	a1390f08	626414db	c045bf0c	59d148c0
4	cfd499de	cdd8e11b	284e43c2	626414db	c045bf0c
5	3fc7ca40	cfd499de	f3763846	284e43c2	626414db
6	993e30c1	3fc7ca40	b3f52677	f3763846	284e43c2
7	9e8c07d4	993e30c1	0ff1f290	b3f52677	f3763846
8	4b6ae328	9e8c07d4	664f8c30	0ff1f290	b3f52677
9	8351f929	4b6ae328	27a301f5	664f8c30	0ff1f290
10	fbda9e89	8351f929	12dab8ca	27a301f5	664f8c30
11	63188fe4	fbda9e89	60d47e4a	12dab8ca	27a301f5
12	4607b664	63188fe4	7ef6a7a2	60d47e4a	12dab8ca

续表

t	A	B	C	D	E
13	9128f695	4607b664	18c623f9	7ef6a7a2	60d47e4a
14	196bee77	9128f695	1181ed99	18c623f9	7ef6a7a2
15	20bdd62f	196bee77	644a3da5	1181ed99	18c623f9
16	4e925823	20bdd62f	c65afb9d	644a3da5	1181ed99
17	82aa6728	4e925823	c82f758b	c65afb9d	644a3da5
18	dc64901d	82aa6728	d3a49608	c82f758b	c65afb9d
19	fd9e1d7d	dc64901d	20aa99ca	d3a49608	c82f758b
20	1a37b0ca	fd9e1d7d	77192407	20aa99ca	d3a49608
21	33a23bfc	1a37b0ca	7f67875f	77192407	20aa99ca
22	21283486	33a23bfc	868dec32	7f67875f	77192407
23	d541f12d	21283486	0ce88eff	868dec32	7f67875f
24	c7567dc6	d541f12d	884a0d21	0ce88eff	868dec32
25	48413ba4	c7567dc6	75507c4b	884a0d21	0ce88eff
26	be35fbd5	48413ba4	b1d59f71	75507c4b	884a0d21
27	4aa84d97	be35fbd5	12104ee9	b1d59f71	75507c4b
28	8370b52e	4aa84d97	6f8d7ef5	12104ee9	b1d59f71
29	c5fbaf5d	8370b52e	d2aa1365	6f8d7ef5	12104ee9
30	1267b407	c5fbaf5d	a0dc2d4b	d2aa1365	6f8d7ef5
31	3b845d33	1267b407	717eebd7	a0dc2d4b	d2aa1365
32	046faa0a	3b845d33	c499ed01	717eebd7	a0dc2d4b
33	2c0ebc11	046faa0a	cee1174c	c499ed01	717eebd7
34	21796ad4	2c0ebc11	811bea82	cee1174c	c499ed01
35	dcbbb0cb	21796ad4	4b03af04	811bea82	cee1174c
36	0f511fd8	dcbbb0cb	085e5ab5	4b03af04	811bea82
37	dc63973f	0f511fd8	f72eec32	085e5ab5	4b03af04
38	4c986405	dc63973f	03d447f6	f72eec32	085e5ab5
39	32de1cba	4c986405	f718e5cf	03d447f6	f72eec32
40	fc87dedf	32de1cba	53261901	f718e5cf	03d447f6
41	970a0d5c	fc87dedf	8cb7872e	53261901	f718e5cf
42	7f193dc5	970a0d5c	ff21f7b7	8cb7872e	53261901
43	ee1b1aaf	7f193dc5	25c28357	ff21f7b7	8cb7872e
44	40f28e09	ee1b1aaf	5fc64f71	25c28357	ff21f7b7
45	1c51e1f2	40f28e09	fb86c6ab	5fc64f71	25c28357
46	a01b846c	1c51e1f2	503ca382	fb86c6ab	5fc64f71
47	bead02ca	a01b846c	8714787c	503ca382	fb86c6ab
48	baf39337	bead02ca	2806e11b	8714787c	503ca382
49	120731c5	baf39337	afab40b2	2806e11b	8714787c
50	641db2ce	120731c5	eebce4cd	afab40b2	2806e11b
51	3847ad66	641db2ce	4481cc71	eebce4cd	afab40b2
52	e490436d	3847ad66	99076cb3	4481cc71	eebce4cd

续表

t	A	B	C	D	E
53	27e9f1d8	e490436d	8e11eb59	99076cb3	4481cc71
54	7b71f76d	27e9f1d8	792410db	8e11eb59	99076cb3
55	5e6456af	7b71f76d	09fa7c76	792410db	8e11eb59
56	c846093f	5e6456af	5edc7ddb	09fa7c76	792410db
57	d262ff50	c846093f	d79915ab	5edc7ddb	09fa7c76
58	09d785fd	d262ff50	f211824f	d79915ab	5edc7ddb
59	3f52de5a	09d785fd	3498bfd4	f211824f	d79915ab
60	d756c147	3f52de5a	4275e17f	3498bfd4	f211824f
61	548c9cb2	d756c147	8fd4b796	4275e17f	3498bfd4
62	b66c020b	548c9cb2	f5d5b051	8fd4b796	4275e17f
63	6b61c9e1	b66c020b	9523272c	f5d5b051	8fd4b796
64	19dfa7ac	6b61c9e1	ed9b0082	9523272c	f5d5b051
65	101655f9	19dfa7ac	5ad87278	ed9b0082	9523272c
66	0c3df2b4	101655f9	0677e9eb	5ad87278	ed9b0082
67	78dd4d2b	0c3df2b4	4405957e	0677e9eb	5ad87278
68	497093c0	78dd4d2b	030f7cad	4405957e	0677e9eb
69	3f2588c2	497093c0	de37534a	030f7cad	4405957e
70	c199f8c7	3f2588c2	125c24f0	de37534a	030f7cad
71	39859de7	c199f8c7	8fc96230	125c24f0	de37534a
72	edb42de4	39859de7	f0667e31	8fc96230	125c24f0
73	11793f6f	edb42de4	ce616779	f0667e31	8fc96230
74	5ee76897	11793f6f	3b6d0b79	ce616779	f0667e31
75	63f7dab7	5ee76897	c45e4fdb	3b6d0b79	ce616779
76	a079b7d9	63f7dab7	d7b9da25	c45e4fdb	3b6d0b79
77	860d21cc	a079b7d9	d8fdf6ad	d7b9da25	c45e4fdb
78	5738d5e1	860d21cc	681e6df6	d8fdf6ad	d7b9da25
79	42541b35	5738d5e1	21834873	681e6df6	d8fdf6ad

分组被处理完成后，五个寄存器中的值应为

A = 67452301 + 42541b35 = a9993e36

B = efcdab89 + 5738d5e1 = 4706816a

C = 98badcfe + 21834873 = ba3e2571

D = 10325476 + 681e6df6 = 7850c26c

E = c3d2e1f0 + d8fdf6ad = 9cd0d89d

最后消息摘要的值为 a9993e36 4706816a ba3e2571 7850c26c 9cd0d89d。

7.2.3 SHA-256

SHA-256 使用了 6 个逻辑函数，每个都基于 32 比特字（如 x, y, z ）进行操作，每个函数的操作结果得到一个新的 32 比特字。函数定义如下：

$$\text{Conditional}(x, y, z) = (x \wedge y) \oplus (\neg x \wedge z) \tag{7-22}$$

$$\text{Majority}(x,y,z)=(x\wedge y)\oplus(x\wedge z)\oplus(y\wedge z) \tag{7-23}$$

$$\sum\nolimits_0^{\{256\}}(x)=\text{ROTR}^2(x)\oplus\text{ROTR}^{13}(x)\oplus\text{ROTR}^{22}(x) \tag{7-24}$$

$$\sum\nolimits_1^{\{256\}}(x)=\text{ROTR}^6(x)\oplus\text{ROTR}^{11}(x)\oplus\text{ROTR}^{25}(x) \tag{7-25}$$

$$\sigma_0^{\{256\}}=\text{ROTR}^7(x)\oplus\text{ROTR}^{18}(x)\oplus\text{SHR}^3(x) \tag{7-26}$$

$$\sigma_1^{\{256\}}=\text{ROTR}^{17}(x)\oplus\text{ROTR}^{19}(x)\oplus\text{SHR}^{10}(x) \tag{7-27}$$

说明：

（1）“$\wedge$”为按位与操作；“$\vee$”为按位或操作；“<<”为左移位操作(右边填充0)；“>>”为右移位操作，左边填充0；“$\oplus$”为按位异或操作；“$\neg$”为按位取补操作(即非操作)；“+”为模2^w加操作。

（2）右移位操作$\text{SHR}^n(x)$：$\text{SHR}^n(x)=x>>n$，其中x是一个w比特（如 SHA-256 使用32比特，SHA-384和SHA-512使用的均是64比特）的字，n是一个整数，$0\leqslant n<w$。该操作用于SHA-256、SHA-384和SHA-512算法中。

（3）右旋转操作$\text{ROTR}^n(x)$：$\text{ROTR}^n(x)=(x>>n)\vee(x<<w-n)$，其中$x$是一个$w$比特的字，$n$是一个整数，$0\leqslant n<w$。$\text{ROTR}^n(x)$等价于一个$x$的$n$比特循环右移。该操作用于SHA-256、SHA-384和SHA-512算法中。

（4）左旋转操作$\text{ROTL}^n(x)$：$\text{ROTL}^n(x)=(x<<n)\vee(x>>w-n)$，其中$x$是一个$w$比特的字，$n$是一个整数，$0\leqslant n<w$。$\text{ROTL}^n(x)$等价于一个$x$的$n$比特循环左移。该操作用于SHA-1算法中，即$S^n(x)$。

（5）注意下面的等价关系：

$$\text{ROTL}^n(x)\approx\text{ROTR}^{w-n}(x) \tag{7-28}$$

$$\text{ROTR}^n(x)\approx\text{ROTL}^{w-n}(x) \tag{7-29}$$

SHA-256中使用了64个32比特字的常数[①]，这些常数定义如下（十六进制表示）：

428a2f98　71374491　b5c0fbcf　e9b5dba5　3956c25b　59f111f1　923f82a4　ab1c5ed5
d807aa98　12835b01　243185be　550c7dc3　72be5d74　80deb1fe　9bdc06a7　c19bf174
e49b69c1　efbe4786　0fc19dc6　240ca1cc　2de92c6f　4a7484aa　5cb0a9dc　76f988da
983e5152　a831c66d　b00327c8　bf597fc7　c6e00bf3　d5a79147　06ca6351　14292967
27b70a85　2e1b2138　4d2c6dfc　53380d13　650a7354　766a0abb　81c2c92e　92722c85
a2bfe8a1　a81a664b　c24b8b70　c76c51a3　d192e819　d6990624　f40e3585　106aa070
19a4c116　1e376c08　2748774c　34b0bcb5　391c0cb3　4ed8aa4a　5b9cca4f　682e6ff3
748f82ee　78a5636f　84c87814　8cc70208　90befffa　a4506ceb　bef9a3f7　c67178f2

SHA-256的消息填充方法与SHA-1相同。例如，“abc”的填充结果为

$$\underbrace{01100001}_{\text{"}a\text{"}}\ \underbrace{01100010}_{\text{"}b\text{"}}\ \underbrace{01100011}_{\text{"}c\text{"}}\ 1\ \overbrace{00\cdots0}^{423\text{个}0}\ \overbrace{00\cdots0\underbrace{11000}_{l=24}}^{64\text{位}}$$

① 这些字代表了前64个素数的立方根的小数部分的前32位。

SHA-256 的初始杂凑值如下（由 8 个 32 比特字组成①）：

$H_0^{(0)}$=6a09e667

$H_1^{(0)}$=bb67ae85

$H_2^{(0)}$=3c6ef372

$H_3^{(0)}$=a54ff53a

$H_4^{(0)}$=510e527f

$H_5^{(0)}$=9b05688c

$H_6^{(0)}$=1f83d9ab

$H_7^{(0)}$=5be0cd19

在完成填充等预处理后，每个消息分组依次执行以下计算：

步骤 1：准备处理字 W_t：

$$W_t = M_t^{(i)} (0 \leqslant t \leqslant 15) \tag{7-30}$$

$$W_t = \sigma_1^{\{256\}}(W_{t-2}) + W_{t-7} + \sigma_0^{\{256\}}(W_{t-15}) + W_{t-16} (16 \leqslant t \leqslant 63) \tag{7-31}$$

步骤 2：用每一轮的杂凑值中间结果初始化 8 个工作变量 A,B,C,D,E,F,G,H 。初始值定义由 $H_0^{(0)} \sim H_7^{(0)}$ 给出。

步骤 3：对于 $0 \leqslant t \leqslant 63$ ，执行(即压缩函数)：

$$T_1 = H + \sum\nolimits_1^{\{256\}}(E) + \text{Conditional}(E,F,G) + K_t^{\{256\}} + W_t \tag{7-32}$$

$$T_2 = \sum\nolimits_0^{\{256\}}(A) + \text{Majority}(A,B,C) \tag{7-33}$$

$$H = G \tag{7-34}$$

$$G = F \tag{7-35}$$

$$F = E \tag{7-36}$$

$$E = D + T_1 \tag{7-37}$$

$$D = C \tag{7-38}$$

$$C = B \tag{7-39}$$

$$B = A \tag{7-40}$$

$$A = T_1 + T_2 \tag{7-41}$$

其中，T_1, T_2 为两个中间变量。

每一个分组的中间杂凑值的计算方法如下：

$H_0^{(i)} = A + H_0^{(i-1)}$

$H_1^{(i)} = B + H_1^{(i-1)}$

$H_2^{(i)} = C + H_2^{(i-1)}$

$H_3^{(i)} = D + H_3^{(i-1)}$

① 这些字取自前 8 个素数的平方根的小数部分的前 32 位。

$H_4^{(i)} = E + H_4^{(i-1)}$

$H_5^{(i)} = F + H_5^{(i-1)}$

$H_6^{(i)} = G + H_6^{(i-1)}$

$H_7^{(i)} = H + H_7^{(i-1)}$

其中，i 指消息的第 i 个分组。

待所有的分组处理完毕后，最后得到的杂凑值就是整个消息的杂凑值，即

$$H_0^{(N)} \| H_1^{(N)} \| H_2^{(N)} \| H_3^{(N)} \| H_4^{(N)} \| H_5^{(N)} \| H_6^{(N)} \| H_7^{(N)}$$

【例 7-2】消息 M 是 448 比特的 ASCII 码串：

abcdbcdecdefdefgefghfghighijhijkijkljklmklmnlmnomnopnopq

该消息被填充一个“1”，后跟 511 个“0”，并且以十六进制的“00000000 000001c0”（两个 32 比特字代表长度 448）结束。最后，经填充过的消息由两个 512 比特的分组组成。

初始的杂凑值为

$H_0^{(0)}$=6a09e667

$H_1^{(0)}$=bb67ae85

$H_2^{(0)}$=3c6ef372

$H_3^{(0)}$=a54ff53a

$H_4^{(0)}$=510e527f

$H_5^{(0)}$=9b05688c

$H_6^{(0)}$=1f83d9ab

$H_7^{(0)}$=5be0cd19

填充后第一个消息分组 M_1 分别赋给 16 个字，如表 7-3 所示。

表 7-3　由 M_1 所组成的 16 个字 $W_t(0 \leqslant t \leqslant 15)$

W_0 =61626364	W_4 =65666768	W_8 =696a6b6c	W_{12} =6d6e6f70
W_1 =62636465	W_5 =66676869	W_9 =6a6b6c6d	W_{13} =6e6f7071
W_2 =63646566	W_6 =6768696a	W_{10} =6b6c6d6e	W_{14} =80000000
W_3 =64656667	W_7 =68696a6b	W_{11} =6c6d6e6f	W_{15} =00000000

表 7-4 描述了经过 64 轮循环后 A,B,C,D,E,F,G,H 中值的变化。

表 7-4　M_1 经 64 轮循环处理后 A,B,C,D,E,F,G,H 的值

t	*A*	*B*	*C*	*D*	*E*	*F*	*G*	*H*
0	5d6aebb1	6a09e667	bb67ae85	3c6ef372	fa2a4606	510e527f	9b05688c	1f83d9ab
1	2f2d5fcf	5d6aebb1	6a09e667	bb67ae85	4eb1cfce	fa2a4606	510e527f	9b05688c
2	97651825	2f2d5fcf	5d6aebb1	6a09e667	62d5c49e	4eb1cfce	fa2a4606	510e527f
3	4a8d64d5	97651825	2f2d5fcf	5d6aebb1	6494841b	62d5c49e	4eb1cfce	fa2a4606
4	f921c212	4a8d64d5	97651825	2f2d5fcf	05c4f88a	6494841b	62d5c49e	4eb1cfce
5	55c8ef48	f921c212	4a8d64d5	97651825	7ff91c94	05c4f88a	6494841b	62d5c49e
6	485835b7	55c8ef48	f921c212	4a8d64d5	39a5b2ca	7ff91c94	05c4f88a	6494841b

续表

t	A	B	C	D	E	F	G	H
7	d237e6db	485835b7	55c8ef48	f921c212	a401d211	39a5b2ca	7ff91c94	05c4f88a
8	359f2bce	d237e6db	485835b7	55c8ef48	c09ffec4	a401d211	39a5b2ca	7ff91c94
9	3a474b2b	359f2bce	d237e6db	485835b7	9037b3b8	c09ffec4	a401d211	39a5b2ca
10	b8e2b4cb	3a474b2b	359f2bce	d237e6db	443ed29e	9037b3b8	c09ffec4	a401d211
11	1762215c	b8e2b4cb	3a474b2b	359f2bce	ee1c97a8	443ed29e	9037b3b8	c09ffec4
12	101a4861	1762215c	b8e2b4cb	3a474b2b	839a0fc9	ee1c97a8	443ed29e	9037b3b8
13	d68e6457	101a4861	1762215c	b8e2b4cb	9243f8af	839a0fc9	ee1c97a8	443ed29e
14	dd16cbb3	d68e6457	101a4861	1762215c	9162aded	9243f8af	839a0fc9	ee1c97a8
15	c3486194	dd16cbb3	d68e6457	101a4861	1496a54f	9162aded	9243f8af	839a0fc9
16	b9dcacb1	c3486194	dd16cbb3	d68e6457	d4f64250	1496a54f	9162aded	9243f8af
17	046a193e	b9dcacb1	c3486194	dd16cbb3	885370b6	d4f64250	1496a54f	9162aded
18	f402f058	046a193e	b9dcacb1	c3486194	6f433549	885370b6	d4f64250	1496a54f
19	2139187b	f402f058	046a193e	b9dcacb1	7c304206	6f433549	885370b6	d4f64250
20	d70ac17d	2139187b	f402f058	046a193e	7cc6b262	7c304206	6f433549	885370b6
21	1b2b66b8	d70ac17d	2139187b	f402f058	d560b028	7cc6b262	7c304206	6f433549
22	ae2e2d4f	1b2b66b8	d70ac17d	2139187b	f074fc95	d560b028	7cc6b262	7c304206
23	59fce6b9	ae2e2d4f	1b2b66b8	d70ac17d	a2c7d51d	f074fc95	d560b028	7cc6b262
24	4a885065	59fce6b9	ae2e2d4f	1b2b66b8	763597fb	a2c7d51d	f074fc95	d560b028
25	573221da	4a885065	59fce6b9	ae2e2d4f	36e74eb4	763597fb	a2c7d51d	f074fc95
26	128661da	573221da	4a885065	59fce6b9	1162d575	36e74eb4	763597fb	a2c7d51d
27	73f858af	128661da	573221da	4a885065	e77c797f	1162d575	36e74eb4	763597fb
28	74bcf468	73f858af	128661da	573221da	72abaecd	e77c797f	1162d575	36e74eb4
29	df7151a0	74bcf468	73f858af	128661da	7629c961	72abaecd	e77c797f	1162d575
30	eb43f3ed	df7151a0	74bcf468	73f858af	0635d880	7629c961	72abaecd	e77c797f
31	5581ab07	eb43f3ed	df7151a0	74bcf468	df980085	0635d880	7629c961	72abaecd
32	9fc905c8	5581ab07	eb43f3ed	df7151a0	a94d2af1	df980085	0635d880	7629c961
33	9ce5a62f	9fc905c8	5581ab07	eb43f3ed	6ef3b6bd	a94d2af1	df980085	0635d880
34	1df8e885	9ce5a62f	9fc905c8	5581ab07	2a9e048e	6ef3b6bd	a94d2af1	df980085
35	0786dce8	1df8e885	9ce5a62f	9fc905c8	de2a21d1	2a9e048e	6ef3b6bd	a94d2af1
36	2c55d3a6	0786dce8	1df8e885	9ce5a62f	b067c1af	de2a21d1	2a9e048e	6ef3b6bd
37	a985b4be	2c55d3a6	0786dce8	1df8e885	f72bf353	b067c1af	de2a21d1	2a9e048e
38	91ac9d5d	a985b4be	2c55d3a6	0786dce8	68d8d590	f72bf353	b067c1af	de2a21d1
39	7e4d30b8	91ac9d5d	a985b4be	2c55d3a6	9f5b9b6d	68d8d590	f72bf353	b067c1af
40	7e056794	7e4d30b8	91ac9d5d	a985b4be	423b26c0	9f5b9b6d	68d8d590	f72bf353
41	508a16ab	7e056794	7e4d30b8	91ac9d5d	45459d97	423b26c0	9f5b9b6d	68d8d590
42	b62c7013	508a16ab	7e056794	7e4d30b8	80a92a00	45459d97	423b26c0	9f5b9b6d
43	167361de	b62c7013	508a16ab	7e056794	41dd3844	80a92a00	45459d97	423b26c0
44	de71e2f2	167361de	b62c7013	508a16ab	ff61c636	41dd3844	80a92a00	45459d97
45	18f0d19d	de71e2f2	167361de	b62c7013	6b88472c	ff61c636	41dd3844	80a92a00
46	165be9cd	18f0d19d	de71e2f2	167361de	a483f080	6b88472c	ff61c636	41dd3844

续表

t	A	B	C	D	E	F	G	H
47	13d82741	165be9cd	18f0d19d	de71e2f2	a7802a4d	a483f080	6b88472c	ff61c636
48	017b9d99	13d82741	165be9cd	18f0d19d	aeb10b60	a7802a4d	a483f080	6b88472c
49	543c99a1	017b9d99	13d82741	165be9cd	16f134b6	aeb10b60	a7802a4d	a483f080
50	758ca97a	543c99a1	017b9d99	13d82741	100cf2ea	16f134b6	aeb10b60	a7802a4d
51	81c1cde0	758ca97a	543c99a1	017b9d99	5c47eb7b	100cf2ea	16f134b6	aeb10b60
52	b8d55619	81c1cde0	758ca97a	543c99a1	1c806a61	5c47eb7b	100cf2ea	16f134b6
53	1d6de87a	b8d55619	81c1cde0	758ca97a	3443bed4	1c806a61	5c47eb7b	100cf2ea
54	f907b313	1d6de87a	b8d55619	81c1cde0	61a41711	3443bed4	1c806a61	5c47eb7b
55	9e57c4a0	f907b313	1d6de87a	b8d55619	eec13548	61a41711	3443bed4	1c806a61
56	71629856	9e57c4a0	f907b313	1d6de87a	2f6c8c4e	eec13548	61a41711	3443bed4
57	7c015a2c	71629856	9e57c4a0	f907b313	cb9d3dd0	2f6c8c4e	eec13548	61a41711
58	921fccb6	7c015a2c	71629856	9e57c4a0	43d8a034	cb9d3dd0	2f6c8c4e	eec13548
59	e18f259a	921fccb6	7c015a2c	71629856	51e15869	43d8a034	cb9d3dd0	2f6c8c4e
60	bcfce922	e18f259a	921fccb6	7c015a2c	962d8621	51e15869	43d8a034	cb9d3dd0
61	f6f443f8	bcfce922	e18f259a	921fccb6	acc75916	962d8621	51e15869	43d8a034
62	86126910	f6f443f8	bcfce922	e18f259a	2fc08f85	acc75916	962d8621	51e15869
63	1bdc6f6f	86126910	f6f443f8	bcfce922	25d2430a	2fc08f85	acc75916	962d8621

因此，完成第一个分组的处理后，所得到的杂凑值中间结果为

$H_0^{(1)}$=6a09e667 + 1bdc6f6f = 85e655d6

$H_1^{(1)}$=bb67ae85 + 86126910 = 417a1795

$H_2^{(1)}$=3c6ef372 + f6f443f8 = 3363376a

$H_3^{(1)}$=a54ff53a + bcfce922 = 624cde5c

$H_4^{(1)}$=510e527f + 25d2430a = 76e09589

$H_5^{(1)}$=9b05688c + 2fc08f85 = cac5f811

$H_6^{(1)}$=1f83d9ab + acc75916 = cc4b32c1

$H_7^{(1)}$=5be0cd19 + 962d8621 = f20e533a

经过填充后的第二个分组 M_2 被赋值给以下 16 个字：

$W_i = 00000000 (i = 0,1,\cdots,14)$， $W_{15} = 000001c0$

同样，经过 64 轮循环处理所得到的 A,B,C,D,E,F,G,H 的值如表 7-5 所示。

表 7-5　M_2 经 64 轮循环处理后 A,B,C,D,E,F,G,H 的值

t	A	B	C	D	E	F	G	H
0	7c20c838	85e655d6	417a1795	3363376a	4670ae6e	76e09589	cac5f811	cc4b32c1
1	7c3c0f86	7c20c838	85e655d6	417a1795	8c51be64	4670ae6e	76e09589	cac5f811
2	fd1eebdc	7c3c0f86	7c20c838	85e655d6	af71b9ea	8c51be64	4670ae6e	76e09589
3	f268faa9	fd1eebdc	7c3c0f86	7c20c838	e20362ef	af71b9ea	8c51be64	4670ae6e
4	185a5d79	f268faa9	fd1eebdc	7c3c0f86	8dff3001	e20362ef	af71b9ea	8c51be64
5	3eeb6c06	185a5d79	f268faa9	fd1eebdc	fe20cda6	8dff3001	e20362ef	af71b9ea

续表

t	A	B	C	D	E	F	G	H
6	89bba3f1	3eeb6c06	185a5d79	f268faa9	0a34df03	fe20cda6	8dff3001	e20362ef
7	bf9a93a0	89bba3f1	3eeb6c06	185a5d79	059abdd1	0a34df03	fe20cda6	8dff3001
8	2c096744	bf9a93a0	89bba3f1	3eeb6c06	abfa465b	059abdd1	0a34df03	fe20cda6
9	2d964e86	2c096744	bf9a93a0	89bba3f1	aa27ed82	abfa465b	059abdd1	0a34df03
10	5b35025b	2d964e86	2c096744	bf9a93a0	10e77723	aa27ed82	abfa465b	059abdd1
11	5eb4ec40	5b35025b	2d964e86	2c096744	e11b4548	10e77723	aa27ed82	abfa465b
12	35ee996d	5eb4ec40	5b35025b	2d964e86	5c24e2a2	e11b4548	10e77723	aa27ed82
13	d74080fa	35ee996d	5eb4ec40	5b35025b	68aa893f	5c24e2a2	e11b4548	10e77723
14	0cea5cbc	d74080fa	35ee996d	5eb4ec40	60356548	68aa893f	5c24e2a2	e11b4548
15	16a8cc79	0cea5cbc	d74080fa	35ee996d	0fcb1f6f	60356548	68aa893f	5c24e2a2
16	f16f634e	16a8cc79	0cea5cbc	d74080fa	8b21cdc1	0fcb1f6f	60356548	68aa893f
17	23dcb6c2	f16f634e	16a8cc79	0cea5cbc	ca9182d3	8b21cdc1	0fcb1f6f	60356548
18	dcff40fd	23dcb6c2	f16f634e	16a8cc79	69bf7b95	ca9182d3	8b21cdc1	0fcb1f6f
19	76f1a2bc	dcff40fd	23dcb6c2	f16f634e	0dc84bb1	69bf7b95	ca9182d3	8b21cdc1
20	20aad899	76f1a2bc	dcff40fd	23dcb6c2	cc4769f2	0dc84bb1	69bf7b95	ca9182d3
21	d44dc81a	20aad899	76f1a2bc	dcff40fd	5bace62d	cc4769f2	0dc84bb1	69bf7b95
22	f13ae55b	d44dc81a	20aad899	76f1a2bc	966aa287	5bace62d	cc4769f2	0dc84bb1
23	a4195b91	f13ae55b	d44dc81a	20aad899	eddbd6ed	966aa287	5bace62d	cc4769f2
24	4984fa79	a4195b91	f13ae55b	d44dc81a	a530d939	eddbd6ed	966aa287	5bace62d
25	aa6cb982	4984fa79	a4195b91	f13ae55b	0b5eeea4	a530d939	eddbd6ed	966aa287
26	9450fbbc	aa6cb982	4984fa79	a4195b91	09166dda	0b5eeea4	a530d939	eddbd6ed
27	0d936bab	9450fbbc	aa6cb982	4984fa79	6e495d4b	09166dda	0b5eeea4	a530d939
28	d958b529	0d936bab	9450fbbc	aa6cb982	c2fa99b1	6e495d4b	09166dda	0b5eeea4
29	1cfa5eb0	d958b529	0d936bab	9450fbbc	6c49db9f	c2fa99b1	6e495d4b	09166dda
30	02ef3a5f	1cfa5eb0	d958b529	0d936bab	5da10665	6c49db9f	c2fa99b1	6e495d4b
31	b0eab1c5	02ef3a5f	1cfa5eb0	d958b529	f6d93952	5da10665	6c49db9f	c2fa99b1
32	0bfba73c	b0eab1c5	02ef3a5f	1cfa5eb0	8b99e3a9	f6d93952	5da10665	6c49db9f
33	4bd1df96	0bfba73c	b0eab1c5	02ef3a5f	905e44ac	8b99e3a9	f6d93952	5da10665
34	9907f1b6	4bd1df96	0bfba73c	b0eab1c5	66c3043d	905e44ac	8b99e3a9	f6d93952
35	ecde4e0d	9907f1b6	4bd1df96	0bfba73c	5dc119e6	66c3043d	905e44ac	8b99e3a9
36	2f11c939	ecde4e0d	9907f1b6	4bd1df96	fed4ce1d	5dc119e6	66c3043d	905e44ac
37	d949682b	2f11c939	ecde4e0d	9907f1b6	32d99008	fed4ce1d	5dc119e6	66c3043d
38	adca7a96	d949682b	2f11c939	ecde4e0d	c6cce4ff	32d99008	fed4ce1d	5dc119e6
39	221b8a5a	adca7a96	d949682b	2f11c939	0b82c5eb	c6cce4ff	32d99008	fed4ce1d
40	12d97845	221b8a5a	adca7a96	d949682b	e4213ca2	0b82c5eb	c6cce4ff	32d99008
41	2c794876	12d97845	221b8a5a	adca7a96	ff6759ba	e4213ca2	0b82c5eb	c6cce4ff
42	8300fca2	2c794876	12d97845	221b8a5a	e0e3457c	ff6759ba	e4213ca2	0b82c5eb
43	f2ad6322	8300fca2	2c794876	12d97845	cc48c7f3	e0e3457c	ff6759ba	e4213ca2
44	0f154e11	f2ad6322	8300fca2	2c794876	6f9517cb	cc48c7f3	e0e3457c	ff6759ba
45	104a7db4	0f154e11	f2ad6322	8300fca2	5348e8f6	6f9517cb	cc48c7f3	e0e3457c

续表

t	A	B	C	D	E	F	G	H
46	0b3303a7	104a7db4	0f154e11	f2ad6322	bbe1c39a	5348e8f6	6f9517cb	cc48c7f3
47	d7354d5b	0b3303a7	104a7db4	0f154e11	aad55b6b	bbe1c39a	5348e8f6	6f9517cb
48	b736d7a6	d7354d5b	0b3303a7	104a7db4	68f25260	aad55b6b	bbe1c39a	5348e8f6
49	2748e5ec	b736d7a6	d7354d5b	0b3303a7	d4b58576	68f25260	aad55b6b	bbe1c39a
50	d8aabcf9	2748e5ec	b736d7a6	d7354d5b	27844711	d4b58576	68f25260	aad55b6b
51	1a6bcf6a	d8aabcf9	2748e5ec	b736d7a6	ff5e99d0	27844711	d4b58576	68f25260
52	4eca6fa0	1a6bcf6a	d8aabcf9	2748e5ec	989ed071	ff5e99d0	27844711	d4b58576
53	ec02560a	4eca6fa0	1a6bcf6a	d8aabcf9	7151df8e	989ed071	ff5e99d0	27844711
54	d9f0c115	ec02560a	4eca6fa0	1a6bcf6a	624150c4	7151df8e	989ed071	ff5e99d0
55	92952710	d9f0c115	ec02560a	4eca6fa0	226806d6	624150c4	7151df8e	989ed071
56	20d4d0e4	92952710	d9f0c115	ec02560a	4e515a4d	226806d6	624150c4	7151df8e
57	4348eb1f	20d4d0e4	92952710	d9f0c115	c21eddf9	4e515a4d	226806d6	624150c4
58	286fe5f0	4348eb1f	20d4d0e4	92952710	54076664	c21eddf9	4e515a4d	226806d6
59	1c4cddd9	286fe5f0	4348eb1f	20d4d0e4	f487a853	54076664	c21eddf9	4e515a4d
60	a9f181dd	1c4cddd9	286fe5f0	4348eb1f	27ccb387	f487a853	54076664	c21eddf9
61	b25cef29	a9f181dd	1c4cddd9	286fe5f0	2aa1bb13	27ccb387	f487a853	54076664
62	908c2123	b25cef29	a9f181dd	1c4cddd9	9a392956	2aa1bb13	27ccb387	f487a853
63	9ea7148b	908c2123	b25cef29	a9f181dd	2c5c4ed0	9a392956	2aa1bb13	27ccb387

完成第二个分组(即最后一个分组)处理后，所得到的杂凑值为

$H_0^{(2)} = 85e655d6 + 9ea7148b = 248d6a61$

$H_1^{(2)} = 417a1795 + 908c2123 = d20638b8$

$H_2^{(2)} = 3363376a + b25cef29 = e5c02693$

$H_3^{(2)} = 624cde5c + a9f181dd = 0c3e6039$

$H_4^{(2)} = 76e09589 + 2c5c4ed0 = a33ce459$

$H_5^{(2)} = cac5f811 + 9a392956 = 64ff2167$

$H_6^{(2)} = cc4b32c1 + 2aa1bb13 = f6ecedd4$

$H_7^{(2)} = f20e533a + 27ccb387 = 19db06c1$

因此，最终的 256 比特消息摘要为

MD =248d6a61 d20638b8 e5c02693 0c3e6039 a33ce459 64ff2167 f6ecedd4 19db06c1

7.2.4　SHA-384 和 SHA-512

SHA-384 和 SHA-512 使用了相同的 6 个逻辑函数，每个函数在 64 比特字（如 x, y, z ）的基础上进行操作，每个函数的操作结果得到一个 64 比特的输出。函数定义如下：

$$\text{Conditional}(x,y,z) = (x \wedge y) \oplus (\neg x \wedge z) \tag{7-42}$$

$$\text{Majority}(x,y,z) = (x \wedge y) \oplus (x \wedge z) \oplus (y \wedge z) \tag{7-43}$$

$$\sum\nolimits_0^{\{384\}\{512\}}(x) = \text{ROTR}^{28}(x) \oplus \text{ROTR}^{34}(x) \oplus \text{ROTR}^{39}(x) \tag{7-44}$$

$$\sum\nolimits_{1}^{\{384\} \atop \{512\}}(x)=\mathrm{ROTR}^{14}(x)\oplus\mathrm{ROTR}^{18}(x)\oplus\mathrm{ROTR}^{41}(x) \tag{7-45}$$

$$\sigma_{0}^{\{384\} \atop \{512\}}=\mathrm{ROTR}^{1}(x)\oplus\mathrm{ROTR}^{8}(x)\oplus\mathrm{SHR}^{7}(x) \tag{7-46}$$

$$\sigma_{1}^{\{384\} \atop \{512\}}=\mathrm{ROTR}^{19}(x)\oplus\mathrm{ROTR}^{61}(x)\oplus\mathrm{SHR}^{6}(x) \tag{7-47}$$

SHA-384 和 SHA-512 使用了相同的 80 个 64 比特字[①]，这些字定义为（十六进制表示）：

428a2f98d728ae22　7137449123ef65cd　b5c0fbcfec4d3b2f　e9b5dba58189dbbc
3956c25bf348b538　59f111f1b605d019　923f82a4af194f9b　ab1c5ed5da6d8118
d807aa98a3030242　12835b0145706fbe　243185be4ee4b28c　550c7dc3d5ffb4e2
72be5d74f27b896f　80deb1fe3b1696b1　9bdc06a725c71235　c19bf174cf692694
e49b69c19ef14ad2　efbe4786384f25e3　0fc19dc68b8cd5b5　240ca1cc77ac9c65
2de92c6f592b0275　4a7484aa6ea6e483　5cb0a9dcbd41fbd4　76f988da831153b5
983e5152ee66dfab　a831c66d2db43210　b00327c898fb213f　bf597fc7beef0ee4
c6e00bf33da88fc2　d5a79147930aa725　06ca6351e003826f　142929670a0e6e70
27b70a8546d22ffc　2e1b21385c26c926　4d2c6dfc5ac42aed　53380d139d95b3df
650a73548baf63de　766a0abb3c77b2a8　81c2c92e47edaee6　92722c851482353b
a2bfe8a14cf10364　a81a664bbc423001　c24b8b70d0f89791　c76c51a30654be30
d192e819d6ef5218　d69906245565a910　f40e35855771202a　106aa07032bbd1b8
19a4c116b8d2d0c8　1e376c085141ab53　2748774cdf8eeb99　34b0bcb5e19b48a8
391c0cb3c5c95a63　4ed8aa4ae3418acb　5b9cca4f7763e373　682e6ff3d6b2b8a3
748f82ee5defb2fc　78a5636f43172f60　84c87814a1f0ab72　8cc702081a6439ec
90befffa23631e28　a4506cebde82bde9　bef9a3f7b2c67915　c67178f2e372532b
ca273eceea26619c　d186b8c721c0c207　eada7dd6cde0eb1e　f57d4f7fee6ed178
06f067aa72176fba　0a637dc5a2c898a6　113f9804bef90dae　1b710b35131c471b
28db77f523047d84　32caab7b40c72493　3c9ebe0a15c9bebc　431d67c49c100d4c
4cc5d4becb3e42b6　597f299cfc657e2a　5fcb6fab3ad6faec　6c44198c4a475817

SHA-384 和 SHA-512 的消息填充方法相同：添加一个“1”和若干个“0”，使得填充后与 896 模 1024 同余；最后添加原始消息的长度值（128 比特）。例如，“abc”的填充结果为

$$\underbrace{01100001}_{\text{"}a\text{"}}\ \underbrace{01100010}_{\text{"}b\text{"}}\ \underbrace{01100011}_{\text{"}c\text{"}}\ 1\ \overbrace{00\cdots0}^{871\text{个}0}\ \overbrace{00\cdots0\underbrace{11000}_{l=24}}^{128\text{位}}$$

SHA-384 的初始杂凑值为 8 个 64 比特字[②]（用十六进制表示）：

$H_0^{(0)}$=cbbb9d5dc1059ed8

$H_1^{(0)}$=629a292a367cd507

$H_2^{(0)}$=9159015a3070dd17

$H_3^{(0)}$=152fecd8f70e5939

① 这些字取自前 80 个素数的立方根小数部分的前 64 位。

② 这些字取自第 9～16 个素数的平方根小数部分的前 64 位。

$H_4^{(0)}$=67332667ffc00b31

$H_5^{(0)}$=8eb44a8768581511

$H_6^{(0)}$=db0c2e0d64f98fa7

$H_7^{(0)}$=47b5481dbefa4fa4。

SHA-512 的初始杂凑值为 8 个 64 比特字[①]（用十六进制表示）：

$H_0^{(0)}$=6a09e667f3bcc908

$H_1^{(0)}$=bb67ae8584caa73b

$H_2^{(0)}$=3c6ef372fe94f82b

$H_3^{(0)}$=a54ff53a5f1d36f1

$H_4^{(0)}$=510e527fade682d1

$H_5^{(0)}$=9b05688c2b3e6c1f

$H_6^{(0)}$=1f83d9abfb41bd6b

$H_7^{(0)}$=5be0cd19137e2179

对于 SHA-512，在完成填充等预处理后，每个消息分组依次执行以下计算：

步骤 1：准备处理字 W_t：

$$W_t = M_t^{(i)} (0 \leqslant t \leqslant 15) \tag{7-48}$$

$$W_t = \sigma_1^{\{384\}\{512\}}(W_{t-2}) + W_{t-7} + \sigma_0^{\{384\}\{512\}}(W_{t-15}) + W_{t-16} (16 \leqslant t \leqslant 79) \tag{7-49}$$

步骤 2：用每一轮的杂凑值中间结果初始化 8 个工作变量 A,B,C,D,E,F,G,H 。起始值定义由 $H_0^{(0)}$ ~ $H_7^{(0)}$ 给出。

步骤 3：对于 $0 \leqslant t \leqslant 79$，执行(即压缩函数)：

$$T_1 = H + \sum\nolimits_1^{\{512\}}(E) + \text{Conditional}(E,F,G) + K_t^{\{512\}} + W_t \tag{7-50}$$

$$T_2 = \sum\nolimits_0^{\{512\}}(A) + \text{Majority}(A,B,C) \tag{7-51}$$

$$H = G \tag{7-52}$$

$$G = F \tag{7-53}$$

$$F = E \tag{7-54}$$

$$E = D + T_1 \tag{7-55}$$

$$D = C \tag{7-56}$$

$$C = B \tag{7-57}$$

$$B = A \tag{7-58}$$

$$A = T_1 + T_2 \tag{7-59}$$

其中，T_1, T_2 为两个中间变量。

每一个分组的中间杂凑值的计算方法如下：

---

① 这些字取自前 8 个素数的平方根小数部分的前 64 位。

$H_0^{(i)} = A + H_0^{(i-1)}$

$H_1^{(i)} = B + H_1^{(i-1)}$

$H_2^{(i)} = C + H_2^{(i-1)}$

$H_3^{(i)} = D + H_3^{(i-1)}$

$H_4^{(i)} = E + H_4^{(i-1)}$

$H_5^{(i)} = F + H_5^{(i-1)}$

$H_6^{(i)} = G + H_6^{(i-1)}$

$H_7^{(i)} = H + H_7^{(i-1)}$

其中，i 指消息的第 i 个分组。

待所有的分组处理完毕后，最后得到的杂凑值就是整个消息的杂凑值，即

$$H_0^{(N)} \| H_1^{(N)} \| H_2^{(N)} \| H_3^{(N)} \| H_4^{(N)} \| H_5^{(N)} \| H_6^{(N)} \| H_7^{(N)}$$

SHA-384 的处理与 SHA-512 的处理基本一致，只有两个方面的不同：①初始杂凑值的设定不同，见前文所述；②384 比特的消息摘要值取自于最终的杂凑值 $H^{(N)}$ 左边的 384 比特，即

$$H_0^{(N)} \| H_1^{(N)} \| H_2^{(N)} \| H_3^{(N)} \| H_4^{(N)} \| H_5^{(N)}$$

【例 7-3】对于 SHA–512, 假设消息 M 是一个 896 比特的 ASCII 码串：abcdefghbcdefghicdefghijdefghijkefghijklfghijklmghijklmnhijklmnoijklmnopjklmnopqklmnopqrlmnopqrsmnopqrstnopqrstu。消息被填充一个“1”和 1023 个“0”，并以“0000000000000000 0000000000000380”（两个 64 比特字代表长度 896）结束。

初始的杂凑值为：

$H_0^{(0)}$=6a09e667f3bcc908

$H_1^{(0)}$=bb67ae8584caa73b

$H_2^{(0)}$=3c6ef372fe94f82b

$H_3^{(0)}$=a54ff53a5f1d36f1

$H_4^{(0)}$=510e527fade682d1

$H_5^{(0)}$=9b05688c2b3e6c1f

$H_6^{(0)}$=1f83d9abfb41bd6b

$H_7^{(0)}$=5be0cd19137e2179

填充后的消息分组被赋值给 16 个字：

W_0 = 6162636465666768

W_1 = 6263646566676869

W_2 = 636465666768696a

W_3 = 6465666768696a6b

W_4 = 65666768696a6b6c

W_5 = 666768696a6b6c6d

W_6 = 6768696a6b6c6d6e

$W_7 = 68696a6b6c6d6e6f$

$W_8 = 696a6b6c6d6e6f70$

$W_9 = 6a6b6c6d6e6f7071$

$W_{10} = 6b6c6d6e6f707172$

$W_{11} = 6c6d6e6f70717273$

$W_{12} = 6d6e6f7071727374$

$W_{13} = 6e6f707172737475$

$W_{14} = 8000000000000000$

$W_{15} = 0000000000000000$

接下来经过 80 轮的循环处理，A,B,C,D,E,F,G,H 中的值分别如表 7-6 所示。

表 7-6　M_1 经 80 轮循环处理后 A,B,C,D,E,F,G,H 的值

t	A/E	B/F	C/G	D/H
0	f6afce9d2263455d	6a09e667f3bcc908	bb67ae8584caa73b	3c6ef372fe94f82b
	58cb0218e01b86f9	510e527fade682d1	9b05688c2b3e6c1f	1f83d9abfb41bd6b
中间第 1～78 轮略				
79	d90f1b1237b3a561	11e3570e06e3b74e	c517cba6a09bb26a	c9a8c1e2d063ce94
	867983f69d3a3ad1	075aabbade34fd01	e1682bd33c8f8e23	aacd089bfae8faf9

完成处理后得到的第一个消息分组 M_1 的杂凑中间值为：

$H_0^{(1)}$=6a09e667f3bcc908 + d90f1b1237b3a561 = 4319017a2b706e69

$H_1^{(1)}$=bb67ae8584caa73b + 11e3570e06e3b74e = cd4b05938bae5e89

$H_2^{(1)}$=3c6ef372fe94f82b + c517cba6a09bb26a = 0186bf199f30aa95

$H_3^{(1)}$=a54ff53a5f1d36f1 + c9a8c1e2d063ce94 = 6ef8b71d2f810585

$H_4^{(1)}$=510e527fade682d1 + 867983f69d3a3ad1 = d787d6764b20bda2

$H_5^{(1)}$=9b05688c2b3e6c1f + 075aabbade34fd01 = a260144709736920

$H_6^{(1)}$=1f83d9abfb41bd6b + e1682bd33c8f8e23 = 00ec057f37d14b8e

$H_7^{(1)}$=5be0cd19137e2179 + aacd089bfae8faf9 = 06add5b50e671c72

经过填充后的第二个消息分组 M_2 赋值给 16 个字：

$W_i = 0000000000000000 (i = 0,1,\cdots,14)$，$W_{15} = 0000000000000380$

经过 80 轮循环处理，A,B,C,D,E,F,G,H 中的值分别如表 7-7 所示。

表 7-7　M_2 经 80 轮循环处理后 A,B,C,D,E,F,G,H 的值

t	A/E	B/F	C/G	D/H
0	b8fdb92bdfb187e8	4319017a2b706e69	cd4b05938bae5e89	0186bf199f30aa95
	1d5f4d5ad031b8e6	d787d6764b20bda2	a260144709736920	00ec057f37d14b8e
中间第 1～78 轮略				
79	4b7c99fbaf72a571	bfa9f194894db5b6	8df0baad4c6ed50c	03a0f79087078a93
	78955227fde03a42	90bb8597bb41da1a	c6e7246f7f0bdac6	57e90fa678e4cc97

完成第二个分组（即最后一个分组）处理后所得到的杂凑值为

$H_0^{(2)}$=4319017a2b706e69 + 4b7c99fbaf72a571 = 8e959b75dae313da

$H_1^{(2)}$=cd4b05938bae5e89 + bfa9f194894db5b6 = 8cf4f72814fc143f

$H_2^{(2)}$=0186bf199f30aa95 + 8df0baad4c6ed50c = 8f7779c6eb9f7fa1

$H_3^{(2)}$=6ef8b71d2f810585 + 03a0f79087078a93 = 7299aeadb6889018

$H_4^{(2)}$=d787d6764b20bda2 + 78955227fde03a42 = 501d289e4900f7e4

$H_5^{(2)}$=a260144709736920 + 90bb8597bb41da1a = 331b99dec4b5433a

$H_6^{(2)}$=00ec057f37d14b8e + c6e7246f7f0bdac6 = c7d329eeb6dd2654

$H_7^{(2)}$=06add5b50e671c72 + 57e90fa678e4cc97 = 5e96e55b874be909

因此，最后得到的 512 比特消息摘要为

8e959b75dae313da 8cf4f72814fc143f 8f7779c6eb9f7fa1 7299aeadb6889018
501d289e4900f7e4 331b99dec4b5433a c7d329eeb6dd2654 5e96e55b874be909

7.2.5 SHA 系列杂凑算法的对比

NIST 在 FIPS 180-1 的基础上作了修改，发布推荐的修订版本 FIPS 180-2。在这个标准中，除 SHA-1①外，新增了 SHA-256、SHA-384 和 SHA-512 三个杂凑算法标准，它们的消息摘要长度分别为 256 比特、384 比特和 512 比特，以便与 AES 的使用相匹配。

这四种杂凑算法构成 SHA 系列杂凑算法，它们具有相同的结构，其属性区别如表 7-8 所示。其中“安全性”一项是用生日攻击法来衡量的，即用生日攻击法平均需探索“消息摘要”空间的一半才能得出正确的解。

表 7-8 SHA 系列杂凑算法的属性

算法名称	最大消息长度（比特）	分组大小（比特）	字大小（比特）	消息摘要大小（比特）	轮数	安全性（比特）
SHA-1	$2^{64}-1$	512	32	160	80	80
SHA-256	$2^{64}-1$	512	32	256	64	128
SHA-384	$2^{128}-1$	1024	64	384	80	192
SHA-512	$2^{128}-1$	1024	64	512	80	256

7.3 区块链

7.3.1 概述

区块链作为诞生于 2008 年的比特币的底层技术，集成了 P2P 协议、非对称加密、共识机制、块链结构等多种技术。狭义来讲，区块链是一种按照时间顺序将数据区块相互连接组

① 值得指出的是，一直在国际上广泛应用的两大杂凑算法 MD5 和 SHA-1 已于 2005 年被我国山东大学数学与系统科学学院王小云教授领导的研究团队成功破解，认为对 SHA-1 消息摘要碰撞的寻找只需要 2^{69} 个计算，远少于用生日攻击法所估计的 2^{80} 个计算，被公认为近年来国际密码学最出色的成果之一。美国 NIST 已计划在 2010 年将 SHA-1 换成其他更强的杂凑算法，如 SHA-256、SHA-384 或 SHA-512 等；我国国家密码管理办公室也要求使用 SHA-256 以上的杂凑算法。

合成一种链式数据结构，并以密码学方式保证不可篡改和不可伪造的分布式账本（分布式数据库）。广义上说，区块链是利用块链式数据结构来验证与存储数据，利用分布式节点共识算法来生成和更新数据，利用密码学方式保证数据传输和访问的安全，利用由自动化脚本代码组成的智能合约来编程和操作数据的一种全新分布式基础架构与计算范式。

区块链本质上是一个去中心化的、共享的分布式账本系统（数据库），通过将该账本的数据储存于整个参与的网络节点中实现账本系统的去中心化。区块链作为一种去中心化、信息不可篡改、自治性、匿名性、开放性、多方共同维护、可追溯的分布式数据库，能够将传统单方维护的仅涉及自己业务的多个孤立数据库融合在一起，分布式存储在多方共同维护的多个节点上，任何一方都无法完全控制这些数据，只能按照严格的规则和共识进行更新，从而实现在互不了解的多方间建立可靠的信任，避免繁琐的人工对账，提高业务处理效率，降低交易成本，在没有第三方中介机构的协调下实现可信的数据共享、监督和点对点的价值传输。

区块链的基本特征包括：

1. 去中心化

传统行业中数据往往存储在一个集中的大型数据库中，这不可避免地带来安全与隐私问题，而区块链技术采用分布式账本结构，使用分布式核算和存储，使得每个参与节点都能够存储所有的交易信息，可避免因单一数据库损坏丢失等带来的损失。区块链由众多节点组成一个端到端的网络，不存在中心化的硬件设备和管理机构，任意节点的权利和义务都是均等的，系统中的数据块由整个系统中具有维护功能的节点来共同维护，任意一个节点停止工作不会影响系统整体的运作。

2. 信息不可篡改性

区块链基于两种哈希结构保障数据的不可篡改性，即可 Merkle 树和区块链表。区块链中任何一笔交易只有通过全网广播认证才能够写入账本并存储于每个参与节点中，因此篡改某类信息意味至少需要控制 51%的节点才能完成，这在现实中几乎是不可能的。即一旦信息经过验证并添加至区块链，就会永久地存储起来，在单个节点上对数据库的修改是无效的，只有同时修改系统中超过 51%的节点才能篡改数据，因此区块链的数据稳定性和可靠性极高。

3. 自治性

区块链采用基于协商一致的规范和协议（如一套公开透明的算法），使整个系统中所有节点能够在去信任的环境中自由、安全地交换数据，将传统对“人”的信任改成了对机器的信任，任何人为的干预不起作用。

4. 匿名性

由于区块链各节点之间的数据交换遵循固定且预知的算法，因此区块链网络是无须信任的（区块链中的程序规则会自行判断活动是否有效），可以基于地址而非个人身份进行数据交换，即交易对手无须通过公开身份的方式让对方对自己产生信任。

区块链本质上不是匿名的，而是非实名的，即区块链的匿名性主要表现为非实名，就是别人无法知道你的区块链资产有多少，以及和谁进行了转账。匿名是指每个人的身份是无法被人知道的，而非实名是指每个人在区块链上有一个和真实身份无关的虚拟身份，但是这个虚拟身份做的所有事情都是透明的。区块链上的交易通过公钥地址进行，而公私钥完全可以与现实身份信息无关。比特币的匿名性是最基本的，在区块链网络上只能查到转账记录，但是不知道地址背后是谁。

5. 开放性

系统是开放的，除了交易各方的私有信息被加密外，整个分布式账本系统对任何人都是公开透明的，任何人都可以查询区块数据信息和开发相关应用；而私有链则可以通过设定不同权级进行针对性的开发。

迄今为止，区块链技术发展过程大致经历了 3 个阶段：

区块链 1.0（数字货币时代）：是可编程货币时代，被称作狭义区块链技术的时代，其代表为比特币。在比特币提出初期，人们重点关注所提出的货币去中心化和点对点支付的特点，随后逐步开始重视比特币的底层技术——区块链，其背后隐藏的分布式账本技术能够巧妙地解决现实中的一些问题。

区块链 2.0（以智能合约代表）：是可编程金融时代，出现将合约代码化，利用程序自动执行智能合约（以太坊），随后展开了以分布式为特点的分布式应用（DApp），开始将区块链与现实环境结合展开探索，可以实现更高级、更复杂的功能，极大地拓宽了区块链技术的应用场景。

区块链 3.0（未来区块链的大规模应用）：是可编程社会的时代（高级智能合约），将区块链技术的去中心化和共识机制发展到新的高度，将区块链进一步应用于货币和金融以外的领域。

现有区块链平台对比如表 7-9 所示。

表 7-9 区块链平台对比

区块链平台	准入机制	数据模型	共识算法	智能合约语言	底层数据库	数字货币
Bitcoin	公有链	基于交易	PoW	基于栈的脚本	LevelDB	比特币
Ethereum	公有链	基于账户	PoW/PoS	Solidity/Serpent	LevelDB	以太币
Hyperledger Fabric	联盟链	基于账户	PBFT/SBFT	Go/Java	LevelDB/CouchDB	—
Hyperledger Sawtooth	公有链/联盟链	基于账户	PoET	Python	—	—
Corda	联盟链	基于交易	Raft	Java/Kotlin	常用关系数据库	—
Ripple	联盟链	基于账户	RPCA	—	RocksDB/SQLite	瑞波币
BigchainDB	联盟链	基于交易	Quorum Voting	Crypto-Conditions	RethinkDB/MongoDB	—
TrustSQL	联盟链	基于账户	BFT-Raft/PBFT	JavaScript	MySQL/MariaDB	—

我国区块链产业目前处于高速发展阶段，创业者和资本不断涌入，企业数量快速增加。区块链应用加快落地，利用区块链技术为实体经济降成本、提效率，助推传统产业高质量和规范发展，加快产业转型升级。区块链技术正在衍生为新业态，推动新一轮商业模式变革，成为打造诚信社会体系的重要支撑和经济发展的新动能。

7.3.2 区块链的基础技术架构

区块链的基础技术架构主要包括基础网络层（网络层、数据层）、中间协议层（智能合约与激励层、共识层）及应用服务层（如图 7-11 所示）。

	层	组成	比特币	以太坊	Hyperledger Fabric
	应用服务层	金融服务 资源共享 …	比特币交易	Dapp/以太币交易	企业级区块链应用
中间协议层	智能合约与激励层	智能合约 脚本代码 激励机制	Script	Solidity/Serpent	Go/Java
				EVM	Docker
	共识层		PoW	PoW/PoS	PBFT/SBFT
基础网络层	网络层	P2P网络 广播机制 验证机制	TCP-based P2P	TCP-based P2P	HTTP/2-based P2P
	数据层	数据区块 链式结构 时间戳 密码学原理 …	Merkle树/区块链表	Merkle Patricia树/区块链表	Merkle Bucket树/区块链表
			基于交易的模型	基于账户的模型	基于账户的模型
			文件存储	LevelDB	文件存储

图 7-11　区块链基础技术架构

1. 基础网络层

基础网络层由数据层和网络层组成，其中数据层包括底层数据区块，以及相关的数据加密和时间戳等技术；网络层则包括分布式组网机制、数据传播机制和数据验证机制等。

从技术上讲，区块是一种记录交易的数据结构，反映了一笔交易的流向。区块按照时间顺序先后生成且每一个区块都记录着生成时间段内的信息，而由整个区块连接起来的链条代表了信息合集，在关于区块之间的连接上，每一个区块分为区块头与区块体。区块头记录前一区块信息、时间戳、随机数和目标哈希值，从而将前后区块链连接在一起；区块体则记录交易信息，形成一个完整的区块结构。

系统中已经达成的交易的区块连接在一起形成一条主链，所有参与计算的节点都记录了主链或主链的一部分。每个区块由区块头和区块体组成（如图 7-12 所示），区块体只负责记录自前一区块之后发生的所有交易信息，主要包括交易数量和交易详情；区块头则封装当前的版本号、前一区块的哈希值、时间戳（记录该区块产生的时间，精确到秒）、随机数（记录解密该区块相关数学题的答案的值）、当前区块的目标哈希值、Merkle 树的根值等信息。从结构来看，区块链的大部分功能都由区块头实现。

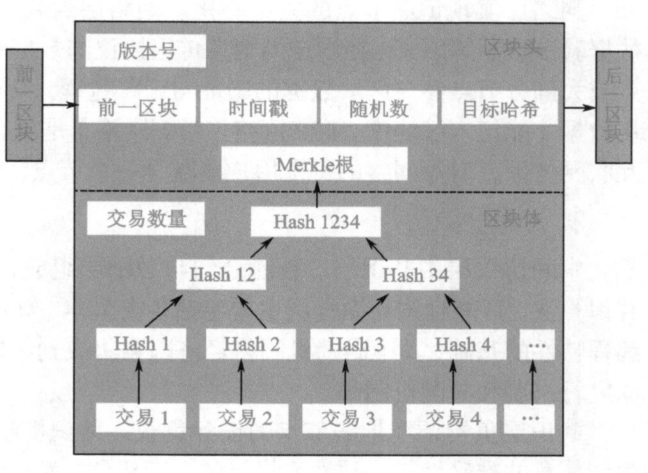

图 7-12　区块的组成

新的交易会向全网广播，每个节点都会将收到的交易纳入区块中，但此时还没有通过验证，之后每一个参与者需要独自去解出一个足够难度的工作量证明来证明其合法性，一旦找到这样一个工作量证明，且该区块中的所有交易都是有效且之前从未存在过的，其他节点就会认同其有效性，此时新的区块将会加到该区块的末端以延长链条。该过程如图 7-13 所示。

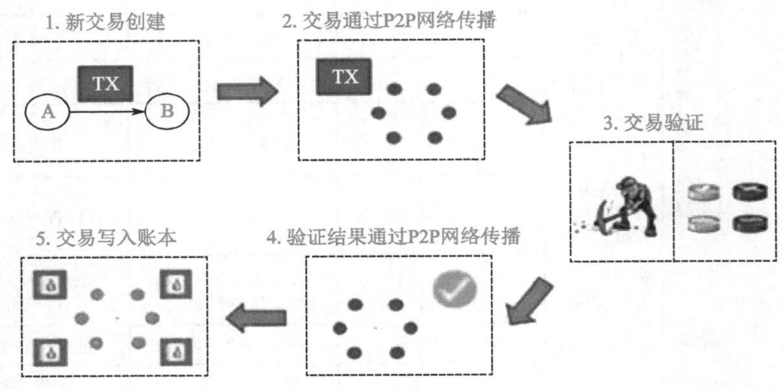

图 7-13　区块链的分布式记账

Merkle 树是一种哈希二叉树，使用它可以快速校验大规模数据的完整性；树上的每个节点都是哈希值，每个叶子结点对应块内一笔交易数据的 SHA256 哈希值，两个子结点的值连接之后，再经哈希运算可得到父结点的值，如此反复执行两两哈希运算，直到生成根哈希值，即交易的 Merkles 根。即在区块链网络中，Merkle 树被用来归纳一个区块中的所有交易信息，最终生成这个区块所有交易信息的一个统一的哈希值，区块中任何一笔交易信息的改变都会使得 Merkle 树改变。通过 Merkle 根，块内任何交易数据的篡改都会被检测到，从而确保数据的完整性（Merkle 树防篡改）。此外，区块头中还包括前一区块的哈希值，故通过块哈希值还可验证该区块之前直至创世（起始）区块的所有区块是否被篡改，依靠前一区块的哈希值，所有区块环环相扣，任一区块被篡改，都会引发其后所有区块哈希值的改变。当从不可信节点下载某块及之前所有块时，基于块哈希值可验证各块是否被篡改过（区块链表防篡改）。

网络层实现记账节点的去中心化。网络层封装了区块链的组网模式、消息传播协议、数据验证机制等因素。在设定的消息传播协议与数据验证机制下，能够让区块链中的所有节点或大部分节点参与区块数据的验证与记账过程，只有大部分节点对区块数据校验成功，区块数据才能记入区块中。P2P 网络（对等网络）是没有中心服务器、依靠用户群交换信息的互联网体系，对等网络的每个用户端既是一个节点，也有服务器的功能。

2. 中间协议层

中间协议层由共识层、智能合约与激励层组成，其中共识层主要包括网络节点的各类共识算法；智能合约与激励层主要包括各类脚本、算法和智能合约和激励机制，是区块链可编程特性的基础，其中激励机制将经济因素集成到区块链技术体系中来，主要包括经济激励的发行机制和分配机制等。

共识层负责调配记账节点的任务负载。共识机制是为了保证分布式账本中所有节点所存储信息的准确性与一致性而设计的一套机制，就是所有记账节点之间如何达成共识，从而认定一个记录的有效性，这既是认定的手段，也是防止篡改的手段。系统的决策权越分散，达成共识的效率就越低，但是系统的满意度和稳定性会越高；反之，系统的决策权越集中，越容易达成共识，但是整个系统的满意度和稳定性越低。共识机制的设计主要由业务与性能的需求决定，从 PoW（Proof of Work）到 PoS（Proof of Stake），再到 DPoS（Delegated Proof of Stake）和 Paxos，以及各种拜占庭容错算法，共识机制不断创新，区块链平台性能也得到大幅提升。

数据层、网络层和共识层作为区块链底层，分别承担数据表示、数据传播和数据验证的任务。

智能合约与激励层的激励机制负责制定记账节点的“薪酬体系”。例如，比特币最开始由系统奖励给那些创建新区块的矿工，该奖励大约每四年减半。刚开始每记录一个新区块，奖励矿工 50 个比特币，该奖励大约每四年减半。依此类推，到 2140 年左右，新创建区块就没有系统所给予的奖励了。届时比特币全量约为 2100 万个，这是比特币的总量，不会无限增加下去。另外一个激励来源是交易费。新创建区块没有系统的奖励时，矿工的收益会由系统奖励变为收取交易手续费。例如，转账时可以指定其中 1%作为手续费支付给记录区块的矿工。如果某笔交易的输出值小于输入值，那么差额就是交易费，该交易费将被增加到该区块的激励中。只要既定数量的电子货币已经进入流通，激励机制就可以逐渐转换为完全依靠交易费，而不必再发行新的货币。

智能合约与激励层的智能合约赋予账本可编程的特性。智能合约是一组情景应对型的程序化规则和逻辑，是通过部署在区块链上的去中心化、可信共享的脚本代码实现的。在通常情况下，智能合约经各方签署后以程序代码的形式附着在区块链数据上，经 P2P 网络传播和节点验证后记入区块链的特定区块中。智能合约封装了预定义的若干状态及转换规则、触发合约执行的情景、特定情景下的应对行动等，包括区块链系统运行中需要的各类脚本代码、算法。区块链可实时监控智能合约的状态，并通过核查外部数据源、确认满足特定触发条件后激活并执行合约。图 7-14 为智能合约的运行机制。

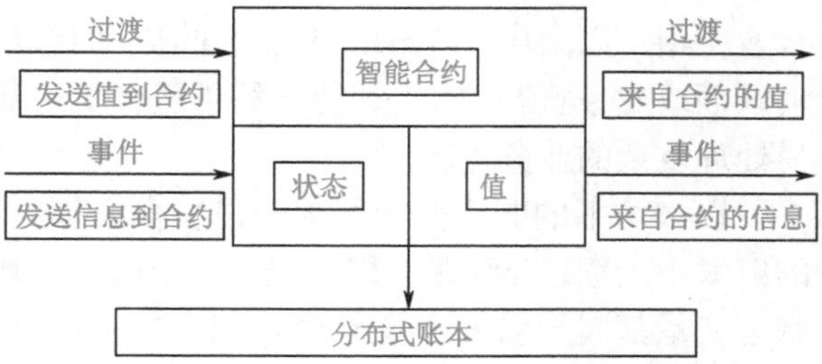

智能合约有很多种表现形式，如差价合约、代币系统、储蓄钱包、作物保险、多重签名智能合约等都是以太坊中的典型应用。

图 7-14　智能合约的运行机制

3. 应用服务层

应用服务层是区块链产业链中最重要的环节，包括区块链的各种应用场景和案例，包括可编程货币、可编程金融和可编程社会。

7.3.3　区块链数据模型

区块链的数据模型目前分为基于交易的模型和基于账户的模型两种，前者为比特币采用，后者为以太坊和 Hyperledger Fabric 区块链采用。

1. 基于交易的模型

图 7-15 为比特币交易的数据结构，每个交易由交易输入和交易输出组成，交易输入和交易输出可以有多项，表示一次交易可以将先前多个账户中的比特币合并后转给另外多个账户。每个交易输入由上笔交易的哈希值 PreTxHash、上笔交易的输出索引 Index 和输入脚本

ScriptSig 组成。每笔交易的输入都对应于某笔历史交易的输出。PreTxHash 是之前某笔历史交易的哈希值；Index 指出输入对应于该历史交易的第几个交易输出；脚本 ScriptSig 包含了比特币持有者对当前交易的签名。每个交易输出包括转账金额 Value 和包含接收者公钥哈希的脚本 ScriptPubKey。在基于交易的模型中，所有交易依靠上笔交易哈希指针构成多条以交易为结点的链表，每笔交易向前可一直追溯至源头，向后可追踪至尚未花费的交易。如果一笔交易的输出没有另一笔交易的输入与之对应，则说明该输出中的比特币未被花费。基于交易的模型可有效地防范伪造、重用等针对数字货币的攻击。

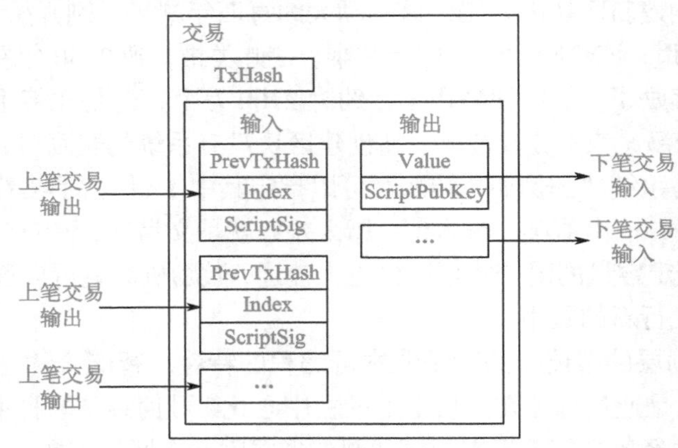

图 7-15　比特币交易的数据结构

2. 基于账户的模型

基于交易的模型可方便地验证交易，但无法快速查询用户余额。为了支持更多类型的行业应用，以太坊、Hyperledger Fabric 等区块链平台采用基于账户的模型，可方便查访查询余额或业务状态数据。智能合约更适合于在基于账户的模型之上构建，其针对状态数据更易处理复杂的业务逻辑。

以太坊下的账户分为外部账户和合约账户两种类型。外部账户用于表达一个普通账户的以太币余额，合约账户用于表达一个以太坊智能合约。普通账户中的余额、智能合约中的状态变量都属于以太坊状态数据。图 7-16 描述了以太坊账户的状态转换过程，状态反映了账户中各属性的当前值，发送涉及账户的交易时，账户状态也会发生变化。外部账户和合约账户在以太坊下用同一数据结构表示，包含 Balance、Nonce、CodeHash 和 StorageRoot 四个属性。Balance 是账户中的以太币余额；Nonce 是对账户发送过的交易的计数，用于防范重放攻击；当账户应用于智能合约时，CodeHash 为合约代码的哈希值；StorageRoot 是合约状态数据的 Merkle Patricia 树根。以太坊的交易包含 To、Value、Nonce、gasPrice、gasLimit、Data 及交易签名七个属性。To 是接收者的账户地址；Value 是转账的以太币金额；Nonce 是发送者对本次交易的计算；gasPrice 是交易时 Gas 的以太币单位；gasLimit 是执行该交易所允许消耗的最大 Gas 数额；Data 是调用智能合约时的消息数据；交易签名是发送者对交易的 ECDSA 签名。

区块链在磁盘上的存储可以是文件形式或数据库形式，前者方便日志形式的追加操作，后者易于查询与修改。

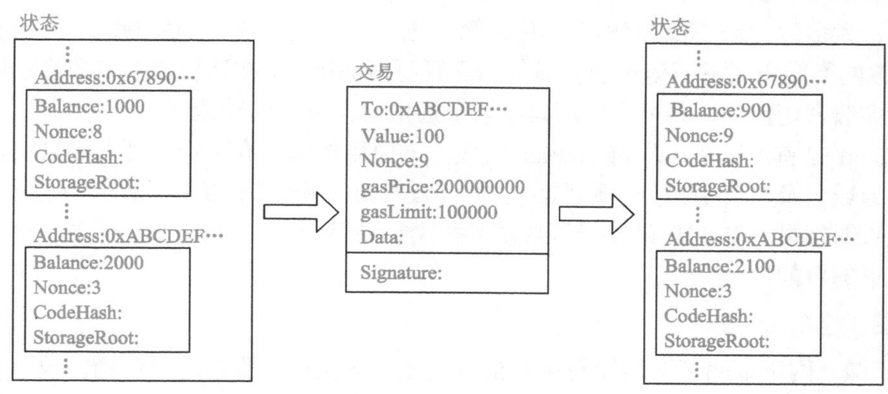

图 7-16　以太坊账户的状态转换过程

7.3.4　区块链提升网络安全的模式

区块链堵上了因安全实现不良和缺乏可信度而留下的漏洞。应用区块链方法可以合理验证并签署交易，从改善数据完整性和数字身份到防护 IoT 设备安全以防止 DDoS 攻击，区块链的应用潜力很大。区块链在机密性、完整性和可用性这三个方面都能有所作为，可提高系统弹性，改善加密、审计，提高透明度。

现实世界中区块链提升网络安全的模式包括：

1. 以身份验证保护边界设备安全

正如 IT 关注数据和连接向“智慧”边界设备的迁移，安全同样关心这种转变。毕竟，网络的扩展可能会提升 IT 效率、生产力，并降低耗电量，但也给 CISO、CIO 和整个公司带来了安全挑战。很多公司开始寻求应用区块链来保护 IoT（Internet of Things）及工业 IoT（IIoT）设备安全的方法，因为区块链技术可增强身份验证，改善数据溯源和流动性，并辅助记录管理。

2. 提升机密性和数据完整性

区块链在最初创建时并没有特定的访问控制机制(源于其公开分发的属性)，但是有些区块链实现如今却在解决数据机密性和访问控制问题。在当今数据极易被篡改或伪造的时代，确保数据机密性和完整性无疑是巨大的挑战。但区块链数据的完全加密特质可确保这些数据不会被非授权方知晓，且仍具有流动性（中间人攻击几乎没有成功的可能）。这种数据完整性也扩展到了 IoT 和 IIoT。例如，IBM 在其 Watson IoT 平台上提供了以私有区块链账本管理 IoT 数据的选项。

3. 保护隐私消息

Obsidian 这样的初创公司正用区块链保护即时聊天工具和社交媒体上流转的隐私信息。与 WhatsApp 和 iMessage 等 App 使用的端到端加密不同，Obsidian 使用区块链来保护用户的元数据。因为元数据是账本中随机分发的，不存在单一的收集点，所以不会被黑。随着区块链植根于经验证的安全通信，隐私消息安全领域将会愈加成熟。

4. 提升甚至替代 PKI

公钥基础设施（PKI）是保护电子邮件、消息应用、网站和其他通信形式的公钥加密体制。然而，大多数 PKI 实现依赖中心化的第三方证书颁发机构(CA)来颁发、撤销和存储密钥对，这给网络罪犯留下了窥探加密通信和假冒身份的机会。在区块链上发布密钥则在理论上可杜绝虚假密钥传播，并可令应用具备验证通信对象身份的功能。

CertCoin 是首个基于区块链的 PKI 实现。该项目整体摒弃了中心证书颁发机构，使用区块链作为域名及其公钥的分发账本。另外，CertCoin 还提供不带单点故障的、可审计的公开 PKI。初创公司 REMME 则基于区块链为每个设备赋予其独有的 SSL 证书，杜绝了入侵者伪造证书的可能性。

5. 更安全的 DNS

Mirai 僵尸网络证明了网络罪犯可以很容易地破坏关键互联网基础设施。攻击者只需搞定大型网站的域名系统(DNS)服务提供商，就可以切断推特、Netflix、PayPal 和其他服务的网络访问。但如果用区块链来存储 DNS 记录，则在理论上可以通过去除该可攻击的单一目标而提升 DNS 安全。分布式 DNS 在理论上可以应付访问请求洪水，不会因响应过载而宕机。使用区块链方法的可信 DNS 基础设施，将能大幅增强该互联网核心信任基础设施。

6. 减少 DDoS 攻击

区块链初创公司 Gladius 宣称，其去中心化账本系统可通过使客户接入附近防护资源池来提供更好的保护并加速客户互联网访问，从而抵御 DDoS 攻击。

7.3.5 区块链的行业应用

区块链在解决第三方信任、提高商业效率、增强网络安全、提高信息透明等方面有着十分广泛的应用空间，如图 7-17 所示。

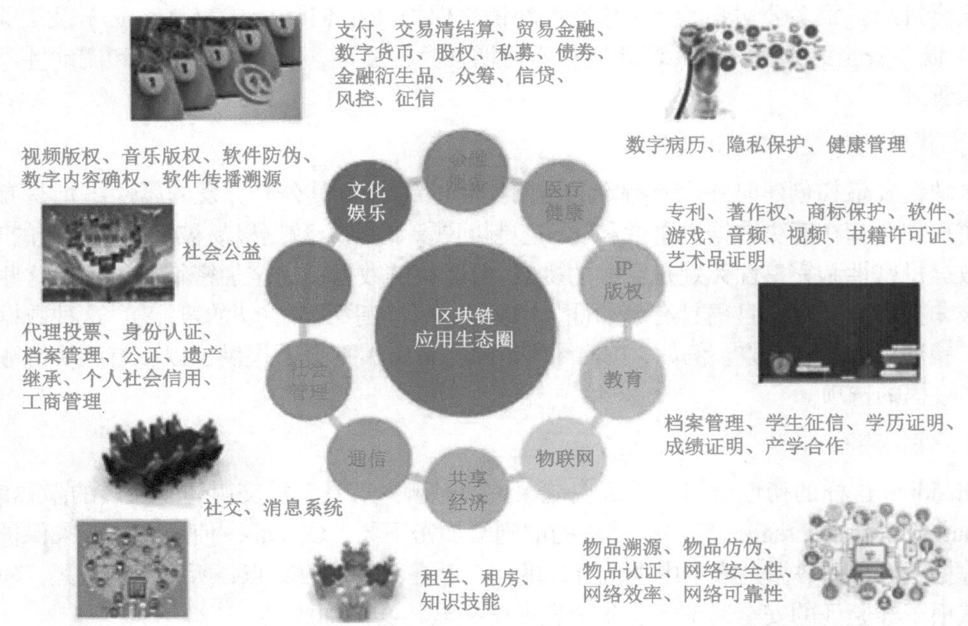

图 7-17 区块链应用场景

1. 泛金融服务

区块链应用于金融领域有着天生的绝对优势，这是区块链的“基因”决定的。主观来看，金融机构在区块链应用的探索上意愿最强，需要新的技术来提高运营效率，降低成本来应对整个全球经济当前现状。客观而言，金融行业市场空间巨大，些许进步就能带来巨大收益。金融行业是对安全性、稳定性要求极高的行业，区块链在金融领域应用得以验证，将会产生巨大的示范效应，迅速在其他行业推广。

1）数字货币

目前区块链技术最广泛、最成功的运用是以比特币为代表的数字货币。近年，数字货币发展很快，去中心化信用和频繁交易的特点使其具有较高交易流通价值，并能够通过开发对冲性质的金融衍生品作为准超主权货币，保持相对稳定的价格。比特币诞生以后，已经陆续出现了数百种的数字货币，围绕着数字货币生成、存储、交易形成了较为庞大的产业链生态。

2）跨境支付

跨境支付的缺点是到账周期长、费用高、交易透明度低。以第三方支付公司为中心，完成支付流程中的记账、结算和清算，到账周期长，如跨境支付到账周期在三天以上，费用较高。区块链去中介化、交易公开透明和不可篡改的特点，没有第三方支付机构加入，缩短了支付周期、降低费用、增加了交易透明度。

3）数字票据

数字票据存在三个风险。

（1）操作风险：由于系统中心化，一旦中心服务器出问题，整个市场瘫痪。

（2）市场风险：根据数据统计，在2016年，涉及金额达到数亿以上的风险事件就有七件，涉及多家银行。

（3）道德风险：市场上存在“一票多卖”、虚假商业汇票等事件。

区块链去中介化、系统稳定性、共识机制、不可篡改的特点，可以减少传统中心化系统中的操作风险、市场风险和道德风险。

4）征信管理

征信管理的缺点：数据缺乏共享，征信机构与用户信息不对称；正规市场化数据采集渠道有限，数据源争夺战耗费大量成本；数据隐私保护问题突出，传统技术架构难以满足新要求等。

区块链具有去中心化、去信任、时间戳、非对称加密和智能合约等特征，在技术层面可以在有效保护数据隐私的基础上实现有限度、可管控的信用数据共享和验证。

5）资产证券化

在业务方面的缺点：底层资产真假无法保证；参与主体多、操作环节多、交易透明度低，出现信息不对称等问题，造成风险难以把控。

在数据方面的缺点：各参与方之间流转效率不高，各方交易系统间资金清算和对账往往需要大量人力物力，资产回款方式有线上线下多种渠道，无法监控资产的真实情况；存在资产包形成后，交易链条里各方机构对底层资产数据真实性和准确性的信任问题。

基于区块链去中介化、共识机制、不可篡改的特点，可以增加数据流转效率，减少成本，实时监控资产的真实情况，保证交易链条各方机构对底层资产的信任问题。

6）供应链金融

该领域的痛点在于融资周期长、费用高。以供应链核心企业系统为中心，第三方增信机构很难鉴定供应链上各种相关凭证的真伪，导致人工审核的时间长、融资费用高。

基于区块链去中介化、共识机制、不可篡改的特点，不需要第三方增信机构鉴定供应链上各种相关凭证的真实性，可以降低融资成本、减少融资的周期。

7）保险业务

随着区块链技术的发展，未来关于个人的健康状况、事故记录等信息可能会上传至区块链中，使保险公司在客户投保时可以更加及时、准确地获得风险信息，从而降低核保成本、提升效率。

区块链的共享透明特点降低了信息不对称和逆向选择风险；而其历史可追踪的特点，则有利于减少道德风险，进而降低保险的管理难度和管理成本。

2. 医疗健康

区块链能利用自己的匿名性、去中心化等特征保护病人隐私。电子健康病例（EHR）、DNA 钱包、药品防伪等都是区块链技术可能的应用领域。IBM 预测，全球 56%的医疗机构将在 2020 年前投资区块链技术。

目前，在国外，飞利浦医疗、Gem 等医疗巨头，Google、IBM 等科技巨头都在积极探索区块链技术的医疗应用，Factom、BitHealth、BlockVerify、DNA.Bits、Bitfury 等区块链技术公司也参与其中；在国内，阿里健康与常州市合作了医联体+区块链试点项目，众享比特、边界智能等区块链技术创业公司也在布局相关项目。

3. 物联网

区块链技术的物联网应用将成为一个非常重要的应用领域。在过去的几十年中，“中心化的云服务器+小范围部署”是物联网主要的通信形式。然而，物联网技术为产业升级带来变革的前提是海量设备的入网。当接入设备达到数百亿或数千亿时，云存储服务将带来巨额成本，阻碍物联网的进一步发展。区块链可以解决物联网的规模化问题，以较低成本让数十亿、百亿的设备共享同一个网络。使用区块链技术的物联网体系通过多个节点参与验证，将全网达成的交易记录在分布式账本中，取代了中央服务器的作用。

此外，传统物联网设备极易遭受攻击，数据易受损失且维护费用高昂。物联网设备典型的信息安全风险问题包括固件版本过低、缺少安全补丁、存在权限漏洞、设备有过多的网络端口、未加密的信息传输等。区块链的全网节点验证的共识机制、不对称加密技术及数据分布式存储将大幅降低黑客攻击的风险。

4. 共享经济

共享经济是“去中心化”的典型例子。例如，Airbnb 对接了有闲置房屋或床位的房东和租房者，Uber、滴滴对接了闲置的汽车和乘客，摩拜、ofo 提供共享单车等。但共享经济始终面临的一大问题便是信用缺失。区块链去中介化、共识机制、不可篡改的特点能有效解决人与人之间信任基础薄弱、个人信用体系不健全等阻碍共享经济发展的因素。因此，Airbnb、Uber、滴滴、摩拜、ofo 都在主动拥抱区块链，希望借助区块链技术提升效率、降低成本。创业公司中，赑特数字科技推出了运行在区块链上的物联网智能锁系统，以此切入共享经济领域。

5. 供应链管理

现代企业的供应链不断延长，出现零碎化、复杂化、地理分散化等特点，给供应链管理带来了很大的挑战。核心企业对于供应链的掌控能力有限，同时对假冒商品的追溯和防范也存在一定的难度。作为一种分布式账本技术，区块链能够确保透明度和安全性，也显示出解决当前供应链所存在问题的潜力。

如在应用层面，IBM 在 2016 年就推出了一个区块链供应链服务，客户可以在云环境中测试基于区块链的供应链应用来追踪高价值商品，区块链初创企业 Everledger 使用该项服务来推动钻石供应链实现透明度。在国内，IBM 也与易见股份合作开发“易见区块链应用”，用于医药供应链及供应链金融领域。

6. 能源管理

分布式能源的发展带来的问题是微电网的管理，以及与现有的中央电网之间如何平衡。区块链具有分布式账本和智能化的合约体系功能，能够将能源流、资金流和信息流有效地衔接，成为能源互联网落地的技术保障。例如，欧洲能源巨头 Tennet、Sonnen、Vandebron 与 IBM 合作运用区块链技术，将分布式弹性能源整合至电网，以确保供电平衡。

7. IP 版权及文化娱乐

互联网流行以来，数字音乐、数字图书、数字视频、数字游戏等逐渐成为主流。知识经济的兴起使得知识产权成为市场竞争的核心要素。但在当下的互联网生态里，知识产权侵权现象严重，数字资产的版权保护成为行业痛点。

区块链具有去中介化、共识机制、不可篡改的特点，利用区块链技术，能将文化娱乐价值链的各个环节进行有效整合、加速流通，缩短价值创造周期；同时，可实现数字内容的价值转移，并保证转移过程的可信、可审计和透明，有效预防盗版等行为。

目前，区块链行业致力于解决版权问题的项目已为数不少，例如，Blockai 帮助艺术工作者在区块链上注册作品版权；Mediachain 针对图像作品进行认证和追溯；Ascribe 进行知识产权登记；Decent 发布了一个去中心化的数字版权管理解决方案。

8. 公共服务与教育

在公共服务、教育、慈善公益等领域，档案管理、身份（资质）认证、公众信任等问题都是客观存在的，传统方式是依靠具备公信力的第三方作信用背书，但造假、缺失等问题依然存在。区块链技术能够保证所有数据的完整性、永久性和不可更改性，因而可以有效解决这些行业在存证、追踪、关联、回溯等方面的问题。

在应用层面，如普华永道与区块链技术公司 Blockstream、Eris 合作提供基于区块链技术的公共审计服务；BitFury 与格鲁吉亚政府合作落地区块链技术土地确权；蚂蚁金服区块链公益项目；索尼基于区块链的教育信息登记平台，和数软件针对教育行业的区块链项目。

9. 工业制造

随着第四次工业革命的到来，以信息技术与制造技术融合为核心的智能制造、数字制造、网络制造等新型制造模式，对制造业未来的发展方向产生了深远影响。传统的“串行制造”模式正在通过数字化工厂技术变成“并行制造”模式，而区块链技术有望成为第四次工业革命的底层技术之一，工业区块链与工业云的有机融合，能够在多方协同生产、工业互联网数据安全、工业资产数字化等多个方面极大地提升实体经济的运行效率，促进制造业的转型升级。

利用区块链技术将分布式智能生产网络改造成一个云链混合的生产网络，有望比大部分采用中心化的工业云技术效率更高、响应更快、能耗更低。而生产中的跨组织数据互信全部通过区块链来完成，订单信息、操作信息和历史事务等全部记录在链上，分布式存储、不可篡改，所有产品的溯源和管理将更加安全便捷。分布式智能生产网络中整个供应链上的交易流程全部由智能合约自动执行，可以解决工业生产中的账期不可控等问题，大幅提高经济运行效率。同时，通过区块链技术与数字化工厂技术的结合，可以为每一个物理世界的工业资产生成虚拟世界的“数字化双胞胎”，并进行确权和流转，完成工业资产的数字化，帮助重资产的制造企业实现轻资产扩张。在分布式智能生产网络的设计中，根据不同生产模式在链上提供多种既定构架的智能合约工业范式，智能合约工业范式涵盖了该种生产模式下生产、制造、销售全环节的各智能合约构架，链上提供的多种智能合约范式可满足绝大多数生产模式的价值流转需求，各生产环节的制造者仅需对号入座，大幅降低使用者接入并使用生产网络的难度。

此外，通过云链混合技术，将新零售和新制造有机结合，电商平台端和数字化工厂端采用中心化的工业云技术，而中间的订单信息传输和供应链清结算通过工业区块链和智能合约来完成，既保证了效率和成本，又兼顾了公平和安全。每一种商品由数字化工厂提供，每一个样品都有“数字化双胞胎”，并且这些数字化双胞胎全部通过智能合约与产业链上下游相连，终端用户的一个订单确认会触发整个产业链的迅速响应，全流程可实现数据流动自动化，助推制造业的转型升级。分布式智能生产网络如图 7-18 所示。

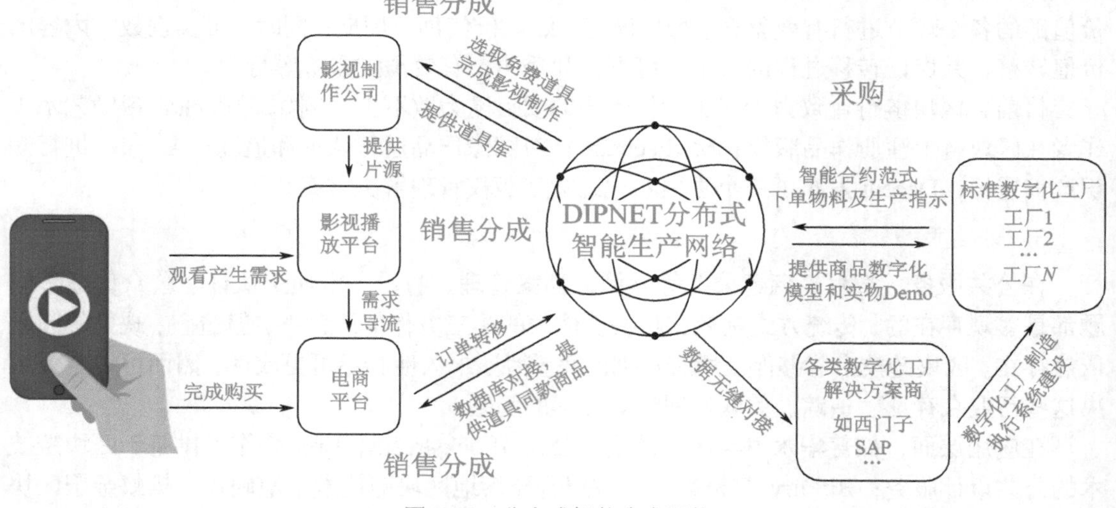

图 7-18　分布式智能生产网络

这种全新的分布式制造模式，以用户创造为中心，使人人都有能力进行制造，参与到产品全生命周期当中，彻底改变传统制造业模式。分布式智能生产网络使产品设计、生产制造由原来的以生产商为主导逐渐转向以消费者为主导，消费者能够更早、更准确地参与到产品的设计和制造过程中，并通过庞大的分布式网络对产品不断完善，使企业的产品更容易适应市场需求，并获得利润上的保证，使企业的创新能力与研发实力均能获得大幅度提升，创新边界得以延伸。

7.4　消息认证

目前，前面所介绍的密码算法主要提供消息的机密性服务，但网络系统安全要考虑两个方面：一方面，加密保护传送的信息，使其可以抵抗被动攻击；另一方面，防止对手对系统进行主动攻击，如伪造、篡改信息等，这涉及消息的真实性和完整性。认证（authentication）是对抗主动攻击的主要手段，它对于开放的网络中的各种信息系统的安全性有重要作用。

认证可分为实体认证（是对人、过程、客户机、服务器等系统实体身份的认证方法，如证实某个人就是他所声称的那个人）和消息认证（消息认证是使目标消息接收者能够检验收到的消息是否真实的认证方法）。

实体认证要求声称方向认证方证实自己的身份，一般可选用三种已证实的方法：

① 知道什么：该方法利用只有声称方知道的某个秘密，该秘密能被认证方核查，如口令、PIN（Personal Identification Number）、对称密钥或私钥等；

② 拥有什么：该方法利用存在能证实声称方身份的某种事物，如护照、驾照、身份证、信用卡、智能卡等；

③ 内在属性：该方法利用声称方的内在特征或属性，如手写签名、指纹、声音、面部特征、视网膜、笔迹等。

消息认证的目的主要有两个：第一，验证信息的来源是真实的，而不是伪造的，此为信息源认证；第二，验证信息的完整性，即验证信息在传送或存储过程中未被篡改、重放或延迟等。

一个纯认证系统的模型如图 7-19 所示。在这个系统中，发送者通过一个公开的无扰信道将消息送给接收者，接收者不仅想收到消息本身，而且还要验证消息是否来自合法的发送者，以及消息是否受到过篡改。系统中的密码分析者不仅要截收和破译信道中传送的加密报文，而且可伪造密文送给接收者进行欺诈，即它是系统的窜扰者。实际认证系统可能还要防止收方、发方之间的相互欺诈，需要进行发方认证和收方认证。

任何认证系统在功能上划分为两个层次：底层的认证函数产生一个用来认证消息的认证标识，上层的认证协议基于认证标识提供了一种能使接收方验证消息真实性的机制。图 7-19 中的认证编码器和认证译码器可抽象为认证函数。可以用作认证的函数分为三类：

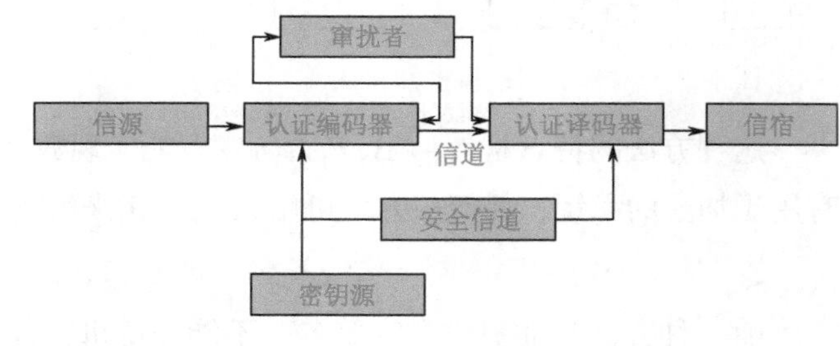

图 7-19　一个纯认证系统模型

（1）消息加密函数:用整个消息的密文作为对消息进行认证的认证标识。

（2）消息认证码（Message Authentication Code，MAC）：以消息和密钥作为输入的公开函数，产生定长的输出，并以此输出值作为认证标识。

（3）杂凑函数：是一个不需要密钥的公开函数，它将任意长度的输入消息映射成一个固定长度的输出值，并以此值作为认证标识。

7.4.1　基于消息加密的认证

无论是对称密码体制还是公钥密码体制，消息加密本身都可以提供一种认证手段。分析如下：

1. 使用对称密码体制：提供机密性和认证

如图 7-20 所示，发信方 A 用和接收方 B 共享的密钥 K 对消息 M 进行加密，在无其他方知道该密钥的情况下可提供机密性，B 接收到信息后，通过解密是否能恢复出明文，判定信息是否来自 A、信息是否完整。

这种方法的困难性表现在：接收方需要有某种方法来确定解密出来的消息是合法的明文，以及消息确实来源于声称的发送方。因此，一般要求合法明文只是所有可能位模式的一个小子集，这使得任何伪造的密文恢复出来后都不太可能得出合法的明文；为了确定消息来源的真实性，要求传递的内容具有某种可识别的结构，可以在加密前对每个消息附加一个帧校验序列(Frame Check Sequence,FCS)，接收方可以按与发送方同样的方法生成 FCS，并与收到的 FCS 进行比较，从而确定消息的真实性。

该方法的特点是 $\mathrm{A} \to \mathrm{B}: E_K(M)$。①提供机密性，即只有 A 和 B 知道密钥 K；②提供认证，即只能发自 A，传输中未被改变，需要某种数据组织形式；③不能提供数字签名，即接收方可以伪造消息，发送方可以否认消息。

2. 基于公钥密码体制：提供认证

如图 7-21 所示，基于公钥密码体制的数字签名可以提供认证功能，即发送方用自己的私钥对消息加密（实现数字签名），接收方用发送方的公钥对接收到的消息进行解密验证签名，因为只有发送方拥有并保存自己的私钥，因此只有发送方才能产生用自己的公钥可解密的密文，所以消息一定来自拥有该密钥的发送方。这种机制也要求明文具有某种内部结构以使接收方易于确定真实的明文。

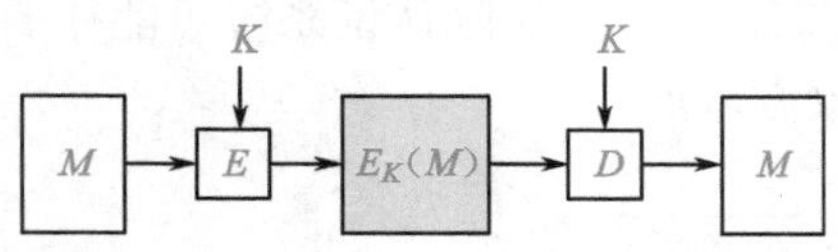

图 7-20　对称加密：机密性和认证

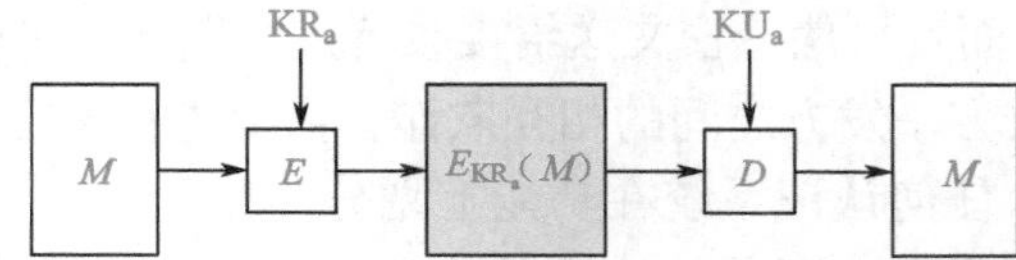

图 7-21　公钥加密：认证和数字签名

这种方法的特点是 $\mathrm{A} \to \mathrm{B}: E_{\mathrm{KR_a}}(M)$。能实现数字签名，并提供认证。因为这里只有 A 有用于加密的私钥，任何一方均可用 A 的公钥来解密证实，需要有某种数据组织形式。

3. 基于公钥密码体制：实现签名、加密和认证

前一种方法只能提供数字签名，不能提供机密性，因为任何有发送方公钥的人都可以解密密文。如果在提供认证的同时还要提供机密性，就需要采用如图 7-22 所示的方法，在发送方用自己的私钥完成数字签名之后，还要用接收方的公钥进行加密，从而实现机密性。这种方法的缺点：一次完整的通信需要执行公钥算法的加密、解密操作各两次。

这种方法的特点是 $\mathrm{A} \to \mathrm{B}: E_{\mathrm{KU_b}}(E_{\mathrm{KR_a}}(M))$。提供机密性、数字签名和认证。

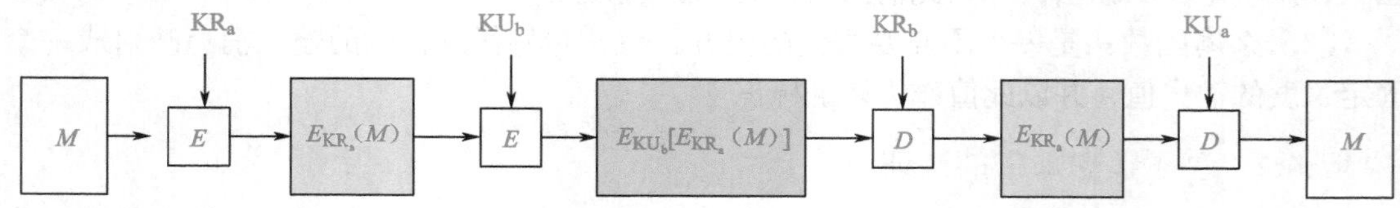

图 7-22　公钥加密：机密性、认证和数字签名

7.4.2　基于消息认证码的认证

另一个可供选择的鉴别技术是使用一个密钥产生一个短小的定长数据分组，即消息认证码 MAC，并将它附在报文中。该技术假定通信双方（如 A 和 B）共享一个密钥 K。当 A 有要发往 B 的报文 M 时，它将计算该报文的 MAC，MAC 为报文和密钥 K 的一个函数值，即 MAC=$C_K(M)$，然后将 M 与 MAC 一起发往接收者。使用相同的密钥，接收者对收到的 M 执行相同的计算并得到 MAC，将收到的 MAC 与计算得到的MAC进行比较(如图7-23所示)，由于只有 A 和 B 知道密钥 K，因此如果二者相等，则可判断：①接收者确信报文未被更改过；②接收者确信报文来自声称的发送者。

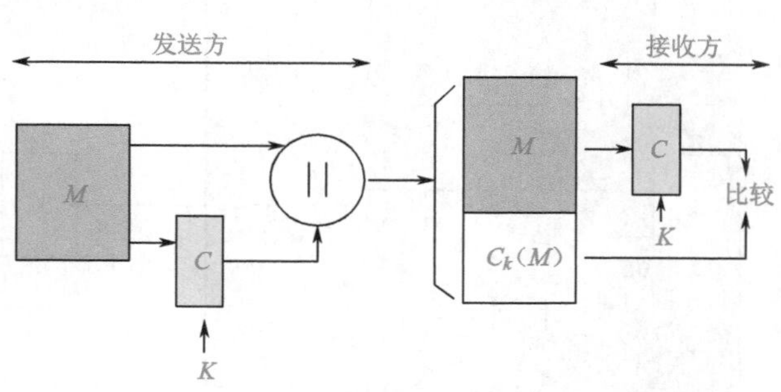

图 7-23　消息认证

MAC 类似于加密，区别是 MAC 函数无须是可逆的，因为它不需要解密。这个性质使得鉴别函数比加密函数更不容易被破译。由于收发双方使用相同的密钥，因此 MAC 不能提供数字签名。

图 7-23 的方法只提供消息认证，不能提供机密性，因为消息 M 是以明文的形式传送的。如果在生成消息的 MAC 之后（如图 7-24 所示）或之前（如图 7-25 所示）使用加密机制，则可以获得机密性。这两种方法生成的 MAC 基于明文或密文，因此相应的认证与明文或密文有关。一般来说，基于明文生成 MAC 的认证更好些。

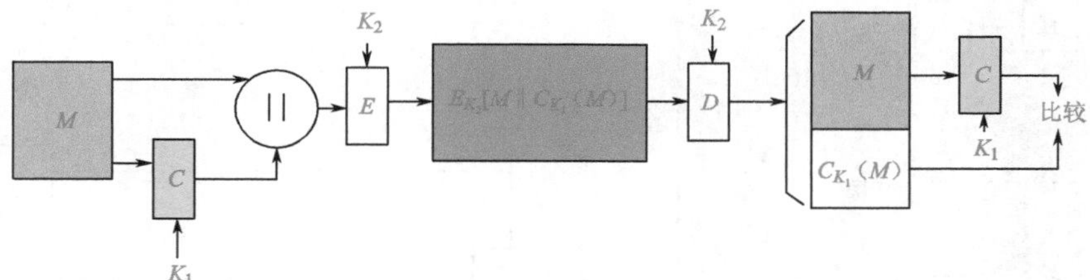

图 7-24　消息认证与机密性（与明文相关）

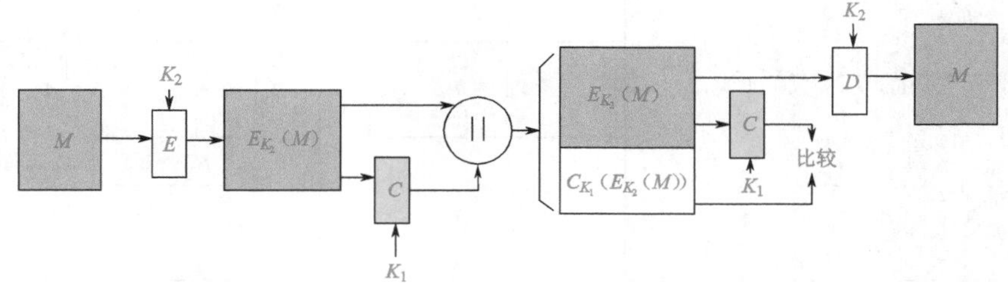

图 7-25　消息认证与机密性（与密文相关）

7.4.3　基于杂凑函数的认证

与 MAC 相似，杂凑（HASH）函数也可以用于消息认证。杂凑函数的输入也是可变大小的消息 M，输出固定长度的杂凑值（即消息摘要），但它不需要使用密钥。由于杂凑值是输入消息的函数值，只要输入消息有任何改变，就会导致得到不同的杂凑值，因此可用于消息认证。

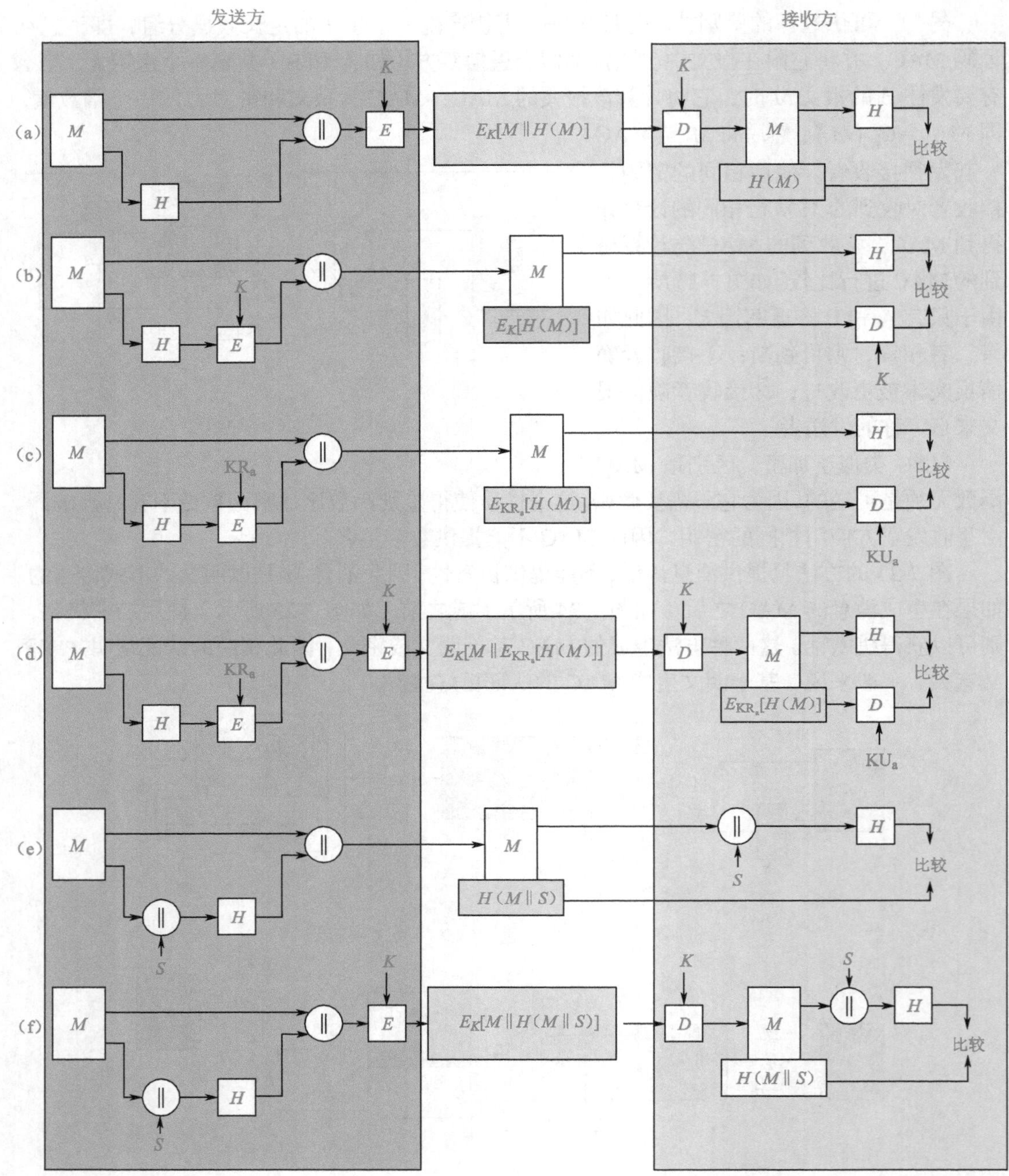

图 7-26　杂凑函数用于认证的基本方法

基于杂凑函数的消息认证方法如图 7-26 所示，有以下几种情形：

（1）用对称密码体制加密消息及其杂凑值，即 A→B: $E_K\left[M \| H(M)\right]$。由于只有发送方 A 和接收方 B 共享密钥 K，因此通过相应的比较鉴别可以确定消息一定来自 A，且未被修改过。杂凑值在方法中所起的作用：提供用于鉴别的冗余信息，同时 $H(M)$ 受密码保护。

该方法实现了对消息的明文加密保护，因此可提供机密性。

（2）用对称密码体制只对杂凑值进行加密，即 A→B: $M \| E_K\left[H(M)\right]$。在这种方法中，消息 M 以明文的形式传递，因此不能提供机密性，适合于不要求机密性的场合，有助于减少处理代价。

（3）用公钥密码体制只对杂凑值进行加密，即 A→B: $M \| E_{\mathrm{KR_a}}\left[H(M)\right]$。这种方法与方法（2）的区别是对杂凑值的加密保护使用公钥密码体制，即用发送方的私钥对 $H(M)$ 进行加密保护，接收方用发送方的公钥进行解密鉴别。在这种方案能提供鉴别和数字签名，因为 $H(M)$ 受到加密保护，而且只有 A 能生成 $E_{\mathrm{KR_a}}\left[H(M)\right]$。

（4）结合使用公钥密码体制和对称密码体制。这种方法用发送方的私钥对杂凑值进行数字签名，用对称密码加密消息 M 和得到的数字签名，即 A→B: $E_K\left[M \| E_{\mathrm{KR_a}}\left[H(M)\right]\right]$。因此，这种方法既提供鉴别和数字签名，也提供机密性，在实际应用中较常见。

（5）这种方法使用了杂凑算法，但未使用密码体制，为了实现鉴别，要求发送方 A 和接收方 B 共享一个秘密值 S，发送方生成消息 M 和秘密值 S 的杂凑值，然后与消息 M 一起发送给对方，即 A→B: $M \| H(M \| S)$；接收方 B 可以按照发送方相同的处理办法生成消息 M 和秘密值 S 的杂凑值，二者进行对比，从而实现鉴别。在这种方法中，秘密值 S 并不参与传递，因此，可以保证攻击者无法伪造。

（6）在方法（5）的基础上，使用对称密码体制对消息 M 和所生成的杂凑值进行加密保护，即 A→B: $E_K\left[M \| H(M \| S)\right]$。因此，这种方法既提供鉴别，也提供机密性。

7.4.4　认证协议

认证协议就是能使通信各方证实对方身份或消息来源的通信协议，它是一种分布式算法，是两个或两个以上实体为达到一个特定的安全目标而执行的一系列有明确动作规定的步骤。前面提到，认证主要由底层的认证函数和上层的认证协议相互配合来实现。认证协议根据应用需求的不同可分为单向认证和双向认证两种。

（一）单向认证

单向认证就是通信中一方对另一方的认证。典型地，电子邮件的接收方对电子邮件来源真实性的认证就属于单向认证。

1．基本原理

如图 7-27 所示，单向认证按以下方式进行。

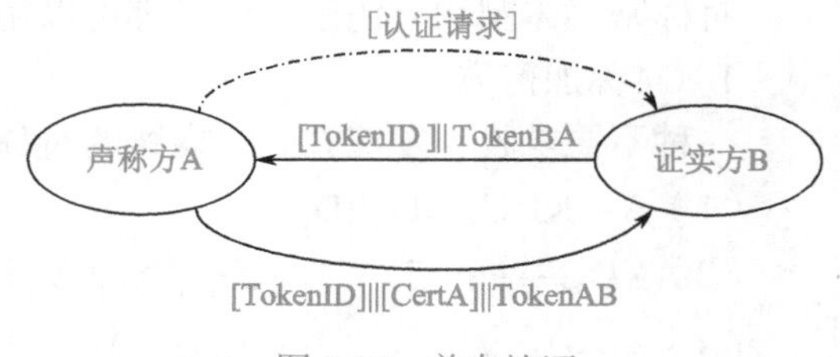

图 7-27　单向认证

步骤 1：[可选地]声称方 A 寻找一个证实方 B 并向其发出认证请求。

步骤 2：证实方 B 决定是否接受认证请求、启动或中止认证信息交换。要试图认证声称方，需要生成一个随机数 R_B 作为令牌 TokenBA 的一部分，并保留该值。[可选地]它还需要生成或选择别的数据组成 Text1。然后，证实方生成令牌：

TokenBA=R_B||[Text1]

实体 B 发送一个包含所生成令牌的消息给声称方 A，形式如下：

[TokenID]||TokenBA

步骤 3：一旦收到上述消息，声称方 A 执行：

（1）[可选地]用 TokenID 决定使用哪一个令牌。

（2）[可选地]检索 Text1 域中的信息。

（3）生成一个随机数 R_A 作为 TokenAB 的一部分。

（4）[可选地]为证实方选择一个 ID，将其包括进 TokenAB 的 B 域中。

（5）[可选地]生成或选择一个别的数据作为 Text2 或 Text3 域的组成部分。在 TokenAB 中，Text2 是 Text3 域的一个子集，包括 Text2 是空集，或 Text2 等于 Text3 的情形。

声称方生成认证令牌 TokenAB(包括数字签名)：

TokenAB=R_A||[R_B]||[B]||[Text3]||Sig_A(R_A||R_B||[B]||[Text2])

签名 Sig_A 中的可选部分与 TokenAB 中未签名的相应部分相对应，即未签名部分未出现的内容，签名部分也不出现，但 R_B 例外。

除包含 TokenAB 外，这个消息还可选地包括一个令牌标识 TokenID 和声称方的证书 CertA。从声称方发往证实方的消息形式如下：

[TokenID]||[CertA]||TokenAB

步骤 4：证实方 B 一旦收到上述包含 TokenAB 消息，执行：

（1）[可选地]用 TokenID 决定确定收到的是哪一个 Token。

（2）如果未签名部分存在 R_B，就证实 R_B 是自己所保留的值。

（3）通过以下三种方式之一证实声称方的身份：CertA、TokenAB 或第一步中的认证请求。这取决于所包括的可选信息。在本步中，证书不用于签名证实，实体 A 的身份用于检索声称方的公钥。

（4）证实声称方的证书。

（5）证实声称方在 TokenAB 中的签名。

（6）[可选地]检索域 B、Text2 和 Text3 中的数据。

如果成功地完成了步 4 中从（2）~（5）的部分，就意味着声称方 A 向证实方 B 证实了自己；如果从（2）~（5）的任何一步证实失败，则认证信息交换即被中止。如果某些条件满足或不满足（1）~（5）的可选部分，则证实方可以选择中止认证信息交换。

2. 具体方法

对称密码体制和公钥密码体制都可以用于单向认证。

1）对称加密方法

一种不要求收、发双方同时在线的对称密码体制认证方法如下：

（1）A→KDC：$ID_A \| ID_B \| N_1$

（2）KDC→A：$E_{K_a}[K_S \| ID_B \| N_1 \| E_{K_b}[K_S \| ID_A]]$。

（3）A→B：$E_{K_b}[K_S \| ID_A] \| E_{K_S}[M]$。

这种方法需要一个可信的密钥分配中心（KDC）的参与。保密密钥 K_a 和 K_b 分别是 A 和 KDC、B 和 KDC 之间共享的密钥。KDC 负责产生 A、B 用于安全通信的会话密钥 K_S，本协议的目的是安全地分发会话密钥 K_S 给 A 和 B，并供其进行保密通信。

第一步 A 向 KDC 发出请求，要求得到一个用来保护它与 B 间逻辑连接的会话密钥。这个报文包括 A 和 B 的标识，以及一个对于这次交互而言的唯一的标识符 N_1（即临时交互号）。N_1可以是一个时间戳、一个计数器或一个随机数，对它的最低要求是它在每个请求中是不同的，主要目的是防止冒充。

A在第二步安全地得到了一个新的会话密钥K_S，第三步只能由B解密并理解。

该方法保证只有合法的接收者才能阅读到报文内容，同时，它还提供了对发方的鉴别，其缺点是无法防止重放攻击。可用时间戳等方法解决该方法存在的重放攻击问题。

2）公钥加密方法

根据应用需求的不同，基于公钥加密方法的认证可以分为只提供鉴别、同时提供机密性和鉴别两种情形。

（1）A→B：$M \| E_{\mathrm{KR_a}}\left[H(M)\right]$。

这种方法只提供鉴别。因为发送方用自己的私钥对消息摘要进行数字签名，保证A无法否认发送过该报文，但消息M本身是以明文的形式出现，不能提供机密性。

此外，它对这样一类欺骗行为无能为力：A给他的老板B发送了这份能为公司带来巨大赢利的方法的消息，附加上他的数字签名后通过电子邮件发送出去。但如果C获悉了A的想法并在邮件传递前获得了读取邮件队列的权力，他找到A的邮件解密去除A的签名后加上自己的签名，然后再发送给B，这样C就窃取了A提出的想法。解决办法是使用同时提供机密性和鉴别服务的方法。

（2）A→B：$E_{\mathrm{KU_b}}\left[M \| E_{\mathrm{KR_a}}\left[H(M)\right]\right]$。

这种方法同时提供机密性和鉴别功能。即发送方用自己的私钥对消息摘要进行数字签名，并用接收方的公钥对消息和签名部分进行加密保护，保证了发送方不能否认发送过该消息，同时，攻击者不具备接收方的私钥，不能解密获知消息的内容。

（二）双向认证

双向认证协议是最常用的协议，该协议使得通信各方能够互相鉴别对方的身份。在双向认证中，将实体A和B分别称为发起方和响应方，因为双向认证中的任何一方都可能是声称方或证实方，这区别于单向认证中的情形。

在双向认证中，重要的是，认证的成功并不取决于包含在文本域中的消息，而是取决于以下两个方面：①声称者与它的密钥的绑定的证实；②声称者基于随机数的数字签名的证实。

1．认证原理

双向认证如图7-28所示，认证原理如下。

步骤1：[可选地]发起方A选定响应方B，向B发出认证请求。

步骤2：响应方B决定是否接受认证请求、启动或中止认证信息交换。要试图认证声称方，需要生成一个随机数R_B作为令牌$\mathrm{TokenBA_1}$的一部分，并保留该值。[可选地]它还需要生成或选择别的数据组成Text1。然后，证实方生成令牌：

$\mathrm{TokenBA_1}=R_B\|[\mathrm{Text1}]$

实体B发送一个包含所生成令牌

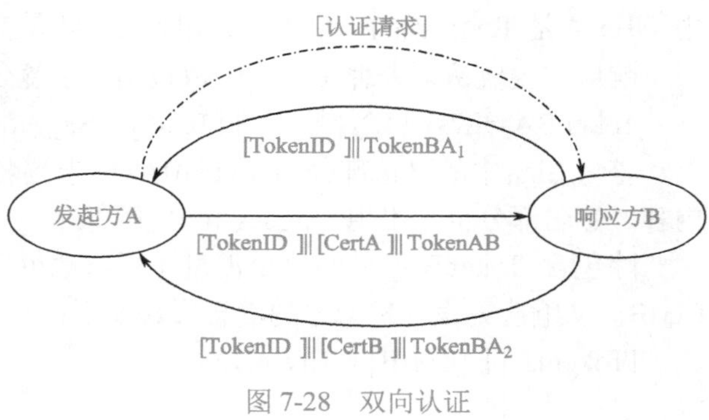

图7-28　双向认证

的消息给发起方 A，形式如下：

[TokenID]||$TokenBA_1$

步骤 3：一旦收到上述消息，发起方 A 执行。

（1）[可选地]用 TokenID 决定使用哪一个令牌。

（2）[可选地]检索 Text1 域中的信息。

（3）生成一个随机数 R_A，作为 TokenAB 的一部分。R_A 由发起方 A 保留。

（4）[可选地]为响应方选择一个 ID，将其包括进 TokenAB 的 B 域中。

（5）[可选地]生成或选择一个别的数据作为 Text2 或 Text3 域的组成部分。在 TokenAB 中，Text2 是 Text3 域的一个子集，包括 Text2 是空集，或 Text2 等于 Text3 的情形。

发起方生成认证令牌 TokenAB(包括数字签名)：

TokenAB=R_A||[R_B]||[B]||[Text3]||Sig_A(R_A||R_B||[B]||[Text2])

签名 Sig_A 中的可选部分与 TokenAB 中未签名的相应部分相对应，即未签名部分未出现的内容，签名部分也不出现，但 R_B 例外。

除包含 TokenAB 外，这个消息还可选地包括一个令牌标识 TokenID 和声称方的证书 CertA。从声称方发往证实方的消息形式如下：

[TokenID]||[CertA]||TokenAB

步骤 4：响应方 B 一旦收到上述包含 TokenAB 消息，就会执行。

（1）[可选地]用 TokenID 决定确定收到的是哪一个 Token。

（2）如果未签名部分存在 R_B，则证实 R_B 是自己所保留的值。

（3）通过以下三种方式之一证实发起方的身份：CertA、TokenAB 或第一步中的认证请求。这取决于所包括的可选信息。在本步中，证书不用于签名证实，实体 A 的身份用于检索发起方的公钥。

（4）证实发起方的证书。

（5）证实发起方在 TokenAB 中的签名。

（6）[可选地]检索域 B、Text2 和 Text3 中的数据。

如果成功地完成步 4 中从（2）~（5）的部分，则意味着声称方 A 向证实方 B 证实了自己；如果从（2）~（5）的任何一步证实失败，则认证信息交换即被中止。如果某些条件满足或不满足（1）~（6）的可选部分，则证实方可以选择中止认证信息交换。

步骤 5：响应方 B 执行。

（1）[可选地]为发起方选择一个 ID，作为 $TokenBA_2$ 中 A 域的一部分。

（2）[可选地]生成或选择一个别的数据作为 Text4 或 Text5 域的组成部分。在 $TokenBA_2$ 中，Text4 是 Text5 域的一个子集，包括 Text4 是空集，或 Text4 等于 Text5 的情形。

响应方生成认证令牌 Token BA_2(包括数字签名)：

$TokenBA_2$=[R_B] || [R_A] || [A] || [Text5] || Sig_B(R_B || R_A || [A] || [Text4])

签名 Sig_B 中的可选部分与 $TokenBA_2$ 中未签名的相应部分对应，即未签名部分未出现的内容，签名部分也不出现，但 R_A 和 R_B 例外。

除包含 $TokenBA_2$ 外，这个消息还可选地包括一个令牌标识 TokenID 和响应方的证书 CertB。从响应方发往发起方的消息形式如下：

[TokenID] || [CertB] || $TokenBA_2$

步6：发起方A一旦收到上述包含$TokenBA_2$的消息，就会执行：

（1）[可选]用TokenID决定确定收到的是哪一个Token。

（2）如果未签名部分存在R_A，则证实R_A是自己所保留的值。

（3）证实$TokenBA_2$中R_B与$TokenBA_1$中R_B的值相同。

（4）通过以下三种方式之一证实发起方的身份：CertB、$TokenBA_2$或$TokenBA_1$。这取决于所包括的可选信息。在本步中，证书不用于签名证实，实体B的身份用于检索发起方的公钥。

（5）证实响应方的证书。

（6）证实响应方在$TokenBA_2$中的签名。

（7）[可选地]检索域A、Text4和Text5中的数据。

如果成功地完成步6中从（2）~（6）的部分，则意味着响应方B向发起方A证实了自己；如果从（2）~（6）的任何一步证实失败，则认证信息交换即被中止。如果某些条件满足或不满足（1）~（7）的可选部分，则发起方可以选择中止认证信息交换。

2. 具体方法

双向认证协议的具体实现方法有基于对称加密算法和公钥加密算法两种情形。

1）Needham/Schroeder双向认证协议（基于对称加密方法）

该协议的机制如下：

（1）A→KDC：$ID_A \| ID_B \| N_1$。

（2）KDC→A：$E_{K_a}[K_S \| ID_B \| N_1 \| E_{K_b}[K_S \| ID_A]]$

（3）A→B：$E_{K_b}[K_S \| ID_A]$。

（4）B→A：$E_{K_S}[N_2]$。

（5）A→B：$E_{K_S}[f(N_2)]$。

这种方法需要一个可信的密钥分配中心（KDC）的参与。网络中通信的各方和KDC间分别共享一个主密钥，KDC为通信双方产生短期通信所需的会话密钥。保密密钥K_a和K_b分别是A和KDC、B和KDC之间共享的密钥。KDC负责产生A、B用于安全通信的会话密钥K_S，本协议的目的是安全地分发会话密钥K_S给A和B。

步骤（1）中A向KDC发出请求，要求得到一个用来保护它与B间逻辑连接的会话密钥。这个报文包括A和B的标识，以及一个对于这次交互而言的唯一的标识符N_1（即临时交互号）。N_1可以是一个时间戳、一个计数器或一个随机数，对它的最低要求是它在每个请求中是不同的，主要目的是防止冒充。

A在步骤（2）安全地得到了一个新的会话密钥，步骤（3）能由B解密并理解。步骤（4）表明B已知道K_S了。步骤（5）中，A使用K_S响应一个消息，其中f是一个对N_2进行某种变换的函数，表明B相信A知道K_S，并且消息不是伪造的（实际上步骤（1）~（3）为密钥分配过程，而步骤（4）、（5）是鉴别）。

步骤（4）、（5）的目的是防止某种类型的重放攻击。特别是，如果攻击者X能够在步骤（3）捕获该消息，则X可冒充A，使用旧密钥通过简单的重放步骤（3）就可以欺骗B。除非B一直牢记所有与A的会话密钥，否则B无法确定这是一个重放。

上述方法尽管有步骤（4）、（5）的握手，但仍然有漏洞。如果X能截获步骤（4）中的报文，那么他能模仿步骤（5）中的响应。从这点上看，X 可以向 B 发送一个伪造报文，让 B 以为报文来自 A 且使用了鉴别过的会话密钥。

2）Denning 改进后的双向认证协议

Denning 提出通过对上述协议的修改来克服其弱点，这种修改包括在步骤（2）、（3）中增加时间戳。他的协议假定主密钥 K_a、K_b 是安全的，其组成步骤如下：

（1）A→KDC：$\mathrm{ID_A}\|\mathrm{ID_B}$。

（2）KDC→A：$E_{K_a}[K_S\|\mathrm{ID_B}\|T\|E_{K_b}[K_S\|\mathrm{ID_A}\|T]]$。

（3）A→B：$E_{K_b}[K_S\|\mathrm{ID_A}\|T]$。

（4）B→A：$E_{K_S}[N_1]$。

（5）A→B：$E_{K_S}[f(N_1)]$。

其中，T 是时间戳，它能向 A 和 B 确保该会话密钥是新产生的。A 和 B 通过验证下式来证实时效性：

$|时钟-T| < \Delta t_1 + \Delta t_2$

其中，Δt_1 是 KDC 时钟与本地时钟（A 或 B）之间差异的估计值；Δt_2 是预期的网络延迟时间。

时间戳 T 是用主密钥加密的，即使对手获得旧的会话密钥，由于步骤（3）的重放将会被 B 检测出时间戳不及时而不会成功。

步骤（4）、（5）确定了 B 已收到会话密钥。

Denning 协议比 Needham/Schroeder 协议在安全性方面增强了一步。然而，又提出新的问题，即必须要求各时钟均可通过网络同步。如果发送者的时钟比接收者的时钟快，则攻击者可以从发送者窃听消息，并（等待）在以后当时间戳对接收者来说成为当前时重放给接收者。这种重放称为抑制重放攻击。

一种克服抑制重放攻击的方法是强制通信各方定期检查自己的时钟是否与 KDC 的时钟同步。一种避免同步开销的方法是采用临时数据手协议。

3）KEHN92 双向认证协议

这是对前两种方案的进一步改进，同时解决了抑制重放攻击和用旧密钥的重放攻击。其协议如下：

（1）A→B：$\mathrm{ID_A}\|N_a$。

（2）B→KDC：$\mathrm{ID_B}\|N_b\|E_{K_b}[\mathrm{ID_A}\|N_a\|T_b]$。

（3）KDC→A：$E_{K_a}[\mathrm{ID_B}\|N_a\|K_S\|T_b]\|E_{K_b}[\mathrm{ID_A}\|K_S\|T_b]\|N_b$。

（4）A→B：$E_{K_b}[\mathrm{ID_A}\|K_S\|T_b]\|E_{K_S}[N_b]$。

分析：A 通过一个及时交互数 N_a 发起一个鉴别交换，并加上它的标识以明文的形式发给 B。包含这个及时交互数和会话密钥加密的报文将返回 A，A 通过该及时交互数确保报文的时效性。

B 告知 KDC 需要一个会话密钥。它发往 KDC 的报文与 A 的操作类似，包括它的标识符和一个及时交互数 N_b。包含这个及时交互数和会话密钥加密的报文将返回 B，B 通过该及时交互数确保报文的时效性。B 发往 KDC 的报文还包括一个使用由 B 和 KDC 共享的密钥加密的分组，这个分组用来指示 KDC 向 A 发送一个证书，该分组包括证书的预接收者、证书的过期时间，以及从 A 发来的及时交互数。

KDC 将 B 的及时交互数和一个使用 B 和 KDC 共享密钥加密的分组传递给 A。这个分组用于 A 随后进行鉴别（称为“票据”）。KDC 还向 A 传送了一个使用 A 和 KDC 共享密钥加密的分组，这个分组用于证实 B 已经收到初始报文（$\mathrm{ID_B}$），这是一个及时的报文而不是一个重放（N_a），此外，还向 A 提供一个会话密钥（K_s）和它的使用时限（T_b）。

A 将票据连同 B 的及时交互数传送给 B，后者使用会话密钥加密。该票据为 B 提供了用来解密以恢复这个及时交互数的密钥。使用会话密钥对 B 的及时交互数加密这一事实能鉴别该报文来自 A 而不是一个重放。

这个协议给 A 和 B 建立一个会话提供了一种有效、安全的会话密钥交换方式。

在前述协议中，时间 T_b 是相对于 B 的时钟。这样，这个时间戳不需要同步时钟，因为 B 只检查自身产生的时间戳。

一个使用时间戳的公钥加密方法是：

（1）A→AS：$\mathrm{ID_A} \| \mathrm{ID_B}$。

（2）AS→A：$E_{\mathrm{KR_{as}}}[\mathrm{ID_A} \| \mathrm{KU_a} \| T] \| E_{\mathrm{KR_{as}}}[\mathrm{ID_B} \| \mathrm{KU_b} \| T]$。

（3）A→B：$E_{\mathrm{KR_{as}}}[\mathrm{ID_A} \| \mathrm{KU_a} \| T] \| E_{\mathrm{KR_{as}}}[\mathrm{ID_B} \| \mathrm{KU_b} \| T] E_{\mathrm{KU_b}}[E_{\mathrm{KR_a}}[K_S \| T]]$。

在这个协议中，中心系统被称为鉴别服务器（AS），因为实际上它并不负责密钥的分配。AS 实际上提供公开密钥证书。会话密钥的选择和加密由 A 完成，因此没有 AS 泄露密钥的危险。时间戳防止危及密钥安全的重放攻击。

这个协议存在的问题也是需要时钟同步。

一个基于临时值握手（即“现时”）的协议如下。

（1）A→KDC：$\mathrm{ID_A} \| \mathrm{ID_B}$。

（2）KDC→A：$E_{\mathrm{KR_{auth}}}[\mathrm{ID_B} \| \mathrm{KU_b}]$。

（3）A→B：$E_{\mathrm{KU_b}}[N_a \| \mathrm{ID_A}]$。

（4）B→KDC：$\mathrm{ID_B} \| \mathrm{ID_A} \| E_{\mathrm{KR_{auth}}}[N_a]$。

（5）KDC→B：$E_{\mathrm{KR_{auth}}}[\mathrm{ID_A} \| \mathrm{KU_a}] \| E_{\mathrm{KR_b}}[E_{\mathrm{KR_{auth}}} \| N_a \| K_S \| \mathrm{ID_A} \| \mathrm{ID_B}]$。

（6）B→A：$E_{\mathrm{KR_a}}[E_{\mathrm{KR_{auth}}}[N_a \| K_S \| \mathrm{ID_A} \| \mathrm{ID_B} \| N_b]$。

（7）A→B：$E_{\mathrm{K_S}}[N_b]$。

步骤（1）中，A 通知 KDC 它打算与 B 建立一个安全连接。KDC 向 A 返回一份 B 的公开密钥证书备份（步骤（2））。使用 B 的公开密钥，A 通知 B 它期望进行通信并发送及时交互数 N_a（步骤（3））。在步骤（4）中，B 向 KDC 请求 A 的公开密钥证书和一个会话密钥；B 的请求中包含 A 的现时以便使 KDC 能使用该及时交互数对会话密钥进行标记，这个及时交互数使用 KDC 的公开密钥进行保护。在步骤（5）中，KDC 向 B 返回一个 A 的公开密钥证书备份，以及信息[N_a，K_S，$\mathrm{ID_A}$，$\mathrm{ID_B}$]。这个信息向其表明 K_S 是由 KDC 代表 B 产生并绑定到 N_a；K_S 与 N_a 的绑定将使 A 确保 K_S 是最新的。为了让 B 证实该元组确实来自 KDC，使用 KDC 的私钥对其加密。在步骤（6）中，用 KDC 的私有密钥加密的元组连同由 B 生成的及时交互数 N_b 用 A 的公开密钥加密后再发送给 A。在步骤（7）中，A 解密后得出会话密钥 K_S，并用它对 N_b 加密后发回给 B。最后一个报文使 B 确信 A 已获得了会话密钥。

复杂工程问题实践

[区块链技术的工程应用实践] 一般而言，病人的病历数据属于个人隐私，也是产生医患纠纷时的重要证据，需要得到特别的保护。试设计一个基于区块链技术的病人病历数据保护系统，并对其进行工程实现、测试和评估。

习　题

7.1　什么是杂凑函数？对杂凑函数的基本要求和安全性要求分别是什么？
7.2　安全杂凑函数的一般结构是什么？
7.3　为什么要进行哈希填充？
7.4　杂凑函数的主要应用有哪些？
7.5　简述杂凑算法的设计方法及其分类。
7.6　编写程序实现 SHA–1。
7.7　什么是区块链？区块链的优势特征是什么？
7.8　什么是消息认证？为什么要进行消息认证？消息认证的实现方法有哪些？
7.9　什么是认证协议？举例说明单向认证和双向认证。

第 8 章　数字签名

知识单元与知识点	➢ 数字签名、数字签名标准的相关概念； ➢ 数字签名的特殊性、要求、方案与分类； ➢ 数字签名标准。
能力点	✧ 建立数字签名、数字签名标准的相关概念； ✧ 把握数字签名的特殊性、要求、方案与分类； ✧ 会分析数字签名算法（DSA）的签名和验证过程。
重难点	■ 重点：数字签名的内涵；数字签名算法。 ■ 难点：数字签名标准。
学习要求	✓ 掌握数字签名、数字签名标准的相关概念； ✓ 掌握数字签名的特殊性、要求、方案与分类； ✓ 领会数字签名算法（DSA）的签名和验证过程的原理与实现方法。
问题导引	→ 什么是数字签名？ → 数字签名的要求有哪些？ → 如何实现数字签名？

8.1　概述

手写签名是一种传统的确认方式，如写信、签订协议、支付确认、批复文件等。在数字系统同样有签名应用的需要，如假定 A 发送一个认证的信息给 B，如果没有签名确认的措施，*B* 可能伪造一个不同的消息，声称是从 A 收到的；或者为了某种目的，A 也可能否认发送过该消息。很明显，数字系统的特点决定了不可能再沿用原先的手写签名方法来实现防伪造或防抵赖，这就提出了如何实现数字签名的问题。

数字签名是电子信息技术发展的产物，是针对电子文档的一种签名确认方法，所要达到的目的是对数字对象的合法性、真实性进行标记，并提供签名者的承诺。随着信息技术的广泛使用，特别是电子商务、电子政务等的快速发展，数字签名的应用需求越来越大。

8.1.1　数字签名的特殊性

我们所要签名的任何一个文档都有物理载体、载体所携带的文字符号，以及文字符号所包含的有意义的信息或数据等几个要素。传统纸质文档的符号一般都具有手迹等物理特征，相应的手写签名与被签名文档使用共同的物理载体（即签名是被签名文档的一部分，具有包含性）。另外，手写签名能够反映签名者的个性特征。正是由于具有物理特征的符号和载体的不可分割性、手写签名的独特性（难以模仿）保证了传统签名的可鉴别性要求。

但电子文档的物理载体表现为电磁信号，所携带的文字符号以二进制编码的逻辑形式存在，数字签名与被签名的消息表现为两个分离的文档，可以任意分割、复制而不被察觉，且数字信息本身没有个性特征，如果按照传统方式进行电子文档的签名，签名将很容易被伪造和重用，完全达不到签名的目的。

另一方面，传统手写签名的验证是通过与存档的手迹进行对照来确定签名的真伪。这种对照判断具有一定程度的主观性和模糊性，因而不是绝对可靠的，容易受到伪造和误判的影响。

由于物理性质的差别，电子文档是一个编码序列，对它的签名也只能是一种编码序列，如图 8-1 所示。通过某种机制和变换技术，可以实现对电子文档的签名确认，我们把它称为数字签名。数字签名是对手写签名在功能上的一种电子模拟，数字签名能够用于向接收方或第三方证实消息被信源方签署，数字签名也可以用于证实存储的数据或程序的完整性。数字签名基于两条基本的假设：一是私钥是安全的，只有其拥有者才能知晓；二是产生数字签名的唯一途径是使用私钥。尽管数字签名的安全性并没有得到证明，但超出这种假设（如使用未知的密钥而非私钥，或使用未知的算法而非数字签名算法得到的结果可能被声称者的公钥解密）攻击成功的例子也没有出现过，如图 8-2 所示。这就是密码学中的特殊现象：“计算上不可行”、“认为是正确的”。

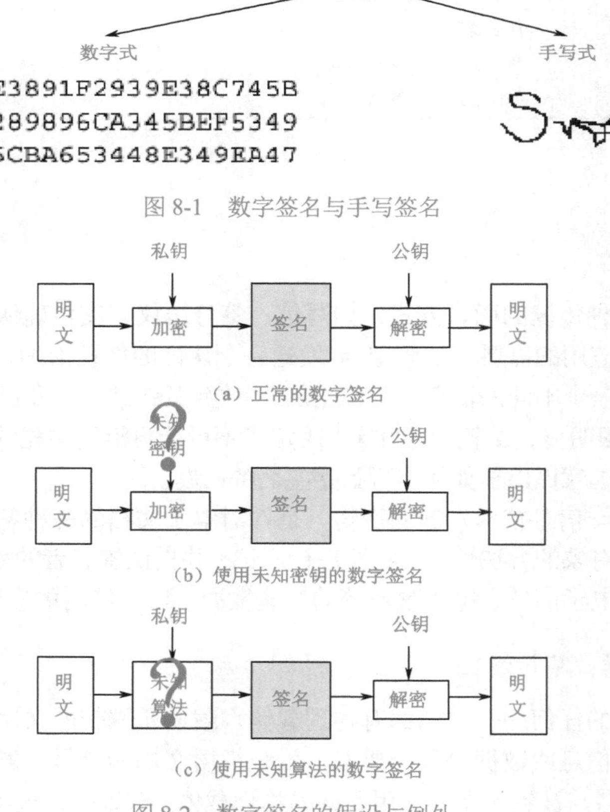

图 8-1　数字签名与手写签名

（a）正常的数字签名

（b）使用未知密钥的数字签名

（c）使用未知算法的数字签名

图 8-2　数字签名的假设与例外

数字签名应该具有以下性质：

（1）精确性。签名是对文档的一种映射，不同的文档内容所得到的映射结果是不一样的，即签名与文档具有一一对应关系。

（2）唯一性。签名应基于签名者的唯一性特征（如私钥），从而确定签名的不可伪造性和不可否认性。

（3）时效性。签名应该具有时间特征，防止签名的重复使用。

由此可见，数字签名比手写签名有更强的不可否认性和可认证性。

数字签名能够直接提供消息来源的真实性（A 方的公钥不能用于证实被 B 方私钥签名的文档）、消息的完整性（消息被改变后不能得到与原消息同样的数字签名）、不可否认性（引入可信的第三方）等认证服务。

交流与微思考

8.1.2　数字签名的要求

当消息基于网络传递时，接收方希望证实消息在传递过程中没有被篡改，或希望确认发送者的身份，从而提出数字签名的需要。为了达到数字签名的这种应用要求，数字签名必须保证：

- 接收者能够核实发送者对报文的签名（包括验证签名者的身份及其签名的日期时间）；
- 发送者事后不能抵赖对报文的签名；
- 接收者不能伪造对报文的签名；
- 必须能够认证签名的内容；
- 签名必须能够被第三方验证，以解决争议。

因此，数字签名具有验证的功能。数字签名的设计要求如图 8-3 所示。

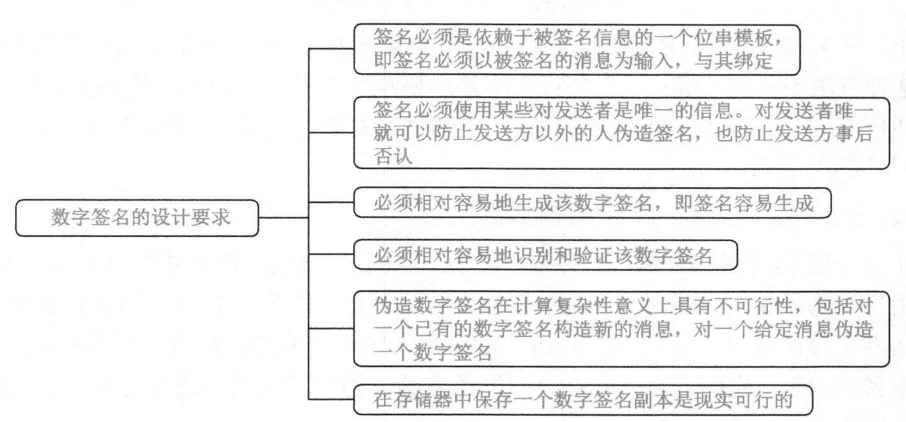

图 8-3　数字签名的设计要求

8.1.3　数字签名方案描述

一个数字签名方案由两部分组成：带有陷门的公开签名算法和验证算法。公开签名算法是一个由密钥控制的函数。对任意一个消息 x，一个密钥 k，签名算法产生一个签名 $y=\mathrm{sig}_k(x)$，算法是公开的，但密钥是保密的，这样，不知道密钥的人不可能产生正确的签名，从而不能伪造签名。验证算法 $\mathrm{ver}(x,y)$ 也是公开的，它通过 $\mathrm{ver}(x,y)=\mathrm{true}$ 或 false 来验证签名。

数字签名方案的定义是：设P是消息的有限集合（明文空间），S是签名的有限集合（签名空间），K是密钥的有限集合（密钥空间），则：

签名算法是一个映射：

$$\mathrm{sig}: P \times K \to S, y = \mathrm{sig}_k(x) \tag{8-1}$$

验证算法也是一个映射：

$$\mathrm{ver}: P \times S \to \{(\mathrm{true}, \mathrm{false}) \mid \begin{matrix} \mathrm{ver}(x,y) = \mathrm{true}, \text{如果} y = \mathrm{sig}_k(x) \\ \mathrm{ver}(x,y) = \mathrm{false}, \text{如果} y \neq \mathrm{sig}_k(x) \end{matrix}\} \tag{8-2}$$

五元组$\{P, S, K, \mathrm{sig}, \mathrm{ver}\}$就称为一个签名方案。

签名算法一般由加密算法来充当。最基本的数字签名有基于对称密钥的密码算法和基于公开密钥的密码算法两种。

1. 基于对称密钥的密码算法的数字签名方法

这种方法的本质是共享密钥的验证。基本形式是：用户 A 与 B 共享对称密钥密码体制的密钥k，要签名的消息为m。则签名算法就是加密算法：

$$y = \mathrm{sig}_k(m) = E_k(m) \tag{8-3}$$

发送方向验证方发送（m，y）。

验证算法就是解密算法：

$$\mathrm{ver}(m,y) = \mathrm{true} \Leftrightarrow m = D_k(y) \tag{8-4}$$

或加密算法：

$$\mathrm{ver}(m,y) = \mathrm{true} \Leftrightarrow y = E_k(m) \tag{8-5}$$

这个方法需要用户 A、B 都知道k和m，才能验证消息。根据数字签名应具有的性质（2）判断，这种方法不具有“唯一性”特征，不是严格意义上的数字签名。这种签名算法主要用于防止通信双方 A、B 之外的人进行伪造，但对 A、B 间的欺骗（如伪造签名）将无能为力，因为他们共享了密钥k。

2. 基于公开密钥的密码算法的数字签名方法

基于公开密钥的密码算法的数字签名方法本质上是公钥密码加密算法的逆应用。此时发送方用自己的私钥对消息进行加密，接收方收到消息后用发送方的公钥进行解密，由于私钥由发送方自己保管且只有他本人知道，入侵者只知道发送方的公钥，不可能伪造签名，从而起到签名的效果。公正的第三方可以用发送方的公钥对签名的消息进行解密，从而证实消息确实来自于该发送方。

使用公钥密码体制：用户 A 选定私钥$\mathrm{KR_a}$、公钥$\mathrm{KU_a}$，加解密算法分别为E和D。将$\mathrm{KR_a}$保密，称为签名密钥；将$\mathrm{KU_a}$公开，称为验证密钥，则签名和验证过程为：

设用户 A 要向用户 B 发送消息m，用户 A 用自己的私钥加密（签名）消息m：$y = E_{\mathrm{KR_a}}(m)$，向 B 发送(m, y)；用户 B 用 A 的公钥解密（验证）签名：

$$\mathrm{ver}(m,y) = true \Leftrightarrow m = D_{\mathrm{KU_a}}(y) \tag{8-6}$$

实际使用的数字签名通常是基于公钥密码体制，且是对消息的摘要而不是对消息本身进行签名，其数据结构如图 8-4 所示。

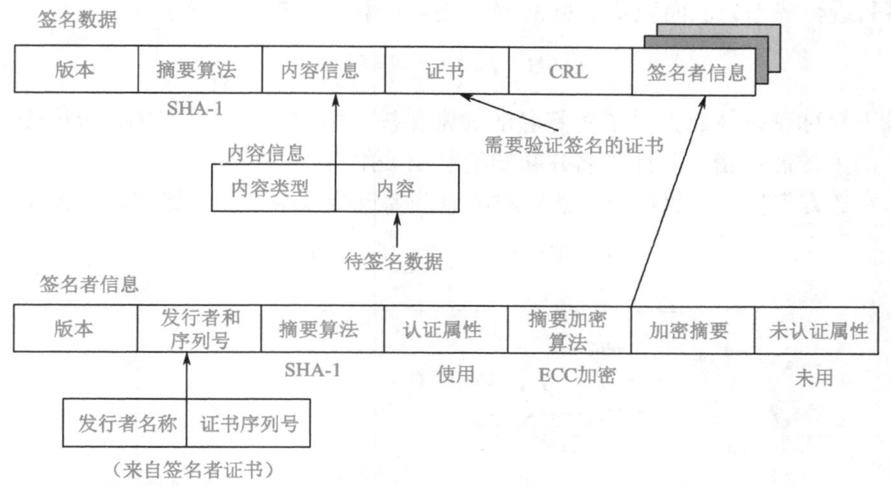

图 8-4　数字签名的数据结构

8.1.4　数字签名的分类

数字签名一般可以分为直接数字签名和可仲裁数字签名两大类。

1. 直接数字签名

直接数字签名是只涉及到通信双方的数字签名。为了提供鉴别功能，直接数字签名一般使用公钥密码体制。主要有以下几种使用形式。

（1）发送者使用自己的私钥对消息直接进行签名，接收方用发送方的公钥对签名进行鉴别。如图 8-5 所示。

$$A \rightarrow B: \ E_{KR_a}[M] \tag{8-7}$$

图 8-5　直接数字签名

这种方法基于数字签名可提供认证功能。其特点是：

- 只有 A 知道 KR_a，能用其进行加密；
- 传输中无法被篡改；
- 任何第三方可以用 KU_a 验证签名。

存在的问题：被签名的消息不具有保密性，因为谁都可以从公开途径容易地获取 A 的公钥对签名进行解密，从而获知消息 M 的内容。一种改进的方案是：

$$A \to B: \ E_K\left[E_{KR_a}\left[M\right]\right] \tag{8-8}$$

它基于对称密码体制提供了对签名的加密保护，解决了上述方式存在的问题，只有知道密钥 K 的人才能解密、验证签名并获知消息 M 的内容。

（2）发送方先生成消息摘要，然后对消息摘要进行数字签名，如图 8-6 所示。

$$A \to B: \ M \| E_{KR_a}\left[H\left(M\right)\right] \tag{8-9}$$

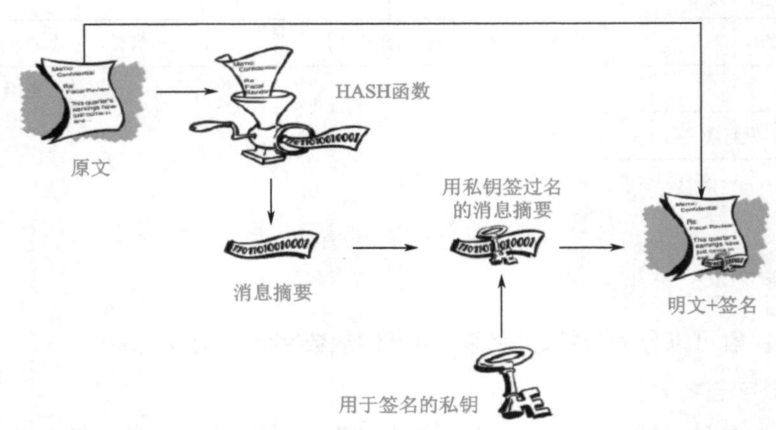

图 8-6　安全数字签名（签名过程）

这种方法同样基于数字签名可提供认证功能。其好处是：$H\left(M\right)$ 具有压缩功能，这使得签名处理的内容减少，速度加快。

存在的问题：被签名的消息不具有保密性，因为消息以明文的形式传送。一种改进的方法是：

$$A \to B: \ E_K\left[M \| E_{KR_a}\left[H\left(M\right)\right]\right] \quad 或 \quad A \to B: \ E_K\left[M\right] \| E_{KR_a}\left[H\left(M\right)\right] \tag{8-10}$$

这种方法实现了对消息的保密，也提供基于数字签名的认证。

直接数字签名的缺点：

（1）验证依赖于发送方的私有密钥的唯一性和保密性。

发送方要抵赖发送某一消息时，可能会声称其私有密钥丢失或被窃，从而被他人伪造了签名。

通常需要采用与私有密钥安全性相关的行政管理控制手段来制止或至少是削弱这种情况，但威胁在某种程度上依然存在。

改进的方式：要求被签名的信息包含一个时间戳，该时间戳由公正的第三方生成，标明消息被签名的日期与时间。并要求密钥一旦泄露，就要立即将已暴露的密钥报告给一个授权中心，以便在证书撤消列表 CRL（Certificate Revocation List）上公布并宣布其失效。

（2）A 的某些私有密钥可能在时间 T 被窃取，敌方可以伪造 A 的签名及早于或等于时间 T 的时间戳。

2. 可仲裁数字签名

可仲裁数字签名在通信双方的基础上引入了仲裁者的参与。通常的做法是所有从发送方 X 到接收方 Y 的签名消息首先发送给仲裁者 A，A 将消息及其签名进行一系列测试，以检查其来源和内容，然后将消息加上日期（时间戳由仲裁者加上），并与已被仲裁者验证通过的签名一起发给 Y。仲裁者在这一类签名模式中扮演裁判的角色。前提条件：所有的参与者必须绝对相信这一仲裁机制工作正常。

可仲裁数字签名主要有以下几种使用形式。

（1）单密钥加密方式，仲裁者 A 可以获知消息。

在这种方案中，X 与 A 之间共享密钥 K_{XA}，Y 与 A 之间共享密钥 K_{YA}。

X 准备消息 M，计算其散列码 $H(M)$，用 X 的标识符 ID_X 和散列值经 K_{XA} 加密后构成签名 $E_{K_{XA}}\left[ID_X \| H(M)\right]$，并将消息及签名发送给 A：

$$X \to A: \ M \| E_{K_{XA}}\left[ID_X \| H(M)\right] \tag{8-11}$$

A 解密签名，用 $H(M)$ 验证消息 M，然后将 ID_X、M、签名 $E_{K_{XA}}\left[ID_X \| H(M)\right]$ 和时间戳 T 一起经 K_{YA} 加密后发送给 Y：

$$A \to Y: \ E_{K_{YA}}\left[ID_X \| M \| E_{K_{XA}}\left[ID_X \| H(M)\right] \| T\right] \tag{8-12}$$

Y 解密 A 发来的信息，并可将 M 和签名保存起来。

解决纠纷的机制：

Y 向 A 发送 $E_{K_{YA}}\left[ID_X \| M \| E_{K_{XA}}\left[ID_X \| H(M)\right]\right]$；A 用 K_{YA} 恢复 ID_X、M 和签名 $E_{K_{XA}}\left[ID_X \| H(M)\right]$，然后用 K_{XA} 解密签名并验证散列码（因为在对 A 绝对信赖的条件下，只有 X 能生成 $E_{K_{XA}}\left[ID_X \| H(M)\right]$）。

由此可见，上述签名方式正常工作的条件是双方都需要高度相信仲裁者 A，即：

- X 必须信任 A 没有暴露 K_{XA}，并且没有自己生成签名：

$$E_{K_{XA}}\left[ID_X \| H(M)\right] \tag{8-13}$$

- Y 在必须信任 A 验证了散列值正确并且签名确实是 X 产生的情况下才发送的 $E_{K_{YA}}\left[ID_X \| M \| E_{K_{XA}}\left[ID_X \| H(M)\right] \| T\right]$。
- 双方都必须信任 A 处理争议是公正的。

只要遵循上述要求，则 X 相信没有人可以伪造其签名，Y 相信 X 不能否认其签名。

从上述签名机制可以看出来：仲裁者 A 可以看到 X 给 Y 的所有信息 M（式 8-11 中消息以明文形式出现），因而所有的窃听者也能看到。

（2）单密钥加密方式，仲裁者不能获知消息。

在这种情况下，X 与 Y 之间共享密钥 K_{XY}。

X 将标识符 ID_X，密文 $E_{K_{XY}}[M]$，以及对 ID_X 和密文消息的散列码用 K_{XA} 加密后形成签名发送给 A：

$$X \to A: \ ID_X \| E_{K_{XY}}[M] \| E_{K_{XA}}\left[ID_X \| H\left(E_{K_{XY}}[M]\right)\right] \tag{8-14}$$

A 解密签名，用散列码验证消息，这时 A 只能验证消息的密文而不能读取其内容。然后 A 将来自 X 的所有信息加上时间戳并用 K_{AY} 加密后发送给 Y：

$$A \to Y: \mathrm{ID}_X \| E_{K_{AY}}\left[\mathrm{ID}_X \| E_{K_{XY}}[M] \| E_{K_{XA}}\left[\mathrm{ID}_X \| H\left(E_{K_{XY}}[M]\right)\right] \| T\right] \tag{8-15}$$

上述两种方案存在一个共性问题：A 和发送方联手可以否认签名的信息（因为 K_{AY} 为接收方和 A 共享，A 可否认向 Y 发送过式 8-12、式 8-15 的内容）；A 和接收方联手可以伪造发送方的签名（因为 K_{XA} 为发送方和 A 共享，A 可伪造 X 的签名）。所以这种单密钥签名方案要求发送方和接收方都对 A 绝对信任，且要求仲裁者 A 是公正的。

（3）双密钥加密方式，仲裁者不能获知消息。

X 对消息 M 双重加密：首先使用 X 的私有密钥 KR_X，然后使用 Y 的公开密钥 KU_Y，形成一个签名的、保密的消息。然后将该消息以及 X 的标识符一起用 KR_X 签名后与 ID_X 一起发送给 A。

$$X \to A: \mathrm{ID}_X \| E_{\mathrm{KR}_X}\left[\mathrm{ID}_X \| E_{\mathrm{KU}_Y}\left(E_{\mathrm{KR}_X}[M]\right)\right] \tag{8-16}$$

这种双重加密的消息对除 Y 以外的其它人（包括 A）都是保密的。

A 检查 X 的公开/私有密钥对是否仍然有效，如果有效，则认证消息，并将包含 ID_X、双重加密的消息和时间戳构成的消息用 KR_A 签名后发送给 Y。

$$A \to Y: E_{\mathrm{KR}_A}\left[\mathrm{ID}_X \| E_{\mathrm{KU}_Y}\left(E_{\mathrm{KR}_X}[M]\right) \| T\right] \tag{8-17}$$

双密钥模式比上述两个单密钥模式具有以下好处：

- 在通信之前各方之间无须共享任何信息，从而避免了联手作弊；
- 即使 KR_X 暴露，只要 KR_A 未暴露，就不会有错误标定日期的消息被发送（即时间戳不能被伪造）；
- 从 X 发送给 Y 的消息的内容对 A 和其他任何人都是保密的。

8.2 数字签名标准

数字签名标准（Digital Signature Standard, DSS）是美国国家标准技术研究所（NIST）在 1994 年 5 月 19 日正式公布的联邦信息处理标准 FIPS PUB 186 的基础上，于 1994 年 12 月 1 日采纳的数字签名标准 DSS，DSS 最初只支持 DSA（Digital Signature Algorithm）的数字签名算法，它是 ElGamal 签名方案的改进，其安全性基于计算离散对数的难度。该标准后来经过一系列修改，目前的标准为 2000 年 1 月 27 日公布的，该标准的扩充版 FIPS PUB 186-2，新增加了基于 RSA 和 ECC 的数字签名算法。这里只介绍 DSA 算法，其余算法参见非对称密码体制的相关部分。

8.2.1 DSA 的描述

DSA 算法由 NSA（美国国家安全局）指导设计，用来提供唯一的数字签名函数，因此它虽然是一种公开密钥密码技术，但它只能用于数字签名。DSA 已经在许多数字签名标准中得到推荐使用，除了联邦信息处理标准 FIPS PUB 186-2 外，IEEE 的 P1363 标准中数字签名标准体制也推荐使用 DSA 等算法。

DSA 中规定使用安全散列算法（SHA-1），DSA 的数字签名与验证过程如图 8-7 所示。

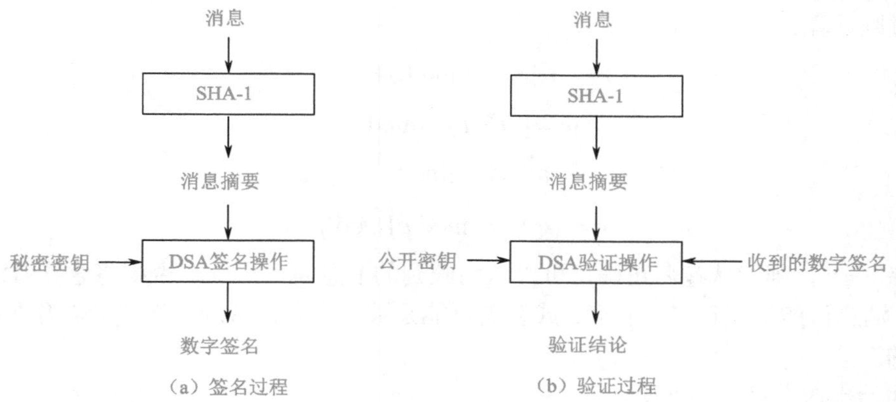

图 8-7　DSA 签名与验证过程

1. DSA 的参数

（1）全局公开密钥分量 p,q,g，可以为一组用户公用。

p 是一个素数，要求 $2^{L-1} < p < 2^{L}, 512 \leqslant L \leqslant 1024$，且 L 为 64 的倍数，即比特长度在 512 到 1024 之间，长度增量为 64 位。

q 是 $p-1$ 的素因子，$2^{159} < q < 2^{160}$，即比特长度为 160 位。

$g = h^{(p-1)/q} \bmod p$。其中 h 是一个整数，$1 < h < p-1$，并且要求 $g = h^{(p-1)/q} \bmod p > 1$。

（2）用户私有密钥 x。

x 是随机或伪随机整数，要求 $0 < x < q$。

（3）用户公开密钥 y。

$$y = g^{x} \bmod p \tag{8-18}$$

可见公开密钥由私有密钥计算得来，给定 x 计算 y 是很容易的，但给定 y 求 x 却是离散对数问题，这被认为在计算上是安全的。

（4）与用户每个签名相关的秘密数 k。

k 是随机或伪随机整数，要求 $0 < k < q$，每次签名都要重新生成 k。

2. 签名过程

发送方随机地选取秘密值 k，计算：

$$r = (g^{k} \bmod p) \bmod q \tag{8-19}$$

$$s = [k^{-1}(H(M) + xr)] \bmod q \tag{8-20}$$

其中 $H(M)$ 是使用基于 SHA-1 生成的 M 的散列值。则 (r,s) 就是基于散列值对消息 M 的数字签名，也可在式（8-20）中用 M 代替 $H(M)$ 实现直接对消息 M 的数字签名。

k^{-1} 是 k 模 q 的乘法逆，并且 $0 < k^{-1} < q$。签名者应该验证是否有 $r = 0$ 或 $s = 0$，如果 $r = 0$ 或 $s = 0$，就应另外选取 k 值并重新生成签名。

3. 验证过程

如果接收者收到 M,r,s 后，首先验证 $0<r<q$, $0<s<q$（因为它们要进行 $\bmod q$ 计算），如果通过则计算：

$$w=s^{-1}\bmod q \tag{8-21}$$

$$u_1=[H(M)w]\bmod q \tag{8-22}$$

$$u_2=[rw]\bmod q \tag{8-23}$$

$$v=[(g^{u_1}y^{u_2})\bmod p]\bmod q \tag{8-24}$$

如果 $v=r$ ，则确认签名正确，可以认为收到的消息是可信的。否则将意味着消息可能被篡改，消息可能未被正确地签名，或签名可能是被攻击者伪造的，此时应认为收到的消息是无效的。

下面给出这个算法的证明。

引理：设 p 和 q 是素数且满足 q 整除 $p-1$, h 是一个小于 p 的正整数，$g=h^{(p-1)/q}\bmod p$ ，则 $g^q\bmod p=1$ ，并且假如 $m\bmod q=n\bmod q$ ，则 $g^m\bmod p=g^n\bmod p$ 。

证明：

我们有：$g^q\bmod p=(h^{(p-1)/q}\bmod p)^q\bmod p=h^{(p-1)}\bmod p=1$（基于 Fermat 定理）

假设 $m\bmod q=n\bmod q$ ，如 $m=n+kq$ ， k 为整数，则：

$$\begin{aligned}g^m\bmod p&=g^{n+kq}\bmod p\\&=(g^n g^{kq})\bmod p\\&=[(g^n\bmod p)(g^q\bmod p)^k]\bmod p\\&=\left[\left(g^n\bmod p\right)\cdot 1^k\right]\bmod p\\&=g^n\bmod p\end{aligned}$$

接下来，开始证明数字签名的结论。

定理：假如在数字签名证实中有 $M'=M$ ， $r'=r$ ， $s'=s$（这里 M',r',s' 分别为收到的消息值和签名），则 $v=r'$ 成立。

证明：

我们有：

$$w=(s')^{-1}\bmod q=s^{-1}\bmod q$$

$$u_1=[H(M')w]\bmod q=[H(M)w]\bmod q$$

$$u_2=(r'w)\bmod q=(rw)\bmod q$$

$$v=[(g^{u_1}y^{u_2})\bmod p]\bmod q$$

现在，令 $y=g^x\bmod p$ ，由引理可得：

$$\begin{aligned}v&=[(g^{u_1}y^{u_2})\bmod p]\bmod q\\&=[(g^{H(M)w}y^{rw})\bmod p]\bmod q\\&=[(g^{H(M)w}g^{xrw})\bmod p]\bmod q\\&=[(g^{(H(M)+xr)w})\bmod p]\bmod q\end{aligned}$$

又因为 $s=[k^{-1}(H(M)+xr)]\bmod q$ ，因此：

$w = s^{-1} \bmod q = [k(H(M) + xr)^{-1}] \bmod q$

变形为：

$[(H(M) + xr)w] \bmod q = k \bmod q$

因此，结合式（8-19），有：

$$
\begin{aligned}
v &= [(g^{(H(M)+xr)w}) \bmod p] \bmod q \\
&= [(g^k) \bmod p] \bmod q \\
&= r \\
&= r'
\end{aligned}
$$

得证。

8.2.2　使用 DSA 进行数字签名的示例

假设取 q =101，p =78 × 101+1=7879（保证 q 是 $p-1$ 的素因子），h =3，所以 $g = 3^{78}(\bmod 7879) = 170$。假设选择私钥 x =75，那么可计算公钥 $y = g^x \bmod p$ =4567。

现在，如果 Bob 想签名一个消息 M =1234，且他选择了随机值 k =50，可算得 $k^{-1} = 99 \bmod 101$。算出签名：

r =(170^{50}mod7879)mod101=2518(mod101)=94

s =(1234+75 × 94) × 99(mod101)=97

得到直接对 M 的签名为（94,97）。

验证：

w =97^{-1}（mod101)=25

u_1 =1234 × 25(mod101)=45

u_2 =94 × 25(mod101)=27

v =[170^{45} × 4567^{27}(mod7879)](mod101)=2518(mod101)=94

$v = r$，因此，该签名是有效的。

下面来看一个使用 DSA 进行实际签名的例子。

设 L =512，选定 h =2。

p = 8df2a494 492276aa 3d25759b b06869cb eac0d83a fb8d0cf7 cbb8324f 0d7882e5 d0762fc5 b7210eaf c2e9adac 32ab7aac 49693dfb f83724c2 ec0736ee 31c80291

q = c773218c 737ec8ee 993b4f2d ed30f48e dace915f

g = 626d0278 39ea0a13 413163a5 5b4cb500 299d5522 956cefcb 3bff10f3 99ce2c2e 71cb9de5 fa24babf 58e5b795 21925c9c c42e9f6f 464b088c c572af53 e6d78802

x = 2070b322 3dba372f de1c0ffc 7b2e3b49 8b260614

k = 358dad57 1462710f 50e254cf 1a376b2b deaadfbf

k^{-1} = 0d516729 8202e49b 4116ac10 4fc3f415 ae52f917

设 M = “abc”，用 ASCII 码表示。

则 $H(M)$ = a9993e36 4706816a ba3e2571 7850c26c 9cd0d89d（基于 SHA-1 算法，参考例 7-1 的计算结果）

y = 19131871 d75b1612 a819f29d 78d1b0d7 346f7aa7 7bb62a85 9bfd6c56 75da9d21 2d3a36ef 1672ef66 0b8c7c25 5cc0ec74 858fba33 f44c0669 9630a76b 030ee333

r = 8bac1ab6 6410435c b7181f95 b16ab97c 92b341c0

s = 41e2345f 1f56df24 58f426d1 55b4ba2d b6dcd8c8

w = 9df4ece5 826be95f ed406d41 b43edc0b 1c18841b

u_1 = bf655bd0 46f0b35e c791b004 804afcbb 8ef7d69d

u_2 = 821a9263 12e97ade abcc8d08 2b527897 8a2df4b0

$g^{u_1} \bmod p$ = 51b1bf86 7888e5f3 af6fb476 9dd016bc fe667a65 aafc2753 9063bd3d 2b138b4c e02cc0c0 2ec62bb6 7306c63e 4db95bbf 6f96662a 1987a21b e4ec1071 010b6069

$y^{u_2} \bmod p$ = 8b510071 2957e950 50d6b8fd 376a668e 4b0d633c 1e46e665 5c611a72 e2b28483 be52c74d 4b30de61 a668966e dc307a67 c19441f4 22bf3c34 08aeba1f 0a4dbec7

v = 8bac1ab6 6410435c b7181f95 b16ab97c 92b341c0

由上可见，$v=r$，签名被证实。

复杂工程问题实践

[数字签名的工程应用实践] 依托网上购物应用需求兴起的牵引，物流业得到了飞速发展，快递签收是其中的一个重要环节。试设计一个基于数字签名的快递签收方案，并对其进行基本的工程实现、测试与评价。

习　题

8.1　数字签名有什么特殊性?

8.2　数字签名的性质是什么?

8.3　对数字签名的要求是什么?

8.4　数字签名的基本原理什么?

8.5　分类说明数字签名的实现方法及其特点。

8.6　直接数字签名和可仲裁数字签名的区别是什么?

8.7　当需要对消息同时进行签名和保密时，它们应以何种顺序作用于消息？为什么?

8.8　DSA 中，如果签名产生过程中出现 s=0，则必须产生新的 k 并重新计算签名，为什么?

8.9　举例说明 DSA 的签名和验证过程。

8.10　编写程序实现 DSA。

第 9 章　密钥管理

知识单元与知识点	➢ 密钥、密钥管理的相关概念； ➢ 密钥的种类与层次式结构； ➢ 密钥管理的生命周期； ➢ 密钥的生成与安全存储； ➢ 密钥的协商与分发。
能力点	✧ 深入理解密钥、密钥管理等基本概念； ✧ 把握密钥管理的层次结构与生命周期； ✧ 理解密钥的生成、安全存储和分发的方法。
重难点	■ 重点：密钥、密钥管理等基本概念；密钥的生命周期；密钥的生成、安全存储和分发。 ■ 难点：密钥的协商与分发。
学习要求	✓ 熟练掌握密钥、密钥管理等概念； ✓ 了解密钥管理的层次关系和生命周期； ✓ 掌握密钥的生成与安全存储的方法； ✓ 掌握密钥的协商与分发的实现方法。
问题导引	→ 如何理解密钥管理？ → 密钥管理的基本内容是什么？ → 工程上如何实现密码管理？

为了保护房间里的财物，人们通常在房间的门上安装一把锁，通过钥匙在锁孔里旋转使锁的栓和结构以预定的方式形成障碍以阻止门被打开。开锁时，插入钥匙并反方向旋转使锁的栓和结构以相反的方式工作，从而将锁打开。密码学正是基于这一原理引入了“密钥”的概念，密钥作为密码变换的参数，起到“钥匙”的作用，通过加密变换操作，可以将明文变换为密文，或者通过解密变换操作，将密文恢复为明文。在密码学中引入密钥的好处还表现为：（1）在一个加密方案中不用担心算法的安全性，即可以认为算法是公开的，只要保护好密钥就可以了，很明显，保护好密钥比保护好算法要容易得多。（2）可以使用不同的密钥保护不同的秘密，这意味着当有人攻破了一个密钥时，受威胁的只是这个被攻破密钥所保护的信息，其他的秘密依然是安全的。由此可见，密钥在整个密码算法中处于十分重要的中心地位。

密钥管理就是在授权各方之间实现密钥关系的建立和维护的一整套技术和程序。密钥管理是密码学的一个重要分支，也是密码学最重要、最困难的部分，负责密钥从产生到最终销毁的整个过程，包括密钥的生成、存储、分配、使用、备份/恢复、更新、撤销和销毁等。

密钥管理作为提供机密性、实体认证、数据源认证、数据完整性和数字签名等安全密码技术的基础，在整个密码学中占有重要的地位，因为现代密码学要求所有加密体制的密码算法是可以公开评估的，整个密码系统的安全性并不取决于对密码算法的保密或者是对加密设备等的保护，秘密都寓于密钥之中，一旦密钥泄露，攻击者将有可能窃取到机密信息，密码系统也就不再具有保密功能。

密钥管理是一项综合性的系统工程，要求管理与技术并重，除了技术性因素外，它还与人为因素密切相关，包括密钥管理相关的行政管理制度和密钥管理人员的素质。密码系统的安全强度总是取决于系统最薄弱的环节，因此，再好的技术，如果失去了必要管理的支持，终将毫无意义。管理问题只能通过健全相应的制度以及加强对人员的教育、培训来解决。

本章主要从技术角度讨论密钥管理的相关问题，包括密钥的种类与层次式结构、密钥管理的生命周期、密钥的生成与安全存储、密钥的协商与分发等。

9.1　密钥的种类与层次式结构

9.1.1　密钥的种类

由于应用需求和功能上的区分，在一个密码系统中所使用的密钥的种类非常繁杂。按照所加密内容的不同，密钥可以分为用于数据加密的密钥（即会话密钥）和用于密钥加密的密钥。用于密钥加密的密钥又可分为一般密钥加密密钥和主密钥。

1. 会话密钥

也叫数据密钥，指在一次通信或数据交换中，直接用于向用户数据提供密码操作（如加密、数字签名）的密钥。会话密钥一般由系统自动生成，且对用户是不可见的。会话密钥包括短期的会话密钥和长期的会话密钥。前者是指对称加密密钥，仅在需要进行会话数据加密时产生，并在使用完毕后立即销毁，即会话密钥只对当前会话有效，一般只使用一次，故称为短期密钥。这类会话密钥不必太频繁地更换主密钥，又可以做到一次会话使用一个密钥，从而大大提高通信的安全性，并方便密钥的管理。后者是指用于数字签名的私钥，这类会话密钥一般使用期较长。

2. 一般密钥加密密钥

一般密钥加密密钥通常简称为密钥加密密钥，它在整个密钥层次体系中位于会话密钥和主密钥之间，用于会话密钥或其下层密钥的加密，从而可实现这些密钥的在线分发，其本身又受到上层密钥或主密钥的保护。

3. 主密钥

主密钥位于整个密钥层次体系的最高层。它是由用户选定或由系统分配给用户的、可在较长时间内由一对用户所专用的密钥。主密钥主要用于对密钥加密或会话密钥的保护，实现这些密钥的在线分发。主密钥的分发可基于物理渠道或其他可靠的方法，本身并不用密码方法保护，而是通过物理或电子隔离的方式进行保护。在某种程度上，主密钥还起到标识用户的作用。

9.1.2　密钥管理的层次式结构

根据不同种类密钥所起作用的不同，以及重要性的区别，现有的密钥管理系统的设计大都采用了层次化的密钥结构（如图 9-1 所示），这种层次化结构与对系统的密钥控制关系是相互对应的。

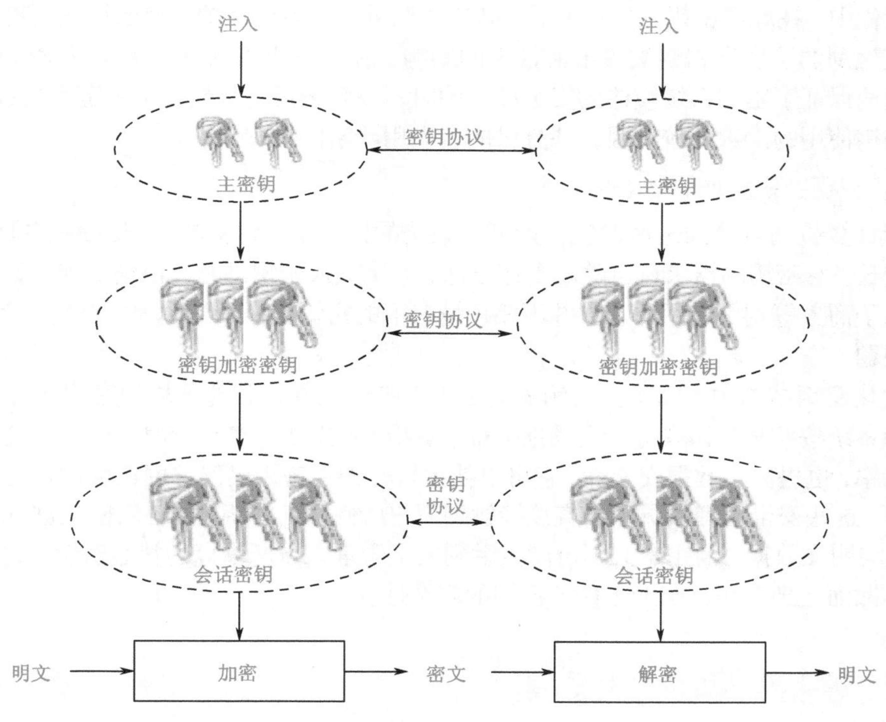

图 9-1　密钥管理的层次结构

系统使用主密钥通过某种算法保护密钥加密密钥，再使用密钥加密密钥通过算法保护会话密钥，不过密钥加密密钥可能不止一个层次，最后会话密钥基于某种加、解密算法来保护明文数据。在整个密钥层次体系中，各层密钥的使用由相应层次的密钥协议控制。

一般来说，会话密钥只在会话存续期间有效，本次数据加、解密操作完成之后，会话密钥就将被立即清除，这是为了保证安全性的一种需要。会话密钥变动越频繁，通信就越安全，因为攻击者所能获知的信息就会越少；另一方面，频繁改变的会话密钥将给其分配带来更多的负担。因此，作为系统安全策略的一部分，会话密钥生命期的确定需要进行折衷考虑。

层次化的密钥结构意味着以少量上层密钥来保护大量下层密钥或明文数据，这样，可保证除了主密钥可以以明文的形式基于严格的管理受到严密保护外（不排除受到某种变换的保护），其他密钥则以加密后的密文形式存储，改善了密钥的安全性。

具体来说，层次化的密钥结构具有以下优点。

1. 安全性强

一般情况下，位于层次化密钥结构中越底层的密钥更换得越快，最底层密钥每加密一份报文就更换一次。另外，在层次化的密钥结构中，下层的密钥被破译将不会影响到上层密钥的安全。在少量处于最高层次的主密钥注入系统之后，下面各层密钥的内容可以按照某种协议不断地变化（例如可以通过使用安全算法以及高层密钥产生低层密钥）。

对于破译者来说，层次化密钥结构意味着他所攻击的已不再是一个静止的密钥系统，而是一个动态的密钥系统。对于一个静止的密钥系统，一份报文被破译（得到加密该报文所使用的密钥）就可以导致使用该密钥的所有报文的泄露；而在动态的密钥系统中，密钥处在不断的变化中，在底层密钥受到攻击后，高层密钥可以有效地保护底层密钥进行更换，从而最大限度地削弱了底层密钥被攻击所带来的影响，使得攻击者无法一劳永逸地破译密码系统，有效地保证了密钥系统整体的安全性。同时，一般来讲，直接攻击主密钥是很困难的，因为主密钥使用的次数比较有限，并且可能会采用严密的物理保护。

2. 可实现密钥管理的自动化

由于计算机的普及和飞速发展，计算机系统的信息量、计算机网络的通信量和用户数量不断增长，对密钥的需求量也随之迅速增加，人工交换密钥已经无法满足需要，而且不能实现在电子商务等网络应用中双方并不相识情况下的密钥交换，因此，必须解决密钥的自动化管理问题。

层次化密钥结构中，除了主密钥需要由人工装入以外，其他各层的密钥均可以设计由密钥管理系统按照某种协议进行自动地分配、更换、销毁等。密钥管理自动化不仅大大提高了工作效率，也提高了数据安全性。它可以使得核心的主密钥仅仅掌握在少数安全管理人员的范围内，这些安全管理人员不会直接接触到用户所使用的密钥（由各层密钥进行自动地协商获得）与明文数据，而用户又不可能接触到安全管理人员所掌握的核心密钥，这样，核心密钥的扩散面达到最小，有助于保证密钥的安全性。

9.2 密钥管理的生命周期

对密钥的管理覆盖了密钥的整个生命周期。对于一个给定的实体，密钥管理所涉及到的阶段如图 9-2 所示，主要可分为以下阶段。

1. 用户登记

在本阶段，一个实体成为一个安全域中的授权成员。这包括通过一个安全的、一次性技术实现初始密钥材料（如共享的口令或 PIN）的获取、创建或交换。

2. 系统和用户初始化

系统初始化包括建立、配置一个用于安全操作的系统。用户初始化由一个实体初始化它的加密应用（如软件、硬件的安装和初始化），它包括用户或用户登记期间所获得的初始密钥材料的安装。

3. 密钥材料安装

密钥材料（指用于生成密钥的一些系统要素）安装的安全性是整个系统的关键。在本阶段，密钥材料在一个实体的软件、硬件中安装以便使用。安装时可使用的技术包括：手工进入口令或 PIN、磁盘交换、ROM 设备、芯片卡或别的硬件设备。初始密钥材料可用于建立安全的在线会话实现工作密钥的建立。当上述项目第一次建立时，新的密钥材料要加入到现有的密钥材料中；或现有密钥材料需要被取代时，要进行密钥材料的安装。

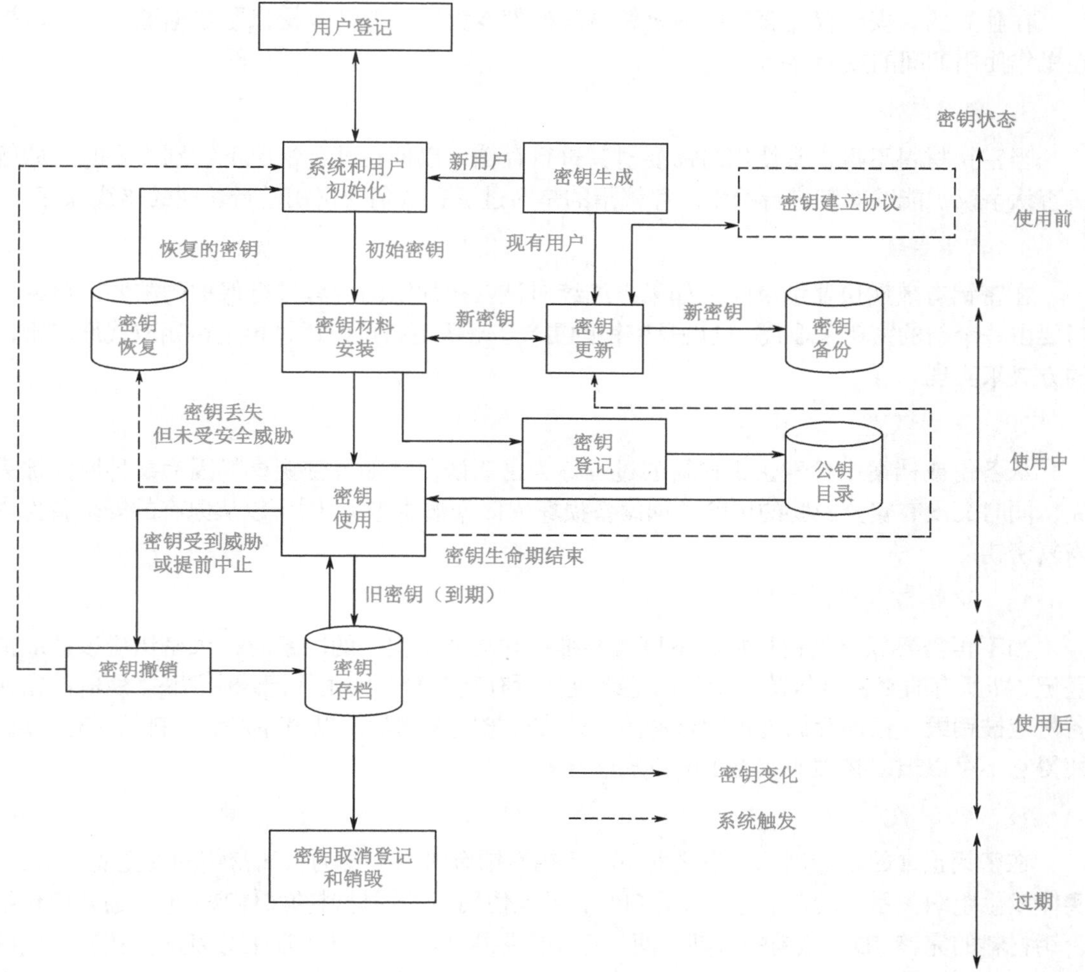

图 9-2　密钥的生命周期

4. 密钥生成

密钥的生成应包括一定的措施以确保用于目标应用或算法的必要属性，也包括可预见概率的随机性。一个实体可以生成自己的密钥，也可以从可信的系统处获取。

5. 密钥登记

在密钥登记期间，密钥材料被登记下来，并与一定实体的信息和属性绑定在一起。典型信息包括与密钥材料相关的实体的身份，但也可以包括认证信息或指定信任级别。如认证生成公钥、公钥证书，并通过一个公开目录或其它方式使之对别人可用。

6. 密钥使用

密钥管理生命周期的目的就是要方便密钥材料的使用。通常情况下，密钥在有效期之内都可以使用。这里还可以细分，如一个公钥对，某种情况下公钥可能不再能用于加密，但对应的私钥还可以保留用于解密。

7. 密钥备份

在独立的、安全存储媒体中的密钥材料的副本为密钥的恢复提供了数据源。备份是指在操作使用期间的短期存储。

8. 密钥存档

当密钥材料不再正常使用时需要对其进行存档，以便在某种情况下特别需要时（如解决否认争议）能够对其进行检索。存档指的是对过了有效期的密钥进行长期的离线保存。

9. 密钥更新

在密钥有效期快要结束时，如果有继续对该密钥加密的内容进行保护的需要，该密钥需要由一个新的密钥来取代，这就是密钥的更新。密钥更新可以通过再生密钥取代原有密钥的方式来实现。

10. 密钥恢复

从备份或档案中检索密钥材料的过程称为密钥恢复。如果密钥材料因为某种原因被丢失，同时又没有安全威胁的风险（如设备损坏或口令被遗忘），则可以从原有的安全备份中恢复密钥。

11. 密钥取消登记与销毁

当不再需要保留密钥材料或不再需要维护它与某个实体的联系时，该密钥应该被取消登记，即所有的密钥材料及其相关的记录应从所有现有密钥的正式记录中清除，所有的密钥备份应被销毁。任何存储过密钥材料的实体应该被安全删除，以消除密钥材料的所有信息，使得它不可以被以物理的或电子的方式恢复。

12. 密钥撤销

在密钥正常的生命周期结束之前，将密钥撤销有时是必要的，如密钥的安全受到威胁、实体发生组织关系变动等。这通过通知所有可能使用该密钥材料的实体来实现，通知应包括密钥材料的完整 ID、撤销的日期时间、撤销的原因等。对于基于证书分发的公钥，密钥的撤销则包括撤消相应的证书。基于所提供的撤消信息，别的实体能够决定该如何处理受到撤销密钥保护的信息。

密钥管理的所有阶段可以分为不同的状态，这与它们的可用性密切相关。密钥状态的分类如下。

- 使用前状态：此状态的密钥还不能用于正常的密码操作。
- 使用状态：此状态的密钥是可用的，并处于正常使用中。
- 使用后状态：此状态的密钥不再正常使用，但为了某种目的对其进行离线访问是可行的。
- 过期状态：此状态的密钥不再可用，所有的密钥记录已被删除。

9.3 密钥的生成与安全存储

9.3.1 密钥的生成

对于一个密码体制，如何产生好的密钥是很关键的，因为密钥的大小与产生机制直接影响密码系统的安全。好的密钥应当具有良好的随机性和密码特性，要避免弱密钥的出现。密钥的生成一般都首先通过密钥生成器借助于某种噪声源（如光标和鼠标的位置、内存状态、上次按下的键、声音大小等）产生具有较好统计分布特性的序列，然后再对这些序列进行各种随机性检验以确保其具有较好的密码特性。不同的密码体制，其密钥的具体生成方法一般是不相同的，与相应的密码体制或标准相关。

9.3.2　密钥的安全存储

密钥的安全存储实际上是针对静态密钥的保护。对静态密钥的保护有两种方法：一种是基于口令的软保护，一种是基于硬件的物理保护。

1. 基于口令的软保护

基于口令的软保护就是基于用户口令，使用对称密钥算法来加密密钥。当然，使用对称密钥算法本身也需要密钥，这类密钥就是密钥加密密钥（Key-Enciphered Key，KEK）。KEK 并不需要存储和保护，因为当需要一个 KEK 用于加密时，用户可以马上生成，使用完毕后就销毁它。当用户需要解密数据时，可以再次生成同样的密钥，使用完毕后销毁它。这种方法基于一个口令，用户用一个随机数发生器（RNG）或伪随机数发生器（PRNG）生成一个会话密钥，用这种方法来构造 KEK，如图 9-3 所示。一般步骤是：

（1）进入口令；

（2）用 RNG 或 PRNG 生成一个“盐值”SALT；

（3）用一个混合算法将 SALT 和口令混合在一起，大多数情况下，混合算法的处理结果是一个消息摘要，即摘要算法相当于一个混合器；

（4）第（3）步的结果是一个随机数的位串，从中选取足够的位数作为 KEK，使用对称密钥加密算法对会话密钥进行加密保护，完成对会话密钥的加密后，就扔掉 KEK，保存好口令和 SALT；

（5）当保存现有的加密过的会话密钥时，一定要把对应的 SALT 与其一起保存好，因为解密时必须要再次使用它。

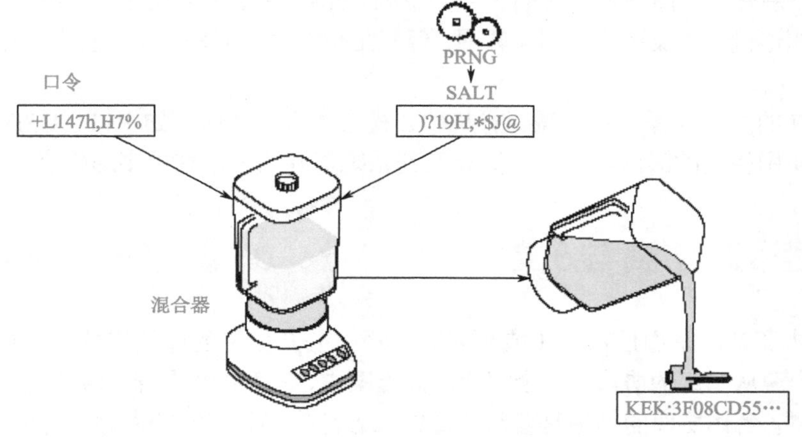

图 9-3　KEK 生成方法示意

当要进行解密时，步骤如下：

（1）进入口令；

（2）找出加密时同样的 SALT；

（3）用与加密时同样的混合算法，混合 SALT 和口令，得到 KEK；

（4）用第（3）步中得到的 KEK 和适当的对称加密算法来解密会话密钥。

引入 SALT 的目的是为了防止预计算。即如果只基于口令生成 KEK，则攻击者可以预先创建一个由常用口令及其相关的密钥组成的字典，攻击时进行字典查阅即可，就不是蛮力攻击了。如果引入 SALT，则在找到任何特定的口令产生的 KEK 之前，攻击者必须等待，直到看到 SALT。这也正是 SALT 可以和密文一起存储的原因，SALT 的唯一目的是防止预计算，它并不增加安全性。

2. 基于硬件的物理保护

如果将密钥存储于与计算机相分离的某种物理设备中（如智能 IC 卡、USB Key 等），以实现密钥的物理隔离保护，这就是基于硬件的物理保护。用于存储密钥的硬件是一类称为标牌（Tokens）的微型计算机。

标牌（如图 9-4 所示）是一种小到可以放入钱夹或衬衫口袋的东西：一个塑料的智能卡、塑料钥匙、一个小的 USB 盘，甚至可以制成戴在手指上的戒子。目前国内的网上银行系统广泛使用 USB Key（U 盾）来存储私钥或数字证书。它里面有一个带处理器的芯片、一个操作系统、有限的输入/输出端口、存储器和硬驱存储空间。当需要使用标牌中的密钥处理数据时，就可以将它从卡上传输到计算机，然后用它加、解密数据。

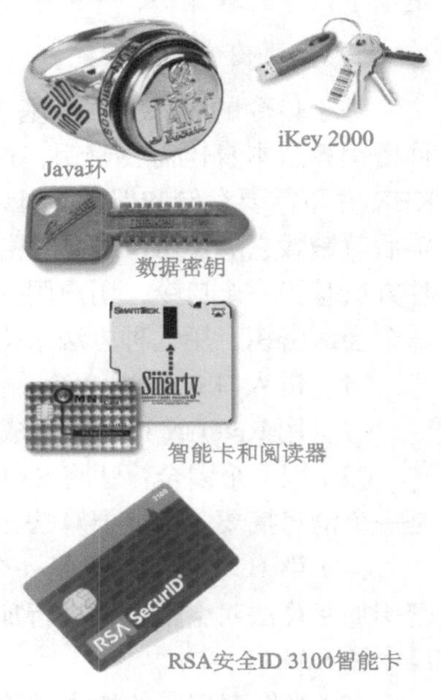

图 9-4　一些标牌的例子

标牌的优点是攻击者不能访问到它们，因为它们并不与互联网相连接，因此可以实现物理隔离，防止远程攻击。另外，标牌本身还可受到口令或 PIN 的保护，也具有防拆卸的功能，如果有人试图物理地访问其存储空间，标牌将会自我销毁。尽管标牌在使用时需要与计算机相连接，并最终连接到互联网，但只是很短暂的时间，比一直存放于互联网上更安全些。

标牌存在的主要问题是它们需要有某种方式与计算机通信，如串口、USB 口，甚至软驱，一些还使用相应的阅读器，这可能涉及到系统资源的占用和更多的投资。

9.4　密钥的协商与分发

密钥的协商是保密通信双方（或更多方）通过公开信道的通信来共同形成秘密密钥的过程，该过程遵从一定的协议。一个密钥协商方案中，密钥的值是某个函数值，其输入量由两个成员提供。密钥协商的结果是参与协商的双方都将得到相同的密钥，同时，所得到的密钥对于其他任何方（除可能的可信管理机构 CA 外）都是不可知的。如第六章中介绍的 Diffie-Hellman 密钥交换算法。

与密钥协商机制中密钥的生成由保密通信双方共同确定不同，密钥的分发是由保密通信中的一方生成并选择秘密密钥，然后把该密钥发送给通信参与的其他一方或多方的机制。密钥分发需要由密钥分发协议来进行控制。密钥分发协议是关于密钥分发的规则和约定。

从分发途径的不同来区分，密钥的分发有网外分发和网内分发两种方式。

网外分发方式是通过非通信网络的可靠物理渠道携带密钥分发给互相通信的各用户。但影响这种方法适用场合的原因主要包括：随着用户的增多和通信量的增大，密钥量大大增加；密钥必须定期更换才能做到可靠，要求密钥的更换要频繁；电子商务等网络应用中陌生人间的保密通信需求；密钥分发成本过高。

网内分发方式是通过通信与计算机网络的密钥在线、自动分发的方式。有两种方法：一种是在用户之间直接实现分配；另一种是设立一个密钥分发中心，由它负责密钥分发。后一种方法已成为使用得较多的密钥分发方法。

按照密钥分发内容的不同，密钥的分发方法主要分为秘密密钥的分发和公开密钥的分发两大类。

9.4.1 秘密密钥的分发

秘密密钥的分发有两种典型方式。

1. 用一个密钥加密密钥（KEK）加密多个会话密钥

这种方法要求预先通过秘密渠道分配一个用于密钥加密的密钥，而会话密钥可以临时产生，用密钥加密密钥将信息加密后发送给对方。这种方法的好处是每次通信可临时选用不同的会话密钥，提高了通信的安全性和密钥使用的灵活性。

2. 使用密钥分发中心

在这种方法中，通信各方建立了一个大家都信赖的密钥分发中心 KDC（Key-Distribution Center），并且每一方都与 KDC 共享一个密钥。在同一个 KDC 中两个用户之间要执行密钥交换时有两种处理方式。

（1）会话密钥由通信发起方生成。

如图 9-5 所示，当 A 与 B 要进行保密通信时，A 临时随机地选择一个会话密钥 Ks，用它与 KDC 间的共享密钥 $K_{A\text{-}KDC}$ 加密这个会话密钥和希望与之通信的对象 B 的身份后发送给 KDC。

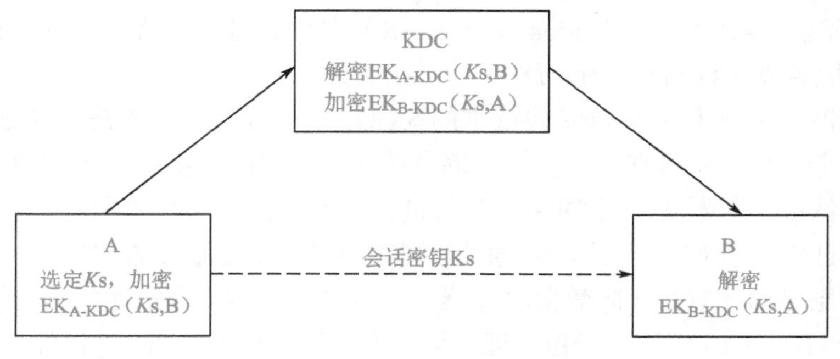

图 9-5 会话密钥由发方生成

KDC 收到后再用 $K_{A\text{-}KDC}$ 解密这个密文获得 A 所选择的会话密钥 Ks，以及 A 希望与之通信的对象 B，然后 KDC 用它与 B 之间共享的密钥 $K_{B\text{-}KDC}$ 来加密这个会话密钥 Ks 以及希望与 B 通信的对象 A 的身份，并将之发送给 B。

B 收到密文后，用它与 KDC 间共享的密钥 $K_{B\text{-}KDC}$ 来解密，从而获知 A 要与自己通信，以及 A 确定的会话密钥 Ks。

然后，A 和 B 就可以用会话密钥 Ks 进行保密通信了。

（2）会话密钥由 KDC 生成。

如图 9-6 所示，当 A 希望与 B 进行保密通信时，它先向 KDC 发送一条请求消息表明自己想与 B 通信。KDC 收到这个请求后就临时随机地产生一个会话密钥 K_{AB}，并将 B 的身份和所产生的这个会话密钥一起用 KDC 与 A 间共享的密钥 $K_{A\text{-}KDC}$ 加密后传送给 A。

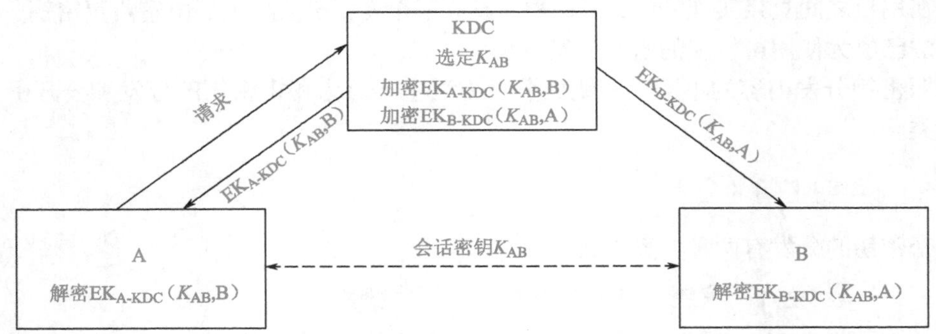

图 9-6　会话密钥由 KDC 生成

KDC 同时将 A 的身份和刚才所产生的会话密钥 K_{AB} 用 KDC 与 B 之间共享的密钥 K_{B-KDC} 加密后传送给 B，告诉 B 有个 A 希望与之进行秘密通信，所用的密钥是 K_{AB}。

随后 A 和 B 就可以用 K_{AB} 进行秘密通信了。

对于一个较大的应用系统而言，可能存在多个 KDC，这时，它们之间可以构成常见的扁平式结构或层次式结构关系。

使用 KDC 进行密钥分发的一个实际的流行应用就是 Kerberos。Kerberos 既是一个 KDC，同时也是一个认证协议，它在多个系统中得到了应用，如 Windows 2000。Kerberos 最初由美国麻省理工学院（MIT）设计，目前已发展到第 5 版，这里以应用最广泛的第 4 版为主进行介绍。

Kerberos 协议以希腊神话中守卫地狱之门的三头狗的名字命名，用以喻指协议中涉及三个服务器：认证服务器（Authentication Server，AS）、票据认可服务器（Ticket-Granting Server，TGS）和数据服务器（Data Server，DS）。

认证服务器（AS）是 Kerberos 协议中的 KDC，每个系统用户首先在认证服务器（AS）注册并获得一个用户身份号和口令，认证服务器（AS）为这些用户身份号和对应的口令建立了数据库。认证服务器（AS）对用户身份进行核实后，会向其颁发一个会话密钥用于该用户与票据认证服务器（TGS）之间的通信，同时向票据认可服务器（TGS）发送一个票据。

票据认可服务器（TGS）向数据服务器（DS）颁发一个票据，它也提供自己与用户之间的会话密钥。Kerberos 将用户身份认证与票据的颁发进行了分离，这样保证了用户只需向认证服务器（AS）提供一次身份认证，就可以与票据认可服务器（TGS）进行多次联系以获得不同数据服务器（DS）的多个票据。

数据服务器（DS）向用户提供各种服务。Kerberos 是一个客户/服务器工作模式，Kerberos 不能用于人对人的认证。这里以客户（Alice）请求访问数据服务器（Bob）上的服务为例介绍相应的操作流程，共六步，如图 9-7 所示。

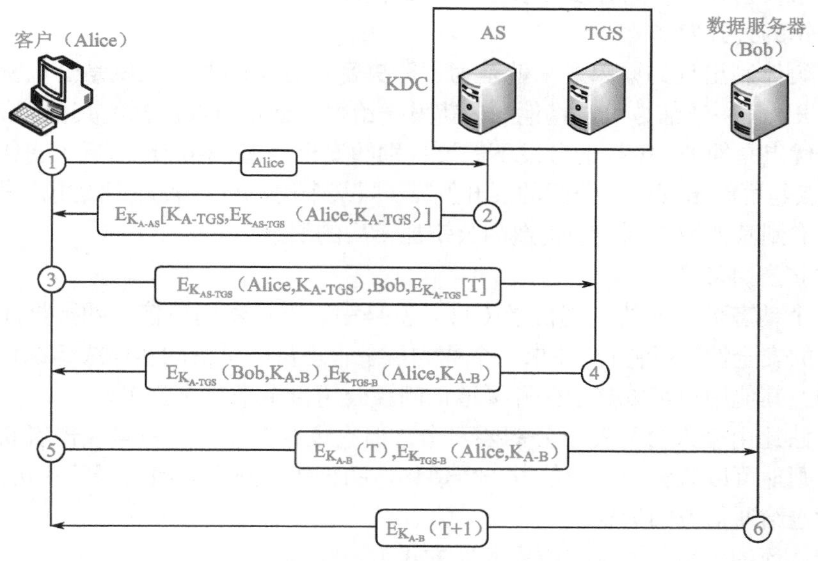

图 9-7　Kerberos 的操作流程

第 1 步：客户 Alice 用自己注册的身份，以明文的形式向 AS 发送请求，索取允许访问 TGS 的票据；

第 2 步：AS 向客户返回一个用 Alice 与 AS 之间共享的永久密钥 $K_{A\text{-}AS}$ 加密的消息，该消息包含两部分内容：Alice 和 TGS 之间的会话密钥 $K_{A\text{-}TGS}$；用 TGS 的密钥 $K_{AS\text{-}TGS}$ 加密的允许访问 TGS 的票据。票据中包括 Alice 的身份和 Alice 与 TGS 之间的会话密钥 $K_{A\text{-}TGS}$。实际上，Alice 并不知道 $K_{A\text{-}AS}$，但该消息到达时，Alice 只需键入她的口令，只要口令正确，系统将自动根据该口令生成 $K_{A\text{-}AS}$。该口令随后被立即破坏，既不传送给网络，也不在终端保存，它只用于生成 $K_{A\text{-}AS}$ 的那一刻。客户用 $K_{A\text{-}AS}$ 解密这个消息，提取出 $K_{A\text{-}TGS}$ 和票据。

第 3 步：Alice 将三个项目发送给 TGS：来自 AS 的票据、数据服务器的名字（Bob）、用 Alice 与 TGS 之间的会话密钥 $K_{A\text{-}TGS}$ 加密的时间戳 T（用于阻止重放攻击）。用于索取允许访问数据服务器（Bob）的票据。

第 4 步：TGS 发送两个票据，一个票据给 Alice，其内容包含 Bob 的身份和 Alice 与 Bob 之间的会话密钥 $K_{A\text{-}B}$，该票据用 $K_{A\text{-}TGS}$ 加密；另一个票据给 Bob，其内容包含 Alice 的身份和 Alice 与 Bob 之间的会话密钥 $K_{A\text{-}B}$，该票据用 Bob 的密钥 $K_{TGS\text{-}B}$ 加密，允许 Alice 访问数据服务器（Bob）。

第 5 步：Alice 将收到的给 Bob 的票据和用 $K_{A\text{-}B}$ 加密的时间戳发送给数据服务器（Bob）。向数据服务器（Bob）提出访问请求。

第 6 步：Bob 通过返回收到的时间戳加 1 的消息来证实票据收到，接受访问，该消息用 $K_{A\text{-}B}$ 加密。

如果 Alice 需要接收来自不同服务器的服务，她只需重复上述后四个步骤，前两个步骤用于证实 Alice 身份，不用重复。

9.4.2 公开密钥的分发

1. 公开密钥的分发方法

归纳起来，公开密钥的分发方法主要有以下四种。

（1）公钥的公开发布。

公钥密码体制出现的原因之一就是为了解决密钥分发问题，也就是公钥密码体制中的公钥可以公开，任一通信方可以将他的公钥发送给另一通信方或广播给其他通信各方。这种方法的突出优点是简便，密钥的分发不需要特别的安全渠道，相应地降低了密钥管理的要求和成本。缺点是可能出现伪造公钥的公开发布，即某个用户可以假冒别的用户发送或广播公钥，从而读取到其他用户利用该伪造的公钥加密后的消息。

（2）建立公钥目录。

维护一个动态可访问的公钥目录（目录就是一组维护着用户信息的数据库服务器）可以获得更大的安全性。这种方法要求一个称为目录管理员的可信的实体或组织负责这个公开目录的维护，其他用户可以基于公开渠道访问该公钥目录来获取公钥。

这种方法比由个人公开发布公钥要安全，但它也存在缺点：一旦攻击者获知目录管理员的私钥，则他可以假冒任何通信方，传递伪造的公钥，或者修改目录管理员保存的记录，从而窃取发送给通信方的消息。

（3）带认证的公钥分发（在线服务器方式）。

一个更安全的公钥分发方法是在建立公钥目录的基础上增加认证功能。目录管理员负责维护通信各方公钥的动态目录，每一通信方可靠地知道该目录管理员的公钥，并且只有管理员知道对应的私钥。管理员向请求方返回经自己的私钥签名变换过的公钥，请求方可以用管理员的公钥对所获取的签名变换过的公钥进行解密证实，从而确定该公钥的真实性。实际上，这是一种在线服务器式公钥分发解决方案。这种方案的处理步骤如下。

① A 发送一条带有时间戳的消息给公钥目录管理员，以请求 B 的当前公钥。

② 管理员给 A 发送一条用其私钥 KR_A 加密的消息，这样 A 就可用管理员的公钥对接收到的消息解密，因此 A 可以确信该消息来自管理员。该条消息包括 B 的公钥 KU_B、原始请求、原始时间戳。

③ A 保存 B 的公钥，并用它对包含 A 的标识和及时交互号的消息加密，然后发送给 B。其中及时交互号用来唯一标识本次信息交换。

④ 与 A 获取 B 的公钥一样，B 以同样的方法从管理员处检索出 A 的公钥。至此，公钥已安全地传递给 A 和 B。

该方案的缺点：只要用户与其他用户通信，就必须向目录管理员申请对方的公钥，可信服务器必须在线，这可能导致可信服务器成为一个瓶颈；必须在目标通信方（信宿）和可信服务器间建立通信链路。

（4）使用数字证书的公钥分发（离线服务器方式）。

为了克服在线服务器式公钥分发解决方案的缺点，如果通信各方使用证书来交换密钥而不是通过公钥管理员，同样可以获得与其相同的可靠性。这时，数字证书可以基于离线服务器的方式进行工作，但要求证书所携带的公钥与密钥持有人要具有某种关联性。如何保证与证明这种关联性非常重要的，因为一方面该密钥与签名者的关联性需要传递以便其他人可以校验该签名，在传递的过程中需要保证这种关联性不被篡改；另一方面，需要记录该关联性的起源。可以采用对该关联进行签名的办法，数字证书就是提供一种确保这种关联的可靠性以及传递这种关联和公钥本身的机制。

该方案要求在一次处理中，每一方 A 与一个称作认证中心 CA 的离线可信方相联系，A 要登记它的公钥并获得 CA 的证书证实公钥。CA 通过将 A 的公钥与它的身份绑定来认证 A 的公钥，将其结果生成一个证书。证书的内容包括：用户的名称、用户的公钥、证书序列号、证书发行者名称、证书的失效日期，还必须有 CA 的签名，以表明该证书的真实性。证书由证书管理员生成，并发给拥有相应私钥的通信方（该证书的拥有者）。通信一方通过传递证书将密钥信息传递给另一方，其他通信各方可以验证该证书确实是由证书管理者产生的来获得公钥认证。

由 CA 产生的用户证书有两个方面的特点：一是任何有 CA 公开密钥的用户都可以恢复并证实用户公开密钥；二是除了 CA 没有任何一方能不被察觉地更改该证书。正是基于这两点，证书是不可伪造的，因此它们可以放在一个目录内，而无需对目录提供特殊的保护。

2. 数字证书

离线的公钥分发方案中引入了数字证书的概念。数字证书（Digital Certificate 或 Digital ID）是一个将经过可信、权威、公正的第三方认证机构（Certificate Authority，CA）签发的包含公开密钥及其拥有者信息的电子文件。一份数字证书有两个作用：其一，它提供了一个用于加密的密钥，使得证书的使用者可以对传送给证书持有人的数据进行加密；其二，它提供了一种证据，表明证书的持有人就是所声称的那个人（即数字证书可用于标明互联网用户的身份，类似于现实生活中的居民身份证），若不是这样的话，他们就无法对用证书中的公钥加密了的数据进行解密。

证书是由可信的第三方机构（认证中心）签发的，一般使用已成为工业标准的 X.509 第三版的格式。CA 使用它自己的私钥签发证书，从而保证证书免于被篡改并确认了证书持有人的身份。

（1）X.509 数字证书的格式

最广泛使用的公钥证书格式标准是由 ISO/IEC/ITU 定义的 X.509 标准，其格式与证书撤消列表如图 9-8 所示，格式的意义见表 9-1。X.509 第三版数字证书得到了广泛的认可和使用，到目前为止已用于 S/MIME、IP 安全、SSL/TLS 和 SET 中。

（2）数字证书链

一个 CA 可以向多个用户颁发 X.509 数字证书，但就整个网络而言，如果用户的数目巨大，让所有用户向同一个 CA 申请证书是不现实的，因为涉及到大数据量的管理、通信量、响应速度等问题，同时将 CA 的公开密钥安全地提供给每个客户也有困难（对于一般用户的公开密钥可以基于公开渠道广为散发，但作为 CA，它的公钥要被用户用来验证一个用户的数字证书，因此必须保证它的真实性，也就要求要能安全地提供给每个客户）。于是人们在集中式的基础上提出了一种分布式的 CA 认证方式，引入多个 CA，多个 CA 还可以形成层次关系，位于上层的 CA 可以对下层 CA 颁发数字证书，从而形成证书链，可实现不同 CA 间用户的鉴别，最顶级的根 CA（简称 RCA）是自认证的，最底层的 CA（简称运营 CA）直接面向终端用户颁发终端实体证书。如图 9-9 所示。

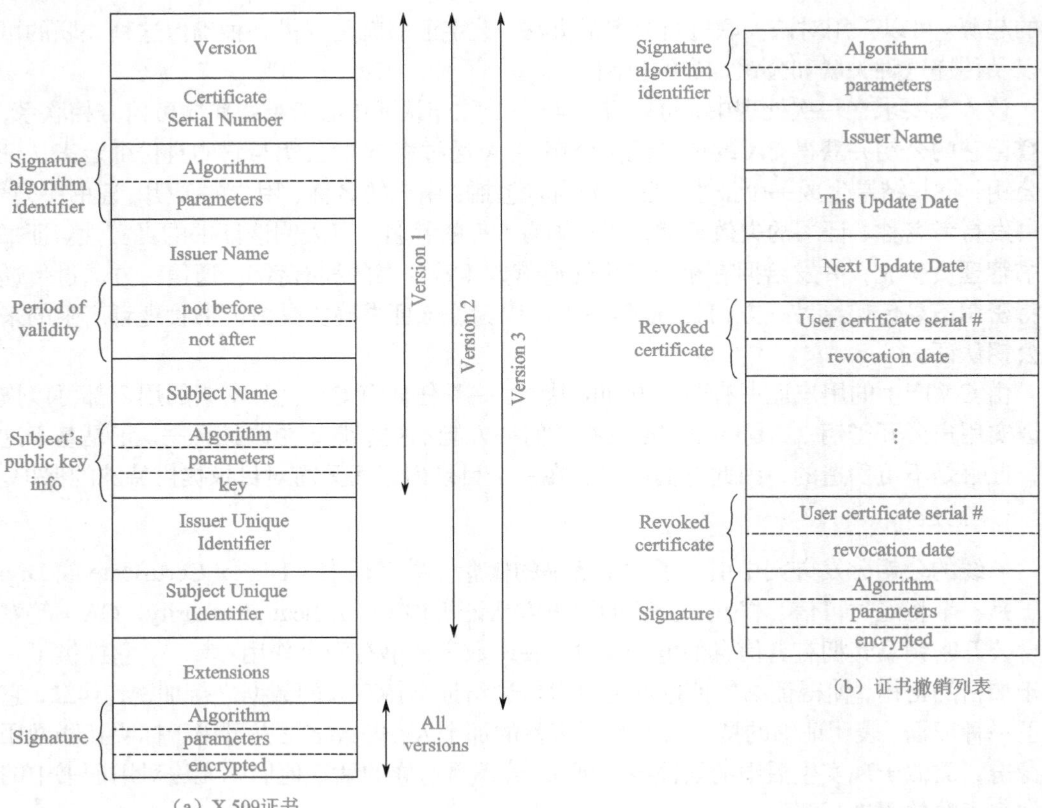

图 9-8　X.509 证书格式与证书撤销列表

表 9-1　X.509 证书的格式及其字段的意义

字　段	格式限制	含　义
Version	整数	证书的版本号
Certificate Serial Number	整数	签发该证书的 CA 分配的唯一序列号
Signature Algorithm Identifier	OID 和类型	签发证书的签名算法
Issuer　Name	名字	签发该证书的 CA 的区别名（DN）
Validity.not before	UTC 时间	证书在何时开始生效
Validity.not after	UTC 时间	证书何时过期（失效）
Subject Name	名字	证书主体的区别名（DN）
Subject's Public Key Info .Algorithm .parameters	OID 和类型	可以使用该密钥的算法、参数
Subject's Public Key Info . Key	位串	与证书主体相对应的公钥
Issuer Unique Identifier		签发该证书的 CA 的唯一标识符
Subject Unique Identifier		证书主体的唯一标识符
Extensions		扩展域
Signature	位串	签发证书的 CA 的数字签名

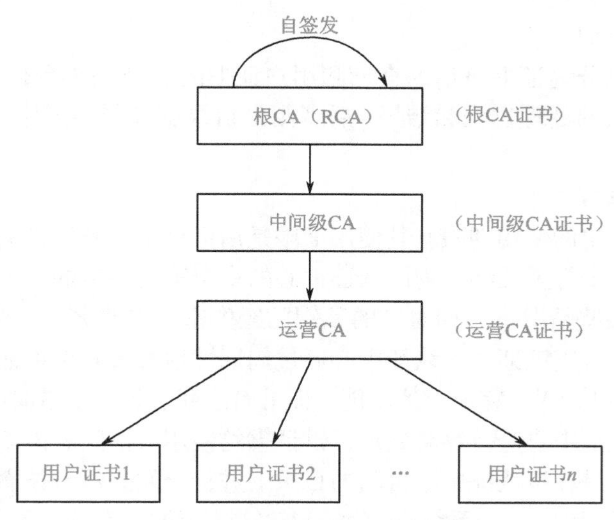

图 9-9　CA 认证体系与数字证书链

CA 的层次结构反映为证书链。证书链由 CA 签发的一系列证书构成。在一个证书链中，跟随每一份证书的是该证书签发者的证书；每份证书包含证书签发者的区别名（DN），该区别名就是证书链中下一份证书的主体的名字；每份证书都是使用签发者的私钥签发的。证书中的签名可以使用签发者证书（即证书链中的下一份证书）中的公钥加以验证。

证书链的验证就是确认给定的证书链是完好、有效、签发正确且可信的过程。若在证书链的验证过程的任一点出现证书过期、签名无效或没有签发者证书等情况，都将导致验证过程的失败。

（3）交叉认证

如果不同的系统或应用分别有自己的 CA 分支，这些分支不隶属于同一个根认证中心，此时，为了提供证书认证的互操作性，需要不同 CA 之间的交叉认证。

在交叉认证中，一个 CA（$CA_{甲}$）可以给另外一个处于不同分支的 CA（$CA_{乙}$）签发一份证书，这份证书允许 $CA_{乙}$签发可以被 $CA_{甲}$验证的证书。交叉认证可以直接进行，不需要第三方的参与。

（4）数字证书的管理

数字证书的管理包含证书的签署、发放、更新、查询以及作废。

- 数字证书的签发

认证中心接收、验证用户（包括下级认证中心和最终用户）数字证书的申请，将申请的内容进行备案，并根据申请的内容确定是否受理该数字证书的申请。如果认证中心接受该数字证书的申请，则需进一步确定所颁发证书的类型。新证书用认证中心的私钥签名后，发送到目录服务器供用户下载和查询。为了保证消息的完整性，返回给用户的所有应答信息都要使用认证中心的签名。

由于数字证书不需要特别的安全保护，因而可以使用非安全协议在不可信的系统和网络上进行分发。

- 数字证书的更新

认证中心可以定期更新所有用户的证书，或者根据用户请求来更新特定用户的证书。

- 数字证书的查询

证书的查询可以分为证书申请的查询和用户证书的查询。前者要求认证中心根据用户的查询请求返回申请的处理过程和结果；后者则由目录服务器根据用户的请求返回适当的证书。

- 数字证书的作废

数字证书都有一定的使用期限，其使用期限是由证书中的开始日期和到期日期确定的，而有效期的长短（几个月至几年）则由认证中心的安全策略决定的。

证书到期或在某些情况下（如对应的私钥已经失密、更改名字、主体与认证中心的关系已经改变等）要求作废该证书，认证中心通过周期性地发布并维护证书撤消列表（CRL，Certificate Revocation List）来完成上述功能。证书撤消列表是一个带时间戳的已作废数字证书列表，该列表由认证中心进行签名处理，供证书的使用者访问。该 CRL 可以张贴在一个知名的互联网站上或是在该认证中心自己的目录上进行分发。每份被撤消的证书在 CRL 中以其证书序列号进行标识。一个系统在使用一个经过认证的公钥前，不仅需要检查证书的签名和有效期，还要查询最新的 CRL 以确认该证书的序列号不在其中。

因此，只有同时满足以下三个条件的证书才是有效的证书：① 有 CA 的有效签名；② 没有到期；③ 未被列入到 CRL 中。

（5）鉴别过程

X.509 提供了三种鉴别过程以满足不同应用的需要，如图 9-10 所示。

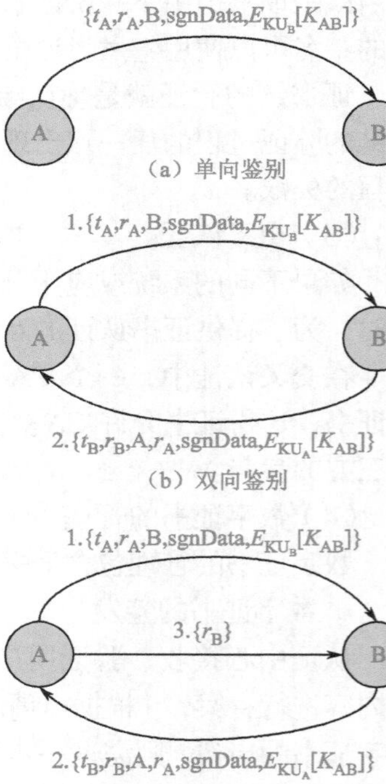

（a）单向鉴别

（b）双向鉴别

（c）三向鉴别

图 9-10　X.509 的三种鉴别过程

- 单向鉴别

单向鉴别涉及到信息从一个用户 A 传送到另一个用户 B，它只验证发起实体的身份，而不验证响应实体。

报文至少包括一个时间戳 t_A（防止报文的延迟传送）、一个不重复的随机数 r_A（用于检测重放攻击，并防止伪造签名）、B 的身份标识，它们都用 A 的私钥签名。报文也可能传递一个会话密钥 K_{AB}，该密钥用 B 的公开密钥加密。

$$A \to B: \{t_A, r_A, B, \text{sgnData}, E_{KU_B}[K_{AB}]\}$$

- 双向鉴别

双向鉴别允许通信双方互相验证对方的身份。处理方式与单向鉴别相似，只是响应方要将发起方传来的随机数 r_A 返回。

$$A \to B: \{t_A, r_A, B, \text{sgnData}, E_{KU_B}[K_{AB}]\}$$

$$B \to A: \{t_B, r_B, A, r_A, \text{sgn Data}, E_{KU_A}[K_{AB}]\}$$

- 三向鉴别

在三向鉴别中，除了进行双向鉴别的两个传递外，还有一个从 A 到 B 的报文，它包含的是一个随机数 r_B 的备份。这样，两个随机数都由另一方返回，每一方都可以检查返回的随机数来检测重放攻击，不再需要时间戳。因此这种方法适合没有同步时钟的应用。

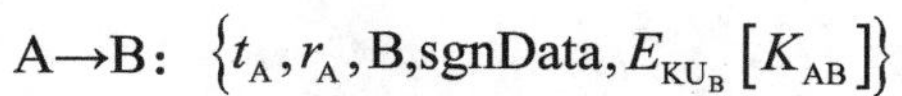

$$A \rightarrow B: \{t_A, r_A, B, \mathrm{sgnData}, E_{KU_B}[K_{AB}]\}$$

$$B \rightarrow A: \{t_B, r_B, A, r_A, \mathrm{sgn\,Data}, E_{KU_A}[K_{AB}]\}$$

$$A \rightarrow B: \{r_B\}$$

学习拓展与探究式研讨

[动态密钥的探索] 作为安全性很高的一种认证与确认方式，目前动态密码由于其即时性、便利性和安全性等特点在网络购物、银行业务办理等领域得到了广泛应用。试分析动态密码的实现原理、特点、应用需求契合性等，能否基于动态密码的启发，设计一个动态密钥的生成与管理系统？

习　题

9.1　为什么要进行密钥管理？

9.2　密钥的种类有哪些？

9.3　为什么在密钥管理中要引入层次式结构？

9.4　密钥管理的生命周期包括哪些阶段？

9.5　密钥安全存储的方法有哪些？

9.6　密钥的分发方法有哪些？如何实现？

9.7　什么是数字证书？X.509 的鉴别机制是什么？为什么要引入数字证书链？其工作原理是什么？

9.8　简述 X.509 的三种鉴别过程。

第 10 章 序列密码

知识单元与知识点	➢ 序列密码、线性反馈移位寄存器的相关概念； ➢ 序列密码模型； ➢ 基于 LFSR 的序列密码； ➢ 典型的序列密码算法。
能力点	✧ 深入理解序列密码、线性反馈移位寄存器的相关概念； ✧ 把握序列密码模型、基于 LFSR 的序列密码； ✧ 了解典型的序列密码算法。
重难点	■ 重点：序列密码模型、基于 LFSR 的序列密码。 ■ 难点：基于 LFSR 的序列密码体制。
学习要求	✓ 掌握序列密码、线性反馈移位寄存器的相关概念； ✓ 掌握基于 LFSR 的序列密码； ✓ 了解典型的序列密码算法。
问题导引	→ 如何区分序列密码与分组密码？ → 什么是线性反馈移位寄存器？ → 典型的序列密码算法有哪些？

10.1 概述

10.1.1 序列密码模型

序列密码也称为流密码（Stream Cipher），它是对称密码算法的一种。序列密码在实时处理方面效率更高，具有实现简单、便于硬件实现、加解密处理速度快、没有或只有有限的错误传播等特点，因此在实际应用中，特别是专用或机密机构中保持着优势，典型的应用领域包括无线通信、外交通信等。典型的序列密码有 RC4、A5/1 等。

1949 年 Shannon 证明了只有“一次一密”密码体制是绝对安全的，这给序列密码技术的研究以强大的支持，序列密码方案的发展是模仿“一次一密”系统进行尝试的，或者说“一次一密”的密码方案是序列密码的雏形。如果序列密码所使用的是真正随机产生的、与消息流长度相同的密钥流，则此时的序列密码就是“一次一密”的密码体制。若能以一种方式产生一个随机序列（密钥流），这一序列由密钥所确定，则利用这样的序列就可进行加密，即将密钥、明文表示成连续的符号或二进制流，对应地进行加密。

设明文流为：$M = m_1m_2\cdots m_n$，密钥流为：$K = k_1k_2\cdots k_n$（密钥流由密钥或种子密钥通过密钥流生成器得到），则：

$$\text{加密：} C = c_1c_2\cdots c_n\text{，其中} c_i = E_{k_i}(m_i)\ (i = 1,2,\cdots,n) \tag{10-1}$$

$$\text{解密：} M = m_1m_2\cdots m_n\text{，其中} m_i = D_{k_i}(c_i)\ (i = 1,2,\cdots,n) \tag{10-2}$$

在现代序列密码中，这里的 m_i, c_i, k_i 都是 r 位的字（word），即明文流中每个 r 位的字用密钥流中 r 位的字加密成密文流中相应 r 位的字。典型的，r=1 或 8。序列密码的模型如图 10-1 所示。

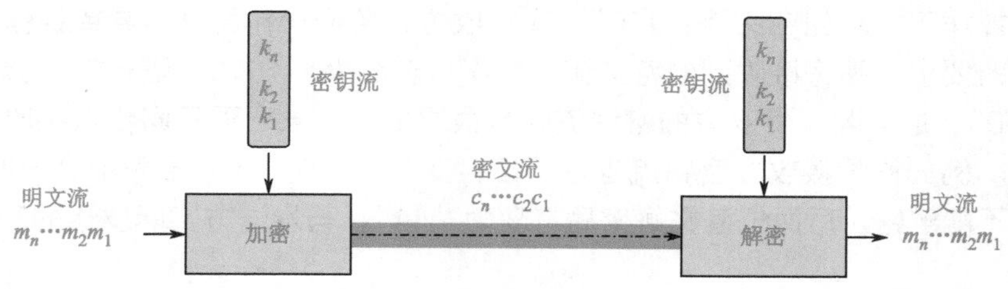

图 10-1　序列密码模型

根据序列密码模型可见，现代序列密码的关键在于如何生成密钥流。现代序列密码分为同步序列密码和自同步序列密码两种。

1. 同步序列密码

同步序列密码为一个六元组（P,C,K,L,E,D）和函数 g，并且满足以下条件：

（1）P 是由所有可能明文构成的有限集。

（2）C 是由所有可能密文构成的有限集。

（3）K 是由所有可能密钥构成的有限集。

（4）L 是一个称为密钥流字母表的有限集。如二进制｛0,1｝。

（5）g 是一个密钥流生成器。g 使用种子密钥 k 作为输入，产生无限的密钥流 $k_1k_2\cdots$，$k_i \in L, i \geqslant 1$。

（6）对任意的 $k_i \in L$，都有一个加密规则 $e \in E$ 和相应的解密规则 $d \in D$（对于位流运算，实际上加密规则和解密规则都是异或操作）。并且每一个明文 $x \in P$，$e_{k_i}: P \to C$ 和 $d_{k_i}: C \to P$ 都满足 $d_{k_i}(e_{k_i}(x)) = x$。

同步序列密码模型如图 10-2 所示，在同步序列密码中，密钥流的产生独立于明文和密文。分组加密的 OFB 模式就是一个同步序列加密的例子。

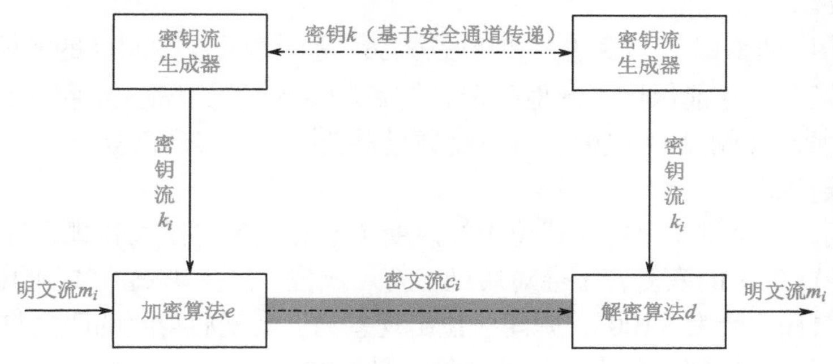

图 10-2　同步序列密码模型

密钥流生成器的模型如图 10-3 所示。同步序列密码的加密过程可以用以下方程进行描述：

$$\sigma_{i+1} = f(\sigma_i, k) \qquad (i = 0,1,2,\cdots) \tag{10-3}$$

$$k_i = g(\sigma_i, k) \qquad (i = 1,2,3,\cdots) \tag{10-4}$$

$$c_i = E_{k_i}(m_i) \qquad (i = 1,2,3,\cdots) \tag{10-5}$$

其中，σ_0 是取决于种子密钥 k 的初始态，f 是下一个态函数，g 是生成密钥流的函数。

【例 10-1】同步序列密码。如图 10–4 所示，设输入明文流为“100”，密钥流为“010”，在异或加密操作下，得到密文流“110”。在接收方，解密操作同样是异或操作，如果密钥流达到同步的要求，则将接收到的密文流“110”与密钥流“010”进行按位异或，可恢复明文流“100”。这里收、发双方的密钥流同步很重要，如果出现不同步，接收方将不能正确恢复明文。例如假设接收方密钥流延迟一位，变为“? 01”（问号表示这一位未知），则第一位密文不能解密，后两位密文解密后将变为“11”，与发送方实际发送的明文不符。

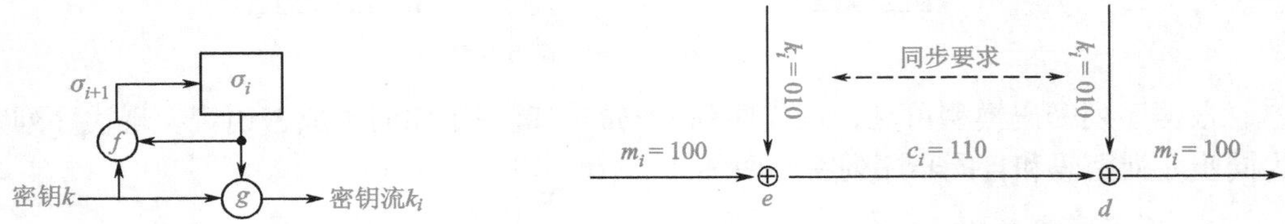

图 10-3　同步序列密码密钥流生成器模型　　　　图 10-4　同步序列密码的例子

“一次一密”密码是最简单、最安全的同步序列密码。“一次一密”每次加密时用一个随机选择的密钥流，加密和解密操作就是按位异或，工作于 $\mathrm{GF}(2)$ 域，根据异或操作的特性，加密和解密是互逆的。“一次一密”方案要求在发送方和接收方之间必须建立一个安全通道，以便发送方将密钥流序列安全地发送给接收方。

“一次一密”密码是一个理想的方案，它非常完美，因为密钥流是随机的，明文和密文之间不存在某种确定的统计关系，即使明文包含着某种模式（如明文有 n 个 0，或 n 个 1，或 0 和 1 交替出现等），密文仍然是一个真正的随机位流。因此，攻击者没有办法猜测密钥，也不能对明文和密文作统计分析，除非他对所有可能的随机密钥流进行测试，在明文为 n 位的情况下，他将测试 2^n 次。“一次一密”密码存在的主要问题就是每次进行保密通信时发送方如何将密钥流安全地传送给接收方，也就是它存在着实现上的巨大困难。

同步序列密码的特点如下。

（1）同步要求。

在一个同步序列密码中，发送方和接收方必须是同步的，用同样的密钥且该密钥操作在同样的位置（态），才能保证正确地解密。如果在传输过程中密文字符（或位）有插入或删除导致同步丢失，则解密将失败，且只能通过重新同步来实现恢复。

（2）无错误传播。

在传输期间，一个密文字符（或位）被改变（不是删除，插入和删除将导致同步丢失）只影响该字符（或位）的恢复，不会对后继字符（或位）产生影响。如例 10-1 中，如果传输错误密文由“110”变为“100”，中间一位出现差错，恢复后得到的明文将由“100”变为“110”，即只有对应的中间一位出错，其他位不受影响。

2. 自同步序列密码

自同步序列密码的密钥流的产生与密钥和已经产生的固定数量的密文字符有关，即是一种有记忆变换的序列密码，如图 10-5 所示。

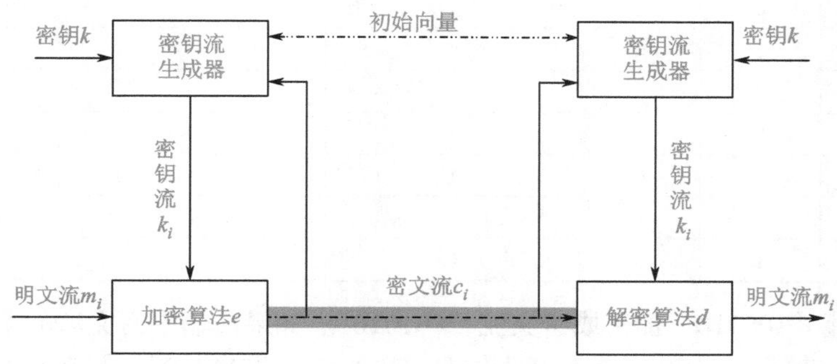

图 10-5　自同步序列密码模型

自同步序列密码的密钥流生成器模型如图 10-6 所示。自同步序列密码的加密函数可用以下方程描述：

$$\sigma_i = (c_{i-t}, c_{i-t+1}, \cdots, c_{i-1}) \qquad (i=1,2,3,\cdots) \tag{10-6}$$

$$k_i = g(\sigma_i, k) \qquad (i=1,2,3,\cdots) \tag{10-7}$$

$$c_i = e_{k_i}(m_i) \qquad (i=1,2,3,\cdots) \tag{10-8}$$

其中，$\sigma_1 = (c_{1-t}, c_{2-t}, \cdots, c_0)$是非秘密的初始态，$k$是种子密钥，$g$是密钥流输出函数。

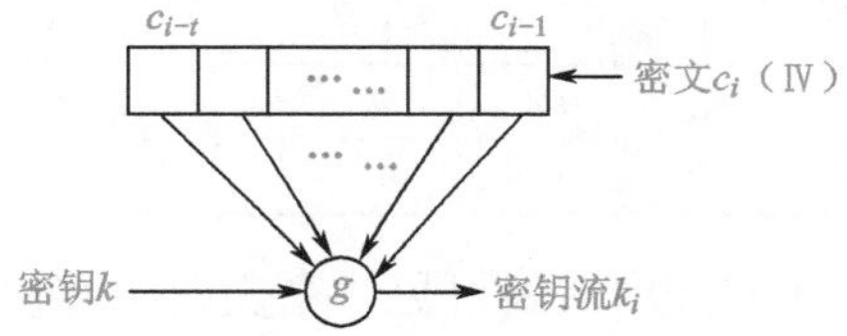

图 10-6　自同步序列密码密钥流生成器模型

自同步序列密码的特点如下。

（1）自同步

自同步的实现依赖于移位寄存器σ_i中密文字符的移入与移出，因为解密只取决于先前固定数量（即如图 10-6 中移位寄存器的长度t）的密文字符。自同步序列密码在同步丢失后能够自动重新建立正确的解密，只有固定数量的明文字符不能被恢复。

（2）有限的错误传播

因为自同步序列密码的态取决于t个已有的密文字符，如果一个密文字符（或位）在传输过程中出现差错，则解密时最多影响到当前位及其后续t个字符的解密恢复，只会发生有限的错误传播。

【例 10-2】设种子密钥$k = (k_1 k_2 k_3) = 101$、明文流$m_i = 100110$、$IV = 001$、密钥输出函数$g = k_1 c_1 + k_2 c_2 + k_3 c_3$（移位寄存器$\sigma_i$的长度为 3）。由于$k_1 = 1$，$k_2 = 0$，$k_3 = 1$，因此，密钥输出函数可简化为$g = c_1 + c_3$。

加密时相应的密钥流和密文流生成过程如表 10-1 所示。

表 10-1　加密时密钥流和密文流生成过程

t	σ_i			密钥流 k_i	明文流 m_i	密文流 c_i
	c_1	c_2	c_3			
0	0	0	1			
1	0	1	0	1	1	0
2	1	0	0	0	0	0
3	0	0	1	1	0	1
4	0	1	0	1	1	0
5	1	0	1	0	1	1
6	0	1	0	0	0	0

即将明文流“100110”加密成密文流“001010”。如果传输中密文流的第 2 位出现差错（下表中用“×”表示），由 0 变为 1，即收到的密文流为“011010”。解密时相应的密钥流和恢复的明文流生成过程如表 10-2 所示。

表 10-2　解密时密钥流和恢复的明文流生成过程

t	σ_i			密钥流 k_i	密文流 c_i	恢复的明文流 m_i
	c_1	c_2	c_3			
0	0	0	1			
1	0	1	0	1	0	1
2	1	0	1（×）	0	1（×）	1（×）
3	0	1（×）	1	0	1	1（×）
4	1（×）	1	0	1	0	1
5	1	0	1	1	1	0（×）
6	0	1	0	0	0	0

即恢复的明文流为“111100”。由上表可见，密文流出错位对应恢复的明文位及其后面最多 3 位可能受到影响，表现出有限的错误传播。

比较而言，由于自同步序列密码的密文流参与了密钥流的生成，因此密钥流的分析将更加复杂，这使得自同步密钥流的密码分析更加困难。

10.1.2　分组密码与序列密码的对比

分组密码以一定大小的分组作为每次处理的基本单元，而序列密码则是以一个元素（如一个字母或一个比特）作为基本的处理单元。

序列密码使用一个随时间变化的加密变换，具有转换速度快、错误传播低的优点，硬件实现电路简单；其缺点是低扩散（意味着混乱不够）、插入及修改具有不敏感性。

分组密码使用的是一个不随时间变化的固定变换，具有扩散性好、插入的敏感性等优点；其缺点是加解密处理速度慢，存在错误传播。

序列密码涉及到大量的理论知识，提出了众多的设计原理，也得到了广泛的分析，但许多研究成果并没有完全公开，这也许是因为序列密码目前主要应用于军事和外交等机密部门的缘故。目前，公开的序列密码算法主要有 RC4、SEAL 等。

目前，已有的同步序列密码大多数是二元序列密码，在这种序列密码中，密钥流、明文流和密文流都被编码成 0、1 序列，即图 10-2 和图 10-5 中的加、解密算法都是模 2 加（即异或操作），此时有：

加密：
$$c_i = m_i \oplus k_i \tag{10-9}$$

解密：
$$m_i = c_i \oplus k_i \tag{10-10}$$

二元序列密码的安全强度取决于密钥生成器所产生的密钥流的性质。如果密钥流是无周期的无限长随机序列，则此时序列密码使用“一次一密”的密码体制，是绝对安全的。在实际应用中，密钥流都是用有限存储和有限复杂逻辑的电路来产生的，此时密钥流生成器只有有限个状态，这样，密钥流生成器迟早要回到初始状态而使其状态呈现出一定长度的周期，其输出也就是周期序列。所以，实际应用中的序列密码是不可能实现“一次一密”的密码体制的，但如果密钥流生成器生成的密钥流周期足够长，且随机性好，其安全强度还是可以保证的。因此，序列密码的设计核心在于密钥流生成器的设计，序列密码的安全强度取决于密钥流生成器生成的密钥流的周期、复杂度、随机（伪随机）特性等。产生密钥流最重要的部件是线性反馈移位寄存器（Linear Feedback Shift Register，LFSR），主要有以下几个原因：

（1）LFSR 非常适合硬件实现；

（2）它们能产生大的周期序列；

（3）它们能产生具有好的统计特性的序列；

（4）它们的结构能够应用代数方法进行很好的分析。

10.2　线性反馈移位寄存器

反馈移位寄存器（Feedback Shift Register，FSR）是对“一次一密”密码的折衷，它由一个移位寄存器和一个反馈函数组成，可以基于硬件或软件实现，但硬件实现效果更好。如图 10-7 所示，移位寄存器是一个有 n 个单元的序列，每个单元容纳一位，所有的单元被一个 n 位的字（称为初始值或种子）初始化，a_i 表示二值（0,1）存储单元，a_i 的个数 n 称为反馈移位寄存器的级。在某一时刻，这些级的内容构成该反馈移位寄存器的一个状态，共有 2^n 个可能的状态，每一个状态对应于域 $\mathrm{GF}(2)$ 上的一个 n 维向量，用 $(a_1, a_2, \cdots, a_n)$ 表示。每输出一位，移位寄存器就依次向右移一位，a_1 的值被移出作为密钥流输出，a_n 的移入值来源于反馈函数的计算结果。在主时钟确定的周期区间上，每一级存储器 a_i 都将其内容向下一级 a_{i-1} 传递，并根据寄存器当前的状态计算 $f(a_1, a_2, \cdots, a_n)$ 作为 a_n 的下一时刻的内容，即从一个状态转移到下一个状态。

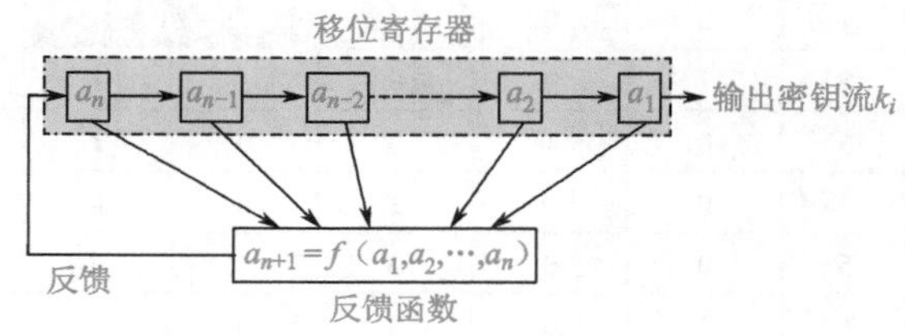

图 10-7　反馈移位寄存器

如果反馈函数 $f(a_1, a_2, \cdots, a_n) = k_n a_1 \oplus k_{n-1} a_2 \oplus \cdots \oplus k_1 a_n$，其中系数 $k_i \in \{0,1\}$ $(i = 1, 2, \cdots, n)$，所有 k_i 的取值由种子密钥 k 确定。这里的加法是模 2 加（即异或），则该反馈函数是 $a_1, a_2, \cdots, a_n$ 的线性函数，对应的线性反馈移位寄存器用 LFSR 表示。如图 10-8 所示。

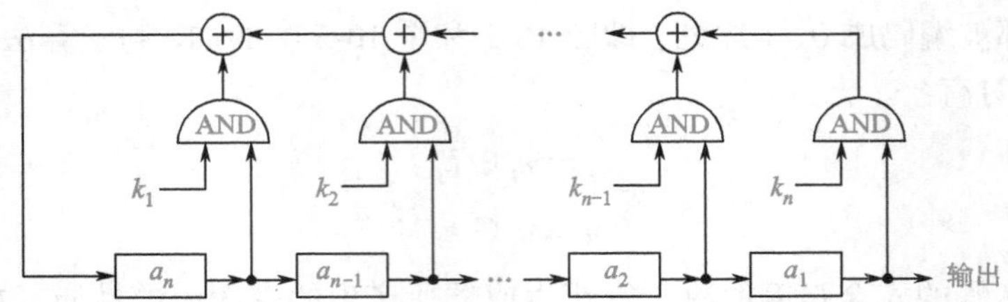

图 10-8　长度为 n 的线性反馈移位寄存器

令 $a_i(t)$ 表示 t 时刻第 i 级的内容，$a_i(t+1)$ 表示 $a_i(t)$ 的下一时刻的内容，则有：

移位：$$a_i(t+1)=a_{i+1}(t)\ (i=1,2,\cdots,n-1) \tag{10-11}$$

线性反馈：$$a_n(t+1)=k_n a_1(t)\oplus k_{n-1}a_2(t)\oplus\cdots\oplus k_1 a_n(t) \tag{10-12}$$

【例 10-3】图 10–9 所示的线性反馈移位寄存器有：

$$a_i(t+1)=a_{i+1}(t)\ \ (i=1,2,3)$$

$$a_4(t+1)=a_1(t)\oplus a_4(t)$$

图中，$k_1=k_4=1$，假设初始态为（a_1,a_2,a_3,a_4）=（0110），则该线性反馈移位寄存器在不同时刻的状态（前 16 个态）如表 10-3 所示。

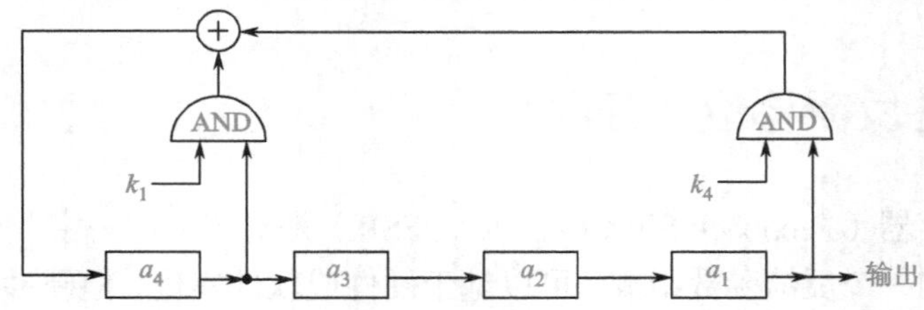

图 10-9　例 10-2 线性反馈移位寄存器

表 10-3　线性反馈移位寄存器在不同时刻的状态

t	a_4	a_3	a_2	a_1	k_i	t	a_4	a_3	a_2	a_1	k_i
0	0	1	1	0		8	1	1	1	0	**0**
1	0	0	1	1	**0**	9	1	1	1	1	**0**
2	1	0	0	1	**1**	10	0	1	1	1	**1**
3	0	1	0	0	**1**	11	1	0	1	1	**1**
4	0	0	1	0	**0**	12	0	1	0	1	**1**
5	0	0	0	1	**0**	13	1	0	1	0	**1**
6	1	0	0	0	**1**	14	1	1	0	1	**0**
7	1	1	0	0	**0**	15	0	1	1	0	**1**

由表 10-3 可见，$t=15$ 的状态恢复到 $t=0$ 的状态以后状态开始重复，所以该线性反馈移位寄存器的周期是 $2^n-1=2^4-1=15$。最后输出的密钥序列是：011001000111101……。

扫一扫

基于 C 语言实现的 LFSR 测试源代码：

10.3　基于 LFSR 的序列密码

10.3.1　基于 LFSR 的序列密码密钥流生成器

上一节介绍了基本的 LFSR 的工作原理，实际使用时通常是将多个基本的 LFSR 组合起来，这里介绍两种常见的基于 LFSR 的序列密码密钥流生成器。

1. Geffe 生成器

如图 10-10 所示，该生成器由三个线性反馈移位寄存器（LFSR1、LFSR2 和 LFSR3）及一个非线性函数 $g(x)$ 组成（图中的三角符号表示“非”操作）。

$$g(x)=x_1x_2\oplus\bar{x}_2x_3=x_1x_2\oplus(1+x_2)x_3=x_1x_2\oplus x_2x_3\oplus x_3 \tag{10-13}$$

$g(x)$ 的函数值就是最后生成的密钥流。该生成器的输出序列与 LFSR2 的输出 x_2 的相关系数较高，容易受到相关性攻击。

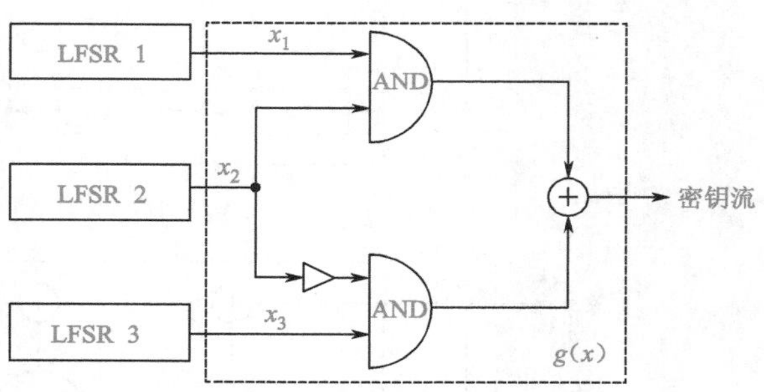

图 10-10　Geffe 生成器

2. 钟控生成器

钟控生成器是由控制序列（由一个或多个移位寄存器来控制生成）的当前值决定被采样序列寄存器移动次数（即由控制序列的当前值确定被采样序列寄存器的时钟脉冲数目）。控制序列和被采样序列可以是源于一个 LFSR 的自控型，也可以是源于不同 LFSR 的他控型，还可以是相互控制的互控型。

交错停走式生成器是一种钟控生成器。这个生成器使用了三个不同级数的 LFSR，当 LFSR 1 的输出是 1 时，LFSR2 被时钟驱动，LFSR3 未被时钟驱动，它重复上一步的输出比特。当 LFSR 1 的输出是 0 时，LFSR3 被时钟驱动，LFSR2 未被时钟驱动，它重复上一步的输出比特。即 LFSR1 为 1、0、1、0……时，LFSR2 和 LFSR3 交错生效，故称为“交错停走式”。这个生成器的输出是 LFSR2 和 LFSR3 输出的异或，如图 10-11 所示。最后的输出作为密钥流的

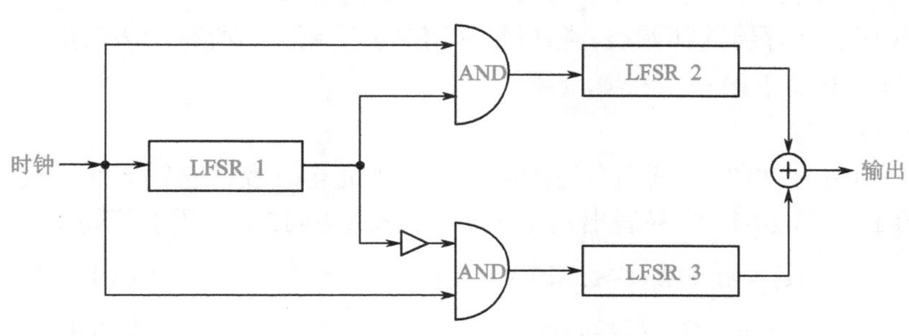

图 10-11　交错停走式生成器

组成部分。这个生成器具有较长的周期和较大的线性复杂性。

10.3.2 基于 LFSR 的序列密码体制

设种子密钥为 $k=k_1k_2\cdots k_n$ ，其中 $k_i\in\{0,1\}(i=1,2,\cdots,n)$ ； $a_1,a_2,\cdots,a_n$ 的初态为 $s_1,s_2,\cdots,s_n$。设明文为 $m=m_1m_2\cdots m_n$ ，密文 $c=c_1c_2\cdots c_n$ ，则有：

加密：
$$c_i=m_i+\left[\sum_{l=i}^{n}k_l s_{n-l+i}+\sum_{l=1}^{i-1}k_l c_{i-1}\right]\ (l\leqslant i\leqslant n) \tag{10-14}$$

解密：
$$m_i=c_i+\left[\sum_{l=i}^{n}k_l s_{n-l+i}+\sum_{l=1}^{i-1}k_l c_{i-1}\right]\ (l\leqslant i\leqslant n) \tag{10-15}$$

对应的基于 LFSR 的加、解密过程如图 10-12 和图 10-13 所示。图中虚线框内部分代表基于 LFSR 生成密钥流。

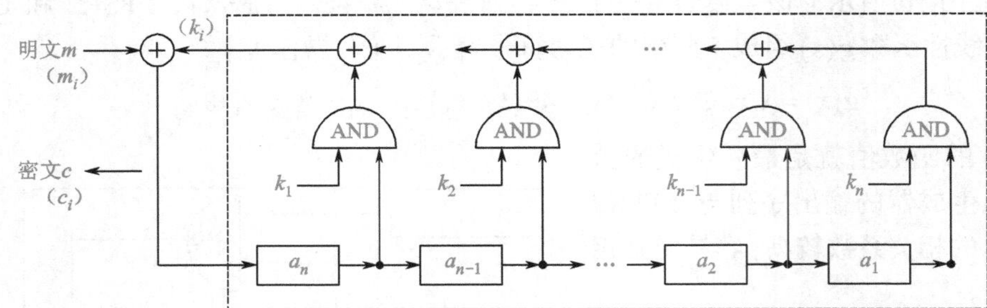

图 10-12 基于 LFSR 的序列密码加密

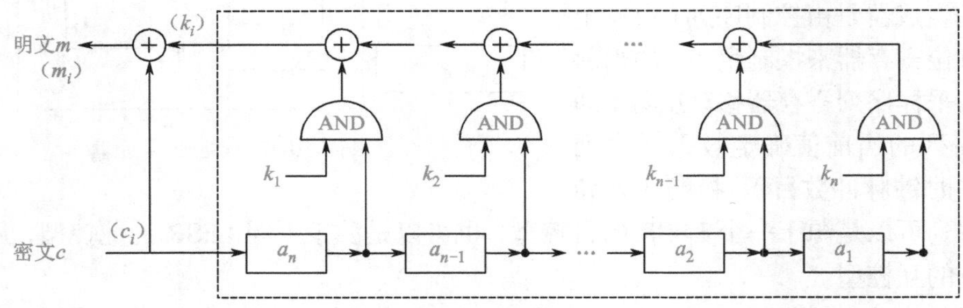

图 10-13 基于 LFSR 的序列密码解密

由式（10-14）可见：

（1）右边第三项说明第 i 位密文 c_i 与前 $i-1$ 个密文 $c_1,c_2,\cdots,c_{i-1}$ 有关。

（2）右边第二项中的 s 代表寄存器的初始态，随后将被密文流更新，当所有初态值全部移出寄存器后，该项将消失，只留下第一、三项。

（3）式中的“+”为 mod 2 加。

对比式（10-14）、式（10-15）可知：它们右边的第二、三项完全一致，它们实际上代表的是密钥 k_i 。即由图 10-12、图 10-13 容易看出式（10-14）、式（10-15）实质上等同于：

加密：
$$c_i=m_i\oplus k_i(1\leqslant i\leqslant n) \tag{10-16}$$

解密：
$$m_i=c_i\oplus k_i(1\leqslant i\leqslant n) \tag{10-17}$$

10.4 典型序列密码算法

10.4.1 RC4

RC4是Ronald Rivest在1987年为RSA公司设计的一种序列密码，它是一个可变密钥长度、面向字节操作的序列密码，RC4在1994年被人匿名地将其源代码张贴到一个邮件列表之前一直处于保密状态。RC4 是一种得到广泛应用的序列密码体制，特别是在使用安全套接字层SSL协议的Internet通信和无线通信领域的信息安全方面，如它被作为无线局域网标准IEEE 802.11中WEP协议的一部分。

RC4是一个面向字节（8位）的序列密码，一个明文字节与一个密钥字节相异或产生一个密文字节。算法本身很简单，对于n位长的字，它总共有$N=2^n$个可能的内部置换状态矢量$\boldsymbol{S}$，这些状态是保密的。典型地$n=8$，即以一个字节为单位，此时，N=256，用从 1 到 256 个字节（即 8 到 2048 位）的可变长度密钥初始化一个 256 个字节的状态矢量$\boldsymbol{S}$，$\boldsymbol{S}$的元素记为$S[0],S[1],\cdots,S[255]$，置换后的$\boldsymbol{S}$包含从 0 到 255 的所有 8 比特数。密钥流中的密钥K从$\boldsymbol{S}$的 256 个元素中按一定方式选出一个元素来充当，每生成一个K值，$\boldsymbol{S}$中的元素就被重新置换一次。

RC4有两个主要的算法：密钥调度算法KSA（Key Scheduling Algorithm）和伪随机数生成算法PRGA（Pseudo Random Generating Algorithm）。

1. 密钥调度算法 KSA

密钥调度算法的作用是将一个随机密钥（典型大小是40位～256位）变换成一个初始置换，即相当于初始化状态矢量$\boldsymbol{S}$，然后伪随机数生成算法PRGA利用该初始置换生成一个伪随机输出序列。

初始化时，$\boldsymbol{S}$中元素的值被设置为 0 到 255，即$S[0]$=0、$S[1]$=1、…、$S[255]$=255。密钥Key的长度为L个字节，从$S[0]$到$S[255]$，对每个$S[i]$（i=0,1,…,255），由密钥$K[i]$确定将$S[i]$置换为$\boldsymbol{S}$中的另一个字节。由于对$\boldsymbol{S}$的操作只是交换，因此$\boldsymbol{S}$中仍然包含从 0 到 255 的所有元素。

KSA算法伪码描述如下：

```
for i=0 to 255 do
//用0～255初始化状态矢量
S[i]=i;
//用给定密钥Key初始化密钥数据K[i],Key的长度不够时将循环使用
K[i]=Key[i mod L];
j=0;
for i=0 to 255 do
j=(j+S[i]+K[i])mod 256;
swap(S[i],S[j]);
```

2. 随机数生成算法 PRGA

伪随机数生成算法主要完成密钥流的生成。密钥流中的密钥K被一个一个地生成，即从$S[0]$到$S[255]$，对每个$S[i]$，根据当前态$\boldsymbol{S}$的值，将$S[i]$与$\boldsymbol{S}$中的另一个元素（字节）置换。当$S[255]$完成置换后，操作再从$S[0]$开始重复。

PRGA算法伪码描述如下：

```
i=0;
j=0;
while(true)//有字节需要加密时
i=(i+1)mod256;
j=(j+S[i])mod256;
swap(S[i],S[j]);
t=(S[i]+S[j])mod256;
k=S[t];
```

3. 加密与解密

加密是将 K 的值与下一明文字节异或；解密是加密的逆过程，即将 K 的值与下一密文字节异或。

为了保证安全强度，目前的 RC4 至少使用 128 位的密钥。

完整的 RC4 算法伪码描述如下：

```
RC4_Encryption(Key,P)
{
//Initializing state and key bytes
for i=0 to 255
{
S[i]=i;
K[i]=Key[i mod L];
    }
    //基于Key字节的值置换状态字节
j=0;
for i=0 to 255
{
j=(j+S[i]+ K[i])  mod 256;
swap(S[i],S[j]);
    }
     //不断地置换状态字节，生成密钥和加密
i=0;
j=0;
while(true)
{
i=(i+1)mod256;
j=(j+S[i])mod256;
swap(S[i],S[j]);
t=(S[i]+S[j])mod256;
k=S[t];
//Key is ready,encrypting
input p;
c=p⊕k;
output c;
}
}
```

10.4.2 A5/1

A5/1 是 A5 密码族中的一个，它是一个使用 LFSR 来产生位流的序列密码，目前主要用于全球移动通信系统（GSM）中。GSM 中的电话通信是一个 228 位的帧序列，其中每一帧持续 4.6 毫秒。如图 10-14 所示，A5/1 以 64 位密钥为基础来产生密钥位流，位流被存储在一个 228 位的缓存器中，以便和 228 位的明文帧进行异或操作，得到对应的 228 位密文帧。

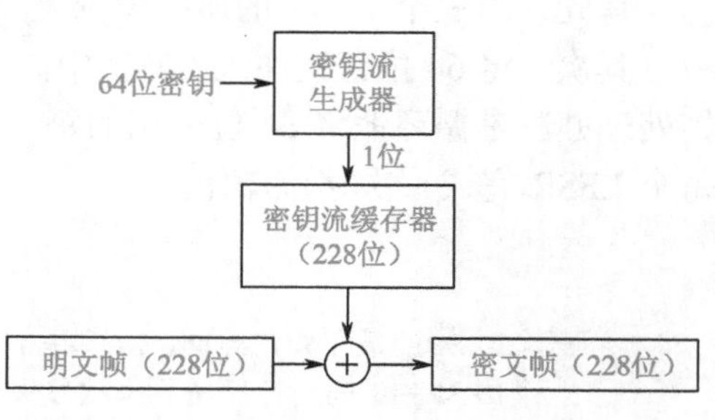

图 10-14　A5/1 加密框图

1. 密钥的生成

A5/1 使用了 19 位、22 位和 23 位三个 LFSR 来产生密钥流（如图 10-15 所示），它们用到的生成多项式分别为：

$$f_1(x)=x^{19}+x^5+x^2+x+1 \tag{10-18}$$

$$f_2(x)=x^{22}+x+1 \tag{10-19}$$

$$f_3(x)=x^{23}+x^{15}+x^2+x+1 \tag{10-20}$$

所产生密钥流的每一位被送入 228 位大小的缓存器中暂存，以用于加密或解密。

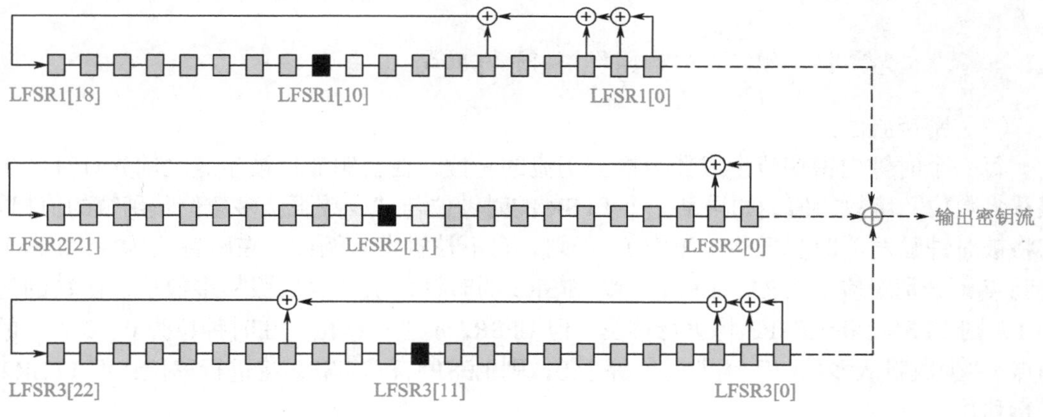

图 10-15　A5/1 的 LFSR 结构

（1）“少数服从多数位”函数（Majority-function）

A5/1 进行初始化时要使用一个“少数服从多数位”函数（参考式 7-23）：

$$f(b_1,b_2,b_3)=b_1b_2\oplus b_2b_3\oplus b_3b_1 \tag{10-21}$$

“少数服从多数位”函数的值与其输入的多数位一致，即如果函数的输入位中多数为 1，则函数值为 1，如果函数的输入位中多数为 0，则函数值为 0，如：$f(1,0,1)=1$，$f(0,0,1)=0$。

“少数服从多数位”函数的三个输入位称为时钟位，如果以最右边位作计数起始位（第 0 位），则三个 LFSR 的时钟位分别为：LFSR1[10]、LFSR2[11]和 LFSR3[11]。

（2）初始化

对每一个帧进行加密或解密之前需要初始化，初始化时用一个 64 位密钥和 22 位帧数来完成，具体过程如下。

首先，将三个 LFSR 的所有位都置 0。

其次，将 64 位密钥注入 LFSR 中。三个 LFSR 的总长度与 64 位密钥长度刚好一致，具体处理办法是循环地将 64 位密钥的每一位与三个 LFSR 中最左边的一位进行异或，然后，每个 LFSR 完成一次移位操作。

```
for(i=0 to 63)
{
三个LFSR的最左边位与K[i]异或并注入LFSR;
三个LFSR中的每一个都进行一次移位操作;
}
第三，用22位帧数重复上述过程:
for(i=0 to 21)
{
三个LFSR的最左边位与FrameNumber[i]异或并注入LFSR;
三个LFSR中的每一位都进行一次移位操作;
}
```

第四，时钟触发（即进行移位操作）整个密钥流生成器，完成 100 次循环。用“少数服从多数位”函数来确定哪些 LFSR 进行时钟触发。时钟触发意味着某一个时钟内有两个还是三个 LFSR 要进行移位操作。

```
for(i=0 to 99)
{
基于“少数服从多数位”函数触发整个密钥流生成器;
}
```

（3）密钥流位

每一个时钟内密钥流生成器生成密钥流的一位，在密钥流位被生成之前先计算“少数服从多数位”函数的值，如果某一个 LFSR 的时钟位与“少数服从多数位”函数的值相等，它将被时钟触发（即进行移位操作），否则，它不被触发。例如：在时钟位为 1、0 和 1 的时间点（分别对应 LFSR1、LFSR2 和 LFSR3 的时钟位），“少数服从多数位”函数的值等于 1，则 LFSR1 和 LFSR3 将进行移位，但 LFSR2 不进行移位；在时钟位为 0、0 和 1 的时间点，“少数服从多数位”函数的值等于 0，则 LFSR1 和 LFSR2 将进行移位，但 LFSR3 不进行移位。

2. 加密和解密

由密钥流生成器生成的密钥流位被缓存以得到一个 228 位的密钥帧，该密钥帧与明文帧进行按位异或操作得到密文帧。加密是解密的逆过程，它们每次都处理一帧。

复杂工程问题实践

[序列密码的工程实现与测试] 基于对 RC4 序列密码算法的原理理解，从工程实现的角度对其进行 Python 代码设计和调试，并结合某一典型应用场景进行实现结果的应用测试，基于测试结果对实现效果进行性能和成效比等综合评价；与现有实现方案进行对比性分析。

习 题

10.1 什么是序列密码？同步序列密码？自同步序列密码？

10.2 同步序列密码和自同步序列密码的特点分别是什么？

10.3 简述密钥流生成器在序列密码中的重要作用。

10.4 比较序列密码与分组密码。

10.5 为什么序列密码的密钥不能重复使用？

10.6 在序列密码中为什么要使用线性反馈移位寄存器？

10.7 举例说明如何在序列密码中使用线性反馈移位寄存器。

10.8 简要介绍 RC4 实现序列密码的主要算法。

10.9 编程测试 RC4 算法。

10.10 简述 A5/1 的密钥生成方法。

第 11 章 密码学的新进展——量子密码学

知识单元与知识点	➢ 量子密码的相关概念； ➢ 量子密码学原理； ➢ BB84、B92、E91 量子密码协议（QKD）； ➢ 量子密码分析。
能力点	✧ 理解量子密码的相关概念； ✧ 理解量子密码学原理； ✧ 了解 BB84、B92、E91 量子密码协议的具体内容； ✧ 会分析量子密码的优缺点； ✧ 知晓量子密码的发展与应用现状。
重难点	■ 重点：量子密码的概念、原理、特点；BB84、B92、E91 量子密码协议。 ■ 难点：量子密码分析。
学习要求	✓ 掌握量子密码的概念、原理、特点； ✓ 理解 BB84、B92、E91 量子密码协议的工作原理； ✓ 了解量子密码在中国的发展与应用现状。
问题导引	→ 什么是量子密码？ → 量子密码学的基本原理是什么？ → 如何理解量子密码的特殊性及其意义？

11.1 量子密码学概述

1970 年，哥伦比亚大学的 Stephen Wiesner 首次在他的一篇论文中提出共轭编码的概念，并指出原则上用它可以实现两类应用：一是用来制造防伪钞票，二是将两条消息组合通过单量子传递，在接收端可以分路而不相互干扰。这篇论文直到 1983 年才公开。1984 年，IBM 公司的 Charles H. Bennett 和 Montreal 大学的 Gilles Brassard 基于 Wiesner 的思想，首次提出了基于量子理论的编码方案及量子密钥分配协议（Quantum Key Distribution，QKD）即 BB84 协议。它建立了以量子物理学基本原理（物理定律）为基础的量子信息理论领域的第一个应用（这区别于传统密码学以信息论和数学复杂性理论为基础），量子密码学（Quantum cryptography）的研究主要集中在量子密钥分配方面，它提供了一个交换密钥的安全协议，称为量子密钥交换或分发协议。1991 年，英国牛津大学的 Artur Eckert 提出 E91 协议，1992 年 Charles H. Bennett 对 BB84 协议进行简化，提出只用两个非正交态实现量子保密通信的 B92 协议。至此，形成了量子保密通信的三大主流协议。随后，美、英等国家在实验室条件下进行了多个网络通信量子密码实验，特别是 20 世纪 90 年代以来，世界各国的科学家们都把眼光锁定在“量子密码学”上。

量子密码是密码学领域的一个很有前途的新方向，量子密码的安全性基于量子力学（Quantum Mechanics）的 Heisenberg 测不准原理，因此要攻破量子密码协议就意味着必须否定量子力学定律，所以量子密码学是一种理论上绝对安全的密码技术。科学家们认为它是最安全的密码，最高明的黑客也将对它一筹莫展，美国《商业周刊》将量子密码列在“改变人类未来生活的十大发明”的第三位。量子密码通信不光是绝对安全的、不可破译的，而且任何窃取量子的动作都会改变量子的状态，因此一旦存在非法窃听行为时，会立刻为量子密码的使用者所知，所以，量子密码可能成为光通信网络中数据保护的强有力工具，而且要能对付未来具有量子计算能力的攻击者，量子密码可能是唯一的选择。但实际上，由于使用的量子密钥在光纤中传输时容易消耗，量子密码长距离通信难度较大。

交流与微思考

量子计算（Quantum Computation）与传统电子数字计算的关键区别在于数字的表示和储存方式。传统计算利用电子器件的开关特性，以 0—1 的二进制形式来表示数字，于是一个 N 位的寄存器可以用来储存任意一个小于 2^N 的非负整数。在不同时刻可以是不同的整数，但在某一时刻只能是一个数。量子计算基于量子力学原理，用“量子位”来储存数字：一个二阶量子系统、两个正交的本征态及其线性叠加形成的集合被称为“量子位”，它可以用叠加形式同时表示二进制数 0 和 1，于是一个带有 N 量子位的量子寄存器能同时表示 2^N 个整数（即小于 2^N 的所有非负整数）。在这个寄存器上进行运算操作，相当于同时对 2^N 个数进行操作，这就是量子计算的并行特性。基于这种并行特性，在传统计算机上需要进行 2^N 步运算才能解决的问题，量子计算只需 N 步运算即可完成；量子计算机的研究已取得突破性进展，正在成为现实。量子计算机能够实现电子计算机所做不到的并行算法。已经证明，利用量子计算的并行算法可以轻易地破解 RSA、ECC 等密码，因此，量子计算给传统密码安全体系带来了毁灭性的威胁，必须寻求新的基于量子计算的密码，量子密码学正是在这样的背景下产生的。

1989 年，Bennett 和 Brassard 做了第一个量子密码学的验证实验，密钥在 30cm 空间距离实现了交换，尽管如此短距离的实际意义非常有限，但该实验证明量子密钥是可行的，对此后的量子密码学研究起到了很大的推动作用。1993 年日内瓦大学做了第一个基于光纤的量子密码验证实验。目前，有关量子密码的研究方兴未艾，并不断传出新的研究成果。2002 年 10 月，德国慕尼黑大学和英国军方的研究机构合作，在德国、奥地利边境用激光成功地传输了量子密码，这次试验传输的距离达到了 23.4km。2003 年 7 月，中国科学技术大学中科院量子信息重点实验室的科研人员在该校成功铺设了一条总长为 3.2km 的“特殊光缆”——一套基于量子密码的保密通信系统，该系统可以进行文本和实时动态图像的传输，刷新率达到 20 帧／秒，满足了网上保密视频会议的要求。2003 年 11 月，日本三菱电机公司宣布该公司研究人员用量子密码技术传送信息获得成功，其传递距离可达 87km，打破了美国洛杉矶国立研究所创造的 48km 的记录，这一距离为量子密码技术实用化提供了可能。2004 年 5 月，日本科学家宣称他们开发出传输速度最快的量子密码，实验中研究小组利用 10.5km 长的光纤进行信号传输，通信时间大幅度缩减到原来的 1/100，达到了 45kbit/s，并称如果不考虑传输距离和成本因素，这种技术现在就能投入使用。2004 年 6 月 3 日，美国 BBN 公司称世界上第一个量子密码通信网络在美国马萨诸塞州剑桥城正式投入运行，新的量子密码通信网络目前已成功地实现了该公司与哈佛大学之间的连接，不久将延伸至波士顿大学。这套网络目前拥有 6 个节点，主要通过普通光纤来传输采用量子密码技术加密的数据，与现有互联网技术完全兼容，网络传输距离约为 10km；先前的量子密码试验都是在两个节点间进行，此次实现了向网络通信的扩展，是量子密码技术上的一大突破。2005 年初，ID Quantique 公司（参考 http://www.idquantique.com）启动了一个称为 Vectis 的量子密码系统，它由一个链路加密器组成，其显著特点是不仅能实现高速全双工以太网流量的加密和认证，而且能在远达 100km 距离的光纤上自动进行量子密钥的交换。它能够被容易地部署进现有网络中用于专用或公共组织安全敏感的光链接服务。2012 年 2 月，中国相继建成新华社“金融信息量子通信验证网”和“合肥城域量子通信试验示范网”，开始了量子保密通信的应用实践。随着量子密码技术研究的深入，量子密码学必将迎来大的发展。

11.2 量子密码学原理

11.2.1 量子测不准原理

微观世界的粒子有许多共轭量，如位置和速度、时间和能量都是一对共轭量，Heisenberg 量子测不准原理告诉我们，在某一时刻，人们只能对一对共轭量之一进行测量，对其中一个的测量将影响对另一个的测量，因此，不能同时测得另一个与之共轭的量，如对位置进行测量的同时，就失去了对速度进行测量的可能性。

杨氏无窃听双孔实验有助于说明 Heisenberg 测不准原理如何用于发现保密通信中的窃听行为，如图 11-1 所示。一个电子枪以一个相对较大的角度随机地发射电子，在电子枪的前面有一个带两个小孔的金属墙，与该金属墙相对的是一个可吸收穿过双孔的电子的背板。被吸收的电子的概率密度由曲线 P_1、P_2 和 P_{12} 描述，曲线 P_1 表示只有孔 1 开放时的概率密度模式，曲线 P_2 表示只有孔 2 开放时的概率密度模式，曲线 P_{12} 表示孔 1 和孔 2 同时开放时的概率密度模式。

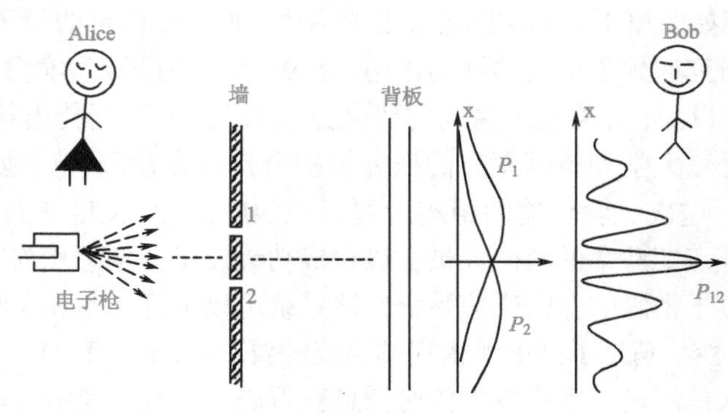

图 11-1 杨氏无窃听双孔实验

与经典密码系统相比，这里的电子枪相当于发送方 Alice，模式 P_{12} 可认为是 Bob 收到的消息，如果 Eve 尽力对穿过小孔的电子进行窃听，如图 11-2 所示，则模式 P_{12} 将受到破坏并被曲线 P'_{12} 取代，结果，Bob 将发现自己与 Alice 的通信链路上有人在进行窃听，这是因为 Heisenberg 测不准原理使得 Bob 知道电子的波形和粒子的特性不可能同时被测量。

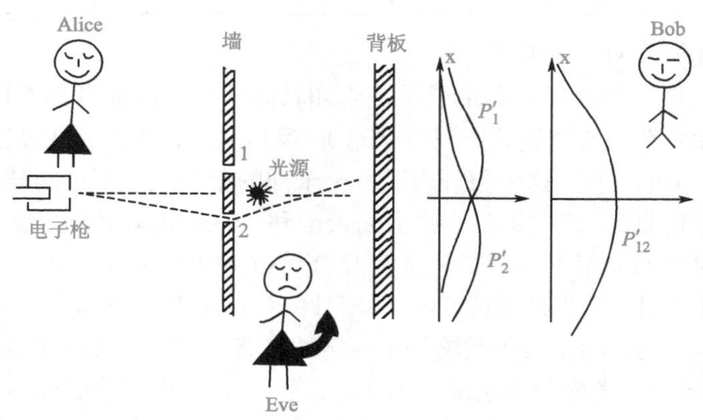

图 11-2　杨氏有窃听双孔实验

11.2.2　量子密码基本原理

传统的物理信道，当有人监测窃听时，收发双方不会知道窃听的发生，如密码本可能被秘密设置的高分辨率 X 射线扫描，或用先进的成像技术读出；磁带、光盘或无线电波中所携带的信息在被复制或截收时都难以发现。但当信息以量子为载体时，根据量子力学，微观世界的粒子不可能确定地存在于任何位置，它总是以不同的概率存在于不同的地方。量子密码学利用了量子的不确定性，使任何在信道上的窃听行为不可能不对通信本身产生影响，从而达到发现窃听者的目的，保证信道的安全。

光子在传输过程会产生振动，而振动方向是任意的，如果所有光子都沿同一个方向振动，则称其为偏振光。偏振滤光器只允许某一方向的偏振光通过，其他方向的偏振光则以一定概率转移到偏振器的方向，如果偏振滤光器与光子振动方向的夹角减小，则光子通过偏振滤光器的概率增大，即如果光子的偏振方向与滤光器的方向一致，则光子通过的概率为 100%，当角度为 45° 时，通过偏震器的概率为 50%，夹角为 90°，概率为 0。例如水平方向的偏振器只让水平极化方向的光子通过，如果将偏振器慢慢转 90°，光子通过的数目将逐渐减少，直到没有光子通过。

光子极化可以在任意两个正交的方向进行测量，如水平极化态“—”或垂直极化态“|”，它们统称为“+基极化态”；或 45° 极化态“/”或 135° 极化态“\”，它们统称为“×基极化态”。若光子脉冲在某一坐标轴方向极化，可在该坐标轴方向进行测量；若在其他的轴向进行测量，将得到随机结果。利用该特性可以产生一会话密钥，实现密钥分配。在进行密钥分配之前，需要首先确定编码方案，一种编码方案如表 11-1 所示。按照这种编码方案，当 A 发送一个光子时，接收方 B 可能用四种偏振角的滤光器来测试，但测不准原理说明 B 不能进行多次测量，因为偏振器将改变光子的偏振角，即 B 对每一位有 1/4 测量准确的概率。

表 11-1　编码方案

符　号	位
— 或 \	0
｜ 或 /	1

量子密钥分发依赖两个原理。

量子密码学的第一个原理：对量子系统未知状态的每一次测量都不可避免地将改变系统原来的状态（除非系统与测量处于兼容状态），反过来说，如果系统状态没有改变，也就没有测量或窃听行为的发生。这个原理表明一个未知的量子状态不可能被复制或克隆，因此它也被称为不可克隆原理，于 1982 年被 Woosters 和 Zurek 证实存在于量子世界中。

要显示这个原理如何用于一个安全通信，设想 Alice 和 Bob 正在用一个量子系统进行通信，如此的信道可以用一个光纤组成，该光纤允许在 Alice 和 Bob 间传输单个的光子。Alice 要传输一个消息给 Bob，她使量子系统处于一定的状态，该状态代表了 Alice 所要传递的消息的内容。Alice 随后发送该量子系统给 Bob。窃听者 Eve 为了获取到 Alice 所发出消息的内容，她需要知道正在从 Alice 发往 Bob 的量子系统的状态，唯一的办法就是探测系统的状态，基于上述原理，这将改变消息本身。一旦 Bob 收到消息，Alice 和 Bob 就可以确认是否受到了 Eve 的窃听，他们可以通过一个常规的、非量子的公共通信信道交换包含在消息中的一部分随机选定的内容来实现。

上述量子密码系统的缺点是 Alice 和 Bob 只能在机密消息传送之后才能发现是否有窃听的出现。为了避免这个问题，需要用到第二个量子密码原理。

量子密码学的第二个原理：在通过一个通信链接交换真正的机密消息之前，只用量子密码方法交换一个随机的密钥。实际上这是量子密码学为了保证通信安全的一个基本处理原则。

随机密钥可以是一个随机的位序列。这样，如果 Alice 和 Bob 发现密钥在传输过程中已受到窃听，他们就丢弃它。Alice 然后重新传输另一个随机密钥，直到没有窃听出现为止。在这种情况下，当消息正在传输时，窃听者 Eve 通过测量量子系统的状态来读取消息的内容必然违反量子密码学的第一个原理，因此将被发现。

但如果 Eve 不读消息内容而是复制它，情况又会怎样呢？在 Bob 收到原始消息且 Alice 和 Bob 确信他们的通信没有被窃听之后，Eve 可以随后再读复制的内容。实际上这是不可能的，因为量子密码学的第一个原理（不可克隆原理）表明一个未知的量子状态不可能被复制或克隆，这阻止了 Eve 在上述情况下的得手。

量子密码通信系统如图 11-3 所示，量子密码学为现代密码体制提供了一种实现密钥安全分发的途径。量子密码学利用上述理论进行密钥分配的步骤如下。

步骤 1：A 随机地生成一个比特流，根据编码方法发给 B 一串光子脉冲，每一个光子有四个可能的极化状态，A 随机地、独立地设置每个光子的极化状态。

步骤 2：B 设置接收滤光器的序列，并读取接收到的光子序列，转换为相应的比特流，但因 B 不知道 A 的设置，故只能随机地设置，对于每一个位置，能正确接收的概率为 3/4。

步骤 3：B 通过传统的非保密通道告诉 A 其滤光器序列的设置。

步骤 4：A 对照自己的设置，通过传统的信道告诉 B 设置正确的位置。

步骤 5：B 选取正确设置位置的比特，并公布部分选定的比特，一般为 1/3。

步骤 6：A 检查 B 公布的比特与自己所发出比特的一致性，如果没有窃听行为发生，则它们应该是一致的，否则，肯定发生了窃听行为。

步骤 7：如果没有窃听行为发生，双方可约定用剩余的 2/3 比特作为共享的会话密钥，从而实现了密钥的分配。A 和 B 依此办法可获得足够多的位。

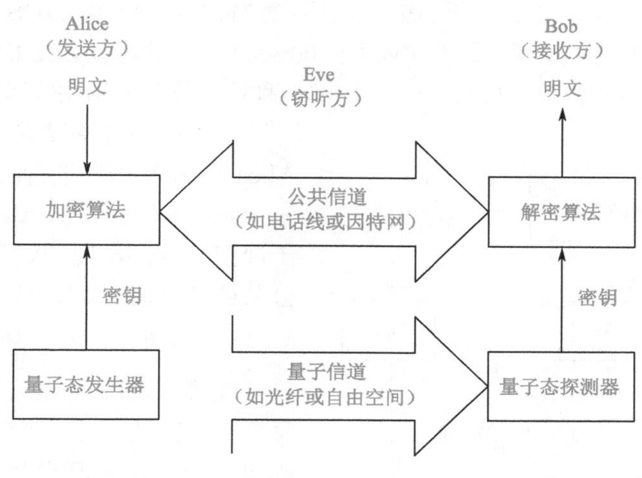

图 11-3 量子密码通信系统

11.3 BB84 量子密码协议

BB84 量子密码协议是由 Bennett 和 Brassard 于 1984 年创立的第一个量子密码通信协议，其原理是基于两种共轭基的四态方案，利用单光子量子信道中的测不准原理。这个协议已被实验证实在许多环境下是安全的；可在超过 30km 光纤范围、或超过 100m 的自由空间距离内正常工作。BB84 也是唯一被商业化实现的量子密钥分发协议。据推测（尚未实验证实）BB84 协议可在至少 100km 距离内实现。

BB84 密钥分发协议用光子作为量子系统。光子有一个固有的称为极化的属性，一个光子或者被＋基极化，或者被 × 基极化到它的运动方向上。

假设有一个垂直极化的光子流，通过一个垂直极化的滤光器发送它们来实现。我们随后想通过另一个极化滤光器来测量光子的极化状态，第二个用于测量的滤光器可以改变它与垂直方向的角度，根据量子力学，我们将发现，只有当测量滤光器位于水平位置时没有光子能通过它，其余角度均有光子通过。实际上，量子力学告诉我们，每一个光子都以一个确定的概率 P 穿过这个测量滤光器，并且连续地从滤光器处于垂直位置的 100%变化到处于 45°角的 50%，再变化到水平位置的 0%。

量子密码协议的讨论与编码方案（即不同的量子状态对应位 0 或 1 的方案）密切相关。

11.3.1 无噪声 BB84 量子密码协议

用单光子的极化状态来描述 BB84 协议，任何其他双状态的量子系统也是可以的。这里选择 × 基极化编码方案（如表 11-2 所示）或＋基极化编码方案（如表 11-3 所示）。

表 11-2　×基极化编码方案

符号	位
／	1
\	0

表 11-3　＋基极化编码方案

符号	位
|	1
—	0

Bennett 和 Brassard 指出，如果 Alice 只用一种特定的极化编码方案与 Bob 进行通信，则 Eve 的窃听可能不会被发现。因为 Eve 能 100%准确地截取到 Alice 传输的内容，然后模仿 Alice 重传她收到的内容给 Bob。Eve 所用的这种策略称为不透明窃听。

为了确保能够发现 Eve 的窃听行为，Alice 和 Bob 需要进行两个阶段的通信，第一个阶段基于一个从 Alice 到 Bob 的单向量子通信信道，第二阶段基于一个双向的传统公共通信信道，如图 11-4 所示。

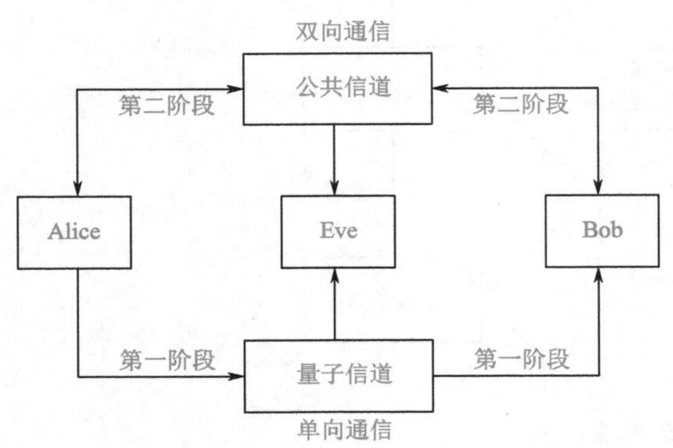

图 11-4　量子密钥分发

1．阶段一：基于量子信道的通信

在第一阶段，Alice 每次传输单个位，每个位对应光子的一个极化状态，她被要求等概率地使用×基极化或＋基极化两种方式。接收方只要将测量仪的极化方式设置得与发送方一致，就能保证正确地接收，否则正确接收的概率是 50%，如发送方采用的是×基极化发射“0”，即“\”，接收方也采用×基极化方式接收，就能 100%准确地接收到“\”，对应的数字是“0”；如发送方采用的是×基极化发射“0”，接收方采用＋基极化方式接收，则有 50%的概率准确接收，即接收方将随机地收到“—”或“|”，对应的数字是“0”或“1”。

由于×基极化和＋基极化的测量仪不兼容，根据 Heisenberg 测不准原理，没有人（包括 Bob 和 Eve）能够以高于 75%的准确率收到 Alice 传输的光子，这是因为：Alice 所传送的每一位，接收方可以选择与＋基极化或×基极化兼容的测量仪进行测量，但因这两种极化方式不兼容，不存在能同时用于这两种极化方式的测量仪。由于不知道 Alice 所用的极化方式，故有 50%的概率猜测正确，即与 Alice 所选择的测量仪兼容。如果猜测正确，则 Alice 传输的位被正确接收的概率是 100%；如果猜测不正确，则 Alice 传输的位被正确接收的概率是 50%，因此，总体上，正确接收 Alice 传输的位的概率是：

$$P = 50\% \cdot 100\% + 50\% \cdot 50\% = 75\% \tag{11-1}$$

对于由 Alice 传输的每一位，假定 Eve 执行窃听或不窃听两个行为，窃听的概率为 $\lambda(0 \leqslant \lambda \leqslant 1)$，不窃听的概率则为 $1-\lambda$。很明显，如果 $\lambda=1$，则 Eve 对每一位都进行窃听；如果 $\lambda=0$，则 Eve 根本不进行窃听。

由于 Bob 和 Eve 都是相互独立地设置测量的位置，也与 Alice 的设置没有联系，Eve 的窃听将对 Bob 接收的结果产生影响，这种影响是可发现的。由于 Eve 的窃听使得 Bob 的错误接收率从 25%变到：

$$(1-\lambda)\cdot 25\%+\lambda\cdot(75\%\cdot 50\%)=\frac{1}{4}+\frac{\lambda}{8} \tag{11-2}$$

这样，如果Eve对每一位进行窃听，即$\lambda=1$，则Bob接收出错的概率从25%变到37.5%，增加了50%。

2. 阶段二：基于公共信道的两过程通信

在第二阶段，Alice和Bob通过公共信道进行两过程通信，通过分析Bob的接收出错率来检查是否有Eve的窃听。

（1）过程一：原密钥的确定。

本过程的目的是为了消除发生了错误的位。Bob通过公共信道告诉Alice他对每一个收到位的测量设置，Alice通过与自己的设置进行比较，随后向Bob返回正确的设置位。在此双向通信后，Alice和Bob删除不正确的设置位以产生更短的位序列，分别称之为Alice的原密钥和Bob的原密钥。

如果没有入侵行为发生，则Alice和Bob的原密钥将是一致的。然而，如果Eve实施了窃听行为，则Alice和Bob的原密钥不一致的概率是：

$$0\cdot(1-\lambda)+\frac{1}{4}\cdot\lambda=\frac{\lambda}{4} \tag{11-3}$$

（2）过程二：通过出错检查来发现Eve的入侵行为。

Alice和Bob现在通过公共信道启动一个双向会话以测试Eve是否在窃听。

在没有噪声的环境中，Alice和Bob原密钥间的任何不一致都是有Eve入侵的证据。因此要发现Eve的入侵，Alice和Bob从原密钥中随机选择一个m位的子集，并且比较相应的位。如果比较发现了至少一个不一致，就可以说明Eve窃听行为的存在，在这种情况下，Alice和Bob回到阶段一重新开始。另一方面，如果没有不一致的情况出现，根据式（11-3），那么Eve逃脱发现的概率是：

$$P_{\text{false}}=(1-\frac{\lambda}{4})^m \tag{11-4}$$

例如，如果$\lambda=1$且m=200，则：

$$P_{\text{false}}=\left(1-\frac{\lambda}{4}\right)^m=\left(\frac{3}{4}\right)^{200}\approx 10^{-25}$$

这样，如果P_{false}足够小，Alice和Bob可认为没有窃听出现，可将余下的原密钥作为他们最终通信的秘密密钥。

11.3.2　有噪声BB84量子密码协议

BB84量子密码协议可以扩展到有噪声的情形。在一个有噪声的环境中，Alice和Bob不能区分错误是由噪声引起的，还是由Eve的窃听引起的，为了安全起见，他们必须作这样的假设：错误都是由Eve的窃听引起的。

和无噪声情形一样，整个协议工作分为两个阶段。

1. 阶段一：基于量子信道的通信

这个阶段除了错误由噪声引起外，其他和无噪声情况完全一致。

2．阶段二：基于公开信道的四个通信过程

在阶段二，Alice 和 Bob 基于公开信道进行四个通信过程。过程一的目的是确定原密钥；过程二的目的是进行错误估计；过程三的目的是进行协调，即确定协调密钥（reconciled key）；过程四的目的是进行最终密钥的确定。

（1）过程一：确定原密钥。

这个过程除了 Alice 和 Bob 删除那些 Bob 已经收到但并未接受的位外，其余与无噪声情况完全一致，这里所说的未接受位可能是由 Eve 的入侵或 Bob 的探测器中的“暗计数（dark counts）”（因为噪声）引起的。“暗计数”的位置由 Bob 通过公共信道告诉 Alice。

（2）过程二：原密钥错误估计。

Alice 和 Bob 现在基于公共信道来估计原密钥中的出错率。他们公开地选定原密钥的一个随机取样，并公开地比较这些位以获得错误率的估计值 R。这些位将从原密钥中删除。如果 R 超过了一定的阈值 R_{max}，那么，Alice 和 Bob 是不可能获得一个最终的共享密钥的。如果是这样，Alice 和 Bob 回到阶段一重新开始。另一方面，如果估计值 R 并未超过阈值 R_{max}，则 Alice 和 Bob 就转向过程三。

（3）过程三：确定协调密钥。

在过程三中，Alice 和 Bob 的目的是要从原密钥中清除所有的错误位以产生一个无错误的密钥，称为协调密钥。本过程也称之为协调，可分为两个步骤。

步骤一：Alice 和 Bob 公开地协商一个随机的置换，并且将它作用于各自所保留的原密钥。接下来，Alice 和 Bob 将原密钥分成长度为 l 的分组，这里选择长度 l 是为了保证该长度的分组不可能包含超过一位的错误。对于每一个这样的分组，Alice 和 Bob 公开地比较整个分组的偶校验，每次要将被比较分组的最后一位丢弃。如果偶校验比较出现不一致，Alice 和 Bob 就启动一个双叉错误搜索，如将分组再细分成两个子分组，对这两个子分组的每一个进行偶校验，丢弃每一个子分组的最右边的位。这种双叉错误搜索将持续，直到所有的错误位被发现和删除，再继续处理下一个 l 分组。

步骤一将重复，包括选择随机置换、余下的原密钥被分成长为 l 的分组、偶校验比较等，直到这个过程变得不能再进行为止。

Alice 和 Bob 随后转向步骤二，他们公开地随机选取剩余原密钥的子集，公开地比较偶校验结果，每次处理所选定的密钥取样中的一位。如果一个偶校验不一致，就用步骤一中的双叉搜索策略来确定和删除该错误位。

对步骤二不断重复 N 次，如果未发现错误，Alice 和 Bob 假定余下的原密钥没有错误的概率非常高。Alice 和 Bob 将余下的原密钥定义为协调密钥，继续后续处理。

（4）过程四：确定最终密钥。

Alice 和 Bob 现在已有一个协调密钥，这个密钥对 Eve 只是部分保密的。他们现在开始确定最终密钥，就是从这部分保密的密钥中抽取出秘密密钥。

设基于误差估计 R，Alice 和 Bob 获取了一个 n 位的协调密钥，该密钥被 Eve 知道的位数的上限为 k。设 s 是 Alice 和 Bob 用于调整的一个理想的安全参数。他们随后选择协调密钥的 $n-k-s$ 位的子集，不公布其内容及奇偶校验。这个保密的内容成为了共享的最终密钥。可以证明 Eve 关于最终密钥的平均信息低于 $2^{-s}/\ln 2$ 位。

下面根据表 11-1 的编码方案，举例说明 BB84 量子密码协议的应用。

【例 11-1】一个无窃听的量子密钥分发过程

表 11-4 中阴影部分表明 A 发出的光子和 B 接收到的光子的偏振方向一致，其他结果则是随机的，即当 B 设置的滤光器的位置与 A 发出的光子偏振方向一致时，接收到的比特与发送方的比特相同；不一致时，得到的比特流是随机的，其中的任意一位可能与 A 方发出的比特一致，也可能不一致。

基于表 11-4 的结果可知，A 验证的位数都是正确的，可以认为没有窃听行为发生（这里只是示例，实际应用时必须保证足够多的位数），于是可以将余下位作为 A、B 共享的密钥，从而实现了密钥的分发。该过程如图 11-5 所示。

表 11-4　一个无窃听的量子密钥分发过程

A 生成随机比特流	1	1	0	0	0	1	0	0	1	0	1	0
A 随机地设置滤光器	×	+	+	×	+	×	×	+	×	×	+	×
A 发送对应的光子脉冲	/	|	−	\	−	/	\	−	/	\	|	\
B 随机地设置滤光器	+	+	×	×	+	×	+	×	×	+	+	×
B 读取光子脉冲	−	|	/	\	−	/	|	\	/	−	|	\
B 读取比特流	0	1	1	0	0	1	1	0	1	0	1	0
B 公开其滤光器设置	+	+	×	×	+	×	+	×	×	+	+	×
A 确定正确的设置		√		√	√	√			√		√	√
B 确定对应的比特		1		0	0	1			1		1	0
B 公布部分滤光器设置正确位对应的比特		1			0						1	
A 验证		√			√						√	
A、B 共享的密钥				0		1			1			0

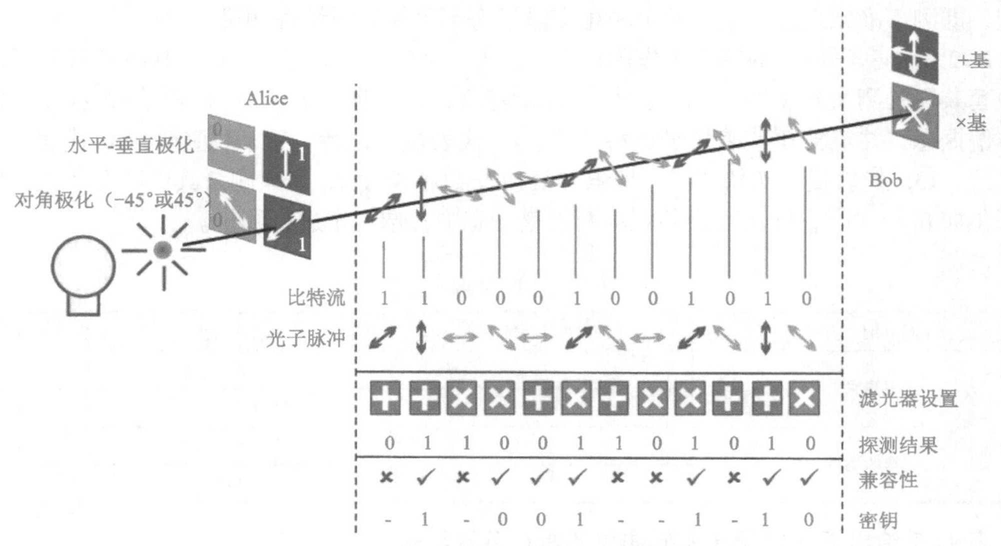

图 11-5　基于 BB84 协议的密钥分发过程示意图

【例 11-2】一个有窃听的量子密码发现过程

由表 11-5 可知，当有窃听者 C 存在时，C 位于 A 与 B 之间，由于窃听者 C 的窃听改变了光子的状态，此时 C（不再是 A）作为 B 的标准位置，B 读取比特流的结果取决于与 C

的滤光器设置是否一致（如表中阴影部分所示）。最终通过 A 的验证，发现存在 B 与 A 的滤光器设置一致但接收到的比特不正确的情况，由此可确定信道上发生了窃听行为。

表 11-5 一个有窃听的量子密码发现过程

A 生成随机比特流	1	1	0	0	0	1	0	0	1	0	1	0
A 随机地设置滤光器	×	+	+	×	+	×	×	+	×	×	+	×
A 发送对应的光子脉冲	/	|	—	\	—	/	\	—	/	\	|	\
C 随机地设置滤光器	×	×	+	+	+	+	×	×	+	×	×	+
C 读取光子脉冲	/	\	—	|	—	—	\	/	—	\	\	—
C 读取比特流	1	0	0	1	0	0	0	1	0	0	0	0
B 随机地设置滤光器	+	+	×	×	+	×	+	×	×	+	+	×
B 读取光子脉冲	—	|	/	/	—	/	|	/	/	—	—	\
B 读取比特流	0	1	1	1	0	1	1	1	1	0	0	0
B 公开其滤光器设置	+	+	×	×	+	×	+	×	×	+	+	×
A 确定正确的设置		√		√	√	√			√		√	√
B 确定对应的比特		1		1	0	1			1		0	0
B 公布部分滤光器设置正确位对应的比特		1			0						0	
A 验证		√			√						×	

11.4 B92 量子密码协议

B92 量子密码协议是在 BB84 协议基础上的一种简化，其原理是利用非正交态不可区分原理，即测不准原理决定了对两个非正交量子态不可能同时精确测量。

B92 量子密码协议的基本工作原理是：首先，合法通信双方 Alice 和 Bob 选择光子的任何两套共轭的测量基（如表 11-2、表 11-3 所定义，取偏振方向为 0^0 和 90^0、45^0 和 135^0 的两组线偏振态，并定义 0^0 代表量子比特"0"、45^0 代表量子比特"1"，对应地，90^0 代表量子比特"1"、135^0 代表量子比特"0"，编码方案如表 11-6 所示），但只测量其中两个非正交的量子态（如 0^0 和 45^0），即从互为共轭的两组量子态中各选一个进行测量。

表 11-6 B92 编码方案

通 信 方	符 号	角 度	位
发送方	—	0^0	0
	/	45^0	1
接收方	|	90^0	1
	\	135^0	0

表 11-7 给出了 B92 量子密码协议的密钥分发步骤。

表 11-7 B92 量子密码协议的密钥分发步骤

步 1	1	0	1	0	1	0	0	1	1	0	1	1	1
步 2	/	—	/	—	/	—	—	/	/	—	/	/	/
步 3	|	\	\	|	|	\	\	|	\	\	|	|	\

续表

步 4	√				√	√	√			√	√		
步 5	1				1	0	0			0	1		
步 6					1					0			
步 7	1					0	0				1		

第 1 步：Alice 随机地生成比特流。

第 2 步：Alice 以 0^0 或 45^0 光子线偏振态向 Bob 发送与比特流对应的光子脉冲。

第 3 步：Bob 随机选取 90^0 或 135^0 方向的测量基进行检测，当 Bob 的检测方向与 Alice 发送时所选定的方向垂直时，探测器完全接收不到光子；当 Bob 的检测方向与 Alice 发送时所选定的方向成 45^0 角时，则有 50%的概率接收到光子（如表 11-7 中第一个光子被接收到，第二个光子未被接收到）。一旦 Bob 探测到光子，Bob 就可推测出 Alice 发出的光子的偏振态。因为 Alice 只有 0^0 或 45^0 两种偏振态，Bob 只有 90^0 或 135^0 两种偏振态，当发送方和接收方的两种偏振态成 90^0 夹角时，接收方不会接收到光子。因此，对于能探测到光子的情形，当 Bob 的偏振态为 90^0 时，Alice 的偏振态一定是 45^0；当 Bob 的偏振态为 135^0 时，Alice 的偏振态一定是 0^0。

第 4 步：Bob 通过公共信道告诉 Alice 所接收到光子的情况，但不公布测量基，并且双方放弃没有测量到的数据，即表中空格对应的部分。如果无窃听或干扰，此时 Alice 和 Bob 则拥有一套相同的随机序列数。

第 5 步：Bob 把接收到的光子转化为量子比特串。

第 6 步：Bob 随机选择并公布其中的某些比特，供 Alice 确定有无错误（目的在于验证 Bob 的身份）。

第 7 步：经 Alice 确认无误（即无人窃听或干扰）后，剩余的比特串就可用于建立密钥串。

B92 协议比 BB84 协议简单，但因只有 25%的光子被接收到，故传输效率减少一半。

11.5　E91 量子密码协议

E91 量子密码协议（也称为 EPR 量子密码协议）是英国牛津大学 Ekert.A.K 教授于 1991 年提出的，其原理是利用量子纠缠的 EPR 关联光子对效应，制备一对 EPR 关联光子对，通信双方具有确定、不变的关联关系（如测得其中一个光子的极化态向上，同时远方的另一个光子的极化态一定朝下），并且不随时间和空间的变化而改变。因此，两个具有确定关联关系的光场可用来建立通信双方间共享密钥的信息载体，任何窃听都会破坏这种关联，可基于 Bell 不等式检验。根据量子力学原理，可证明 E91 量子密码协议是安全的。

E91 协议的通信过程如图 11-6 所示。首先，由 EPR 源产生的光子对分别朝 $\pm Z$ 方向发送给合法的系统用户 Alice 和 Bob，Alice 任意地选择测量基（＋基或者 × 基）测量接收到的其中一个光子 1，测量的结果取决于 EPR 关联，同时 Bob 也随机用测量基测量接收到的 EPR 关联对的另一个光子 2，并记录测量结果；然后 Bob 通过公共信道公开其使用的测量基，但不公布测量结果，Alice 告诉 Bob 哪些测量基选对了；然后双方保留正确的结果，并将它转化为量子比特串，称为“原密钥（raw key）”，其余测量基选择不一致的位构成“被拒绝密钥（rejected key）”。Alice 和 Bob 基于得到的量子比特串可商量并建立密钥串，即选用全部或部分原密钥。

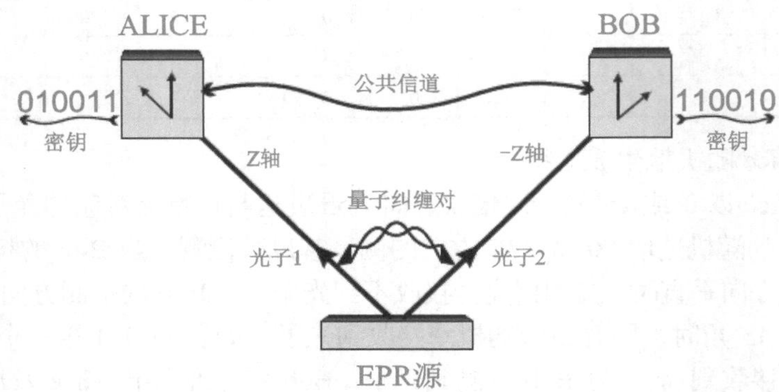

图 11-6　基于 Bell 理论的量子纠缠对密钥交换系统

与 BB84 和 B92 协议不同的是：E91 协议需要用到 Bell 不等式，且被拒绝密钥不是被弃之不用，而是利用其来发现窃听者 Eve 是否出现。即 Alice 和 Bob 通过公开信道比较被拒绝密钥以确定是否违反 Bell 不等式。如果违反该不等式，表明量子信道是安全的，没有被窃听；如果满足不等式，则表明信道上存在窃听者。

11.6　量子密码分析

11.6.1　量子密码的安全性分析

量子密码的安全性分析主要集中在窃听不被发现的概率方面。根据第三节的分析可知，对于发送方传送一个比特，B 正确接收的平均概率为 3/4，因此，如果 A 发送 N 比特，则 B 平均可得到 $3N/4$ 个正确的比特，减去 B 公布的 $x\%$ 用于检验的比特，实际 A、B 间可作为密钥共享的比特只有：$3N/4\times(1-x\%)$。

没有窃听时，A 验证的所有位都是正确的；当 A 验证的位中出现错误时，说明一定有窃听的出现，但当 A 验证的所有位都没有出现错误时，是否意味着就没有窃听发生呢？答案是否定的，这里涉及到一个验证通过的概率问题。

假设 A 发送 N 比特，B 平均可得到 $3N/4$ 个正确的比特。如果 B 公布 $x\%$ 的比特，则 B 需要公布 $3N/4\times x\%$ 比特用于验证，这些公布的比特被窃听而不被发现的概率为（因为每个比特被窃听而不被发现的概率为 $1-\lambda/4$，共公布了 $3N/4\times x\%$ 个比特）：

$$P_{\text{false}}=(1-\lambda/4)^{\frac{3N}{4}\times x\%} \tag{11-5}$$

由式（11-6）可知，C 窃听的概率 λ 越高，即窃听的位数越多，A、B 间发送的比特数 N 越多，B 公布的比特比例 $x\%$ 越大，则窃听不被发现的概率 P_{false} 就越小。

举例来说，一般 B 公布的比特比例为三分之一，即 $x\%=1/3$，如果 A、B 间发送的比特数为 N，则在无窃听的情况下，A、B 间所发送的比特能用作密钥共享的比特数为：$3N/4\times(1-x\%)=3N/4\times(1-1/3)=N/2$（当然可以选择它的子集作为共享密钥，进一步扩大传输的比特数 N，从而提高窃听被发现的概率），即实际 A、B 间可作为密钥共享的比特只占发送比特的二分之一，因此，如果需要得到典型的 128 比特的密钥，则平均至少要求 $N=2\times128=256$ 比特，如果 $\lambda=1$，此时：

$$P_{\text{false}}=\left(1-\lambda/4\right)^{\frac{3N}{4}\times x\%}=\left(1-1/4\right)^{64}\approx10^{-8} \tag{11-6}$$

由此可见，当选取的位数足够多时，C 进行窃听而不被发现的概率几乎为 0。所以量子密码的安全性具有抗击拥有无穷计算能力的攻击者，这一点区别于现有的其他密码算法，随着计算机计算能力的不断增强和量子计算机的出现，越来越多的人认为量子密码学是未来唯一安全的密码技术。

交流与微思考

11.6.2　量子密码学的优势

如果将量子密钥分发协议和“一次一密”结合起来，将得到一个理论上不可破译的密码系统，但目前还存在一些技术实现方面的问题，不过这只是一个纯技术问题，随着时间的推移终将获得解决。

绝大多数现有的密码系统都存在以下缺点：

（1）已经实现的单向函数逆计算算法的安全性并没有得到理论证明。

（2）随着计算能力的增强，所有单向函数都显得脆弱，因为计算能力的增强使蛮力攻击更可行。

（3）密钥生成期间密钥的安全性不能绝对保证。无论密钥是从一个适当选取的可能值集中随机地选取，还是用一个单向函数生成，情况都是这样。

如果密钥是随机选择的，则选择的随机性不能保证。因为当前使用的计算机都是确定的、有限状态的，因此，从原理上说，这只能取得近似的随机性。

如果密钥是用单向函数生成的，则根据上述（1）或（2）两项可以得出它的弱点。

（4）密钥分发期间密钥的安全性不能得到绝对保证。因为今天的密码系统中，密钥分发问题大多用单向函数（即公钥密码体制）来解决，根据上述（1）或（2）两项可以得出它的弱点。

（5）密钥存储期间密钥的安全性不能得到绝对保障。

（6）一旦一个加密受到安全威胁，安全通信的参与方不能通过一个明确的方法来发现这种威胁的发生。

那么基于一次一密的量子密钥分发协议是如何克服上述传统密码系统中的缺点呢？

（1）和（2）是单向函数的主要缺点，然而，在一次一密的量子密钥分发协议中，并不使用单向函数，因此（1）和（2）存在的问题在量子密码系统中并不存在。

到目前为止，量子密码方法还不能用于消息本身的加、解密处理，只能用于安全地生成和分发密钥。因此，如果将量子密钥分发系统与传统的密码算法结合起来，使用量子密钥和陷门单向函数来加、解密消息，那么（1）和（2）项的问题依然存在。然而，我们能够通过频繁改变量子密钥来减轻这个风险。

在量子密钥分发协议中，由于密钥的生成和分发是同时进行的，因此传统密码系统的缺点（3）和（4）可以同时得到解决，只要满足：

Alice 以一个真正随机的方式选择光子的极化方向。如果她用伪随机数发生器，这也许不能得到保证。然而，已有很多量子密钥分发协议的实现是用真正随机的物理过程来实现的。

Alice 和 Bob 间的传统通信信道能够防止 Eve 伪装成 Alice 或 Bob，这可以通过安全认证来实现。

如果用量子密钥分发协议分发的密钥不止一次地加、解密消息，则传统密码系统的第（5）个缺点仍是一个问题，因此建议将量子密钥分发协议与一次一密结合使用。

由于基于量子密钥分发协议可以发现和控制窃听，因此传统密码系统中的第（6）个缺点在量子密码学中得到了解决。

11.6.3 量子密码学的技术挑战

尽管量子密码学具有传统密码算法不可比拟的优势，但量子密码学要走向真正的实用还面临着众多的技术挑战，主要表现在以下七个方面。

1. 光子源

BB84 量子密钥协议的安全性取决于 Alice 和 Bob 生成和处理单个光子的能力。要说明这一点，想象 Alice 以相同的极化态同时发出两个光子，Eve 有可能用一个光束分离器来提取和分析其中一个光子，而允许另一个光子不受影响地到达 Bob，这样，窃听行为将不会被发现。

然而，要生成单个的光子并不是一件容易的事。当前的解决办法是借助于弱激光脉冲，这样，同时发送两个光子的概率是已知的，也是很小的。由于概率已知，根据量子密钥分发协议就能找出窃听发生的次数。

2. 单光子探测

有了可用的光子源，量子密码学的成败本质上就取决于对单个光子探测的可能性。原理上它可以通过多种技术来实现，如光子倍增器、雪崩光子二极管（APD）、多通道极板、超导 Josephson 结。理想的探测器应满足以下要求：（1）能在较大光谱范围内取得高的量子探测效率；（2）产生噪声（即没有光子到达的信号）的概率应很小；（3）具有高的定时分辨率，探测到光子和对应电信号产生的时间间隔应尽可能是常数，如有时间抖动，应很小；（4）恢复时间（如死亡时间）应很小，以允许高数据率。不幸的是，要同时满足这些要求是不可能的。今天，最好的选择是雪崩光子二极管，但仍然存在一些尚未克服的困难。

3. 量子通道

发送方的单光子源和接收方的光子探测器必须通过一个“量子通道”连接起来，如此的通道仅仅为了传输量子系统中的编码信息。通常使用两级量子系统，称为量子位，存在的困难一方面表现为要避免环境噪声，另一方面，量子位收发双方的极化基必须通过一个已知稳定的单一变换相联系，只要这个变换已知，他们就能获得传输和探测间的关系。如果变换关系随时间发生变化，就需要主动反馈来跟踪它，如果变化太快，将导致通信中断。

4. 随机数发生器

用于“一次一密”的密钥必须是保密的，并且只能使用一次，这就要求它必须与被加密的消息一样长且是完全随机的，为了在量子密钥分发协议中尽量减小 Eve 获取的信息量，Alice 必须随机地设置她所发出的光子的极化状态。如果 Alice 用一个计算机来生成随机数，由于计算机是有限状态机，计算机的这一固有属性决定了不可能取得完全的随机性。现在已有了使用真正随机的物理过程的量子密钥分发协议的实现，但仍然存在着光子探测器会带来邻近位间的相关性问题。

5. 量子中继器

量子密码系统的性能取决于能实现密钥交换距离的远近。由于存在探测器噪声和光纤损耗，当前量子密钥分发系统只能工作于 100km 范围内。要想扩大这个距离，传统的中断器不能使用，因为它们将像窃听者 Eve 一样改变光子的极化状态。相应的技术正在研究过程中，长距离自由空间量子密钥分发技术可用来实现通过低轨道卫星分发量子密钥，量子密钥分发协议也许最终能通过量子纠缠来解决。

所谓纠缠态指这样一种现象：相互作用的粒子维持着某种“连接”，两个粒子在它们被测量前处于可能的状态，如果其中一个粒子被测量为某种状态，则另一个粒子呈现为相反的状态，无论它们的距离远近，这都会同时发生，爱因斯坦将其称为“鬼魅行为”。科学家认为，实现粒子的纠缠态对制造量子计算机和量子编码极为重要。此前，科学家曾利用激光实现了光子纠缠。2006 年 1 月，在英国剑桥的东芝欧洲研究中心和剑桥大学的英国科学家制造出一种硅芯片，该芯片上有一个纳米尺寸的量子点。这个量子点是一个半导体晶体，像原子一样具有持续的能量状态，并且能在光作用下产生光子。研究人员发现，这个量子点的形状直接决定是否能产生纠缠态的光子对，而量子点的形状则可以通过量子点的设计或利用外部磁场来控制。2008 年，中国科学技术大学的研究人员利用冷原子量子存储技术，在国际上首次实现了具有存储和读出功能的纠缠交换，建立了由三百米光纤连接的两个冷原子系统之间的量子纠缠，该实验成果完美地实现了远距离量子通信中急需的“量子中继器”，向未来广域量子通信网络的最终实现迈出了坚实的一步。

6. 低传输率

传输率由每秒钟正确传输的秘密位的个数来决定，量子密钥分发协议的工作原理决定了必须牺牲部分传输位用于验证，这些位不能用作密钥，导致量子密码学的传输效率相对较低。当前光纤通信系统中常见的 Gbit/s 传输率还不能在量子密钥分发协议中实现，这限制了一次一密量子密码的使用。然而，如果将频繁更换密钥的量子密钥分发协议与对称密钥加密算法（如 3DES、AES）结合起来，能够大大增强传统密码系统的安全性。

7. 安全性

量子密钥分发协议已被成功地证明是安全的（理论安全性）。但一般而言，一个特定技术的实现总是令人怀疑的，需要进一步研究如何将量子密钥分配（QKD）集成到现有的保密通信架构中去（实用安全性）。然而，一个特定实现中的缺陷引起的安全威胁比一个未经证实的数学假设的攻破带来的安全威胁更容易对付，后者则是传统密码体制必须面对的潜在问题。

量子密码的核心技术是量子密钥分配（QKD），它采用量子态来传递密钥，基于量子力学原理，任何窃听行为都会被系统的合法用户发现。当合法用户经由密码协议建立对称密钥，并确认未被窃听，便可使用这个安全的密钥来实现保密通信，与“一次一密”密码相结合，可以提供不可窃听、不可破译的安全通信。

近十年来，量子密码的研究已取得突破性进展，许多关键技术趋于成熟，目前，已到了实际应用的工程研究与验证阶段，如就国内而言，由新华社和中国科技大学共同研发建设的“金融信息量子通信验证网” 于 2012 年 2 月 21 日在新华社金融信息交易所正式开通，该量子通信应用研究成果是世界上首次利用量子通信网络实现金融信息传输的通信应用网络，是量子通信网络技术保障金融信息传输安全的第一次技术验证和典型应用示范。该验证网实现了高保密性的视频语音通信、实时文字交互和高速数据文件传输等应用。“金融信息量子通信验证网”使用北京联通提供的商用光纤线路建成，线路最长距离超过 20km，在此线路上的量子密钥成码率达到了 10kbit/s 以上。与此同时，“合肥城域量子通信试验示范网”项目顺利通过测试评审，标志着合肥“城域量子通信试验示范网”建成并进入试运行阶段，合肥市成为全国，乃至全球首个拥有规模化量子通信网络的城市。量子通信网络里，打电话、发邮件、传输文件等，用户和普通网络用户的操作没有任何区别，但是不需要担心信息被盗取。项目实施以来，科研人员成功搭建起 46 个节点的城域量子通信网络，网络覆盖合肥市主城区，用户涵盖省市政府机关单位、金融机构、军工企业、研究院所等。

量子通信是以量子力学基本原理为基础的全新通信技术，在国际上被视为已知技术中保障信息传输安全的终极手段。相信不久的将来，这个新一代的密码通信技术将广泛应用于人类社会之中，为人们的安全通信保驾护航。

学习拓展与探究式研讨

[后量子密码的探索] 量子计算的并行能力使其算力可以得到大大提升，现有的密码算法在量子计算机下难以保证其安全性，现在提出了后量子密码的概念。通过查阅资料，针对后量子密码的研究现状、技术进展，以及未来发展趋势撰写一个综述报告。

习 题

11.1 量子密码学的两个基本原理是什么？

11.2 运用量子密码理论进行密钥分配的原理及其主要步骤是什么？

11.3 举例说明量子密码理论进行密钥分配和窃听发现的方法。

11.4 为什么说“量子密码学是未来唯一安全的密码技术”？

11.5 与传统密码体制相比，量子密码学的主要优势是什么？

11.6 量子密码学存在的技术挑战是什么？

11.7 简述中国在量子密码领域的贡献与现状。

第 12 章　中国商用密码算法标准

知识单元与知识点	➢ 祖冲之序列密码算法（ZUC）； ➢ SM2 椭圆曲线公钥密码算法； ➢ SM3 杂凑算法； ➢ SM4 对称密码算法。
能力点	✧ 深入理解中国商用密码算法的相关概念； ✧ 把握中国商用密码算法的内涵； ✧ 会分析中国商用密码算法与其他典型密码算法的区别与联系。
重难点	■ 重点：中国商用密码算法的原理。 ■ 难点：中国商用密码算法的原理。
学习要求	✓ 掌握中国商用密码算法的原理； ✓ 会上机测试中国商用密码算法的实现。
问题导引	→ 中国商用密码的发展现状如何？ → 目前国内主要的商用密码算法有哪些？ → 如何理解中国商用密码算法对信息安全的重要性？

由于密码算法对国家安全和社会稳定的高度重要性，我国已建立了具有自主知识产权的密码算法体系。中国商用密码（SM）算法标准由中国国家密码管理局商用密码管理办公室权威发布，面向商业应用的密码算法规范，在提供信息安全保障的同时，为信息安全产品生产商提供产品和技术的标准定位以及标准化的参考，以提高信息安全产品的可信性与互操作性。

本章主要介绍祖冲之序列密码算法（ZUC）、SM2 椭圆曲线公钥密码算法、SM3 杂凑算法和 SM4 对称密码算法。

12.1　祖冲之序列密码算法

12.1.1　概述

祖冲之序列密码算法（即 ZUC 算法）是第 3 代合作伙伴计划（The 3rd Generation Partnership Project，3GPP）所规范的机密性算法 128-EEA3 和完整性算法 128-EIA3 的核心，是中国自主设计的序列密码算法。2009 年 5 月祖冲之序列密码算法获得 3GPP 安全算法组（SA）立项，正式申请参加 3GPP LTE 第三套机密性和完整性算法标准的竞选工作。ZUC 算法经过两年多时间的评估，于 2011 年 9 月正式被 3GPP SA 全会通过，成为 3GPP LTE

第三套加密标准的核心算法。祖冲之序列密码算法是中国第一个成为国际密码标准的密码算法。

12.1.2 算法描述

祖冲之序列密码算法是一个面向字（word）的序列密码算法，它采用 128 比特的初始密钥和一个 128 比特的初始向量（*IV*）作为输入，并输出以 32 比特的字为单位的密钥流（每 32 比特被称为一个密钥字）。密钥流可用于对明文进行加密/解密。

祖冲之序列密码算法的执行分为两个阶段：初始化阶段和工作阶段。在第一阶段，对密钥和初始向量进行初始化，不产生输出；在第二阶段，每一个时钟脉冲产生一个 32 比特的密钥字输出。

在数据表示时，带前缀“0x”的数为 16 进制表示，二进制数会给予特别说明，其他未给予特别说明的则为十进制数。二进制数的最高位在左，最低位在右。

1. 运算符说明

+：两个整数相加。

mod：整数的模运算。

⊕：整数的按位异或运算。

⊞：模 2^{32} 加。

$a \| b$：字符串 a 和 b 的连接。

a_{H}：整数 a 二进制表示的最左 16 位值。

a_{L}：整数 a 二进制表示的最右 16 位值。

$a <<< k$：a 向左 k 比特循环移位。

$a >> 1$：a 向右 1 比特移位。

$(a_1, a_2, \cdots, a_n) \to (b_1, b_2, \cdots, b_n)$：将 a_i 的值并行地赋给对应的 b_i $(i = 1, 2, \cdots, n)$。

举例来说，a=0x1234，b=0x5678，则 $a \| b$=0x12345678；$a=10010011001011000000001011010010_2$，则 $a_{\mathrm{H}}=1001001100101100_2$，$a_{\mathrm{L}}=0000001011010010_2$；$a=11001001100101100000001011010010_2$，则 $a >> 1=1100100110010110000000101101001_2$。

2. 算法结构

祖冲之序列密码算法有三个逻辑层，如图 12-1 所示。顶层为一个包含 16 个单元（stages）的线性反馈移位寄存器（LFSR），中间层是比特重组（bit-reorganization，BR），最下层为一个非线性变换函数（F）。

3. 线性移位反馈寄存器（LFSR）

LFSR 具有 16 个 31 比特的单元 $(s_0, s_1, \cdots, s_{15})$，每个单元 s_i $(0 \leqslant i \leqslant 15)$ 均在集合 $\{1, 2, 3, \cdots 2^{31}-1\}$ 中取值。

LFSR 有两种操作模式，即初始化模式和工作模式。在初始化模式中，LFSR 接收一个 31 比特的输入字 u，u 是删除非线性函数 F 的 32 位输出 W 与比特重组的输出 X_3 相异或所得结果的最右边位，即 $u=(W \oplus X_3) >> 1$。可将初始化模式工作原理进一步表示为：

```
LFSRWithInitialisationMode（u）
{
```

$v = 2^{15}s_{15} + 2^{17}s_{13} + 2^{21}s_{10} + 2^{20}s_4 + (1+2^8)s_0 \bmod (2^{31}-1)$；

如果 $v=0$，则设 $v = 2^{31}-1$；

$s_{16} = (v+u) \bmod (2^{31}-1)$；

如果 $s_{16}=0$，则设 $s_{16} = 2^{31}-1$；

$(s_1, s_2, \cdots, s_{16}) \to (s_0, s_1, \cdots, s_{15})$；

}

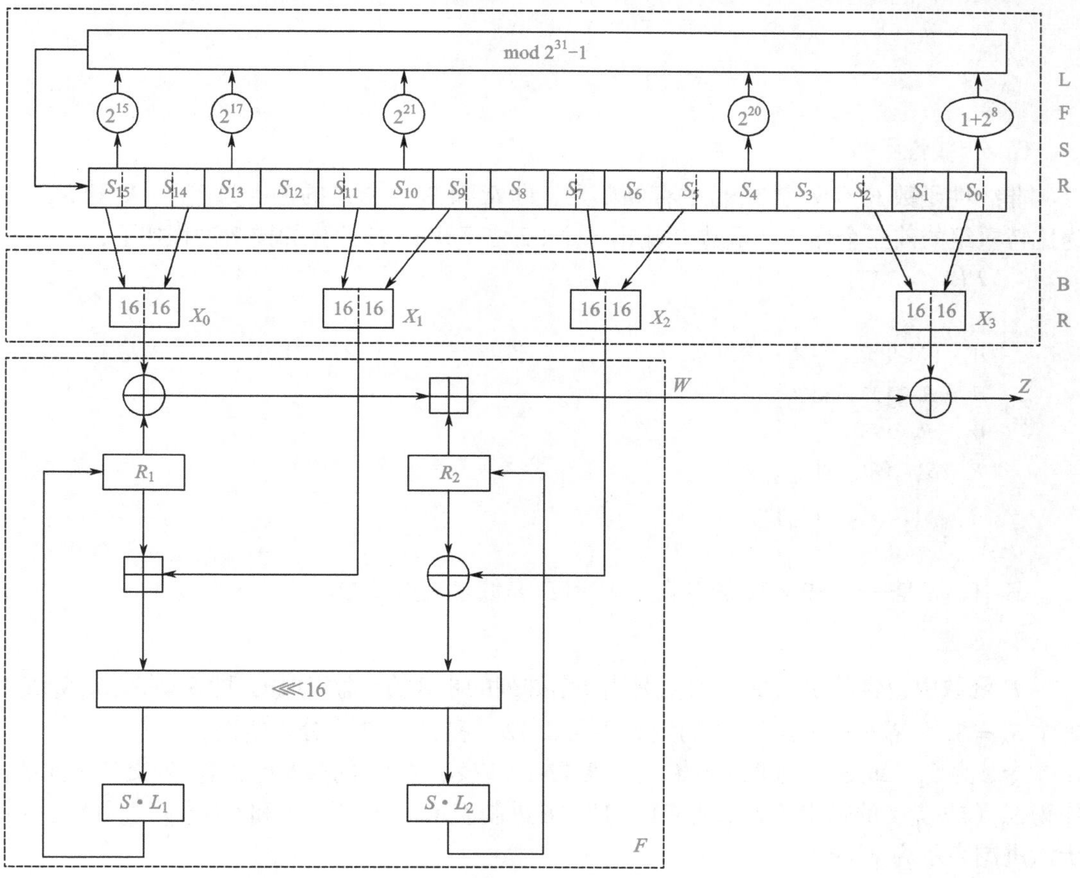

图 12-1　祖冲之序列密码算法的结构

在工作模式中，LFSR 不接收任何输入，它的工作原理表示为：

LFSRWithWorkMode()

{

$s_{16} = 2^{15}s_{15} + 2^{17}s_{13} + 2^{21}s_{10} + 2^{20}s_4 + (1+2^8)s_0 \bmod (2^{31}-1)$；

如果 $s_{16}=0$，则设 $s_{16} = 2^{31}-1$；

$(s_1, s_2, \cdots, s_{16}) \to (s_0, s_1, \cdots, s_{15})$；

}

4. 比特重组

祖冲之序列密码算法的中间层是比特重组，从 LFSR 的单元中提取 128 比特的输出，并形成 4 个 32 比特的字，前三个字（X_0, X_1, X_2）将用于最底层的非线性 F 函数中，而最后一个字（X_3）会在密钥流的产生中用到。

令$s_0,s_2,s_5,s_7,s_9,s_{11},s_{14},s_{15}$为LFSR中的8个单元，则形成4个32比特字$X_0,X_1,X_2,X_3$的比特重组过程如下：

```
Bitreorganization()
{
X_0 = s_15H || s_14L;
X_1 = s_11L || s_9H;
X_2 = s_7L || s_5H;
X_3 = s_2L || s_0H;
}
```

5. 非线性函数 F

非线性函数F有两个32位的存储单元，即R_1和R_2。令F的输入为X_0、X_1和X_2，即为比特重组的前三个输出，函数F输出一个32位字W。F计算的详细过程如下：

```
F(X_0,X_1,X_2)
{
W = (X_0 ⊕ R_1) ⊞ R_2 mod 2^32;
W_1 = R_1 ⊞ X_1 mod 2^32;
W_2 = R_2 ⊕ X_2;
R_1 = S(L_1(W_1L || W_2H));
R_2 = S(L_2(W_2L || W_1H))
}
```

其中，S是一个32×32的S盒，L_1和L_2是线性变换函数。

6. S盒

F函数中包含的32×32的S盒是由4个并列的8×8的S盒组成的，即$S=(S_0,S_1,S_2,S_3)$，其中$S_0=S_2$、$S_1=S_3$。S_0、S_1的定义将在表12-1和表12-2中分别给出。

令x为S_0（或S_1）的8比特输入。表12-1（或表12-2）的第h行、第l列交叉单元的值作为S_0（或S_1）的输出（表中所有值均为16进制表示）。这里，h和l为十六进制数，x的十六进制表示为$x=h\|l$。

例如，$S_0(0\text{x}12)=0\text{xF9}$，$S_1(0\text{x}34)=0\text{xC0}$。假设S盒的32位输入$X$和32位输出$Y$如下：

$$X=x_0\|x_1\|x_2\|x_3 \tag{12-1}$$

$$Y=y_0\|y_1\|y_2\|y_3 \tag{12-2}$$

其中，x_i,y_i都是字节（$i=0,1,2,3$）。

那么可得到：

$$y_i=S_i(x_i),i=0,1,2,3 \tag{12-3}$$

如$X=0\text{x}12345678$，则有：

$Y=S(X)=S_0(0\text{x}12)\|S_1(0\text{x}34)\|S_2(0\text{x}56)\|S_3(0\text{x}78)=0\text{xF9C05A4E}$

表 12-1 S 盒 S_0

	0	1	2	3	4	5	6	7	8	9	A	B	C	D	E	F
0	3E	72	5B	47	CA	E0	00	33	04	D1	54	98	09	B9	6D	CB
1	7B	1B	F9	32	AF	9D	6A	A5	B8	2D	FC	1D	08	53	03	90
2	4D	4E	84	99	E4	CE	D9	91	DD	B6	85	48	8B	29	6E	AC
3	CD	C1	F8	1E	73	43	69	C6	B5	BD	FD	39	63	20	D4	38
4	76	7D	B2	A7	CF	ED	57	C5	F3	2C	BB	14	21	06	55	9B
5	E3	EF	5E	31	4F	7F	5A	A4	0D	82	51	49	5F	BA	58	1C
6	4A	16	D5	17	A8	92	24	1F	8C	FF	D8	AE	2E	01	D3	AD
7	3B	4B	DA	46	EB	C9	DE	9A	8F	87	D7	3A	80	6F	2F	C8
8	B1	B4	37	F7	0A	22	13	28	7C	CC	3C	89	C7	C3	96	56
9	07	BF	7E	F0	0B	2B	97	52	35	41	79	61	A6	4C	10	FE
A	BC	26	95	88	8A	B0	A3	FB	C0	18	94	F2	E1	E5	E9	5D
B	D0	DC	11	66	64	5C	EC	59	42	75	12	F5	74	9C	AA	23
C	0E	86	AB	BE	2A	02	E7	67	E6	44	A2	6C	C2	93	9F	F1
D	F6	FA	36	D2	50	68	9E	62	71	15	3D	D6	40	C4	E2	0F
E	8E	83	77	6B	25	05	3F	0C	30	EA	70	B7	A1	E8	A9	65
F	8D	27	1A	DB	81	B3	A0	F4	45	7A	19	DF	EE	78	34	60

表 12-2 S 盒 S_1

	0	1	2	3	4	5	6	7	8	9	A	B	C	D	E	F
0	55	C2	63	71	3B	C8	47	86	9F	3C	DA	5B	29	AA	FD	77
1	8C	C5	94	0C	A6	1A	13	00	E3	A8	16	72	40	F9	F8	42
2	44	26	68	96	81	D9	45	3E	10	76	C6	A7	8B	39	43	E1
3	3A	B5	56	2A	C0	6D	B3	05	22	66	BF	DC	0B	FA	62	48
4	DD	20	11	06	36	C9	C1	CF	F6	27	52	BB	69	F5	D4	87
5	7F	84	4C	D2	9C	57	A4	BC	4F	9A	DF	FE	D6	8D	7A	EB
6	2B	53	D8	5C	A1	14	17	FB	23	D5	7D	30	67	73	08	09
7	EE	B7	70	3F	61	B2	19	8E	4E	E5	4B	93	8F	5D	DB	A9
8	AD	F1	AE	2E	CB	0D	FC	F4	2D	46	6E	1D	97	E8	D1	E9
9	4D	37	A5	75	5E	83	9E	AB	82	9D	B9	1C	E0	CD	49	89
A	01	B6	BD	58	24	A2	5F	38	78	99	15	90	50	B8	95	E4
B	D0	91	C7	CE	ED	0F	B4	6F	A0	CC	F0	02	4A	79	C3	DE
C	A3	EF	EA	51	E6	6B	18	EC	1B	2C	80	F7	74	E7	FF	21
D	5A	6A	54	1E	41	31	92	35	C4	33	07	0A	BA	7E	0E	34
E	88	B1	98	7C	F3	3D	60	6C	7B	CA	D3	1F	32	65	04	28
F	64	BE	85	9B	2F	59	8A	D7	B0	25	AC	AF	12	03	E2	F2

7. 线性变换函数

线性变换 L_1 和 L_2 均为 32 比特字输入到 32 比特字的输出，具体定义为：

$$L_1(X)=X\oplus(X<<<2)\oplus(X<<<10)\oplus(X<<<18)\oplus(X<<<24) \quad (12\text{-}4)$$

$$L_2(X)=X\oplus(X<<<8)\oplus(X<<<14)\oplus(X<<<22)\oplus(X<<<30) \quad (12\text{-}5)$$

8. 密钥加载

密钥的加载过程把初始密钥和初始向量扩展为 16 个 31 比特的整数，作为 LFSR 的初始状态。设 k 为 128 比特的初始密钥，$\boldsymbol{IV}$ 为 128 比特的初始向量，则有：

$$k=k_0\parallel k_1\parallel k_2\parallel\cdots\parallel k_{15} \quad (12\text{-}6)$$

$$\boldsymbol{IV}=\boldsymbol{IV}_0\parallel\boldsymbol{IV}_1\parallel\boldsymbol{IV}_2\parallel L\parallel\boldsymbol{IV}_{15} \quad (12\text{-}7)$$

其中，k_i 和 $\boldsymbol{IV}_i$ 都是字节，$0\leqslant i\leqslant 15$。则 k 和 $\boldsymbol{IV}$ 按如下步骤被载入 LFSR 的 16 个寄存器 $s_0,s_1,s_2,\cdots,s_{15}$ 中。

步骤 1：设 D 为由 16 个 15 比特长的子数组组成的 240 位常值数组：$D=d_0\parallel d_1\parallel\cdots\parallel d_{15}$。其中，$d_i$ 取值的二进制表示如表 12-3 所示。

表 12-3 d_i 的取值（二进制表示）

d_0 =100010011010111	d_1 =010011010111100	d_2 =110001001101011	d_3 =001001101011110
d_4 =101011110001001	d_5 =011010111100010	d_6 =111000100110101	d_7 =000100110101111
d_8 =100110101111000	d_9 =010111100010011	d_{10} =110101111000100	d_{11} =001101011110001
d_{12} =101111000100110	d_{13} =011110001001101	d_{14} =111100010011010	d_{15} =100011110101100

步骤 2：令 $s_i=k_i\parallel d_i\parallel\boldsymbol{IV}_i$，$0\leqslant i\leqslant 15$。

9. 算法执行

祖冲之序列密码算法的执行过程分为两个阶段：初始化阶段和工作阶段。

（1）初始化阶段

在初始化阶段，算法执行密钥加载过程将 128 位的初始密钥和 128 位的初始向量载入 LFSR，同时设置 32 位的存储单元 R_1 和 R_2 都为 0。随后，加密算法运行下面的操作 32 次。

①Bitreorganization();

②$u=F(X_0,X_1,X_2)\oplus X_3$；

③LFSRWithWorkMode($u>>1$)。

（2）工作阶段

初始化操作完成后，算法进入工作阶段。在工作阶段中，算法执行下面的操作 1 次，并丢弃掉 F 的输出 W。

①Bitreorganization();

②$F(X_0,X_1,X_2)$；

③LFSRWithWorkMode()。

然后，算法进入密钥流产生阶段，每次迭代执行以下操作 1 次，产生一个 32 比特字 Z 作为一个输出。

①Bitreorganization();

②$Z = F(X_0, X_1, X_2) \oplus X_3$；

③LFSRWithWorkMode()。

12.1.3　密钥流生成示例

一个基于 C 语言程序实现的祖冲之序列密码算法的密钥流生成示例如图 12-2 所示。设密钥 K 为：18　2　56　250　8　19　66　119　148　136　141　222　111　12　34　15，初始向量 *IV* 为 47　84　186　145　26　185　97　69　83　136　242　81　132　137　59　223。基于祖冲之序列密码算法计算得到的五组输出如图 12-2 所示（分别用十六进制和二进制表示），其中 BRC_X3 代表比特重组的最后一个字（X_3），F_out 代表非线性变换函数 F 的输出，pKeystream 代表前两者按位异或得到的密钥流（这里只给出前五组密钥流）。

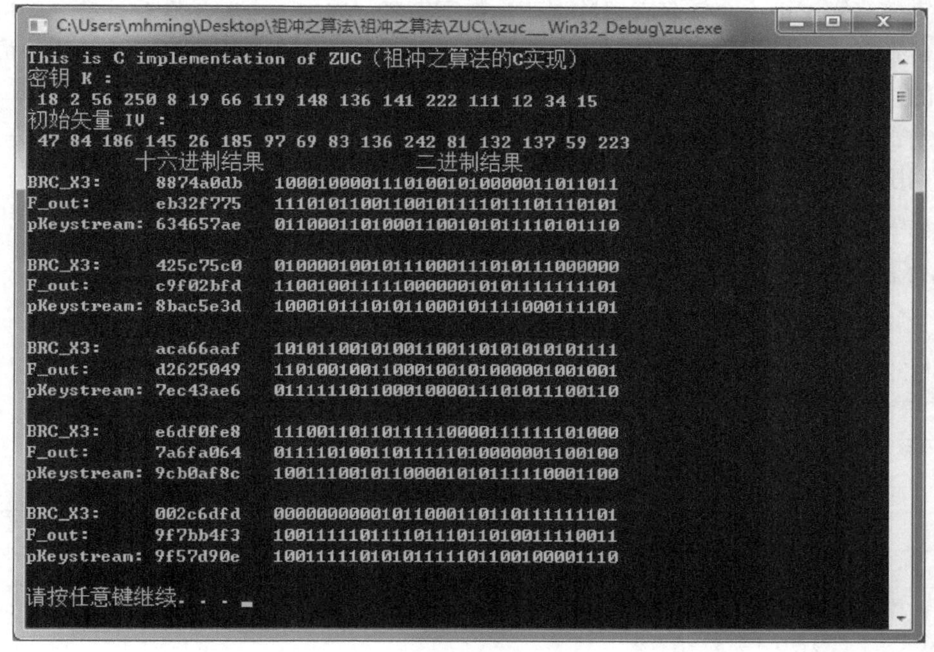

图 12-2　祖冲之序列密码算法密钥流生成示例

12.2　SM2 椭圆曲线公钥密码算法

12.2.1　概述

N.Koblitz 和 V.Miller 在 1985 年各自独立地提出将椭圆曲线应用于公钥密码系统。椭圆曲线公钥密码所基于的曲线性质如下：

有限域上椭圆曲线在点加运算下构成有限交换群，且其阶与基域规模相近；

类似于有限域乘法群中的乘幂运算，椭圆曲线多倍点运算构成一个单向函数。

在多倍点运算中，已知多倍点与基点求解倍数的问题称为椭圆曲线离散对数问题。对于一般椭圆曲线的离散对数问题，目前只存在指数级计算复杂度的求解方法。与大数因子分解问题及有限域上离散对数问题相比，椭圆曲线离散对数问题的求解难度要大得多。因此，在相同安全强度要求下，椭圆曲线密码较其它公钥密码所需的密钥规模要小得多。

SM2 椭圆曲线公钥密码算法以第 6 章所介绍的椭圆曲线及其相关运算为基础，当使用有限域$\mathrm{GF}(p)$时，要求奇素数$p>2^{191}$；当使用有限域$\mathrm{GF}(2^m)$时，要求$m>192$，且为素数。SM2 椭圆曲线公钥密码算法内容包括数字签名算法、密钥交换协议和公钥加密算法三部分。

12.2.2 数字签名算法

基于 SM2 椭圆曲线公钥密码算法的数字签名算法包括数字签名生成算法和验证算法，可用于商用密码应用中的数字签名和验证，可满足多种密码应用中的身份认证和数据完整性、真实性的安全需求。同时，该算法还可为安全产品生产商提供产品和技术的标准定位，以及标准化的参考，以提高安全产品的可信性与互操作性。

数字签名算法由一个签名者对数据产生数字签名，并由一个验证者验证签名的可靠性。每个签名者有一个公钥和一个私钥，私钥用于产生签名，验证者用签名者的公钥验证签名。在签名的生成过程之前，要用密码杂凑函数对$\bar{M}$(包含Z_{A}和待签消息M)进行压缩；在验证过程之前，要用密码杂凑函数对$\bar{M}'$(包含Z_{A}和验证消息M')进行压缩。这里的密码杂凑函数要使用国家密码管理局批准的密码杂凑算法，如 SM3 密码杂凑算法。

1. 符号定义

SM2 椭圆曲线公钥密码算法的数字签名算法的符号定义如表 12-4 所示。

表 12-4　SM2 椭圆曲线公钥密码算法的数字签名算法的符号定义

符　号	含　义
a,b	$\mathrm{GF}(q)$中的元素，它们定义$\mathrm{GF}(q)$上的一条椭圆曲线E
d_{A}	用户 A 的私钥
P_{A}	用户 A 的公钥
ID_{A}	用户 A 的可辨别标识
Z_{A}	关于用户 A 的可辨别标识、部分椭圆曲线系统参数和用户 A 公钥的杂凑值
kG	椭圆曲线上基点G的k倍点
$\mathrm{GF}(q)$	包含q个元素的有限域
$H_v(\ )$	消息摘要长度为v比特的密码杂凑函数

2. 用户信息

在本签名算法中，作为签名者的用户 A 应具有长度为$\mathrm{entlen}_{\mathrm{A}}$比特的可辨别标识$\mathrm{ID}_{\mathrm{A}}$，即$\mathrm{ENTL}_{\mathrm{A}}$是由整数$\mathrm{entlen}_{\mathrm{A}}$转换而成的两个字节；在本数字签名算法中，签名者和验证者都需要用密码杂凑函数求得用户 A 的杂凑值Z_{A}。这里需要先按 6.4.5 节给出的细节，将椭圆曲线方程参数a、b，以及G的坐标x_G、y_G，P_{A}的坐标x_{A}、y_{A}的数据类型转换为比特串。

$$Z_{\mathrm{A}}=H_{256}\left(\mathrm{ENTL}_{\mathrm{A}}\,\|\,\mathrm{ID}_{\mathrm{A}}\,\|\,a\,\|\,b\,\|\,x_G\,\|\,y_G\,\|\,x_{\mathrm{A}}\,\|\,y_{\mathrm{A}}\right) \tag{12-8}$$

3. 数字签名的生成算法

设待签名的消息为M，为了获取消息M的数字签名(r,s)，作为签名者的用户 A 应实现以下运算步骤：

A1：置$\bar{M}=Z_{\mathrm{A}}\,\|\,M$；

A2：计算 $e=H_v\left(\bar{M}\right)$，将 e 的数据类型转换为整数；

A3：用随机数发生器产生随机数 $k=[1,n-1]$；

A4：计算椭圆曲线点 $(x_1,y_1)=kG$，将 x_1 的数据类型转换为整数；

A5：计算 $r=(e+x_1)\bmod n$，若 $r=0$ 或 $r+k=n$ 则返回 A3；

A6：计算 $s=\left[(1+d_A)^{-1}(k-r\cdot d_A)\right]\bmod n$，若 $s=0$ 则返回 A3；

A7：将 r,s 的数据类型转换为字节串，消息 M 的签名为 (r,s)。

数字签名算法的具体生成流程如图 12-3 所示。

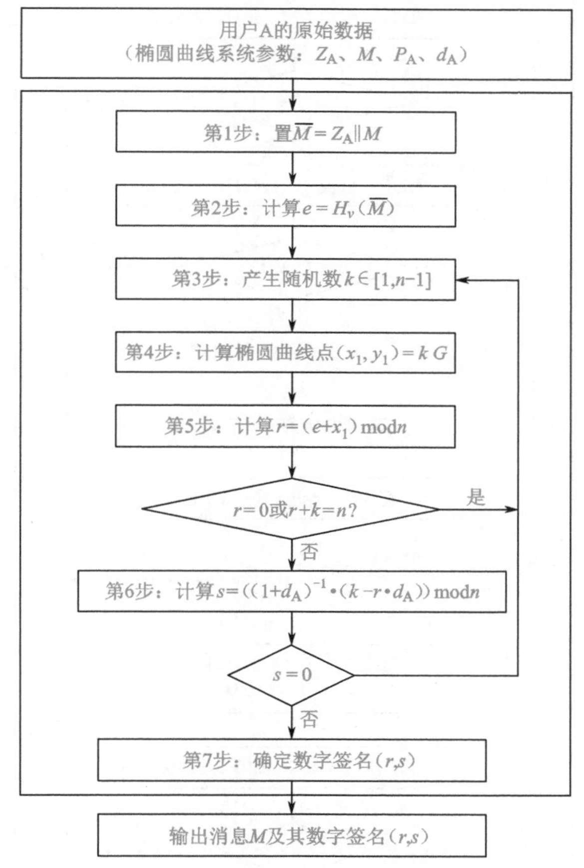

图 12-3　数字签名算法生成流程

4. 数字签名的验证算法

为了检验收到的消息 M' 及其数字签名 (r',s')，作为验证者的用户 B 应采取以下运算步骤。

B1：检验 $r'\in[1,n-1]$ 是否成立，若不成立则验证不通过；

B2：检验 $s'\in[1,n-1]$ 是否成立，若不成立则验证不通过；

B3：置 $\bar{M}'=Z_A\|M'$；

B4：计算 $e'=H_v\left(\bar{M}'\right)$，将 e' 的数据类型转换为整数；

B5：将 r',s' 的数据类型转换为整数，计算 $t=(r'+s')\bmod n$，若 $t=0$，则验证不通过；

B6：计算椭圆曲线点 $(x_1',y_1')=s'G+tP_A$；

B7：将 x_1' 的数据类型转换为整数，计算 $R=(e'+x_1')\bmod n$，检验 $R=r'$ 是否成立，若成立则验证通过；否则验证不通过。

数字签名验证算法的流程如图 12-4 所示。

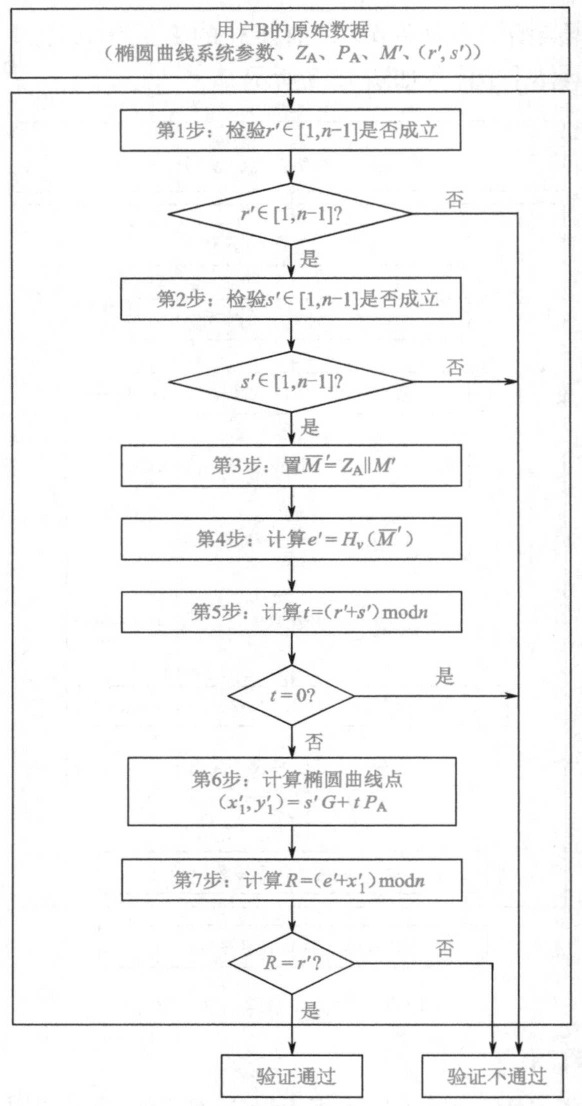

图 12-4　数字签名验证算法流程

5. 数字签名生成与验证示例

A．$\mathrm{GF}(p)$ 上的椭圆曲线数字签名

椭圆曲线方程为（$\mathrm{GF}(p)-256$）：$y^2=x^3+ax+b$

素数 p：

8542D69E 4C044F18 E8B92435 BF6FF7DE 45728391 5C45517D 722EDB8B 08F1DFC3

系数a：

787968B4 FA32C3FD 2417842E 73BBFEFF 2F3C848B 6831D7E0 EC65228B 3937E498

系数b：

63E4C6D3 B23B0C84 9CF84241 484BFE48 F61D59A5 B16BA06E 6E12D1DA 27C5249A

基点$G=(x_G,y_G)$，其阶记为n。

坐标x_G：

421DEBD6 1B62EAB6 746434EB C3CC315E 32220B3B ADD50BDC 4C4E6C14 7FEDD43D

坐标y_G：

0680512B CBB42C07 D47349D2 153B70C4 E5D7FDFC BFA36EA1 A85841B9 E46E09A2

阶n：

8542D69E 4C044F18 E8B92435 BF6FF7DD 29772063 0485628D 5AE74EE7 C32E79B7

待签名的消息M：message digest

私钥d_A：

128B2FA8 BD433C6C 068C8D80 3DFF7979 2A519A55 171B1B65 0C23661D 15897263

公钥$P_A=(x_A,y_A)$：

坐标x_A：

0AE4C779 8AA0F119 471BEE11 825BE462 02BB79E2 A5844495 E97C04FF 4DF2548A

坐标y_A：

7C0240F8 8F1CD4E1 6352A73C 17B7F16F 07353E53 A176D684 A9FE0C6B B798E857

杂凑值$Z_A=H_{256}(\mathrm{ENTL}_A \| \mathrm{ID}_A \| a \| b \| x_G \| y_G \| x_A \| y_A)$。

Z_A：

F4A38489 E32B45B6 F876E3AC 2168CA39 2362DC8F 23459C1D 1146FC3D BFB7BC9A

各步骤中的有关值：

$\bar{M}=Z_A \| M$：

F4A38489 E32B45B6 F876E3AC 2168CA39 2362DC8F 23459C1D 1146FC3D BFB7BC9A

6D657373 61676520 64696765 7374

密码杂凑函数值$e=H_{256}(\bar{M})$：

B524F552 CD82B8B0 28476E00 5C377FB1 9A87E6FC 682D48BB 5D42E3D9 B9EFFE76

产生随机数k：

6CB28D99 385C175C 94F94E93 4817663F C176D925 DD72B727 260DBAAE 1FB2F96F

计算椭圆曲线点$(x_1,y_1)=kG$：

坐标x_1：

110FCDA5 7615705D 5E7B9324 AC4B856D 23E6D918 8B2AE477 59514657 CE25D112

坐标 y_1：

1C65D68A 4A08601D F24B431E 0CAB4EBE 084772B3 817E8581 1A8510B2 DF7ECA1A

计算 $r=(e+x_1)\bmod n$：

40F1EC59 F793D9F4 9E09DCEF 49130D41 94F79FB1 EED2CAA5 5BACDB49 C4E755D1

$(1+d_A)^{-1}$：

79BFCF30 52C80DA7 B939E0C6 914A18CB B2D96D85 55256E83 122743A7 D4F5F956

计算 $s=\left[(1+d_A)^{-1}(k-rd_A)\right]\bmod n$：

6FC6DAC3 2C5D5CF1 0C77DFB2 0F7C2EB6 67A45787 2FB09EC5 6327A67E C7DEEBE7

消息 M 的签名为 (r,s)：

值 r：

40F1EC59 F793D9F4 9E09DCEF 49130D41 94F79FB1 EED2CAA5 5BACDB49 C4E755D1

值 s：

6FC6DAC3 2C5D5CF1 0C77DFB2 0F7C2EB6 67A45787 2FB09EC5 6327A67E C7DEEBE7

根据 C 语言程序实现的 SM2 椭圆曲线公钥密码算法的签名示例如图 12-5 所示。

验证各步骤中的有关值。

密码杂凑函数值 $e'=H_{256}(\bar{M}')$：

B524F552 CD82B8B0 28476E00 5C377FB1 9A87E6FC 682D48BB 5D42E3D9 B9EFFE76

计算 $t=(r'+s')\bmod n$：

2B75F07E D7ECE7CC C1C8986B 991F441A D324D6D6 19FE06DD 63ED32E0 C997C801

计算椭圆曲线点 $(x_0',y_0')=s'G$：

坐标 x_0'：

7DEACE5F D121BC38 5A3C6317 249F413D 28C17291 A60DFD83 B835A453 92D22B0A

坐标 y_0'：

2E49D5E5 279E5FA9 1E71FD8F 693A64A3 C4A94611 15A4FC9D 79F34EDC 8BDDEBD0

计算椭圆曲线点 $(x_{00}',y_{00}')=tP_A$：

坐标 x_{00}'：

1657FA75 BF2ADCDC 3C1F6CF0 5AB7B45E 04D3ACBE 8E4085CF A669CB25 64F17A9F

坐标 y_{00}'：

图 12-5　SM2 椭圆曲线公钥密码算法的 C 语言程序实现示例

19F0115F 21E16D2F 5C3A485F 8575A128 BBCDDF80 296A62F6 AC2EB842 DD058E50

计算椭圆曲线点 $(x_1', y_1') = s'G + tP_A$：

坐标 x_1'：

110FCDA5 7615705D 5E7B9324 AC4B856D 23E6D918 8B2AE477 59514657 CE25D112

坐标 y_1'：

1C65D68A 4A08601D F24B431E 0CAB4EBE 084772B3 817E8581 1A8510B2 DF7ECA1A

计算 $R = (e + x_1') \bmod n$：

40F1EC59 F793D9F4 9E09DCEF 49130D41 94F79FB1 EED2CAA5 5BACDB49 C4E755D1

B. $\mathrm{GF}(2^m)$ 上的椭圆曲线数字签名

椭圆曲线方程为（ $\mathrm{GF}(2^m) - 257$ ）：$y^2 + xy = x^3 + ax^2 + b$

基域生成多项式：$x^{257}+x^{12}+1$

系数a：0

系数b：

00 E78BCD09 746C2023 78A7E72B 12BCE002 66B9627E CB0B5A25 367AD1AD 4CC6242B

基点$G=\left(x_{G},y_{G}\right)$，其阶记为$n$。

坐标x_G：

00 CDB9CA7F 1E6B0441 F658343F 4B10297C 0EF9B649 1082400A 62E7A748 5735FADD

坐标y_G：

01 3DE74DA6 5951C4D7 6DC89220 D5F7777A 611B1C38 BAE260B1 75951DC8 060C2B3E

阶n：

7FFFFFFF FFFFFFFF FFFFFFFF FFFFFFFF BC972CF7 E6B6F900 945B3C6A 0CF6161D

待签名的消息M：message digest

私钥d_{A}：

771EF3DB FF5F1CDC 32B9C572 93047619 1998B2BF 7CB981D7 F5B39202 645F0931

公钥$P_{A}=\left(x_{A},y_{A}\right)$：

坐标x_{A}：

01 65961645 281A8626 607B917F 657D7E93 82F1EA5C D931F40F 6627F357 542653B2

坐标y_A：

01 68652213 0D590FB8 DE635D8F CA715CC6 BF3D05BE F3F75DA5 D5434544 48166612

杂凑值$Z_{A}=H_{256}\left(\mathrm{ENTL}_{A}\parallel ID_{A}\parallel a\parallel b\parallel x_{G}\parallel y_{G}\parallel x_{A}\parallel y_{A}\right)$。

Z_A：

26352AF8 2EC19F20 7BBC6F94 74E11E90 CE0F7DDA CE03B27F 801817E8 97A81FD5

签名各步骤中的有关值：

$\bar{M}=Z_{A}\parallel M$：

26352AF8 2EC19F20 7BBC6F94 74E11E90 CE0F7DDA CE03B27F 801817E8 97A81FD5 6D657373 61676520 64696765 7374

密码杂凑函数值$e=H_{256}\left(\bar{M}\right)$：

AD673CBD A3114171 29A9EAA5 F9AB1AA1 633AD477 18A84DFD 46C17C6F A0AA3B12

产生随机数k：

36CD79FC 8E24B735 7A8A7B4A 46D454C3 97703D64 98158C60 5399B341 ADA186D6

计算椭圆曲线点$\left(x_{1},y_{1}\right)=kG$：

坐标x_1：

00 3FD87D69 47A15F94 25B32EDD 39381ADF D5E71CD4 BB357E3C 6A6E0397 EEA7CD66

坐标 y_1：

00 80771114 6D73951E 9EB373A6 58214054 B7B56D1D 50B4CD6E B32ED387 A65AA6A2

计算 $r=(e+x_1)\bmod n$：

6D3FBA26 EAB2A105 4F5D1983 32E33581 7C8AC453 ED26D339 1CD4439D 825BF25B

$(1+d_A)^{-1}$：

73AF2954 F951A9DF F5B4C8F7 119DAA1C 230C9BAD E60568D0 5BC3F432 1E1F4260

计算 $s=\left[(1+d_A)^{-1}(k-rd_A)\right]\bmod n$：

3124C568 8D95F0A1 0252A9BE D033BEC8 4439DA38 4621B6D6 FAD77F94 B74A9556

消息 M 的签名为 (r,s)：

值 r：

6D3FBA26 EAB2A105 4F5D1983 32E33581 7C8AC453 ED26D339 1CD4439D 825BF25B

值 s：

3124C568 8D95F0A1 0252A9BE D033BEC8 4439DA38 4621B6D6 FAD77F94 B74A9556

验证各步骤中的有关值：

密码杂凑函数值 $e'=H_{256}(\bar{M}')$：

AD673CBD A3114171 29A9EAA5 F9AB1AA1 633AD477 18A84DFD 46C17C6F A0AA3B12

计算 $t=(r'+s')\bmod n$：

1E647F8F 784891A6 51AFC342 0316F44A 042D7194 4C91910F 835086C8 2CB07194

计算椭圆曲线点 $(x_0',y_0')=s'G$：

坐标 x_0'：

00 252CF6B6 3A044FCE 553EAA77 3E1E9264 44E0DAA1 0E4B8873 89D11552 EA6418F7

坐标 y_0'：

00 776F3C5D B3A0D312 9EAE44E0 21C28667 92E4264B E1BEEBCA 3B8159DC A382653A

计算椭圆曲线点 $(x_{00}',y_{00}')=tP_A$：

坐标 x_{00}'：

00 07DA3F04 0EFB9C28 1BE107EC C389F56F E76A680B B5FDEE1D D554DC11 EB477C88

坐标 y_{00}'：

01 7BA2845D C65945C3 D48926C7 0C953A1A F29CE2E1 9A7EEE6B E0269FB4 803CA68B

计算椭圆曲线点计算椭圆曲线点 $(x_1',y_1')=s'G+tP_A$：

坐标 x_1'：

00 3FD87D69 47A15F94 25B32EDD 39381ADF D5E71CD4 BB357E3C 6A6E0397 EEA7CD66

坐标 y_1'：

00 80771114 6D73951E 9EB373A6 58214054 B7B56D1D 50B4CD6E B32ED387 A65AA6A2

计算 $R = (e + x_1') \bmod n$：

6D3FBA26 EAB2A105 4F5D1983 32E33581 7C8AC453 ED26D339 1CD4439D 825BF25B

12.2.3 密钥交换协议

SM2 椭圆曲线公钥密码算法的密钥交换协议适用于商用密码应用中的密钥交换，可满足通信双方两次或三次信息传递过程，获取一个由双方共同决定的共享秘密密钥（会话密钥）。同时，还可为安全产品生产商提供产品和技术的标准定位以及标准化的参考，提高安全产品的可信性与互操作性。

1. 符号定义

SM2 椭圆曲线公钥密码算法的密钥交换协议所用符号定义如表 12-5 所示。

表 12-5 SM2 椭圆曲线公钥密码算法的密钥交换协议所用符号定义

符　号	含　义
&	两个整数按比特与运算
$\lceil x \rceil$	顶函数，大于或等于 x 的最小整数
$\lfloor x \rfloor$	底函数，小于或等于 x 的最大整数
Hash()	密码杂凑函数
h	余因子，$h = \#E(\mathrm{GF}(q))/n$，$n$ 是基点 G 的阶
$\#E(\mathrm{GF}(q))$	$E(F_q)$ 上的点的数目，即椭圆曲线 $E(\mathrm{GF}(q))$ 的阶
KDF()	密钥派生函数

椭圆曲线密钥交换协议涉及三类辅助函数：密码杂凑函数、密钥派生函数与随机数发生器。这三类辅助函数的强弱直接影响密钥交换协议的安全性。其中，本椭圆曲线密钥交换协议要求使用国家密码管理局批准的密码杂凑算法，如 SM3 密码杂凑算法。密钥派生函数的作用是从一个共享的秘密比特串中派生出密钥数据，在密钥协商过程中，密钥派生函数作用在密钥交换所获共享的秘密比特串上，从中产生所需的会话密钥或进一步加密所需的密钥数据。随机数发生器要求使用国家密码管理局批准的随机数发生器。要用到的用户其他信息，如 Z_{A}、Z_{B}，可根据式（12.8）计算得出。

这里，密钥派生函数需要调用密码杂凑函数。设密码杂凑函数为 $H_v()$，其输出是长度恰为 v 比特的杂凑值。密钥派生函数 KDF(Z,klen) 的工作过程如下：

输入：比特串 Z，整数 klen（表示要获得的密钥数据的比特长度，要求该值小于 $(2^{32}-1)v$）。

输出：长度为 klen 的密钥数据比特串 K。

（1）初始化一个 32 比特的计数器 ct =0x00000001；

（2）对 i 从 1 到 $\lceil \mathrm{klen}/v \rceil$ 执行：

① 计算 $H_{a_i}=H_v(Z\|\text{ct})$；

② ct++；

（3）若 klen/v 是整数，令 $Ha!_{\lceil \text{klen}/v\rceil}=H_{a\lceil \text{klen}/v\rceil}$，否则令 $Ha!_{\lceil \text{klen}/v\rceil}$ 为 $H_{a\lceil \text{klen}/v\rceil}$ 最左边的 $(\text{klen}-(v\times\lfloor \text{klen}/v\rfloor))$ 比特；

（4）令 $K=H_{a_1}\|H_{a_2}\|\cdots\|H_{a\lceil \text{klen}/v\rceil-1}\|Ha!_{\lceil \text{klen}/v\rceil}$。

2. 密钥交换协议的运算步骤

设用户A和B协商获得密钥数据的长度为klen比特，用户A为发起方，用户B为响应方。用户A和B双方为了获得相同的密钥，应实现如下运算步骤：

记 $w=\lceil(\lceil\log_2(n)\rceil/2)\rceil-1$；

用户A：

A1：用随机数发生器产生随机数 $r_A\in[1,n-1]$；

A2：计算椭圆曲线点 $R_A=r_AG=(x_1,y_1)$；

A3：将 R_A 发送给用户B；

用户B：

B1：用随机数发生器产生随机数 $r_B\in[1,n-1]$；

B2：计算椭圆曲线点 $R_B=r_BG=(x_2,y_2)$；

B3：从 R_B 中取出域元素 x_2，将 x_2 的数据类型转换为整数，计算 $\overline{x}_2=2^w+(x_2\,\&\,(2^w-1))$；

B4：计算 $t_B=(d_B+\overline{x}_2\cdot r_B)\bmod n$；

B5：验证 R_A 是否满足椭圆曲线方程，若不满足则协商失败；否则从 R_A 中取出域元素 x_1，将 x_1 的数据类型转换为整数，计算 $\overline{x}_1=2^w+(x_1\,\&\,(2^w-1))$；

B6：计算椭圆曲线点 $V=[h\cdot t_B](P_A+\overline{x}_1R_A)=(x_V,y_V)$，若 V 是无穷远点，则B协商失败；否则将 x_V,y_V 的数据类型转换为比特串；

B7：计算 $K_B=\text{KDF}(x_V\|y_V\|Z_A\|Z_B,\text{klen})$；

B8：(选项)将 R_A 的坐标 x_1,y_1 和 R_B 的坐标 x_2,y_2 的数据类型转换为比特串，计算 $S_B=\text{Hash}(0\text{x}02\|y_V\|\text{Hash}(x_V\|Z_A\|Z_B\|x_1\|y_1\|x_2\|y_2))$；

B9：将 R_B、（选项）S_B 发送给用户A；

用户A：

A4：从 R_A 中取出域元素 x_1，将 x_1 的数据类型转换为整数，计算 $\overline{x}_1=2^w+(x_1\,\&\,(2^w-1))$；

A5：计算 $t_A=(d_A+\overline{x}_1\cdot r_A)\bmod n$；

A6：验证 R_B 是否满足椭圆曲线方程，若不满足则协商失败；否则从 R_B 中取出域元素 x_2，将 x_2 的数据类型转换为整数，计算 $\overline{x}_2=2^w+(x_2\,\&\,(2^w-1))$；

A7：计算椭圆曲线点 $U=[h\cdot t_A](P_B+\overline{x}_2R_B)=(x_U,y_U)$，若 U 是无穷远点，则A协商失败；否则将 x_U,y_U 的数据类型转换为比特串；

A8：计算 $K_A=\text{KDF}(x_U\|y_U\|Z_A\|Z_B,\text{klen})$；

A9：（选项）将 R_A 的坐标 x_1,y_1 和 R_B 的坐标 x_2,y_2 的数据类型转换为比特串，计算

$S_1 = \text{Hash}\left(0\text{x}02 \| y_U \| \text{Hash}\left(x_U \| Z_A \| Z_B \| x_1 \| y_1 \| x_2 \| y_2\right)\right)$，并检验 $S_1 = S_B$ 是否成立，若等式不成立则从 B 到 A 的密钥确认失败；

A10:（选项）计算 $S_A = \text{Hash}\left(0\text{x}03 \| y_U \| \text{Hash}\left(x_U \| Z_A \| Z_B \| x_1 \| y_1 \| x_2 \| y_2\right)\right)$，并将 S_A 发送给用户 B。

用户 B：

B10：（选项）计算 $S_2 = \text{Hash}\left(0\text{x}03 \| y_V \| \text{Hash}\left(x_V \| Z_A \| Z_B \| x_1 \| y_1 \| x_2 \| y_2\right)\right)$，并检验 $S_2 = S_A$ 是否成立，若等式不成立则从 A 到 B 的密钥确认失败。

3. 密钥交换协议流程

SM2 椭圆曲线公钥密码算法的密钥交换协议流程如图 12-6 所示。

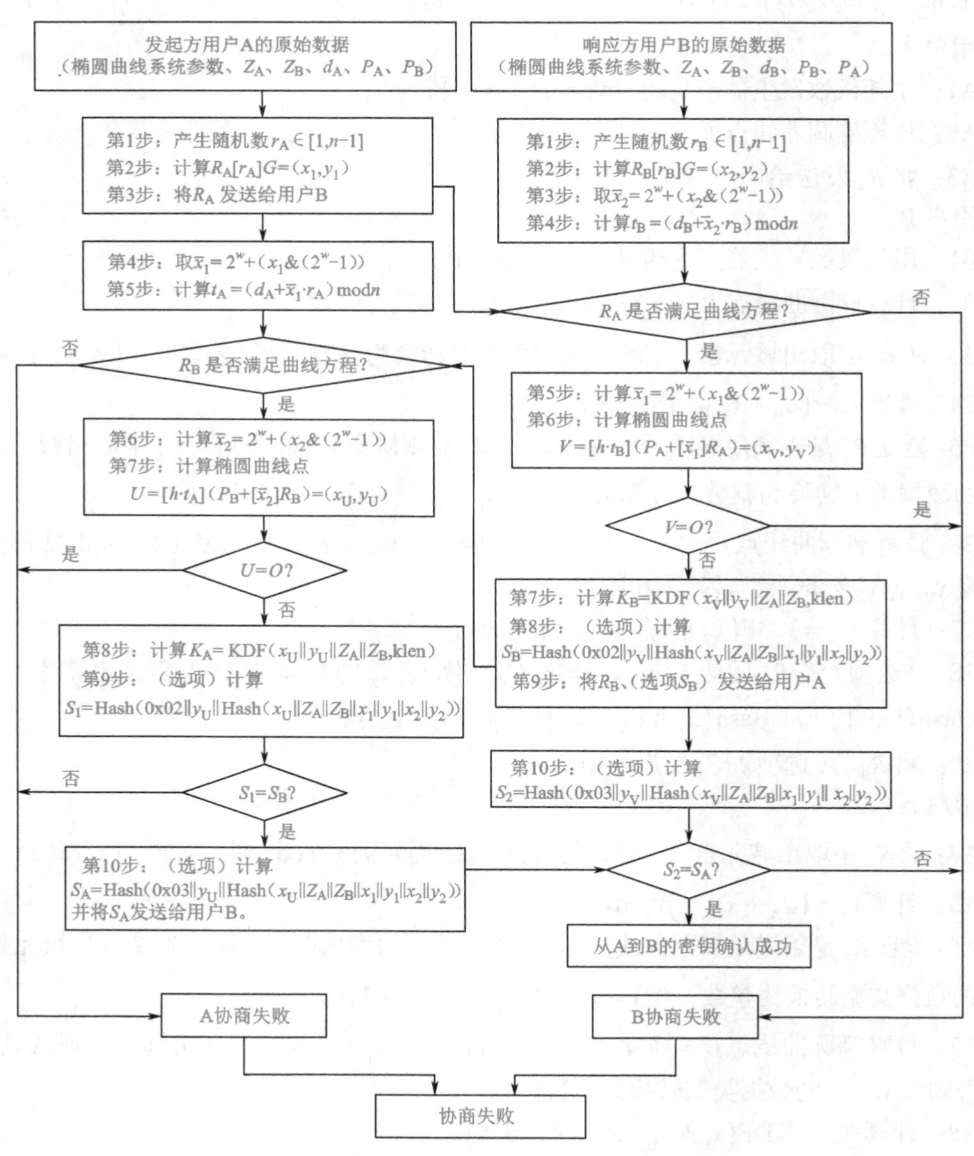

图 12-6 密钥交换协议流程

4. 密钥交换与验证示例

这里以 $GF(p)$ 上椭圆曲线密钥交换协议为例。设用户 A 的身份是：ALICE123@YAHOO.COM，用 ASCII 编码记 ID_A：414C 49434531 32334059 41484F4F 2E434F4D，$ENTL_A$=0090。设用户 B 的身份是：BILL456@YAHOO.COM，用 ASCII 编码记 ID_B：42 494C4C34 35364059 41484F4F 2E434F4D，$ENTL_B$=0088。

椭圆曲线方程为（$GF(p)-256$）：$y^2 = x^3 + ax + b$

素数 p：

8542D69E 4C044F18 E8B92435 BF6FF7DE 45728391 5C45517D 722EDB8B 08F1DFC3

系数 a：

787968B4 FA32C3FD 2417842E 73BBFEFF 2F3C848B 6831D7E0 EC65228B 3937E498

系数 b：

63E4C6D3 B23B0C84 9CF84241 484BFE48 F61D59A5 B16BA06E 6E12D1DA 27C5249A

余因子 h：1

基点 $G=(x_G, y_G)$，其阶记为 n。

坐标 x_G：

421DEBD6 1B62EAB6 746434EB C3CC315E 32220B3B ADD50BDC 4C4E6C14 7FEDD43D

坐标 y_G：

0680512B CBB42C07 D47349D2 153B70C4 E5D7FDFC BFA36EA1 A85841B9 E46E09A2

阶 n：

8542D69E 4C044F18 E8B92435 BF6FF7DD 29772063 0485628D 5AE74EE7 C32E79B7

用户 A 的私钥 d_A：

6FCBA2EF 9AE0AB90 2BC3BDE3 FF915D44 BA4CC78F 88E2F8E7 F8996D3B 8CCEEDEE

用户 A 的公钥 $P_A=(x_A, y_A)$：

坐标 x_A：

3099093B F3C137D8 FCBBCDF4 A2AE50F3 B0F216C3 122D7942 5FE03A45 DBFE1655

坐标 y_A：

3DF79E8D AC1CF0EC BAA2F2B4 9D51A4B3 87F2EFAF 48233908 6A27A8E0 5BAED98B

用户 B 的私钥 d_B：

5E35D7D3 F3C54DBA C72E6181 9E730B01 9A84208C A3A35E4C 2E353DFC CB2A3B53

用户 B 的公钥 $P_B=(x_B, y_B)$：

坐标 x_B：

245493D4 46C38D8C C0F11837 4690E7DF 633A8A4B FB3329B5 ECE604B2 B4F37F43

坐标 y_B：

53C0869F 4B9E1777 3DE68FEC 45E14904 E0DEA45B F6CECF99 18C85EA0 47C60A4C

杂凑值 $Z_A = H_{256}(ENTL_A \| ID_A \| a \| b \| x_G \| y_G \| x_A \| y_A)$。

Z_A：

E4D1D0C3 CA4C7F11 BC8FF8CB 3F4C02A7 8F108FA0 98E51A66 8487240F 75E20F31

杂凑值 $Z_B = H_{256}(ENTL_B \| ID_B \| a \| b \| x_G \| y_G \| x_B \| y_B)$。

Z_B：

6B4B6D0E 276691BD 4A11BF72 F4FB501A E309FDAC B72FA6CC 336E6656 119ABD67

密钥交换 A1-A3 步骤中的有关值：

产生随机数 r_A：

83A2C9C8 B96E5AF7 0BD480B4 72409A9A 327257F1 EBB73F5B 073354B2 48668563

计算椭圆曲线点 $R_A = r_A G = (x_1, y_1)$：

坐标 x_1：

6CB56338 16F4DD56 0B1DEC45 8310CBCC 6856C095 05324A6D 23150C40 8F162BF0

坐标 y_1：

0D6FCF62 F1036C0A 1B6DACCF 57399223 A65F7D7B F2D9637E 5BBBEB85 7961BF1A

密钥交换 B1-B9 步骤中的有关值：

产生随机数 r_B：

33FE2194 0342161C 55619C4A 0C060293 D543C80A F19748CE 176D8347 7DE71C80

计算椭圆曲线点 $R_B = r_B G = (x_2, y_2)$：

坐标 x_2：

1799B2A2 C7782953 00D9A232 5C686129 B8F2B533 7B3DCF45 14E8BBC1 9D900EE5

坐标 y_2：

54C9288C 82733EFD F7808AE7 F27D0E73 2F7C73A7 D9AC98B7 D8740A91 D0DB3CF4

取 $\overline{x}_2 = 2^{127} + (x_2 \& (2^{127} - 1))$：B8F2B533 7B3DCF45 14E8BBC1 9D900EE5

计算 $t_B = (d_B + \overline{x}_2 \cdot r_B) \bmod n$：

2B2E11CB F03641FC 3D939262 FC0B652A 70ACAA25 B5369AD3 8B375C02 65490C9F

取 $\overline{x}_1 = 2^{127} + (x_1 \& (2^{127} - 1))$：E856C095 05324A6D 23150C40 8F162BF0

计算椭圆曲线点 $\overline{x}_1 \cdot r_A = (x_{A0}, y_{A0})$：

坐标 x_{A0}：

2079015F 1A2A3C13 2B67CA90 75BB2803 1D6F2239 8DD8331E 72529555 204B495B

坐标 y_{A0}：

6B3FE6FB 0F5D5664 DCA16128 B5E7FCFD AFA5456C 1E5A914D 1300DB61

F37888ED

计算椭圆曲线点 $P_A + \overline{x}_1 \cdot r_A = (x_{A1}, y_{A1})$：

坐标 x_{A1}：

1C006A3B FF97C651 B7F70D0D E0FC09D2 3AA2BE7A 8E9FF7DA F32673B4 16349B92

坐标 y_{A1}：

5DC74F8A CC114FC6 F1A75CB2 86864F34 7F9B2CF2 9326A270 79B7D37A FC1C145B

计算椭圆曲线点 $V = [h \cdot t_B](P_A + \overline{x}_1 R_A) = (x_V, y_V)$：

坐标 x_V：

47C82653 4DC2F6F1 FBF28728 DD658F21 E174F481 79ACEF29 00F8B7F5 66E40905

坐标 y_V：

2AF86EFE 732CF12A D0E09A1F 2556CC65 0D9CCCE3 E249866B BB5C6846 A4C4A295

本示例通过本章末所附 SM2 椭圆曲线公钥密码算法的 C 语言程序实现的运行结果可参考图 12-5 所示。

计算 $K_B = \mathrm{KDF}(x_V \| y_V \| Z_A \| Z_B, \mathrm{klen})$：

$x_V \| y_V \| Z_A \| Z_B$：

47C82653 4DC2F6F1 FBF28728 DD658F21 E174F481 79ACEF29 00F8B7F5 66E40905

2AF86EFE 732CF12A D0E09A1F 2556CC65 0D9CCCE3 E249866B BB5C6846 A4C4A295

E4D1D0C3 CA4C7F11 BC8FF8CB 3F4C02A7 8F108FA0 98E51A66 8487240F 75E20F31

6B4B6D0E 276691BD 4A11BF72 F4FB501A E309FDAC B72FA6CC 336E6656 119ABD67

klen =128

共享密钥 K_B：55B0AC62 A6B927BA 23703832 C853DED4

计算选项 $S_B = \mathrm{Hash}(0x02 \| y_V \| \mathrm{Hash}(x_V \| Z_A \| Z_B \| x_1 \| y_1 \| x_2 \| y_2))$：

$x_V \| Z_A \| Z_B \| x_1 \| y_1 \| x_2 \| y_2$：

47C82653 4DC2F6F1 FBF28728 DD658F21 E174F481 79ACEF29 00F8B7F5 66E40905

E4D1D0C3 CA4C7F11 BC8FF8CB 3F4C02A7 8F108FA0 98E51A66 8487240F 75E20F31

6B4B6D0E 276691BD 4A11BF72 F4FB501A E309FDAC B72FA6CC 336E6656 119ABD67

6CB56338 16F4DD56 0B1DEC45 8310CBCC 6856C095 05324A6D 23150C40 8F162BF0

0D6FCF62 F1036C0A 1B6DACCF 57399223 A65F7D7B F2D9637E 5BBBEB85 7961BF1A

1799B2A2 C7782953 00D9A232 5C686129 B8F2B533 7B3DCF45 14E8BBC1 9D900EE5

54C9288C 82733EFD F7808AE7 F27D0E73 2F7C73A7 D9AC98B7 D8740A91 D0DB3CF4

$\mathrm{Hash}(x_V \| Z_A \| Z_B \| x_1 \| y_1 \| x_2 \| y_2)$：

FF49D95B D45FCE99 ED54A8AD 7A709110 9F513944 42916BD1 54D1DE43 79D97647

$0x02 \| y_V \| \mathrm{Hash}(x_V \| Z_A \| Z_B \| x_1 \| y_1 \| x_2 \| y_2)$：

02 2AF86EFE 732CF12A D0E09A1F 2556CC65 0D9CCCE3 E249866B BB5C6846 A4C4A295

FF49D95B D45FCE99 ED54A8AD 7A709110 9F513944 42916BD1 54D1DE43 79D97647

S_B：

284C8F19 8F141B50 2E81250F 1581C7E9 EEB4CA69 90F9E02D F388B454 71F5BC5C

密钥交换 A4-A10 步骤中的有关值：

取 $\overline{x}_1 = 2^{127} + \left(x_1 \,\&\, \left(2^{127} - 1\right)\right)$：E856C095 05324A6D 23150C40 8F162BF0

计算 $t_A = (d_A + \overline{x}_1 \cdot r_A) \bmod n$：

236CF0C7 A177C65C 7D55E12D 361F7A6C 174A7869 8AC099C0 874AD065 8A4743DC

取 $\overline{x}_2 = 2^{127} + \left(x_2 \,\&\, \left(2^{127} - 1\right)\right)$：B8F2B533 7B3DCF45 14E8BBC1 9D900EE5

计算椭圆曲线点 $\overline{x}_2 R_B = (x_{B0}, y_{B0})$：

坐标 x_{B0}：

66864274 6BFC066A 1E731ECF FF51131B DC81CF60 9701CB8C 657B25BF 55B7015D

坐标 y_{B0}：

1988A7C6 81CE1B50 9AC69F49 D72AE60E 8B71DB6C E087AF84 99FEEF4C CD523064

计算椭圆曲线点 $P_B + \overline{x}_2 R_B = (x_{B1}, y_{B1})$：

坐标 x_{B1}：

7D2B4435 10886AD7 CA3911CF 2019EC07 078AFF11 6E0FC409 A9F75A39 01F306CD

坐标 y_{B1}：

331F0C6C 0FE08D40 5FFEDB30 7BC255D6 8198653B DCA68B9C BA100E73 197E5D24

计算椭圆曲线点 $U = [h \cdot t_A](P_B + \overline{x}_2 R_B) = (x_U, y_U)$：

坐标 x_U：

47C82653 4DC2F6F1 FBF28728 DD658F21 E174F481 79ACEF29 00F8B7F5 66E40905

坐标 y_U：

2AF86EFE 732CF12A D0E09A1F 2556CC65 0D9CCCE3 E249866B BB5C6846 A4C4A295

计算 $K_A = KDF(x_U \| y_U \| Z_A \| Z_B, \mathrm{klen})$：

$x_U \| y_U \| Z_A \| Z_B$：

47C82653 4DC2F6F1 FBF28728 DD658F21 E174F481 79ACEF29 00F8B7F5 66E40905

2AF86EFE 732CF12A D0E09A1F 2556CC65 0D9CCCE3 E249866B BB5C6846 A4C4A295

E4D1D0C3 CA4C7F11 BC8FF8CB 3F4C02A7 8F108FA0 98E51A66 8487240F 75E20F31

6B4B6D0E 276691BD 4A11BF72 F4FB501A E309FDAC B72FA6CC 336E6656 119ABD67 klen =128

共享密钥 K_A：55B0AC62 A6B927BA 23703832 C853DED4

由上可见：$K_A = K_B$，实现了密钥的交换与共享。

计算选项 $S_1 = \text{Hash}(0x02 \| y_U \| \text{Hash}(x_U \| Z_A \| Z_B \| x_1 \| y_1 \| x_2 \| y_2))$：

$x_U \| Z_A \| Z_B \| x_1 \| y_1 \| x_2 \| y_2$：

47C82653 4DC2F6F1 FBF28728 DD658F21 E174F481 79ACEF29 00F8B7F5 66E40905

E4D1D0C3 CA4C7F11 BC8FF8CB 3F4C02A7 8F108FA0 98E51A66 8487240F 75E20F31

6B4B6D0E 276691BD 4A11BF72 F4FB501A E309FDAC B72FA6CC 336E6656 119ABD67

6CB56338 16F4DD56 0B1DEC45 8310CBCC 6856C095 05324A6D 23150C40 8F162BF0

0D6FCF62 F1036C0A 1B6DACCF 57399223 A65F7D7B F2D9637E 5BBBEB85 7961BF1A

1799B2A2 C7782953 00D9A232 5C686129 B8F2B533 7B3DCF45 14E8BBC1 9D900EE5

54C9288C 82733EFD F7808AE7 F27D0E73 2F7C73A7 D9AC98B7 D8740A91 D0DB3CF4

$\text{Hash}(x_U \| Z_A \| Z_B \| x_1 \| y_1 \| x_2 \| y_2)$：

FF49D95B D45FCE99 ED54A8AD 7A709110 9F513944 42916BD1 54D1DE43 79D97647

$0x02 \| y_U \| \text{Hash}(x_U \| Z_A \| Z_B \| x_1 \| y_1 \| x_2 \| y_2)$：

02 2AF86EFE 732CF12A D0E09A1F 2556CC65 0D9CCCE3 E249866B BB5C6846 A4C4A295

FF49D95B D45FCE99 ED54A8AD 7A709110 9F513944 42916BD1 54D1DE43 79D97647

S_1：

284C8F19 8F141B50 2E81250F 1581C7E9 EEB4CA69 90F9E02D F388B454 71F5BC5C

由上可见：$S_1 = S_B$。

计算选项 $S_A = \text{Hash}(0x03 \| y_U \| \text{Hash}(x_U \| Z_A \| Z_B \| x_1 \| y_1 \| x_2 \| y_2))$：

$x_U \| Z_A \| Z_B \| x_1 \| y_1 \| x_2 \| y_2$：

47C82653 4DC2F6F1 FBF28728 DD658F21 E174F481 79ACEF29 00F8B7F5 66E40905

E4D1D0C3 CA4C7F11 BC8FF8CB 3F4C02A7 8F108FA0 98E51A66 8487240F 75E20F31

6B4B6D0E 276691BD 4A11BF72 F4FB501A E309FDAC B72FA6CC 336E6656 119ABD67

6CB56338 16F4DD56 0B1DEC45 8310CBCC 6856C095 05324A6D 23150C40 8F162BF0

0D6FCF62 F1036C0A 1B6DACCF 57399223 A65F7D7B F2D9637E 5BBBEB85 7961BF1A

1799B2A2 C7782953 00D9A232 5C686129 B8F2B533 7B3DCF45 14E8BBC1 9D900EE5

54C9288C 82733EFD F7808AE7 F27D0E73 2F7C73A7 D9AC98B7 D8740A91 D0DB3CF4

$\text{Hash}(x_U \| Z_A \| Z_B \| x_1 \| y_1 \| x_2 \| y_2)$：

FF49D95B D45FCE99 ED54A8AD 7A709110 9F513944 42916BD1 54D1DE43 79D97647

$0x03 \| y_U \| \text{Hash}(x_U \| Z_A \| Z_B \| x_1 \| y_1 \| x_2 \| y_2)$：

03 2AF86EFE 732CF12A D0E09A1F 2556CC65 0D9CCCE3 E249866B BB5C6846

A4C4A295

FF49D95B D45FCE99 ED54A8AD 7A709110 9F513944 42916BD1 54D1DE43 79D97647

S_A：

23444DAF 8ED75343 66CB901C 84B3BDBB 63504F40 65C1116C 91A4C006 97E6CF7A

密钥交换 B10 步骤中的有关值：

计算选项 $S_2 = \text{Hash}\left(0\text{x}03 \| y_V \| \text{Hash}\left(x_V \| Z_A \| Z_B \| x_1 \| y_1 \| x_2 \| y_2\right)\right)$：

$x_V \| Z_A \| Z_B \| x_1 \| y_1 \| x_2 \| y_2$：

47C82653 4DC2F6F1 FBF28728 DD658F21 E174F481 79ACEF29 00F8B7F5 66E40905

E4D1D0C3 CA4C7F11 BC8FF8CB 3F4C02A7 8F108FA0 98E51A66 8487240F 75E20F31

6B4B6D0E 276691BD 4A11BF72 F4FB501A E309FDAC B72FA6CC 336E6656 119ABD67

6CB56338 16F4DD56 0B1DEC45 8310CBCC 6856C095 05324A6D 23150C40 8F162BF0

0D6FCF62 F1036C0A 1B6DACCF 57399223 A65F7D7B F2D9637E 5BBBEB85 7961BF1A

1799B2A2 C7782953 00D9A232 5C686129 B8F2B533 7B3DCF45 14E8BBC1 9D900EE5

54C9288C 82733EFD F7808AE7 F27D0E73 2F7C73A7 D9AC98B7 D8740A91 D0DB3CF4

$\text{Hash}\left(x_V \| Z_A \| Z_B \| x_1 \| y_1 \| x_2 \| y_2\right)$：

FF49D95B D45FCE99 ED54A8AD 7A709110 9F513944 42916BD1 54D1DE43 79D97647

$0\text{x}03 \| y_V \| \text{Hash}\left(x_V \| Z_A \| Z_B \| x_1 \| y_1 \| x_2 \| y_2\right)$：

03 2AF86EFE 732CF12A D0E09A1F 2556CC65 0D9CCCE3 E249866B BB5C6846 A4C4A295

FF49D95B D45FCE99 ED54A8AD 7A709110 9F513944 42916BD1 54D1DE43 79D97647

S_2：

23444DAF 8ED75343 66CB901C 84B3BDBB 63504F40 65C1116C 91A4C006 97E6CF7A

由上可见：$S_2 = S_A$。在 $S_1 = S_B$ 同时成立的情况下，从 A 到 B 的密钥协商成功。

12.2.4 公钥加解密算法

SM2 椭圆曲线公钥密码算法适用于中国国家商用密码应用中的消息加解密，消息发送者可以利用接收者的公钥对消息进行加密，接收者用对应的私钥进行解密，获取消息。同时，还可为安全产品生产商提供产品和技术的标准定位以及标准化的参考，以提高安全产品的可信性与互操作性。

1. 加密算法及流程

设需要发送的消息为比特串 M，klen 为 M 的比特长度。

为了对明文 M 进行加密，作为加密者的用户 A 应实现以下运算步骤：

A1：用随机数发生器产生随机数 $k \in [1, n-1]$；

A2：计算椭圆曲线点 $C_1 = kG = (x_1, y_1)$，将 C_1 的数据类型转换为比特串；

A3：计算椭圆曲线点 $S = hP_B$，若 S 是无穷远点，则报错并退出；

A4：计算椭圆曲线点 $kP_B=(x_2,y_2)$，将坐标 x_2,y_2 的数据类型转换为比特串；

A5：计算 $t=\text{KDF}(x_2\parallel y_2,\text{klen})$，若 t 为全 0 比特串，则返回 A1；

A6：计算 $C_2=M\oplus t$；

A7：计算 $C_3=\text{Hash}(x_2\parallel M\parallel y_2)$；

A8：输出密文 $C=C_1\parallel C_2\parallel C_3$。

该加密算法的流程如图 12-7 所示。

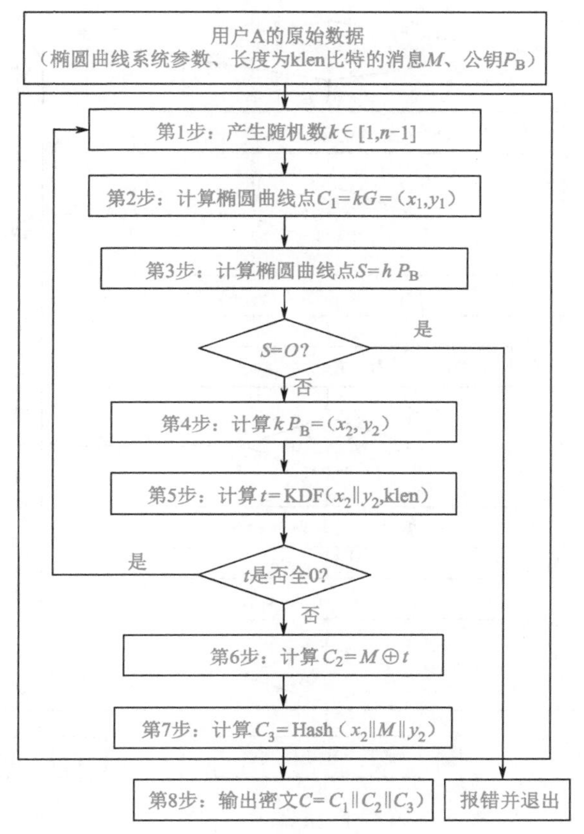

图 12-7　加密算法流程

2. 解密算法及流程

设 klen 为密文中 C_2 的比特长度。为了对密文 $C=C_1\parallel C_2\parallel C_3$ 进行解密，作为解密者的用户 B 应实现以下运算步骤：

B1：从 C 中取出比特串 C_1，将 C_1 的数据类型转换为椭圆曲线上的点，验证 C_1 是否满足椭圆曲线方程，若不满足则报错并退出；

B2：计算椭圆曲线点 $S=hC_1$，若 S 是无穷远点，则报错并退出；

B3：计算 $d_BC_1=(x_2,y_2)$，将坐标 x_2,y_2 的数据类型转换为比特串；

B4：计算 $t=\text{KDF}(x_2\parallel y_2,\text{klen})$，若 t 为全 0 比特串，则报错并退出；

B5：从 C 中取出比特串 C_2，计算 $M'=C_2\oplus t$；

B6：计算 $u=\text{Hash}(x_2\parallel M'\parallel y_2)$，从 C 中取出比特串 C_3，若 $u\neq C_3$，则报错并退出；

B7：输出明文M'。

该解密算法的流程如图 12-8 所示。

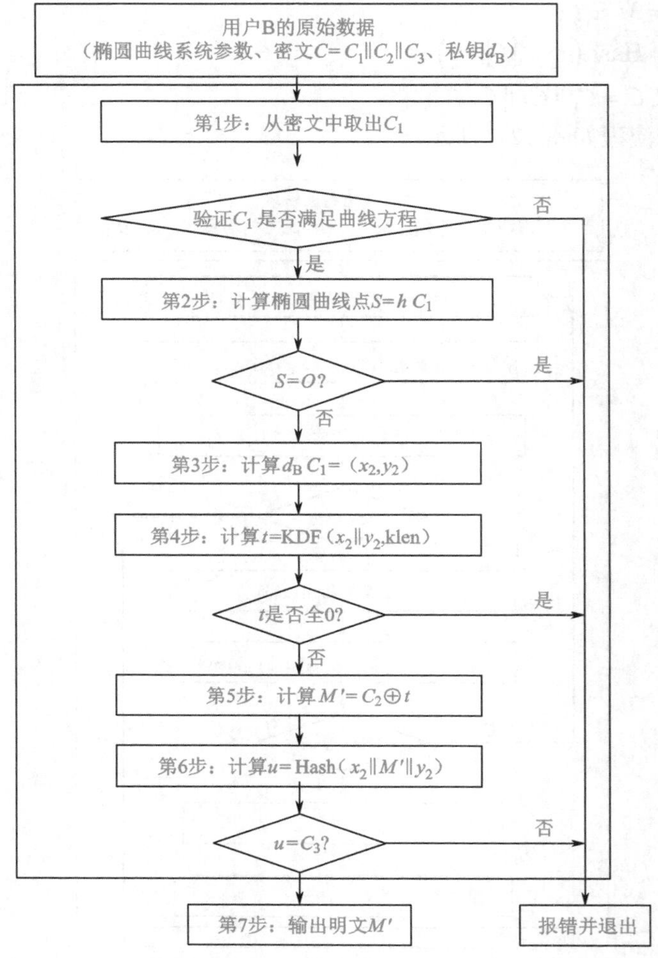

图 12-8　解密算法流程

3. 消息加密与解密示例

这里选用 SM3 密码杂凑算法给出的密码杂凑函数，其输入是长度小于 264 比特的消息比特串，输出是长度为 256 比特的杂凑值，记为$H_{256}()$。这里所有用 16 进制表示的数，左边为高位，右边为低位。明文采用 ASCII 编码。

椭圆曲线方程为（$\mathrm{GF}(p)-256$）：$y^2 = x^3 + ax + b$

素数p：

8542D69E 4C044F18 E8B92435 BF6FF7DE 45728391 5C45517D 722EDB8B 08F1DFC3

系数a：

787968B4 FA32C3FD 2417842E 73BBFEFF 2F3C848B 6831D7E0 EC65228B 3937E498

系数b：

63E4C6D3 B23B0C84 9CF84241 484BFE48 F61D59A5 B16BA06E 6E12D1DA

27C5249A

基点 $G=(x_G,y_G)$，其阶记为 n。

坐标 x_G：

421DEBD6 1B62EAB6 746434EB C3CC315E 32220B3B ADD50BDC 4C4E6C14 7FEDD43D

坐标 y_G：

0680512B CBB42C07 D47349D2 153B70C4 E5D7FDFC BFA36EA1 A85841B9 E46E09A2

阶 n：

8542D69E 4C044F18 E8B92435 BF6FF7DD 29772063 0485628D 5AE74EE7 C32E79B7

待加密的消息 M：encryption standard

消息 M 的 16 进制表示：656E63 72797074 696F6E20 7374616E 64617264

用户 B 的私钥 d_B：

1649AB77 A00637BD 5E2EFE28 3FBF3535 34AA7F7C B89463F2 08DDBC29 20BB0DA0

用户 B 的公钥 $P_B=(x_B,y_B)$：

坐标 x_B：

435B39CC A8F3B508 C1488AFC 67BE491A 0F7BA07E 581A0E48 49A5CF70 628A7E0A

坐标 y_B：

75DDBA78 F15FEECB 4C7895E2 C1CDF5FE 01DEBB2C DBADF453 99CCF77B BA076A42

加密各步骤中的有关值：

产生随机数 k：

4C62EEFD 6ECFC2B9 5B92FD6C 3D957514 8AFA1742 5546D490 18E5388D 49DD7B4F

计算椭圆曲线点 $C_1=kG=(x_1,y_1)$：

坐标 x_1：

245C26FB 68B1DDDD B12C4B6B F9F2B6D5 FE60A383 B0D18D1C 4144ABF1 7F6252E7

坐标 y_1：

76CB9264 C2A7E88E 52B19903 FDC47378 F605E368 11F5C074 23A24B84 400F01B8

在此 C_1 选用未压缩的表示形式，点转换成字节串的形式为 $PC\|x_1\|y_1$，其中 PC 为单一字节且 PC =04，仍记为 C_1。

计算椭圆曲线点 $kP_B=(x_2,y_2)$：

坐标 x_2：

64D20D27 D0632957 F8028C1E 024F6B02 EDF23102 A566C932 AE8BD613 A8E865FE

坐标 y_2：

58D225EC A784AE30 0A81A2D4 8281A828 E1CEDF11 C4219099 84026537 5077BF78

消息 M 的比特长度 klen =152

计算 $t=\mathrm{KDF}\left(x_2 \| y_2, \mathrm{klen}\right)$：

006E30 DAE231B0 71DFAD8A A379E902 64491603

计算 $C_2=M \oplus t$：

650053 A89B41C4 18B0C3AA D00D886C 00286467

计算 $C_3=\mathrm{Hash}\left(x_2 \| M \| y_2\right)$：

$x_2 \| M \| y_2$：

64D20D27 D0632957 F8028C1E 024F6B02 EDF23102 A566C932 AE8BD613 A8E865FE 656E6372 79707469 6F6E2073 74616E64 61726458 D225ECA7 84AE300A 81A2D482 81A828E1 CEDF11C4 21909984 02653750 77BF78

C_3：

9C3D7360 C30156FA B7C80A02 76712DA9 D8094A63 4B766D3A 285E0748 0653426D

输出密文 $C=C_1 \| C_2 \| C_3$：

04245C26 FB68B1DD DDB12C4B 6BF9F2B6 D5FE60A3 83B0D18D 1C4144AB F17F6252 E776CB92 64C2A7E8 8E52B199 03FDC473 78F605E3 6811F5C0 7423A24B 84400F01 B8650053 A89B41C4 18B0C3AA D00D886C 00286467 9C3D7360 C30156FA B7C80A02 76712DA9 D8094A63 4B766D3A 285E0748 0653426D

解密各步骤中的有关值：

计算椭圆曲线点 $d_{\mathrm{B}}C_1=\left(x_2, y_2\right)$：

坐标 x_2：

64D20D27 D0632957 F8028C1E 024F6B02 EDF23102 A566C932 AE8BD613 A8E865FE

坐标 y_2：

58D225EC A784AE30 0A81A2D4 8281A828 E1CEDF11 C4219099 84026537 5077BF78

计算 $t=\mathrm{KDF}\left(x_2 \| y_2, \mathrm{klen}\right)$：

006E30 DAE231B0 71DFAD8A A379E902 64491603

计算 $M'=C_2 \oplus t$：

656E63 72797074 696F6E20 7374616E 64617264

计算 $u=\mathrm{Hash}\left(x_2 \| M' \| y_2\right)$：

9C3D7360 C30156FA B7C80A02 76712DA9 D8094A63 4B766D3A 285E0748 0653426D

输出明文 M'：656E63 72797074 696F6E20 7374616E 64617264，即 encryption standard。

12.2.5 推荐的曲线参数

为了提高算法的计算效率，根据中国国家密码算法标准，SM2 椭圆曲线公钥密码算法推荐使用素数域 256 位椭圆曲线，椭圆曲线方程：$y^2=x^3+ax+b$。曲线参数如下：

p = FFFFFFFE FFFFFFFF FFFFFFFF FFFFFFFF FFFFFFFF 00000000 FFFFFFFF FFFFFFFF

a = FFFFFFFE FFFFFFFF FFFFFFFF FFFFFFFF FFFFFFFF 00000000 FFFFFFFF FFFFFFFC

b = 28E9FA9E 9D9F5E34 4D5A9E4B CF6509A7 F39789F5 15AB8F92 DDBCBD41 4D940E93

n = FFFFFFFE FFFFFFFF FFFFFFFF FFFFFFFF 7203DF6B 21C6052B 53BBF409 39D54123

x_G =32C4AE2C 1F198119 5F990446 6A39C994 8FE30BBF F2660BE1 715A4589 334C74C7

y_G =BC3736A2 F4F6779C 59BDCEE3 6B692153 D0A9877C C62A4740 02DF32E5 2139F0A0

12.3　SM3 杂凑算法

12.3.1　概述

SM3 杂凑算法适用于商用密码应用中的数字签名和验证、消息认证码的生成与验证以及随机数的生成，可满足多种密码应用的安全需求。同时，该算法还可为安全产品生产商提供产品和技术的标准定位以及标准化的参考，提高安全产品的可信性与互操作性。

SM3 杂凑算法规定数据在内存中的表示为“左高右低”（即数的高阶字节放在存储器的低地址，数的低阶字节放在存储器的高地址），SM3 杂凑算法可以作用于任意有限长度的比特串，输出杂凑值长度为 256 比特的比特串，处理过程中所涉及字的长度为 32 比特。

符号定义如表 12-6 所示。

表 12-6　SM3 杂凑算法所用符号定义

符　号	含　义
$B^{(i)}$	第 i 个消息分组
CF	压缩函数
$\mathrm{FF}_j,\mathrm{GG}_j$	布尔函数，随 j 的变化取不同的表达式
P_0	压缩函数中的置换函数
P_1	消息扩展中的置换函数
T_j	常量，随 j 的变化取不同值
m	消息
m'	填充后的消息
$\wedge$	32 比特与运算
$\vee$	32 比特或运算
$\neg$	32 比特非运算
$\oplus$	32 比特异或运算
$+$	mod 2^{32} 算术加运算
$<<< k$	循环左移 k 比特
$\leftarrow$	左向赋值运算符

该算法中涉及的常数与函数包括：

（1）初始向量 ***IV***：7380166f 4914b2b9 172442d7 da8a0600 a96f30bc 163138aa e38dee4d b0fb0e4e

（2）常量：

$$T_j = \begin{cases} \text{79cc4519}, & 0 \leqslant j \leqslant 15 \\ \text{7a879d8a}, & 16 \leqslant j \leqslant 63 \end{cases} \tag{12-9}$$

（3）布尔函数：

$$\mathrm{FF}_j(X,Y,Z) = \begin{cases} X \oplus Y \oplus Z, & 0 \leqslant j \leqslant 15 \\ (X \wedge Y) \vee (X \wedge Z) \vee (Y \wedge Z), & 16 \leqslant j \leqslant 63 \end{cases} \tag{12-10}$$

$$\mathrm{GG}_j(X,Y,Z) = \begin{cases} X \oplus Y \oplus Z, & 0 \leqslant j \leqslant 15 \\ (X \wedge Y) \vee (\neg X \wedge Z), & 16 \leqslant j \leqslant 63 \end{cases} \tag{12-11}$$

式中，X,Y,Z 为字。

（4）置换函数

$$P_0(X) = X \oplus (X <<< 9) \oplus (X <<< 17) \tag{12-12}$$

$$P_1(X) = X \oplus (X <<< 15) \oplus (X <<< 23) \tag{12-13}$$

式中，X 为字。

12.3.2　算法描述

1. 概述

对长度为 $l(l < 2^{64})$ 比特的消息 m，SM3 杂凑算法经过填充和迭代压缩，生成杂凑值，杂凑值长度为 256 比特。

2. 填充

假设消息 m 的长度为 l 比特。首先将比特“1”添加到消息的末尾，再添加 k 个“0”，k 是满足 $l+1+k = 448 \bmod 512$ 的最小的非负整数。然后再添加一个 64 位比特串，该比特串是长度 l 的二进制表示。填充后的消息 m' 的比特长度为 512 的倍数。

例如：对于消息 01100001 01100010 01100011，其长度 l=24，经填充得到比特串：

$$01100001\ 01100010\ 01100011\ 1\ \overbrace{00\cdots00}^{423\text{比特}}\ \overbrace{\underbrace{00\cdots011000}_{l\text{的二进制表示}}}^{64\text{比特}}$$

3. 迭代压缩

（1）迭代过程

将填充后的消息 m' 按 512 比特进行分组：

$$m' = B^{(0)} B^{(1)} \cdots B^{(n-1)} \tag{12-14}$$

其中$n=(l+k+65)/512$。

对m'按下列方式迭代：

FOR $i=0$ TO $n-1$

$V^{(i+1)}=\mathrm{CF}\left(V^{(i)},B^{(i)}\right)$

ENDFOR

其中CF是压缩函数，$V^{(0)}$为256比特初始值$\boldsymbol{IV}$，$B^{(i)}$为填充后的消息分组，迭代压缩的结果为$V^{(n)}$。

（2）消息扩展

将消息分组$B^{(i)}$按以下方法扩展生成132个字$W_0,W_1,\cdots,W_{67}$，$W_0',W_1',\cdots,W_{63}'$，用于压缩函数CF：

① 将消息分组$B^{(i)}$划分为16个字$W_0,W_1,\cdots,W_{15}$。

② FOR $j=16$ TO 67

$W_j \leftarrow P_1\left(W_{j-16}\oplus W_{j-9}\oplus\left(W_{j-3}<<<15\right)\right)\oplus\left(W_{j-13}<<<7\right)\oplus W_{j-6}$

ENDFOR

③ FOR $j=0$ TO 63

$W_j' \leftarrow W_j \oplus W_{j+4}$

ENDFOR

（3）压缩函数

令 A,B,C,D,E,F,G,H 为字寄存器，SS1,SS2,TT1,TT2为中间变量，压缩函数$V^{(i+1)}=\mathrm{CF}\left(V^{(i)},B^{(i)}\right),0\leqslant i\leqslant n-1$。计算过程描述如下：

ABCDEFGH $\leftarrow V^{(i)}$

FOR $j=0$ TO 63

$\mathrm{SS1}\leftarrow\left(\left(A<<<12\right)+E+\left(T_j<<<j\right)\right)<<<7$

$\mathrm{SS2}\leftarrow SS1\oplus\left(A<<<12\right)$

$\mathrm{TT1}\leftarrow \mathrm{FF}_j\left(A,B,C\right)+D+\mathrm{SS2}+W_j'$

$\mathrm{TT2}\leftarrow \mathrm{GG}_j\left(E,F,G\right)+H+\mathrm{SS1}+W_j$

$D\leftarrow C$

$C\leftarrow B<<<9$

$B\leftarrow A$

$A\leftarrow \mathrm{TT1}$

$H\leftarrow G$

$G\leftarrow F<<<9$

$F\leftarrow E$

$E\leftarrow P_0\left(\mathrm{TT2}\right)$

ENDFOR

$V^{(i+1)}\leftarrow \mathrm{ABCDEFGH}\oplus V^{(i)}$

（4）杂凑值

$ABCDEFGH \leftarrow V^{(n)}$

输出 256 比特的杂凑值 $y = ABCDEFGH$ 。

12.3.3 示例

（1）设输入消息为“abc”，其 ASCII 码表示为：616263。

填充后的消息：

61626380 00000000 00000000 00000000 00000000 00000000 00000000 00000000
00000000 00000000 00000000 00000000 00000000 00000000 00000000 00000018

扩展后的消息：

$W_0, W_1, \cdots, W_{67}$:

61626380 00000000 00000000 00000000 00000000 00000000 00000000 00000000
00000000 00000000 00000000 00000000 00000000 00000000 00000000 00000018
9092e200 00000000 000c0606 719c70ed 00000000 8001801f 939f7da9 00000000
2c6fa1f9 adaaef14 00000000 0001801e 9a965f89 49710048 23ce86a1 b2d12f1b
e1dae338 f8061807 055d68be 86cfd481 1f447d83 d9023dbf 185898e0 e0061807
050df55c cde0104c a5b9c955 a7df0184 6e46cd08 e3babdf8 70caa422 0353af50
a92dbca1 5f33cfd2 e16f6e89 f70fe941 ca5462dc 85a90152 76af6296 c922bdb2
68378cf5 97585344 09008723 86faee74 2ab908b0 4a64bc50 864e6e08 f07e6590
325c8f78 accb8011 e11db9dd b99c0545

$W'_0, W'_1, \cdots, W'_{63}$:

61626380 00000000 00000000 00000000 00000000 00000000 00000000 00000000
00000000 00000000 00000000 00000018 9092e200 00000000 000c0606 719c70f5
9092e200 8001801f 93937baf 719c70ed 2c6fa1f9 2dab6f0b 939f7da9 0001801e
b6f9fe70 e4dbef5c 23ce86a1 b2d0af05 7b4cbcb1 b177184f 2693ee1f 341efb9a
fe9e9ebb 210425b8 1d05f05e 66c9cc86 1a4988df 14e22df3 bde151b5 47d91983
6b4b3854 2e5aadb4 d5736d77 a48caed4 c76b71a9 bc89722a 91a5caab f45c4611
6379de7d da9ace80 97c00c1f 3e2d54f3 a263ee29 12f15216 7fafe5b5 4fd853c6
428e8445 dd3cef14 8f4ee92b 76848be4 18e587c8 e6af3c41 6753d7d5 49e260d5

迭代压缩中间值：

j	A	B	C	D	E	F	G	H
	7380166f	4914b2b9	172442d7	da8a0600	a96f30bc	163138aa	e38dee4d	b0fb0e4e
0	b9edc12b	7380166f	29657292	172442d7	b2ad29f4	a96f30bc	c550b189	e38dee4d
1	ea52428c	b9edc12b	002cdee7	29657292	ac353a23	b2ad29f4	85e54b79	c550b189
2	609f2850	ea52428c	db825773	002cdee7	d33ad5fb	ac353a23	4fa59569	85e54b79
3	35037e59	609f2850	a48519d4	db825773	b8204b5f	d33ad5fb	d11d61a9	4fa59569
4	1f995766	35037e59	3e50a0c1	a48519d4	8ad212ea	b8204b5f	afde99d6	d11d61a9

5 374a0ca7 1f995766 06fcb26a 3e50a0c1 acf0f639 8ad212ea 5afdc102 afde99d6
6 33130100 374a0ca7 32aecc3f 06fcb26a 3391ec8a acf0f639 97545690 5afdc102
7 1022ac97 33130100 94194e6e 32aecc3f 367250a1 3391ec8a b1cd6787 97545690
8 d47caf4c 1022ac97 26020066 94194e6e 6ad473a4 367250a1 64519c8f b1cd6787
9 59c2744b d47caf4c 45592e20 26020066 c6a3ceae 6ad473a4 8509b392 64519c8f
10 481ba2a0 59c2744b f95e99a8 45592e20 02afb727 c6a3ceae 9d2356a3 8509b392
11 694a3d09 481ba2a0 84e896b3 f95e99a8 9dd1b58c 02afb727 7576351e 9d2356a3
12 89cbcd58 694a3d09 37454090 84e896b3 6370db62 9dd1b58c b938157d 7576351e
13 24c95abc 89cbcd58 947a12d2 37454090 1a4a2554 6370db62 ac64ee8d b938157d
14 7c529778 24c95abc 979ab113 947a12d2 3ee95933 1a4a2554 db131b86 ac64ee8d
15 34d1691e 7c529778 92b57849 979ab113 61f99646 3ee95933 2aa0d251 db131b86
16 796afab1 34d1691e a52ef0f8 92b57849 067550f5 61f99646 c999f74a 2aa0d251
17 7d27cc0e 796afab1 a2d23c69 a52ef0f8 b3c8669b 067550f5 b2330fcc c999f74a
18 d7820ad1 7d27cc0e d5f562f2 a2d23c69 575c37d8 b3c8669b 87a833aa b2330fcc
19 f84fd372 d7820ad1 4f981cfa d5f562f2 a5dceaf1 575c37d8 34dd9e43 87a833aa
20 02c57896 f84fd372 0415a3af 4f981cfa 74576681 a5dceaf1 bec2bae1 34dd9e43
21 4d0c2fcd 02c57896 9fa6e5f0 0415a3af 576f1d09 74576681 578d2ee7 bec2bae1
22 eeeec41a 4d0c2fcd 8af12c05 9fa6e5f0 b5523911 576f1d09 340ba2bb 578d2ee7
23 f368da78 eeeec41a 185f9a9a 8af12c05 6a879032 b5523911 e84abb78 340ba2bb
24 15ce1286 f368da78 dd8835dd 185f9a9a 62063354 6a879032 c88daa91 e84abb78
25 c3fd31c2 15ce1286 d1b4f1e6 dd8835dd 4db58f43 62063354 8193543c c88daa91
26 6243be5e c3fd31c2 9c250c2b d1b4f1e6 131152fe 4db58f43 9aa31031 8193543c
27 a549beaa 6243be5e fa638587 9c250c2b cf65e309 131152fe 7a1a6dac 9aa31031
28 e11eb847 a549beaa 877cbcc4 fa638587 e5b64e96 cf65e309 97f0988a 7a1a6dac
29 ff9bac9d e11eb847 937d554a 877cbcc4 9811b46d e5b64e96 184e7b2f 97f0988a
30 a5a4a2b3 ff9bac9d 3d708fc2 937d554a e92df4ea 9811b46d 74b72db2 184e7b2f
31 89a13e59 a5a4a2b3 37593bff 3d708fc2 0a1ff572 e92df4ea a36cc08d 74b72db2
32 3720bd4e 89a13e59 4945674b 37593bff cf7d1683 0a1ff572 a757496f a36cc08d
33 9ccd089c 3720bd4e 427cb313 4945674b da8c835f cf7d1683 ab9050ff a757496f
34 c7a0744d 9ccd089c 417a9c6e 427cb313 0958ff1b da8c835f b41e7be8 ab9050ff
35 d955c3ed c7a0744d 9a113939 417a9c6e c533f0ff 0958ff1b 1afed464 b41e7be8
36 e142d72b d955c3ed 40e89b8f 9a113939 d4509586 c533f0ff f8d84ac7 1afed464
37 e7250598 e142d72b ab87dbb2 40e89b8f c7f93fd3 d4509586 87fe299f f8d84ac7
38 2f13c4ad e7250598 85ae57c2 ab87dbb2 1a6cabc9 c7f93fd3 ac36a284 87fe299f
39 19f363f9 2f13c4ad 4a0b31ce 85ae57c2 c302badb 1a6cabc9 fe9e3fc9 ac36a284
40 55e1dde2 19f363f9 27895a5e 4a0b31ce 459daccf c302badb 5e48d365 fe9e3fc9
41 d4f4efe3 55e1dde2 e6c7f233 27895a5e 5cfba85a 459daccf d6de1815 5e48d365

42 48dcbc62 d4f4efe3 c3bbc4ab e6c7f233 6f49c7bb 5cfba85a 667a2ced d6de1815
43 8237b8a0 48dcbc62 e9dfc7a9 c3bbc4ab d89d2711 6f49c7bb 42d2e7dd 667a2ced
44 d8685939 8237b8a0 b978c491 e9dfc7a9 8ee87df5 d89d2711 3ddb7a4e 42d2e7dd
45 d2090a86 d8685939 6f714104 b978c491 2e533625 8ee87df5 388ec4e9 3ddb7a4e
46 e51076b3 d2090a86 d0b273b0 6f714104 d9f89e61 2e533625 efac7743 388ec4e9
47 47c5be50 e51076b3 12150da4 d0b273b0 3567734e d9f89e61 b1297299 efac7743
48 abddbdc8 47c5be50 20ed67ca 12150da4 3dfcdd11 3567734e f30ecfc4 b1297299
49 bd708003 abddbdc8 8b7ca08f 20ed67ca 93494bc0 3dfcdd11 9a71ab3b f30ecfc4
50 15e2f5d3 bd708003 bb7b9157 8b7ca08f c3956c3f 93494bc0 e889efe6 9a71ab3b
51 13826486 15e2f5d3 e100077a bb7b9157 cd09a51c c3956c3f 5e049a4a e889efe6
52 4a00ed2f 13826486 c5eba62b e100077a 0741f675 cd09a51c 61fe1cab 5e049a4a
53 f4412e82 4a00ed2f 04c90c27 c5eba62b 7429807c 0741f675 28e6684d 61fe1cab
54 549db4b7 f4412e82 01da5e94 04c90c27 f6bc15ed 7429807c b3a83a0f 28e6684d
55 22a79585 549db4b7 825d05e8 01da5e94 9d4db19a f6bc15ed 03e3a14c b3a83a0f
56 30245b78 22a79585 3b696ea9 825d05e8 f6804c82 9d4db19a af6fb5e0 03e3a14c
57 6598314f 30245b78 4f2b0a45 3b696ea9 f522adb2 f6804c82 8cd4ea6d af6fb5e0
58 c3d629a9 6598314f 48b6f060 4f2b0a45 14fb0764 f522adb2 6417b402 8cd4ea6d
59 ddb0a26a c3d629a9 30629ecb 48b6f060 589f7d5c 14fb0764 6d97a915 6417b402
60 71034d71 ddb0a26a ac535387 30629ecb 14d5c7f6 589f7d5c 3b20a7d8 6d97a915
61 5e636b4b 71034d71 6144d5bb ac535387 09ccd95e 14d5c7f6 eae2c4fb 3b20a7d8
62 2bfa5f60 5e636b4b 069ae2e2 6144d5bb 4ac3cf08 09ccd95e 3fb0a6ae eae2c4fb
63 1547e69b 2bfa5f60 c6d696bc 069ae2e2 e808f43b 4ac3cf08 caf04e66 3fb0a6ae

杂凑值：

66c7f0f4 62eeedd9 d1f2d46b dc10e4e2 4167c487 5cf2f7a2 297da02b 8f4ba8e0

（2）设输入消息为“Applied cryptography”，其 ASCII 码表示为：4170706c 69656420 63727970 746f6772 61706879。根据 C 语言程序实现的 SM3 杂凑算法的计算过程如图 12-9 所示，所得其杂凑值为：e9cbdad7 ceb64a27 44e99c85 b416b6a5 20982494 c579145b 0d8c8d7e 1829c993。

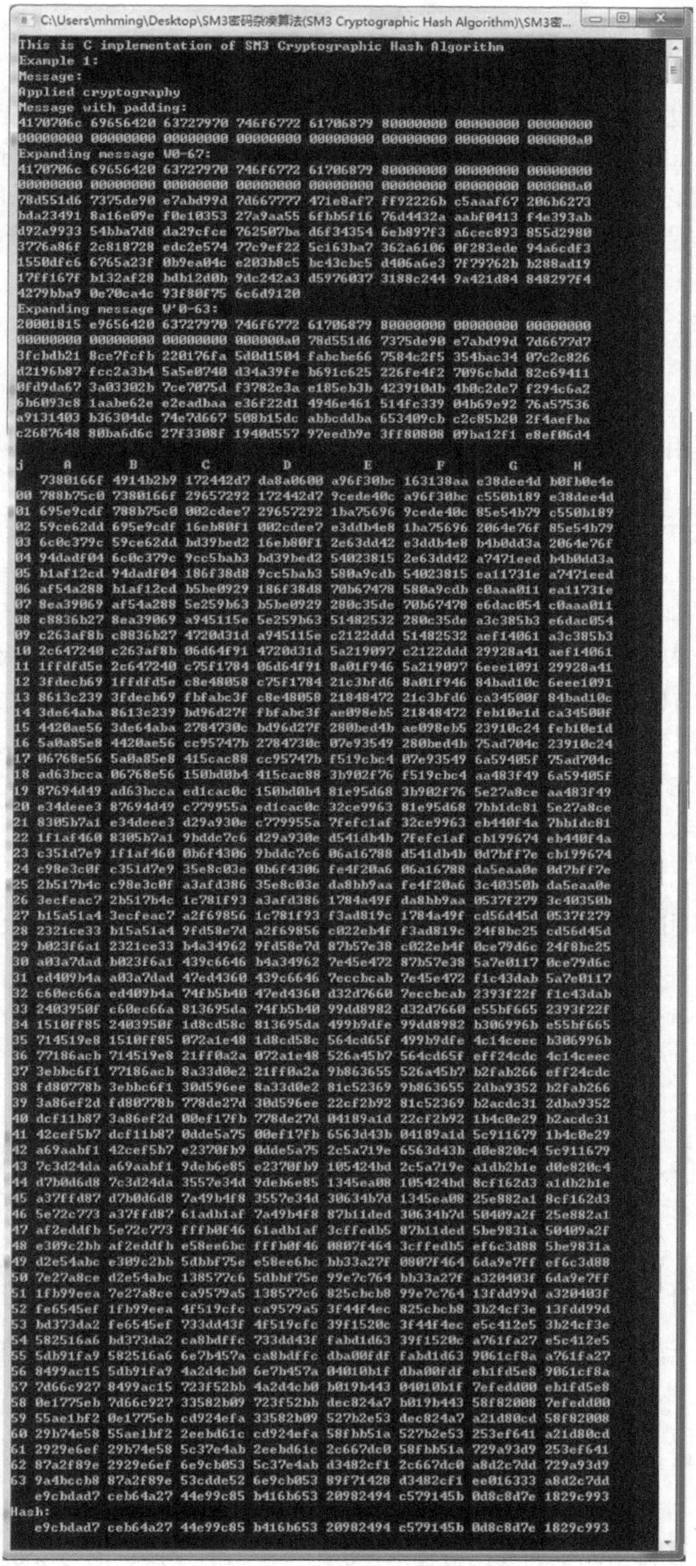

C:\Users\mhming\Desktop\SM3密码杂凑算法(SM3 Cryptographic Hash Algorithm)\SM3密...

```
This is C implementation of SM3 Cryptographic Hash Algorithm
Example 1:
Message:
Applied cryptography
Message with padding:
4170706c 69656420 63727970 746f6772 61706879 80000000 00000000 00000000
00000000 00000000 00000000 00000000 00000000 00000000 00000000 000000a0
Expanding message W0-67:
4170706c 69656420 63727970 746f6772 61706879 80000000 00000000 00000000
00000000 00000000 00000000 00000000 00000000 00000000 00000000 000000a0
78d551d6 7375de90 e7abd99d 7d667777 471e8af7 ff92226b c5aaaf67 206b6273
bda23491 8a16e09e f0e10353 27a9aa55 6fbb5f16 76d4432a aabf0413 f4e393ab
d92a9933 54bba7d8 da29cfce 762507ba d6f34354 6eb897f3 a6cec893 855d2980
3776a86f 2c818728 edc2e574 77c9ef22 5c163ba7 362a6106 0f283ede 94a6cdf3
1550dfc6 6765a23f 0b9ea04c e203b8c5 bc43cbc5 d406a6e3 7f79762b b288ad19
17ff167f b132af28 bdb12d0b 9dc242a3 d5976037 3188c244 9a421d84 848297f4
4279bba9 0e70ca4c 93f80f75 6c6d9120
Expanding message W'0-63:
20001815 e9656420 63727970 746f6772 61706879 80000000 00000000 00000000
00000000 00000000 00000000 000000a0 78d551d6 7375de90 e7abd99d 7d6677d7
3fcbdb21 8ce7fcfb 220176fa 5d0d1504 fabcbe66 7584c2f5 354bac34 07c2c826
d2196b87 fcc2a3b4 5a5e0740 d34a39fe b691c625 226fe4f2 7096cbdd 82c69411
0fd9da67 3a03302b 7ce7075d f3782e3a e185eb3b 423910db 4b0c2de7 f294c6a2
6b6093c8 1aabe62e e2eadbaa e36f22d1 4946e461 514fc339 04b69e92 76a57536
a9131403 b36304dc 74e7d667 508b15dc abbcddba 653409cb c2c85b20 2f4aefba
c2687648 80ba6d6c 27f3308f 1940d557 97eedb9e 3ff80808 09ba12f1 e8ef06d4

j   A        B        C        D        E        F        G        H
    7380166f 4914b2b9 172442d7 da8a0600 a96f30bc 163138aa e38dee4d b0fb0e4e
00 788b75c0 7380166f 29657292 172442d7 9cede40c a96f30bc c550b189 e38dee4d
01 695e9cdf 788b75c0 002cdee7 29657292 1ba75696 9cede40c 85e54b79 c550b189
02 59ce62dd 695e9cdf 16eb80f1 002cdee7 e3ddb4e8 1ba75696 2064e76f 85e54b79
03 6c0c379c 59ce62dd bd39bed2 16eb80f1 2e63dd42 e3ddb4e8 b4b0dd3a 2064e76f
04 94dadf04 6c0c379c 9cc5bab3 bd39bed2 54023815 2e63dd42 a7471eed b4b0dd3a
05 b1af12cd 94dadf04 186f38d8 9cc5bab3 580a9cdb 54023815 ea11731e a7471eed
06 af54a288 b1af12cd b5be0929 186f38d8 70b67478 580a9cdb c0aaa011 ea11731e
07 8ea39069 af54a288 5e259b63 b5be0929 280c35de 70b67478 e6dac054 c0aaa011
08 c8836b27 8ea39069 a945115e 5e259b63 51482532 280c35de a3c385b3 e6dac054
09 c263af8b c8836b27 4720d31d a945115e c2122ddd 51482532 aef14061 a3c385b3
10 2c647240 c263af8b 06d64f91 4720d31d 5a219097 c2122ddd 29928a41 aef14061
11 1ffdfd5e 2c647240 c75f1784 06d64f91 8a01f946 5a219097 6eee1091 29928a41
12 3fdecb69 1ffdfd5e c8e48058 c75f1784 21c3bfd6 8a01f946 84bad10c 6eee1091
13 8613c239 3fdecb69 fbfabc3f c8e48058 21848472 21c3bfd6 ca34500f 84bad10c
14 3de64aba 8613c239 bd96d27f fbfabc3f ae098eb5 21848472 feb10e1d ca34500f
15 4420ae56 3de64aba 2784730c bd96d27f 280bed4b ae098eb5 23910c24 feb10e1d
16 5a0a85e8 4420ae56 cc95747b 2784730c 07e93549 280bed4b 75ad704c 23910c24
17 06768e56 5a0a85e8 415cac88 cc95747b f519cbc4 07e93549 6a59405f 75ad704c
18 ad63bcca 06768e56 150bd0b4 415cac88 3b902f76 f519cbc4 aa483f49 6a59405f
19 87694d49 ad63bcca ed1cac0c 150bd0b4 81e95d68 3b902f76 5e27a8ce aa483f49
20 e34deee3 87694d49 c779955a ed1cac0c 32ce9963 81e95d68 7bb1dc81 5e27a8ce
21 8305b7a1 e34deee3 d29a930e c779955a 7fefc1af 32ce9963 eb440f4a 7bb1dc81
22 1f1af460 8305b7a1 9bddc7c6 d29a930e d541db4b 7fefc1af cb199674 eb440f4a
23 c351d7e9 1f1af460 0b6f4306 9bddc7c6 06a16788 d541db4b 0d7bff7e cb199674
24 c98e3c0f c351d7e9 35e8c03e 0b6f4306 fe4f20a6 06a16788 da5eaa0e 0d7bff7e
25 2b517b4c c98e3c0f a3afd386 35e8c03e da8bb9aa fe4f20a6 3c40350b da5eaa0e
26 3ecfeac7 2b517b4c 1c781f93 a3afd386 1784a49f da8bb9aa 0537f279 3c40350b
27 b15a51a4 3ecfeac7 a2f69856 1c781f93 f3ad819c 1784a49f cd56d45d 0537f279
28 2321ce33 b15a51a4 9fd58e7d a2f69856 c022eb4f f3ad819c 24f8bc25 cd56d45d
29 b023f6a1 2321ce33 b4a34962 9fd58e7d 87b57e38 c022eb4f 0ce79d6c 24f8bc25
30 a03a7dad b023f6a1 439c6646 b4a34962 7e45e472 87b57e38 5a7e0117 0ce79d6c
31 ed409b4a a03a7dad 47ed4360 439c6646 7eccbcab 7e45e472 f1c43dab 5a7e0117
32 c60ec66a ed409b4a 74fb5b40 47ed4360 d32d7660 7eccbcab 2393f22f f1c43dab
33 2403950f c60ec66a 813695da 74fb5b40 99dd8982 d32d7660 e55bf665 2393f22f
34 1510ff85 2403950f 1d8cd58c 813695da 499b9dfe 99dd8982 b306996b e55bf665
35 714519e8 1510ff85 072a1e48 1d8cd58c 564cd65f 499b9dfe 4c14ceec b306996b
36 77186acb 714519e8 21ff0a2a 072a1e48 526a45b7 564cd65f eff24cdc 4c14ceec
37 3ebbc6f1 77186acb 8a33d0e2 21ff0a2a 9b863655 526a45b7 b2fab266 eff24cdc
38 fd80778b 3ebbc6f1 30d596ee 8a33d0e2 81c52369 9b863655 2dba9352 b2fab266
39 3a86ef2d fd80778b 778de27d 30d596ee 22cf2b92 81c52369 b2acdc31 2dba9352
40 dcf11b87 3a86ef2d 00ef17fb 778de27d 04189a1d 22cf2b92 1b4c0e29 b2acdc31
41 42cef5b7 dcf11b87 0dde5a75 00ef17fb 6563d43b 04189a1d 5c911679 1b4c0e29
42 a69aabf1 42cef5b7 e2370fb9 0dde5a75 2c5a719e 6563d43b d0e820c4 5c911679
43 7c3d24da a69aabf1 9deb6e85 e2370fb9 105424bd 2c5a719e a1db2b1e d0e820c4
44 d7b0d6d8 7c3d24da 3557e34d 9deb6e85 1345ea08 105424bd 8cf162d3 a1db2b1e
45 a37ffd87 d7b0d6d8 7a49b4f8 3557e34d 30634b7d 1345ea08 25e882a1 8cf162d3
46 5e72c773 a37ffd87 61adb1af 7a49b4f8 87b11ded 30634b7d 50409a2f 25e882a1
47 af2eddfb 5e72c773 fffb0f46 61adb1af 3cffedb5 87b11ded 5be9831a 50409a2f
48 e309c2bb af2eddfb e58ee6bc fffb0f46 0807f464 3cffedb5 ef6c3d88 5be9831a
49 d2e54abc e309c2bb 5dbbf75e e58ee6bc bb33a27f 0807f464 6da9e7ff ef6c3d88
50 7e27a8ce d2e54abc 138577c6 5dbbf75e 99e7c764 bb33a27f a320403f 6da9e7ff
51 1fb99eea 7e27a8ce ca9579a5 138577c6 825cbcb8 99e7c764 13fdd99d a320403f
52 fe6545ef 1fb99eea 4f519cfc ca9579a5 3f44f4ec 825cbcb8 3b24cf3e 13fdd99d
53 bd373da2 fe6545ef 733dd43f 4f519cfc 39f1520c 3f44f4ec e5c412e5 3b24cf3e
54 582516a6 bd373da2 ca8bdffc 733dd43f fabd1d63 39f1520c a761fa27 e5c412e5
55 5db91fa9 582516a6 6e7b457a ca8bdffc dba00fdf fabd1d63 9061cf8a a761fa27
56 8499ac15 5db91fa9 4a2d4cb0 6e7b457a 04010b1f dba00fdf eb1fd5e8 9061cf8a
57 7d66c927 8499ac15 723f52bb 4a2d4cb0 b019b443 04010b1f 7efedd00 eb1fd5e8
58 0e1775eb 7d66c927 33582b09 723f52bb dec824a7 b019b443 58f82008 7efedd00
59 55ae1bf2 0e1775eb cd924efa 33582b09 527b2e53 dec824a7 a21d80cd 58f82008
60 29b74e58 55ae1bf2 2eebd61c cd924efa 58fbb51a 527b2e53 253ef641 a21d80cd
61 2929e6ef 29b74e58 5c37e4ab 2eebd61c 2c667dc0 58fbb51a 729a93d9 253ef641
62 87a2f89e 2929e6ef 6e9cb053 5c37e4ab d3482cf1 2c667dc0 a8d2c7dd 729a93d9
63 9a4bccb8 87a2f89e 53cdde52 6e9cb053 89f71428 d3482cf1 ee016333 a8d2c7dd
   e9cbdad7 ceb64a27 44e99c85 b416b653 20982494 c579145b 0d8c8d7e 1829c993
Hash:
   e9cbdad7 ceb64a27 44e99c85 b416b653 20982494 c579145b 0d8c8d7e 1829c993
```

图 12-9　SM3 杂凑算法示例

12.4 SM4对称密码算法

SM4 密码算法是中国国家密码管理权威机构发布的国内第一个面向无线局域网 WAPI（Wireless LAN Authentication and Privacy Infrastructure）产品使用的商用分组密码算法。该算法的分组长度和密钥长度都是 128 比特，加密算法与密钥扩展算法都采用 32 轮非线性迭代结构。解密算法与加密算法的结构相同，只是轮密钥的使用顺序相反，解密轮密钥是加密轮密钥的逆序。

12.4.1 算法描述

1. 基本概念

SM4 算法使用 $\boldsymbol{Z}_2^e$ 表示 e 比特的向量集。$\boldsymbol{Z}_2^{32}$ 中的元素称为字，即 SM4 算法以 32 位二进制数为一个字；$\boldsymbol{Z}_2^8$ 中的元素称为字节，即 SM4 算法以 8 位二进制数为一个字节。

在 SM4 算法中采用了两个基本运算：$\oplus$（32 比特按位异或）和 $i<<<$（32 比特循环左移 i 位）。

SM4 算法的加密密钥长度为 128 比特，表示为 $\mathrm{MK}=(\mathrm{MK}_0,\mathrm{MK}_1,\mathrm{MK}_2,\mathrm{MK}_3)$，其中 $\mathrm{MK}_i\,(i=0,1,2,3)$ 为字，也就是说，SM4 算法的加密密钥由 4 个 32 位的字组成。

轮密钥表示为 $(\mathrm{rk}_0,\mathrm{rk}_1,\cdots,\mathrm{rk}_{31})$，其中 $\mathrm{rk}_i\,(i=0,1,\cdots,31)$ 为字。轮密钥由加密密钥基于相应的密钥扩展算法生成。密钥扩展算法中涉及两类参数的使用：FK=$(\mathrm{FK}_0,\mathrm{FK}_1,\mathrm{FK}_2,\mathrm{FK}_3)$ 为系统参数，CK=$(\mathrm{CK}_0,\mathrm{CK}_1,\cdots,\mathrm{CK}_{31})$ 为固定参数，其中 $\mathrm{FK}_i\,(i=0,1,2,3)$、$\mathrm{CK}_i\,(i=0,1,\cdots,31)$ 均为 32 比特的字。

2. 轮函数 *F*

SM4 算法采用非线性迭代结构，以字为单位进行加密运算，称一次迭代运算为一轮变换。

设输入为 (X_0,X_1,X_2,X_3)，其中 $X_i\in\boldsymbol{Z}_2^{32}\,(i=0,1,2,3)$，轮密钥为 $\mathrm{rk}\in\boldsymbol{Z}_2^{32}$，则轮函数 F 定义为：

$$F(X_0,X_1,X_2,X_3,\mathrm{rk})=X_0\oplus T(X_1\oplus X_2\oplus X_3\oplus \mathrm{rk}) \tag{12-15}$$

式中，$T:\boldsymbol{Z}_2^{32}\to\boldsymbol{Z}_2^{32}$，称为合成置换 T，它是一个可逆变换，由非线性变换 τ 和线性变换 L 复合而成，即：$T(.)=L(\tau(.))$。这里，非线性变换 τ 由 4 个并行的 S 盒构成。

设输入为 $A=(a_0,a_1,a_2,a_3)$，其中 $a_i\in\boldsymbol{Z}_2^8\,(i=0,1,2,3)$，输出为 $B=(b_0,b_1,b_2,b_3)$，其中 $b_i\in Z_2^8\,(i=0,1,2,3)$，则：

$$(b_0,b_1,b_2,b_3)=\tau(A)=(\mathrm{Sbox}(a_0),\mathrm{Sbox}(a_1),\mathrm{Sbox}(a_2),\mathrm{Sbox}(a_3)) \tag{12-16}$$

非线性变换 τ 的输出作为线性变换 L 的输入。设输入为 $B\in\boldsymbol{Z}_2^{32}$，输出为 $C\in\boldsymbol{Z}_2^{32}$，则：

$$C=L(B)=B\oplus(B<<<2)\oplus(B<<<10)\oplus(B<<<18)\oplus(B<<<24) \tag{12-17}$$

3. S 盒

SM4 算法的 S 盒为固定的 8 比特输入、8 比特输出的置换，记为 $\mathrm{Sbox}(\ )$。S 盒中数据均采用16进制表示，如图12-10所示。

	0	1	2	3	4	5	6	7	8	9	a	b	c	d	e	f
0	d6	90	e9	fe	cc	e1	3d	b7	16	b6	14	c2	28	fb	2c	05
1	2b	67	9a	76	2a	be	04	c3	aa	44	13	26	49	86	06	99
2	9c	42	50	f4	91	ef	98	7a	33	54	0b	43	ed	cf	ac	62
3	e4	b3	1c	a9	c9	08	e8	95	80	df	94	a	75	8f	3f	a6
4	47	07	a7	fc	f3	73	17	ba	83	59	3c	19	e6	85	4f	a8
5	68	6b	81	b2	71	64	da	8b	f8	eb	0f	4b	70	56	9d	35
6	1e	24	0e	5e	63	58	d1	a2	25	22	7c	3b	01	21	78	87
7	d4	00	46	57	9f	d3	27	52	4c	36	02	e7	a0	c4	c8	9e
8	ea	bf	8a	d2	40	c7	38	b5	a3	f7	f2	ce	f9	61	15	a1
9	e0	ae	5d	a4	9b	34	1a	55	ad	93	32	30	f5	8c	b1	e3
a	1d	f6	e2	2e	82	66	ca	60	c0	29	23	ab	0d	53	4e	6f
b	d5	db	37	45	de	fd	8e	2f	03	ff	6a	72	6d	6c	5b	51
c	8d	1b	af	92	bb	dd	bc	7f	11	d9	5c	41	1f	10	5a	d8
d	0a	c1	31	88	a5	cd	7b	bd	2d	74	d0	12	b8	e5	b4	b0
e	89	69	97	4a	0c	96	77	7e	65	b9	f1	09	c5	6e	c6	84
f	18	f0	7d	ec	3a	dc	4d	20	79	ee	5f	3e	d7	cb	39	48

图12-10　SM4算法的S盒

图12-10中由行号和列号组成的两位十六进制数对应S盒的输入，它们所在行和列交叉位置的两位16进制数对应S盒的输出。如输入“ef”，则经S盒变换后的输出值为表中第e行和第f列的值，即$\mathrm{Sbox}(\mathrm{ef})=84$。

4. 加/解密算法

定义反序变换R为：

$$R(A_0, A_1, A_2, A_3) = (A_3, A_2, A_1, A_0) \tag{12-18}$$

式中，$A_i \in \boldsymbol{Z}_2^{32}\ (i=0,1,2,3)$。

设明文输入为(X_0, X_1, X_2, X_3)，其中$X_i \in \boldsymbol{Z}_2^{32}\ (i=0,1,2,3)$，密文输出为$(Y_0, Y_1, Y_2, Y_3)$，其中$Y_i \in \boldsymbol{Z}_2^{32}\ (i=0,1,2,3)$，轮密钥为$\mathrm{rk}_i \in \boldsymbol{Z}_2^{32}\ (i=0,1,\cdots,31)$。则SM4算法的加密变换为：

$$X_{i+4} = F(X_i, X_{i+1}, X_{i+2}, X_{i+3}, \mathrm{rk}_i) = X_i \oplus T(X_{i+1} \oplus X_{i+2} \oplus X_{i+3} \oplus \mathrm{rk}_i) \tag{12-19}$$

式中，$i=0,1,\cdots,31$。

$$(Y_0, Y_1, Y_2, Y_3) = R(X_{32}, X_{33}, X_{34}, X_{35}) = (X_{35}, X_{34}, X_{33}, X_{32}) \tag{12-20}$$

SM4分组密码算法的加密流程如图12-11所示。

SM4算法的解密变换与加密变换结构相同，仅轮密钥的使用顺序不同。

加密时轮密钥的使用顺序为：$(\mathrm{rk}_0, \mathrm{rk}_1, \cdots, \mathrm{rk}_{31})$；解密时轮密钥的使用顺序为：$(\mathrm{rk}_{31}, \mathrm{rk}_{30}, \cdots, \mathrm{rk}_0)$。

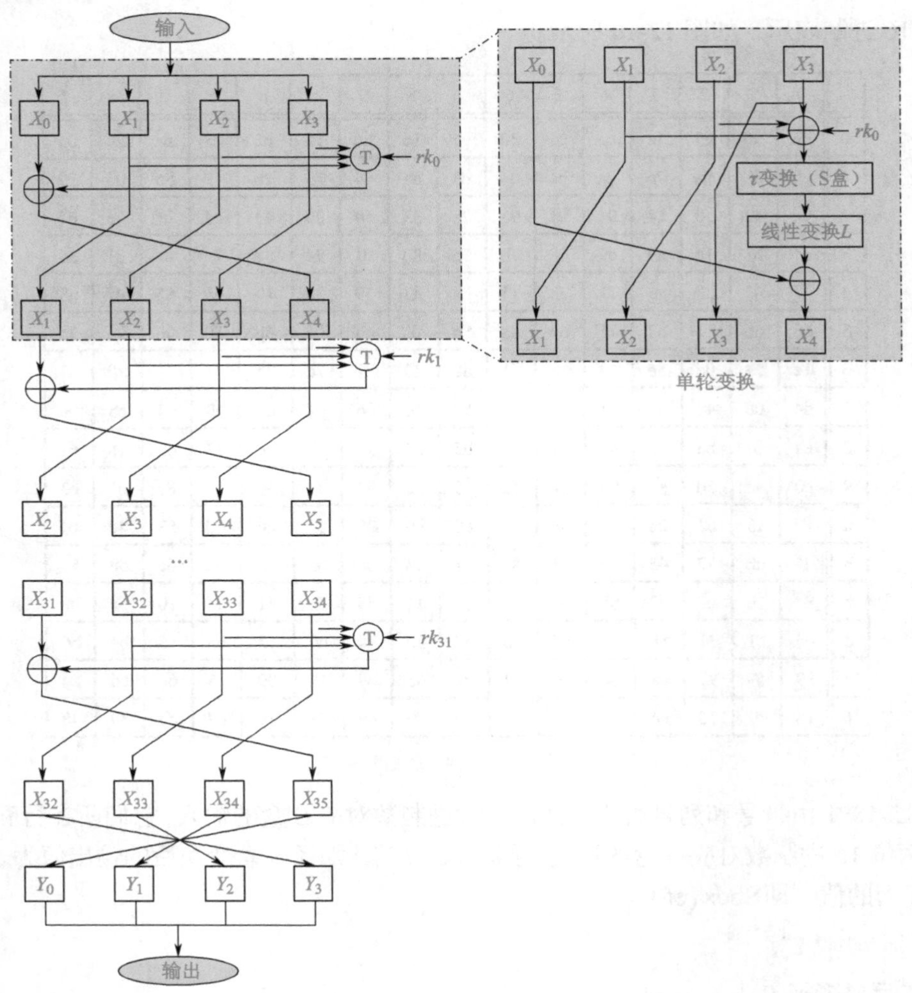

图 12-11　SM4 加密流程

5. 密钥扩展算法

SM4 算法中，加密算法的轮密钥由加密密钥通过密钥扩展算法生成。

加密密钥 $\mathrm{MK}=\left(\mathrm{MK}_0,\mathrm{MK}_1,\mathrm{MK}_2,\mathrm{MK}_3\right)$，其中 $\mathrm{MK}_i\in\boldsymbol{Z}_2^{32}\left(i=0,1,2,3\right)$。

令 $K_i\in\boldsymbol{Z}_2^{32}\left(i=0,1,\cdots,35\right)$，轮密钥为 $\mathrm{rk}_i\in Z_2^{32}\left(i=0,1,\cdots,31\right)$，则轮密钥生成方法为：

首先，$\left(K_0,K_1,K_2,K_3\right)=\left(\mathrm{MK}_0\oplus\mathrm{FK}_0,\mathrm{MK}_1\oplus\mathrm{FK}_1,\mathrm{MK}_2\oplus\mathrm{FK}_2,\mathrm{MK}_3\oplus\mathrm{FK}_3\right)$；

然后，对 $i=0,1,\cdots,31$：

$$\mathrm{rk}_i=K_{i+4}=K_i\oplus T'\left(K_{i+1}\oplus K_{i+2}\oplus K_{i+3}\oplus\mathrm{CK}_i\right) \tag{12-21}$$

其中：

（1）T' 变换与加密算法轮函数中的 T 基本相同，只将其中的线性变换 L 修改为 L'：

$$L'\left(B\right)=B\oplus\left(B<<<13\right)\oplus\left(B<<<23\right) \tag{12-22}$$

（2）系统参数FK 的取值，采用 16 进制表示为：

FK_0=(A3B1BAC6)，FK_1=(56AA3350)，FK_2=(677D9197)，FK_3=(B27022DC)

（3）固定参数CK的取值方法为：

设 $ck_{i,j} \in \boldsymbol{Z}_2^8$ 为 CK_i 的第 j 字节（$i = 0,1,\cdots,31; j = 0,1,2,3$），即 $CK_i = (ck_{i,0}, ck_{i,1}, ck_{i,2}, ck_{i,3})$，则 $ck_{i,j} = (4i + j) \times 7(\text{mod}\, 256)$，由此式可计算得出 32 个固定参数 CK_i，其 16 进制表示如表 12-7 所示。

表 12-7　CK_i 的取值

i	CK_i	i	CK_i	i	CK_i	i	CK_i
0	00070e15	8	e0e7eef5	16	c0c7ced5	24	a0a7aeb5
1	1c232a31	9	fc030a11	17	dce3eaf1	25	bcc3cad1
2	383f464d	10	181f262d	18	f8ff060d	26	d8dfe6ed
3	545b6269	11	343b4249	19	141b2229	27	f4fb0209
4	70777e85	12	50575e65	20	30373e45	28	10171e25
5	8c939aa1	13	6c737a81	21	4c535a61	29	2c333a41
6	a8afb6bd	14	888f969d	22	686f767d	30	484f565d
7	c4cbd2d9	15	a4abb2b9	23	848b9299	31	646b7279

12.4.2　加密示例

以下为 SM4 算法 ECB 工作模式的两个运算示例，用以验证密码算法实现的正确性。其中的数据均采用 16 进制表示。

示例一：对一组明文用密钥加密一次。

明文：01 23 45 67 89 ab cd ef fe dc ba 98 76 54 32 10

加密密钥：01 23 45 67 89 ab cd ef fe dc ba 98 76 54 32 10

轮密钥与每轮输出状态：

$rk[0] = \text{f12186f9}$　　$X[0] = \text{27fad345}$

$rk[1] = \text{41662b61}$　　$X[1] = \text{a18b4cb2}$

$rk[2] = \text{5a6ab19a}$　　$X[2] = \text{11c1e22a}$

$rk[3] = \text{7ba92077}$　　$X[3] = \text{cc13e2ee}$

$rk[4] = \text{367360f4}$　　$X[4] = \text{f87c5bd5}$

$rk[5] = \text{776a0c61}$　　$X[5] = \text{33220757}$

$rk[6] = \text{b6bb89b3}$　　$X[6] = \text{77f4c297}$

$rk[7] = \text{24763151}$　　$X[7] = \text{7a96f2eb}$

$rk[8] = \text{a520307c}$　　$X[8] = \text{27dac07f}$

$rk[9] = \text{b7584dbd}$　　$X[9] = \text{42dd0f19}$

$rk[10] = \text{c30753ed}$　　$X[10] = \text{b8a5da02}$

$rk[11] = \text{7ee55b57}$　　$X[11] = \text{907127fa}$

$rk[12] = \text{6988608c}$　　$X[12] = \text{8b952b83}$

$rk[13] = \text{30d895b7}$　　$X[13] = \text{d42b7c59}$

$rk[14] = \text{44ba14af}$　　$X[14] = \text{2ffc5831}$

$rk[15] = \text{104495a1}$　　$X[15] = \text{f69e6888}$

$rk[16] = \text{d120b428}$　　$X[16] = \text{af2432c4}$

rk [17] = 73b55fa3	*X* [17] = ed1ec85e
rk [18] = cc874966	*X* [18] = 55a3ba22
rk [19] = 92244439	*X* [19] = 124b18aa
rk [20] = e89e641f	*X* [20] = 6ae7725f
rk [21] = 98ca015a	*X* [21] = f4cba1f9
rk [22] = c7159060	*X* [22] = 1dcdfa10
rk [23] = 99e1fd2e	*X* [23] = 2ff60603
rk [24] = b79bd80c	*X* [24] = eff24fdc
rk [25] = 1d2115b0	*X* [25] = 6fe46b75
rk [26] = 0e228aeb	*X* [26] = 893450ad
rk [27] = f1780c81	*X* [27] = 7b938f4c
rk [28] = 428d3654	*X* [28] = 536e4246
rk [29] = 62293496	*X* [29] = 86b3e94f
rk [30] = 01cf72e5	*X* [30] = d206965e
rk [31] = 9124a012	*X* [31] = 681edf34

密文由 *X* [28]、*X* [29]、*X* [30]和 *X* [31]经反序变换 *R* 后组成，即: 68 1e df 34 d2 06 96 5e 86 b3 e9 4f 53 6e 42 46。

示例二：利用相同加密密钥对一组明文反复加密 1000000 次（过程略）。

明文：01 23 45 67 89 ab cd ef fe dc ba 98 76 54 32 10

加密密钥：01 23 45 67 89 ab cd ef fe dc ba 98 76 54 32 10

密文：59 52 98 c7 c6 fd 27 1f 04 02 f8 04 c3 3d 3f 66。

以上示例基于 C 语言程序实现的 SM4 对称密码算法的计算结果如图 12-12 所示。

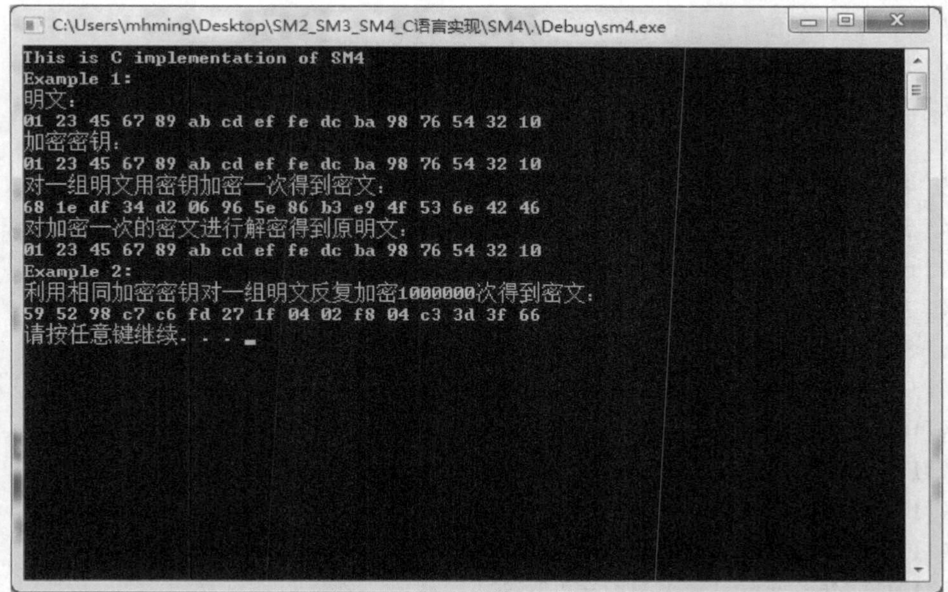

图 12-12　SM4 示例计算结果

复杂工程问题实践

[智能网联汽车的安全方案设计与工程实现探索] 随着 5G 通信技术、物联网、人工智能等新一代信息技术的进步，面向无人驾驶的智能网联汽车作为一个新的发展方向，得到了普遍重视和重点研发。安全问题是智能网联汽车的核心问题之一，试运用中国商用密码算法，设计一个中国版本的智能网联汽车安全方案，对其可行性进行论证，并实践其工程实现。

习　题

12.1　中国为什么要建立自己的密码体系？

12.2　上机测试并深入分析祖冲之序列密码算法。

12.3　上机测试并深入分析 SM2 椭圆曲线公钥密码算法。

12.4　上机测试并深入分析 SM3 杂凑算法。

12.5　上机测试并深入分析 SM4 对称密码算法。

12.6　试区分 SM2 椭圆曲线公钥密码算法与 ECC 椭圆曲线公钥密码算法。

下篇

密码学应用与实践

第 13 章　密码学应用与实践

知识单元与知识点	➢ IPSec 与 VPN； ➢ 安全电子邮件； ➢ 移动通信系统； ➢ 第二代居民身份证； ➢ 社会保障卡； ➢ 校园一卡通； ➢ 网上银行； ➢ 金税工程； ➢ 电力远程抄表系统； ➢ 卫生信息网络直报系统； ➢ 物联网； ➢ 工业互联网。
能力点	✧ 深入理解各类典型密码学应用的基本原理； ✧ 会分析各类典型的密码学应用方法； ✧ 了解如何将密码学算法应用于实践； ✧ 结合身边应用事例进一步强化基于密码学的信息安全认识。
重难点	■ 重点：通过典型案例认识密码学的应用。 ■ 难点：密码算法在应用实例中的切入点。
学习要求	✓ 结合身边事例了解密码学的典型应用； ✓ 进一步强化基于密码学的信息安全认识。
问题导引	→ 基于密码学方法实现信息安全的典型工程案例有哪些？ → 能否结合身边的信息安全需求设计开发一个基于密码学的应用方案？ → 如何结合实例理解密码学对信息安全的重要意义？

纵观密码学的发展历程，密码学既古老又年轻，曾经神秘莫测，令人敬畏，主要应用于国家层面的信息保护与对抗；如今随着信息技术的快速发展，密码学走进了普通百姓的日常生活，保障着个人的人身与财产安全。本章举例说明密码学在日常生活中的典型应用，以此来让大家深切感受到在信息时代的今天，密码学这门严肃的科学已与我们息息相关，正在时刻准备着保护我们的生命和财产安全。

13.1 IPSec 与 VPN

在 TCP/IP 协议中，网际互联协议 IP 提供了互联跨越多个网络终端系统（即跨网互联）的能力。为了实现这个目的，要求所有终端和网络互联设备（如路由器）都要能支持 IP，IP 是实现整个网际互联的核心。IP 层作为 TCP/IP 协议的一个十分重要的层次，在该层加入安全机制是保证整个网络安全通信的一个重要手段。通过在 IP 层实现安全性，一个组织不仅可以为具有安全机制的应用提供安全的联网，而且可以为那些没有考虑安全性的应用提供安全的联网。也就是说，对于一个应用，无论它是否有安全性方面的考虑，IP 层的安全措施都可以为它提供安全保护。

IP 层的安全机制称为 IPSec，包括了三个功能域：认证、机密性和密钥管理。认证机制保证收到的分组确实是由分组首部的源站地址字段声明的实体传输过来的；该机制还能保证分组在传输过程中没有被篡改。机密性机制使得通信节点可以对报文进行加密。密钥管理机制主要完成密钥的安全交换。

13.1.1 IPSec 概述

IPSec 不是一个单一的协议。它提供了一套安全算法和一个允许通信参与实体用任何一个安全算法为通信提供安全保障的一般性框架。它实现了网络层的加密和认证，在网络体系结构中提供了一种端到端的安全解决方案，对每个 IP 分组单独认证，内置于操作系统中，对所有 IP 流加密保护，且对用户透明。

IPSec 提供了在局域网、专用网和公用广域网及 Internet 上安全通信的能力。例如：

（1）通过 Internet 实现一个机构各分支办公室的安全连接：一个机构或公司可以在因特网或者公用广域网上建立安全的虚拟专用网。这使得企业主要依赖因特网，减少了构造专用网络的需求，从而节省了建设费用和网络管理的负担。

（2）基于因特网的安全远程访问：如果用户系统配备了 IP 安全协议，用户就可以通过本地的 Internet 服务提供商（ISP）来获得对一个公司网络的安全访问，这种情况特别适合于出差或旅行办公。

（3）与企业合作伙伴建立起企业内部网（Intranet）和企业外部网（Extranet）：IPSec 可以用于与其他组织间的安全通信，保证认证和机密性，并可提供密钥交换功能。

（4）增强电子商务的安全性：尽管一些 WEB 和电子商务应用已内置了相关的安全协议，使用 IPSec 可以增强其安全性。

IPSec 能够支持上述不同应用的主要特征是它能够加密和认证在 IP 层的所有通信。

IPSec 在路由选择方面还起着重要作用，它能够保证：

（1）路由器通告（新的路由器通告它的存在）或邻站通告（一个路由器尝试与另一个路由器建立或维护一种邻站关系），来自于被认可的路由器。

（2）重定向的报文来自于原始报文的目标路由器。

（3）路由更新不会被伪造。

这些安全措施保证了攻击者不能中断通信或者转移通信量。

IPSec 的优点表现为：

（1）由于 IPSec 位于传输层（TCP、UDP）之下，因此对于应用是透明的。所以当在防火墙、路由器或用户终端系统上实现 IPSec 时，并不会对应用程序带来任何的改变。

（2）IPSec 可以对个人用户提供安全性保障。这对于不在本地的工作者（如出差），或者对于一个组织内部，为敏感的应用建立只有少数人才能使用的虚拟子网是必要的。

（3）IPSec 为穿越局域网边界的通信量提供安全保障，但对于局域网内部的通信，它不会带来任何与安全有关的处理负荷。

（4）IPSec 对终端用户是透明的。不必对用户进行安全培训，也不涉及密钥的分发与管理等问题。

一个使用 IPSec 的典型方案如图 13-1 所示。一个组织可能在不同的地点建立了多个局域网，在每个局域网内部是非安全性 IP 通信（即未采取安全措施的 IP 数据包）。当局域网内的 IP 数据包要离开局域网进入某个公开或专用的广域网时，为了保证传输数据的安全性，就需要使用 IPSec 协议。IPSec 协议运行在将局域网与外部世界相联的网络设备上，如路由器、防火墙等。这些支持 IPSec 协议的网间互联设备的任务之一是：将从局域网进入广域网的所有数据包进行加密和压缩；对所有从广域网进入局域网的数据包进行解密和解压操作。这些操作对于局域网上的工作站或服务器来说是透明的。

另外，对于拨号进入广域网的单个用户来说，通过 IPSec 提供安全传输也是可能的，条件是用户工作站必须支持 IPSec 协议。

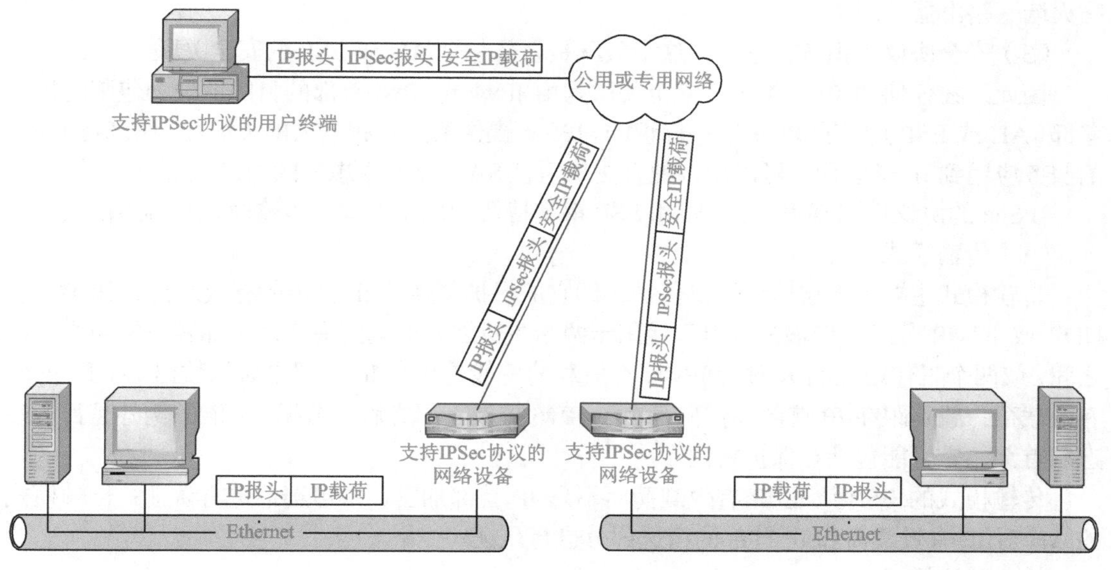

图 13-1　IPSec 的典型方案

13.1.2　IPSec 安全体系结构

IPSec 在 IP 层提供安全服务，使得一个系统可以选择需要的安全协议，决定这些服务应使用的算法，选择服务所需要的密钥。使用两个协议来提供安全性：一个是由协议的首部即认证首部（AH）指明的认证协议，一个是由协议的分组协议即封装安全有效载荷（ESP）指明的加密/认证混合协议。下面是一些可提供的服务：

（1）访问控制；

（2）无连接完整性（对 IP 数据包自身的一种检测方法）；

（3）数据源的认证；

（4）拒绝重放的分组（部分序列号完整性的一种形式）；

（5）机密性（加密）；

（6）有限的通信量机密性。

前面 4 项主要由 AH 提供，后面 2 项主要由 ESP 提供。

为了通信，每一对使用 IPSec 的主机必须在它们之间建立一个安全关联（SA）。SA 将所需要知道的关于如何同其他人进行安全通信的所有信息组合在一起，如使用的保护类型、使用的密钥，以及该 SA 的有效期。SA 在发送者和接收者之间建立一种单向关系。如果需要一个对等的关系用于双向的安全交换，就要有两个安全关联。

可以将 SA 看做是一个通过公共网络到某一特定个人、某一组人或某个网络资源的安全通道。它就像是一个与位于另一端的人之间的协定。SA 允许构建不同类型的安全通道，使用强度不同的加密。

安全关联是由如下三个参数来唯一标识的。

（1）安全参数索引（SPI）：SPI 唯一地标识一个与某一安全协议（如 AH 或 ESP）相关的安全关联，它被加载到 AH 和 ESP 的首部，使得接收系统能够选择 SA 来处理接收的分组。

（2）目标 IP 地址：即 SA 的目的端点地址，可能是终端用户系统或者是网络系统，如防火墙、路由器、网关。

（3）安全协议标识符：它指出这个关联是否是一个 AH 或 ESP 的安全关联。

因此，在任何的 IP 分组中，安全关联是由 IPv4 或 IPv6 首部的目的地址和包装的扩展首部（AH 或 ESP）中的 SPI 来唯一标识的。IPSec 提供给用户相当大的灵活性，用来将 IPSec 的服务应用到 IP 通信量。可以用多种方法来组合 SA，以产生想要的用户配置。

IPSec 的协议模式有两种，AH 和 ESP 都支持两种使用方式：传输模式和隧道模式。

（1）传输模式

传输模式主要为上层协议提供保护，即它的保护覆盖了 IP 分组的有效载荷，如 TCP、UDP 或 ICMP 分组。传输模式典型地用于两个主机之间的端到端通信（如客户机与服务器之间，或两个工作站之间）。对于 IPv4，有效载荷一般是跟在 IP 首部之后的数据；对于 IPv6，有效载荷一般是跟在 IP 首部和任何存在于 IPv6 扩展首部之后的数据，可能的例外是目的站选项首部，它可能包括在保护之内。

传输模式的 ESP 认证 IP 有效载荷而不是 IP 首部加密，并可选地进行认证；传输模式的 AH 对 IP 有效载荷和 IP 首部的精选部分进行认证。

（2）隧道模式

隧道模式对整个 IP 分组提供保护。为了实现这一点，在 AH 和 ESP 字段加入到 IP 分组之后，整个分组加上安全字段被看成是带有新的输出 IP 首部的新的 IP 分组的有效载荷。整个原来的（即内部的）分组通过一个“隧道”从 IP 网络的一点传输到另一点。在传输过程中，没有路由器能够检查内部的 IP 首部。因为原来的分组经过了包装，所形成的新的分组可以有完全不同的源地址和目的地址，增加了安全性。隧道方式用于 SA 的一端或两端是安全网关，如实现了 IPSec 的防火墙或路由器的情况。

隧道模式的 ESP 加密可选地认证整个内部 IP 分组，包括内部的 IP 首部。隧道模式的

AH 认证整个内部 IP 分组和外部首部的精选部分。

1. 认证头（AH）

下面，我们看一下两种模式中 AH 提供的认证范围和认证首部的位置。对于 IPv4 和 IPv6 情况有所不同。

图 13-2 显示了典型的 IPv4 和 IPv6 分组。在图中，IP 的有效载荷是 TCP 报文段，它也可以是其他使用 IP 协议的数据单元，如 UDP 或 ICMP。

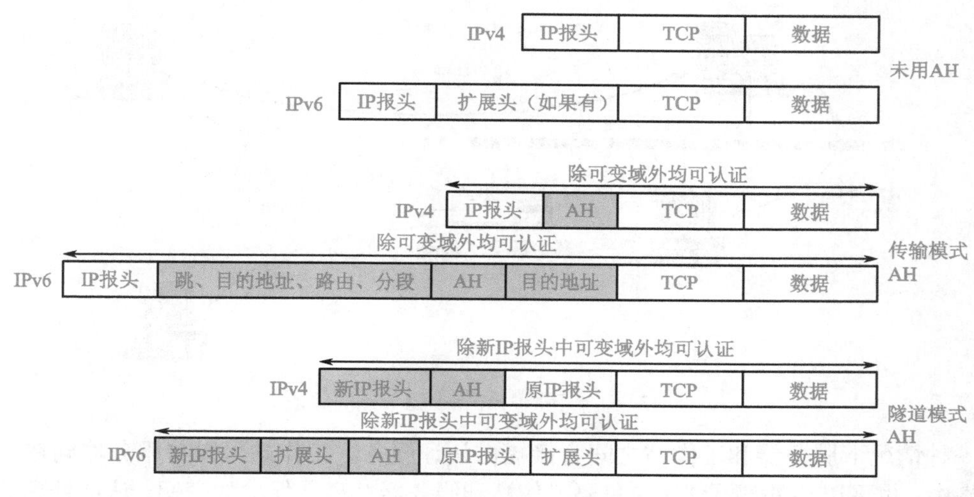

图 13-2　AH 认证的作用域

（1）传输模式 AH（只用于主机实现）

对于 IPv4 的传输模式 AH，AH 被插在原始 IP 首部之后，IP 有效载荷之前。除了 IPv4 首部中一些可改变的字段外，认证覆盖了整个分组。也就是说，认证覆盖了 IP 首部的不可变字段和 IP 的有效载荷。

在 IPv6 情况下，AH 被看成是端到端的有效载荷，即它不会被中间的路由器检查和处理。因此，AH 出现在 IPv6 基本首部和扩展首部（即逐跳、路由和分片）之后。另外，根据需要目的站首部可能出现在 AH 之前或之后。与 IPv4 一样，认证覆盖了除 IPv6 首部可变字段外的整个分组。

（2）隧道模式 AH（既可用于主机，也可用于安全网关）

对于隧道模式 AH，整个原始 IP 分组被认证，AH 被插在原始 IP 首部和新的外部 IP 首部之间。内部的 IP 首部（即原始 IP 首部）携带了最终的源地址和目的地址，而外部 IP 首部可能包含了不同的 IP 地址（如防火墙地址或者其他安全网关）。

对于隧道模式，AH 保护整个内部 IP 分组，包括整个内部 IP 首部。除了可变的并且不可预测的字段之外，外部 IP 首部受到保护。如 IPv4 中，认证覆盖了除新 IP 首部的可变字段外的整个分组。对于 IPv6，认证覆盖了除新 IP 首部和它的扩展首部可变字段外的整个分组。

下面看一个隧道模式 IPSec 如何工作的例子：假设位于一个网络上的主机 A 要向位于另一个网络上的主机 B 发送数据，主机 A 就产生一个目的地址是主机 B 的 IP 分组，这个分组从主机 A 被路由到它所在网络的边界上的一台防火墙或安全路由器。防火墙过滤所有的输出分组以决定是否需要进行 IPSec 处理。如果从 A 到 B 的这个分组需要，防火墙就进行 IPSec 处理，并将这个分组包装在外部 IP 首部里。这个外部 IP 首部中的源 IP 地址就是这个防火墙，目的地址可能是 B 所在局域网的边界防火墙。然后，这个分组被路由到 B 所在网络的边界防火墙，中间的路由器只检查外部 IP 首部。在 B 的防火墙中，外部 IP 首部被剥离，内部分组根据其（内部）IP 首部中的目的 IP 地址被交给 B。

图 13-3 显示了端到端与端到中间节点两种使用 IPSec 认证服务的方式。

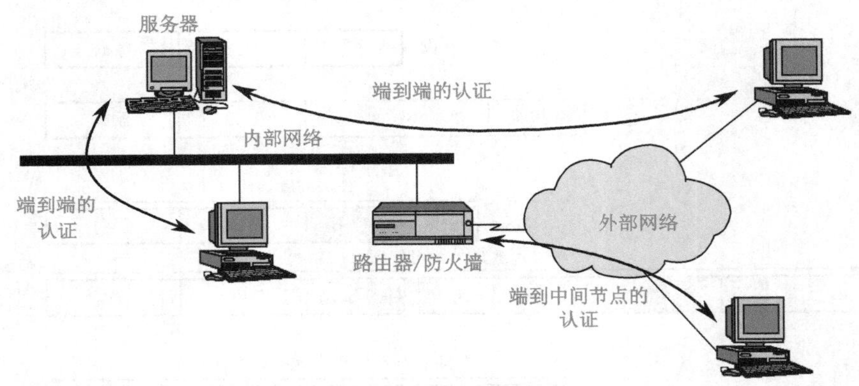

图 13-3　端到端与端到中间节点的认证

一种情况下服务器和工作站之间直接提供认证服务。工作站可以与服务器同在一个内部网络中，也可以在外部网络中，只要工作站和服务器共享受保护的密钥，认证处理就是安全的。这种情况使用的是传输模式的 SA。

另一种情况是远程工作站向公司的防火墙或路由器认证自己的身份，或者是为了访问整个内部网络，或者是因为请求的服务器不支持认证特征。这种情况使用隧道模式的 SA。

2. 封装安全有效载荷（ESP）

封装安全有效载荷（ESP）提供了机密性服务，包括报文内容的机密性和通信量的机密性。作为可选的特征，ESP 还可以提供和 AH 同样的认证服务。

ESP 对自己的数据部分（即有效载荷数据、填充、填充长度和下一个首部字段）进行加密。它允许使用的加密算法包括：3 密钥 3DES、RC5、IDEA，3 密钥 3IDEA、CAST、Blowfish。

另外，和 AH 一样，ESP 支持使用默认长度为 96 位的 MAC。允许使用的用于计算 MAC 的算法有 HMAC-MD5-96 和 HMAC-SHA-1-96，也和 AH 一样。

缺点：原 IP 首部未受加密保护，可能受到通信量分析。

（1）传输模式 ESP （只用于主机实现）。

传输模式 ESP 用于对 IP 携带的数据（如 TCP 报文段）进行加密和可选的认证，如图 13-4 所示。

对于 IPv4，ESP 首部（即 SPI 和序列号）被插在原始 IP 首部之后，而 ESP 尾部（即填充、填充长度和下一个首部）被置于 IP 分组之后。如果选择了认证服务，ESP 认证数据字段则被附加在 ESP 尾部之后。整个传输级报文和 ESP 尾部受到加密保护，认证则覆盖了 ESP 首部和被加密保护的部分。

对于 IPv6，ESP 被看成是端到端的有效载荷，即它不被中间的路由器检查和处理。因此 ESP 首部出现在 IPv6 的原始 IP 首部和逐跳、目的、路由、分片字段扩展首部之后。目的站扩展首部根据需要可能出现在 ESP 首部之前或之后。加密覆盖了整个传输级报文段，以及 ESP 尾部和目的站扩展首部（如果它出现在 ESP 首部之后）。认证覆盖了 ESP 首部和被加密部分。

（2）隧道模式 ESP（既用于主机，也用于安全网关）。

隧道模式 ESP 用于对整个 IP 分组进行加密。在这种模式下，在分组的前面加上 ESP 首部，然后对分组加上 ESP 的尾部进行加密。其加密和认证的作用域如图 13-4 所示。由于原 IP 首部中包含的路由信息被加密后不能被中间节点识别，故需要添加新的 IP 首部。其优点是原 IP 首部被加密保护，不能进行通信量分析。

很明显，传输模式对于保护两个支持 ESP 的主机间的连接是适合的，而隧道模式则适合于包含了防火墙或其他种类的安全网关的配置。

单独的安全关联（SA）可以实现 AH 或 ESP，但不能同时实现两者。在实际使用中可能需要配备多个 SA 来获得想要的 IPSec 服务，这就是安全关联的结合。

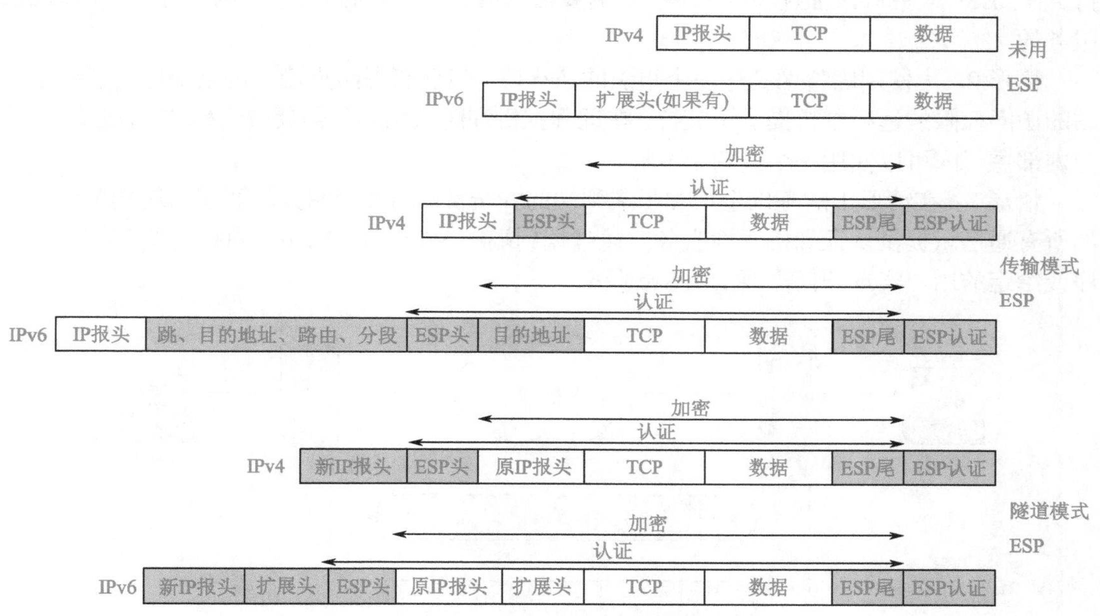

图 13-4　ESP 加密和认证的作用域

安全关联可以有以下两种方式实现结合。

① 传输邻接：指的是对同一个 IP 分组应用一种以上的安全协议，而不引入隧道。即不使用隧道 SA，而是将多个传输 SA 应用于同一个 IP 分组。这种组合只允许 AH 和 ESP 方法结合在一起，不能够进一步嵌套，因为 IP 分组只在最终的目的节点处理一次，更多的嵌套并不会带来更多的好处。如图 13-5 所示，所有的安全都由实现了 IPSec 的终端系统之间提供。

② 循环隧道：指的是通过 IP 隧道实现的多层安全协议的应用。这种方法允许多层嵌套，因为每个隧道都可以在路径上的不同 IPSec 站点上发起或终止，而不只是在终点。

上述两种方法还可以组合起来使用。例如，可以依次使用一个循环隧道 SA 和一个或者多个传输邻接 SA。

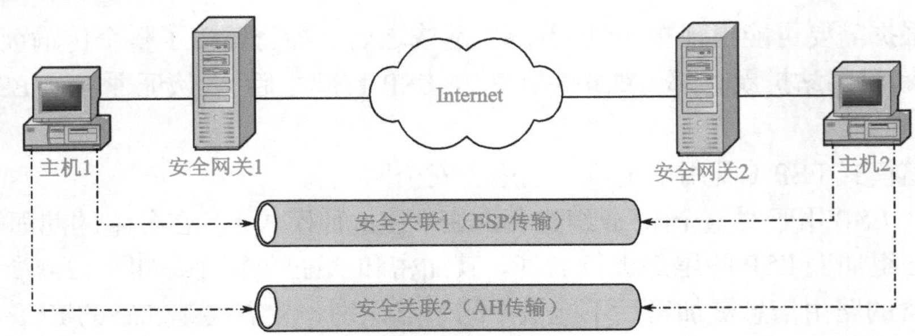

图 13-5　传输邻接

循环隧道的三种基本组合模式如图 13-6 所示。

情形 1：安全只在网关（路由器、防火墙等）间提供，并且没有主机实现了 IPSec。这种情况显示了对于简单的专用网络的支持。这种情况只需要一个隧道 SA，这个隧道可以支持 AH、ESP 或带有认证选项的 ESP，不需要嵌套的 SA，因为是对整个内部分组应用 IPSec 服务的。

情形 2：为使用因特网到达一个组织的防火墙，然后获得防火墙后的某个服务器或工作站的访问权限的远程主机提供了支持。在远程主机和防火墙间只需要隧道模式。在远程主机与内部主机间可以使用一个或两个 SA。

情形 3：在情形 1 的基础上增加了端到端的安全性。网关到网关的隧道为终端系统之间的所有通信量提供认证和机密性服务。通过端到端的 SA，单独的主机可以为给定的应用程序或给定的用户实现任何需要的 IPSec 服务。

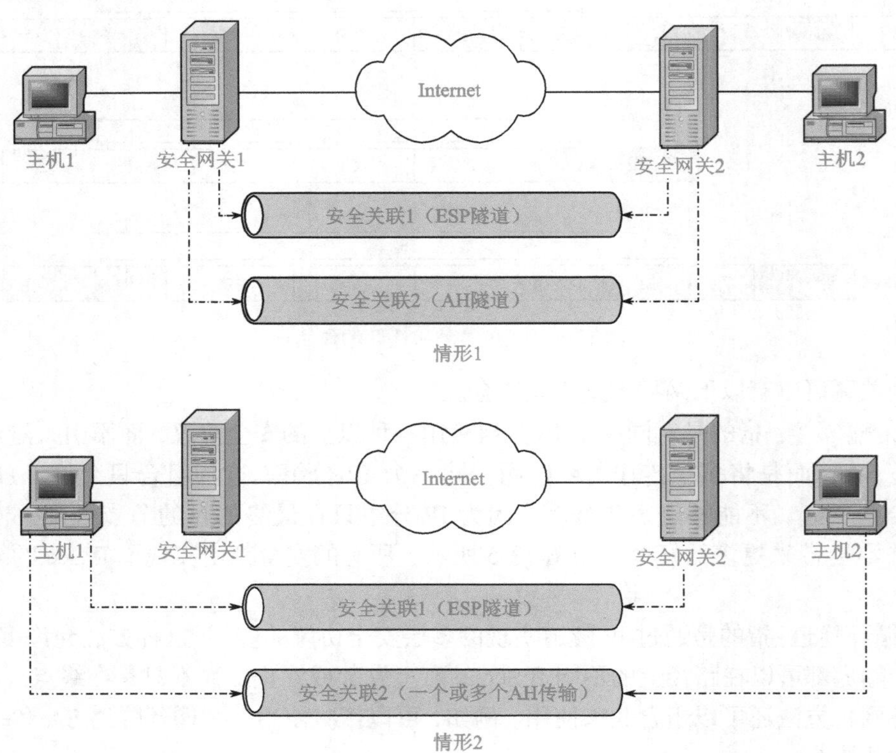

图 13-6　循环隧道

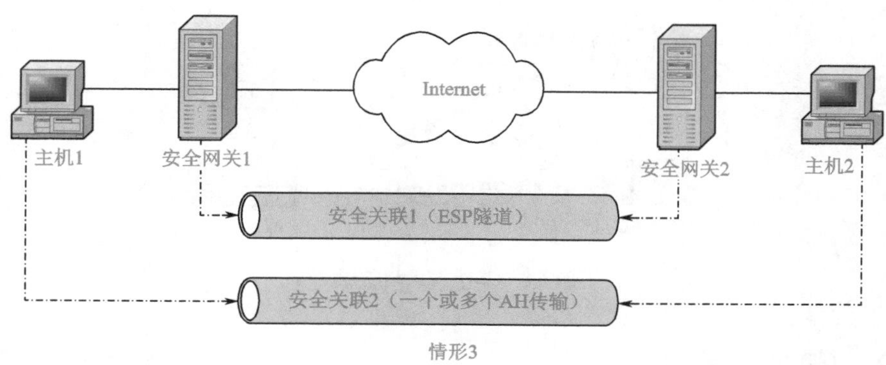

图 13-6　循环隧道（续）

13.1.3　VPN

VPN（Virtual Private Network，虚拟专用网络）是一种确保远程网络之间能够安全通信的技术，通常用以实现相关组织或个人跨开放、分布式的公用网络（如因特网）的安全通信。其实质是利用共享的互联网络设施，实现“专用”广域网络，最终以极低的费用为远程用户提供能和专用网络相比的保密通信服务。与一般专网相比，其突出的优势表现为低廉的费用和良好的可扩展性。

VPN 主要采用 5 项技术来保证安全：隧道技术（基于 IPSec 来实现）、加密/解密技术、密钥管理技术、使用者与设备的身份认证技术和访问控制技术。

VPN 主要有三个应用领域：远程接入网、内联网和外联网。

（1）远程接入网主要用于企业内部人员的移动或远程办公，也可用于商家为顾客提供 B2C 的安全访问服务。如图 13-7 所示，基于 VPN 的远程接入可以允许用户随时随地以其所需的方式安全访问企业资源。

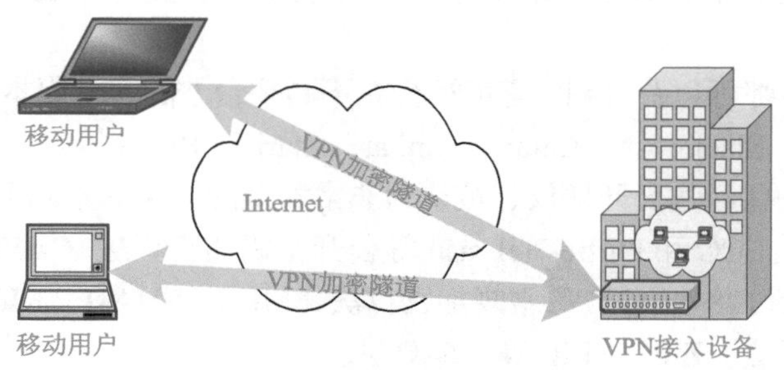

图 13-7　VPN 远程接入

（2）内联网主要用于企业内部各分支机构的互联，如图 13-8 所示，基于 VPN 的内联网能够为企业各分支机构提供便捷的安全通信通道，还能实现相互间基于安全策略的信息共享，防止非授权的资源访问。

（3）外联网主要为某个企业和其合作伙伴提供许可范围内的信息共享服务。基于 VPN 的外联网可以向客户和其合作伙伴提供快捷准确的信息服务，同时跟踪了解客户的最新需求。基于 VPN 的外联网和基于 VPN 的内联网在网络架构方面相似，但在安全策略方面前者更受重视。

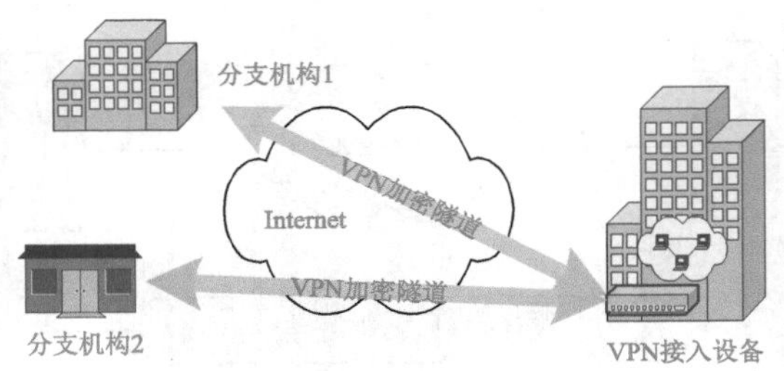

图 13-8　基于 VPN 的内联网

13.2　安全电子邮件

13.2.1　PGP 概述

电子邮件是最常用的一种网络通信应用，为了电子邮件的安全性，提出了邮件内容的机密性服务和对邮件来源进行认证的要求。PGP（Pretty Good Privacy，绝好的隐私保护）作为最广泛使用的保障电子邮件安全的技术之一，主要提供机密性、完整性和认证服务，用于保障电子邮件和文件存储的安全。

交流与微思考

PGP 是一个高度安全的、采用先进的公开密钥加密算法的程序。它最初是由美国的菲利浦·齐默尔曼（Philip Zimmermann）于 1991 年创立的。到目前为止，PGP 已在全球赢得众多的支持者，且已成为基于 Internet 的电子邮件加密工业标准。它被广泛用来加密重要文件和电子邮件，以保证它们在网络上的安全传输；或为文件作数字签名，以防止它们被篡改或伪造。PGP 是达到军事级别的加密系统，由于其加密技术的先进性，目前美国政府如同对待先进的军火武器一样禁止其出口。它的国际版本在美国境外开发，不受美国政府软件出口的限制。

PGP 发展非常迅速，已在个人电子邮件领域得到广泛应用。PGP 得以快速发展的原因主要有以下几点。

（1）它在全世界都可免费得到，有可运行在不同平台上的多个版本，如 DOS/Windows、Unix、VMS、OS/2、Macintosh、Linux、Amiga、Atari 和 BeOS 等。

（2）它建立在一些经过公开评议、被认为非常安全的算法的基础上。如 PGP 中包括了 RSA、DSS、ElGamal、ECC 和 Diffie-Hellman 等公开密钥加密算法，CAST-128、IDEA、3DES、Blowfish、SAFER-SK128 和 AES 等常规加密算法，MD5、SHA-1、RIPE-MD/160、MD2、TIGER/192 等散列算法，ZIP、ZLIP 等压缩算法。

（3）它的应用范围非常广。从公司到个人、从邮件到文件都可以使用。它也是一个非常国际化的软件，其程序和文档被译成了多种语言。PGP 的版本有两大类：PGP 免费版（仅供个人用于非商业目的）和 PGP 商业版（公司或企业用），使用起来非常简单方便。

（4）它不是任何政府或标准化组织开发的，因此不受它们的控制。

13.2.2　PGP 原理描述

1. PGP 的操作

PGP 的操作由 5 种服务组成：认证、机密性、压缩、电子邮件的兼容性和分段与重装。

（1）认证

PGP 基于公钥密码体系的数字签名提供认证服务，相应的数字签名模式已在第 8 章中作了介绍。

（2）机密性

机密性是 PGP 提供的又一个基本信息安全服务，通过对要传输的消息进行加密来实现。在 PGP 中，每个用于对称加密算法的会话密钥只使用一次，使用公钥密码体制来分发会话密钥。可用的对称密码算法包括 AES、3DES、IDEA、CAST-128 等，非对称算法包括 ECC、RSA 和 Diffie-Hellman 等。

（3）压缩

在默认情况下，PGP 在签名之后、加密之前对传递的消息进行压缩。这有利于在电子邮件传输和文件存储时节省空间。压缩算法的重要性高，可以从以下两个方面来理解。

① 在压缩之前生成签名的理由：

对没压缩的消息进行签名更好，因为这样为了验证只需存储没压缩的消息和签名。如果在压缩之后再签名，则为了验证就必须或者保存压缩后的消息，或者在验证时重新压缩消息，增加了处理的工作量。

由于 PGP 的压缩算法是不固定的，因此如果在压缩之后再签名可能导致收、发双方的压缩结果不一致，而无法实现认证；或者要求 PGP 的实现中使用同样的压缩算法。

② 在压缩之后对消息加密可以加强加密的强度。因为压缩过的消息比原始明文的冗余更少，密码分析更加困难。

（4）电子邮件的兼容性

PGP 至少要对传输消息的一部分进行加密。如果只使用签名（认证）服务，则消息摘要需要加密（从而实现数字签名）；如果使用机密性服务，则报文与签名一起被加密。这样，经过加密后的消息将由 8 位的字节流组成。但很多电子邮件系统只允许使用 ASCII 码字符。为了保证电子邮件在网络上的畅通无阻，PGP 提供了将原始 8 位二进制流转换成 ASCII 码字符的服务。

PGP 为实现这一目标采用的方案是 radix-64（或简写为 R64）转换。每 3 个字节的二进制（24 位）数据为一组，映射成 4 个 ASCII 码字符。还附加了 CRC 校验来检测传输错误。

使用 radix-64 将消息的长度扩充了 33%，但消息的签名部分相对较小，并且明文已进行了压缩。这种压缩足以补偿 radix-64 变换带来的扩展。

（5）分段与重装

电子邮件设施经常受限于最大的消息长度。如很多 Internet 可以访问的设施被限制到最大 50 000 个 8 位组（字节）。任何长度超过这个数值的消息都必须划分成更小的报文段，每个段单独发送。为了满足这个约束，PGP 自动将长报文划分成可以使用电子邮件发送的足够小的报文段。

分段是在所有其他处理（包括 radix-64 转换）完成之后进行的，因此会话密钥部分和签名部分只在第一个报文段的开始位置出现一次。在接收端，PGP 先剥掉所有的电子邮件首部（参考 PGP 消息的格式），并重新装配成完整的原来的分组。

2. PGP 消息的传送和接收

传送时，如果需要，使用明文的散列编码生成签名。然后，明文加上签名后再压缩。

接下来，如果需要机密性，压缩后的分组被加密，并在加密结果前附加上经公开密钥加密的常规加密密钥。最后，这个分组被转换成 radix-64 格式。

接收时，进入的分组首先从 radix-64 格式恢复成二进制形式。然后，如果报文被加过密，接收者就恢复会话密钥并解密报文。接着，对报文进行压缩。如果报文签过名，接收者恢复传输过来的散列编码，并与自己计算出来的散列编码进行比较。

3. PGP 报文的一般格式

PGP 报文由三个部分组成：消息部分、签名部分（可选）和会话密钥部分（可选），如图 13-9 所示。

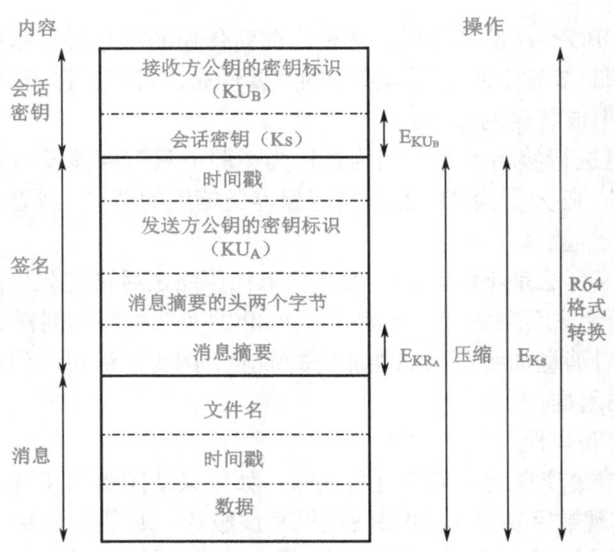

图 13-9 PGP 报文的一般格式

（1）会话密钥部分。

包括接收者公开密钥、加过密的会话密钥和接收者公开密钥的 ID。

（2）签名部分。

- 时间戳：签名构建的时间。
- 报文摘要：160 位的 SHA-1 摘要，使用发送者的私钥进行加密（即签名）。
- 报文摘要的前两个 8 位组：通过将这两个 8 位组的明文与加密摘要（被加密过）中的前两个 8 位组的内容相比较，使得接收者可以判定是否使用了正确的公开密钥。
- 发送者公开密钥的密钥 ID：标识用于解密报文摘要的公开密钥。

报文部分和签名部分（可选）可以使用 ZIP 进行压缩，还可以使用会话密钥进行加密。

（3）消息部分。

包括了要存储或传输的实际的数据、文件名和说明创建时间的时间戳。

整个分组通常使用 radix-64 格式进行编码。

4. PGP 实体收、发报文的主要操作

如图 13-10 所示，PGP 发送实体要进行签名和加密生成 PGP 报文，需要完成以下操作。

（1）签名报文。

① PGP 使用用户 ID 作为索引从私有密钥环中查找发送者的私有密钥（私钥）。

② PGP 提示用户输入口令来恢复经过加密保护的私有密钥。

③ 构造报文的签名部分（包括发送者的签名和发送者的公开密钥 ID）。

（2）加密报文。

① PGP 随机生成会话密钥并用其来加密报文。

② PGP 使用接收者的用户 ID 作为索引，从公开密钥环中查找接收者的公开密钥（公钥）。

③ 构造报文的会话密钥部分（包括加密的会话密钥和接收者的公开密钥 ID）。

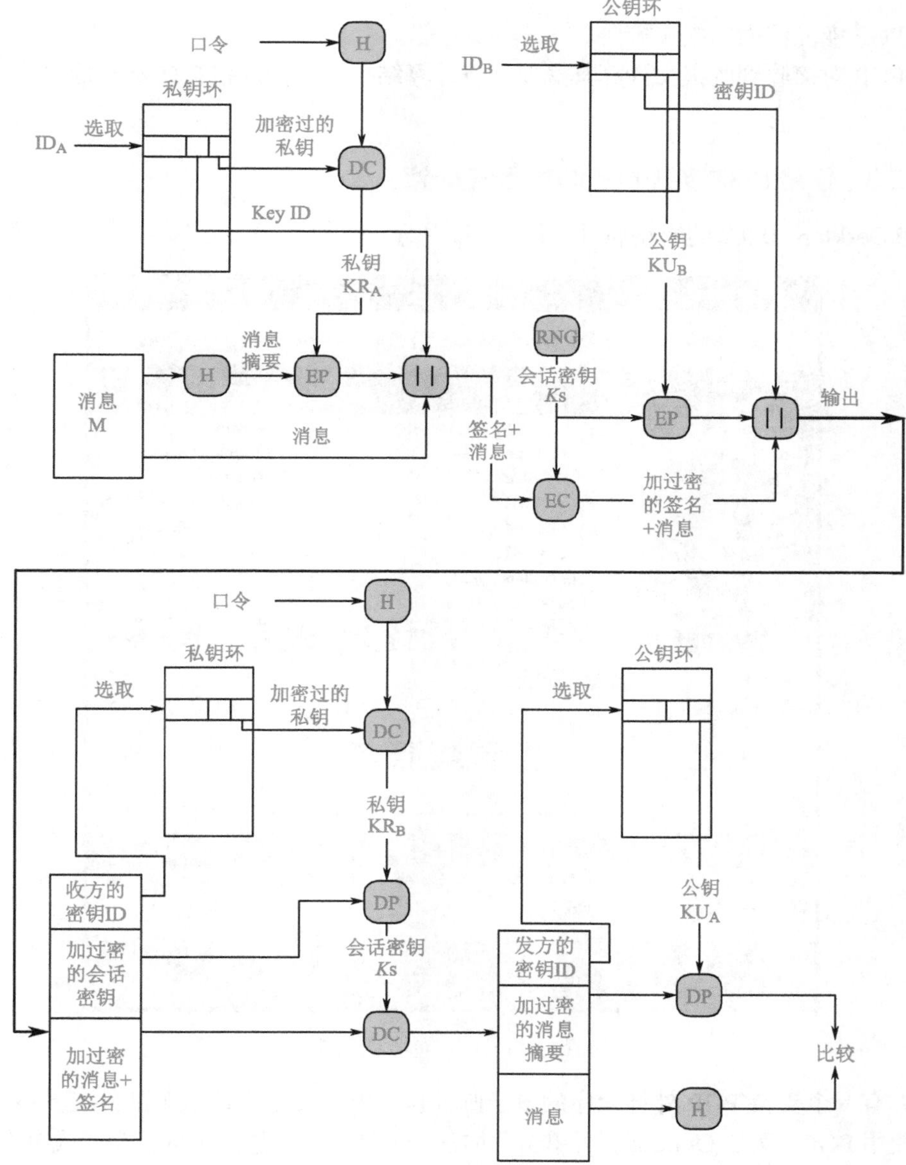

图 13-10　PGP 消息生成及接收验证

PGP 接收实体进行解密和认证需要完成以下操作。

（1）解密报文。

① PGP 使用会话密钥部分的密钥 ID 字段作为索引，从私有密钥环中查找接收者的私有密钥。

② PGP 提示用户输入口令来恢复经加密保护的私有密钥。

③ PGP 恢复会话密钥并解密报文。

（2）认证报文。

① PGP 使用签名部分的发送者密钥 ID 作为索引，从公开密钥环中查找发送者的公开密钥。

② PGP 恢复传输的报文摘要。

③ PGP 对接收到的报文计算其摘要，将计算结果与收到的报文摘要进行比较，从而实现认证。

13.2.3 使用 PGP 实现电子邮件通信安全

PGP Desktop 10.0.2 的密钥属性如图 13-11 所示。

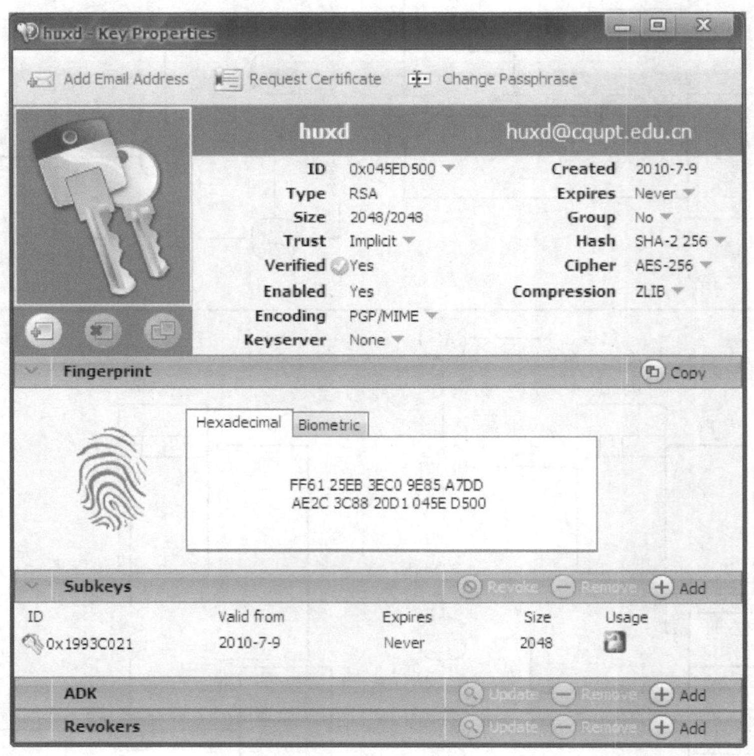

图 13-11　PGP 的密钥属性

假如有一个支持 PGP 外挂程序的电子邮件包，能通过单击该电子邮件工具条上的相应工具来使用 PGP。例如 Outlook，可单击“加密”工具来显示想加密的信息，或单击“签名”工具来显示想要作为数字签名的信息。当从别的 PGP 用户那里收到电子邮件时，通过单击“解密”来获取这个信息并证实其数字签名，如图 13-12 所示。

假如要和同样使用 PGP 和 Outlook（或者其他支持 PGP/MIME 标准的电子邮件软件包）的人互通电子邮件，那么你们都能自动加密或解密电子邮件信息和电子邮件中附带的任何文件，所有要做的就是从 PGP 设置对话框中选中 PGP/MIME 加密和签名功能项，如图 13-13 所示。当从使用 PGP/MIME 的人那里收到电子邮件时，该电子邮件中带有一个附加的图标，它表明这封邮件是采用 PGP/MIME 编码的。当接收者收到用 PGP/MIME 压缩的邮件时，要解密它的内容并证实其数字签名，双击密钥图标即可。

图 13-12　PGP 工具条

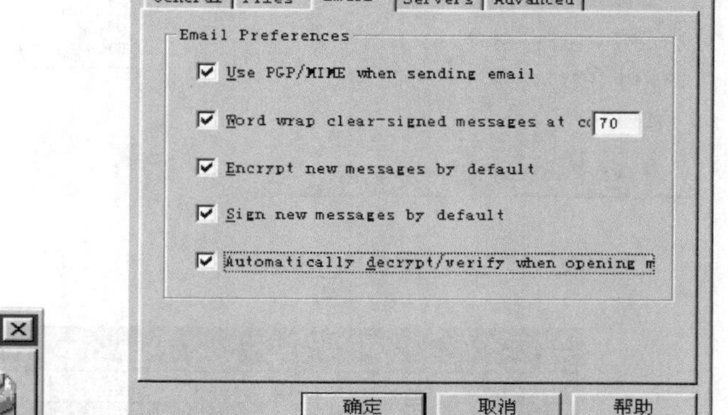

图 13-13　PGP 设置对话框

1. 加密和签名电子邮件

在已产生密钥对并且已交换公开密钥之后，就可以开始加密和签名电子邮件信息与文件附件了。

- 假如用一个支持外挂程序的电子邮件软件包，能通过选择其工具条上相应的工具来加密和签名信息。
- 假如与使用支持 PGP/MIME 标准的电子邮件软件包的用户通信，在发送电子邮件时，能自动加密和签名信息或文件附件。
- 假如使用的电子邮件软件包不支持外挂程序，可拷贝邮件内容到剪贴板，并从那里执行适当的功能，如图 13-14 所示。假如想包括任何文件附件，能在将其加到电子邮件中之前，从 Windows 的资源管理器中对其加密和签名。

例如，在 Outlook 中，对信息进行加密和签名的步骤如下：

（1）像平常一样用 Outlook 写作电子邮件内容。

（2）完成写作之后，单击“加密”或“签名”工具来表明是否想加密或签名邮件内容。当单击其中之一时，有提示向你表明要执行的动作。假如选择了对已加密的数据进行签名，将出现口令对话框，如图 13-15 所示，在邮件发出之前，要求输入口令。

（3）进入口令并单击 OK。假如系统中有每个收件人的公开密钥，系统将自动选用适当的密钥。然而，假如指定了一个没有相应公开密钥的收件人，PGP 的密钥选择对话框将出现，如图 13-16 所示，以便用户能指定正确的密钥。

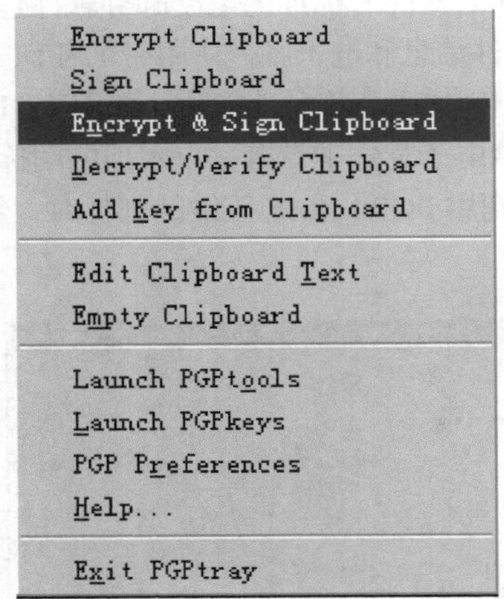

图 13-14 PGP 功能菜单

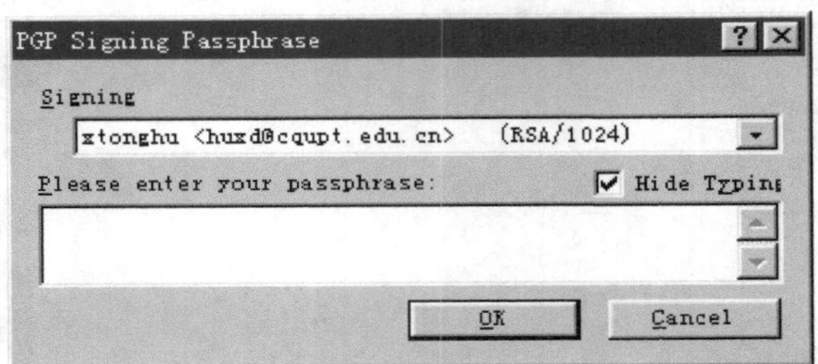

图 13-15 PGP 加密或签名口令对话框

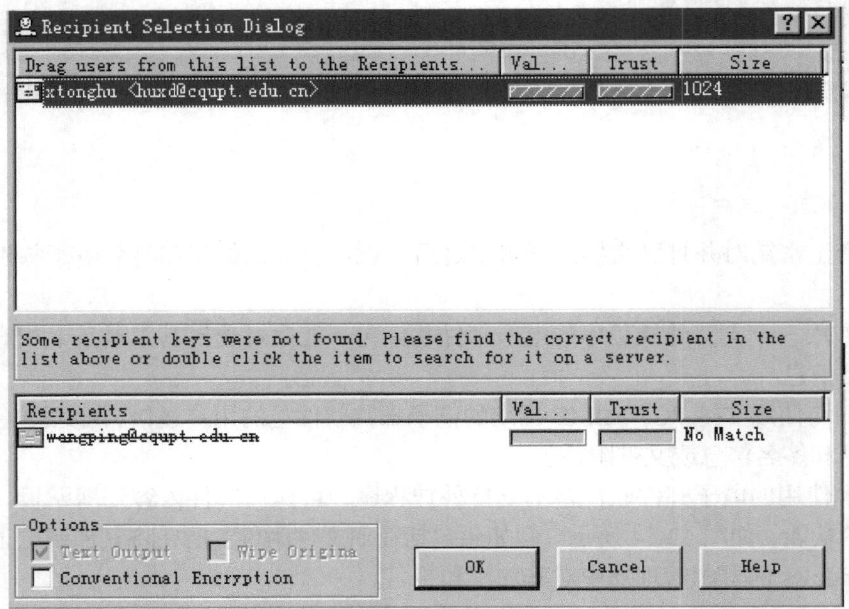

图 13-16 PGP 选取收件人公钥对话框

（4）拖动要接收加密电子邮件的用户的公用密钥到收件人列表中，或在任何一个密钥上双击来选定并移送它们。

（5）单击 OK 发送电子邮件。

2. 解密和证实电子邮件

当有人向你发送加密电子邮件时，你能用 PGP 使它的内容恢复到原状，并证实附加的签名，以确信它是原发送者发来的，并且它的内容在传输过程中并未被改变过。

- 假如使用一个支持外挂程序的电子邮件软件包，能通过选择其工具条上适当的项来解密和证实信息。

● 假如电子邮件软件包支持 PGP/MIME 标准，则读电子邮件时，可通过单击邮件中附带的一个图标来解密和证实用这个格式发送的信息和文件附件。

● 假如使用的电子邮件软件包不支持外挂程序，可拷贝邮件内容到剪贴板，并从那儿执行适当的功能。

例如，用 Outlook 来解密和证实信息时，其步骤如下：

（1）像平时一样打开电子邮件内容。密码文本块将出现在电子邮件信息内容的主体中，如图 13-17 所示。

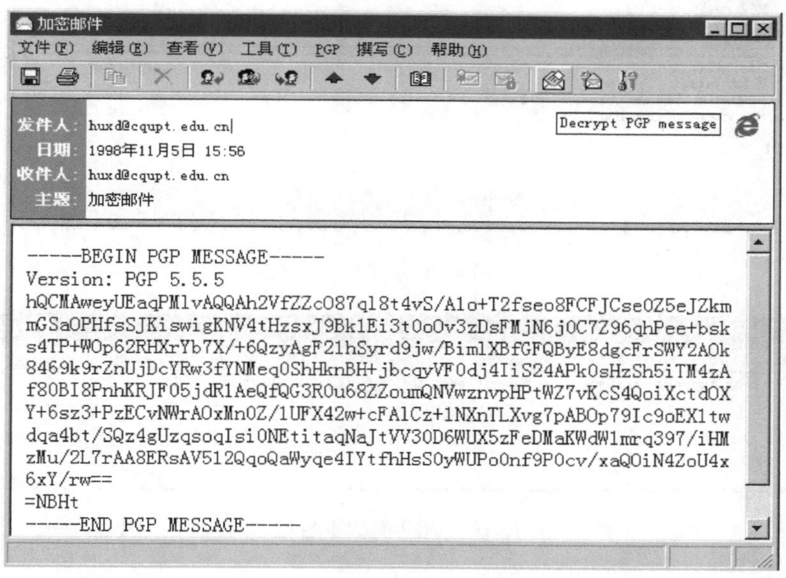

图 13-17　收到的 PGP 加密邮件内容

（2）在电子邮件软件包的工具条上单击“解密”图标。PGP 要求输入口令对话框出现，如图 13-18 所示。

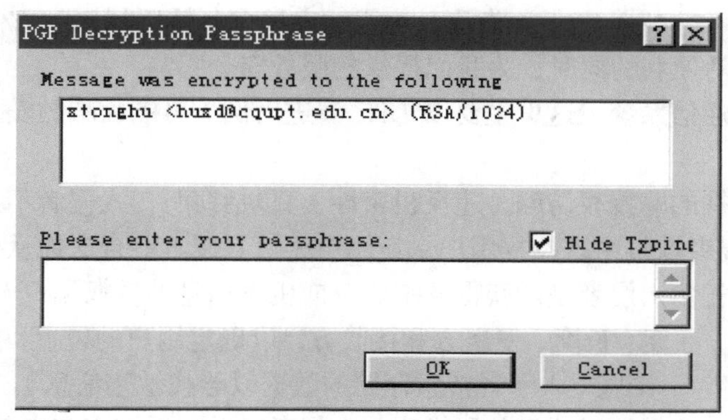

图 13-18　输入 PGP 解密口令对话框

（3）进入口令并单击 OK，信息被解密，如图 13-19 所示，并且假如信息被签过名的话，会有相应签名信息出现以表明它是否是有效的，如图 13-20 所示。

（4）用户可选择存储处于解密状态的电子邮件，或者存储它原来的加密版本，以使它保持加密状态。

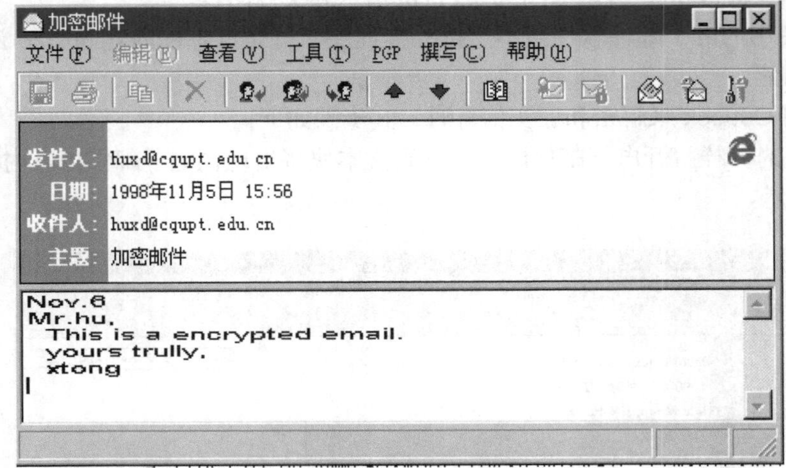

图 13-19　已解密的邮件内容

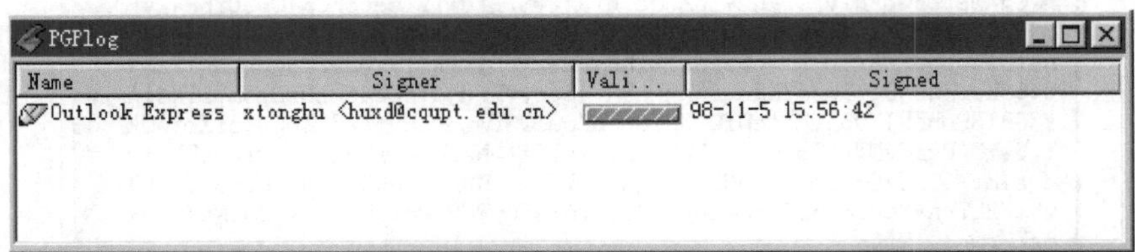

图 13-20　PGP 确认签名对话框

13.3　移动通信系统

13.3.1　移动通信系统面临的安全威胁

移动电话（或称手机）已非常普及，功能越来越多，使用越来越方便，移动电话在给我们带来通信和生活便利的同时，为我们提供的服务安全吗？

实际上，移动通信系统（这里主要以 LTE 演进为例）可能面临的安全威胁可以分为以下几类。

（1）对敏感数据的非授权访问（违反机密性）。包括窃听（入侵者不被发现地截取消息内容）、伪装（入侵者欺骗系统授权用户，使用户相信入侵者能合法地从授权用户处获得机密信息，或使用户相信入侵者是能获得系统服务或机密信息的授权用户）、流量分析（入侵者观察消息的时间、频度、长度、发送方和接收方，以确定用户的位置，或了解是否有重要的业务数据交换发生）、浏览（入侵者搜索存储的数据以寻找敏感信息）、泄漏（入侵者通过合法访问数据的机会获得敏感信息）和推论（入侵者通过向系统查询来获得响应信息）。

（2）对敏感数据的非授权操作（违反完整性）。包括消息被入侵者故意篡改、插入、删除或重放。

（3）滥用网络服务（导致拒绝服务或可用性降低）。包括干涉（入侵者通过阻塞合法用户的流量、信号或控制数据来阻止其使用服务）、资源耗尽（入侵者通过过载服务来阻止合法用户使用系统的服务）、优先权的误用（用户或服务网络可能利用他们的优先权来获得非授权的服务或信息）和服务的滥用（入侵者可能滥用一些特定的服务或设施来获得某种优势或破坏网络）。

（4）否认。用户或网络拒绝承认已执行过的行为或动作。

（5）非授权接入服务。包括入侵者伪装成合法用户或网络实体来访问服务，用户或网络实体能滥用它们的访问权限来获得非授权的访问。

13.3.2　移动通信系统的安全特性要求

为了确保移动通信系统的安全性，第三代移动通信系统伙伴计划（3GPP）提出的移动通信系统安全特性主要包括以下内容，它们也被系统地纳入4G及5G系统中，并且做了重要升级，使之更为系统和严谨。

1. 提供用户机密性

（1）用户身份机密性：使具有永久用户身份的用户在无线访问链路上的信息不能被窃听。

（2）用户位置机密性：这种安全特性使得不能通过在无线接入链路上的窃听来确定一个用户在某个确定的区域内、或者到达某个确定的区域内。

（3）用户不可跟踪性：入侵者不能通过无线接入链路上的窃听来推断出是否在给同一个用户提供不同的服务。

2. 实体认证

（1）用户认证：服务网络使用该服务确保用户的身份。

（2）网络认证：用户通过用户本地环境HE获得该服务，以确保自己连接到一个已授权的服务网络，且保证这个授权是最新的。

3. 数据传输机密性

（1）加密算法协议：该协议确保移动站MS（Mobile Station）和服务网络SN（Service Network）能够安全地协商随后要使用的加密算法。

（2）加密密钥协议：移动站MS和服务网络SN同意双方随后可以使用的一个加密密钥。

（3）用户数据的机密性：非授权用户或者入侵者不能从无线接入接口上窃听到用户数据。

（4）信令数据的机密性：非授权用户或者入侵者不能从无线接入接口上窃听到信令数据。

4. 数据完整性

（1）完整性算法协议：移动站MS和服务网络SN能够安全地协商双方随后将要使用的完整性算法。

（2）完整性密钥协议：移动站MS和服务网络SN同意双方随后可以使用的一个完整性密钥。

（3）信令数据的完整性和起源认证：接收实体（移动站MS或者服务网络SN）能够核

实信令数据未被授权地修改过，信令数据的数据源同时被认证。

5. 安全的能见度和可配置性

（1）指定访问网络加密：通知用户其用户数据在无线接入链路上传递时是否受到机密性保护，尤其是在建立非加密呼叫时。

（2）指定安全等级：通知用户其访问的网络为其提供的安全服务的安全等级，尤其是在用户越区切换，或者漫游到一个安全级别较低的网络时（如从3G到2G）。

（3）建立/取消用户和用户业务识别模块USIM之间的认证：用户应能够控制用户业务识别模块USIM之间的认证操作，如为了某些事件、某些服务或用途而进行这种控制操作。

（4）接受/拒绝非加密呼叫输入：用户能够控制自己是否接受或拒绝非加密呼叫输入。

（5）建立或不建立非加密呼叫：用户能够控制自己是否建立网络中没有实行加密的呼叫连接。

（6）接受/拒绝使用某些加密算法：用户能够控制使用哪些加密算法。

13.3.3 移动通信系统的安全架构

3G的安全架构如图13-21所示，一共定义了五种安全机制。

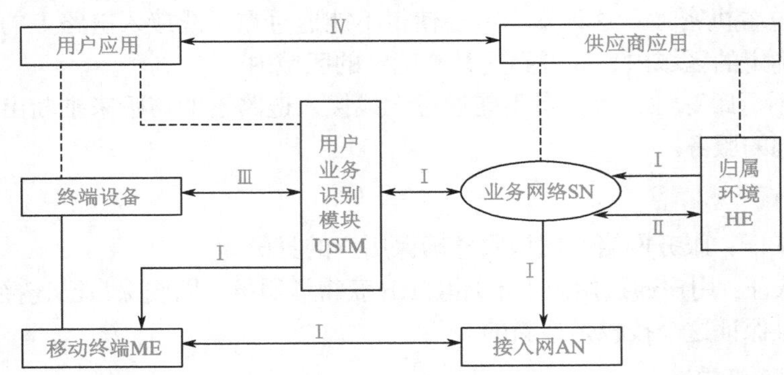

图13-21 3G的安全架构

Ⅰ. 网络接入安全：为用户提供安全的网络接入，防止对无线链路接入的攻击。包括用户身份和动作的保密、用户数据的保密、用户与网络间的相互认证等；

Ⅱ. 网络域安全：在运营商节点间提供安全的信令数据交换。包括网络实体间的相互认证、数据的加密、数据来源的认证等；

Ⅲ. 用户域安全：提供对移动终端的安全接入。包括用户和SIM卡的认证、SIM卡和终端间的认证等；

Ⅳ. 应用域安全：保证用户与服务提供商之间在应用层面安全地交换数据，包括应用数据的完整性检查等；

Ⅴ. 安全服务的可视性和可配置性：使用户知道网络的安全性服务是否在运行，以及它所使用的服务是否安全。

和3G的网络安全架构相比，LTE的安全架构发生了一些变化，如图13-22所示：在LTE中，安全包括AS（Access Stratum，接入层）和NAS（Non-Access Stratum，非接入层）两个层次。AS安全是UE（User Equipment，用户设备）与eNB（evolved Node-B，演进型节点B）之间的安全，主要执行AS信令的加密和完整性保护及UP（User Plane，用户平面）

数据的机密性保护。NAS 的安全是 UE 与 MME（Mobile Management Entity，移动管理实体）之间的安全，主要执行 NAS 信令的机密性和完整性保护。由图 13-22 可见，在 ME（Mobile Equipment，移动终端）和 SN（Service Network，业务网络）之间加入了非接入层的安全，使得非接入层和接入层的安全相互独立，便于操作；然后在 AN（Access Network，接入网）和 SN 之间的通信引入安全机制；另外，增加了服务网认证，能缩减空闲模式的信令开销。UE 是 ME 和 USIM 卡（Universal Subscriber Identity Module，用户业务识别模块）组成。

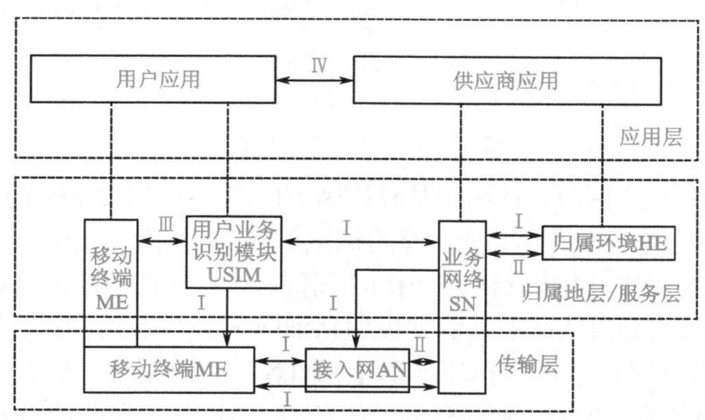

图 13-22　LTE 的安全架构

13.3.4　认证与密钥协商（AKA）

移动通信系统的安全流程如图 13-23 所示，用户开机发起注册，与网络建立连接后发起 AKA（Authentication and Key Agreement，认证与密钥协商）过程。网络端的 MME 通过终端发来的 IMSI（International Mobile Subscriber Identity，全球移动用户惟一标识）以及相关的参数发起鉴权过程，之后与终端进行密钥协商，发起安全激活命令 SMC（Security Mode Command，安全模式命令），其最终目的是要达到终端和网络端密钥的一致性，这样两者之间才能安全地通信。

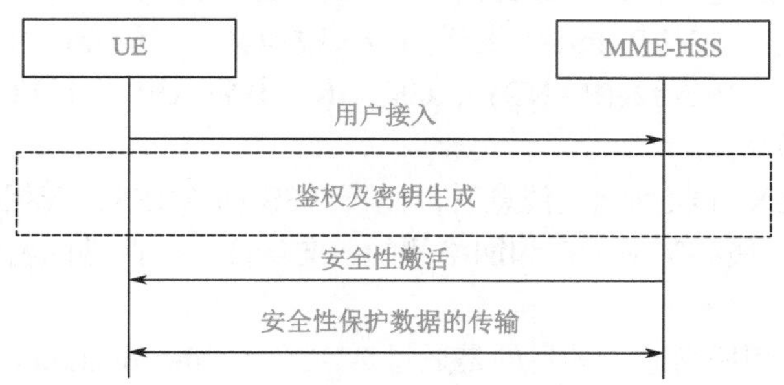

图 13-23　移动通信系统的安全流程

认证与密钥协商机制是移动通信系统安全框架的核心内容之一，它是在 GSM 系统的基础上发展起来的，沿用了请求/响应认证模式，以便于最大限度地与 GSM 安全机制兼容，但进行了较大的改进，它通过在 MS 和 HE/HLR 间共享密钥实现它们间的双向认证。

移动通信系统的 AKA 认证与密钥协商协议有三个实体参与，即移动站 MS、访问位置寄存器或支持 GPRS 服务的节点 VLR/SGSN（Visitor Location Register/Serving GPRS Support Node）、归属环境或归属位置寄存器 HE/HLR（Home Enviroment/Home Location Register）。

AKA 认证的流程如图 13-24 所示。

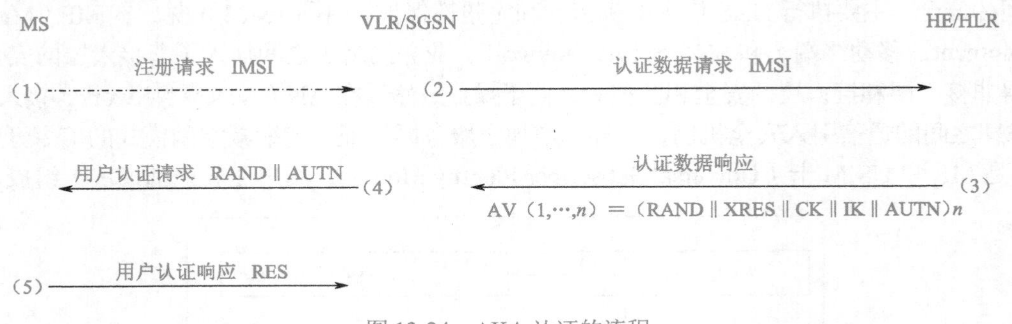

图 13-24　AKA 认证的流程

（1）当 MS 第一次入网时，或由于某种原因 VLR/SGSN 需要 MS 的永久身份认证时，MS 向 VLR/SGSN 发送 IMSI（用户永久身份标识），请求注册。

（2）VLR/SGSN 把 IMSI 转发到 HE/HLR，请求 AV（认证向量）以对 MS 进行认证。

（3）HE/HLR 接收到由认证中心生成 N 组认证向量 AV 之后，发送给 VLR/SGSN。

认证向量 AV=RAND ‖ XRES ‖ CK ‖ IK ‖ AUTN。其中随机数 RAND 由认证中心产生，期望响应值 XRES=$f2_K$(RAND)，加密密钥 CK=$f3_K$(RAND)，完整性密钥 IK=$f4_K$(RAND)，认证令牌 AUTN=SQN⊕AK ‖ AMF ‖ MAC。

认证令牌中，SQN（Sequence Number，序列号）是一个计数器，AK 是匿名密钥，用于隐藏 SQN，AK=$f5_K$(RAND)，AMF 是认证管理域，MAC 是消息认证码，MAC=$f1_K$(SQN ‖ RAND ‖ AMF)。f1～f5 是移动通信系统安全架构定义的密码算法，K 是 MS 和 HE/HLR 之间共享的密钥。

（4）VLR/SGSN 接收到认证向量后，将其中的 RAND 和 AUTN 发送给 MS 进行认证。

（5）MS 收到 RAND 和 AUTN 后，计算 XMAC（期望消息认证码）的值，XMAC=$f1_K$(SQN ‖ RAND ‖ AMF)，并把计算结果和 AUTN 中的 MAC 进行比较，如果二者不相等，则发送拒绝认证消息，放弃该过程；如果二者相等，MS 验证 SQN 是否在正确的范围内，如果不在正确的范围内，MS 向 VLR/SGSN 发送同步失败消息，并放弃该过程。上述两项验证通过后，MS 计算 RES（RES=$f2_K$(RAND)）、CK、IK，并将 RES 发送给 VLR/SGSN。具体的认证功能如图 13-25 所示。

最后，VLR/SGSN 在收到响应消息后，比较 RES 和 XRES，若相等则认证成功，否则认证失败。AKA 过程最终实现 UE 和网络侧的双向认证，使两端的密钥达成一致，以便能够正常通信。

LTE 的认证与密钥协商过程的目的是通过 AUC（A Uthentication Centre，认证中心）和 USIM 卡中所共有的密钥 K 来计算密钥 CK（Cipher Key，加密密钥）和 IK（Integrity Key，完整性密钥），并由 CK 和 IK 作为基本密钥计算一个新的父密钥 KASME，随后由此密钥产生各层所需要的子密钥，从而在 UE 和网络之间建立 EPS（Evolved Packet System，演进型分组系统）安全上下文。LTE 和 3G 在 AKA 过程中有细微的不同，LTE 中网络端生成的 CK、IK 不离开 HSS（Home Subscriber Server，归属地用户服务器，存在于归属地环境 HE 中），而 3G 的 CK、IK 是可以存在于 AV（Authentication Vector，认证向量）中的，LTE 的主要密钥不需要传输，有助于提高安全性。

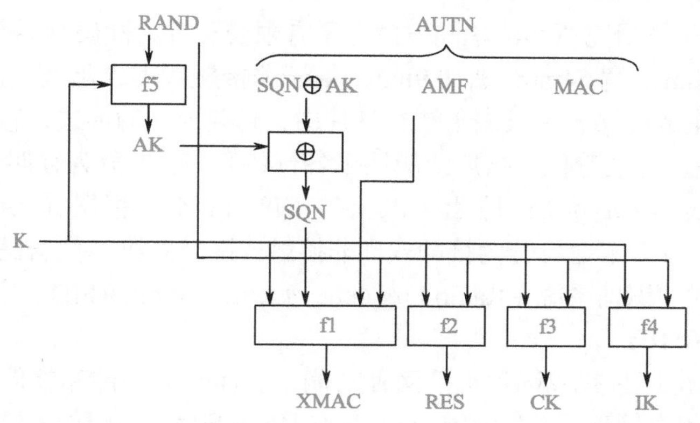

图 13-25　终端的 USIM 卡认证功能

13.4　第二代居民身份证

居民身份证是我国能够证明证件持有人身份并可据此从事各种经济社会活动的法定证件。随着社会经济和技术的发展，原有的第一代居民身份证已不能完全满足现实需要。根据国务院的要求，公安部于 2004 年部署换发第二代居民身份证试点工作，先后在北京、天津、上海、浙江、广东等 5 个省市试点。2006 年 3 月 16 日，中国公安部召开第二代居民身份证换发工作新闻发布会，目前二代居民身份证已全面落实，一代居民身份证已废止。第二代身份证已在社会各领域得到广泛应用。第二代居民身份证换发工作对提高我国人口管理工作现代化水平，推动我国信息化建设，促进我国社会主义现代化建设和经济体制改革、户籍管理制度改革，保障公民合法权益，便利公民进行社会活动，构建社会主义和谐社会，都具有十分重要的意义。

由于居民身份证被赋予了重要的法律地位，且涉及范围广、使用频繁，与人们的日常生活和社会活动息息相关，印在身份证上的公民身份号码是每个公民唯一的、终身不变的身份代码，将伴随每个人一生，申请办理医疗保险、驾驶执照、建立个人金融账户等，均统一使用公民身份号码。由此可见，居民身份证的安全性可能会影响到人们生活的方方面面，如果安全性得不到足够的保障，犯罪分子利用便携式读卡器能够非接触地读取别人的身份证信息，便可以轻易地伪造信用卡或借记卡等，轻则可能泄露隐私，重则可能带来直接的经济损失。据统计，在澳大利亚，窃取他人身份犯罪得来的收益已成为诈骗案件中最大的经济来源之一，每年受害人的损失总计高达 60 亿澳元左右；2003 年在美国超过 1000 万人因身份被盗用而成为受害者，总体损失达 500 亿美元；在英国平均每年 10 万人成为受害者，损失达 3700 万英镑；在加拿大平均每年 2 万人成为受害者，损失达 2200 万加元；在全世界，每年因身份被犯罪分子盗用后而导致的损失可能高达 1000 亿美元。这些犯罪行为使受害人的积蓄被骗，信用等级下降，受害人可能会与银行、借贷公司、股票经纪人，甚至政府产生纠纷，或者可能失去工作机会、失去贷款资格等，甚至莫名其妙的被警察逮捕。因此，对居民身份证明的安全防伪要求极高。

13.4.1　第二代居民身份证的技术特性

中国第二代居民身份证设计与发放工作由公安部和原信息产业部联合负责，由公安部委托清华大学微电子学研究所和清华同方微电子有限公司等共同研制。第二代居民身份证的尺寸大小为长 85.6mm、宽 54mm、厚 0.9mm，属于非接触式集成化 IC 卡（Integrated Circuit Card）。IC 卡是将集成电路芯片镶嵌于塑料基片中，封装成卡的形式，它因体积小、存储容量大、安全性高、使用方便等优点被广泛应用于各行各业。IC 卡分为存储卡（Memory Card）、逻辑加密卡（Logical Encrypt Card）和 CPU 卡（CPU Card）。根据 IC 卡与阅读器之间在交换信息时是否接触，IC 卡也可分为接触式和非接触式两类。第二代居民身份证所采用的非接触式 IC 卡属于射频识别系统（Radio Frequency Identification, RFID）中的一种低频应用，其工作频率为 13.56MHz。

第二代居民身份证具有视读和机读两种功能，总体分为硬件和软件两大系统，其中软件系统——“人口信息管理系统”由国内相关部门负责开发，而硬件系统又分为四大技术环节，即芯片系统、IC 卡封装、验证机具和人像采集系统，后期还新增了指纹采集系统，这些关键技术皆由公安机关指定的定点资格企业负责生产。有关部门制造新身份证的卡体后，发放到国内各地的制证中心，制证中心将采集来的居民信息打印在卡体上。制造卡体的化学材料、采集信息的电子设备、芯片以及防伪技术等上游工作均采用具有自主知识产权的中国技术。证件信息的存储和证件查询使用了数据库技术和网络技术，既可以实现全国范围的联网快速查询和身份识别，也可以进行公安机关与各行政管理部门的网络互查。第二代居民身份证完全由我国自主研发和制作，公安机关确保公民相关身份信息的安全。

第二代居民身份证在制证材料、防伪技术、制证系统、制证设备方面取得了很大的进步，很多技术处于国际领先水平，并且具有自主知识产权。第二代居民身份证从安全性能方面来讲，主要采用两个方面的防伪措施。一个是数字防伪措施，用于机读信息的防伪，就是把持证人的照片图像和身份项目内容等个人信息进行编码和数字化后写入芯片，采用数字加密的办法，选用我国自行研制和生产的第二代居民身份证的专用芯片，采用第二代居民身份证安全防伪密码系统、密钥管理系统（芯片上使用的是 256 位的 ECC 密码），公安部已经组织专家鉴定第二代居民身份证安全防伪密码系统，可以有效起到证件防伪的作用，防止伪造证件或篡改证件机读信息内容，国产商用密码的应用使其安全性在国际上仍处于较高水平。另一个是印刷防伪技术，即证件表面的视读防伪，主要是采用高新技术制作的防伪膜、防伪标识和印刷防伪技术，第二代居民身份证采用自行研发制证设备，除了打印系统外，制证设备都是我国自行研制的，具有一定的防伪功能，世界上除中国外鲜有如此大规模的制证系统，这些对第二代居民身份证的信息安全具有重要作用。

公民在公安机关办理第二代居民身份证时，公安机关采集公民数码照片，并与本人身份信息（姓名、性别、住址、出生日期、公民身份号码等）技术合成后，通过计算机专网传输到制证中心（所），制作出合格证件。一方面将公民的身份信息打印在证件的表面，另一方面将这些身份信息通过加密处理存入证件内部的芯片里。第二代居民身份证使用容量为 4K 的非接触式 IC 卡芯片（即 RFID 芯片或 RFID 标签）作为机读存储器，目前只使用了 1K，存储的数据包括身份证表面能看到的所有信息（包括照片）。2013 年 1 月 1 日起支持带指纹信息的身份证的制作与应用，将来还可增加公民的血型等信息。RFID 标签包含一个或一组半导体芯片，以及一个收发无线电射频信号的天线。其安全问题涉及三个方面：①存储在芯片上的数据安全性；②芯片本身是否安全；③利用射频信号进行的数据信息传输是否安全。第二代居民身份证将密码技术作为主要的防伪手段，从安全存储、安全认证和安全通信等角度确保了机读机验的信息安全性。

2011 年 10 月新修订的《居民身份证法》规定了公民申领、换领、补领居民身份证应当登记指纹信息；2013 年底，公安部推动建立全国居民身份证挂失申报系统，这有助于进一步增强身份证防伪性能，社会用证单位能够快速、准确地进行人、证一致性认定，解决目前存在的因居民身份证丢失而出现的无法挂失注销、新证旧证可同时使用等问题，有效防止因相貌相似、难于区分等导致的冒用他人身份证的违法犯罪行为的发生。

下面介绍第二代居民身份证系统所涉及的 RFID 系统工作原理与安全知识。

13.4.2　第二代居民身份证 RFID 系统工作原理

第二代居民身份证系统是基于 RFID 技术的，基本的 RFID 系统是由 RFID 阅读器、RFID 标签及后端数据库三部分组成的。

1. 阅读器

阅读器是无线射频识别系统的基本组件之一，RFID 阅读器负责向标签发射读取信号并接受标签的应答，对标签的对象标识信息进行解码，将对象标识信息和标签上其他相关信息传输到主机以供处理。阅读器的频率决定了射频识别系统的工作频段，阅读器的功率直接影响射频识别的距离，它一般通过应用软件对射频标签写入或读取其携带的数据信息。阅读器的工作原理如图 13-26 所示。阅读器天线产生的电磁场根据天线的极化方式和阅读器发射的电磁场功率产生一个可以识别电子标签的可识别区域。

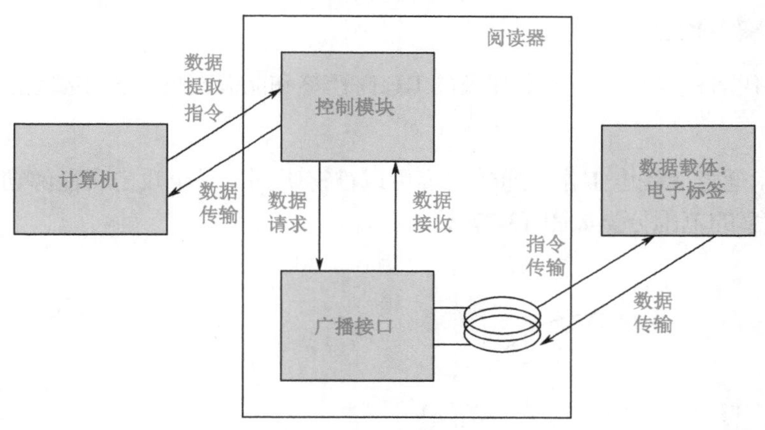

图 13-26　阅读器工作原理

2. 电子标签

电子标签（tag）是由 IC 芯片和无线通信天线组成的微型电路，每个标签都具有唯一的电子编码。电子标签通常没有微处理器，仅由数千个逻辑门电路组成。电子标签和阅读器之间的通信距离受到多个参数的影响，特别是通信频率。RFID 目前主要使用两种通信频率：13.56MHz 和 860～960MHz（通信距离更远，有时也用 2.45GHz），第二代居民身份证的工作频率采用前者。根据标签获得能量的方式不同，标签又分为主动式、半被动式和被动式三种。主动式标签由内置电池供电，并能主动向阅读器发送射频信号，通信距离可达 1 000m 以上；半被动式标签也有内置电池，但只对输入的传输信号进行响应，最大通信距离为 100m；被动式标签没有内置电池，它在接收到阅读器发出的电磁波信号后，将部分电磁能量转化为供自己工作的能量从而做出响应，最大通信距离为 10m，如表 13-1 所示。

表 13-1　RFID 标签分类

标签类别	被动式	半被动式	主动式
电源	无	电池	电池
传输方式	被动	被动	主动
最大通信距离	10m	100m	1000m

系统工作时，阅读器发出微波查询（能量）信号，电子标签收到微波查询能量信号后将其一部分整流为直流电源，供电子标签内的电路工作，另一部分微波能量信号被电子标签内保存的数据信息调制（ASK 方式）后反射回阅读器。阅读器接收反射回的幅度调制信号，从中提取出电子标签中保存的标识性数据信息。系统工作过程中，阅读器发出微波信号与接收反射回来的幅度调制信号是同时进行的。反射回来的信号强度较发射信号要弱得多，因此技术实现的难点在于同频接收。

3. 后端数据库

后端数据库是 RFID 面向应用的支撑软件，主要负责实现与企业或组织应用相关的数据管理功能。后端数据库能够将产品信息、跟踪日志、主要管理信息等和一个特定的标签联系起来。通常假设后端的计算和存储能力很强大，可存储所有电子标签的信息，并能够与标签阅读器之间建立安全的连接。

13.4.3　安全攻击

针对第二代居民身份证系统所涉及的 RFID 标签和阅读器的攻击主要包括以下内容。

1. 窃听

RFID 技术通过无线电工作，通信内容可以被窃听到。一个攻击者能够窃听到阅读器和标签交换的信息的范围分类如图 13-27 所示。

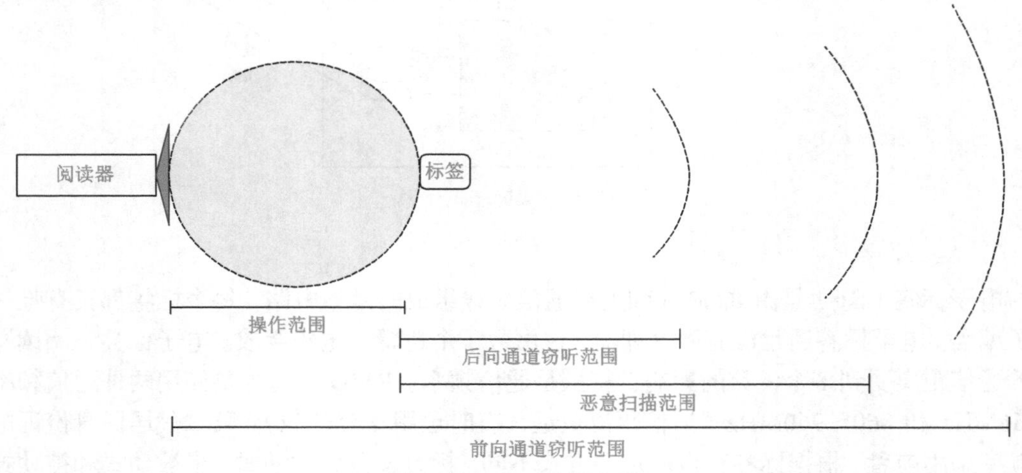

图 13-27　窃听范围分类

前向通道（forward channel）窃听范围：阅读器到标签的信道，阅读器广播是一个很强的信号，可以在较远的距离监听到。后向通道（backward channel）窃听范围：从标签到阅读器传递的信号相对较弱，只有在标签附近才可以监听到。操作范围：在该范围内，市场上的标准阅读器可以进行读取操作。恶意扫描（malicious scanning）范围：攻击者建立的他自己能够读取的一个较大的范围，特别是无线电设备管制不严格时。在阅读器和标签之间的会话可以在比直接通信距离更大的范围被窃听到（能够突破某些标准的限制）。

窃听是一种特殊的攻击行为，因为它可以远程实现，而要发现它却很困难，因为窃听是一个纯静谧的过程，它不会发出任何信号。当敏感消息在信道内传输时，窃听攻击就是一个严重的威胁。例如，将一个天线安装在 RFID 信用卡阅读器附近，阅读器和 RFID 信用卡之间的无线电信号能被捕获并翻译成可被人识读的形式。如果捕获到持卡人姓名、完整的信用卡卡号、信用卡到期时间、信用卡类型和软件版本、支持的通信协议等重要信息，就可能给持卡人带来损失，身份证的情形也与此类似。

2. 略读

窃听是截取一对合法的标签和阅读器之间交换的信息。略读则是在标签所有者不知道或没有得到所有者同意的情况下存储在 RFID 上的数据被读取。它使用一个非法的阅读器与标签交互来得到标签中存储的数据。这种攻击之所以会发生是因为大多数标签在不需要认证的情况下广播存储的内容。

略读攻击的一种典型应用就是窃取电子护照信息。电子护照中包含了敏感信息，现有的强制被动认证机制要求使用数字签名，阅读器能够证实来自正确的护照发放机关的数据。然而，数字签名并未与护照的特定数据相关联，而且，如果只支持被动认证，配有阅读器的攻击者能够获得护照持有人的名字、生日，甚至面部照片等敏感信息，因为阅读器不被认证，所以标签会不加选择地进行回答。

3. 克隆和物理攻击

克隆就是非法复制标签，对称密码体制可用于避免标签克隆攻击。特别是可以使用下面的方法——响应（challenge-response）机制。首先，利用如二叉树搜索协议（binary tree walking protocol）等冲突避免协议（collision-avoidance protocol）将标签挑选出来。标签与阅读器共享密钥（K_i），然后进行如下的信息交换：阅读器产生一个新的随机数（R）并将它传输给标签；标签计算 $H=g\left(K_i,R\right)$ 并返回给阅读器；阅读器计算 $H'=g\left(K_i',R\right)$ 并检查它与 H 是否相等，这里的 K_i' 是阅读器自己保存的共享密钥。

函数 g 可以用散列函数或是加密函数。如果函数 g 被很好地设计并适当地应用，攻击者就不可能模仿标签。由于标准的加密要素（如散列函数、消息认证码、分组或流加密等）对于低成本的 RFID 标签而言要求过高（如对电路规模的需求、能量功耗和存储空间的大小），因此，设计一种新的轻量级密码要素的要求被提了出来。

第二代居民身份证作为一种高成本标签（也叫非接触式芯片或智能芯片），这类标签对资源没有非常严格的限制，对芯片而言可以获得最高级别的安全性，攻击者不能够获得芯片中的私钥，使用私钥签名和认证可以防止克隆攻击。

4. 重放

重放攻击复制两个当事人（parties）之间的一串信息流，并且重放给一个或两个当事人。重放攻击的一般定义：一个针对安全协议的攻击，用其他的内容来取代原来的内容，从而欺骗诚实的参与者，使之认为他们已经成功地完成了协议的运行。对 RFID 的重放攻击是可能发生的。当标签靠近阅读器时，标签将被自动激活并非接触式读取，所以攻击者能够在不了解标签拥有者的情况下与标签进行通信。这类攻击排除了阅读器和标签在通信时要十分靠近的假设。此外，这种攻击对加密通信仍然是可行的，因为信息只是通过快速通信信道进行重放，不需要知道它的内容。

避免重放攻击通常使用递增的序列号、时间同步或一次性号码（nonce）等。在 RFID 中，时间同步是不可行的，因为被动 RFID 标签没有电源，不使用时钟。递增序列号对不关心跟踪的应用来说是一种直接的解决方案，对 RFID 标签来说使用现时是最合适的。

5. 屏蔽

RFID 技术使用的是电磁无线电波，通过下面的任何一种电磁辐射隔离就能保护所标记的物品。

法拉第笼子（Faraday cage）：法拉第笼子或护罩是由导电材料制成的容器或网状物，它可以阻挡某一频率的无线电信号。目前有很多家公司在销售这类解决方案。

被动干扰（passive jamming）：每一次阅读器想和一个标签进行交互时，这个标签必须从众多的标签中分离出来，需要用到一个冲突避免协议，如 Aloha 协议或二进制双叉树搜索协议。要隐藏特定标签的存在，可以在分离阶段模拟可能的标签的全部谱来隐藏它的存在。

主动干扰（active jamming）：实现从电磁波隔离的另一种方式是扰乱无线电信号信道，称为 RF 信号的主动干扰。这种干扰可以通过一个设备主动广播无线电信号来实现，以便完全扰乱无线电信道，阻止 RFID 阅读器的正常操作。

6. 失效

目前有一些方法使标签失效以使它们不可读。最常用的方法就是产生一个大功率射频场，感应出足够大的电流来烧毁天线比较弱的部分，芯片和天线间的连接部分被切断，从而使标签无用。这种方法常用来保护隐私，使标识单个事物的标签无效，或者防止商店被盗。

13.4.4 安全服务

1. 访问控制

为防止 RFID 电子标签内容的泄露，保证仅有授权实体才可以读取和处理相关标签上的信息，必须建立相应的访问控制机制。Weis 等提出一种基于散列函数的访问控制协议，标签的初始状态是锁定的，只能发送一种元标识符，该标识符是某个密钥的散列值，只有授权阅读器才能够在后方系统中查找对应的密钥并将其发送给标签，标签通过对密钥进行散列运算来验证其合法性，并返回明文形式的标识符，短时间内解除锁定状态，从而为阅读器提供一种身份认证机制和中等强度的访问控制机制。

2. 标签认证

为防止电子标签的伪造和标签内容的滥用，必须在通信之前对电子标签的身份进行认证。目前，结合电子标签资源有限的特点，已提出了多种标签认证方案。

3. 消息加密

如果阅读器和标签之间的无线通信是以明文方式进行的，攻击者能够获取消息并利用 RFID 电子标签上的内容。加密算法的应用将是对抗这类攻击的典型解决方案。

数据在传输时受到物理影响而可能面临某种干扰，可以把这种模型扩展为一个隐藏的攻击者。攻击者的类型可以分为两种：试图窃听数据，试图修改数据。前者的行为表现为被动状态，试图通过窃听传输线路发现秘密而达到非法目的；后者处于主动状态，操作传输数据并为了其个人利益而修改它。

加密过程可以用来防止主动攻击和被动攻击。为此传输数据（明文）可以在传输前改变（加密），使隐藏的攻击者不能推断出信息的真实内容（明文）。

加密的数据传输总是按相同的模式进行：传输数据（明文）被密钥 K 和加密算法变换为秘密数据（密文）。不了解加密算法和加密密钥 K，隐藏的攻击者就无法解释所记录的数据，即从密文当中不可能重现传输数据。在接收器中，使用解密密钥 K' 和解密算法再把加密数据变换回原来的形式。如果加密密钥 K 和解密密钥 K' 是相同的，或者相互间有直接的关系，则这种加密解密算法称为对称密码算法。否则为非对称密码算法。对射频识别系统来说，最常用的算法是对称密码算法（如序列密码）。为了克服密钥的产生和分配问题，系统应按照“一次一密法”原则创建流密码。使用所谓的伪随机数序列来获取得真正的随机序列，伪随机序列用伪随机数发生器产生。“一次一密”密钥是由随机数产生的而且只能使用一次，然后被销毁，因此其安全性非常高。

基于安全机制与安全技术的应用，第二代居民身份证芯片及其存储的内容无法复制，无法伪造，高度防伪，芯片可以与读卡器进行相互认证，通过机读信息进行安全性确认。芯片存储容量大，写入的信息可划分安全等级，分区存储姓名、地址、照片等信息。卡片中的每个数据存储扇区都有相应的读密码和写密码，按照管理需要授权读写，也可以将变动信息（如住址变动）追加写入。芯片使用特定的逻辑加密算法，有利于证件制发、使用中的安全管理，增强防伪功能。芯片和电路线圈在证卡内封装，能够保证证件在各种环境下都可以正常使用，且寿命在十年以上，并且具有读写速度快，使用方便，易于保管，以及便于各用证部门使用计算机网络核查等优点。

在证件芯片内身份信息的读取上，只有公安机关和社会用证部门及单位使用专门机在 10 厘米距离内才能读取，对一般用于查验、检查第二代居民身份证的阅读机具，也是按照有关规定进行专门配置的，所以，证件内的身份信息安全可以得到保证。第二代居民身份证还具备可增添新住址（居民变换住址后的新地址）的功能，可随时将新信息增加到第二代居民身份证信息内。假冒的第二代居民身份证虽然表面看起来和真证类似，但是其内部没有相应的专门芯片，不能通过机读设备的检验。

总之，为了保证第二代居民身份证的安全，除了采用传统的物理防伪技术外，还建立了基于密码技术的信息防伪体系，配合《居民身份证法》对身份证使用的有效管理，从而可确保第二代居民身份证的安全，为各种实名制应用提供可靠的身份认证支撑。目前已广泛用于公安、银行、通信、铁路、航空、宾馆、网吧等社会生活领域。

13.5　社会保障卡

中华人民共和国社会保障卡（简称社会保障卡或社保卡，其外观如图 13-28 所示）是由劳动和社会保障部统一规划，由各地方劳动保障部门面向社会发行，用于劳动和社会保障各项业务领域的接触式 CPU 卡（属于 IC 卡中的一种）。由于社保卡要记录的信息内容非常丰富，因此社保卡的芯片容量成倍于居民身份证。卡面和卡内均记载持卡人姓名、性别、公民身份号码等基本信息。另外，卡内标识了持卡人的个人状态（如就业、失业、退休等），还可以记录持卡人社会保险缴费情况、养老保险个人账户信息、医疗保险个人账户信息、职业资格和技能、就业经历、工伤及职业病伤残程度等。即除了基本信息之外，还可记录大量动态信息，包括每一次缴费、每一次领取待遇、每一次就医的资金支付等。

图 13-28　社会保障卡外观

社保卡作为劳动者在劳动保障领域办事的电子凭证，持卡人可以凭卡就医，进行医疗保险个人账户结算；可以凭卡办理养老保险事务；可以凭卡到相关部门办理求职登记和失业登记手续，申领失业保险金，申请参加就业培训；可以凭卡申请劳动能力鉴定和申领享受工伤保险待遇等。此外，社保卡还是握在劳动者手中的开启与社保网络信息系统联络之门的钥匙，凭借这把钥匙，持卡人可以上网查询信息，在网上办理有关劳动和社会保障事务等。

社保卡的硬件体系结构主要包括：服务器、工作终端、初始化设备、读卡设备、加密机等。卡系统软件包括密钥管理系统、发卡管理系统、卡管理维护系统、交易管理接口、卡内查询系统、账务管理、数据网络传输、清算管理、HIS（医疗信息管理系统）、异常交易处理功能等。社保卡的物理结构内部包含五部分：CPU 及加密逻辑、RAM、ROM、EEPROM 及 I/O，是一个完整的计算机安全体系。其中，CPU 及加密逻辑保证 EEPROM 中数据的安全，防止外界用非法手段获取 EEPROM 中的数据；RAM 存放命令参数、返回结果、安全状态、临时密钥等数据，掉电后自动丢失；社保卡操作系统 COS 被掩膜在 ROM 中，保证 COS 的代码安全；用户信息以文件形式存放在 EEPROM 中，在拥有相应权限的前提下可进行读或写操作。

卡内操作系统 COS（Chip Operation System）是社保卡的核心软件。社保卡通过 COS 来管理卡内软硬件资源，并通过安全通道与外界交换信息，保证用户数据的安全传输，使社保卡可以安全应用。

目前，社保卡普遍具有金融功能，这是它的一个附加服务，根据有关规定，社保卡作为普通银行卡，可在现金存取、转账、消费等金融应用中使用，社保卡的金融应用为人民币借记应用。社保卡加载金融功能后，逐步将社会保险费的缴纳、就业扶持政策补贴的领取、医疗费用的支付与返还等业务，以及查询本人社保相关信息，都集成到社保卡附加的银行账户中办理。

为了保证社保卡的安全，该卡要求采用密码算法和芯片技术，并有严格的密钥管理体系和审批程序，被造假的可能性极低。社保卡的金融应用目前不支持贷记功能，仅限于境内使用，这样的制度设计和安全技术措施有助于保障其安全。

社保卡安全体系的设计具备以下要求：①从设计上保证即使攻击者（含设计者）得到社保卡代码，也不会影响卡片的安全性。②卡片中所有密钥（口令密钥、密码算法使用的密钥）无论在什么条件下均不可由外界读出，卡片密钥内容是不可复制的。③卡片中对文件的读写根据应用需求设计安全级别，必须保证拥有相应的级别才可读或写。④无其他隐含命令可直接读写卡中的数据。⑤ROM 中的代码不能从外部读出，也不能被驻留在 EEPROM 中的程序读取。⑥EEPROM 中的数据只能通过社保卡 COS 系统命令进行访问。

13.5.1　密钥管理体系

与其他信息系统应用类似，密钥控制着对社保卡内所有文件的访问，与各种运算密切相关，是保证社保卡安全性的关键要素。社保卡的金融应用区域与社会保障应用区域间存在防火墙，它们的读写存储等都受各自的密钥保护与控制，用以保护两个区域各自的独立性；两个区域内部的不同应用也受不同密钥的保护与控制。因此，一个社保卡内使用的密钥有几十个，按功能可以划分为应用维护、锁定控制、应用数据更新、交易和应用数据读取等类型，对卡片的很多操作都需要对密钥进行认证，取得相应权限后才能进行。卡内密钥的管理是由系统自行完成的，持卡人只需保管好自己的 PIN 密码即可。

目前，社保卡中社保区域内的应用可以任意选择 DES、3DES 或 SSF33（这是我国自行研制的一种对称加密算法，其工作原理目前保密）密码算法中的一种。金融区域的电子存折、电子钱包应用一般采用对称密码算法，常用 3DES；而借/贷记应用、电子现金应用则选用非对称密码算法，一般选用 RSA。目前银行用于加密的 RSA 算法常采用 1 152 位长度的密钥，而金融社保卡目前支持的 RSA 算法密钥长度为 1 408 位或更长。

我国金融社保卡的密钥采用国家、省、市三级分发与管理模式，全国范围内为一个根密钥，然后逐级分散下发至各个省，再分散下发到各个市，最后分散至各个卡，实现一卡一密，可实现全国范围的通用与安全管理。即每个社保卡片所使用的卡内密钥都是通过三级分散来确定的，这样既保证了密钥的相对独立性，又为卡片的安全应用提供了强有力的保障。按对发卡过程的要求，卡片在发行中需要实行主管机构与卡片发行中心两级密钥管理体制，对密钥进行三级分散。社保卡的主管机构作为社保卡的密钥管理中心，由它产生发行单位的根密钥（包括发卡授权密钥等），把根密钥传递给二级密钥管理中心，即社保卡的发行中心，再由发行中心进行二次分散，得到各种密钥的母密钥，然后把相应的母密钥装载到 SAM（Secure Access Module，安全存取模块）卡及发卡母卡上。在卡片发行时，结合发卡母卡上的各个母密钥和每个社保卡的卡号，分散出每个社保卡所使用的子密钥。即每个社保卡的子密钥是用卡片 ATR（Answer To Reset，复位应答）的 T8-TD 字节（卡号），加上“00 00”作为分散因子，对母密钥进行分散得到的。通过这种方式可以保证用于加（解）密算法的非对称密码算法的私钥或对称密码算法的密钥在没经授权的情况下，不会被泄漏。如果增设个人密码，则应保证其在社保卡中的安全存放。社保卡的 COS 在设计、封装时将所有密钥存放在专用的文件中，即：密钥存放到密钥文件中，密码存放到密码文件中，并且外部不能访问这两种文件，每一种密钥只能执行特定的功能，这样可以保障密钥和密码不外泄，同时又能正常使用。

为了增加与应用终端的认证强度和数据加密的安全性，一般要求社保卡在报文的安全传送和交易过程中使用过程密钥。过程密钥是使用对应的子密钥进行 DES（密钥长度 8 字节）、3DES（密钥长度 16 字节）或 SSF33（密钥长度 16 字节）加密运算产生的。在报文的安全传送过程中，无论是对 MAC（Message Authentication Code，消息认证码）的计算还是数据的加密，都要使用过程密钥。这里使用的过程密钥是通过以下方法产生的：通过 IC 卡获取 8 字节的随机数作为输入数据，与原密钥进行加密运算，得到 8 字节的过程密钥。

13.5.2　安全状态

安全状态对应着安全级别。在环境目录（DDF/MF）和应用目录（ADF）中各有 15 个等级的安全状态。环境目录下的安全状态，称为全局安全状态字；应用目录下的安全状态，称为局部安全状态字。如果卡工作在环境目录下（DDF/MF），则局部安全状态无意义。

安全状态是通过对 KEY 进行外部认证后，将 KEY 数据信息中的安全级别字（SSB）映射到安全状态字上。若认证密钥在 DDF/MF 下，则映射到全局安全状态字上；若认证密钥在 ADF 下，则映射到局部安全状态字上。SSB 的高 4 位表示安全级别的下限（1～15），SSB 的低 4 位表示安全级别的上限（1～15）。假设 KEY 的 SSB 为 "XY"，表示认证 KEY 成功后可获得 "X" 至 "Y" 区域内的安全级别。例如，在 DDF/MF 下有 Keyl，其安全级别设置为 "46"，即 SSB= "46"。Keyl 认证通过后，卡的全局安全状态为 4、5、6 三级。若在 ADF 下有 Key2，SSB= "AD"，则 Key2 认证通过后，卡的局部安全状态为 10、11、12、13 四级。若 SSB= "00"，表示 Key 认证通过后对安全状态无影响。如果出现 "X>Y" 的情形则为不合理数据。

13.5.3 操作权限

社保卡的操作权限与一定的安全属性相对应，用户只有达到安全属性规定的操作权限才能通过 COS 命令对卡内文件和 KEY 进行操作。Right 定义了对文件和 KEY 操作的权限，用 2 个字节表示，高字节对应全局安全状态，低字节对应局部安全状态。每个字节的高 4 位表示安全状态的下限，低 4 位表示安全状态的上限。假设权限的高字节为 "XY"，若 "X Y" 表示文件或 KEY 的全局安全级别在 "X" 至 "Y" 区域内，对文件或 KEY 访问前，先要满足文件或 KEY 的访问权限；若 "X" > "Y"，表示文件或 KEY 被禁止访问；若为 "0Y"，表示对文件或 KEY 的访问无安全级别限制。

操作权限和 COS 文件系统相关联，根据对不同文件类型的操作权限，可以设计不同的安全属性。具体如表 13-2 所示。

表 13-2 操作权限及其含义

操作权限	含义
增加	在当前目录下创建新文件的权限
激活	激活失效安全机制的权限
终止	永久终止的权限。对于 MF 来说表示卡锁定，对于 ADF 文件来说表示当前应用永久锁定，即：应用失效
读	对 EF 文件内容的读操作权限
写	对 EF 文件内容的写操作权限
安装	表示安装密钥或密码的权限
使用	表示使用密钥或密码的权限
修改	修改密钥或密码的权限
解锁	解锁密码 PIN 的权限，此权限只有 PIN 才有

13.5.4 安全机制

1. 操作权限的控制机制

操作权限的控制机制是卡与读卡设备间的一种互认证过程，分为内部认证和外部认证。内部认证是读卡设备对卡的认证，保证卡的合法性，内部认证可以防止伪造的卡在读卡设备上进行操作。只有在内部认证通过的情况下，终端才会对卡片进行后续操作。内部认证实际上是社保卡卡内操作系统 COS 的一个命令，其具体实现过程如下：（1）终端产生每组为 8 字节的两组随机数。随机数可以通过软件生成，也可以通过 SAM 卡或社保卡的取随机数功能来获得；（2）终端对卡片发出内部认证命令，两组随机数存放于数据域中并发给卡片；（3）卡片接收到内部认证命令后，通过命令中的密钥标识符找到相应的密钥，与第一组随机数产生过程密钥，然后对第二组随机数进行加密运算，把结果作为认证信息回送给终端；（4）终端在发出命令后，进行与卡片同样的运算过程，在接收返回信息后，对认证信息进行比较验证。

内部认证可以实现终端对社保卡的认证，而社保卡中的应用要验证终端的有效性以及让终端获得某种操作的权限，则需要通过外部认证来实现。外部认证是通过社保卡来认证外部读卡设备的合法性，外部认证可以防止非授权终端对社保卡进行恶意操作、读取和更改社保卡内信息。外部认证还可以改变社保卡的安全状态，通常社保卡内要存储多个外部认证密钥，每个外部认证密钥所能改变的安全状态不一样，在进行外部认证时，必须通过密钥索引参数选择相对应的外部认证密钥完成外部认证。当外部认证通过后，社保卡片记住该密钥成功认证的结果，直到断电或选择别的应用。终端则通过对密钥的外部认证获得该密钥所控制的权限，可以进行相应的操作。

2. PIN 验证

PIN 是个人识别号（Personal Identification Number），即通常所说的与账号配对的密码，根据《社会保障（个人）卡安全要求》的规定，社保卡只有一个密码 PIN，持卡用户可以修改密码，通过密码验证，改变卡的安全状态，达到安全要求。

3. 加密传输重要报文

在社保卡与应用终端之间交换的信息中，有持卡人的 PIN、保险金额等重要的信息，这些信息如果被窃取或篡改，后果是相当严重的。社保卡采取验证 MAC 来保证报文的完整性，通过对交换信息的加密来保证信息的机密性。传送安全报文的目的是保证数据的可靠性、完整性和对发送方的认证。数据完整性和对发送方的认证是通过使用 MAC 来实现的，数据可靠性则通过数据域的加密来得以保障。

要实现命令数据的安全报文传送，要求对方进行 MAC 认证或加密传送。通过 MAC 进行验证的数据是 COS 的命令头和命令数据域中的数据元。MAC 认证码是通过过程密钥对数据进行 DES 运算得到的长度为 4 个字节的数据元，它在通信过程中附加在命令数据域的最后发送给对方。当接收方接收完命令的所有数据后，需要对数据进行相应的运算，也计算出一个 MAC 认证码，与发送方的 MAC 认证码进行比较，只有二者相同时才认为接收的命令是完整和正确的。

计算 MAC 认证码的过程如下：

（1）用 COS 命令头及命令数据域中的明文或密文数据组合成要认证的原始数据块；

（2）将原始数据块划分为以 8 个字节为单位的数据块，记作 $D_1,D_2,\cdots,D_i$；

（3）如果最后一个数据块长度不足 8 个字节，则需要填充，即在其后加上十六进制数“80”和若干个“0”，直到满足长度为 8 个字节；如果最后的数据块长度刚好为 8 个字节，则需要增加一个 8 字节的数据块，其内容是十六进制数“80 00 00 00 00 00 00 00”；

（4）按照密码分组链接模式（CBC），数据块 D_1 作为明文 M_1，与 MAC 过程密钥 KMA

进行加密运算（如使用DES、3DES或SSF33），得到密文C_1；C_1与D_2异或后作为明文M_2，再与KMA进行加密运算；重复以上步骤，直到对C_{i-1}与D_i的异或结果加密完成，得到C_i；

（5）在C_i中，取左起4个字节作为MAC认证码。

13.5.5 防止操作的异常中断

保证所操作数据的完整性是社保卡安全性保证的一个重要部分。在某个操作（特别是交易）过程中，可能会由于掉电等原因造成操作的异常中断。这时，对卡片操作的结果是不可预测的，对卡内数据的更改可能完成了，也可能只完成了一部分，如果只完成了一部分，将造成卡内数据不正确、不完整。

社保卡通过检验交易认证码来检验交易是否完成。社保卡在完成交易更新金额之前，必须计算与当前交易数据密切相关的MAC和交易认证码TAC（Transaction Authorization Code），并将其保存下来（账户划入交易只有TAC码）。当交易数据更新成功后，必须保证通过“取交易认证码”命令获得与交易相应的MAC和TAC码。如果在交易操作结束后未能收到响应，卡片就被拔出，终端可以通过“取交易认证码”来检查卡内数据是否已经被更新。防拔机制的引入是为了防止在操作过程中只更新了卡内数据的一部分。如果操作突然中断，卡片有可能正在执行某个命令，这样会导致命令没有执行完，而命令中需更新的数据也只更新了一部分。为了保证数据的完整性，就需要在每次更新数据前对原数据进行备份，以备在异常情况出现后进行数据恢复。只有确认命令处理过程正确完成，并且需要更新的数据已经写到相应的位置后，卡片才会丢弃备份数据。如果出现异常情况，在卡片重新上电后，会检测卡片更新数据的标志位，如果数据更新没有完成，则需要把执行命令前的原数据恢复，以保证数据的完整性和正确性。

13.6 校园一卡通

13.6.1 概述

一卡通信息管理系统已得到广泛应用，如校园一卡通、社区一卡通、企业一卡通、城市一卡通等。一卡通本质上是一套由卡片、读卡器具和上位机管理软件所构成的特殊信息管理系统。其核心内容是利用卡片这种特定的物理媒介，实现从业务数据的生成、采集、传输到汇总分析，使信息资源管理规范化、自动化。一卡通系统最根本的目标是“信息共享、集中控制”。从用户的角度看，一卡通可分为：消费管理类应用、身份识别类应用、节能环保类应用三大类。消费管理类应用如食堂售饭系统、会员消费管理系统、停车场收费管理系统、机房上机管理系统、体育馆管理系统、图书馆管理系统等。身份识别类应用如门禁系统、考勤系统、电梯刷卡控制系统、班车管理系统等。节能环保类应用如水控管理系统、温控管理系统、电控管理系统等。由于一卡通涉及身份认证与资金的使用，因此其安全性倍受关注。这里以校园一卡通系统为例，介绍相关的安全技术方案。

校园一卡通作为数字化校园建设的重要内容之一，随着计算机技术、网络技术及通讯技术的发展，已经在高校内得到了普遍实施。校园一卡

通系统的基本组成如图 13-29 所示。校园一卡通系统具有消费、身份识别、个人信息查询、缴费等主要功能。校园一卡通系统涉及在校学习、工作和生活的人员，并为学校教学、管理、门禁、餐饮及其他公共服务提供身份证明和支付方式，所以对其安全性有非常高的要求。必须通过技术和管理手段保证系统能够高效、安全和可靠地运行。

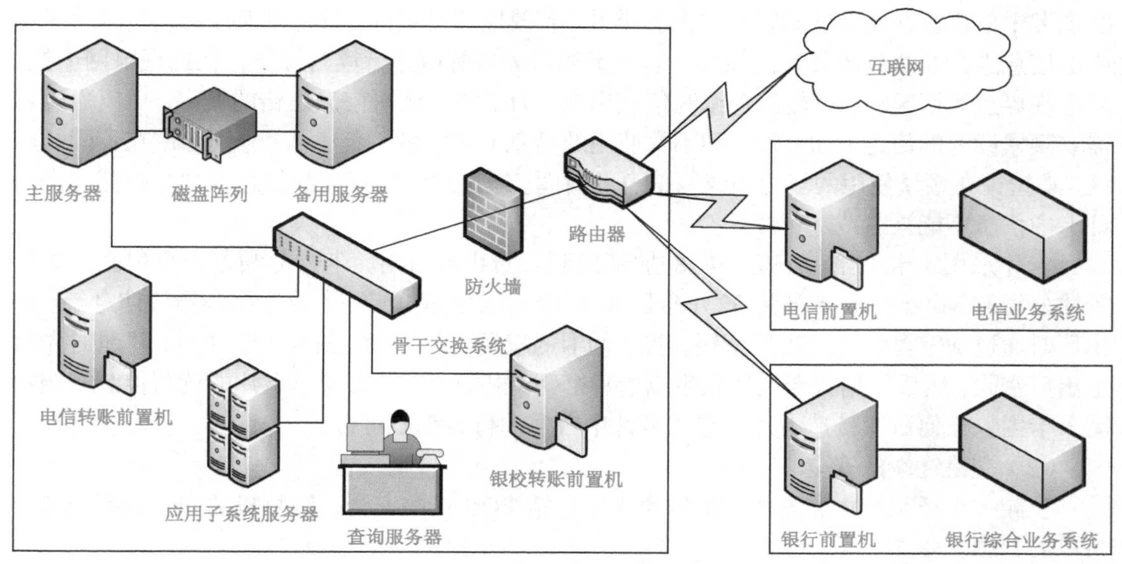

图 13-29　校园一卡通系统基本组成

校园一卡通系统的安全性设计应充分考虑到卡片、读卡设备、应用系统服务器、网络数据传输、中心数据存储、系统管理软件、应用系统软件和运行管理等多个方面。同时，应将技术手段和管理手段相结合，通过加强安全管理来保证系统的安全性设计得以有效实现。

13.6.2　安全策略

1. 访问控制

访问控制主要通过校园一卡通软件系统来实现。软件系统包括系统软件和应用软件。校园一卡通系统的系统软件可以从登录控制、操作员权限控制、数据库防篡改和登记操作日志等方面来进行访问控制并提高安全性。登录控制就是控制客户机的登录操作，对非法的客户机加以拒绝，防止非法的客户机向服务器发送业务请求。在登录控制的基础上，采用对操作员进行权限控制的方式来控制操作员对校园一卡通系统的访问，使得不同的操作员只能在自己的权限范围内对系统进行操作。为防止发生数据库的合法用户非法修改数据库的重要数据的情况，可对数据库的重要数据表加校验。此外，系统将对所有的操作保存详细的记录，以便在发生问题后进行追查。

对于与校园一卡通系统相关的数字化校园应用系统，可以通过提供一整套应用编程接口，使其能接入校园一卡通系统。由于应用系统在接入校园一卡通系统时只能使用指定的接口，因而只能完成许可范围内的操作，这样可消除其非法访问校园一卡通系统中心数据库的可能性。

2. 数据存储的安全

校园一卡通系统的数据主要存储在三个载体中：卡片、交易终端和后台中心数据库。

（1）卡片的安全

目前，校园一卡通系统中的卡片大多数采用非接触式射频 IC 卡或 CPU 卡，主要是便于实现卡中信息在存储及交易过程中的完整性、有效性和真实性，防止对卡片的伪造以及对卡中的信息进行非法修改和非法使用。射频卡通过天线感应进行读写操作，在出现电网干扰、感应临界点等情况时，可能出现读写信息出错。为了降低读写信息出错的概率，可以通过将需要频繁读写的信息（如金额）和不常使用的信息（如姓名、卡号等）分别存放在不同的扇区，来减少在频繁使用的场合中读写信息的时间。通过对卡内存储的信息增加校验算法来保证卡内信息不能被篡改。

卡片采用一卡一密、一区一密的加密机制，防止被滥用。卡片分为若干个扇区（如飞利浦公司的 Mifare one 卡分为 32 个扇区），可以分区存储校园一卡通数据和指纹信息等。在出厂时通过加密算法生成出厂密钥，防止伪卡的应用。在使用之前首先要注册，注册时先验证出厂密码，然后根据持卡人信息生成卡片密钥，根据加密算法得出卡片的读写控制密钥并写入卡内。任何试图伪造卡片或更改卡片中数据的行为都不可行。

（2）交易终端的安全

校园一卡通系统中交易终端的安全主要包括 POS 机的安全、圈存机的安全和系统黑白名单的管理。

POS 机是校园一卡通系统内对卡片进行读写操作的机具中装备数量最大、使用频率最高的设备，涉及校内的食堂、餐厅、超市、图书馆、校医院和体育场馆等众多的公共服务场所，且需要对卡内的金额信息进行读写操作，所以稳定运行和存储数据的安全可靠成为对校园一卡通系统的重要要求。一方面，通过在读写电路上采取从电源稳定到读写保护等一系列设计，以降低出错的概率；另一方面，采用在卡内使用备份数据的方式以保证卡上的金额读写不出现差错。

为了确保交易数据存储的安全，POS 机内包含大容量的非易失性存储空间，以存储足够的脱机交易记录和黑名单（如可以保证存储 17 000 笔交易记录，260 000 个黑名单项）。在内部数据存储器空闲存储空间不多时，POS 机自动产生提示信息。在内部的数据存储器已满时，POS 机自动报警并拒绝消费，从而保证已存储数据的安全可靠。存储脱机交易流水信息时，在每条记录中增加通过加密算法生成的校验码，以识别对数据存储器的非法修改。

圈存机的核心任务是将持卡人的银行卡账户中的金额转移到持卡人的校园卡账户和校园卡中。圈存操作的时间较长，为防止因持卡人在操作过程中从圈存机中取出校园卡，圈存机在感应到校园卡被取出后立刻中止整个操作。也可通过设置吸入校园卡的机械装置来确保在整个操作过程中校园卡不被取出。如果出现校园卡在圈存过程中被取出，造成持卡人银行卡金额已扣除但未写入校园卡的情况，圈存机应自动报警，并产生相应的操作记录，以便管理人员进行处理。

黑名单管理是各类读卡机具都需要具备的一个重要功能。读卡机具内的数据存储空间有限，而因丢卡产生的黑名单数量却在增加，如果不采取控制措施，终有一天会出现读卡机具数据存储器写满，新挂失的卡片不能进入黑名单的情况。而且，当名单达到一定数量后，读卡速度会受到影响，从而降低读卡机具的处理速度。为了控制黑名单的数量，一方面，采用设置卡片使用有效期的方法，在卡片开户时设置有效期，当卡片超出有效期没有重新注册，读卡机具会自动拒绝其使用，系统会自动从读卡机具内清除这些黑名单。另一方面，引入批次的概念，将一届学生设置为一个批次，当该届学生离校后，将该批次号挂失，同时从挂失库中清除该批次卡号。

（3）中心数据库的安全

中心数据库用于存储系统全部用户的身份信息和交易信息，是校园一卡通系统的中枢，其安全性对整个校园一卡通系统有决定性的作用。为保证中心数据库安全、稳定、可靠和高效地运行，防范网络攻击、病毒、黑客入侵以及对数据库的非法访问、篡改和删除，需要从硬件配置、操作系统和数据库等三个层次采取措施。

- 在硬件配置上，中心数据库服务器需要采用双机热备份，并配备大容量的磁盘阵列、磁带机和 UPS。磁带与服务器相连，一方面定期进行数据备份，另一方面采用异地备份方式以备灾难恢复。
- 在操作系统方面，中心数据库服务器一般安装安全性较高的 UNIX 类操作系统，在安装操作系统时采用较高的安全级别，关闭不用的网络访问服务，并设置科学合理的密码管理机制。此外，采用专业的扫描软件对整个系统进行安全扫描，对找到的安全隐患和漏洞进行排除和修复。对于数据库的安全方面，主要是防止非法使用所造成的数据泄漏、修改、损害，防止非授权的数据存取，防止非授权的模式对象存取，控制磁盘使用，控制系统资源的使用，审计用户动作。
- 数据库安全可以分为数据库系统安全和数据安全。系统安全包括在系统级别上，控制数据库的存取和使用机制，如有效的用户名-密码组合、用户模式对象的可用磁盘空间数量、用户的资源限制等。系统安全机制检查用户是否被授权连接数据库，数据库审计是否是活动的，用户可以执行哪个系统操作。数据安全包括在模式对象级别上，控制数据库的存取和使用机制，如哪个用户有权存取指定的模式对象、在模式对象上允许每个用户采取的动作、每个模式的审计动作等。

3. 通信安全

校园一卡通系统中的通信主要涉及到读卡机具与中心数据库服务器和应用系统服务器，因此需要考虑它们之间的数据通信安全性。首先要求读卡机具在系统中完成注册，未注册的机具不会被卡片认可和使用。为了应对交易记录从 POS 机到数据通讯网关的传输过程中被篡改而发生交易记录的安全问题，在普通的 POS 机中，每产生及上传一笔交易记录时，每笔记录中均采用校验，然后上传至数据通讯网关。数据通讯网关通过验证校验码，以确保采集到的校验记录的完整性和合法性。为了应对数据传输过程中因网络故障而导致的数据丢失，在 POS 机的硬件设计中增加重复采集的功能。即在采集脱机交易流水信息时只是移动指针，采集完毕后流水信息仍存在于 POS 机的数据存储器内，以便对全部或指定范围的流水信息记录重新采集。数据丢失往往是存储片中的数据指针丢失造成的，需要将数据指针保存在存储器中的多处不同位置。只要有一处存在指针，即可确保数据读取正确。

另外，校园一卡通数据的传输都是通过与外界隔离的专有网络来完成的。在数据传输时对传输的业务数据可以通过 DES 等密码算法用动态密钥进行加密，该动态密钥每日一变，所以即使通讯包被非法截获，截获者也不可破解，得不到正确的数据。同时为了防止传输中的数据丢失，在交易终端与后台间建立了多重对账体制，即在交易终端上传交易记录后，还要将上传的总数、脱机交易明细、联机交易明细与后台进行对账，来最大限度地防止数据的丢失。

4. 网络环境

目前，校园一卡通系统大多依托校园网进行建设。校园网中的网络环境如路由器、交换机及网络线路必须安全稳定。为确保数据传输的安全，中心数据库服务器、圈存机、银校转账前置机等专用设备，还应铺设有一定冗余的专网线路，专网线路和各业务部门采用虚拟专用网（VLAN）相连。对于无法实现专网线路的场所，在原有网络环境的基础上，通过VLAN手段和基于源IP地址和目的IP地址的访问控制列表来完成用户对一卡通系统的数据访问限制。

5. 病毒防护

计算机病毒，特别是网络病毒，已经成了信息时代的公害。新病毒往往传播速度极快，伪装更巧妙，破坏力更强，攻击更加频繁。在校园一卡通系统中，有些终端不可避免地连接校园网，所以网络防病毒产品也就成了系统不可或缺的一部分。必须要使用企业版网络防病毒产品，以提供稳定集成的网络防护。

13.7 网上银行

随着互联网、信息技术和电子商务等的快速发展，网上银行应运而生。网上银行（简称网银）是指银行利用因特网技术向用户提供的一种在线开户、查询、对账、行内或跨行转账、信贷、网上证券、投资理财、销户等服务的业务，使用户足不出户、随时随地就可以享受到银行服务。网上银行在给银行用户带来极大方便的同时，也面临着不法分子通过网络入侵、网上侦听、电子欺诈、钓鱼网站、分布式拒绝服务（DDoS）等手段对用户账户信息的盗取，从而带来金融安全风险。因此，网上银行的安全尤为重要。

针对客户的不同需要，银行可提供不同的安全手段。一种是凭借账号、密码使用网上银行，另一种是使用网上银行电子证书。账号、密码这种方式比较简单，但安全性相对较差。一旦客户安全意识不强，没有保管好账号、密码等信息，就可能被网络犯罪分子通过假网站、木马程序等方式骗取，从而以客户名义登录网上银行窃取资金。随着网上银行安全技术的升级，数字证书作为确认用户身份和保护用户数据的有效手段得到了广泛推广，被越来越多的用户所接受。数字证书实质上是带有用户信息和密钥的一个数据文件，以USB盘作为存储介质（称为USB Key，商业名称叫“U盾”）。U盾是网上银行的物理“身份证”和“安全钥匙”，是安全级别更高的一种网银安全措施。目前，各个银行大多采用软硬件结合的双认证模式，客户申请U盾后，所有涉及资金对外转移的网银操作，都必须使用U盾才能完成。客户只要保证U盾、U盾密码、账号、登录密码和支付密码不被同一个人窃取，任何病毒、木马、黑客、假网站的网络诈骗方式都无法成功实施，从而保证客户资金的安全。

13.7.1 系统架构

网上银行系统架构总体上可分为用户接入层、服务提供层和系统数据层（如图13-30所示）。用户接入层与服务提供层之间有防火墙隔离。网上银行用户通过互联网登录到银行的门户 Web 服务器，通过中国金融认证中心（China Financial Certification Authority，CFCA）认证后连接到网上银行的 Web 服务器，同时进行 RA（Registration Authority，注册审批机构）的身份认证。随后，客户的请求数据通过加密后传送至网上银行应用服务器并与银行的核心业务系统主机进行联机，享受全方位的网上金融服务。银行网点通过登录网银管理服务器进行客户证书签发、客户信息管理等相关操作。其中，Web 服务器是网上银行系统与用户交互的入口，提供网银的登录界面和操作环境，通过它来响应用户的请求，提交用户的交易请求到应用服务器，并将应用服务器的处理结果返回给用户。应用服务器是整个网上银行系统的核心，提供应用服务支持，完成和调度用户的交易请求，同时显示交易结果。数据库服务器是网上银行的全部业务数据的存储中心。

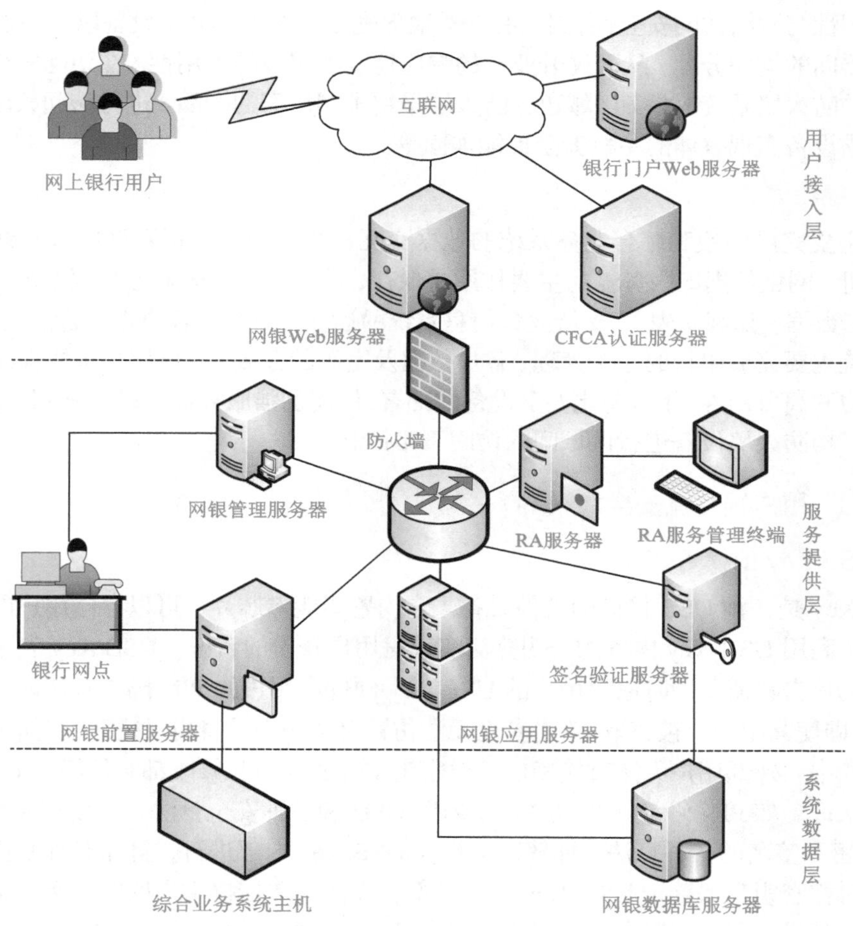

图 13-30　网上银行系统架构

13.7.2　安全方案

1. 用户接入层

该层主要完成网上银行客户接入和访问需求，主要包括银行门户 Web 服务器和网银 Web 服务器，由于网银 Web 服务器直接暴露于互联网上，经常成为互联网基于 Web 攻击的首要对象。因此，Web 服务器前不仅要通过防火墙实现基于网络层或传输层的访问控制，通过部署 IDS/IPS（入侵防御系统）实现深度安全检测，还需要通过 SSL 安全网关实现数据加密的接入。此外，还要部署流量清洗设备实现 DDoS 攻击防御，以打造网银第一道坚固防线。

2. 服务提供层

该层完成网银系统的相关业务操作，该层主要包括网银应用服务器、网银前置服务器、网银管理服务器等。网银应用服务器提供网银系统的业务逻辑，包括会话管理、提交后台处理及向 Web 服务器提交应答页面等；网银前置服务器负责将应用服务器提交的业务请求经过协议处理、数据格式转换或加密后转交到综合业务系统的主机进行处理；网银管理服务器实现网银用户管理功能（如开户、注销、证书下载、密码修改等）。该层的安全目标是保障服务高可用性与网络访问安全性，因而有针对地部署服务器负载分担设备以实现业务流量在多台服务器间的均匀分配，从而提升业务的响应速度和服务的可用性。在访问安全方面，可通过异构的防火墙系统（即各区域边界防火墙采用不同厂家的产品）进行访问权限控制，通过漏洞扫描设备实现整体的主机安全性能加固等。

3. 系统数据层

该层主要完成网银和综合业务系统的数据交互，主要包括网银数据库服务器和综合业务系统主机。网银数据库服务器的主要作用是保存、共享各种即时业务数据（如用户支付金额）和静态数据（如利率表），支持业务信息系统的运作，对登录客户进行合法性检查。综合业务系统主要完成银行的账务处理、客户数据及密码的存放等。该层强调要保障数据的高速交互能力和高可用性，相对弱化安全设备的部署，但需加强服务器和磁盘阵列的冗余操作。主要通过异构防火墙设备进行区域间的访问策略控制。

13.7.3 用户端主流安全措施

1. USB Key 的使用

USB Key 是一种 USB 接口的硬件设备。它内置智能卡芯片，可以存储用户的私钥以及数字证书，利用 USB Key 内置的公钥算法实现对用户身份的认证。USB Key 安全特征主要表现为：①攻击者需要同时取得用户的 USB Key 硬件和用户的 PIN 码（双认证）才有可能登录系统，即使其中一个被盗取，攻击者也无法仿冒合法用户的身份。②密钥存储于 USB Key 的安全芯片中，外部用户无法直接读取，对密钥文件的读写和修改都必须经过 USB Key 内相关程序认证，如 PIN 码等。③USB Key 内置 CPU 和各种安全算法，可以实现数据摘要、数据加/解密和签名的各种算法，加解密运算在 USB Key 内部进行，且非对称密钥对中的私钥及其他对称密钥都保存于 USB Key 芯片内部，无法被非授权用户读取，保证了用户密钥不出现在计算机内存中。现在还出现了一种带显示屏和按键的交互型 USB Key，使得用户可复核 USB Key 显示出的交易信息，能有效避免攻击者截取并篡改用户提交的信息而导致用户所见并不是发给银行服务器的真正交易信息的情形。

2. 手机短信动态口令

手机短信动态口令是一种基于动态口令的身份认证技术。用户在注册申请网上银行时需要绑定一个手机号，当用户进行网银交易时，银行会向用户手机发送一条包含一个动态密码的短信，用户使用该动态密码进行身份验证，以此来确保交易安全。用户使用这种技术要注意移动通信信道的安全性，并注意保管好自己的手机和 SIM 卡，不可把手机借与他人。

3. 验证码的使用

验证码是为了防止对某一个特定注册用户用特定程序采用蛮力破解方式不断地登陆尝试的形为。另外，银行系统密码输入出错 3 次（有些系统允许 5 次），账户就被自动锁定，这对防蛮力破解做出了很好的防范。

4. 软键盘输入法

软件盘是用软件实现的，出现在“屏幕”上的键盘，软键盘是采用软件模拟键盘通过鼠标单击输入字符，为了防止木马记录键盘输入的密码，往往出现在银行的网站上要求输入帐号和密码的时候。

5. 安全 ActiveX 控件

当用户首次通过个人网上银行控件登录时，登录页面会有下载控件的过程，用户只需要下载安装一次控件，以后再访问登录页面，控件直接在本机被激活而不需要再次下载。现有的安全 ActiveX 控件（由微软公司开发，嵌入了 DES 和 RSA 密码算法）是利用 Windows 的底层函数在黑客程序之前截取键盘事件信息，这样黑客程序就无法获得用户的密码，从而大大提高了网银使用的安全性。但现有安全 ActiveX 控件只能在部分浏览器下使用，采用 128 位 SSL 协议，该协议确保客户登录网上银行系统之后，计算机与银行服务器之间交换的所有信息都是经过加密的，任何截取交易信息的人都无法知道信息的实际内容，以确保网银交易信息的安全。

值得指出的是，要保证网上银行系统的安全，除了技术本身，建立一套严密完善的内部控制流程和监管制度体系，加强对用户的安全意识教育等也很重要。

13.8　金税工程

13.8.1　应用背景

金税工程是国家电子政务“十二金”工程之一，1994 年我国的工商税收制度在借鉴国际先进经验的基础上进行了重大改革，建立了以增值税为主体的流转税制度，为了加强对增值税专用发票的有效监控，防止利用伪造、倒卖、盗窃、虚开增值税专用发票等手段进行偷、逃或骗取国家税款，国家启动了“金税工程”的建设。从 1994 年上半年到 2001 年上半年，先后经历了一期和二期建设阶段；2005 年 9 月 7 日，国务院审议通过金税三期工程项目建议书；2007 年 4 月 9 日，国家发改委批准金税三期工程可研报告；2008 年 9 月 24 日，国家发改委正式批准初步设计方案和中央投资概算，标志金税三期工程正式启动。

金税工程是运用高科技手段，结合我国增值税管理实际设计的一种高科技防伪税控管理系统，如图 13-31 所示。该系统由一个网络、四个子系统构成。“一个网络”是指国家税务总局与省、地、县税务局四级计算机网络；“四个子系统”是指增值税防伪税控开票子系统、防伪税控认证子系统、增值税稽核子系统和发票协查子系统。金税工程实际上就是利用覆盖全国税务机关的计算机网络对增值税专用发票和企业增值税纳税状况进行严密监控的一个体系。

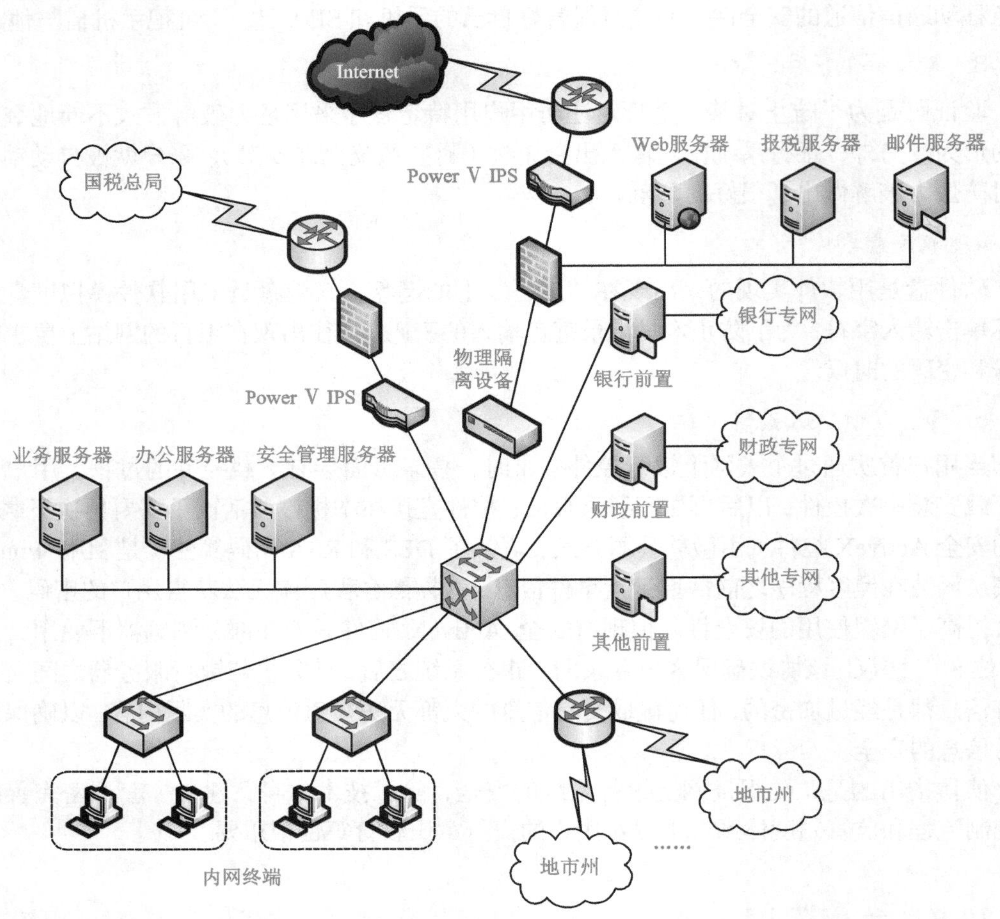

图 13-31　金税工程系统组成

13.8.2　系统构成和主要功能

1. 增值税防伪税控开票子系统

增值税防伪税控开票子系统运用密码技术和电子信息存储技术，强化增值税专用发票的防伪功能，以监控企业的销售收入，解决销售发票信息真实性问题的计算机管理系统。所有的增值税一般纳税人都必须通过这一系统开增值税发票。税务机关配套使用增值税防伪税控系统，可实现金税卡和税控 IC 卡发行、发票发售和认证报税。

网络开票管理系统采用 B/S 架构，整体由税务局管理子系统和企业开票子系统两部分构成。税务局管理子系统实现系统内各类业务流程及业务数据的综合管理；企业开票子系统作为开票、数据申报、信息录入、查询、分析的操作终端。系统的组成如图 13-32 所示。

网络开票管理系统采用国家密码管理局批准的商用密码算法及技术，实现了电子票据应用的可管可控。通过专用的终端安全设备、数字证书、计算机、制式打印软件等，构成一套完整的应用体系，对普通票据打印、票据数据申报等业务进行有效管理，同时可对票据信息进行快捷查询和统计，杜绝目前票据管理中存在的管理困难、数据造假严重等现象，是电子票据应用改革及信息管理技术发展的典型实践。

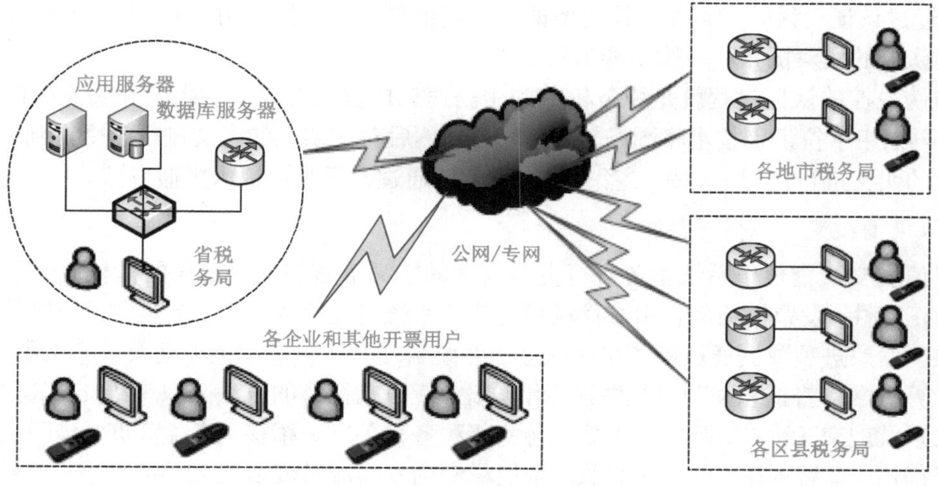

图 13-32　网络开票管理系统

企业在开具增值税发票时，利用开票子系统的加密功能，将开票日期、发票代码、发票号码、购方纳税号、销方纳税号、金额和税额等明文信息经过加密，得到 84 位防伪电子密文，将明文和密文同时打印在发票上不同区域（如图 13-33 所示）。由于任何两张发票的这些信息不会完全相同，因此，加密得到的电子密文具有唯一性，不可伪造或重复使用。

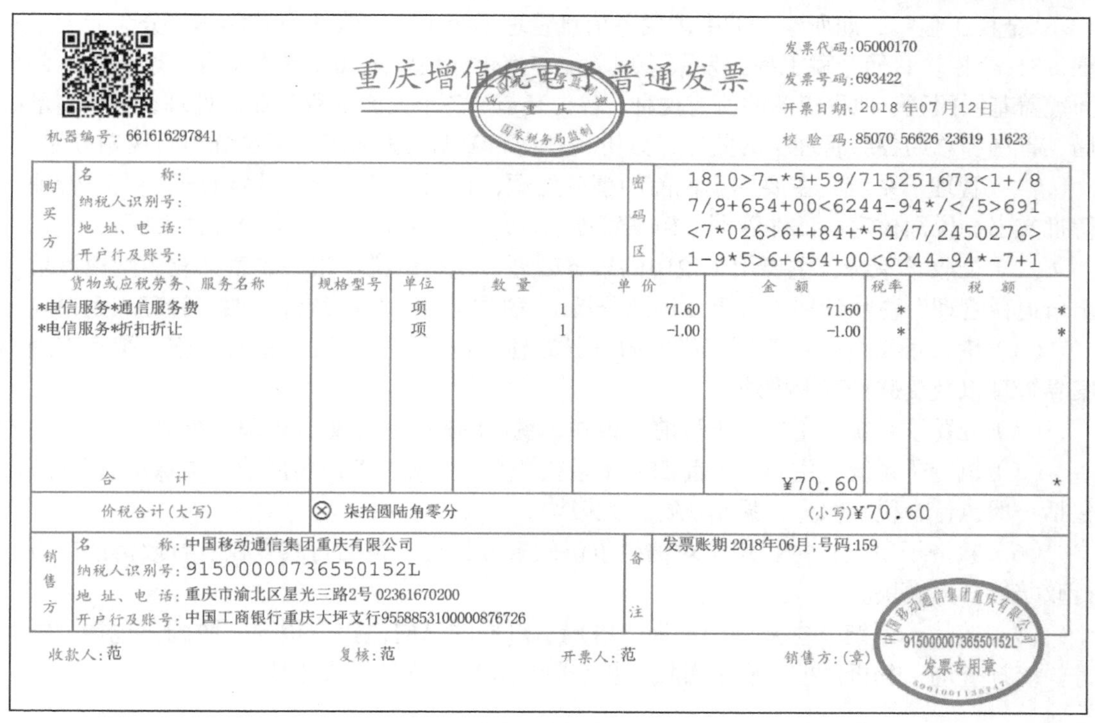

重庆增值税电子普通发票

机器编号：661616297841

发票代码：05000170
发票号码：693422
开票日期：2018 年07 月12日
校验码：85070 56626 23619 11623

购买方　名称：
纳税人识别号：
地址、电话：
开户行及账号：

密码区
1810>7-*5+59/715251673<1+/8
7/9+654+00<6244-94*/</5>691
<7*026>6++84+*54/7/2450276>
1-9*5>6+654+00<6244-94*-7+1

货物或应税劳务、服务名称	规格型号	单位	数量	单价	金额	税率	税额
*电信服务*通信服务费		项	1	71.60	71.60	*	*
*电信服务*折扣折让		项	1	-1.00	-1.00	*	*
合计					¥70.60		*
价税合计（大写）	⊗ 柒拾圆陆角零分				（小写）¥70.60		

销售方　名称：中国移动通信集团重庆有限公司
纳税人识别号：91500000736550152L
地址、电话：重庆市渝北区星光三路2号 02361670200
开户行及账号：中国工商银行重庆大坪支行9558853100000876726

备注：发票账期 2018年06月；号码:159

收款人：范　复核：范　开票人：范　销售方：（章）

图 13-33　增值税电子普通发票（样例）

2. 防伪税控认证子系统

防伪税控子系统是对增值税一般纳税人申报抵扣的增值税发票抵扣联进行解密还原和

认证。经过认证无误的发票才能作为增值税一般纳税人合法的抵扣凭证。凡是不能通过认证子系统认证的发票抵扣联一律不能抵扣。

防伪税控的认证过程就是税务机关利用高速扫描仪将发票上的密文和明文图像录入计算机，再采用字符识别技术将图像转换成数据，然后对发票上的密文进行解密得到明文，与发票上的明文进行比对，如果二者一致，则认证通过，否则被视为虚假发票。

3. 增值税交叉稽核子系统

增值税交叉稽核子系统主要进行发票信息的交叉稽核和申报信息的稽核。为了保证发票信息正确性，发票销项信息由防伪税控开票子系统自动生成，并由企业向税务机关进行电子申报，发票进项数据通过税务机关认证子系统自动生成。进项销项发票信息采集完毕后，通过计算机网络将抵扣联和存根联进行清分比对。目前稽核的方法采取三级交叉稽核，即本地市发票就地交叉稽核，跨地市发票上传省级税务机关交叉稽核，跨省发票上传国税总局进行交叉稽核。今后将在税收规模较大、增值税专用发票流量较多的区县增设稽核系统，实现四级交叉稽核的管理模式。

4. 发票协查信息管理子系统

发票协查信息管理子系统是对有疑问的和已证实为虚开的增值税发票案件协查信息，认证子系统和交叉稽核子系统发现有问题的发票，协查结果信息，通过税务系统计算机网络逐级传递，国税总局通过这一系统对协查工作实现组织、监控和管理。

“金税工程”二期所建立的中国税务信息管理系统（主体软件为 CTAIS）分为七大子系统，35 个模块，使金税工程的发票管理功能与整个涉税管理功能紧密结合，融为一体，全面覆盖基层国税、地税机关的所有税种、各个环节、各个方面的税收业务处理，同时满足市局、省局和总局各级管理层的监控、分析、查询和辅助决策需求。子系统与模块划分如下。

（1）管理子系统：主要用于税前的事务处理，包括税务登记、认定管理、发票管理、待批文书、税额核定、证件管理、档案管理、外部信息采集以及咨询服务九大模块。

（2）征收子系统：主要用于税中的事务处理，包括纳税申报、税款征收、纳税评估、出口退税管理、税收计划（含重点税源分析）、税收会计、税收统计、票证管理八大模块。

（3）稽查子系统：主要用于税后的事务处理，包括稽查选案、稽查实施、稽查审理、案卷管理以及反避税五大模块。

（4）处罚子系统：主要用于税前、税中、税后的违法违章处罚的事务处理。

（5）执行子系统：主要用于前四大子系统产生的各类税务决定的执行与保全事务处理，包括一般执行、税收保全、强制执行三大模块。

（6）救济子系统：主要用于对纳税争议的事务处理，包括行政复议、行政诉讼应诉、行政赔偿三大模块。

（7）监控子系统：主要用于市局、省局、总局的纵向监控、指导、协调，包括日常业务、统计查询、分析监控、质量考核、报表管理和决策支持六大模块。

13.8.3 应用安全设计

针对金税工程系统的安全需求，在系统构建过程中，采用商用密码技术和产品为用户提供多类安全服务。以数字证书应用为基础，通过加密算法、专用防伪算法和 PKI 体系下的非对称密码应用，解决身份认证、敏感信息保护、票据防伪、权限管理、安全审计等一系列安全问题。

主要的应用安全设计包括以下方面。

身份认证：金税工程系统采用软硬件相结合的双认证模式，在服务器端和客户端之间实现基于数字证书的可靠身份认证，可很好地解决系统的安全登录和权限管理问题。

票据信息防伪：系统可采用经国家密码管理局批准的票据防伪算法，以票面信息为基础生成防伪码，保障票据信息的真实性和完整性；

票据信息传输保护：票据信息在网络上进行传送时，采用以商用密码为基础的密码服务中间件，对票面敏感信息进行加密和电子签名，防止对信息的非法获取和篡改，在应用层建立安全的数据传输通道。

票据信息存储保护：按照国家相关行业要求，多个行业的多种票据信息均需加密存储若干年，票据信息采用商用密码产品进行加密存储，辅以校验措施来保证数据存储的机密性和完整性，防止数据的非授权访问和修改。

权限管理：金税工程系统操作需进行严格的权限控制。系统提供基于数字证书的权限管理，通过验证数字证书，确定用户身份，实现对用户权限的可靠分配。

安全审计：通过系统的审计模块可以记录每个用户的重要操作，拥有权限的人员可以查看审计日志记录。并对用户的网络行为、各种操作进行实时的监控，对各种行为进行分类管理，规定行为的范围和期限。

金税工程系统在建设过程中，可集成部署各类边界保护设备和其他安全设备，配合安全管理制度，构建一个完善的信息安全体系。

13.8.4 安全方案

金税工程三期属于国家级信息系统工程，是国家电子政务建设的重要组成部分。该系统融合了税收征管变革和技术创新，统一了全国国税、地税征管应用系统版本，搭建了统一的纳税服务平台，实现了全国税收数据大集中，进一步规范了全国税收执法，优化了纳税服务，对实现“降低税务机关征纳成本和执法风险，提高纳税人遵从度和满意度”的税收征管改革目标具有重要意义。

金税工程的信息安全建设作为三期工程的一项重要内容，在前期已实现的信息加密与解密验证等措施的基础上，引入了新的安全措施，这里以联想网御提出的解决方案为例，新增的技术措施包括以下内容。

1. 纵向级联

税务内网的复杂性高、接入点多，存在内网攻击和病毒扩散的风险，而且内部资源需要重点保护，因此需要对专网在纵向上进行严格的身份认证和访问权限控制。主要通过防火墙或 UTM（Unified Threat Management，安全网关）、防病毒网关、IPS（Intrusion Prevention System，入侵防御系统）的不同搭配来组成完善的网络防护系统，如在业务专网与总部节点之间设置防火墙和 IPS，与省级节点之间设置防火墙与防病毒网关，与市级（或县级）节点之间设置防火墙/UTM。

2. 互联网防护

除了保证内部用户对 Internet 的安全访问，还要保证门户网站不受来自 Internet 的攻击。来自 Internet 的攻击多为各类复合式网络攻击以及 DDoS 攻击。通过部署异常流量管理系统，可以将各类 DDoS 攻击阻挡在内部网络之外，同时通过部署防火墙或 UTM，并辅之以 IPS、IDS 或防病毒网关，可以将来自互联网的各类复合攻击屏蔽在税务专网之外。

3. 安全隔离网闸

必要时，安全隔离网闸可以阻断税务内网核心 CTAIS（中国税收征管信息系统）系统与对外业务门户之间的所有网络连接，进行严格的应用层数据检查，只将业务数据传入内部网络及 CTAIS 系统，最大限度地保障用户核心 CTAIS 系统的高等级安全。

总之，金税工程通过密码等技术手段，从多个环节为国家税务部门提供了强有力的监管手段，实现了对增值税发票的防伪、识伪和税控的多重功能，有效地遏制了利用增值税发票进行的违法犯罪活动。除了增值税发票，银行、保险等行业的票据安全管理也可以采用类似的方案。

13.9 电力远程抄表系统

作为智能电网信息工程的组成部分，电力远程抄表系统是一种利用现代通信技术、计算机技术和电能计量技术实现自动读取和处理电表数据，不需要人工到现场就能完成抄录用户电表数据的自动化系统。它解决了传统人工抄表模式结构简单、功能单一、实时性差、准确率低、费时费力等难题。这对提高电力系统的经济效益，提升电力系统的信息化水平，增强管理决策能力都具有十分重要的意义。

中国国家电网公司自 2009 年开始大规模建设电力远程抄表系统，该系统通过远程的方式实现对用户用电数据的采集和分析。同时，电力部门还可通过该系统下发各类控制命令，达到用电控制管理、节约用电成本、节约能源的目的。电力远程抄表系统采集的数据范围广、数据交互频繁、数据量大，并且有些关键数据极为敏感，关系到国家的经济运行和信息安全，对数据安全要求很高。因此，密码技术在电力用户用电信息采集系统中的应用十分广泛，为该系统的安全、稳定运行提供了技术保障。

13.9.1 系统结构

电力远程抄表系统结构如图 13-34 所示，分为后台主站系统、通信信道、集中器和智能电表四个部分。

1. 主站系统

主站系统主要由数据库服务器、磁盘阵列、应用服务器、前置服务器和相关的网络设备、各类应用软件等组成。主要负责对收集来的各类信息进行统计分析并下发各类管理控制命令。

2. 通信信道

通信信道是主站系统与集中器之间进行数据和指令传输的远程通信信道，目前被广泛采用的是光纤信道、GSM/GPRS/CDMA 无线公网信道、CAN 总线信道、230MHz 无线电力专用信道等。为实现对用电信息采集对象的全面覆盖，需要根据用户的环境特性选择合适的信道，整个系统可同时使用多种信道组网。

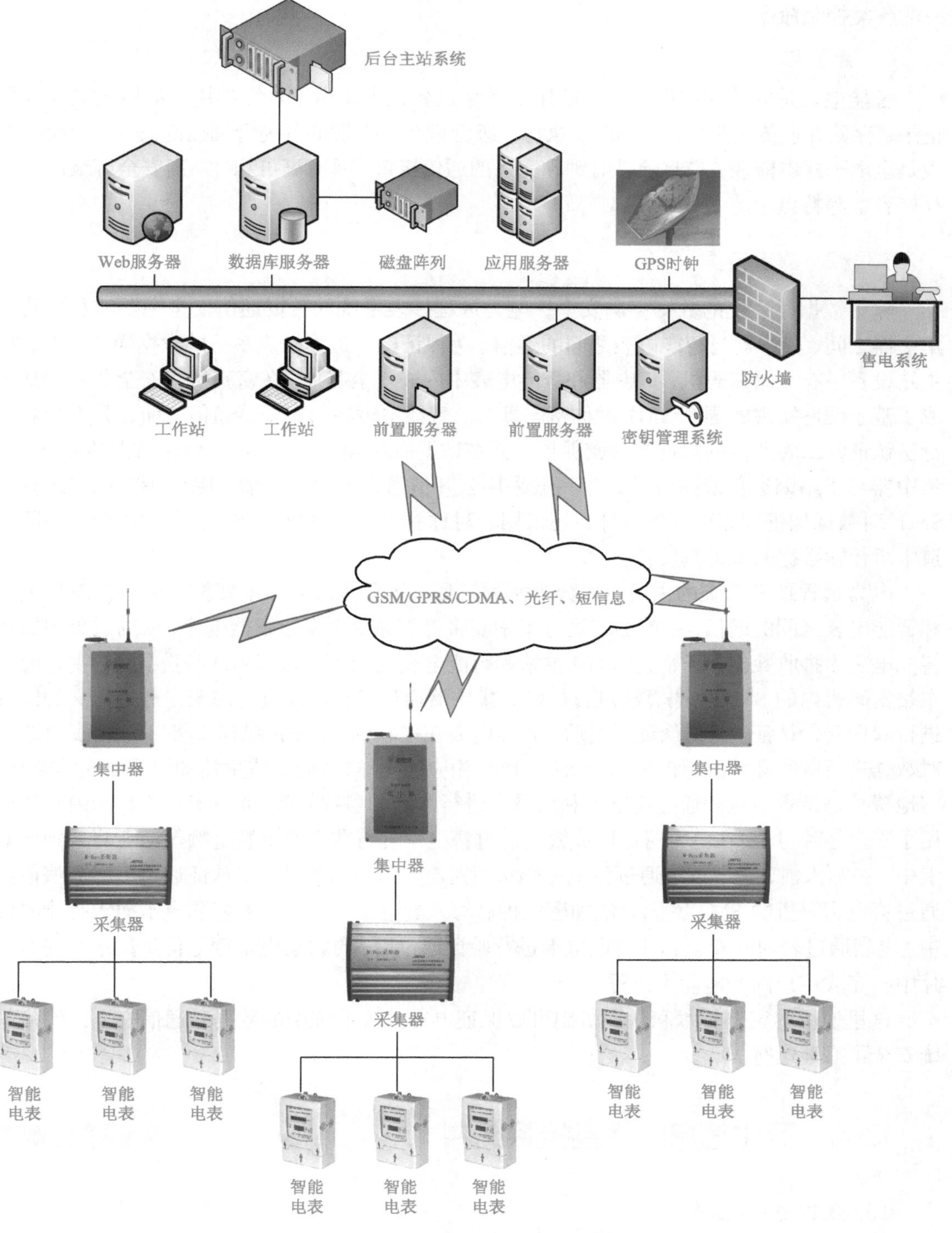

图 13-34　电力远程抄表系统结构

3. 集中器

集中器用于对终端用户的用电数据进行采集、存储、打包并传输给主站，执行主站下发的各类控制命令。

4. 智能电表

智能电表是安装在终端用户处的用电计量设备，主要用于对终端用户的用电数据进行记录、存储并上传至集中器，同时，执行上级管理系统下发的各类管理控制命令。智能电能表是全电子式电能表，带有硬件时钟和完备的通信接口，具有高可靠性、高安全等级以及大存储容量等特点。

13.9.2 安全方案

除了数据库系统的数据存储安全，电力远程抄表系统的数据通信安全主要涉及主站与集中器之间、集中器与智能电表之间的通信。为保证电力远程抄表系统的数据通信安全，在主站设备中有主站密码机，集中器和智能电表中内嵌安全芯片，在密码机和安全芯片中都集成了基于硬件实现的国产 SM1 对称密码算法。智能电表在与集中器通信之前，先进行双向身份认证，二者通信的数据被加密保护，并在数据后附 MAC 值以保证传输数据的完整性。集中器与主站因通信线路较长，且一般采用公开信道，因此，传输中除使用对称密码算法 SM1 对数据加密和完整性校验外，还采用非对称密码算法对数据进行签名和认证，保证信道中所传输数据来源的真实性。

电力远程抄表系统的主要应用分为两种情形：远程抄表和本地费控。远程抄表是主站和智能电表之间的通信，主站需要通过集中器将控制命令下发给智能电表，或通过集中器从智能电表中抄收数据。开始通信前，主站和智能电表之间要进行双向的身份认证，主站通过主站密码机内的 SM1 密码算法进行加密，集中器通过安全芯片进行加密，通过密文的比较进行双向身份认证。身份认证通过后，智能电表在接收到主站的控制命令时，先由安全芯片对数据进行解密和校验，如果数据合法才执行相应的操作，从而完成主站和智能电表的交互。本地费控是指智能电表通过购电卡和工具卡进行购电和参数修改，购电卡和工具卡内同样使用了安全芯片。用户在电力营业厅或银行通过售电系统将购买的电费金额等信息写入到购电卡中，在写入前，售电系统通过售电密码机对购电卡进行身份认证，认证通过后将充值信息通过售电密码机的 SM1 密码算法加密保护后写入购电卡。用户回家将购电卡插入智能电表中，电表通过表内的安全芯片对购电卡进行验证通过后，再将购电金额等信息记录在安全芯片中，完成用户的购电使用过程。

这里使用的密码技术和认证机制可以保证电力抄表系统中的数据和通信安全，保障系统安全可靠地运行。

13.10 卫生信息网络直报系统

13.10.1 应用背景

随着医疗卫生信息化建设的推进，建立卫生信息网络直报系统，为国家公共卫生体系建设和政府决策提供基础信息服务的需求日益迫切。卫生信息网络直报系统主要包括疾病预防控制信息系统、卫生监督汇总数据信息报告系统和突发公共卫生事件（如 SARS、H1N1、

H7N9 等）报告管理信息系统等，在系统应用过程中如不采取必要的安全措施，将会带来一系列的安全隐患和问题。某数字证书认证中心提供的方案，详细描述如下。

13.10.2　安全需求分析

卫生信息网络直报系统一般在开放的互联网环境下开展服务，由于其业务的网络化、电子化的特点，系统的信息安全需求主要包括以下部分。

1. 身份的真实性

网络直报系统将在互联网上直接面向县、市级疾病预防控制中心等提供服务，数据报送在网络环境下开展，上报方和接收方通过网络进行信息交换，所以需要在开展业务时进行网络环境下的身份认证，确保业务双方身份的真实、可靠。

2. 网络直报信息的真实性、机密性、完整性

无论是疾病疫情信息、卫生监督汇总数据还是突发公共卫生事件信息，在通过互联网传输时，一旦被他人窃取、伪造或篡改，将造成敏感信息泄露、医疗决策失误等严重后果。因此需要保障信息的真实性和数据传输过程的机密性和完整性。

3. 关键操作的责任认定

无论是对疫情及可疑状态信息的直报信息或卫生统计数据的录入、审批、修改、删除，还是对上报过程的审批、确认等操作，都需要提供事后追踪、审核手段，使得对任何越权操作，以及安全事件具有良好的可追溯性，并为司法举证提供依据，实现对关键操作的责任认定。

13.10.3　应用安全解决方案

1. 设计思路

一种设计思路是采用第三方电子认证机构为卫生信息网络直报系统用户提供数字证书的发放、更新、注销等证书生命周期管理服务。通过部署 SSL 服务器实现信息的传输加密，通过电子签章系统确保直报信息的真实性，建立直报行为的责任认定机制。

2. 应用安全设计

如图 13-35 所示，利用商用密码构建安全可靠的卫生信息网络直报系统。

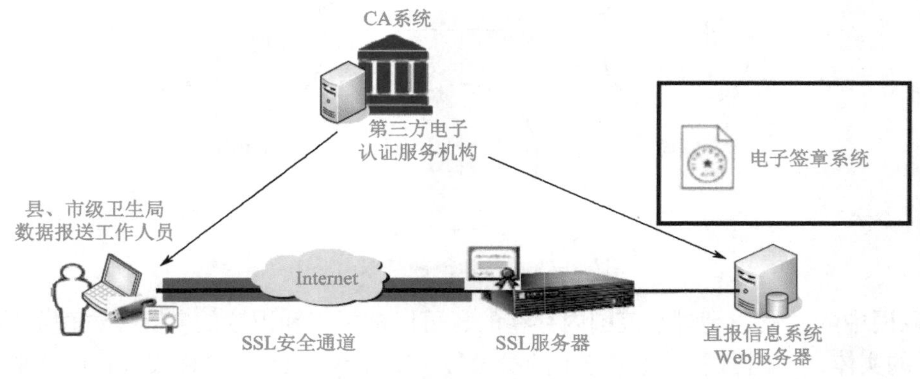

图 13-35　卫生信息网络直报系统组成

（1）按照《电子签名法》，通过国家认可的第三方电子认证服务机构，为网络直报系统用户和服务器提供具有法律效力的数字证书，实现对用户和服务器的双向认证。

（2）网络直报系统用户和服务器间，通过部署的 SSL 服务器，建立安全传输通道，确保传输信息的机密性。

（3）用户身份的合法性和真实性经确认后，登录直报系统，部署于系统服务器端的电子签章系统为用户提供电子签章的生成、更新、废止等管理服务。利用电子签章功能，基于电子签名技术，可实现直报信息签署者身份的真实性、直报行为的不可抵赖性以及直报信息的完整性验证，形成符合法律要求的直报证据。

13.11 物联网

13.11.1 概述

物联网就是“物品的互联网（Internet of things，IoT）”。随着应用需求的提升，信息技术的覆盖范围得以快速扩大，即使为人服务的、没有生命的物品也被要求通过网络实现互联互通，从而允许人和物在任何时间、任何地点，使用任何的路径或网络、任何的服务与业务，与任何的事物、任何人无障碍地联系，将聚合、内容、知识库、计算、通信和连接等元素集成在一起形成一个有机的整体，如图 13-36 所示，从而加强人与物、物与物的信息交流，实现更高的工作效率，节省操作成本。

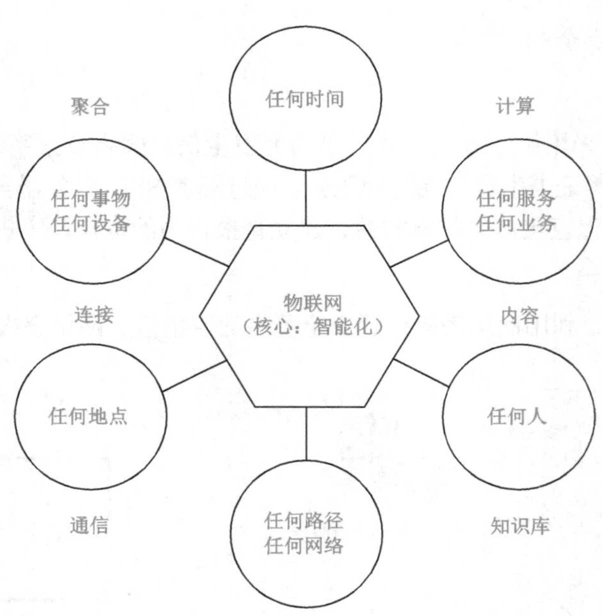

图 13-36 物联网的基本内涵

物联网中的“物”是时空范围内存在的、可以被标识和识读的实际（物理）的或虚拟（数字）的实体，它们通常可通过分配的身份号（identity，ID）、名称或位置地址来识别。

物联网的基本含义：是通过传感器、射频识别等感知装置获取物理世界中物品、人和环境的各种信息和识别特征，按约定的协议把物品与互联网等网络连接起来，进行信息交换、通信、处理，在实现智能化识别、定位、跟踪、监控、管理和服务基础上，深度应用于经济社会和自然领域、提高人类生产生活管理水平的全新信息系统。其主要技术包括微机电系统技术（MEMS）、射频识别技术（RFID）、无线传感网络技术（WSN）、全球定位系统、激光扫描器、海量数据处理与云计算等，其中前三个是物联网的三大核心技术。物联网的核心概念在于"基于网络对物品信息的按需、自动、及时、可靠感知和服务的泛在、透明与可信"。一般认为物联网应具备三个基本特性：一是及时感知信息，即利用各种可用的感知手段，能实现对物体动态信息的实时采集；二是可靠传输信息，即通过各种信息网络与互联网的融合，将感知的信息准确可靠地传递出去；三是智能处理信息，利用云计算等智能计算技术对海量的数据和信息进行分析和处理，以便自动地获取到有用信息并对其进行利用。物联网的本质是通过能够获取物体信息的传感器来进行信息采集，通过网络进行信息传输与交换，通过信息处理系统进行信息加工及决策。

物联网试图把 IT（Information Technology）技术充分运用于各行各业，发展现有的互联网技术，为每一个贴上电子标签的物品提供信息交换平台，实现对现有因特网应用范围的拓展，最终形成一个无所不包的广义互联网，使人们生活的环境也具备"智慧"，实现人类社会与物理环境的有效融合，建立起更加紧密的、基于信息畅通的逻辑联系，从而实现对融合网络内的人员、机器、设备和基础设施等实时的管理和控制，使人与所生活的环境更加和谐统一。

物联网用途广泛，我国目前已开展了一系列试点和示范，在智能电网、智能交通、智能物流、智能家居、智能环境监测与保护、工业自动控制、智能护理与保健、精细农牧业、金融服务业、公共安全、国防军事等众多领域取得了初步进展。

13.11.2　体系结构

物联网的体系结构如图 13-37 所示。它由低层的感知传感网络，中间的泛在接入/互联网络和云计算平台/中间件，以及高层的应用/服务系统组成，分别完成智能感知、接入与传输和处理与决策功能。物联网的主要特点表现为:

- 实现智能化识别、定位、跟踪、监控和管理；
- 赋予物体智能和信息交换的能力，实现人与物、物与物之间的沟通和对话；
- 具有任何时刻、任何地点、任意物体之间互联互通的能力；
- 是无所不在的网络（ubiquitous networks）；
- 提供无所不在的计算（ubiquitous computing）。

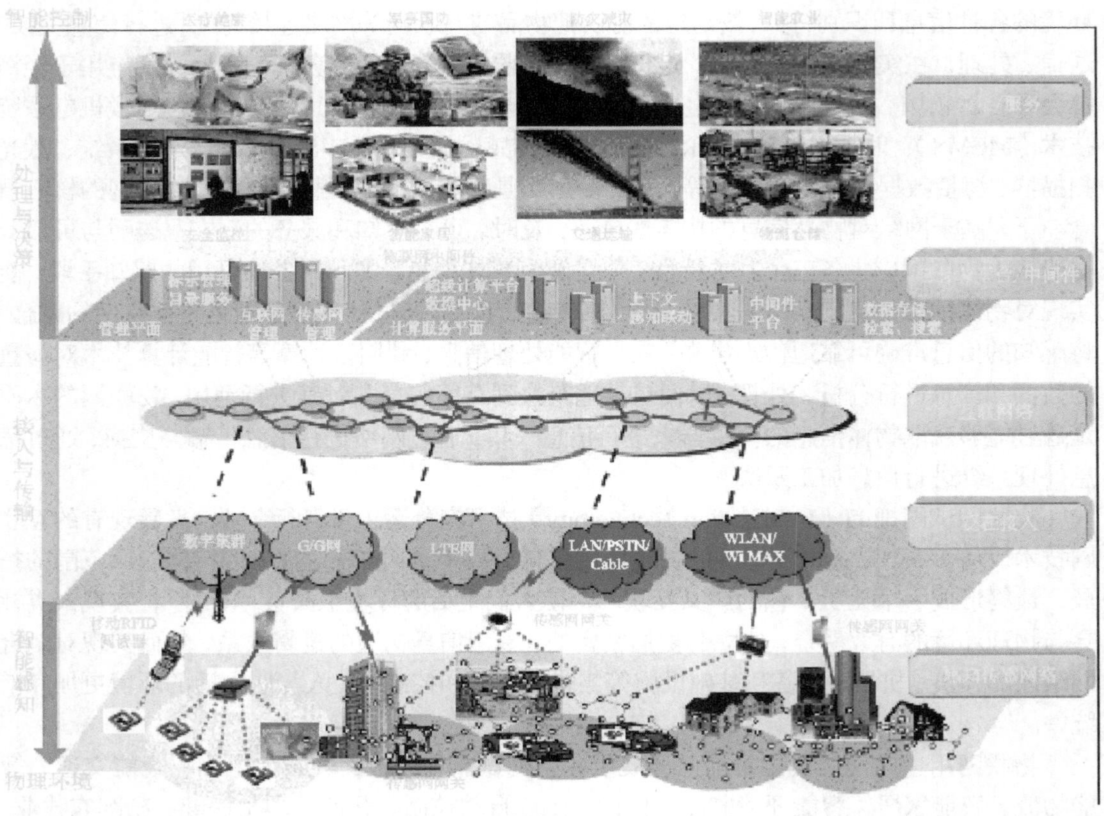

图 13-37　物联网的体系结构

13.11.3　信息安全和隐私

物联网是一种融合各种技术、应用与服务的庞大信息系统，其目标是方便人与物或物与物的信息交换，将承载大量的国家经济社会活动和战略性资源。与任何新生信息系统一样，物联网的出现不可避免地将伴生信息安全问题，使物联网面临巨大的安全与隐私保护挑战，包括物理安全（主要表现为对传感器的干扰、屏蔽、信号截获等）、运行安全（存在于传感器、传输系统和信息处理系统等物联网组成要素中，影响其正常运行）、数据安全（要求物联网各组成要素中的信息不会被窃取、被篡改、被伪造、被抵赖等）。这方面必须吸取互联网建设过程中的经验和教训，在物联网技术开发和标准制定上提前做好安全工作。无论物联网应用背景本身是否是安全敏感的（如机场防入侵系统或某地的环境监测系统），在构建这个物联网应用系统时一定要有信息安全的设计，“没有安全就没有应用，没有应用就没有发展”。否则，所构建的物联网系统一旦遭到信息安全攻击，所获得的数据或信息不仅没有意义，而且可能有害，甚至导致系统的崩溃或瘫痪，如物联网中所传输的大量无线信号很容易被窃取和干扰，一旦被敌对势力利用发起恶意攻击，就很可能导致工厂停产、商店停业、交通瘫痪等，使社会的某一部分陷入混乱。

与一般信息网络不同的是，物联网新增了“物品”的物权属性保护需求，因此其安全性倍受关注。物联网的信息安全主要涉及两个方面的问题：一是国家和企业机密（主要表现为业务过程的机密性），二是个人隐私。对国家和企业而言，包含了敏感信息的数据资源若处理不当，很容易在数据交互共享的过程中遭受攻击而导致机密泄露、财物损失或正常的生产秩序被打乱，构成严重的安全威胁。对个人而言，数据信息往往涉及到个人行为、兴趣等隐私问题，严重时可能危及人的生命安全。物联网的发展需要全面考虑这些安全因素，设计并建立相对完善的安全机制，尤其在考虑物联网的各种安全要素时，隐私保护强度和特定业务需求之间需要折衷，最终的设计原则是：在满足业务需求（实用性、易用性）的基础上尽可能地保护用户隐私，定制适度的隐私保护策略（实现匿名性和用户行为的不可追踪）。物联网的信息安全技术主要涉及到认证与访问控制、入侵检测、信息加密、恶意节点识别与剔除等。

物联网面临着信息的合法有序使用问题，这实际上是一个隐私保护和信息安全问题。物联网连接和处理的对象主要是物及其相关的数据，因其对象的所有权特性导致对物联网的信息安全要求比对以处理“文本”为主的互联网更高，具体要求包括隐私权（privacy）、可信度（trust）、假冒（forgery）、DoS（Denial of Service）等。物联网系统的安全需求和一般IT 系统基本一致，主要有 8 个尺度：读取控制、隐私保护、用户认证、不可抵赖性、数据保密性、通讯层安全、数据完整性和可用性。前 4 项主要处在物联网的应用层，后 4 项主要位于传输层和感知层。其中“隐私权”和“可信度”（数据完整性和保密性）问题在物联网中尤其受到关注。

信息是有价值的，物联网中所包含的丰富信息也不例外。基于射频识别技术本身的无线通信特点和物联网所具备的便捷信息获取能力，如果信息安全措施不到位，或者数据管理存在漏洞，物联网能够使我们所生活的世界“无所遁形”，也可能会让我们面临黑客、病毒的袭击等威胁，嵌入了射频识别标签的任何物品还可能不受控制地被跟踪、被定位和被识读，这势必造成对物品持有者个人隐私的侵犯或企业机密泄漏等问题，破坏信息的合法有序使用的要求，导致人们的生活、工作完全陷入崩溃，社会秩序混乱，甚至直接威胁到人类的生命安全。物联网是一个极其综合、复杂的系统，物联网中信息的合法有序使用必须依赖相关政策和法律法规的规范，也必须依赖相关安全技术体系的建立与形成，但这在当前还存在着诸多的欠缺与不完善。

13.11.4　安全模型

与传统网络相比，物联网中的传感器节点通常被部署在物理攻击可以到达的区域，在能量、计算和通信能力等方面有限。由于物联网组成的复杂性、分布的广泛性、形态的多样性和物联网节点资源的有限性等特征，物联网比一般 IT 系统更容易受到侵扰，面临着更严峻的安全问题。同时，新的约束条件对密钥建立、保密和认证、隐私、拒绝服务攻击的鲁棒性、安全路由选择及节点俘获提出了新的研究难点。为获得一个安全系统，安全性必须纳入每一个组成部分，因为无安全性设计的部件可能成为攻击点。因此，安全和隐私问题遍及系统设计的方方面面。攻击者能通过拒绝服务攻击严格限制物联网的价值，在形式最简单的拒绝服务攻击中，攻击者试图通过广播高能信号来扰乱运作，如果传输的信号足够强大，整个系统可能被阻塞。更复杂的攻击也是可能发生的攻击者通过违反 MAC 协议禁止通信，比如在邻居传送信息的同时请求通道访问。攻击者还可能对无线通信链路进行窃听和篡改。总的来说，安全性对任何系统都是一个困难的挑战，物联网的安全更加富有挑战性。

物联网特有的安全问题可概括为如下几种：①略读（skimming）：在末端设备或 RFID 持卡人不知情的情况下，信息被读取；②窃听（eavesdropping）：在一个通讯通道的中间，信息被中途窃取；③哄骗（spoofing）：伪造复制设备数据，冒名输入到系统中；④克隆（cloning）：克隆末端设备，冒名顶替；⑤破坏（killing）：损坏或盗走末端设备；⑥干扰（jamming）：伪造数据造成设备阻塞不可用；⑦屏蔽（shielding）：用机械手段屏蔽电信号让末端无法连接。

针对上述问题，物联网发展将面临以下特有的信息安全挑战：①四大类（有线长、短距离和无线长、短距离）网络互联组成的异构（heterogeneous），多跳(multi-hop)，分布式网络导致统一的安全体系难以实现“桥接”和过渡；②设备资源不统一（如存储和处理能力不一致）导致安全信息（如 PKI 证书等）的传递和处理难以统一；③设备可能无人值守，设备处于运动状态，连接可能时断时续，这些因素增加了信息安全系统设计和实施的复杂度；④在保证一个智能物件要被数量庞大甚至未知的其他设备识别和接受的同时，又要保证其信息传递的安全性和隐私权。

物联网安全的主要目标是网络的可用性、可控性以及信息的机密性、完整性、真实性、可认证性和新鲜性等。正如前面的分析所言，物联网存在信息安全与隐私保护问题。物联网的构成要素包括传感器件、传输系统和处理系统，从结构上分别位于物联网的感知层、网络层，以及管理和应用/中间件层，对应着 DCM 分层模式的设备（devices）、连接（connection）和管理（management）。相应地，其安全形态就表现为节点安全（包括物理安全和信息采集安全）、信息传输安全、信息处理安全，如图 13-38 所示。

节点安全对应着物联网的感知层安全。物联网的感知层由传感器、RFID 和其他感知终端组成，相应的安全性包括节点的物理安全和信息采集安全。物理安全就是保证物联网信息采集节点不被控制、破坏和拆装，使其具有可用性、可控性；信息采集安全就是防止采集的信息被窃听、篡改、伪造和重放，主要涉及嵌入式系统安全、非正常节点的识别、节点安全成簇、入侵检测和抗干扰等。

网络层是物联网的信息主干道。信息传输安全对应着物联网的网络层安全：保证信息传递过程中数据的机密性、完整性、真实性和新鲜性，主要是通信网的安全，涉及安全路由。

信息处理安全对应着物联网的管理和应用/中间件层安全：保证信息的机密性、可认证性和储存安全，主要是个体隐私保护。涉及安全数据融合、安全定位、认证和访问控制等。

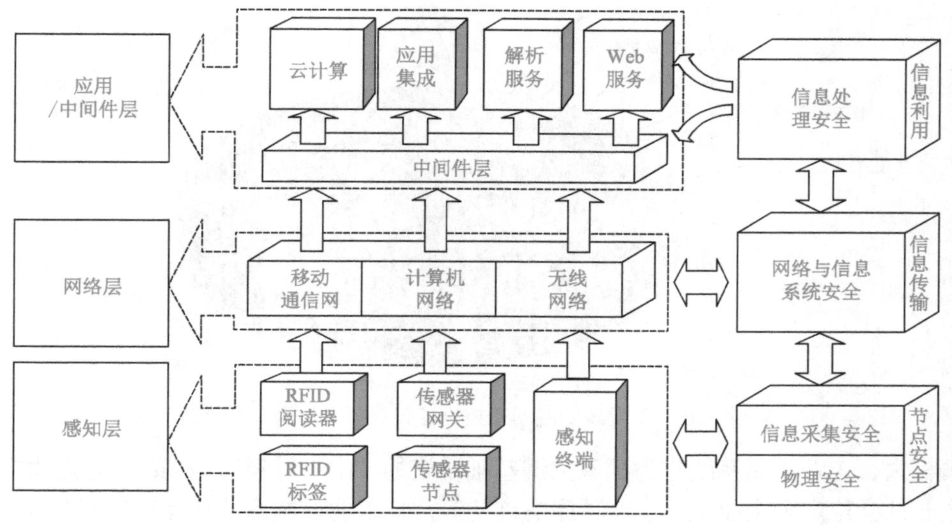

图 13-38　物联网安全层次模型

13.12　工业互联网

随着“工业 4.0”“中国制造 2025”等国家战略的推行，以及物联网、大数据、云计算、人工智能等新一代信息技术的发展应用，工业控制系统逐渐由封闭独立走向开放互联，网络化、自动化和智能化程度得到快速提升，工业互联网成为工业控制系统发展的主流形态。在这一发展过程中，工业控制系统面临着越来越突出的信息安全问题，工业设备的高危漏洞、后门、工业网络病毒、高级持续性威胁等给工业控制系统带来了前所未有的巨大风险和严峻挑战，伊朗核电站遭遇“震网”病毒攻击、乌克兰电网遭遇持续攻击等事件就是典型案例。根据《2017 年中国互联网网络安全报告》，2017 年全年发现超过 245 万起境外针对我国联网工业控制系统和设备的恶意嗅探事件，较 2016 年增长 178.4%，我国境内 4772 个联网工业控制系统或设备型号、参数等数据信息遭泄露，涉及西门子、摩莎、施耐德等多达 25 家国内外知名厂商的产品和应用，如图 13-39 所示。同时，2017 年，在 CNVD 工业控制系统子漏洞库中，新增的高危漏洞有 207 个，占该子漏洞库新增数量的 55.1%，涉及西门子、施耐德、研华科技等厂商的产品和应用。如 2018 年 8 月 3 日午夜时分，台积电位于台湾新竹科学园区的 12 英寸晶圆厂和营运总部，突然传出电脑遭病毒入侵且生产线全数停摆的消息，几个小时之内，台积电位于台中科学园区的 Fab 15 厂，以及台南科学园区的 Fab 14 厂也陆续传出同样的消息，这代表台积电在台湾北、中、南三处重要生产基地，同步因为病毒入侵而导致生产线停摆，预计损失 17.4 亿元人民币。

在对电力、燃气、供暖、煤炭、水务、智能楼宇 6 个重点行业的境内联网工业控制系统或平台开展安全检测的过程中，发现存在严重漏洞隐患案例超过 200 例。这些漏洞若被黑客恶意利用，可能造成相关系统生产停摆或大量生产、用户数据泄露。例如通过对全国联网电梯云平台开展网络安全专项检查，发现 30 个平台存在严重安全隐患，包括党政军等敏感涉密单位在内的全国 7333 家单位的电梯监控及视频采集系统。

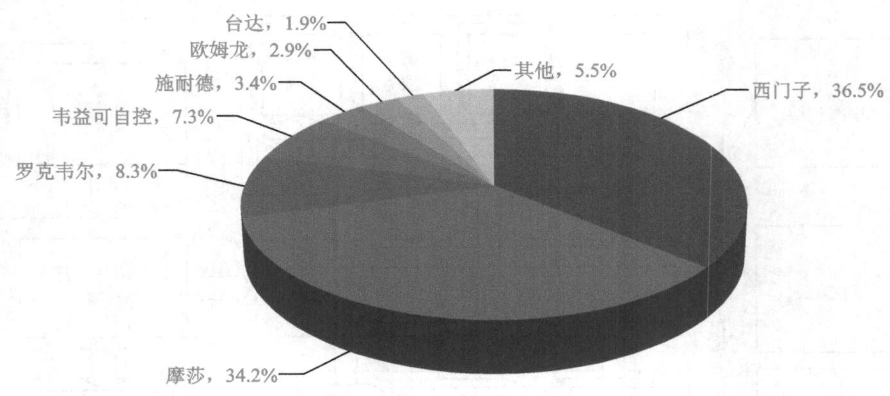

图 13-39　2017 年发现的联网工控设备数据信息泄露厂商分布情况

概言之，工业控制系统作为国家关键基础设施的“中枢神经”，其安全关系到国家的战略安全、社会稳定和企业正常生产秩序的维持等，且工业控制系统具有通信实时性要求高、不可随意停机等应用特殊性，因此，工业互联网安全具有重要的意义。

下面以先进制造行业工控网络安全为例进行介绍。

13.12.1　工业互联网安全问题解析

先进制造行业工控网络存在的信息安全问题突出，主要涉及到信息泄密、数据安全（企业信息保护和个人隐私保护）、功能安全等。

1. 生产网与管理网互联带来的安全隐患

传统防火墙只能基于端口的防护达到企业管理网与生产网的逻辑隔离，但传统防火墙不能识别工业协议，无法防范基于工业协议的网络攻击，从外部发起的攻击一旦穿透防火墙，将会对工业生产控制网络造成严重破坏。因此，需要在管理网和生产网的核心交换机之间增加工业防火墙，实现对基于工业协议网络攻击的安全防护。目前，工业网络通常存在以下安全隐患。

（1）缺乏清晰的网络边界：各车间不同区域间网络简单地冗余互联，容易导致不同性质的业务、设备、通信混在一起，给关键的生产控制带来安全风险。

（2）缺乏边界访问控制措施：管理网络生产网之间、生产网的生产区与控制区之间、各生产区之间、远程维护接入、无线接入等缺乏必要的隔离和访问控制措施，一旦出现安全问题会互相影响。

（3）区域间通信缺乏防护：各生产工艺流程之间的数据交换、组态变更、协议通信、数据采集、远程维护等缺乏有效的隔离与控制，易导致网络攻击发生。

（4）缺乏恶意程序防护措施：生产网中大量上位机操作系统老旧，系统补丁、病毒库长期不更新，难以防范恶意软件攻击。

（5）难以防范工控恶意攻击：缺乏基于工业协议的安全防护手段，难以基于工业协议识别恶意操作，远程攻击窃取关键数据、生产配方、控制程序等，篡改关键控制参数与程序，对生产网运行造成恶意损坏。

（6）缺乏安全事件监管机制：缺乏工业安全审计设备和安全日志统计分析手段，无法实现对工业以太网的感知与控制。

2. 数控设备自身存在安全隐患

目前，中国高端数控设备的应用以国外设备为主，设备自身存在的后门、漏洞等安全隐患，制造企业在生产和维护过程中无法自主可控。在中国高端数控机床 CNC 系统应用市场中，主要是国外品牌发那科 FANUC（日本）、西门子 SIEMEMS（德国）、海德汉 HEIDENHAIN（德国）、马扎克 MAZAK（日本）、哈斯 HAAS（美国）占据主导地位。另外，大量国产数控机床品牌的 CNC 系统“代工”（OEM）日本 FANUC 的 CNC 系统。

中国精密测量仪器应用市场上国外品牌占据主导地位，海克斯康 Hexagon（瑞典）市场份额占 55%，蔡司 ZEISS（德国）市场份额占 20%，这些企业在生产和维护过程中仍无法自主可控，系统设备存在预留后门的安全风险。

大型制造企业使用的是国外 DNC 系统，有美国的 Predator 或丹麦的 CIMCO，这两家公司的解决方案和软件占据了国内超过 90%的 DNC 解决方案市场，DNC 系统存在的安全漏洞、后门也无法自主可控。

3. 滥用 USB 设备导致非法外联、病毒感染与数据泄露

众多企业在生产和维护过程中，数控机床、测量仪器以及管理主机均存在滥用 USB 设备的情况，其中包括各种类型的智能手机、非密 U 盘，部分主机甚至非法连接无线上网卡。智能手机可通过 3G/4G 移动网络连接外网，智能手机连接电脑后，只需进行对应的设置即可将智能手机的网络共享给管理主机使用。无线上网卡更是可以直接为电脑提供连接外网的途径。这些对不应外联的现场数控生产环境而言，会导致网络边界安全防护的失控，存在巨大的安全风险及泄密隐患。滥用 USB 设备也存在摆渡病毒、摆渡数据，致使数控系统主机被病毒入侵而破坏、加工数据被非法拷贝而出现泄密事故等重大安全风险发生。

4. 智能制造网络缺乏必要的安全防护

智能制造网络缺乏必要的限制，DNC 服务器使用 FTP 服务、Windows 网上邻居共享、私有协议等进行数控加工代码等数据的共享，缺乏必要的访问控制和身份验证，任何接入该网络的主机皆可访问 DNC 服务器，并进行加工代码下载/篡改等行为，可造成严重的数据泄密事件与安全生产事故。

5. 管理主机缺乏对病毒的有效检测及防护机制

由于设备管理主机多数相对独立，不与外网直接连接，缺乏包括病毒防护、主机安全管理在内的安全机制，导致管理主机通过 USB 口或者内部网络而感染计算机病毒，如果感染了特定的病毒或木马后将可能在全厂范围内进行传播，从而导致严重的数据泄露事件，同时病毒或木马对主机的侵染也会直接影响正常生产业务。

6. 人员的安全意识和技能不足

由于数控设备使用环境相对封闭，通常，使用人员侧重关注生产工艺的提升，而缺少对网络安全知识的关注，使得相应的人员缺乏必要的网络安全防护意识和技能。

13.12.2 工业互联网安全强化策略

2017 年 11 月，我国发布了《国务院关于深化“互联网+先进制造业”发展工业互联网的指导意见》。2018 年 8 月，为贯彻落实该指导意见的总体要求和工作部署，推进制造强国和网络强国建设，切实做好工业互联网相关工作，工业和信息化部对工业互联网的建设进行

了针对性推进，提出的工业互联网安全强化策略包括以下几点。

（1）提升安全防护能力。加强工业互联网安全体系研究，使技术和管理相结合，建立涵盖设备安全、控制安全、网络安全、平台安全和数据安全的工业互联网多层次安全保障体系。加大对技术研发和成果转化的支持力度，重点突破标识解析系统安全、工业互联网平台安全、工业控制系统安全、工业大数据安全等相关核心技术，推动攻击防护、漏洞挖掘、入侵发现、态势感知、安全审计、可信芯片等安全产品的研发，建立与工业互联网发展相匹配的技术保障能力。构建工业互联网设备、网络和平台的安全评估认证体系，依托产业联盟等第三方机构开展安全能力评估和认证，引领工业互联网安全防护能力不断提升。

（2）建立数据安全保护体系。建立工业互联网全产业链数据安全管理体系，明确相关主体的数据安全保护责任和具体要求，加强数据收集、存储、处理、转移、删除等环节的安全防护能力。建立工业数据分级分类管理制度，形成工业互联网数据流动管理机制，明确数据留存、数据泄露通报要求，加强工业互联网数据安全监督检查。

（3）推动安全技术手段建设。督促工业互联网相关企业落实网络安全主体责任，指导企业加大安全投入，加强安全防护和监测处置技术手段建设，开展工业互联网安全试点示范，提升安全防护能力。积极发挥相关产业联盟引导作用，整合行业资源，鼓励联盟单位创新服务模式，提供安全运维、安全咨询等服务，提升行业整体安全保障服务能力。充分发挥国家专业机构和社会力量作用，增强国家级工业互联网安全技术支撑能力，着力提升隐患排查、攻击发现、应急处置和攻击溯源能力。

（4）实施安全保障能力提升工程。推动国家级工业互联网安全技术能力提升：打造工业互联网安全监测预警和防护处置平台、工业互联网安全核心技术研发平台、工业互联网安全测试评估平台、工业互联网靶场等。引导企业提升自身工业互联网安全防护能力：在汽车、电子、航空航天、能源等基础较好的重点领域和国防工业等安全需求迫切的领域，建设工业互联网安全保障管理和技术体系，开展安全产品、解决方案的试点示范和行业应用。到2020年，根据重要工业互联网平台和系统的分布情况，组织有针对性的检查评估；初步建成工业互联网安全监测预警和防护处置平台；培养形成3～5家具有核心竞争力的工业互联网安全企业，遴选一批创新实用的网络安全试点示范项目并加以推广。到2025年，形成覆盖工业互联网设备安全、控制安全、网络安全、平台安全和数据安全的系列标准，建立健全工业互联网安全认证体系；工业互联网安全产品和服务得到全面推广和应用；工业互联网相关企业网络安全防护能力显著提升；国家级工业互联网安全技术支撑体系基本建成。

13.12.3 工业互联网安全解决方案

1. 数控上位机综合安全系统方案

数控上位机综合安全系统产品是专门为高端数控机床数控网络提供防护的安全产品。它以白名单的方式，监控主机的进程状态、网络端口状态、USB 端口状态，具备防病毒、防泄密的功能。病毒破坏的常见方式是在后台运行一个隐藏进程，用户发现不了它的存在，常常不能及时杀灭病毒。数控上位机综合安全系统产品能够发现隐藏进程，并能在任何进程运行之前，先判别该进程的身份，如果它是非法进程，则会在其运行之前就将其杀死，避免数控主机遭到病毒的任何破坏。病毒隐藏自身的另一种方式是感染某些合法的程序，将自身代码嵌入到合法程序之中，从而避开杀毒工具的检查。数控上位机综合安全系统会检查程序的完整性，当发现程序被修改后，会阻止该程序的运行，从而阻止病毒的运行。数控网络通常是物理隔离的独立网络，病毒传染数控网络的主要途径是通过 USB 存储设备（如 U 盘、移动硬盘等）。数控上位机综合安全系统严格控制 USB 存储设备的使用，只允许授权设备接入数控管理主机，对于未授权或授权级别不够的设备，禁止从该设备上拷贝任何文件到数控管理主机，从而阻止病毒感染主机。因此，数控上位机综合安全系统能够从病毒发作、病毒隐藏、病毒传染三个方面入手，有效防护病毒和木马对于高端数控机床数控网络的破坏。在防泄密方面，数控上位机综合安全系统具有严格的 USB 存储设备的授权机制，不允许随意拷贝数控管理主机中的文件。当有人企图非法拷贝时，数控上位机综合安全系统会阻止文件拷贝，显示告警信息，并记录下安全事件，且安全事件不可删除、不可篡改。同时，除了事前防止之外，数控上位机综合安全系统还提供完备的 USB 存储设备操作日志。当泄密事故发生后，可以从操作日志中追溯到泄密文件、泄密设备、泄密日期等关键信息，从而提供事后问责的有力依据。此外，数控上位机综合安全系统还可以监控网络端口的开启与使用状态，并监控网络流量速度，当网络速度过高时，数控上位机综合安全系统可以在不断出现有网络连接的情况下降低和控制网络速度，从而避免网络拥塞的发生。

2. 先进制造行业数控隔离防护方案

根据对多个高端数控机床数控系统的现场检测，数控系统的安全性弱、健壮性差，存在主动外联境外地址的后门问题，受到外网 APT 攻击威胁。针对数控机床数控系统进行核心数控系统边界智能防护与访问控制，加强对核心数控系统可信访问的安全保护，利用黑名单、白名单、IP-MAC 地址绑定相结合的防护机制，有效防止网络病毒、未知设备接入、非法访问、中间人攻击、外网 APT 攻击及远程升级带来的安全风险；并实时对网络行为、流量的异常监测控制，通过对数控协议的深度解析，确保设备代码指令的合法性与完整性。从根本上解决数控协议漏洞、数控系统后门、无意/恶意操作等行为带的安全威胁。

数控机床数控系统可采用的数控隔离保护方案如下。

（1）采用桥接部署方式，把数控隔离防火墙产品串接在需要保护的数控机床和管理主机之间，串接的数控隔离保护防火墙产品采用机架式安装方式部署。

（2）采用桥接部署方式，把数控隔离防火墙产品串接在需要防护的高端数控机床、管理主机、服务器、操作站和工业交换机之间，由数控安全监管平台统一配置、统一管理，规则一键式部署，实时采集安全日志、事件日志，做到事故可追溯。串接的防火墙产品采用机架式安装方式部署。

在整个数控隔离防护方案的智能保护及防泄密过程中，主要可采用以下几种安全防护技术。

- 数控网安全防护

通过多种安全策略，结合独有的数控网络安全漏洞库，对 APT 攻击、异常控制行为和非法数据包进行告警和阻断，并对各类安全威胁实施监控，快速直观地了解数控网络安全状况，实现全网安全防护。

- 黑名单防御机制

基于已知漏洞防御保护功能，通过将已知漏洞库中的已知策略与网络中的数据和行为进行提取、匹配、判断，对所有异常数据和行为进行阻断和告警，消除已知漏洞危害。

● 白名单防御机制

对网络中所有不符合白名单的安全数据和行为特征进行阻断和告警，消除未知漏洞危害。

● IP-MAC 地址绑定防御机制

将 IP 地址与 MAC 地址进行绑定，防止内部 IP 地址被非法盗用，增强网络安全。

● 数控专用协议

支持数控专用协议 FANUC FOCAS/HSSB、CNC、DNC、FTP、OPC、S7、TCP/IP、UDP、Profinet 等，并可对协议数据包深度解析。

● 主流高端数控设备数据解析

支持主流高端数控机床，精密测量仪器，联网整体解决方案 FANUC、SIEMEMS 840D、HEIDENHAIN、MAZAK、Hexagon、ZEISS、CIMCO、DMG/Miro Seiki、Hass、Mitsubishi、Bosh、Fagor、Agie、广数、华中、塞维、夏儿等数据解析。

● 多种编码识别能力

支持多种编码识别能力，包括 ASCII、Unicode、UTF-8、UTF-16、GB2312、EBCDIC 等编码格式。避免因编码格式不同而导致记录出现乱码，保证记录的可读性。

● APT 主动防御

可有效防御 Havex 这类通过合法指令窃取数据的恶意病毒，极大提高数控网络的安全性。

● 开放式架构

采用开放式整体架构设计，为第三方和内部开发提供便捷的开发集成环境，方便用户定制合适的专属产品。

3. 先进制造行业网络监测审计方案

根据对多个精密测量仪器数控系统的现场检测，发现诸多系统问题：上位机安全具有脆弱性、存在非法外连、病毒感染等现象；数控系统安全性弱、健壮性差、存在主动外联境外地址的后门问题；还存在移动存储介质的使用、空密码登陆、核心数据本地明文存储等问题。为了确保数控系统数据的安全性、保密性、完整性、可用性，针对本精密测量仪器数控系统设计实时数控监测审计方案。

数控监测审计主要是通过对精密测量仪器数控系统整体、综合监测审计，能够及时审计、记录来自工作人员、厂商、生产网内部及外部对数控系统的操作行为，以及来自外部的攻击威胁，及时提供监测与预警，并确保事后的可追溯性。

精密测量仪器数制系统的数控监测审计方案：数控监测审计采用旁路部署方式，把数控监测审计产品的旁路设置在要监测审计精密测量仪器的数控流镜像的工业数控交换机端口上，旁路的数控监测审计产品采用机架式安装方式。

数控监测审计产品是专门针对数控网络设计的实时告警系统，通过特定的安全策略，快速识别出系统中存在的非法操作、异常事件、外部攻击并实时告警。

● 实时数控网络监测

数控监测审计对数控网络数据、事件进行实时监测、实时告警，帮助用户实时掌握数控网络运行状况。

● 数控网络安全审计

数控监测审计对网络中存在的所有活动提供行为审计、内容审计，生成完整记录便于事件追溯。

- 数控专用协议

数控监测审计支持数控专用协议 FANUC FOCAS/HSSB、CNC、DNC、FTP、OPC、S7、TCP/IP、UDP、Profinet 等，并可对协议数据包深度解析。

- 主流高端数控设备数据解析

数控监测审计支持主流高端数控机床、精密测量仪器、联网整体解决方案 FANUC、SIEMEMS 840D、HEIDENHAIN、MAZAK、Hexagon、ZEISS、CIMCO、DMG/Miro Seiki、Hass、Mitsubishi、Bosh、Fagor、Agie、广数、华中、塞维、夏儿等数据解析。

- 多种编码识别能力

数控监测审计支持多种编码识别能力，包括 ASCII、Unicode、UTF-8、UTF-16、GB2312、EBCDIC 等编码格式。避免因编码格式不同而导致审计保护记录出现乱码的情况，保证了审计保护记录的可读性。

4. 先进制造行业网络安全大数据态势感知方案

针对先进制造行业工控系统本身的高危漏洞脆弱性、进口控制器或机床等设备预留后门、工业网络病毒、数控网络信息涉密、单点孤岛防护等无法回避的新的工业安全命题，需要有面向先进制造行业工控系统的安全合规评估技术标准、分布式网络空间设备探测技术、控制协议识别技术、多源异构大数据采集处理技术、工控流量异常识别与基于大数据进行AI关联分析、APT分析的工控网安全分析模型为基础的基于大数据分析技术的先进制造行业工控网络安全态势感知平台，如图13-40所示。该平台一般应包括以下功能。

（1）安全态势可视化（总体安全态势、威胁态势、弱点态势、事件态势）；

（2）安全指标评估体系（建立先进制造行业工控安全指标体系与指数，进行指标的多维分析与挖掘）；

（3）安全合规评估；

（4）多源数据采集（安全数据多源采集交换格式规范、实时流计算处理、分布式网络空间设备探测）；

（5）安全实时监测（全网脆弱节点精确定位、网络行为可视化、事件关联追踪）；

（6）AI大数据分析（事件聚合、关联分析、APT检测、事件溯源、流量异常）；

（7）安全运营管理（事件管理、原始日志管理、报警管理、工控资产管理、工单管理、智能预警及安全应急响应）。

先进制造行业工控网络安全大数据态势感知平台部署于中心机房，下层工控安全防护设备作为低层数据探针，获取实时工控安全现状情报，分析并显示工控安全态势。部署该平台可以使先进制造行业的企业实时掌控数控网络安全状况与威胁、针对突发事件实现安全预警和应急响应，提升安全管理与运维能力，通过先进制造行业的安全指数、态势分析的统一展现为工业控制网络空间对抗提供技术支撑。

5. 先进制造行业工控网络安全整体解决方案

先进制造行业工控网络安全解决方案采用终端、区域、边界多层级的安全防护，进行无死角地实时网络监测审计与安全隔离。制造车间工控网络安全解决方案和智慧工厂工控网络安全解决方案分别如图13-41和图13-42所示。

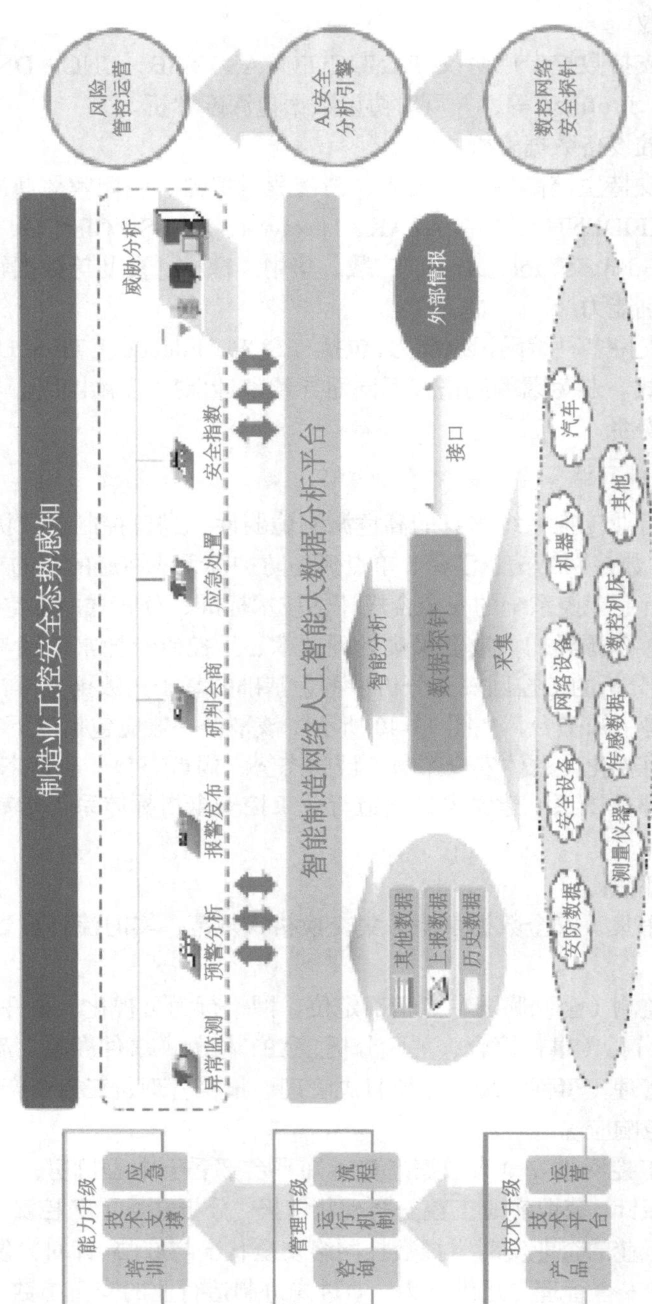

图 13-40 先进制造行业工控安全态势感知平台架构

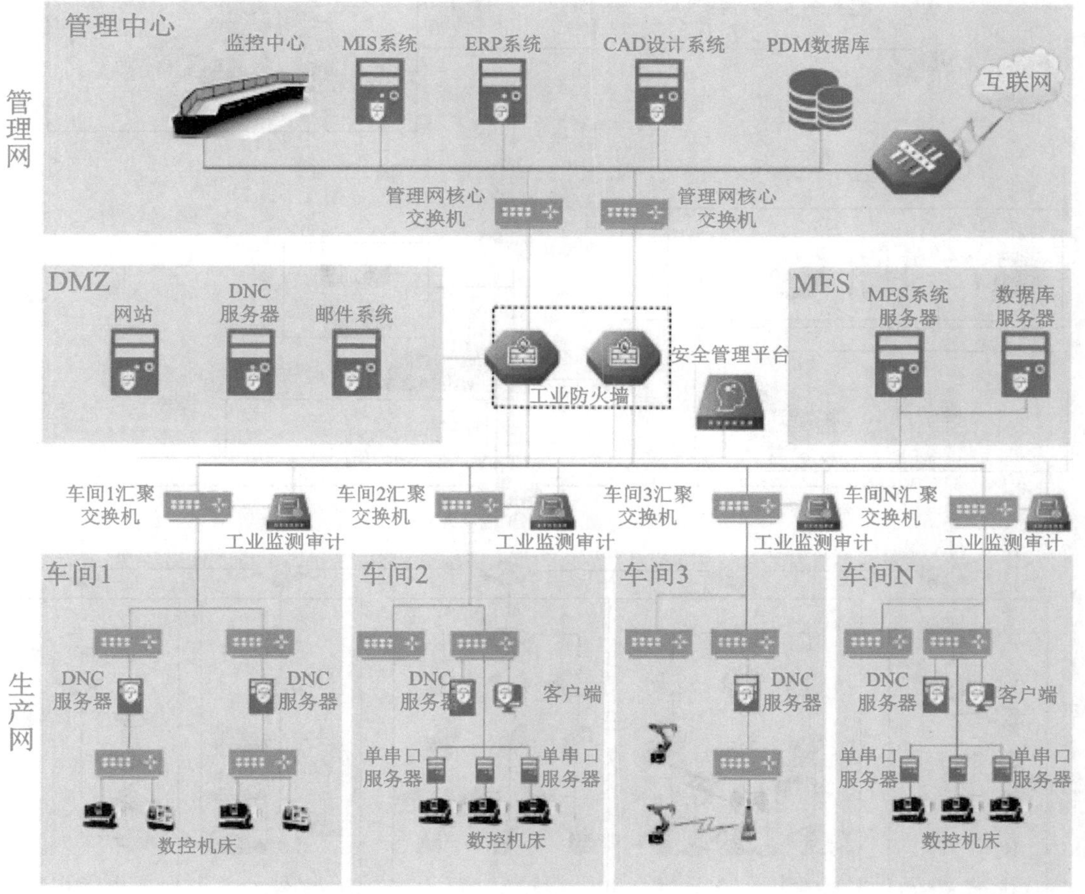

图 13-41　制造车间工控网络安全解决方案示例

终端防护采用安全隔离产品，部署在 PLC、HMI、ANDON、机器人与各环网交换机之间，对 PLC、HMI、ANDON、机器人进行实时网络审计保护，通过各种方法快速识别出系统中的非法操作、异常行为及外部攻击，在第一时间执行告警和阻断。

区域边界防护采用适用于先进制造行业的工业防火墙，部署在冲压车间、焊装车间、涂装车间、整装车间的环网交换机与核心层交换机之间，起到区域之间的隔离防护作用。

网络大区边界隔离同样采用工业防火墙设备，部署在生产网络与 OA 办公网络之间，起到边界之间的隔离作用。

工控网络安全管理平台部署于中心机房，连接工业防火墙以及数控监测审计产品，对工控安全防护产品进行统一配置和管理。

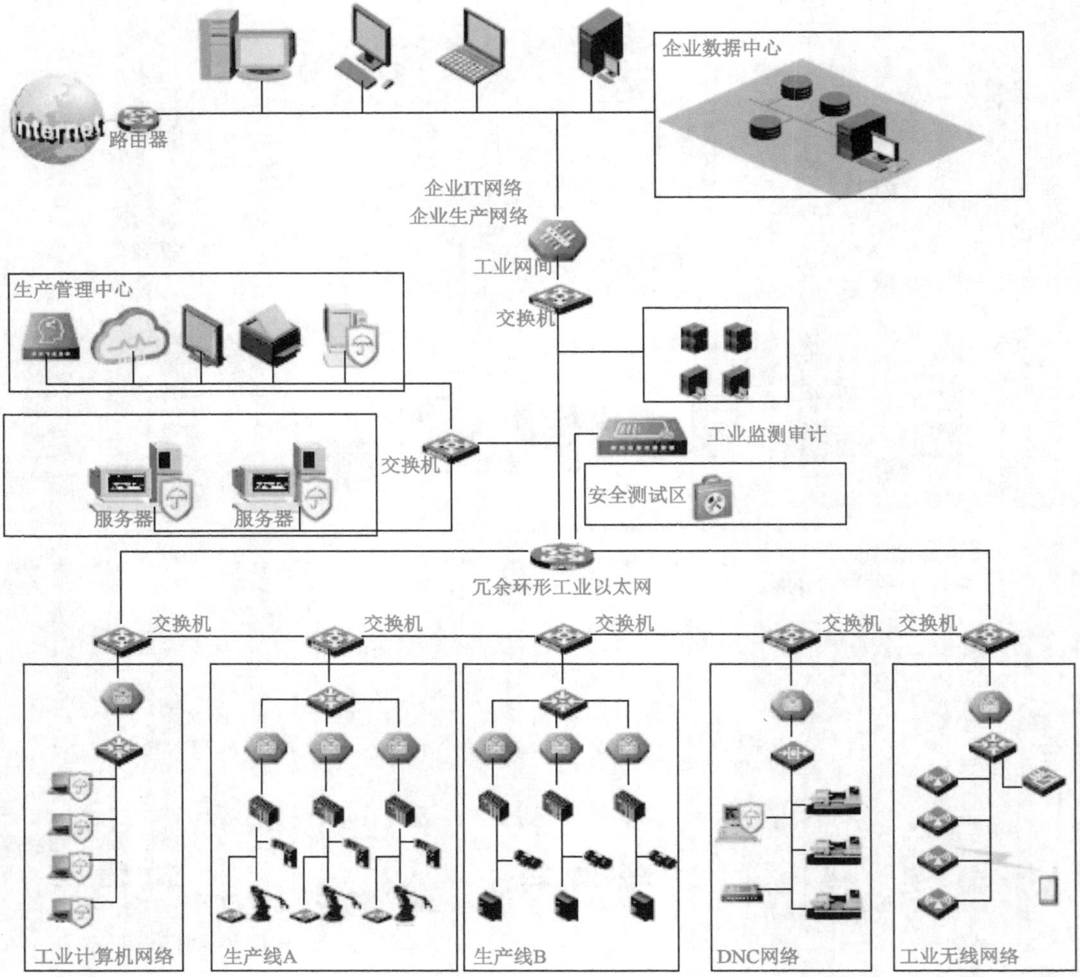

Internet 路由器
企业数据中心
企业IT网络
企业生产网络
工业网闸
交换机
生产管理中心
交换机
服务器 服务器
工业监测审计
安全测试区
冗余环形工业以太网
交换机 交换机 交换机 交换机 交换机
工业计算机网络 生产线A 生产线B DNC网络 工业无线网络

图 13-42 智慧工厂工控网络安全解决方案示例

交流与微思考

复杂工程问题实践

[物联网工程类信息安全方案设计与实现] 物联网工程类应用表现出极大的市场和发展前景，智慧物流、智慧交通、智能家居、智能门禁、智慧教室等正在为人们提供更加贴心的服务。基于本课程的应用密码学和信息安全知识，以物联网工程类信息安全解决方案为主题，自拟项目，自选应用场景，自主分析其安全需求，设计并实现一个物联网工程类

信息安全方案。

习　题

13.1　PGP 如何保证电子邮件的安全性?

13.2　使用 PGP 给自己发送一封加密和签名邮件，并对其进行解密和证实。

13.3　针对本章提到的密码学的各种典型应用案例，进一步查阅资料，深入而系统地了解其安全实现细节。

附　录

A 国家商用密码管理条例

（1999 年 10 月 7 日国务院令第 273 号发布）

第一章　总则

第一条 为了加强商用密码管理，保护信息安全，保护公民和组织的合法权益，维护国家的安全和利益，制定本条例。

第二条 本条例所称商用密码，是指对不涉及国家秘密内容的信息进行加密保护或者安全认证所使用的密码技术和密码产品。

第三条 商用密码技术属于国家秘密。国家对商用密码产品的科研、生产、销售和使用实行专控管理。

第四条 国家密码管理委员会及其办公室（以下简称国家密码管理机构）主管全国的商用密码管理工作。省、自治区、直辖市负责密码管理的机构根据国家密码管理机构的委托，承担商用密码的有关管理工作。

第二章　科研、生产管理

第五条 商用密码的科研任务由国家密码管理机构指定的单位承担。商用密码指定科研单位必须具有相应的技术力量和设备，能够采用先进的编码理论和技术，编制的商用密码算法具有较高的保密强度和抗攻击能力。

第六条 商用密码的科研成果，由国家密码管理机构组织专家按照商用密码技术标准和技术规范审查、鉴定。

第七条 商用密码产品由国家密码管理机构指定的单位生产。未经指定，任何单位或者个人不得生产商用密码产品。商用密码产品指定生产单位必须具有与生产商用密码产品相适应的技术力量以及确保商用密码产品质量的设备、生产工艺和质量保证体系。

第八条 商用密码产品指定生产单位生产的商用密码产品的品种和型号，必须经国家密码管理机构批准，并不得超过批准范围生产商用密码产品。

第九条 商用密码产品，必须经国家密码管理机构指定的产品质量检测机构检测合格。

第三章　销售管理

第十条 商用密码产品由国家密码管理机构许可的单位销售。未经许可，任何单位或者个人不得销售商用密码产品。

第十一条 销售商用密码产品，应当向国家密码管理机构提出申请，并应当具备下列

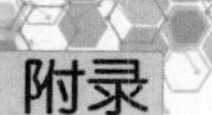

条件：

（一）有熟悉商用密码产品知识和承担售后服务的人员；

（二）有完善的销售服务和安全管理规章制度；

（三）有独立的法人资格。

经审查合格的单位，由国家密码管理机构发给《商用密码产品销售许可证》。

第十二条 销售商用密码产品，必须如实登记直接使用商用密码产品的用户的名称（姓名）、地址（住址）、组织机构代码（居民身份证号码）以及每台商用密码产品的用途，并将登记情况报国家密码管理机构备案。

第十三条 进口密码产品及含有密码技术的设备或者出口商用密码产品，必须报经国家密码管理机构批准。任何单位或者个人不得销售境外的密码产品。

第四章 使用管理

第十四条 任何单位或者个人只能使用经国家密码管理机构认可的商用密码产品，不得使用自行研制的或者境外生产的密码产品。

第十五条 境外组织或者个人在中国境内使用密码产品或者含有密码技术的设备，必须报经国家密码管理机构批准；但是，外国驻华外交代表机构、领事机构除外。

第十六条 商用密码产品的用户不得转让其使用的商用密码产品。商用密码产品发生故障，必须由国家密码管理机构指定的单位维修。报废、销毁商用密码产品，应当向国家密码管理机构备案。

第五章 安全、保密管理

第十七条 商用密码产品的科研、生产，应当在符合安全、保密要求的环境中进行。销售、运输、保管商用密码产品，应当采取相应的安全措施。从事商用密码产品的科研、生产和销售及使用商用密码产品的单位和人员，必须对所接触和掌握的商用密码技术承担保密义务。

第十八条 宣传、公开展览商用密码产品，必须事先报国家密码管理机构批准。

第十九条 任何单位和个人不得非法攻击商用密码，不得利用商用密码危害国家的安全和利益、危害社会治安或者进行其他违法犯罪活动。

第六章 罚则

第二十条 有下列行为之一的，由国家密码管理机构根据不同情况分别会同工商行政管理、海关等部门没收密码产品，有违法所得的，没收违法所得；情节严重的，可以并处违法所得 1 至 3 倍的罚款：

（一）未经指定，擅自生产商用密码产品的，或者商用密码产品指定生产单位超过批准范围生产商用密码产品的；

（二）未经许可，擅自销售商用密码产品的；

（三）未经批准，擅自进口密码产品及含有密码技术的设备、出口商用密码产品或者销售境外的密码产品的。经许可销售商用密码产品的单位未按照规定销售商用密码产品的，由国家密码管理机构会同工商行政管理部门给予警告，责令改正。

第二十一条 有下列行为之一的，由国家密码管理机构根据不同情况分别会同公安、国家安全机关给予警告，责令立即改正：

（一）在商用密码产品的科研、生产过程中违反安全、保密规定的；

（二）销售、运输、保管商用密码产品，未采取相应的安全措施的；

（三）未经批准，宣传、公开展览商用密码产品的；

（四）擅自转让商用密码产品或者不到国家密码管理机构指定的单位

维修商用密码产品的。使用自行研制的或者境外生产的密码产品，转让商用密码产品，或者不到国家密码管理机构指定的单位维修商用密码产品，情节严重的，由国家密码管理机构根据不同情况分别会同公安、国家安全机关没收其密码产品。

第二十二条 商用密码产品的科研、生产、销售单位有本条例第二十条、第二十一条第一款第（一）、（二）、（三）项所列行为，造成严重后果的，由国家密码管理机构撤销其指定科研、生产单位资格，吊销《商用密码产品销售许可证》。

第二十三条 泄露商用密码技术秘密、非法攻击商用密码或者利用商用密码从事危害国家的安全和利益的活动，情节严重，构成犯罪的，依法追究刑事责任。有前款所列行为尚不构成犯罪的，由国家密码管理机构根据不同情况分别会同国家安全机关或者保密部门没收其使用的商用密码产品，对有危害国家安全行为的，由国家安全机关依法处以行政拘留；属于国家工作人员的，并依法给予行政处分。

第二十四条 境外组织或者个人未经批准，擅自使用密码产品或者含有密码技术的设备的，由国家密码管理机构会同公安机关给予警告，责令改正，可以并处没收密码产品或者含有密码技术的设备。

第二十五条 商用密码管理机构的工作人员滥用职权、玩忽职守、徇私舞弊，构成犯罪的，依法追究刑事责任；尚不构成犯罪的，依法给予行政处分。

第七章 附则

第二十六条 国家密码管理委员会可以依据本条例制定有关的管理规定。

第二十七条 本条例自发布之日起施行。

B 商用密码科研管理规定

（2005 年 12 月 11 日国家密码管理局公告第 4 号公布，根据 2017 年 12 月 1 日《国家密码管理局关于废止和修改部分管理规定的决定》修正）

第一条 为了加强商用密码科研管理，促进商用密码技术进步，根据《商用密码管理条例》，制定本规定。

第二条 商用密码体制、协议、算法及其技术规范的科研活动适用本规定，学术和理论研究除外。

第三条 国家密码管理局主管全国的商用密码科研管理工作。

第四条 商用密码科研由具有独立法人资格的企业、事业单位、社会团体等单位（以下称商用密码科研单位）承担。

第五条 国家鼓励采用先进的编码理论和技术，编制具有较高保密强度和抗攻击能力的商用密码算法。

第六条 商用密码科研项目由国家密码管理局下达或者商用密码科研单位自选。

第七条 国家密码管理局采用任务书的形式下达项目。任务书应当明确项目名称、设计要求、技术指标、进度要求、成果形式等。

国家密码管理局依据任务书对项目的进展情况进行检查。

第八条 商用密码科研单位研究完成下达的项目后，应当向国家密码管理局申请验收。

申请项目验收，应当提交下列材料：

(一)验收申请；

(二)研究工作总结报告；

(三)编制方案及说明；

(四)安全性分析报告。

申请验收商用密码算法项目的，还应当提交商用密码算法源程序、程序说明和算法工程实现的评估报告。

第九条 国家密码管理局组织专家对申请验收的项目进行评审，并根据专家评审意见作出是否同意通过验收的决定。同意通过验收的，国家密码管理局发给证明文件。

第十条 通过验收的商用密码科研项目成果，由国家密码管理局组织推广应用。

未通过国家密码管理局验收的商用密码科研项目成果不得投入应用。

第十一条 商用密码科研单位自选项目可以向国家密码管理局申请成果鉴定。成果鉴定及成果的推广应用参照本规定第八条、第九条、第十条办理。

第十二条 商用密码科研单位及其人员，应当对所接触和掌握的商用密码技术承担保密义务。

第十三条 商用密码科研单位应当建立健全保密规章制度，对其人员进行保密教育。

第十四条 商用密码科研活动应当在符合安全保密要求的环境中进行。

商用密码技术资料应当由专人保管，并采取相应的保密措施，防止商用密码技术的泄露。

第十五条 参与商用密码科研项目评审、管理的专家和工作人员，应当对研究内容、技术方案和科研成果承担保密义务。

第十六条 违反本规定的行为，依照《商用密码管理条例》予以处罚。

第十七条 本规定自 2006 年 1 月 1 日起施行。

C 已完成 C/C++语言程序实现并测试的部分典型密码算法列表

序　号	C/C++语言程序实现算法名称	编 译 环 境
1	DES 对称密码算法	Microsoft Visual C++ 6.0 或 Microsoft Visual Studio 2010
2	AES 对称密码算法	
3	RSA 非对称密码算法	
4	ECC 椭圆曲线密码算法	
5	SHA 杂凑算法（包括 SHA-1、SHA-256 和 SHA-512）	
6	RC4 算法	
7	祖冲之序列密码算法	
8	SM2 椭圆曲线公钥密码算法	
9	SM3 杂凑算法	
10	SM4 对称密码算法	

D 部分习题参考答案

第 3 章　古典密码

3.3 答：

							攻	击										从	
							明	天	五	点					开	始			

3.4 答：赏花归去马如飞，去马如飞酒力微；酒力微醒时已暮，醒时已暮赏花归。

3.7 解：穷尽密钥搜索过程如下表所示。

	B	E	E	A	K	F	Y	D	J	X	U	Q	Y	H	Y	J	I	Q	R	Y	H	T	Y	J	I	Q	F	B	Q	D	U	Y	J	I	I	K	F	U	H	C	Q	D
-1	a	d	d	z	j	e	x	e																																			
1	c	f	f	b	l	g																																					
2	d	g	g	c																																							
3	e	h	h																																								
4	f	i	i																																								
5	g	j	j																																								
6	h	k	k																																								
7	i	l	l	h																																							
8	j	m																																									
9	k	n	n																																								
10	l	o	o	k	u	p	i	n	t	h	e	a	i	r	i	t	s	a	b	i	r	d	i	t	s	a	p	l	a	n	e	i	t	s	s	u	p	e	r	m	a	n
11	m	p	p																																								
12	n	q	q																																								
13	o	r	r	n																																							
14	p	s	s																																								
15	q	t	t																																								
16	r	u	u																																								
17	s	v	v																																								
18	t	w	w																																								
19	u	x	x																																								
20	v	y																																									
21	w	z																																									
22	x	a																																									
23	y	b																																									
24	z	c																																									

因此，本题的解密结果应为：Look up in the air, it’s a bird, it’s a plane, it’s superman。

提示：表中最左边一列的数字表示代替变换时字母的后移位数。

技巧：由于密文的前三个字母为“BEE”，因此根据不同的移位可先观察前三位的明文结果，判断其是否是可能的明文，如果不可能，就中止当前移位，换新的移位数。

3.8 解：两个“l”间插入“x”（也可插入其他字母）。

字母矩阵表

f	i/j	v	e	s
t	a	r	b	c
d	g	h	k	l
m	n	o	p	q
u	w	x	y	z

加密结果

明文	pl	ay	fa	ir	ci	ph	er	wa	sa	ct	ua	lx
密文	qk	bw	it	va	as	ok	vb	ig	ic	ta	wt	hz
明文	ly	in	ve	nt	ed	by	wh	ea	ts	to	ne	
密文	kz	aw	es	ma	fk	ke	xg	ib	cf	rm	pi	

3.9 解：明文“pay more money”可编码为：15 0 24；12 14 17；4 12 14；13 4 24。

由于：

$$(15\quad 0\quad 24)\begin{bmatrix}17 & 17 & 5\\21 & 18 & 21\\2 & 2 & 19\end{bmatrix}=\begin{bmatrix}303 & 303 & 531\end{bmatrix}\text{mod26=[17 17 11]，对应 RRL}$$

$$(12\quad 14\quad 17)\begin{bmatrix}17 & 17 & 5\\21 & 18 & 21\\2 & 2 & 19\end{bmatrix}=\begin{bmatrix}532 & 490 & 677\end{bmatrix}\text{mod26=[12 22 1]，对应 MWB}$$

$$(4\quad 12\quad 14)\begin{bmatrix}17 & 17 & 5\\21 & 18 & 21\\2 & 2 & 19\end{bmatrix}=\begin{bmatrix}348 & 312 & 538\end{bmatrix}\text{mod26=[10 0 18]，对应 KAS}$$

$$(13\quad 4\quad 24)\begin{bmatrix}17 & 17 & 5\\21 & 18 & 21\\2 & 2 & 19\end{bmatrix}=\begin{bmatrix}353 & 341 & 605\end{bmatrix}\text{mod26=[15 3 7]，对应 PDH}$$

故对应的密文为：RRLMWBKASPDH。

提示：解密计算逆矩阵：

$$\det(\boldsymbol{k})=\begin{vmatrix}17 & 17 & 5\\21 & 18 & 21\\2 & 2 & 19\end{vmatrix}=-939\text{mod26=23}$$

$$k_{11}^{*}=(-1)^{1+1}\boldsymbol{M}_{11}=\begin{vmatrix}18 & 21\\2 & 19\end{vmatrix}=300\text{mod26=14}$$

$$k_{12}^{*}=(-1)^{2+1}\boldsymbol{M}_{21}=-\begin{vmatrix}17 & 5\\2 & 19\end{vmatrix}=-313\text{ mod26=25}$$

$$k_{13}^* = (-1)^{3+1} \boldsymbol{M}_{31} = \begin{vmatrix} 17 & 5 \\ 18 & 21 \end{vmatrix} = 267\text{mod}26=7$$

$$k_{21}^* = (-1)^{2+1} \boldsymbol{M}_{12} = -\begin{vmatrix} 21 & 21 \\ 2 & 19 \end{vmatrix} = -357\text{mod}26=7$$

$$k_{22}^* = (-1)^{2+2} \boldsymbol{M}_{22} = \begin{vmatrix} 17 & 5 \\ 2 & 19 \end{vmatrix} = 313\text{mod}26=1$$

$$k_{23}^* = (-1)^{3+2} \boldsymbol{M}_{32} = -\begin{vmatrix} 17 & 5 \\ 21 & 21 \end{vmatrix} = -252\text{mod}26=8$$

$$k_{31}^* = (-1)^{1+3} \boldsymbol{M}_{13} = \begin{vmatrix} 21 & 18 \\ 2 & 2 \end{vmatrix} = 6\text{mod}26=6$$

$$k_{32}^* = (-1)^{2+3} \boldsymbol{M}_{23} = -\begin{vmatrix} 17 & 17 \\ 2 & 2 \end{vmatrix} = 0\text{mod}26=0$$

$$k_{33}^* = (-1)^{3+3} \boldsymbol{M}_{33} = \begin{vmatrix} 17 & 17 \\ 21 & 18 \end{vmatrix} = -51\text{mod}26=1$$

所以，$\boldsymbol{k}^{-1} = \begin{bmatrix} 14 & 25 & 7 \\ 7 & 1 & 8 \\ 6 & 0 & 1 \end{bmatrix} \Big/ 23(\text{mod}\,26) = \begin{bmatrix} 4 & 9 & 15 \\ 15 & 17 & 6 \\ 24 & 0 & 17 \end{bmatrix}$

3.10 解：密文应为：zi cvt wqngrzgvtw avzh cqyglmgj。

第 4 章　密码学数学引论

4.2 解：7503mod81=51

(−7503)mod81=30

81mod7503=81

(−81)mod7503=7422

4.3 证明：（1）设 $a(\text{mod}\,m) = r_a$，$b(\text{mod}\,m) = r_b$，则 $a = r_a + jm$（j 为某一整数），$b = r_b + km$（k 为某一整数）。于是有：

$$[a(\text{mod}\,m) \times b(\text{mod}\,m)]\,\text{mod}\,m = (r_a r_b)(\text{mod}\,m)$$

$$(a \times b)(\text{mod}\,m) = (r_a + jm)(r_b + km)(\text{mod}\,m)$$

$$= (r_a r_b + r_a km + r_b jm + kjm^2)(\text{mod}\,m)$$

$$= (r_a r_b)(\text{mod}\,m)$$

于是有：$[a(\text{mod}\,m) \times b(\text{mod}\,m)]\,\text{mod}\,m = (a \times b)(\text{mod}\,m)$

（2）设 $a(\text{mod}\,m) = r_a$，$b(\text{mod}\,m) = r_b$，$c(\text{mod}\,m) = r_c$，则 $a = r_a + jm$（j 为某一整数），$b = r_b + km$（k 为某一整数），$c = r_c + im$（i 为某一整数）。于是有：

$$[a \times (b + c)]\,\text{mod}\,m = [(r_a + jm)[(r_b + km) + (r_c + im)]](\text{mod}\,m)$$

$$= [(r_a + jm)[r_b + km + r_c + im]](\text{mod}\,m)$$

$$= (r_a r_b + r_a im + r_a km + r_a r_c + r_b jm + kjm^2 + r_c jm + ijm^2)\,\text{mod}\,m$$

$$= (r_a r_b + r_a r_c)\,\text{mod}\,m$$

$$\left[(a\times b)(\bmod m)+(a\times c)(\bmod m)\right](\bmod m)$$
$$=\left[\left(r_a+jm\right)\left(r_b+km\right)\bmod m+\left(r_a+jm\right)\left(r_c+im\right)\bmod m\right](\bmod m)$$
$$=\left[r_ar_b+r_ar_c\right]\bmod m$$

于是有：$\left[a\times(b+c)\right]\bmod m=\left[(a\times b)(\bmod m)+(a\times c)(\bmod m)\right](\bmod m)$

4.5 解：25 的所有本原元是：2, 3, 8, 12, 13, 17, 22, 23。

4.6 解：Z_5 中各非零元素分别为 1、2、3、4，它们的乘法逆元（mod5）分别是：1、3、2、4。

4.7 解：$\varphi(100)=\varphi\left(2^2\times 5^2\right)=\left[2^{2-1}(2-1)\right]\left[5^{2-1}(5-1)\right]=40$

4.8 解：$M=3\times5\times7=105$；$M/3=35$；$M/5=21$；$M/7=15$

$35b_1\equiv 1 \pmod 3$

$21b_2\equiv 1 \pmod 5$

$15b_3\equiv 1 \pmod 7$

因此有：$b_1=2$；$b_2=1$；$b_3=1$

则：$x=2\times2\times35+1\times1\times21+1\times1\times15=176 \pmod{105}=71$

4.10 解：按照多项式基表示的乘法计算方法，以 $g=x=(0010)$为生成元，结合生成元表，有：

$$(1010)^{10}=\left(g^9\right)^{10}=g^{90\bmod 15}=g^0=(0001)$$
$$(1101)^9=\left(g^{13}\right)^9=g^{117\bmod 15}=g^{12}=(1111)。$$

第 5 章　对称密码体制

5.8 答：9 个明文字符受影响。因为除了与密文字符相对应的一个明文字符受影响外，受影响的该明文字符进入移位寄存器，直到接下来的 8 个字符处理完毕后才移出。

5.15 答：01。

第 6 章　非对称密码体制

6.6 解：$Y_A=a^{X_A}\bmod q$，即$9=2^{X_A}\bmod 11$，经推算得 $X_A=6$（这是在公用素数很小的情况下得出的，实际使用时公用素数应很大，这就是离散对数的难解性问题）。

如果用户 B 的公钥 $Y_B=3$，则共享的密钥 $k=Y_B{}^{X_A}\bmod q=3^6\bmod 11=5$。

6.9 解：据题意知：$e=5$，$n=35$，$C=10$

因此有：$\varphi(n)=\varphi(35)=\varphi(5)\varphi(7)=4\times6=24$，$d=e^{-1}\bmod\varphi(n)=5^{-1}\bmod 24=5$

所以有：$M=C^d\bmod n=10^5\bmod 35=5$

6.10 解：加密：$n=pq=7\times17=119$

$C=m^e\bmod n=19^5\bmod 119=66$

解密：$\varphi(n)=\varphi(119)=\varphi(7)\varphi(17)=6\times16=96$

$d=e^{-1}\bmod\varphi(n)=5^{-1}\bmod 96=77$

所以，$m=C^d\bmod n=66^{77}\bmod 119=19$

签名：$y=m^d\bmod n=19^{77}\bmod 119=66$

验证：$x=y^e\bmod n=66^5\bmod 119=19=m$，该签名是真实的

公钥：（ e,n ）=（ 5,119 ）

私钥：（ d,n ）=（ 77,119 ）

6.11 解：(3031,3599)

6.15 解：对于 x 的所有可能值，计算方程右边的值。

x	$x^3+x+6 \bmod 11$	是 mod p 平方根？	y
0	6	no	
1	8	no	
2	5	yes	4, 7
3	3	yes	5, 6
4	8	no	
5	4	yes	2, 9
6	8	no	
7	4	yes	2, 9
8	9	yes	3, 8
9	7	no	
10	4	yes	2, 9

即所有点为：(2,4),(2,7),(3,5),(3,6),(5,2),(5,9),(7,2),(7,9),(8,3),(8,8),(10,2),(10,9)。

要计算 $2G=(2,7)+(2,7)$，先计算：

$\lambda=(3\times2^2+1)/(2\times7) \bmod 11=13/14 \bmod 11=2/3 \bmod 11=8$

可得：$x_3=8^2-2-2 \bmod 11=5$

$y_3=8(2-5)-7 \bmod 11=2$

所以：$2G=(5,2)$

6.16 解：将 $x_P=-3.5$，$y_P=9.5$，$x_Q=-2.5$，$y_Q=8.5$ 代入椭圆曲线加方程易得：

$x_R=7$、$y_R=1$。

因此：$P+Q=(7,1)$。

6.17 解：（1） $P_A=n_A\times G=7\times(2,7)=(7,2)$

（2） $C_m=\{kG,P_m+kP_A\}=\{3(2,7),(10,9)+3(7,2)\}$

$=\{(8,3),(10,9)+(3,5)\}$

$=\{(8,3),(10,2)\}$

（3） $P_m=(10,2)-7(8,3)=(10,2)-(3,5)=(10,2)+(3,6)=(10,9)$。

第 8 章　数字签名

8.8 答：0 元素没有逆，不能按照 DSA 签名算法完成签名。

参 考 文 献

[1] 胡向东，魏琴芳，胡蓉编著．应用密码学（第 3 版）[M]．北京：清华大学出版社，2014

[2] [美]Richard E. Blahut 著．现代密码学及其应用[M]．北京：机械工业出版社，2018

[3] [美]Behrouz A. Forouzan 著． Cryptography and network security[M]．北京：清华大学出版社，2009

[4] 胡向东主编．物联网安全-理论与技术[M]．北京：机械工业出版社，2017

[5] 王善平编著．古今密码学趣谈[M]．北京：电子工业出版社，2012

[6] [美]Christof Paar, Jan Pelzl 著，马小婷译．深入浅出密码学——常用加密技术原理与应用[M]．北京：清华大学出版社，2012

[7] 王小云，王明强，孟宪萌著．公钥密码学的数学基础[M]．北京：科学出版社，2013

[8] [加]Stinson, D, R 著，冯登国等译．密码学原理与实践（第 3 版）[M]．北京：电子工业出版社，2009

[9] [印]Ranjan Bose 著，武传坤，李徽译．信息论、编码和密码学（第 2 版）[M]．北京：机械工业出版社，2010

[10] [美]Niels Ferguson, Bruce 著．密码工程：原理与应用[M]．北京：机械工业出版社，2017

读者调查表

尊敬的读者：

自电子工业出版社工业技术分社开展读者调查活动以来，收到来自全国各地众多读者的积极反馈，他们除了褒奖我们所出版图书的优点外，也很客观地指出需要改进的地方。读者对我们工作的支持与关爱，将促进我们为你提供更优秀的图书。你可以填写下表寄给我们（北京市丰台区金家村288#华信大厦电子工业出版社工业技术分社 邮编：100036），也可以给我们电话，反馈你的建议。我们将从中评出热心读者若干名，赠送我们出版的图书。谢谢你对我们工作的支持！

姓名：________ 性别：□男 □女

年龄：________ 职业：________

电话（手机）：____________ E-mail：________________

传真：________________ 通信地址：________________

邮编：______________

1．影响你购买同类图书因素（可多选）：

□封面封底 □价格 □内容提要、前言和目录

□书评广告 □出版社名声

□作者名声 □正文内容 □其他______________________

2．你对本图书的满意度：

从技术角度 □很满意 □比较满意

□一般 □较不满意 □不满意

从文字角度 □很满意 □比较满意 □一般

□较不满意 □不满意

从排版、封面设计角度 □很满意 □比较满意

□一般 □较不满意 □不满意

3．你选购了我们哪些图书？主要用途？

____

4．你最喜欢我们出版的哪本图书？请说明理由。

____

5．目前教学你使用的是哪本教材？（请说明书名、作者、出版年、定价、出版社），有何优缺点？

____

6．你的相关专业领域中所涉及的新专业、新技术包括：

____

7．你感兴趣或希望增加的图书选题有：

____

8．你所教课程主要参考书？请说明书名、作者、出版年、定价、出版社。

____

邮寄地址：北京市丰台区金家村288#华信大厦电子工业出版社工业技术分社 邮编：100036

电 话：010-88254479 E-mail：lzhmails@phei.com.cn 微信 ID：lzhairs

联 系 人：刘志红

电子工业出版社编著书籍推荐表

姓名		性别		出生年月		职称/职务	
单位							
专业				E-mail			
通信地址							
联系电话				研究方向及教学科目			
个人简历（毕业院校、专业、从事过的以及正在从事的项目、发表过的论文）							
您近期的写作计划： 您推荐的国外原版图书： 您认为目前市场上最缺乏的图书及类型：							

邮寄地址：北京市丰台区金家村 288#华信大厦电子工业出版社工业技术分社　邮编：100036
电　　话：010-88254479　E-mail：lzhmails@phei.com.cn　　微信 ID：lzhairs
联 系 人：刘志红

反侵权盗版声明

举报电话：（010）88254396；（010）88258888

传　　真：（010）88254397

E-mail：　dbqq@phei.com.cn

通信地址：北京市万寿路173信箱

　　　　　电子工业出版社总编办公室

邮　　编：100036